智能科学与技术丛书

自然语言语义学

形成与估值

［加］布兰登·S. 吉伦 (Brendan S. Gillon) 著

谢婉莹 谷舒豪 译

机械工业出版社
CHINA MACHINE PRESS

自然语言语义学是涉及语言学、逻辑学、计算机科学、心理学等诸多领域的一门学科。本书第 1 ～ 6 章和第 8 ～ 10 章主要介绍成分结构语法及相关知识，第 7 章和第 11 ～ 15 章主要介绍类型逻辑语法（Lambek 类型语法），并讨论了这两种语法之间的异同。本书对自然语言语义学的介绍主要是基于英语的语法，作为导论性书籍，省略了许多更为复杂的逻辑形式。本书适合相关专业高年级本科生和研究生，以及该领域的从业人员阅读。

图书在版编目（CIP）数据

自然语言语义学：形成与估值 /（加）布兰登・S. 吉伦（Brendan S. Gillon）著；谢婉莹，谷舒豪译 . —北京：机械工业出版社，2023.8
（智能科学与技术丛书）
书名原文：Natural Language Semantics: Formation and Valuation
ISBN 978-7-111-73945-6

I. ①自… II. ①布… ②谢… ③谷… III. ①自然语言处理 IV. ① TP391

中国国家版本馆 CIP 数据核字（2023 ）第 185699 号

机械工业出版社（北京市百万庄大街 22 号　邮政编码 100037）
策划编辑：曲 熠　　　　　　责任编辑：曲 熠
责任校对：李小宝　　周伟伟　　责任印制：郜 敏
三河市宏达印刷有限公司印刷
2024 年 1 月第 1 版第 1 次印刷
185mm×260mm・30.75 印张・782 千字
标准书号：ISBN 978-7-111-73945-6
定价：149.00 元

电话服务　　　　　　　网络服务
客服电话：010-88361066　机 工 官 网：www.cmpbook.com
　　　　　010-88379833　机 工 官 博：weibo.com/cmp1952
　　　　　010-68326294　金 书 网：www.golden-book.com
封底无防伪标均为盗版　机工教育服务网：www.cmpedu.com

自然语言语义学是涉及语言学、逻辑学、计算机科学、心理学等诸多领域的一门学科，受到相关专业人员的广泛关注。本书首先对自然语言语义学理论中重要的逻辑概念进行了集中讲解和介绍，并且设置了相关练习，确保读者能够掌握基础的逻辑知识。然后，本书说明了英语中可被处理的以及不可被处理的模式。最后通过科学归纳总结普遍规律，并进行实证研究，而这一点也往往被学习文科的读者所忽视。在本书中，第 1～6 章以及第 8～10 章集中介绍成分结构语法（constituency grammar）及相关知识，第 7 章和第 11～15 章则介绍类型逻辑语法（或称为 Lambek 类型语法），并介绍了两种语法之间的异同。本书对自然语言语义学的介绍主要是基于英语的语法，同时作为导论性书籍，省略了一些更为复杂的逻辑形式。

本书的优点之一是对读者的数学或逻辑学的背景知识要求较低，这一点在相关主题的书籍当中尤为可贵。对于学习本书所需要的一些基本的数学和逻辑学知识，作者都进行了详细介绍，因此无论是数学功底扎实的读者，还是对数学和逻辑学缺乏信心的读者，都能够直接阅读和学习本书，几乎不需要提前上一门逻辑学或数学的入门课。这种"逻辑友好型"书籍，不论读者是什么专业、什么教育背景，学习起来都比较轻松。

本书的内容构成非常合理，既介绍了一些问题的理论基础，也讨论了许多实际技术问题。本书的组织结构也比较科学，由浅入深逐步展开讲解。本书适合作为自然语言语义学相关专业学生的参考用书，也适合其他对自然语言语义学感兴趣、希望进一步了解自然语言专业知识的读者阅读参考。随着自然语言处理技术在人工智能领域的应用愈加广泛，一些理工科背景的研究者也更加关注自然语言相关的基础知识，而本书也同样适合有计算机科学背景的学生阅读。读者可通过本书了解自然语言语义学，把语义作为语言的一个组成部分去研究，探讨它的性质、内部结构及其变异和发展，并把自然语言（即人类使用的语言）所表达的语义转化为计算机程序语言，从而更好地推动自然语言处理技术的发展。

本书的学术性较强，包含的专业术语较多，对于这些术语，译者都进行了严格的考证。对于存在标准译法或者翻译先例的专业术语，译者直接沿用了对应的译法。在没有标准译法以及翻译先例的情况下，译者则结合语境进行了直译或者意译。同时，本书的多重复合句较多，我们在保证忠于原文的情况下，保留了修饰、限定和附加成分，尽可能还原原文的逻辑性、复杂性和层次感。译稿的每章都经过多次阅读和修订，希望我们的努力能使读者有所收获。

译者

2023 年 10 月

　　本书与很多甚至大多数同类型的书一样，对本科生和一年级研究生来说可以作为开始学习自然语言语义学（Natural Language Semantics，NLS）的课程笔记。尽管如此，这本书也包含了我自己的一些研究。

　　本书的中心问题同样是自然语言语义学的中心问题：一个人对自然语言复杂表达式的理解如何取决于他对该表达式各构成部分的理解？这个问题是针对英语进行研究的。虽然英语是主要的目标语言，但偶尔也会讨论其他语言。

　　要回答这个中心问题，一方面需要描述复杂表达式是如何形成的，另一方面需要描述一个人对表达式的理解。对于自然语言复杂表达式的形成的刻画取决于它的语法特征，同时也存在很好理解的逻辑技术来规范自然语言的语法。描述如何理解一个表达式则完全是另一回事。传统上来说，当一个人理解了自然语言表达式的含义时，他会把自己的理解当作该表达式的意义。但意义的概念是难以捉摸的，其性质仍然存在争议。然而，有一个意义的代替概念，即集合论实体（Set Theoretic Entity，STE），当它被作为值赋给表达式时，至少提供了对以上中心问题的部分答案。其思想是，将集合论实体赋给所有的表达式，并且赋给复杂表达式的集合论实体由赋给组成它的较简单表达式的集合论实体确定。这种情况与逻辑情况类似。逻辑符号有复杂的表达式，这些复杂的表达式由简单的表达式组成。集合论实体通过将实体赋给较简单的表达式和使用形成规则（有时称为估值规则）来赋给表达式，以说明如何将实体赋给由较简单表达式组成的复杂表达式。事实证明，在某些情况下，现成的逻辑技术可以直接应用于自然语言的表达。然而，在许多情况下，逻辑技术必须适应变幻莫测的自然语言语法。这本书的主题不仅包括对从简单表达式形成复杂表达式的模式的研究，还包括对规则或估值逻辑的采用或改编，即根据赋给简单表达式的值将值赋给复杂表达式。

　　自然语言语义学的这种概念被当代自然语言语义学研究的许多方法所共有。但是，本书中的处理方法与其他教科书中的处理方法在一些重要方面有所不同。下面解释一下如何不同。

　　自然语言语义表达的模式丰富多样，基于逻辑的自然语言表达的理论方法很多，而且需要一定程度的逻辑知识。然而，学习语义学的学生很少学习过逻辑知识，并且通常自中学毕业以来就没有学习过任何数学知识。因此，大多数作者决定只教一种理论方法，对相关的逻辑技术只进行最少的解释，并只选择适合所教理论的例子。因此，这种方式所陈述的事实是该理论处理得最好的事实，所讲授的逻辑也仅是该理论使用的逻辑。

　　尽管此类教科书通常非常擅长向学生介绍自然语言语义学的特定理论，但在我看来，它们存在一些缺点。首先，读者在研究了其中一本教科书之后，无法阅读和理解基于其他自然语言语义学理论的研究文献。这会导致分裂自然语言语义学研究的可悲结果：受一种理论训练的学生不愿阅读其他理论下的研究文献，因此不会考虑使用其他可选的理论完成同一领域的研究。其次，由于所呈现的现象只是用来说明所述理论的，因此读者对相关数据的复杂性或所学的逻辑技术的局限性并没有真正的认识。最后，除了 Gamut 的 *Logic, Language and Meaning*（1991）之外，其他教科书低估了中学后没有进行过数学训练的学生所需要的训练，而这些训练有助于学习如何恰当和创造性地使用逻辑技术。在大多数情况下，这些学生自中学毕业以来就没有进行过任何数学运算，期待他们能够理解 20 世纪中叶数学家和逻辑学家所倡导的逻辑是极其不现实的。确实，我从那些通过这种方式学习自然语言语义学但是没有接受过大学本科数学训练的学生和同事那里得到的经常性抱怨是，他们要通过死记硬背来模仿或者理解那些并不常见的逻辑技巧。

本书旨在使读者几乎或完全不需要接受中学数学训练，就可以避免这些陷阱。我并没有打算让读者走一条尽可能短的路，除了那些有数学基础知识的人之外，走短路也许可以使他们阅读一种特定理论的文献，但往往会使他们失去其他的所有知识。我打算让读者走一条更长的路，尽管速度较慢，但不论读者是否具有数学或逻辑天赋，只要认真刻苦都可以阅读各种理论的文献。首先，集中讨论对各种自然语言语义学理论必不可少的逻辑思想，并花一些时间来确保读者已经理解和掌握这些思想。因此，不同于其他教材把阐述逻辑技术所必需的集合论概念的解释放在十页或二十页的附录中，或散落在相同页数的书中各个地方，我把所有理论集中在第 2 章介绍，同时提供充足的练习和解析。其次，我努力确保读者能够很好地掌握英语表达中的各种模式，并向他们说明哪些模式已经被成功地处理过，或者哪些模式虽然没有被处理过，但是也是能够被成功处理的，以及哪些模式似乎是任何已知的方法都无法处理的。因此，这本书利用英语描述性语法，将大量篇幅用于呈现待处理的英语模式。最后，大多数学习语言学的学生都是文学院的学生。除了可能从中学的科学课上学到的知识，他们很少或根本没有接触过什么是实证研究。此外，许多关于实证研究性质的幼稚或过时的观点在语言学中流传。诚然，极少的语言学家会诉诸行为主义和验证主义的科学方法思想，这种思想在 20 世纪上半叶的语言学家中很受欢迎，而多数语言学家会诉诸 20 世纪中叶出现的思想，如 Karl Popper 的证伪主义，尽管这对行为主义和验证主义的过度行为起到了积极的矫正作用，但他们自己也存在过度行为，这在最近的科学哲学研究中已经纠正了。上述想法在第 1 章中进行解释，在随后的章节中进行使用和说明。

希望这本书能帮助读者掌握基本的逻辑工具，以便他们可以阅读更多更易理解的自然语言语义学研究文献，而不必考虑这项研究的作者所采用的理论，或者如果他们需要更深层次的背景知识，至少可以轻松快速地阅读该理论的介绍性论述。此外，还希望读者不仅对本领域的广度有所了解，而且对如何进行实证研究中的推理有所了解。

尽管本书中的学习材料最初是按照一学期自然语言语义学课程准备的，但是现在的材料可供两门课程使用，每门课程为一学期。第一个学期涵盖第 1 ～ 6 章以及第 8 ～ 10 章。该课程集中于成分结构语法（Constituency Grammar，CG），这类语法是在所谓的转换语法和其他后来发展的语法（如词汇功能语法和头部驱动型短语结构语法）开始时发展起来的。第一门课程的局限性在于学生没有接触到从类型语法发展而来的语法。第二学期的课程介绍类型逻辑语法，或者我更喜欢称之为 Lambek 类型语法，并讨论了这两种语法之间的异同，具体内容见第 7 章和第 11 ～ 15 章。

课程讲授的材料是完全独立的。尽管许多学生都选择了语言学入门课程和逻辑入门课程，但都没有必要。事实上，每年都会有一些学生，他们没上过以上的入门课程，但是仍然在这门自然语言语义学课中表现很好。只有那些对自己的数学能力缺乏信心的学生，我才鼓励他们在上这门课之前先上一门逻辑入门课。问题不在于学生能否学习逻辑知识，而在于他们需要用多少时间来学习。我会鼓励那些需要多花一点时间学习的人在开始上我的课程之前或同时选修逻辑课程。我的经验是，知道如何学习的学生即使不喜欢数学，也不难学习这门课所教的逻辑知识。

尽管本书的篇幅很长，但它仍是一本导论性书籍，许多相关主题都被省略了。首先，除了英语以外，本书很少讨论其他语言，尽管许多适用于英语的东西也适用于许多其他语言。此外，英语中许多与语义有关的部分都被省略了。同时，省略了许多相关的逻辑形式，包括模态逻辑（modal logic）、多值逻辑（multivalued logic）和动态逻辑（dynamic logic），它们在自然语言语义研究中都有重要的应用。（15.3 节概述了这些遗漏的内容。）

虽然这些年来我的笔记变成了详细的书面章节，但直到最近我才想去出版。非常感谢麻省理工学院出版社的 Marc Lowenthal 对这本书的关注。也非常感谢 Deborah Grahame-Smith 女士及其团队成员用他们的编辑技巧完善了我的原稿。

非常感激我的许多学生、同事和朋友，他们在我写这本书的许多年里，以各种方式为这项工作做出了贡献。同时我也向那些随着时间流逝而被我忘记名字的人道歉。

首先，我要感谢二十年来一直在上我的课的学生，特别是那些刻苦而好奇的学生，他们的问题让我一次又一次地重温自己的解释。包括 Robin Anderson、Gabriel Gaudreault、Isabelle Oke、Symon Stevens Guille 和 Daniel Zackon 在内的一些学生帮助编辑和编排了书中章节的各个版本。我还要感谢 Hisako Noguchi、Stephan Hurtubise 和 Isabelle Oke 帮助我校对本书。我也曾多次有幸得到非常聪明和敬业的助教的协助，他们在改进这本书和练习的阐述方面发挥了重要作用，他们是 September Cowley、Daniel Goodhue 和 Walter Pedersen。真诚地感谢他们每一个人。我很感激很多朋友和同事，我和他们讨论了这本书，或者他们很好地阅读和评论了书中章节的早期版本。他们投入了大量时间，提供了我所寻求的解释和建议，并且他们的想法和评论被证明是无价的。他们是 Nigel Duffield、Colleen Gillon、Wilfrid Hodges、Michael Makkai、Janet Martin Nielsen、David Nicolas、Jeff Oaks、Paul Pupier、Peter Scharf 和 Ben Shaer。我也非常感谢那些对许多章节进行详细阅读和评论的人：Alan Bale、Brian van den Broek、Benjamin Caplan、Steven Davis、Jeff Pelletier、Dirk Schlimm、Robert Seeley 和 Ken Turner。

最后，我想借此机会向我已故的同事 Jim Lambek 表示感谢，他在我刚进入麦吉尔大学时就找到了我，成为我的朋友，并一直鼓励我的工作。我钦佩 Jim 不仅因为他卓越的数学成就（以我的数学背景来说，这类成就中只有少数我能欣赏得了），更主要是因为他特别广泛的智力兴趣，横跨数学及其历史到哲学和语言学。

小写字母	大写字母	名称
α	A	alpha
β	B	beta
γ	Γ	gamma
δ	Δ	delta
ε	E	epsilon
ζ	Z	zeta
η	H	eta
θ	Θ	theta
ι	I	iota
κ	K	kappa
λ	Λ	lambda
μ	M	mu
ν	N	nu
ξ	Ξ	xi
o	O	omicron
π	Π	pi
ρ	P	rho
σ	Σ	sigma
τ	T	tau
υ	Υ	upsilon
ϕ	Φ	phi
χ	X	chi
ψ	Ψ	psi
ω	Ω	omega

目　录

语言、语言学、语义学导论

1.1 20 世纪以前的语言研究

语言学领域起源于语法研究。当一个人试图描述一种语言的模式时，语法研究就产生了。许多文明开始着手描述他们的古典语言。希腊文明开始描述古希腊语。古典印度文明开始描述它的语言：古典梵语。希腊人在欧洲开创的传统是由罗马人继承的，后来又由中世纪的欧洲人继承。在中世纪末期，拉丁语失去了对欧洲知识语言的统治，各种欧洲语言获得了文化语言的地位时，人们开始研究这些语言的语法，当时的语法研究总是从古典拉丁语的角度进行。与此同时，探索之旅使欧洲人接触到了世界上的各种语言，他们需要将这些语言传授给其他欧洲人，这在许多情况下导致了语法的形成，并且这些语法基本上不出意外是以古典拉丁语的语法模式为基础的。最初，许多撰写这类语法的作者试图通过自己发明的规则来对语言的使用施加某种统一性。后来，许多作者试图简单地描述他们观察到的语言用法。

事实上，几乎一直到今天，学校里教授的语法与专业语言学家所从事的研究都是相去甚远的。对大多数人来说，规定语法已经成为"语法"的同义词，而大多数受过教育的人仍然把语法视为一种所有人都可以推断的民间知识，而绝不是任何一门需要特殊准备的学科，如化学或法律。

导致语言学领域产生的另一个重要发展是语言学[⊖]的兴起。18 世纪末，欧洲人与印度广泛接触。很早以前，人们就注意到欧洲古典语言与古典梵语有着惊人的相似之处。这一发现，再加上众所周知的拉丁语族同罗曼语族拥有共同起源，引出了语言有共同起源的假设。因此，历史语言学应运而生：致力于重建一系列语言中的基础语言。

即使在 19 世纪初，许多关于语言的谬误仍然困扰着相关研究。首先，语言的状态越老越好。其次，语言研究的主要目的是建立或重建其原始形式。最后，语言范畴是理性范畴，并且或多或少等同于拉丁语或希腊语的范畴。

1.2 语言学的诞生

到 19 世纪末，这些假设已经被那些追求语言学术研究的人完全抛弃了。对非印欧语系语言，特别是北美原住民民族语言的发现和研究，许多用来处理西欧语言的、源自希腊语和拉丁语语法的语法概念是明显不适用的。那些对北美原住民语言感兴趣的人试图设计新的语法概念来描述这些语言。这反过来又打破了语法和理性之间普遍存在但错误的联系，因为人们认识到，不同的语言以不同的方式达到相同的表达目的，而这些差异是任意的，因此不应认为哪个是更合理的。

⊖ 语言学是"文学研究，包括或可能包括语法、批评、文学史、语言史、写作体系，以及与文学或文学中使用的语言有关的任何其他事物"。"Philology," Webster's Third New International Dictionary, Unabridged, Merriam-Webster, 2002, accessed June 26, 2010, http://unabridged.merriam-webster.com.

这也有助于打破规定主义（prescriptivism）对语言研究的束缚。规定主义主张语法的目的是建立和维护所谓的正确用法。规定主义者通常认为他们所规定和禁止的东西都符合理性的准则。然而，语法模式的差异与什么是合理的无关。在很大程度上，偏袒一种选择而非另一种选择只不过是一种反映社会阶层的偏见或是对正规化的抵制。因此，使用其自身的概念机制来解决事实问题的语言学，发展成为一门完全独立的、经验性的学科。

在 19 世纪，人们对于语言的起源和演变是非常迷恋的。然而，在 20 世纪初，Ferdinand de Saussure（1857—1913）在他的 *Cours de linguistique générale*（Bally and Sechehaye 1972）中指出，对语言的研究可以从两个不同的角度进行：从某一特定时刻的语言结构的角度，也就是共时（synchronic），以及从语言结构随时间变化的角度，也就是越时（diachronic）。在 20 世纪，出现了另外两个重要的发展：一方面是在语言研究和心理学研究之间的联系，另一方面是在语言结构和意义研究中运用逻辑。下面来谈谈这些发展。

1.2.1 语言学和心理学

语言和心理学研究之间的联系可以追溯到现代心理学的开始，当时 Wilhelm Wundt（1832—1920）将心理学确立为一门独立于哲学的经验主义科学（见 Wundt（1904））。而美国语言学家 Leonard Bloomfield（1887—1949）首次将语言或语言学的研究视为心理学的一个特殊分支。

当时，心理学受到了行为主义（behaviorism）的影响，这是由美国心理学家 John Broadus Watson（1878—1958）发起的一项运动，这项运动对研究生物体及其行为的许多领域，包括所有社会科学（见 Watson（1925）），产生了深刻而持久的影响。到那时为止，动物的行为是用本能来解释的，而人类的行为则是用心智、状态和活动来解释的。人类心理学研究的主要方法是内省。行为主义拒绝了对任何不可观察的实体的所有诉求，例如对于非人类动物而言是本能，对于人类而言则是心智、状态和活动。行为主义只承认可观察和可测量的数据是值得科学研究的对象。因此，行为主义者致力于研究生物体的可观察和可测量的物理刺激（stimulus）、由刺激引起的可观察和可测量的反应（response）以及任何与刺激相关的生物过程。

Bloomfield（1933，chap.2）试图从行为主义心理学的角度重铸语言学，使其科学化。尽管当今大多数语言学家仍将语言学视为心理学中的一个特殊领域，但他们对心理学理论应该是什么样的理论的看法与 Bloomfield 截然不同。

第二次世界大战结束时，行为主义正在衰落，本能（instinct）的概念正在恢复，成为一种科学上受人尊敬的概念。不同于早期的思想家将本能归因于动物，却很少或没有实验证实，新的本能或先天天赋的倡导者寻求对他们的归因进行实证确认。因此，早期的动物行为学家⊖在战后就开始研究，他们试图确定某种动物所表现出的某些行为形式是先天的（本能的）还是后天的（习得的）。动物行为学家对一种动物特有的行为特别感兴趣，在这种行为中，一系列确定的行为一旦开始，就要完成。他们把这样一系列的动作称为固定的动作模式。问题就来了：这种行为是先天的还是后天的？如果它是习得的，它是如何被习得的？在

⊖ 动物行为学是对动物行为的研究，源于动物学家 Nikolaas Tinbergen（1907–1988）、Konrad Lorenz（1903–1989）和 Kurt von Frisch（1886–1982）的工作。该学科使用实验室和现场科学相结合的方法来研究动物的行为，并与某些其他学科（如神经解剖学、生态学和进化生物学）紧密相关。三人共享了 1973 年诺贝尔生理学或医学奖。

某些情况下，该行为是与生俱来的，也就是说，一旦动物具有所需的器官，就可以执行上述行为（例如食物收集）。在其他情况下，行为是后天习得的。在习得性行为的情况下，会出现另一个问题：幼年动物是通过反复受其物种的成年动物的相同行为的影响而习得了固定的行为模式，还是幼年动物天生就倾向于在受到环境的适当刺激时表现出这种行为？解决此类问题的一种特别好的方法是剥夺（deprivation）或隔离（isolation）实验。

在这样的实验中，将幼年动物从其同类或同种动物中隔离开来，从而剥夺他们接触其他行为的能力，人们试图通过这种方法确定这些动物是完全无法执行该行为，还是仅仅表现得很差。如果动物正确地执行了行为，那么人们可以合理地得出结论，行为是天生的，而不是后天习得的。然而，如果动物不能产生这种行为，那么人们可以试着找出这种动物需要什么样的经历才能产生这种行为。可能是短暂暴露在行为的同一特性中就足以使行为出现，也可能是暴露和实践都是必需的。

尽管动物的某些行为是与生俱来的，但大多数行为都是由于动物与生俱来的天赋和经验而产生的。后者在具有成熟生物体可以做到但未成熟生物体却不能做到的特征的行为中尤为明显。一方面，仅凭经验是不足以使行为出现的，因为不倾向于发展这类行为的生物永远不会有这类行为。例如，猫不能筑巢，鸟也不能溯流而上产卵。另一方面，仅凭先天的天赋也不足以使行为出现，因为在先前的假设下，生物体在一开始就不能执行该行为。然后问题就变成了：要使生物体行使最终获得的能力，先天天赋和经验需要达到什么样的平衡？为了确定先天天赋是什么，必须确定生物体要行使的能力以及获得该能力所需的经验。如下所示：

$$\text{经验} \longrightarrow \boxed{\text{先天天赋}} \longrightarrow \text{能力}$$

此外，已经被反复证明的是，对于支撑某种行为形式在生物体中发展的能力，生物体必须经历某种形式的刺激，并且必须在称为关键期（critical period）的有限时间内经历这种刺激。C. Blakemore 和 G. Cooper（1970）所做的实验工作很好地说明了这一点，这份工作报道于 Frisby（1980，95）。成熟的猫有能力探测水平线和垂直线。Blakemore 和 Cooper 进行了以下实验。将新生的小猫分为两组，一组小猫只能看到垂直线，而另一组只能看到水平线。一段时间后，它们的大脑神经生理记录显示，在仅具有垂直条纹的环境中饲养的小猫只具有垂直调谐的条纹神经元，而在仅具有水平条纹的环境中饲养的小猫仅具有水平调谐的条纹神经元[⊖]。然后，小猫在具有垂直和水平条纹的环境中暴露一段时间后，能够检测到这些条纹。显然，小猫具有一种先天天赋，当受到适当刺激时，它们就能获得探测垂直和水平条纹的能力。

1.2.1.1 语言习得

语言行为是种内沟通行为的一种形式，即一个物种的一个成员将信息传递给同一物种的另一成员的行为。但是，并非所有的种内沟通行为都是相同的。对于某些物种，其沟通行为包括一组有限的、实际上很少的离散或数字信号。例如，黑长尾猴具有三种声带信号，一种用于观察豹子，另一种用于观察蟒蛇，还有一种用于观察老鹰。相比之下，蜜蜂具有无限数量的连续或模拟信号来传达花蜜的位置。蜜蜂回到蜂巢后会进行所谓的摇摆舞，其轴线表示花蜜的方向，速率表示距离（见 von Frisch（1950，1974））。然而，人类语言表达的内容与以上两种都不相同。它在所有动物的行为中都是独一无二的：既离散又无限。

⊖ 条纹神经元是纹状皮质中的神经元，是负责视觉意识的大脑中枢之一。

语言行为既是人类独有的，又是人类共同的。此外，这是一种人类出生时无法进行但后来却可以进行的行为。自然而然地，按照前面指出的思路可得到下面这种发展构想。

经验 ——→ 先天天赋 ——→ 语言能力

然而，语言能力并不被认为是人类唯一的特有能力。正如 Aristotle 几个世纪前指出的，推理能力是人类独有的。因此，可以认为我们的语言能力是由我们的一般推理能力导致的。当然，这是外行对语言的看法。然而，有人认为事实并非如此，人类的语言能力来源于先天天赋的一个特殊部分。

像先驱 Leonard Bloomfield 一样，Noam Chomsky（生于 1928 年）也强调了语言学与心理学之间的联系。但是，与 Leonard Bloomfield 不同，Chomsky 一直是行为主义的强烈批评者，特别是在语言研究方面。确实，他对于行为主义心理学家 Burrhus Frederic Skinner（1904—1990）的著作《语言行为》(*Verbal Behavior*) 的著名评论在语言学内外都极具影响力（见 Chomsky（1959b））。在他的许多出版物中，Chomsky 对语言的本质提出了截然不同的看法。他特别指出语言行为的基础是语言能力，他认为语言能力是从几种能力中产生的。其中包括推理能力、记忆能力、将注意力集中在各种事物上的能力，以及形成和识别语法句子的能力等。Chomsky 曾经将这种能力称为语法能力（grammatical competence），现在称为 I-language，再加上与人类使用和理解语言有关的其他能力，形成了人类的语言能力。他还认为人类具有与生俱来的特有天赋，这种天赋是语言能力的发展所特有的。Chomsky 用不同的方式称呼这种先天天赋：语言习得工具、通用语法和语言能力。在早期的研究中，Chomsky 通过对早期图表的改编来描绘他的观点。

经验 ——→ 语言习得工具 ——→ 语言能力

Chomsky 一次又一次地提出支持该假设的论点是所谓的贫困刺激论（见 Chomsky（1960；1962，528-530；1965，57-58；1967，4-6））。该论据基于许多观察，这些观察加在一起提供了一个支持假设的有效推定证据，以证明人类具有获得语法能力的天生倾向。

第一个观察结果是，一种语言的结构（孩子可以通过该结构熟练掌握语言）从其声音信号来说既复杂又抽象。Chomsky 特别指出，构成自然语言复杂表达式的基本表达式具有一种高于构成它的连续基本表达式的线性顺序的结构，并且这种附加结构不包含在传送复杂表达式的声音信号中。

第二个观察结果是，虽然语言表达式的结构既抽象于声音信号又复杂，但人类理解和创造句子的语法能力是儿童在短时间内获得的。

第三个观察结果是，即使孩子很少接触带有相关结构示例的信号，或者即使许多话语所展示的结构存在缺陷（被打断或未完成的句子），他们也可以获得这种语法能力。

第四个观察结果是，尽管同一语言群体的儿童所接触到的话语样本存在重大差异，但是他们确实能够发展出相同的语法能力，这反映在他们认为可以接受的表达方式的趋同上。

第五个观察结果是，儿童并没有被教授语法形成的规则。例如，考虑一个英国儿童对英语中复数名词形成规则的掌握。在学校里，所有以英语为母语的儿童受到的教育是，字母 s 被添加到名词后面（man、foot 等词语除外），但这并不是讲英语的孩子在学习说英语时所学的规则，原因很简单，这不是英语复数形式的规则，实际的规则更复杂。除非他受过语言训练，否则任何以英语为母语的成年人都不能说出这一规则。可以肯定的是，有一个后缀。但是，根据位于其前面的字母的发音不同，其发音也有所不同。因此，复数后缀在附加到 cat 这个词时会产生一种发音，即 [s]；当附加到 dog 一词时，它会产生另一个发音，即 [z]；当附加到 bush 一词时，它又产生另一种发音，即 [iz]。孩子们无须指导就能辨别和掌握这种差异。

讲英语的人无须任何指示就能精通英语的另一个例子如下：

(1.1)　John promised Mary to leave.

(1.2)　John persuaded Mary to leave.

每个母语是英语的人都知道，句子（1.1）中"离开"的人是表达"答应"的人，即动词的主语所表示的人，而句子（1.2）中"离开"的人指的是"说服"的受动者，即直接对象所代表的人。这不能归因于任何显式指示，因为相关动词的词典条目不提供有关这些动词的这种信息，而且也不可能是由于单词从左到右的顺序，因为两个句子的区别仅在于动词的选择。

同样，每个以英语为母语的人都知道何时可以使用第三人称代词 it，何时不可以使用它，但没有人可以陈述控制其分布的规则，如下所示。

(2.1)　　John threw out the magazine without reading it.
　　　　　*John threw out the magazine without reading ＿.

(2.2)　　*Which magazine did John throw out ＿ without reading it.
　　　　　Which magazine did John throw out ＿ without reading ＿.

(2.3)　　*I never saw the magazine which John threw out ＿ without reading it.
　　　　　I never saw the magazine which John threw out ＿ without reading ＿.

（下划线用于表示哪个表达式是哪个代词的先行词。在表达式前面加上星号表示以英语为母语的人认为它是不可接受的。）

第六个通常公认的观察结果是，孩子对语法能力的掌握与他的智力、动机和情感构成无关。最后，人们认为孩子不会倾向于学习一种语言而不是另一种语言。如只说韩语的人的孩子，如果由只说法语的人抚养长大，那么他将像任何其他只说法语的人的孩子从出生时就被只说法语的人抚养长大一样容易学习法语。而只说法语的人的孩子，如果由只说韩语的人抚养长大，将像任何其他只说韩语的人的孩子从出生时就被只说韩语的人抚养长大一样容易学习韩语。

这六个观察结果对关于习得语言的假设提出了以下限制，即它不可能太强以至于使孩子倾向于获得一种语言的语法能力胜过另一种语言的语法能力。因为如上所述，没有孩子更倾向于学习一种语言而不是另一种语言。同时，先天天赋不能太差以至于不能解释儿童对语法能力的快速习得，因为这种能力是抽象但统一的：无论他接触的质量，他接触的贫乏，以及从智力、动机和情感构成上获得的独立性如何（见 Chomsky（1967，3））。简而言之，这种先天天赋不能太丰富以至于妨碍某种已经证明的语言习得，但它也必须足够丰富以确保人们可以在有限的时间和数据访问内习得任何经证明的语言（见 Chomsky（1967，2））。

这种观点虽然被语言学家广泛接受，但最初受到诸如 Hilary Putnam（1967）等经验主义哲学家的怀疑，他们对本书中的某些观点提出异议，并认为人类语言能力是人类一般学习能力的结果。最近，联结主义者（connectionist）提出了计算模型，表明确实有可能从声音信号中提取出抽象的支持结构（见 Ellman et al.（1996））。但是，请注意，正如 Fodor（1981）所强调的那样，争论的焦点不在于是否有先天天赋来解释语言学习，这一点是没有争议的，而是关于先天天赋的本质，特别是该必要的先天天赋是否是语言学习特有的。

另一种支持人类具有特殊学习能力这一假设的论据基于这样的说法，即人类经历了对获得语言能力至关重要的时期（见 Lenneberg（1967，142–153））。基本道德不允许进行这一项剥夺性实验，在该实验中，婴儿会被剥夺在其童年时期接触语言的过程，以查看其成人以后是否可以学习语言。尽管如此，但据称已经找到了这种被剥夺权利的儿童。其中一个例子是，19 世纪在法国的荒野中发现的一个叫 Aveyron 的野孩子，他不会说话，而且据报道，经过严格的训练也不能掌握法语（见 Lane（1976））。但是，关于这个男孩处境的太多事实仍不清楚，专家无法在他身上证实或否定人类具有与生俱来的语言能力的假设。20 世纪下半叶，在美国洛杉矶，发现了一个名叫 Genie 的年轻女孩，她从婴儿期就被单独关在一个房间里。尽管经过了充足的训练，她仍然不能进行正常的流利的英语表达（见 Curtiss（1988））。然而，尽管对她的历史进行了仔细的记录，但混淆因素使专家无法就她的案例是否提供了支持或反对这一假设的证据达成任何共识。

支持该假设的另一个论点基于这样的说法，即孩子在学习第二语言方面比成人要成功得多。尽管研究人员进行了研究以支持这一主张，但其他作者对研究的解释提出了争议，其他研究也未能复现这一结果。

1.2.1.2　语法能力

人类的语言能力不是可以直接观察到的，而是必须从行为中找出来。相关行为是构成所使用语言的一组表达式。因此，刻画语言能力的第一步就是刻画语言表达。

令人惊讶的是，在 2500 年前，印欧部落的一些不为人知的思想家已经朝着这个方向迈出了重要的一步，他们移居到了今天的巴基斯坦和印度西北部。这些被称为印度雅利安人（Indo-Aryans）的部落对他们的语言梵文（Sanskrit）非常感兴趣。他们对梵文的了解是如此先进，以至于到公元前 5 世纪，他们已经制定了今天我们所说的梵文生成语法（generative grammar）。证明这一惊人成就的纪念碑是世界上现存的最早的语法 *Aṣṭādhyāyī*（公元前 4 世纪）。这种语法是由讲该语言的人 Pāṇini 编写或汇编而成的，我们对该作者几乎一无所知。该语法既不是关于该语言的观察现象的记录，也不是现代领域语言学家所汇编的那种描述性语法，它包含一组有限的规则集和一组有限的最小表达式集，从中可以用有限数量的步骤得出梵文的每个正确表达式。这种语法直到 20 世纪中叶才在世界上其他地方被人知悉，现在被称为生成语法。这种语法概念正是对自然语言进行一切数学严格处理的基础。

Pāṇini 的语法体现了许多见解。其中一个是由伟大的梵文语法学家 Patañjali（公元前 2 世纪）在评论 Pāṇini 的 *Aṣṭādhyāyī* 的书 *Great Commentary*（或 *Mahābhāṣya*）中明确的。在这本书中，Patañjali 观察到，梵文可能的正确表达没有固定的上限，因此学习这门语言需要学习它的词汇和规则。他写道：

> 背诵每个特定的单词不是理解语法表达的手段。Bṛhaspati 在一千年的神圣岁月里，通过说出每一个特定的单词来对 Indra[⊖] 的语法表达进行研究，但仍然没有达到目的。以 Bṛhaspati 为导师，Indra 为学生，以一千个神圣的年头作为学习时间，还是无法达到目的，那么，当一个人一生最多只有一百年的今天又当怎么办呢？……因此，背诵每个特定的单词不是理解语法表达的手段。那么语法表达是如何理解的呢？必须进行编写一些包含一般和特殊规则的工作。（见 Kielhorn（1880，vol. 1, 5-6）和 Staal（1969, 501-502））

⊖　在吠陀神话中，Bṛhaspati 是众神的导师，是神圣智慧、咒语、赞美诗和仪式的主人，Indra 是主要的众神之一。

可见梵文中语法表达的数量太多，不可能一个接一个地学习。与此相反，人们必须学习一套可以应用于有限的基本表达式的有限规则⊖。事实上，*Aṣṭādhyāyī* 及其附录包括的恰恰是这些：一个基本表达式的有限列表和一组有限规则，这些组合起来共同生成梵文的所有语法表达式。

语法体现的另一个见解是，对于复杂的表达式的理解是在理解构成它的基本表达式的基础上进行的。这一见解也见于中世纪欧洲逻辑学家 Peter Abelard（1079—1142）和 John Buridan（14 世纪）的著作中，并且显然在现代欧洲逻辑学家 Gottlob Frege（1848—1925）和 Rudolf Carnap（1891—1979）的著作中是独立出现的。*Aṣṭādhyāyī* 通过将梵文生成的每个句子与其部分同构成该句子的最小表达式相关的情况进行匹配来体现这种见解⊜。这种见解的经验基础产生于以下类型的观察。想想在完全相同的情况下说的这两句话：

(3.1)   A **cow** is a mammal.

(3.2)   A **rock** is a mammal.

这些句子形成了语言学家所称的最小对（minimal pair）：一对除了两个词不同，其他在所有相关方面都相似的句子。句子（3.1）和句子（3.2）在所有相关方面都是相同的，除了句子（3.1）有单词 cow，句子（3.2）有单词 rock，并且英语母语者判断句子（3.1）是正确的，判断句子（3.2）是错误的。对于英语母语者为什么认为句子（3.1）和句子（3.2）对错不同的明显解释是，他们对 cow 和 rock 这两个词的理解不同⊜。

但是简单表达式如何构成复杂表达式究竟是由什么关系决定的呢？这里来谈谈直接成分分析法（immediate constituency analysis）的概念，这是 20 世纪上半叶在北美工作的美国结构主义语言学家提出的一个关键概念。尽管它的三个基本要素体现在 Pāṇini 的 *Aṣṭādhyāyī* 中，但是这项运动的创始人 Leonard Bloomfield 对这些思想进行了明确的阐述，他本人也是印度语法传统的学习者。他的继任者进一步阐述和运用了这些理论，特别是 Bernard Bloch（1946）、Zellig Harris（1946）、Eugene Nida（1948）、Rulon Wells（1947）和 Charles Hockett（1954）。直接成分分析法有三个基本要素。第一，每个复杂表达式可以分解为直接子表达式（通常是两个），它们本身可以被分析为直接成分，并且这种分析可以继续，直到达到最小成分。第二，每个表达式可以放在一组表达式中，这些表达式可以在更复杂的表达式中相互替换，而不影响其可接受性。第三，这些表达式集可以被赋予一个句法范畴。

使用直接成分分析法，可以证明句子（4.0）能用两种不同的方法分析，每种方法都有不同的含义。

(4.0)   Galileo saw a patrician with a telescope.

(4.1)   Galileo saw [NP a patrician [PP with a telescope]].
A patrician with a telescope was seen by Galileo.

(4.2)   Galileo saw [NP a patrician] [PP with a telescope].
The patrician was seen with a telescope by Galileo.

⊖　2500 年前的预料表明，Noam Chomsky 和 Donald Davidson 对人类语言的总体影响都将是相同的。

⊜　相关讨论与 rule A 1.2.45 相关，这指的是 *Aṣṭādhyāyī* 中的 "rule 45 of chapter 2 of book I"。现代处理措施请参见文献（Bronkhorst 1998）。

⊜　特别是印度语法学家和印度思想家，把这种使用最小对的方法称为 anvaya（伴随或一致）和 vyatireka（差异或排除）方法。一些读者可能会识别出，大致类似的处理方式被欧美人称为密尔的方法（Mill's method）。密尔的方法至少可以追溯到中世纪英国哲学家 Robert Grosseteste（约 1175—1253）生活的时代。这些想法在 1.3.2 节中进行了简要讨论。

要了解这一点，请考虑以下情况。Galileo 透过望远镜望着威尼斯公寓的窗外，看到一位贵族空手走过圣马可广场。如果根据句子（4.1）中的注释理解句子（4.0），即将介词短语（PP）with a telescope 视为名词短语（NP）a patrician 的修饰语，则判断句子（4.0）为假；如果根据句子（4.2）中的注释理解句子（4.0），即将 with a telescope 作为动词 saw 的修饰语，则判断句子（4.0）为真。

这些事实表明，直接成分分析法在根据一个复杂表达式的子表达式的含义确定其自身含义时至关重要。毕竟，除了直接成分分析法的分组之外，还有什么可以解释为什么同一句话在同一情况下既可以被判断为真又可以被判断为假？

直接成分分析法也揭示了自然语言表达没有任何限制。正如后面几章将更详细地介绍的那样，一种类型的成分可以有另一种同类型的成分。例如，一个介词短语可以包含另一个介词短语，而这个介词短语可能又包含另一个介词短语。

(5.1)   Bill sat [PP behind the first chair].

(5.2)   Bill sat $\big[$PP behind the chair [PP behind the first chair]$\big]$.

(5.3)   Bill sat $\Big[$PP behind the chair $\big[$PP behind the chair [PP behind the first chair]$\big]\Big]$.

⋮   ⋮

事实上，英语中的许多成分，除了介词短语之外，都很容易表现出这种特性。例如协调独立从句。考虑英语连接词 and，它可以放在两个独立的从句（如从句（6.1）和从句（6.2））之间，形成一个独立的复合从句（6.3），它本身可以连接到任何一个初始从句，形成另一个独立的复合从句（6.4）。

(6.1)   It is raining.

(6.2)   It is snowing.

(6.3)   It is raining and it is snowing.

(6.4)   It is raining and it is snowing and it is raining.

⋮   ⋮

对此也可以用连接词 or。关系从句提供了另一个具有这种性质的成分的例子。

(7.1)   Bill saw a man.

(7.2)   Bill saw a man who saw a man.

(7.3)   Bill saw a man who saw a man who saw a man.

(7.4)   Bill saw a man who saw a man who saw a man who saw a man.

⋮   ⋮

事实上，这种属性，即某一类型的成分可以包含另一个相同类型的成分，似乎是每一种已知人类语言的属性。正是由于这种被数学家称为递归（recursion）的属性，每一种人类语言包含无限的表达式。换一种说法，通过将有限的递归规则集应用于有限的基本表达式或最小元素集，可以获取或生成组成语言的无限表达式。这些和其他规则被认为构成了语言的语法，因此被认为是相应语法能力的特征。

语法能力的假设涉及理想化，而理想化很简单。例如，人类很明显有能力做算术，精通这一能力并不要求人们在每次练习的时候都非常完美。毫无疑问，每个人无论算术能力如何，都会犯算术错误。犯算术错误的简单事实决不能只归咎于算术能力差。要么是持续性犯错误，要么是即使指出错误也无法识别，才可以这样认为。事实上，如果没有对算术能力的描述，即使再如何谈错误并试图用任何跟人类心理学相关的方式来描述它们，也是没有意义的。换言之，人们需要对照一个标准才能来研究错误。

因此，区分人类的语法能力和表现是很有用的，不考虑所有的口误、发音错误、犹豫停顿、结巴、口吃等，总之，不考虑任何与记忆限制、分心、注意力转移和兴趣转移等无关因素有关的东西，以及语言行为所涉及的生理和神经机制的失灵（见 Lyons（1977，586））。数据的这种理想化或规范化对于正确理解语法能力和语言表现都是必不可少的。一旦正确地描述了减损是什么，就可以确定对某物的减损到底有多少。应该强调的是，这些表现上的错误并没有被忽视，而是最终成为更细致研究的对象。

1.2.1.3　自主性

正如人们认为人类语言能力的行使是多种能力共同作用的结果，包括语法能力的行使。因此，语法能力的行使被认为是行使组合能力的结果，行使语法能力需要对它们进行联合行使。此外，正如人们认为构成语言能力的各种能力是可区分的而不是可以互相简化的，语法能力的各种成分也是可区分的而不是可以互相简化的。另一种说法是，构成语言能力的各种能力之间以及构成语法能力的各种能力之间是相互独立的。

为了更好地理解组成语法能力的各种能力组件的自主性⊖（autonomy）的含义，让我们考虑各种事实是如何被解释的。首先，考虑以下表达式，这些表达式的不可接受性不能被英语音韵规则决定，而可由英语句法规则来解释。

(8.1)　　*Butted to when in did sorry he town.

(8.2)　　*Bill called up me.

第一个没有任何句法结构，而第二个违反了语法规则，即与动词构成动词短语的小品词必须出现在充当该短语的直接宾语的后面。

同样，下一对表达式的不可接受性将由英语规则解释，第一个例子即主名名词短语的名词和动词短语的动词在语法单复数上必须保持一致，第二个例子中名词 mouse 是复数形成一般规则的例外。

(9.1)　　*The boys is here.

(9.2)　　*The mouses have escaped.

注意上面两个句子并非不可理解。如果是由母语不是英语的成年人或由儿童说出的，那么在第一个例子中，它会被解释为 The boys are here 或者 The boy is here，在第二个例子中，它会被解释成 The mice have escaped。因此，没有一个语言学家会因为语义而认为这样的句子是不可接受的。

最后考虑另一组不可接受的表达式。它们不违反任何公认的英语音韵或词法规则。而且，每一个句子在句法结构上都与一个完全可以接受的英语句子相对应。

(10.1)　　The girl loves the boy.
　　　　　　*The stone loves the boy.

⊖　Chomsky 第一次使用"autonomy"这个词时，遇到了很大的阻力，这很令人惊讶。与 Chomsky 的许多创造一样，使用了一个术语来表示一个熟悉的概念，事实上，这个术语准确地描述了当时和现在的许多语言实践，也就是说，各个传统研究领域虽然相关，但彼此之间并不相互简化。

(10.2)   Carla drinks water.
          *Quadruplicity drinks procrastination.
          (Russell (1940, 275))

(10.3)   Fred harvested a large bail of hay.
          *Fred harvested a magnetic puff of amnesia.
          (Cruse (1986, 2))

这样的表达式，如果完全解释的话，只能通过重建一个或多个词的意思来解释。这些句子被解释为不可接受的，不是音韵、形态学或句法的原因，而是语义学的原因，特别是因为各种表达式的意思缺乏连贯性。

因此，我们看到，所有被判定为不可接受的表达式，其不可接受性是如何由不同的规则来解释的：有些是由音韵规则解释的，有些是由形态学规则解释的，有些是由句法规则解释的，还有一些是由语义规则解释的。因此，音韵、句法、形态学和语义学被认为是独立的语法理论的组成部分，尽管它们也是相关的。

需要注意的是，这些不同组件之间的相互自主性不会因为它们可能具有重叠的应用领域而产生问题。这里有一个基本例子，说明形态学和句法以及音韵学是如何具有重叠的应用领域的。例如，在法语中，一个词的形式的选择在某些情况下可能是由纯粹的形态句法因素决定的，而在另一些情况下则是由音韵因素决定的。

(11.1)   Son logement est beau.
          His dwelling is beautiful.

(11.2)   Sa demeure est belle.
          His dwelling is beautiful.

(12.1)   Sa femme est belle.
          His wife is beautiful.

(12.2)   Son épouse est belle.
          His wife is beautiful.

因此，在句子（11.1）和句子（11.2）中，所有格形容词 sa 和 son 之间的选择取决于下列名词的性别：logement 是阳性的，所以所有格形容词的形式是阳性形式 son；demeure 是阴性的，所以所有格形容词的形式是阴性形式 sa。然而，在句子（12.2）中，尽管 épouse 是阴性的，但所有格形容词的适当形式是阳性形式 son，这是因为紧跟其后的单词是以元音开头的[⊖]。

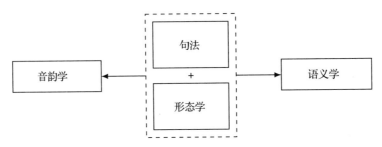

语言学家不仅认为语法的各个组成部分是相互独立的，而且认为语法能力和世界知识也是相互独立的。因此，下一对句子的不可接受性可归因于不同的来源：第一是违反语法规则

⊖ 英语中也有类似的变化。比较 a rubber band 和 an elastic band。

的句法，第二是与我们对世界的认识相冲突。

(13.1)   *I called up him.

(13.2)   *The man surrounded the town.

像句子（10.2）这样的表达式，在各个方面都像陈述句，但似乎没有意义，这有时被称为语义异常（semantically anomalous）表达。也就是说，它们是反常的，而不是错误的，因为它们似乎不容易被判断为是真是假。英国哲学家 Gilbert Ryle（1900—1976）认为这样的句子包含类别错误（见 Ryle（1949，16））。他们对比了以下三个句子，这些句子被判断为绝对错误。

(14.1)   I dislike everything I like. (Leech (1974, 6))

(14.2)   My uncle always sleeps awake. (Leech (1974, 7))

(14.3)   Achilles killed Hector, but Hector did not die.

与那些被判断为绝对错误的句子相对应的是那些被判定为绝对正确的句子。

(15.1)   I like everything I like.

(15.2)   My brother always sleeps asleep.

(15.3)   If Achilles killed Hector, then Hector died.

人们认为，这种判断的必然性并非来自说话者对世界的了解，而是来自他的英语知识。这种绝对的对错性与以下句子中的任何一个都无法轻易判断对错性形成了对比。

(16.1)   Some man is immortal.

(16.2)   My uncle always sleeps standing on one toe. (Leech (1974, 7))

毕竟，这些句子的真实性在某种程度上是可信的，下面这两句话的错误性也是可想而知的。

(17.1)   All men are mortal.

(17.2)   No cat is a robot.

然而，并不总是清楚一个给定的句子是否必然是真的或必然是错误的。考虑下一句话。

(18)   This man is not pregnant.

这句话一定是真的吗？如果是的话，它是因为其中单词的含义而是真的吗？正如 Lyons（1995，122）所指出的那样，生物技术终有一天会允许一个怀着胎儿的子宫被植入一个男人体内，而这个男人随后可以通过剖宫产来生孩子，这并非不可想象。

根据英语语法，有一些句子无论怎样都是真的，另一些句子无论怎样都是错误的。还有一些句子是真的或错误的取决于世界是怎样的。但是，正如我们稍后将要看到的，区分这些不同类别的句子并不总是那么容易。

1.2.2   语言学和逻辑学

如果语言学和心理学之间的联系牢固，那么它与逻辑的联系也同样如此。最初，逻辑试图将好论点与坏论点区分开。更具体地说，它试图确定哪些论点形式能保留真理事实，哪些不能。由于论点是用一种语言进行交流并在某种程度上用一种语言表达的，因此自然要使用语言形式来识别论点的形式。因此，对逻辑感兴趣的人对语言感兴趣，在追求逻辑时对语言进行有益的观察，并对语言有独到的见解，这也就不足为奇了。

从欧洲逻辑学的研究开始，逻辑和语言的交织就显而易见了。在 Aristotle 发展他的三段论的过程中，介绍了主语和谓语之间的区别，此后该区别在语法和逻辑上就一直存在。这些也不是他所发现的语言中唯一的区别：Aristotle 似乎是第一个将连词确定为词汇类并且将时态确定为动词特征的欧洲人。古希腊时期的 Stoics 哲学学派在众多问题中也对逻辑和语言问题感兴趣。他们确定了 and、or 和 if 的真实功能，并且在许多其他方面又将动词与动词时态区分开。逻辑和语言问题的混合体再次出现在中世纪的现代逻辑学中，尤其是对助范畴词（syncategoremata）的处理时，诸如 all（Omnis）、both（uterque）、no（nullus）、unless（nisi）、only（tantum）、alone（solus）、infinitely many（infinita in pluralia）、numerals（dictiones numerales）等的英语表达式。

下一个进一步促进逻辑和语言问题交织的重大发展是形式化数学的发展。特别是，经典的量化逻辑被发展成为一种表示数学推理的手段。它通过提供一组术语符号来实现这一点，根据这些符号，所有的数学论点都可以被框架化。通过关注数学论证或证明，逻辑学把注意力转移到如何把数学证明的所有部分都放进符号中，以及如何严格地规定符号。关于如何严格规定符号的研究催生了递归理论。如何解释符号的研究催生了模型理论。这两个方面的发展都对语言学产生了根本性的影响：第一个发展为语法规则的形式化提供了基础，第二个发展引起了哲学家和后来语言学家的注意，语义学的核心问题是，组成表达式的各部分词组的含义对它们所构成的表达式的含义有何贡献？

在本节的剩余部分中，我们将用几个非常简单的例子来说明这两个概念，这两个概念对于研究逻辑和自然语言都是至关重要的。虽然这些例子看起来完全是人为设计的，但其基本思想却并非如此。事实上，任何一个学过中学数学的人都很熟悉这些基本概念，尽管为了避免会分散注意力的无关细节，这里没有选择任何基本符号来展示。当我们因更深入的探究而不可避免地面对越来越广泛的自然语言现象带来的复杂性时，可以使用这些简单的例子来坚持我们的立场。

1.2.2.1 形成规则

什么是递归？在这里，我们将不尝试给出严格的数学定义，但是我们将给出一个严格的说明。考虑集合 SL，其成员是包含字母 A、B、C、D 的一个或多个实例的序列。因此，集合 SL 不仅包括字母 A、B、C、D，而且还包括这些字母的序列，例如 AB、BD、DC、AAA、$DCBAADD$，以及许多其他序列。它仅包括此类序列，因此不包括 AEC、FBE 等。读者可以很容易地看到，SL 具有无限数量的成员。毕竟，给定这些字母的任何序列，可以通过将四个字母中的任何一个添加到给定的序列中来获得这些字母的不同组合。

SL 的前述特性不是递归规范，但以下是。SL 包含元素 A、B、C、D，以及可以从 SL 中已经存在的表达式内获得的任何表达式（可以通过添加后缀 A、B、C、D 来获得）。以 L 作为元素 A、B、C、D 的集合，我们可以给出 SL 的正式递归定义。

(19)   FRs: SUFFIXATION FORMATION RULE for SL

(19.1)   If x is an expression of L, then x is an expression of SL.

(19.2)   If y is an expression of SL and z is an expression of L, then yz is an expression of SL.

(19.3)   Nothing else is a member of SL.

称这种定义为形成规则（formation rules）的定义。我们将这个特定的形成规则称为后缀形成规则（对于 SL 而言），可将其缩写为 FRs。

这种定义被认为是在 L 的基础上产生 SL 的成员。让我们看看 FRs 是如何产生 SL 中的特定表达式的，比如 *BACD*。*A*、*B*、*C*、*D* 作为 L 的表达式，根据句子（19.1）也是 SL 的表达式。既然 *B* 是 L 的表达式，那么根据句子（19.1），*B* 是 SL 的表达式。在下图中，由 *B* ∈ L 在上、*B* ∈ SL 在下的线表示。目前，我们把 ∈ 看作"是 ... 的表达式"的简写。因为 *B* 是 SL 的一个表达式，等价于 *B* ∈ SL，而 *A* 是 L 的一个表达式，等价于 *A* ∈ L，所以根据句子（19.2）得出 *BA* 是 SL 的一个表达式，这在图中用两条线表示，一条线上面是 *B* ∈ SL，另一条线上面是 *A* ∈ L，两条线在下面汇集到 *BA* ∈ SL。句子（19.2）中规则的另一个应用产生表达式 *BAC*。第四个应用产生表达式 *BACD*。简言之，从图表的一个级别到紧靠其下的级别的每个转换对应于句子（19）中规则之一的应用，其中上层的内容对应于规则的 if - 子句，下层的内容对应于同一规则的 then - 子句。

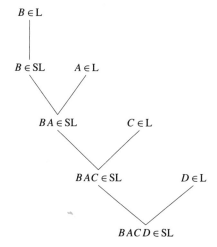

这个图说明了两个事实。第一，两个简单的表达式可以组合成一个复杂的表达式。我们把两个组合成复杂表达式的表达式称为复杂表达式的（直接）子表达式。例如，这里的 *BA* 和 *C* 是 *BAC* 的直接子表达式。第二，它描述了在有限步数中，SL 的任何表达式都可以从最简单的 SL 表达式中获得，即 L 中的表达式，或者等价地在有限步数中，SL 的任何表达式都可以分解为最简单的 SL 表达式，也就是 L 的那些表达式。

对句子（19）进行思考可发现，在句子（19）的基础上，能而且仅能得到 SL 中的表达式。特别是句子（19.1）和句子（19.2）很明显能保证包括含有一个或多个 L 成员的所有序列，以及句子（19.3）保证不包括其他序列。

后缀法不是生成 SL 中的所有表达式的唯一方法。这些表达式也可以通过前缀生成。因此，可以将 SL 的成员递归指定为包括 L 的元素以及可以通过将 L 的元素添加到 SL 中已经存在的表达式的前缀来获得任何表达式。

(20)　　　FRp: PREFIXATION FORMATION RULE for SL

(20.1)　　If *x* is an expression of L, then *x* is an expression of SL.

(20.2)　　If *y* is an expression of L and *z* is an expression of SL, then *yz* is an expression of SL.

(20.3)　　Nothing else is a member of SL.

正如我们现在将要展示的，根据句子（20）中的递归定义，*BACD* 也是 SL 的一个表达式。因为 *D* 是 L 的一个表达式，所以根据句子（20.1），它也是 SL 的一个表达式。现在 *C* 也是 L 的一个表达式，所以根据句子（20.2），*CD* 是 SL 的一个表达式。同样再根据句子（20.2），因为 *A* 是 L 的一个表达式，所以 *ACD* 也是 SL 的一个表达式。最后，*B* 作为 L 的一个表达式，被句子（20.2）预先固定到 *ACD*，从而产生 *BACD* 是 SL 的一个表达式。接下来描述这些步骤。

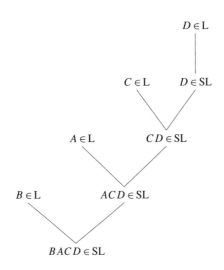

因此，正如刚才所示，无论是按照句子（19）中的递归规范还是按照句子（20）中的递归规范，都能证明表达式 *BACD* 是 SL 的一个成员。然而，正如两个图所表明的，每个递归规范可以以不同的方式生成相同的表达式。因此，虽然根据句子（19）中的递归规范，*BAC* 是 *BACD* 的子表达式，但根据句子（20）中的递归规范，它不是 *BACD* 的子表达式。

句子（19）和句子（20）所示的递归规范形式比语言学家用来生成自然语言表达式的递归规范形式简单得多。语言学家通常采用两种递归规范：成分语法（constituency grammar）和类型语法（categorial grammar）。第一个源于对语言本身的研究，另一个源于对逻辑的研究。第一个起源于 Pāṇini 的 *Aṣṭādhyāyī*，它的许多音韵和形态规则非常类似于如今的上下文相关规则（context sensitive rule）（见 Staal（1965））。这样的规则在这 2500 年的语法中再没有使用过，美国结构主义语言学家 Leonard Bloomfield（1933）仔细研究了 Pāṇini 的语法之后（见 Rogers（1987））重新发现了它们的实用性，不仅像 Pāṇini 那样在形态学和音韵学上应用它们，还在语法上也开始应用它们。随后，经过 Zellig Harris（1946；1951）、Bernard Bloch（1946）、Rulon Wells（1947）、Eugene Nida（1948）和 Charles Hockett（1954）等人的努力，这些技术也得到了极大的发展。此后不久，Noam Chomsky 研究了被称为重写（rewriting）或半重读（semi-Thue）系统的数学系统（见 Chomsky（1956; 1959a; 1963）），他建议使用这些系统来形式化直接成分分析法（见 Chomsky（1957））。

递归地确定自然语言表达式的另一种方法是使用 Lambek 演算（见 Lambek（1958）），该演算以其发现者 Joachim Lambek（1922—2014）的名字命名。Lambek 演算是类型语法的推广，Kazimierz Ajdukiewicz（1890—1963）借鉴 Edmund Husserl（1859—1938）*Fourth Logical Investigation* 中的思想，设计了经典数量逻辑符号的数学表征。Ajdukiewicz（1935）

用不太严谨的方式指出了符号学在自然语言结构研究中的一些可能应用，从而解释了符号学的某些概念。但是 Ajdukiewicz 对自然语言的关注完全是机会主义的，因为他只关注逻辑方面。Yehoshua Bar–Hillel（1915—1975）是第一个认真探讨类型语法如何应用于自然语言研究的人（见 Bar Hillel（1953））。

在后面的章节中，我们将学习这两种类型的递归规范如何用于分析自然语言表达式的语法以及它们之间的关系。

1.2.2.2　估值规则

我们已经给出了递归是什么以及它如何适用于自然语言的句法分析，现在让我们转向什么是模型理论，以及它如何适用于分析子表达式的含义对其构成的完整表达式的含义有何贡献。语言学家和哲学家把这种特性称为成分性（compositionality）。

模型理论还涉及逻辑符号与数学对象的关系。基本思想可以用 SL 的表达式来说明。让我们考虑一个问题：SL 的表达式是否足以允许命名每个自然数，即命名 0，1，2，…？答案是肯定的。这可以通过在 SL 的递归规范上递归地给 SL 的每个表达式赋值来实现。这里给出了一种方法。首先，将 0 赋给 A，1 赋给 B，2 赋给 C，3 赋给 D。接下来，遵循其递归规范将值赋给一个复杂表达式。我们称这一规则为估值规则（valuation rule）。我们将看到，每个估值规则都是根据预先给定的形成规则来定义的。

为了更好地了解估值规则所涉及的内容，让我们考虑一个例子。回想句子（19）中定义的形成规则 FRs。每个复杂表达式包含两个直接的成分表达式，一个是左手表达式，一个是右手表达式。赋给复杂表达式的值是通过将赋给左手直接成分表达式的值乘以 4 并将结果与右手直接成分表达式的值相加而获得的值。我们把这项任务称为 i。它分为两个规定。第一条规定了要分配给 L 中表达式的值，分别为表达式 A、B、C 和 D 赋值 0、1、2 和 3。第二条规定说明如何根据分配给表达式各部分的值，将值赋给表达式本身，如果该表达式由 SL 的表达式 y 和 L 的表达式 z 组成，则赋给复杂表达式 yz 的值是赋给 z 的值加上赋给 y 的值的 4 倍的结果。使用符号 $i(x)=y$ 表示 i 将 y 赋给 x，可以用下面的示例说明 i 的定义：

(21)　　VRi: VALUATION RULE i for FRs

(21.1)　$i(A)=0, i(B)=1, i(C)=2,$ and $i(D)=3$.

(21.2)　If y is an expression of SL and z is an expression of L, then $i(yz)=4 \cdot i(y)+i(z)$.

要了解 VRi 的工作原理，让我们注意它的一些特性。首先，正如句子（19.1）规定了生成 SL 表达式的元素，句子（21.1）同样规定了它们的值。接下来，正如句子（19.2）详细说明了一个复杂表达式是如何由两个直接成分表达式构成的一样，句子（21.2）详细说明了一个复杂表达式的值是如何由其直接成分表达式的值决定的。简而言之，VRi（21）与 FRs（19）是协同工作的。

让我们看看这究竟是怎样的。回想一下 FRs（19）是如何生成 $BACD$ 的。首先，句子（19.1）表示 L 的元素是 SL 的表达式。因此，如我们所见，B 是 SL 的表达式。根据句子（19.2），BA 是 SL 的表达式。同时，句子（21.1）将 0 赋给 A（即 $i(A)=0$），将 1 赋给 B（即 $i(B)=1$）。根据句子（21.2），赋给 BA 的值是赋给 B 的值加上赋给 A 的值的 4 倍，即 $4i(B)+i(A)$，或者 $4×1+0$，或者 4。因为 BA 是 SL 的表达式，C 是 L 的元素，根据句子（19.2），BAC 是 SL 的表达式。根据句子（21.2），由于 BA 被赋值为 4，C 被赋值为 2，BAC

被赋值为 $4×4+2$ 或 18 。最后，由于 BAC 是 SL 的一个表达式，D 是 L 的一个元素，$BACD$ 是 SL 的一个表达式，其值为 $4×18+3$ 或 75 。所有这些都很好地显示在下图中。

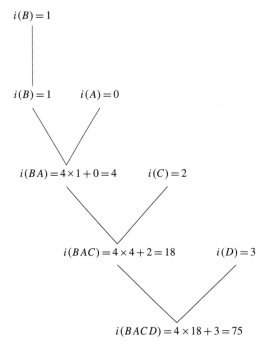

请注意，该图与先前用于描述 FRs（19）如何生成表达式 $BACD$ 的图相同，只是指示各子表达式类别的节点标签被指示赋给各子表达式的值的标签替换而已。

读者应该能够看到，由 FRs 形成并由 VRi 赋值的 SL 的每个表达式表示一个自然数，并且每个自然数都能够使用由 FRs 形成并由 VRi 赋值的 SL 的某个表达式表示。

VRi 并不是唯一的方法，可以分配自然数给 FRs 形成 SL 表达式，使得每个表达式表示一个自然数，每个自然数由某个表达式表示。为了证明这一点，让我们保留 FRs（19）给出的 SL 表达式的递归规范，但用句子（22）中的值替换 VRi（21）给出的值的递归规范。句子（22）中的规范将相同的值赋给 L 的元素，但不是将左手直接成分表达式的值乘以 4 ，而是将右手直接成分的值乘以 4 ，然后将该值加到左手直接成分表达式的值中。

（22）   VRj: 对于 FRs 的估值规则 j

（22.1） $j(A)=0$ ，$j(B)=1$ ，$j(C)=2$ ，且 $j(D)=3$ 。

（22.2）   如果 y 是 SL 的表达式且 z 是 L 的表达式，那么 $j(yz)=j(y)+4·j(z)$ 。

让我们看看当 $BACD$ 由 FRs（19）生成时，VRj（22）赋给它什么值。如前所述，句子（19.1）表示 L 的元素是 SL 的表达式。因此，B 是 SL 的表达式。根据句子（19.2），BA 也是 SL 的表达式。与句子（21.1）一样，句子（22.1）将 0 赋值给 A（即 $j(A)=0$），将 1 赋值给 B（即 $j(B)=1$）。根据句子（22.2），赋给 BA 的值是赋给 B 的值加上赋给 A 的值的 4 倍，即 $j(B)+4·j(A)$ 或 $1+4×0$ 或 1 。因为 BA 是 SL 的表达式，C 是 L 的元素，同样，根据句子（19.2），BAC 是 SL 的表达式。因为句子（22.2）给 BA 赋值 1，它赋给 BAC 的值等于赋给 BA 的值加上赋给 C 的值的 4 倍，即 $1+4×2$ 或 9 。最后，句子（22.2）赋给 $BACD$ 的值为上述 BAC 的值加上赋给 D 的值的 4 倍，即 $9+4×3$ 或 21 。我们在下图中显示这些计算。

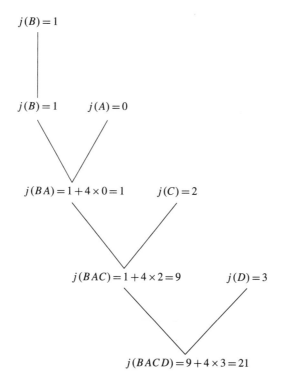

$$j(B) = 1$$

$$j(B) = 1 \qquad j(A) = 0$$

$$j(BA) = 1 + 4 \times 0 = 1 \qquad j(C) = 2$$

$$j(BAC) = 1 + 4 \times 2 = 9 \qquad j(D) = 3$$

$$j(BACD) = 9 + 4 \times 3 = 21$$

由于 FRs（19）用于生成表达式 *BACD*，因此在此再次使用先前用于描述由 FRs（19）生成 *BACD* 的图。然而，该图不同于句子（21）的图，其中值被赋给构成表达式 *BACD* 的表达式。这是因为句子（21）的图中显示的赋值由 VRi（21）确定，而此处显示的赋值由 VRj（22）确定。

尽管 SL 的表达式是以同样的方式生成的，也就是说，是由 FRs（19）中的递归规范生成的，而且即使 L 的元素被赋了相同的值，但赋给复杂表达式的值仍然不同，这一点可能并不奇怪，正如我们所见，这取决于应用的估值规则。令人惊讶的是，当形成规则不同时，赋给复杂表达式的值也不同，即使赋给 L 的元素的值相同，并且同样使用基于赋给其子表达式的值为复杂表达式赋值的方法。

为了了解其中的原因，让我们定义规则 VRk。此估值规则为 L 的表达式的估值与 VRi 的相同，并且，与 VRi 一样，VRk 为复杂表达式赋值，该值是由左手直接成分表达式乘以 4，再加上右手直接成分表达式的值得到的。然而，跟与 FRs 协同工作的 VRi 不同，VRk 与 FRp 协同工作。

（23）　VRk: 对于 FRp 的估值规则 k

（23.1）　$k(A) = 0$，$k(B) = 1$，$k(C) = 2$，且 $k(D) = 3$。

（23.2）　如果 y 是属于 L 的表达式且 z 是 SL 的表达式，那么 $k(yz) = 4 \cdot k(y) + k(z)$。

当 *BACD* 由 FRp（20）生成时，VRk（23）为它赋什么值？它将值 11 赋给 *CD*，将值 11 赋给 *ACD*，将值 15 赋给 *BACD*。因此，句子（19）与句子（21）一起将值 75 赋给 *BACD*，而句子（23）与句子（20）一起将值 15 赋给 *BACD*。

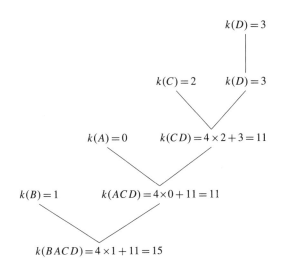

$$k(D) = 3$$
$$k(C) = 2 \quad k(D) = 3$$
$$k(A) = 0 \quad k(CD) = 4 \times 2 + 3 = 11$$
$$k(B) = 1 \quad k(ACD) = 4 \times 0 + 11 = 11$$
$$k(BACD) = 4 \times 1 + 11 = 15$$

正如 FRs 和 VRi 以及 FRs 和 VRj 所带来的结果一样，SL 的每个表达式都表示一些自然数，每个自然数都由一些表达式表示，FRp 和 VRk 对也一样。

虽然形成规则可以独立于估值规则而陈述，但估值规则不能独立于形成规则而陈述。此外，将什么值赋给一个复杂表达式，既取决于所使用的估值规则，也取决于与之同时使用的形成规则。

1.2.2.3　语法：形成规则和估值规则

记住前面对形成规则和估值规则的讨论，让我们来阐述 SL 的表达式与自然语言的表达式之间的相似性。如我们所见，自然语言（如英语）的表达式有递归结构。值可以与英语的复杂表达式相关联。例如，简单的陈述句，如"cows are animals"，与之相关的值为真。使用 FRs（19）给出的 SL 表达式的递归规范，并根据 VRi（21）给它们赋值，可以将一个值与表达式 *CAD* 相关联，即值 35。

现在，与复杂表达式 *CAD* 相关联的值 35 和与陈述句"cows are animals"相关联的真值，至少部分是由它们最简单的子表达式的值决定的。特别是，更复杂表达式的简单子表达式的改变可能导致相关联的更复杂表达式的值的改变。因此，正如用 *B* 替换 *CAD* 中的 *C* 导致表达值的变化一样（因为 *CAD* 表达 35，*BAD* 表达 19），用"rocks"替换"cows are animals"中的"cows"会导致真假的变化，因为"cows are animals"是真的，而"rocks are animals"是假的。

与复杂表达式相关联的值，无论是 SL 的表达式还是其他自然语言，不仅仅只是生成它的基本元素的值的总和。因为如果是这样，那么与表达式 *BAD* 相关联的值将与和表达式 *DAB* 相关联的值相同，毕竟它们具有相同的最小子表达式。同样，与表达式"Alice saw Bill"关联的值也会同与表达式"Bill saw Alice"关联的值相同，因为这两个表达式同样具有相同的最小成分。但事实却并非如此，因为只有一个可能是真的，而另一个是假的。

由前面的讨论可以得出以下自然语言语法的概念。自然语言的语法包括一个（句法）规则的有限集合，由此，从基本表达式或词汇表（称为词典（lexicon））的清单中生成所有可接受的语言表达形式。将有限的句法规则集与语义规则相结合，通过对语言单词的适当赋值，可以将值赋给由这些单词组成的复杂表达式。这种语法概念的一个重要推论是，没有形成规则就没有估值规则，没有句法规则就没有语义规则。

　　这正是古典梵文语法中 Pāṇini 的 *Aṣṭādhyāyī* 中隐含的语法概念。*Aṣṭādhyāyī* 本身包含4000 多个格言（Sūtra），大部分是规则（vidhi）[⊖]。还补充了两个附录，一个是基本动词词根的注释列表，称为 dhātu-pāṭha，另一个是基本名词词干和后缀的注释列表，称为 gaṇa-pāṭha。语法中的规则规定了如何将基本语素与其表达的事物配对，一旦基本语素的初始字符串建立起来，就有其他规则适用，这样一旦构成句子的语素被正确地解释为世界上存在的可能或真实的情况，它们所构成的句子就能正确地表达当前所讨论的情况。然而，这样的语法是有缺陷的。尽管语法有明确的递归规则，例如在复合结构形成过程中，但对于古典梵文的许多其他递归结构，它没有相应的明确递归规则。当然，它也没有必要的语义规则来递归地为结构赋值。

　　对这些缺陷的改进直到 1925 ~ 1950 年才出现，那时一门关注精确确定子表达式相关的值如何决定它们所组成的表达式的值的学科出现了，即模型理论（model theory）的逻辑分支学科。它的创始人 Alfred Tarski（1901—1983）认识到模型理论与研究自然语言中的复杂表达式如何从组成它的表达式中获得含义的相关性，尽管 Alfred Tarski（1932, sec. 1; 1944, 347）怀疑是否能对自然语言表达式的这种性质做出令人满意的正式解释。然而，他的学生 Richard Montague（1970a；1970b；1973）在 20 世纪 60 年代早期开始了这项研究，当时 David Lewis（1972）、Renate Bartsch 和 Theo Vennemann（1972）以及 Max Cresswell（1973）也开始尝试这项挑战。他们也使用类型语法来描述自然语言表达式的递归结构。

　　那么，语义学设法解决两个核心问题：语言的基本表达式应具有什么含义？简单表达式的含义如何影响由简单表达式组成的复杂表达式的含义呢？模型理论有助于启发我们如何继续回答后一个问题。如果得到了一个令人满意的答案，那么，它将不仅解释我们对复杂表达式的理解如何因其成分的变化而发生变化，而且还将解释人类如何能够理解完全新颖的复杂表达式。毕竟，对复杂表达式的理解不能仅仅通过记忆一种语言的全部表达式来解释，正如 Patañjali 在 2300 年前明确指出的那样，除了背诵之外，还有其他原因可以解释知道基本算术的人是如何理解以前未看过的数字的。更进一步说，一个人能够理解新颖的复杂表达式，是因为它们是简单表达式的组合，而这些简单表达式并不是新颖的，而是人们事先已经理解的。

　　然而，模型理论并不能启发我们如何回答第一个问题：语言的基本表达式应具有什么含义？这个问题的答案充满了争议。观点可以被分为，认为表达式的含义所对应值是真实实体和认为该值是理想实体。对一些思想家来说，这些真实实体是精神的，是心理或概念的状态。Aristotle（见 *De Interpretatione* 的第 1 ~ 3 章）、推测语法学家如 Roger Bacon（13 世纪）和 Thomas of Erfurt（14 世纪）、启蒙哲学家中最著名的 John Locke（1632—1704）、19 世纪心理学家如 Wilhelm Wundt（1832—1920）和当代哲学家如 Jerry Fodor（1971）都持有类似的观点。对于其他的思想家来说，实体就是真实的实体，其中许多是在真实世界中存在的。这类观点被 William of Ockham（约 1285—1349）和 Ludwig Wittgenstein（1889—1951）等不同的思想家以及 Leonard Bloomfield 等行为语言学家所倡导。剩下的观点是，含义是抽象的或理想的，它和数字一样，既不存在于头脑中，也不存在于世界中。这种观点源于 Stoics 学派（参见他们的 lekton 概念），当然也起源于 Gottfried Leibniz（1646—1716）、Gottlob Frege（1848—1925）和 Edmund Husserl（1859—1938）。

　　简单表达式的值如何组合以产生它们所组成的复杂表达式的值呢？什么值与自然语言的

⊖　这些格言还包括技术术语的定义（Saṃjñā）以及元规则（Paribhāṣā），这些规则负责管理规则。

最小表达式相关联？可以这样认为，第二个在哲学上令人费解的问题的令人满意的回答是回答前一个问题的前提。而只要找到合适的替代值，问题就可以被解决。在这里，模型理论提供了帮助，因为作为一种近似，我们将会看到模型理论中使用的同类型的值也可以用在语义中。

练习：形成规则和估值规则

这些练习旨在使读者熟悉本节介绍的两个基本概念，即形成规则的概念和估值规则的概念。这些练习分为四组。第一组属于最简单的数字系统，其中每个数字只是一串计数。第二组是我们讨论过的形成和估值规则。第三组和第四组要求读者将这些思想分别应用于人类为计数设计的各种数字系统和在各种人类语言中发现的计数数字。在第 3 章的练习中，我们将回到自然语言计数数字中。

1. 最简单的数字系统是 tally 数字系统。它使用一个密码"｜"。tally 数字就是类似这样的一串数字。
   设 TN 为所有有限数列的集合：{|, ||, |||, ||||, …}。

   （a）使用前缀形成规则定义 TN。定义一个附带的估值规则，以便为每个 tally 数字分配一个正整数，并且每个正整数分配给某个 tally 数字。定义另一个附带的估值规则，以便为每个 tally 数字分配一个自然数，并且为每个自然数分配一个 tally 数字。（自然数包括正整数和 0。）

   （b）使用后缀形成规则定义 TN。与上一练习一样，定义两个估值规则：一个用于正整数，一个用于自然数。

   （c）使用与前两个练习中设计的规则不同的形成规则定义 TN。定义两个估值规则：一个用于正整数，一个用于自然数。

2. SL 的形成规则和估值规则。

   （a）首先，使用 FRs（19）绘制 SL 中以下每种表达式的生成过程：*BD*、*AB*、*BCD*、*CDA*、*DCA*、*CABD* 和 *BCAD*。接着，使用 VRi 规则为这些表达式赋值。最后，为以下每个数字找到 SL 表达式：5、11、16、23、37、64 和 76。

   对规则对 FRs（19）和 VRj（22）以及规则对 FRp（20）和 VRk（23）执行相同的操作。

   （b）制定一个估值规则，称为 VRh，该规则与 VRk 一样，与 FRp（20）配对，并且在与 VRk 赋给 L 成员的值一致的同时，使其将值赋给 SL 的复杂表达式的方式不一致，即将赋给右手子表达式的值乘以 4，然后再加上左手子表达式的值。

   现在，使用规则对 FRp（20）和 VRh，首先，绘制出 SL 中 *BD*、*AB*、*BCD*、*CDA*、*DCA*、*CABD* 和 *BCAD* 这些表达式的生成图；然后为数字 5、11、16、23、37、64 和 75 找到 SL 表达式。

   （c）规则对 FRs（19）和 VRi（21）允许 SL 对同一个数字有多个表达式。首先，找出同一个数字对应几个不同表达式的一些示例，然后说明查找同一个数字的 SL 不同表达式的一般规则。最后，修改 FRs（19）中的第二条子句，使每个数字只有一个表达式。

   对规则对 FRp 和 VRh 进行类似的练习。

   （d）考虑以下的形成规则和估值规则对：

   （24.1）如果 $x \in$ L，那么 $x \in$ SL。

   （24.2）如果 $y \in$ SL，$y \neq$ A 且 $z \in$ L，那么 $yz \in$ SL。

   （24.3）其他情况在 SL 之中。

   （25.1）$h(A) = 0$，$h(B) = 1$，$h(C) = 2$，且 $h(D) = 3$。

   （25.2）如果 $y \in$ SL，$y \neq$ A 且 $z \in$ L，那么 $h(yz) = a \cdot h(y) + h(z)$。

   当句子（25.2）中的 a 为 3 时，是否有自然数不对应任何表达式或由 SL 中的多个表达式表达？如果是，请标识未被表达的自然数或在 SL 中存在多个表达式的自然数。当句子（25.2）中的 a 为 5 时，回答同样的问题。

   （e）考虑如下定义的形成规则 FRb：

   （26.1）如果 $x \in$ L，那么 $x \in$ SL。

（26.2）如果 $y \in$ SL 且 $z \in$ SL，那么 $yz \in$ SL。

它与 FRs（19）和 FRp（20）在 *BAD* 的产生上有什么不同？它是否能够且只生成 SL 的所有表达式？试着为它写一个估值规则，讨论编写这样的规则面临的挑战。

3. 对于以下每一个数字系统，说明生成其数字集的形成规则，然后说明能够将预期值分配给由形成规则生成的表达式的估值规则。应说明形成规则，但不应提及如何解释表达式。此外，与 SL 中表达式的形成规则的第二个条件相对应的部分可以包括几个条件，并且每个条件必须以 if-then 形式书写，每个条件的 if-子句应尽可能详尽。

（a）米诺斯（Minoan）人属于非印欧民族，在青铜器时代（bronze age）曾在克里特岛流亡（约公元前 3000—1100 年）。他们的数字系统基于 5 个密码。为了便于排版，让我们使用拉丁字母 U、D、H、T 和 M 作为密码。每个数字包含这些密码的序列，同一个密码在任何数字中都不会出现 9 次以上。因此，最长的数字包含 45 个密码，它表示整数 99999。而且，没有两个数字表示同一个正整数。换句话说，每个正整数都有一个表示它的唯一数字。最后，虽然诸如 DUU 和 MTHHU 之类的表达式是米诺斯数字的示例，但 UDU、TMHHU 和 UHMT 不是（有关详细信息，请参见文献 Ifrah（1994，vol.1，chap.15，433–438））。

（b）一组罗马数字可以仅用密码 I、V、X、L、C、D 和 M 来表示。密码 I、X、C 和 M 在一个数字中出现不超过 4 次，而密码 V、L 和 D 出现不超过一次。换言之，它们包括诸如 IIII、VIIII、XXXX、LXXXX、CCCC、DCCCC 和 MMMDCCCC 之类的表达式，但不包括诸如 DD、LL、VV 以及 IIIII、XXXXX、CCCCC 和 MMMM 之类的表达式。本练习采用的罗马数字形式也不包括以下表达式：IV、IX、XL、XC、CD 和 CM（事实上，这些表达式是后来罗马数字记法的革新）。和米诺斯数字一样，没有两个数字表示同一个正整数。

（c）古希腊人用 24 个字母加上 3 个腓尼基字母和逗号来表示正整数。为了方便起见，我们将使用罗马字母表中的字母。由于罗马字母表只有 26 个字母，所以我们将使用 26 个大写字母和小写字母 z，换句话说，就是 A，…，Z 和 z。为了避免与在集合论符号中使用的逗号混淆，我们将使用星号代替。字母符号具有以下值：

密码	值	密码	值	密码	值
A	1	J	10	S	100
B	2	K	20	T	200
C	3	L	30	U	300
D	4	M	40	V	400
E	5	N	50	W	500
F	6	O	60	X	600
G	7	P	70	Y	700
H	8	Q	80	Z	800
I	9	R	90	z	900

字母串在一起，没有字母出现超过一次，表示较大值的字母出现在表示较小值的字母的左侧。因此，KE 是一个数字，而 EK 不是。下面给出三个数字及其值：KE 表示 25，LG 表示 37，VQG 表示 487。1000 到 9000 的倍数用前面带有星号的前 9 个字母中的一个表示。因此，*BVQG 表示 2487。最后，没有两个数字表示同一个正整数。

4. 现在，我们将考虑三组计数数字，它们是从 1 到 99999 的正整数。这些集合逐渐逼近一些行为良好、真实的人类语言的计数数字。

对每一组来说：

● 用你自己的语言描述这些计数数字的模式。

● 设计一个形成规则，该规则将生成属于集合的所有数字且仅限于计数数字。

（注：应说明形成规则，但不应提及表达方式。）

● 说明对应于所设计的形成规则的估值规则，以便由你设计的形成规则生成的集合中的每个计数数字都能对应其预期值。

（a）理想的计数数字集或 IN。

以下是基本表达式：

one, two, three, four, five, six, seven, eight, nine, ones, ten, hundred, thousand, myriad.

以下是包括 IN 的 1～99999 的基数的计数数字示例：

one ones, two ones, three ones, four ones, five ones, six ones, seven ones, eight ones, nine ones, one ten,

one ten one ones, ⋯ , one ten nine ones,

two ten, two ten one ones, ⋯ , nine ten nine ones,

one hundred, one hundred one ones, ⋯ , one hundred nine ones, one hundred one ten, one hundred one ten one ones, ⋯ , nine hundred nine ten nine ones,

one thousand, one thousand one ones, ⋯ , nine thousand nine hundred nine ten nine ones,

one myriad, one myriad one ones, ⋯ , nine myriad nine thousand nine hundred nine ten nine ones.

（b）WN 数字集。

没有一种人类语言包含与（a）中使用的 ones 表达式相同的表达式。我们现在考虑 1 到 99 999 的基数的计数数字集，正如集合 IN 一样，只是除了 ones 不在它的基本表达式中。

下面是构成 WN 的计数数字示例，基数是 1～9 999：

one, two, three, four, five, six, seven, eight, nine, one ten,

one ten one, ⋯ , one ten nine,

two ten, two ten one, ⋯ , nine ten nine,

one hundred, one hundred one, ⋯ , one hundred nine, one hundred one ten, one hundred one ten one, ⋯ , nine hundred nine ten nine,

one thousand, one thousand one, ⋯ , nine thousand nine hundred nine ten nine,

（c）ZN 数字集。

包括汉语、日语、韩语、蒙古语、藏语和古土耳其语在内的几种语言中，1 到 99 999 的基数的计数数字与 WN 中的计数数字非常相似。它们与 WN 中的表达方式有一些小的但重要的区别。例如，与单词 one 相对应的单词永远不会出现在与单词 ten 相对应的单词之前，除非与单词 one ten 相对应的表达式是一个较大的计数数字的一部分。因此，11 的计数数字对应于 ten one，但 511 的计数数字对应于 five hundred one ten one。

以下是近似普通话中的从 1 到 99 999 的计数数字示例[⊖]：

yī (one), èr (two), sān (three), sì (four), wǔ (five), liù (six), qī (seven), bā (eight), jiǔ (nine), shí (ten),

shí yī (eleven), ⋯ , shí jiǔ (nineteen),

èr shí (twenty), èr shí yī (twenty-one), ⋯ , jiǔ shí jiǔ (ninety-nine),

yī bǎi (one hundred), yī bǎi yī (one hundred one), ⋯ , yī bǎi yī shí (one hundred ten), ⋯ , jiú bái jiǔ shí jiǔ (nine hundred ninety-nine),

yī qiān (one thousand), yī qiān yī (one thousand one), ⋯ , jiú qiān jiú bái jiǔ shí jiǔ (nine thousand nine hundred ninety nine),

yī wàn (ten thousand), yī wàn yī (ten thousand one), ⋯ jiǔ wàn jiǔ qiān jiǔ bǎi jiǔ shí jiǔ (nine myriad nine thousand nine hundred ninety nine).

⊖ 在示例中，yī bǎi yī 实际上表示 110，yī qiān yī 表示 1 100，yī wàn yī 表示 11 000。要表示 101、1 001、10 001 和类似的正整数，需要另一个基本表达式，即 líng（零），以及附加规则和附加复杂度。

1.3   结论

在这一章中，我们讨论了语言学，即语言的形式研究，以及涉及语言的历史渊源和其他知识分支，特别是心理学和逻辑学。此外，我们还将语义学与语言学的其他分支学科（即语音学、音韵学、形态学和句法）以及人类思维的各个方面联系起来。一般认为，人类思维不是语言本身研究的一部分，但它们仍然是相关的，即都体现了人类对世界的信念。记住这些要点，我们现在将指出本书所涵盖的主题、主题之间的关系以及主题的呈现方式。

1.3.1   涵盖的主题及其相互关系

本书要探讨的基本问题是上一节提出的一个问题——自然语言，特别是英语，其复杂表达式的值如何取决于构成它的子表达式的值？为了解决这个问题，我们必须理解自然语言，特别是英语中的表达式是如何构成的。正如我们所看到的，自然语言表达式的构成是以其构成结构为特征的。因为这里主要研究的是英语，第 3 章简要回顾了基础的、传统的英语语法，并介绍了美国结构主义语言学家在直接成分分析的基础上发展出来的成分语法。

复杂表达式的值是如何由组成它的表达式的值来决定的必然是需要符合逻辑的。这本书的许多章节，都致力于阐述逻辑的基本原理。本书介绍了经典命题逻辑（第 6 章和第 7 章）的基本原理，以及一阶谓词逻辑（第 9 章介绍了其中一部分，称为经典谓词逻辑，第 11 章介绍了其中一部分，称为经典量化逻辑）。学习过逻辑学的读者应该复习这些章节，既要了解其中使用的符号（并非所有关于逻辑学的书籍都使用相同的符号），又要熟悉命题逻辑和一阶谓词逻辑的一些方面，而这方面的主题在入门教科书中是不常见的。此外，本书还用一章补充介绍经典量化逻辑（第 12 章），特别是广义量化逻辑，用另一章介绍所谓的 Lambek 演算及 Lambda 演算（第 13 章）。

在这本书中，对逻辑的介绍和表述是完备的，不需要预先掌握任何逻辑知识。这本书会详细介绍所使用的所有逻辑概念的各种细节以便于初学者掌握。此外，由于逻辑学作为现代数学的一个研究领域，需要学生熟悉集合论的一些概念，因此在第 2 章介绍了一些所需的集合论知识。几乎所有这些基础知识，高中代数课程都有介绍。

本书在讨论英语语法内容之前，先介绍逻辑知识。经典命题逻辑一章处于英语从句的并列和从属语法一章（第 8 章）之前。经典谓词逻辑一章处于最小独立英语子句语法一章（第 10 章）之前。经典量化逻辑（第 11 章）、广义量化逻辑（第 12 章）和 Lambeck 及 Lambda 演算（第 13 章）处于英语名词短语语法一章（第 14 章）之前。

除英语基本语法和基本集合论外，还有两章，一章是关于含义和语境的，另一章是关于含义和交流假设的。特别是，第 4 章明确指出，一个人对一个表达式的含义的理解部分取决于对其所在上下文的正确理解。第 5 章展示了成功语言交流的一些基本假设是如何影响人们对自然语言表达式的理解的。

简而言之，自然语言语义学的基本思想在第 6 ～ 14 章中介绍，必要的预备知识在第 2 ～ 5 章中介绍。此外，总结（第 15 章）展示了本书所教授的材料如何与该领域不同学者所倡导的自然语言语义学方法相联系。

1.3.2   关于实证研究的几点看法

现在，让我解释一下语言探究的本质。如前所述，所有的语言学家都认为语言学是一门经验主义学科。所有人都致力于形成一套规则，旨在描述人类语言表达中的所有规则或模式，这些规则是根据母语者对其中的表达式是否接受和拒绝制定的。尽管母语者对可接受性的判断通常是语言学理论的主要数据来源，但它们绝不是唯一的数据来源。跨语言比较也有助于语言学家识别规则。同样重要的是，来自由先天性发育障碍或大脑损伤引起的语言障碍研究以及第一语言和第二语言习得研究的数据。虽然后一种数据来源非常重要，但这类研究涉及自身独有的专业知识，而这些知识不能充分纳入专门介绍自然语言语义学基本概念的书中。

尽管有不同的方法来收集语言学研究的数据，但它们都是系统的、经验性的研究。这种研究涉及个人观察、观测规律，而且常常还涉及理论假设。观测规律是通过两种方式之一得出的：要么是从个人观察中推断出来的，要么是从理论假设中得出的。严格地说，一个人不能直接观察一个观测规律，尽管他可以观察到具体的实例。人们也不能直接观察一个理论假设，尽管要使其有意义，它必须具有可观察的逻辑结果。在本节的其余部分，我们将详细阐述这些想法，因为它们将在随后的几章中被反复应用。系统的、经验性的研究主题既复杂又微妙，因此在这里只进行简略的介绍。

1.3.2.1　观测规律的外推

许多系统的、经验性的研究都是从由常识性观察推断出的观测规律开始的。这些观察的对象可能是由自身产生的现象，也可能是由实验干预引起的现象。观察这些现象所产生的规律是一种可以用普遍性陈述来表达的模式[⊖]。在自然语言中，普遍性陈述有几种等价的形式。在英语中，下列形式的句子表示普遍性陈述：

(27.1)　All As are C.

(27.2)　If something is A, it is C.

(27.3)　Being A is a sufficient condition for being C.

(27.4)　Being C is a necessary condition for being A.

接下来的四个句子是同一个普遍性陈述的表达式。

(28.1)　All whales have lungs.

(28.2)　If something is a whale, it has lungs.

(28.3)　Being a whale is a sufficient condition for having lungs.

(28.4)　Having lungs is a necessary condition for being a whale.

然而，普遍性陈述中的 A 条件和 C 条件都可以包含几个属性。

(29.1)　All pieces of copper expand when heated.

(29.2)　All ice floats on water.

(29.3)　If the temperature of a gas increases and its pressure remains the same, its volume increases.

(29.4)　If a body falls from rest in a vacuum on earth at sea level, the distance it covers in time t is $t^2 \cdot 4.9$ meters.

事实上，观测规律可以形成一个相互联系的系统，其整体只能通过一组非常多的特定形式的普遍陈述来表达。例如，Aristotle 发现了植物和动物分类所显示的观测规律，瑞典的植物学家和动物学家 Carl Linnaeus（1701—1778）对其进行了极大的扩展和重新定义；或由俄

　⊖　也有所谓的统计规律，但由于这本书没有涉及相关领域，所以不讨论它们。

罗斯化学家 Dimitri Mendeleev（1834—1907）提出的元素周期表中物质结合形成其他物质的观测规律，是在对许多先于他的人的实验现象进行广泛而细致观察的基础上提出的。

表达观测规律的普遍性陈述是对所表达的规律做的普遍性陈述，其每一个实例原则上都是可以进行常识性观察的。下面是一个例子：

(30)　　All ravens are black.

并不是所有的普遍性陈述都表达规律性。例如，句子（31）中的陈述并不表示观测规律，尽管该陈述是普遍的，并且其实例在原则上是可以观察的。

(31)　　All the screws in this lawn mower are rusty.

表达规律性的普遍性陈述与不表达规律性的普遍性陈述有什么区别？这个问题没有一个简单的答案。在这里可以说，表达规律性的普遍性陈述支持假设条件和反事实条件，然而句子（31）中的例子不支持⊖。例如，句子（30）中的陈述支持假设条件，即如果一只鸟是乌鸦，那么它将是黑色的，以及支持反事实条件，即如果某物是乌鸦，那么它将是黑色的。但是句子（31）中的陈述不支持任何条件。即使句子（31）中的陈述是真的，无论是假设条件，即某个螺丝在割草机里，那么它将生锈，或反事实条件，即如果某个螺丝曾经在割草机里，那么它将生锈，这些都不是真的，因为如果它们是真的，一个螺丝就不可能在割草机里不生锈，但肯定有可能把割草机里生锈的螺丝换成不生锈的螺丝。

很多时候，只有经过艰苦的观察，观测规律才会出现。例如，当光线被反射到一个平面上时，入射角与反射角是相同的，这在常识性观察中是不明显的。一些观测规律是如此通俗，以至于人们不知道做任何外推。例如，人们似乎不太可能一只乌鸦接着一只乌鸦地仔细检查，再去推断所有的乌鸦都是黑色的。同时，历史上充斥着一些常识性外推案例，结果证明这些外推并不具有规律性。17 世纪以前，生活在欧洲的任何人都能根据很少的观察毫无疑问地相信，所有的天鹅都是白色的。在那个时候，如果有人真的提出事实不是这样，他将被视为一个彻头彻尾的傻瓜。然而，当欧洲人到达澳大利亚时，他们很快发现澳大利亚的天鹅是黑色的。

如前所述，观察对象可以是由自身产生的现象，也可以是由实验干预引起的现象。现代化学的创始人之一 Humphry Davy（1778—1829）所著的早期化学教科书 *Elements of Chemical Philosophy* 中有一个关于实验干预的观察规律的明确而简单的例子。

　　　　对于夏天细长的绿色蔬菜细丝（一种水生植物），在几乎所有的溪流、湖泊或池塘中，在阴凉和阳光的不同情况下，可在阴暗的细丝中发现包含空气的小气泡。出现这种效果是由于光的存在。这是一个观察（observation），但没有提供有关该气体性质的信息。将一个装满水的酒杯倒扣在这一水生植物上，产生的气体会聚集在酒杯的上部，当酒杯充满气体时，用手把它盖上，翻转回去，并在里面放上一根点燃的木条，木条会比在空气中燃烧得更加明亮。这是一个实验（experiment）。如果对这些现象进行推理，可提出一个问题，即所有这种植物，无论是在淡水中还是在咸水中，在同样的情况下是否都会产生这样的气体，那么问询者是以类比为指导的：当通过新的试验确定是这样的情况时，可以得到一个普遍的科学事实，所有水生植物在阳光下都会产生一种高度支持燃烧的气体，这也已经被各种细致的调查所证明。（引用自 Hacking（1983, 152））

⊖　这类条件的语法在 8.6 节有所提及。

（Humphry Davy 使用"观察"一词来表示自己观察到的现象，我使用这个词来表示自己观察到的现象和通过实验干预获得的现象。）

我们说过，观测规律是用普遍性陈述来表示的。但如果哪怕有一个反例，则普遍性陈述是错误的。换言之，即使一个普遍性陈述的所有观察到的实例都是正确的，它仍然可能会变成错误的，因为总有可能存在一个相反的实例，要么在现在或过去被忽略，要么在未来的某个地方等待被发现。因此，虽然只有一个反例就可以证明一个普遍性陈述是错误的，但它永远不能被证明是正确的，尽管它可以随着正例数量的增加而变得越来越令人信服。

有人可能会认为，如果遇到一个反例来说明一个普遍性陈述，即使这个普遍性陈述又有其他有力的支持证据来表达一种观测规律，那么所有用于推断该观测规律的工作也都是徒劳的。但这不一定是真的。这里有一个很有启发性的例子。即使到今天，人们对夜空也只做出了有限的观察，尽管人类已经对其观察了数万年，研究了数千年。很明显，那时，古中国、古埃及和古美索不达米亚的天文学家对星星也只做了有限的观察。然而，我们可以肯定的是，从这些有限的观察，他们做出了以下通俗的外推：恒星之间并没有相互移动，但它们确实是从东向西穿过天空的。尤其是日落后不久出现在东方地平线上的每一颗恒星，都在天空中慢慢升起，从人们头顶经过，然后向西方地平线下降，随着东方太阳的升起而消失。

在古代历史的某个时期，美索不达米亚的天文学家，以及后来的中国天文学家，分别注意到，不是一个而是五个类似恒星的天体，它们既不与其他星星保持固定的距离，也不彼此保持固定的距离。相反，这五个类似恒星的天体似乎在黄道带的恒星之间移动。我们不知道第一批注意到这五个天体的天文学家是否将它们视为恒星，因为这五个天体看起来与恒星一模一样。但如果他们这样认为，那么对它们运动的观察就驳斥了刚才提到的表达观测规律之一的普遍性陈述，即没有恒星相对于任何其他恒星运动。我们所知道的是，古希腊天文学家称之为五个天体流浪者，或行星（planet），他们不把它们当作之前观测规律的反例，而是作为特殊的天体。此外，正如希腊和中国天文学家所知，每一颗行星在通过黄道带的恒星中时都表现出自己的运动规律。每颗行星回到相对于恒星的相同位置的时间都是不变的：月球大约每30天一次，水星每88天一次，金星每225天一次，太阳每年一次，火星每2年一次，木星每12年一次，土星每29.5年一次。事实上，古希腊的天文学家并没有把行星和今天被称之为恒星的星体归为一类，而是把它们与太阳和月亮（也曾被称为行星）归为一类，因为它们也在黄道带的恒星中游荡，定期回到与恒星相同的位置，月亮每27天一次，太阳每年一次。

事实上，找到行星、太阳和月亮观测规律的适当解释的问题驱动着天文学的发展，从Plato（约公元前428—前348）开始，他向他的学生 Eudoxus of Cnidus（约公元前395—前337）提出这个问题，最终在一个半世纪之后的文艺复兴时期，这个正确的解释才出现。它始于 Nicolas Copernicus（1473—1543）详细地展示了包括地球在内的行星是如何围绕太阳运行的，Johannes Kepler（1571—1630）完善了这个解释，他利用 Tycho Brahe（1546—1601）广泛而细致的天文观测数据表明行星的轨道不是圆的，而是椭圆的。

从这个例子中可以得到一个重要结论，在适当的限制下，表达观测规律的普遍性陈述的反例不仅可以被证明是合理的，而且可以导致发现其他观测规律。在这本书中，我们将有很多机会看到旨在说明语言表达模式的普遍性陈述的反例，并看到这些反例本身就是其他模式的表现。

1.3.2.2 支持或反对理论假设的证据

观测规律需要解释。这通常需要采取一种理论假设来进行说明，在该过程中，一些无法被常识性观察证实的观点被提出，以期解释一个或多个公认的观测规律。让我们考虑一个简单的例子，在这个例子中，一个假设被提出以解释一个观测规律。毫无疑问，古希腊人一次又一次地观察到，当船只出海时，船只不仅慢慢变小，而且从下到上逐渐消失。尽管这样的观察显然只进行了有限次，但毫无疑问，人们本能地从这些观察外推出，每当一艘船出海时，它不仅看起来会慢慢变小，而且会从下到上逐渐消失。什么可以解释这种观测规律？古希腊人假设地球是一个球体。

尽管常识性观察本身既不能证明也不能反驳这一假设，但常识性观察仍然可以提供支持或反对这一假设的证据。我们首先考虑常识性观察如何为假设提供证据。

当然，一个假设想要成为对一个观测规律的解释，观测规律必须至少从假设中得到证明。如果确实如此，那么我们就有证据支持这个假设。另外，如果发现其他观测规律，并且被证明也遵循了这个假设，我们将有更多的证据支持该假设。

让我们用地球是一个球体的假设，以及船只出海时不仅慢慢变小而且从下到上消失的观测规律的例子来说明以上两点。地球是一个球体这一假设在 20 世纪的后三分之一时期之前是无法直接观测到的。此外，之前的说法还包含了一种观测规律，即当一艘船出海时，它总是从下到上消失的。毕竟，如果一个人站在一个完全平坦的表面上，当海面完全水平没有海浪波动的时候，那么一个人能够看到整个平面的任何角落。然而，如果一个人站在一个完美的球面上，那么他相对于球面只能够看到一条穿过眼睛并与球面相切的直线在球面上包含的那些面积。任何直接远离观察者的物体，如果超过了这一临界，就会下沉到观察者的视线以下，当它下沉时，就会从下到上慢慢消失，就像物体下沉到地平线以下一样。当一艘船出海时，它从下到上消失这一观测规律，恰好能够证明地球是一个球体。

同时，从该假设也能够推断出一些其他观测规律，随着时间的推移，这些观测规律都得到了常识性观察的支持。例如，地球是一个球体的假设包含以下观测规律：旅行者在地球表面严格按照直线（实际上是一个大圆）行进，最终总会不可避免地返回出发点。这点是不能从船只出海从下到上消失的观测规律得到的。另一个引人注目的结果是由 Eratosthenes of Cyrene（公元前 270—前 180）完成的：他从假设出发，结合一些基本的欧几里得几何学，推断出地球的周长。即使有人用上所有的数学技巧，该结果同样无法从船只出海从下到上消失的观测规律中得到。事实上，正是由于人们越来越相信地球是球形的假设和刚才提到的两个观察结果，才导致了意大利探险家 Christopher Columbus（1451—1506）从伊比利亚半岛向西出发前往远东$^{\ominus}$，且导致了葡萄牙探险家 Ferdinand Magellan（1480—1521）1519 年出发进行环球旅行。

以相似的方式，但却更复杂和更大规模的是达尔文的自然选择理论，一个不能立即被直接的常识性观察所证明的假设，现在被认为是一个正确的理论，并且关系到植物学家的植物分类学和动物学家的动物分类学所体现的观测规律。另外，化学键理论也是一个不能通过直接的常识性观察来证实的假设，现在被认为是解释元素周期表中观测规律的正确理论。

现在让我们来谈谈什么是反对理论假设的证据。人们可能会认为，任何与理论假设在逻辑上不一致的观察都会反驳该假设。然而，尽管这些观察结果与假设不符，但它们很少被用来反驳这一假设。如果一个理论假设得到了很多其他观测规律的支持，即使观察结果与假设不一致，人们也可能会质疑观察结果，而不是假设。此外，即使接受了与假设不一致的观

$\ominus$　碰巧，Christopher Columbus 所认为的地球周长值远小于实际值。幸运的是，美洲大陆在西班牙和中国之间。

察，也不必完全放弃假设，毕竟，可以修改假设，使其与新的观察结果一致。另外，正如我们将要看到的，针对某一假设的观察结果几乎很少仅仅只遵循一个假设，它们几乎总是需要其他的假设合并起来进行解释，有时是人们已经知道的，有时则是未知的。人们可能会保留当前的假设然后去修改其他的。这些要点将在随后的章节中加以说明。

到目前为止，我们一直在考虑一些使用一个单独假设去解释观测规律的例子。然而，有的时候两个或两个以上的假设都能够解释相同的观测规律。那么问题就来了：我们应该采用哪种假设？在这种情况下，人们会试图找出与一个假设一致但与另一个假设不一致的现象。然而，要得出这种决定性的证据往往并不容易。

让我们考虑这样一个例子。回想之前的观察规律，人们注意到，在晚上恒星并不彼此相对移动，但它们确实会从东向西穿过天空，而且每颗恒星在日落后不久便出现在东方的地平线上，在天空中逐渐上升，从人们的头顶经过，然后在太阳从东方升起的时候下降到西方的地平线下。后来，古代天文学家对这种观测规律进行了更加精确的描述，他们观察到，如果一颗恒星在午夜出现在人们头顶的正上方，那么它将在第二天午夜提前 4 分钟出现在同样的位置。

为了解释这些规律，古希腊天文学家采用了这样一种假设：恒星位于一个天体上，该天体每 23 小时 56 分钟绕着北极星所在的轴线旋转一次。这个假设，就像地球是球形的假设一样，并不能被直接常识性观察所证实。尽管如此，刚刚描述的观测规律还是遵循了这个假设。此外，一些其他的观测规律也遵循这一假设。例如，即使在阴天的夜晚，当一个观察者看不到星星时，每一颗恒星也会在与其他恒星和观察者相同的相对位置上。的确，即使在白天人们因为太阳光无法观测恒星的时候，每颗恒星也仍然保持着与其他恒星和观察者相同的相对位置。

尽管在当时该天体假说是解释恒星运动的主要假说，但 Aristarchus of Samos（约公元前 310—前 230）还是提出了另一个假说。他假设地球是一个球体，每 23 小时 56 分钟从西向东绕地轴自转一圈。这两种假设都可以解释同样的观测规律。事实上，对那些恒星仅仅进行肉眼观察无法找出这两种假设的错误。然而，假设地球每 23 小时 56 分钟绕地轴自转一次，这一假设对于现代科学兴起之前的任何人来说似乎是完全荒谬的，因为它与人们日常观察到的旋转表面上的物体的状态完全不一致，即一旦轮子开始快速旋转，没有固定在旋转轮子上的物体就会被抛下。古希腊人对地球的周长有很好的估计，这样就可以计算出，如果地球真的旋转的话，其速度将会达到每秒 424 米，这个速度对任何人来说都是难以想象的，因为在他们看来，任何快速旋转的物体都会抛开任何没有固定在其上的其他东西。

1.3.2.3　检验观测规律

我们所看到的观测规律可以通过两种方式得出：通过从一些个人观察中进行外推，或者通过它遵循的假设推断出。因此，观测规律在系统的实证研究中起着至关重要的作用。如何检验观测规律的正确性是学者们长期以来一直思考的问题。事实上，这是从中世纪基督教、伊斯兰教和犹太哲学家到古希腊人，再到古印度语法学家都在思考的问题。虽然这一思想是由 Robert Grosseteste（约 1175—1253）等中世纪知识巨匠明确提出的，但它与 John Stuart Mill（1806—1873）最为紧密地联系在一起，后者在 19 世纪详细阐述了这些方法，并以当时的科学为例说明了它们的应用。尽管 Mill 对这些方法的阐述在后来得到了合理的批判，但毫无疑问，他的陈述指出了系统的实证研究的基本特征。下面介绍 3 个实例。

第一种方法是他的一致性方法（见 Mill [1843]（1881, bk. 3, chap. 8, sec. 1））。这是一种

众所周知的实践方法，即探索能够支持观测规律的确定性实例。这包括找出符合普遍性陈述的 A 条件的新实例，并观察它们是否也满足条件 C（见（27）中的句子）。下面举一个例子。Edward Jenner（1749—1823）是 Gloucestershire Berkeley 的一名医生，他了解到，许多人认为感染牛痘（一种相对良性的疾病）的奶牛场女工并没有感染天花，而天花在当时是一种非常致命的疾病。他在日记中记录着 Sarah Portlock、Mary Barge、Elizabeth Synne、Simon Nichols、Joseph Merret 和 William Rodway 都染上了牛痘，但即使接触到了天花，也没有染上天花。他根据这些观察推断出那些感染牛痘的人不会感染天花的观测规律。为了验证这一点，1796 年 5 月，他从患有牛痘的奶牛场女工 Sarah Nelmes 身上取下脓，放进一个从未患过天花的 8 岁健康男孩 James Phipps 的手臂中，那个男孩染上了牛痘。48 天后，Jenner 把天花脓放进 Phipps 的手臂，但他没有得病。基于这些病例，Jenner 提倡接种牛痘来预防天花感染。

　　第二种方法是 Mill 的差异性方法（见 Mill [1843]（1881, bk. 3, chap. 8, sec. 2））。它可以用于确定多个 A 条件中的某个条件是 C 条件所必需的还是多余的。举个例子来阐明这一观点。直到 17 世纪，欧洲人几乎普遍认为简单的生物可以自发产生。特别是，有人认为蛆是由腐烂的肉自发产生的。观测规律是腐烂的肉会产生蛆。1668 年，Francesco Redi（1626—1697）进行了一项实验来驳斥这一观点，这里将描述其中的一部分。他把肉放进一个密封的罐子里，防止苍蝇接触肉。罐子里的肉腐烂了，但肉中没有产生蛆。他得出结论，腐烂的肉不会自发产生蛆。特别地，他所展示的是，在不跟苍蝇接触的情况下，腐烂的肉不能产生蛆。

　　最后，我们转向一致性和差异性联合方法（见 Mill [1843]（1881, bk. 3, chap. 8, sec. 4））。顾名思义，这个方法结合了前面两种方法，既要寻找观测规律的确定性实例，又要确定 C 条件是否需要 A 条件中的某些条件。再用一个例子来说明这个方法。炭疽病是一种由一种细菌引起的严重的传染病，它影响牧场中的很多动物，如牛、马、羊、驴，另外还有人类。Louis Pasteur（1822—1895）在确定了他认为会引起这种疾病的细菌后，研制了一种疫苗。根据这一假设，Pasteur 推断接种了他研制的疫苗的牧场里的动物不会死于炭疽病。1881 年春，在 Melum 农业协会的赞助下，他在 Pouilly-le-Fort 的一个牧场为一组二十四只绵羊、一只山羊和几头牛接种疫苗，而留下另一组二十四只绵羊、一只山羊和其他几头牛未接种疫苗。第一组接种两次疫苗，间隔两周。在第一组的第二次疫苗接种后 15 天，他将炭疽活菌注射到两组的所有动物体内。未接种疫苗组动物均在 3 天内死亡，而接种疫苗组动物均未受影响。简言之，该实验提供了确凿的证据，证明在预防炭疽病的各种 A 条件中，接种疫苗是必不可少的。鉴于炭疽病爆发的毁灭性影响，关于这个证明的报道在国际上毫不意外地引起了轰动。这种一致性和差异性联合方法的例子现今被描述为一种受控实验（controlled experiment），其中未接种疫苗的动物组构成受控组（control group）。

　　尽管这里给出的例子都涉及因果关系，并且 Mill 自己清楚地认为它们是观察因果规律的方法，但它们有着更广泛的用途。巧合的是，这些方法早就为语言学家所熟知。事实上，这些方法被古印度语法学家所采用，他们也称之为一致性（anvaya）方法和差异性（vyatireka）方法。被称之为最小对（minimal pair）方法的联合方法也被语言学家所熟知，这是一种语音学家最常用的方法，但事实上在语言研究的所有领域都有使用。接下来的章节将广泛使用这些证据。事实上，这类证据已经在本章前面几节中被多次引用。

　　在对英语语义学的研究中，我们将追求类似的目标。我们将学习英语使用的观测规律，许多被记录在英语的综合描写语法中，而其他则没有。我们将考虑各种假设以解释观测规律，而这些假设本身并不能被直接的常识性观察所证实。在某些情况下，我们也将看到观测规律有例外。到那时，我们将要解决的问题是，这些例外是否构成了这些规律的反例，以致要抛弃这些规律，还是这些例外本身表明了其他观测规律，所以我们需要寻求新的假设来解释后一种规律。在其他情况下，我们将发现可以用不同的假设解释相同的观测规律，然后探索通过观察来区分这些不同假设的方式，以便可以保留一个假设而抛弃另一个。

练习：关于实证研究的一些评论

1. 对于所描述的每一个实验，陈述所测试的观测规律，并解释上述 3 种方法中的哪一种被应用于该观测规律。如果观测规律是从理论假设中获得的，说明它是什么。

   (a) Walter Reed（1851—1902）、James Carroll（1854—1907）和 Jesse W. Lazear（1866—1900）进行了以下实验，以确定 Carlos Juan Findlay（1833—1915）提出的埃及伊蚊（Aedes aegypti）是黄热病的传染媒介的建议。

     1900 年 11 月，他们建起了一座小楼，里面没有蚊子。一个铁丝网蚊帐把房间分成两部分。在其中一部分，放入跟黄热病患者接触过的蚊子。一名非免疫志愿者进入该部分，并被其中 7 只蚊子叮咬。4 天后，他得了黄热病。（Copi（1953, 446–447））

   (b) 欧洲的农民早就知道炭疽病影响的是牧场中的动物和人类，而不是鸡。Louis Pasteur 指出，鸡的体温为 43℃～44℃，而牧场中动物和人类的体温在 37℃ 左右。Pasteur 怀疑动物体温的这种差异是导致动物对这种疾病易感性差异的原因。为了证实自己的怀疑，他进行了以下实验。

     他给一些鸡注射了炭疽菌，并让它们进行冷水浴，使它们的体温降到 37℃。一旦这些鸡出现疾病症状，就把其中一些从冷水浴中取出，并让它们的体温恢复正常。那些留在冷水浴中的鸡死了，而那些从冷水浴中取出且体温恢复到正常的鸡却活了下来。

   (c) Reider F. Sognnaes 报告了他进行的以下实验。

     我们最近获得了确凿的实验证据，证明没有细菌和食物供应就不会有蛀牙。在圣母大学和芝加哥大学的无菌实验室里，没有口腔微生物的动物不会产生蛀牙。正常情况下，平均每个动物的蛀牙数量超过 4 个，而无菌大鼠则没有龋齿的迹象。在哈佛牙科医学院，我们已经证明了另一方面，即食物残渣也是引起蛀牙的必要条件。老鼠嘴里有大量的细菌，但直接通过胃管喂养不会产生蛀牙。在一对通过外科手术实现共享血液循环的老鼠中，一只用嘴喂养会导致蛀牙，一只用管子喂养则不会。（Sognnaes（1957, 112–113））

2. 公元前 286—公元前 268 年，Strato of Lampsacus 是雅典学园的校长，该学园是 Aristotle 在公元前 335 年建立的。据说，他提出了以下论点。

     如果一个人从大约为一个人的宽度的高度放下一块石头或任何其他重物，对地面造成的冲击是不明显的，但如果一个人从 100 英尺⊖ 或更高的高度放下物体，对地面的冲击将是很大的。现在没有其他原因造成这种强大的影响，因为物体的重量没有增加，物体本身也没有变大，也没有撞击到更大的地面空间，也没有更大的外力的推动，而是因为物体移动得更快。（Lloyd（1973, 16））

     Strato of Lampsacus 的理论假设是什么？观测规律是什么？他认为观测规律是如何遵循理论假设的？

3. 对于以下两个实验，确定理论假设是什么，同时在不诉诸任何超出常识的事实的情况下，陈述所测试的观测规律及其遵循的理论假设，并解释其应用了上述 3 种方法中的哪一种。此外，评价该假设及相关的实验。

⊖　1 英尺 = 0.3048 米。——编辑注

（a）法国东部 Jura 山脉的一名马医 Louvrier 声称他有治愈炭疽病的方法。具体是，揉搓一头生病的牛，使它尽可能暖和，然后切开皮肤上的伤口，倒入松节油，最后涂上一层厚厚的混有热醋的肥料。Pasteur 进行了以下实验。

在 Louvrier 和一个农民委员会的见证下，Pasteur 给四头健康的奶牛注射了活炭疽菌。第二天，当四头牛都被发现患有炭疽病时，Pasteur 要求 Louvrier 对两头牛进行治疗，而对另外两头不进行治疗。最终，经 Louvrier 治疗的一头牛死亡，另一头牛康复，未经治疗的一头牛死亡，另一头牛康复。

（b）Jan Baptista van Helmont（1579—1644）进行了以下实验，以证实他认为树木主要由水构成的观点。下面是他报告的内容。

我从下面的实验中了解到，所有的植物都是直接地、实质上来源于水元素。我拿了一个陶罐，放入 200 磅⊖在烤箱里烘干的土，然后用雨水浇灌。我在里面种了一棵 5 磅重的柳树。5 年后，它长成一棵重达 169 磅又约 3 盎司⊜的树。实验过程中只浇了雨水（或蒸馏水）。这个大容器被放在土里，盖上一个铁盖，铁皮表面有许多小孔。我没有称过秋天落叶的重量。最后，我把容器里的泥土烘干，发现同样的 200 磅泥土减少了大约 2 盎司。因此，光是水就构成了 164 磅的木头、树皮和树根。（Howe（1965，408—409））

4. 找一份剥夺实验的报告，总结报告，并用密尔的方法解释实验是如何进行的。

5. 对以下两句话判断真假。陈述一个假设，从密尔的方法中选择一种，借此，这些事实可以说成支持这个假设，解释你选择的方法，怎样将其应用于这些事实，如何支持这个假设。

(32.1)　　A cow is a mammal.

(32.2)　　A rock is a mammal.

部分练习答案

1.2.2.3 节

1. tally 数字系统

形成规则：

（TF1）如果 $x \in \{|\}$，那么 $x \in$ TN。

（TF2）如果 $y \in$ TN 且 $z \in \{|\}$，那么 $yz \in$ TN。

（TF3）其他情况则不属于 TN 了。

估值规则：

（TV1）$v(|) = 1$。

（TV2）如果 $y \in$ TN 且 $z \in \{|\}$，那么 $h(yz) = (y) + v(z)$。

TF2 是一个后缀规则。请注意，即使将 TF2 表示为一个前缀规则，估值规则也可以保持不变。

2. SL

（a）$i(BD)=7$, $i(BCD)=27$, $i(DCA)=56$, $i(BCAD)=99$

　　$5=i(BB)$, $16=i(BAA)$, $37=i(CBB)$, $76=i(BADA)$

　　$j(BD)=13$, $j(BCD)=21$, $j(DCA)=11$, $j(CABD)=18$

　　$5=j(BB)$, $16=j(ABD)$, $23=j(DCD)$, $64=j(ABDDDDD)$

　　$k(BD)=7$, $k(BCD)=15$, $k(DCA)=20$, $k(CABD)=15$

⊖　1 磅 ≈ 0.454 千克。——编辑注

⊜　1 盎司 ≈ 0.028 千克。——编辑注

5=$k(BB)$, 16=$k(DBA)$, 37=$k(DDDB)$, 64=$k(DDDDDBA)$

（b）VRh:

（24.1）h (A)=0, h (B)=1, h (C)=2, 且 h (D)=3。

（24.2）如果 $y \in$ L 且 $z \in$ SL, 那么 h (yz) =h (y) +4·h (z)。

$$h\ (BD) = 13,\ h\ (BCD) = 57,\ h\ (DCA) = 11,\ h\ (BCAD) = 201$$
$$5 = h\ (BB),\ 16 = h\ (AAB),\ 37 = h\ (BBC),\ 64 = h\ (AAAB)$$

（c）规则对 FRs（19）和 VRi（21）具有诸如 AB 和 AAB 的表达式, 它们各自表示 1。为了避免这种多余的表达式, 只需在 FRs（19.2）中添加一个简单的条件。

（d）当 a =4 时, 所有的自然数都会被表示, 并且没有自然数被多次表示。

当 a =3 时, 所有的自然数都会被表示, 有些自然数会被多次表示。

当 a =5 时, 一些自然数不会被表示。

（e）这个问题值得花点时间研究。

3. 数字系统

（a）米诺斯数字（Minoan Numeral, MN）

首先为米诺斯数字组成的集合 MN 定义一个形成规则, 该集合中的元素可以用基础符号 U、D、H、T 和 M 来表示的一组米诺斯数字。为此, 我们定义 N 为五个基础符号的集合 {U, D, H, T, M}。此外, 我们对 N 中的基础符号排序：M 的等级高于 T、H、D 和 U；T 的等级高于 H、D 和 U；H 的等级高于 D 和 U；D 的等级高于 U；U 的等级低于其他任何符号。

MN 的形成规则：

（MF1）如果 $x \in$ N, 那么 $x \in$ MN。

（MF2）如果 $y \in$ MN 且 $z \in$ MN, z 中符号的等级都不高于 y 中的符号, y 和 z 拼接起来, N 中每个基础符号出现都不多于 9 次, 那么 $yz \in$ MN。

（MF3）其他情况都不属于 MN。

现在定义一个规则, 它将一个正整数分配给 MN 的每个表达式。

MN 的估值规则：

（MV1）v $(U) = 1$, v $(D) = 10$, v $(H) = 100$, v $(T) = 1000$ 且 $v(M) = 1000$。

（MV2）如果 $y \in$ MN 且 $z \in$ MN, z 中符号的等级高于 y 中的符号, y 和 z 拼接起来, N 中每个基础符号出现都不多于 9 次, 那么 v $(yz) = v$ (y) +v (z)。

4. 自然语言计数

（a）理想的计数数字

首先为理想的计数数字集 IN 定义一个形成规则。为此, 我们将基本表达式分成两组：U 和 B。U 中含有 9 个基本表达式：one、two、three、four、five、six、seven、eight 和 nine。B 包含剩余的基本表达式：ones、ten、hundred、thousand 和 myriad。接下来, 我们观察到 IN 中的每个表达式都有某种形式。为了描述该形式, 我们将集合 B 划分为五个集合 O、D、T、H 和 M。每个集合只有一个成员：O 有 ones, D 有 ten, H 有 hundred, T 有 thousand, M 有 myriad。IN 中的每个表达式都具有以下形式：

$$(UM)(UT)(UH)(UD)(UO)$$

对应于每一对圆括号的子表达式不需要完全出现, 但是每对圆括号对应的子表达式不能够都不出现。

请注意, 每个复杂表达式中的基本表达式都遵循一定的次序。我们将 B 中的基本表达式排列如下：myriad 高于 thousand、hundred 和 ten, thousand 高于 hundred 和 ten, hundred 高于 ten。

IN 的形成规则：

（IF1）如果 $x \in$ U 且 $y \in$ B，那么 $xy \in$ IN。

（IF2）如果 $x, y \in$ IN 且 x 中 B 的表达式的优先级高于 y 中 B 的表达式的优先级，那么 $xy \in$ IN。

（IF3）其他情况都不属于 IN。

现在定义一个估值规则 v，它将合适的正整数分配给每个 IN 中的表达式。

IN 的估值规则：

（IV0）$v(\text{one}) = 1, v(\text{two}) = 2, v(\text{three}) = 3, v(\text{four}) = 4, v(\text{five}) = 5, v(\text{six}) = 6, v(\text{seven}) = 7, v(\text{eight}) = 8, v(\text{nine}) = 9, v(\text{ones}) = 1, v(\text{ten}) = 10, v(\text{hundred}) = 100, v(\text{thousand}) = 1000$，且 $v(\text{myriad}) = 10000$。

（IV1）如果 $x \in$ U 且 $y \in$ B，那么 $v(xy) = v(x) \cdot v(y)$。

（IV2）如果 $x, y \in$ IN 且 x 中每个 B 符号的优先级高于 y 中每个 B 符号的优先级，那么 $v(xy) = v(x) + v(y)$。

一些注释：

- 注意，U 或 B 的任何单独的表达式都不是 IN 的表达式，但是，IN 的每个表达式都含有 U 和 B 的表达式作为子表达式。因此，我们需要一个子句来给 U 和 B 的表达式赋值。子句（IV0）就是这样做的。
- 子句（IV1）为（IF1）子句产生的表达式赋值。
- 子句（IV2）为（1F2）子句产生的表达式赋值。

1.3.2 节

1.（a）让 A 作为非免疫志愿者进入房间，被 7 只接触过黄热病患者的蚊子叮咬。

理论假设：无论是什么引起黄热病，都是由蚊子从患病者传播到不患病者。

观测规律：任何对黄热病没有免疫力的人，被接触过黄热病患者的蚊子叮咬后，都会感染黄热病。

证明方式：事实上，A 对黄热病没有免疫力，并且被接触过黄热病患者的蚊子叮咬后感染了黄热病，这证明了观测规律。

基础集合论

2.1 介绍

在这一章中，我们将学习在逻辑和自然语言研究中使用的集合论的主要概念。我们将学习集合（set）及其成员（membership），集合之间的某些基本关系，例如一个集合是另一个集合的子集（subset），一个集合与另一个集合不相交（disjoint）。我们也将学习集合中的运算，即并（union）、交（intersection）、差（difference）、补（complementation）。除了集合，我们还将介绍序列（sequence）。它们与集合的不同之处在于前者的成员具有相对顺序，而后者的成员则不具备。我们还将学习集合的集合及其各种运算。最后，我们将研究关系（relation）和函数（function）。

2.2 集合及其成员

不管是抽象的还是具体的实体都可以形成集合，而构成集合的实体则是它们形成的集合的成员。例如，所有正好有四条腿的椅子组成一个集合，则任何正好有四条腿的椅子都是该集合的成员。

集合与数字一样，没有空间或时间位置，因此，与数字一样，它们是抽象实体。于是，即使集合的每个成员都是一个具体的实体，由这些实体形成的集合本身也是一个抽象的实体。综上，每一把有四条腿的椅子都是一个具体的实体，然而，所有这些椅子的集合是一个抽象的实体。

如前所述，集合也可以由抽象实体形成。例如，自然数是抽象实体，它们形成了一个集合，其成员为 0，1，2，3，…。事实上，集合本身可以形成集合。

最后，集合可以由具体实体和抽象实体构成。例如，所有有四条腿的椅子和所有自然数一起构成一个集合。任何有四条腿的椅子，以及任何自然数，都是这套集合的一员。此集合不应与仅包含自然数集合和正好有四条腿的椅子集合这两个成员的集合相混淆。后一组成员均不包括椅子，也不包括自然数。

集合论中最基本的关系是集合中一个成员与集合本身之间的关系。这种关系称为集合成员（set membership）关系，它由符号 $\in$ 表示，是小写希腊字母 ε（epsilon）的变体。集合中的成员资格是通过在集合成员的名称和集合的名称之间插入集合成员资格的符号来表示的。因此，如果 A 是一个集合，b 是它的一个成员，那么这个事实可以表示为 $b \in A$。除了说 b 是 A 的一个成员外，还可以说 b 属于 A、b 是 A 的一个元素，或者简单地说 b 在 A 中。

集合是由它的成员决定的，而不是别的。这一事实导致了命名集合的两种方式：列表表示法（list notation）和抽象表示法（abstraction notation）。在列表表示法中，将集合成员的一个列表括在大括号中。表达式 {1，2，3} 表示其成员是数字 1、2 和 3 的集合。在抽象表示法，也称为集合生成器表示法（set builder notation）中，通常在大括号中写入一个变量，后跟一个冒号或竖线，以及一个描述规则（通常包含初始变量），该描述规则由集合的所有且仅由集合的成员满足。因此，抽象表示法中的以下表达式表示有四条腿椅子的集合：

$\{ x : x$ 是有四条腿的椅子 $\}$。

列表表示法有两个特点，我们应该记住。首先，大括号内列表中元素的给定顺序是无意义的。换句话说，无论列表中成员的名称如何重新排列，大括号中的列表所表示的集合始终相同。因此，同一个集合可以由 $\{a, b, c\}$ 和 $\{b, a, c\}$ 表示。其次，列表中包含的重复元素是无意义的，也就是说，如果两个列表只在某些元素的重复上不同，那么两个列表在大括号中表示的集合是相同的。综上，同一个集合可以由 $\{a, b, c, a\}$ 和 $\{c, a, b, b\}$ 表示。简而言之，在大括号中仅仅是元素的顺序或重复元素有所不同的两个集合，实际上代表同一集合。

不仅列表表示法允许以两种不同的方式命名同一个集合，抽象表示法也是如此。因此，偶数（自然数）的集合可以表示为 $\{ x : x$ 是偶数自然数 $\}$，这个集合与可被 2 整除的自然数的集合相同，即 $\{ x : x$ 是自然数，x 可被 2 整除 $\}$。

最后，列表表示法中的集合名称和抽象表示法中的集合名称可以表示同一集合。例如，$\{1, 2, 3\}$ 也可以用 $\{ x : x$ 是一个大于 0 小于 4 的自然数 $\}$ 来表示。

以下是本书关于集合论符号的一些其他约定。罗马字母表的大写字母只与集合有关：字母表开头的大写字母（如 A，B，C，…）是参数，代表固定集合，而字母表结尾的大写字母（如…，X，Y，Z）是变量集合。小写字母可能同时与集合和非集合有关，与非集合有关时可能与形成集合的实体、具体或抽象实体有关。因此，如果用大写字母表示，人们可以确定自己是在处理一个集合；然而，用小写字母表示，人们不能确定相关实体是一个集合还是与一个集合不同的其他实体。字母表开头的小写字母（例如，a，b，c，…）是参数，代表可能是集合或可能不是集合的确定实体，而字母表结尾的小写字母（例如，…，x，y，z）是变量，它们代表可能是集合或可能不是集合的变量实体。有时我们偶尔使用手写体的字母，如果它是字母表开头的字母，则代表参数，表示一组确定集合的集合，如果是字母表结尾的字母，则代表变量，表示某个范围内集合的集合。

2.2.1 一些重要的集合

数学中常用的几个集合有标准名称。一个是自然数集合，通常用 $\mathbb{N}$ 来表示。自然数有两个重要的性质：第一，两个自然数相加总是得到一个自然数，第二，两个自然数相乘总是得到一个自然数。然而，从一个自然数减去另一个自然数并不总是得到一个自然数。因此，从自然数 17 中减去自然数 15 会得到自然数 2，而从自然数 15 中减去自然数 17 不产生自然数。

为了获得一组足够大的数，以保证任何两个数相减总是得到该组的一个成员，自然数必须进行扩展，以包括除 0 以外的每个自然数的负对应项。这组新的数称为整数（integer），用来表示这组数的符号是 $\mathbb{Z}$。

在整数集内，通常将正整数 $\{+1, +2, +3, \cdots\}$ 与负整数 $\{\cdots, -3, -2, -1\}$ 区分开来。正整数通常不带加号，表示正整数集的符号是 $\mathbb{Z}^+$，表示负整数集的符号是 $\mathbb{Z}^-$。显然，整数包括自然数，因为自然数只是正整数加上 0。最后，使用符号表示前 n 个正整数的集合是方便的。例如，我们将使用具有复杂符号的 $\mathbb{Z}_3^+$ 表示集合 $\{1, 2, 3\}$，使用具有复杂符号的 $\mathbb{Z}_4^+$ 表示集合 $\{1, 2, 3, 4\}$，以及更一般地，使用具有复杂符号的 $\mathbb{Z}_n^+$ 来表示集合 $\{1, 2, 3, \cdots, n\}$。

2.2.2 集合的大小

集合的大小或基数（cardinality）（也称为势）是集合中不同成员的数目。一个集合可以是有限的，也可以是无限的，这取决于它拥有的不同成员的数量是有限的还是无限的。集合 {2，3，5，7} 的大小或势是 4。对此，官方写法是将集合的名称放在一对垂直线之间，并将得到的表达式写为等于适当的数字。因此，|{2，3，5，7}|=4。关于这个集合的势的相同语句也可以使用抽象表示法：|{ $x : x$ 是一个素数，$1 < x < 10$}|=4。

某些类型的有限集有特殊的名称。只有两个成员的集合称为双例集（doubleton set）。只有一个成员的集合称为单例集（singleton set）。有一个特殊的没有成员的集合，称为空集（empty set 或 null set）。一个虽然不常见但非常有启发性的空集的符号是 {}。而此处使用常用符号 $\varnothing$。空集或 $\varnothing$ 是"零"或 0 的集合论对应项。零和空集合不一样，千万不要混淆："零"或 0 是一个数，$\varnothing$ 或空集是一个集合。

以下是一些示例，以说明到目前为止介绍的各种概念：

- |{2，4，6}|=3，但是 |{{2，4，6}}|=1；
- |{ $\mathbb{N}$ }|=1，但是 | $\mathbb{N}$ | 是无限的；
- | $\varnothing$ |=0，但是 |{ $\varnothing$ }|=1。

有一个更特殊的集合称为全集（universal set）或全讨论域（universe of discourse）。这个集合通常用 U（全集的助记符）来表示。然而，在这里，我们将用 V 来表示它，以避免与稍后引入的另一个符号混淆。正如第二个术语所暗示的，这个概念是，在任何对话中，一些背景实体集都被预设为潜在的被谈论的事物。这些实体并不是所有你可能想到的实体，而是其中的一小部分。因此，举例来说，如果在随意的谈话中，有人说"每个人都喜欢这个聚会"，很明显，讲话者的意思并不是这个星球上的每个人，而是参加所指聚会的每个人。如果讨论的主题是平面欧几里得几何，则全集是平面上的点集；如果讨论的主题是算术，则全集是自然数集。对于大多数的会话主题，无论是数学上的还是其他方面的，预设一个不会包含所有可能实体的全讨论域都是必要的，如果讨论的主题是集合论，那么这样的预设更是变成了逻辑上的必然。

2.2.3 集合之间的关系

在这一节中，我们将讨论集合之间的三种关系：子集关系（用 $\subseteq$ 表示）、真子集关系（用 $\subset$ 表示）和正交关系（用 $\perp$ 表示）。下面从子集关系开始。

定义 1 *子集关系*

当且仅当[⊖] X 的每个成员都是 Y 的成员，$X \subseteq Y$。

例如，集合 {7，13，23} 是集合 {7，13，23，31} 的一个子集，即 {7，13，23} $\subseteq$ {7，13，23，31}，因为可以很容易地验证，第一个集合的每个成员都是第二个集合的成员。同时，{1，5，9} 不是 {5，9，10} 的子集，即 {1，5，9}$\nsubseteq${5，9，10}[⊖]，因为"1"是第一个集合的成员，而不是第二个集合的成员。从前面的讨论可以看出，$\mathbb{N}$ 是 $\mathbb{Z}$ 的一个子集，即 $\mathbb{N} \subseteq \mathbb{Z}$。

下面介绍描述这种关系的直观清晰的方法，该方法由戈特弗里德·莱布尼茨（Gottfried

⊖ 当且仅当的英文为"iff"，这一词是"if and only if"的缩写，这种语句称为双条件语句。

⊖ 通过数学符号斜线表示否定。例如，1∉{2，3} 是"它不是 1 ∈ {2，3} 的情况"的缩写。

Leibniz，1646—1716）发明，并由莱昂哈德·欧拉（Leonhard Euler，1707—1783）推广。该方法是这样的：将集合 A 表示为集合 B 的子集的时候，用一个代表 B 的圆包围代表 A 的圆，如图 2.1 所示。

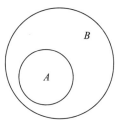

图 2.1　$A \subseteq B$ 的欧拉图

在子集关系的欧拉（Euler）图（图 2.1）中，集合之间的关系由表示相关集合的圆的相对位置来描述。实际上，在一个表示集合的闭合矩形内使用相对位置来描述集合之间的相关关系是欧拉图的特征。虽然直觉上来说很直观，但这种形式的图既不像人们想象的那样灵活也不通用。

约翰·维恩（John Venn，1834—1923）设计了一种新的表示方法来改进欧拉图的灵活性和通用性，即维恩图。在维恩（Venn）图中，表示集合的闭合图的位置并不能描述集合之间的关系。相反，在维恩图中，两个闭合图会有重叠部分，如图 2.2 所示。对此，增加了进一步的符号来描述由闭合图表示的集合之间的关系。

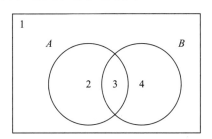

图 2.2　表示集合 A 和 B 关系的维恩图

注意，在图 2.2 中，矩形被分成四个不同的区定义域，称为单元（cell）。一个标记为"1"的单元位于两个圆之外；另一个标记为"2"的单元是月牙形区定义域，包括左侧圆中与右侧圆不重叠的部分；另一个标记为"4"的区定义域是月形区定义域，包括右侧圆中与左侧圆不重叠的部分；另一个标记为"3"的区定义域是透镜形区定义域，是两个圆的重叠部分。

要在维恩图中描述两个集合之间的关系，可以用适当的符号注释一个或多个单元。星号（⋆）表示该区域代表的集合是非空的，而区域中的阴影则表示该区域代表的集合是空的。如图 2.3 所示，将集合 A 描绘为 B 的一个子集时，左侧新月形单元中是一片阴影。

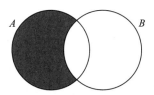

图 2.3　$A \subseteq B$ 的维恩图

读者应该学习表示子集关系的欧拉图和维恩图，以了解，事实上，两幅图都描绘了同样的情况。

关于子集关系有三个重要的性质。第一，如性质 1 中的（1）所示，如果一个集合是第二个集合的子集，第二个集合是第三个集合的子集，那么第一个集合就是第三个集合的子集。第二，如（2）所示，如果一个集合是第二个集合的子集且第二个集合是第一个集合的子集，那么这两个集合是相同的。第三，如（3）所示，每一个集合都是它自身的一个子集。下面用符号记录这些性质。

性质 1 关于子集关系的性质

（1）如果 $X \subseteq Y$ 和 $Y \subseteq Z$，那么 $X \subseteq Z$。

（2）如果 $X \subseteq Y$ 和 $Y \subseteq X$，那么 $X = Y$。

（3）$X \subseteq X$。

虽然性质（3）在刚刚介绍的图中并不是很清楚，但性质（1）和性质（2）应该已经表现得比较清楚了。我们从性质（1）开始。集合 A 是集合 B 的一个子集，通过在一个代表 B 的圆内包围一个代表 A 的圆来描述。而 B 是 C 的一个子集，则通过在一个代表 C 的圆内包围一个代表 B 的圆来描述。完成此操作后，代表 C 的圆将包围代表 A 的圆，从而将 A 描绘为 C 的子集。用欧拉图可以很好地描述这一性质，如图 2.4 所示。

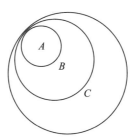

图 2.4 $A \subseteq B \subseteq C$ 的欧拉图

集合 A 是集合 B 的一个子集，则表示 A 的圆在表示 B 的圆的圆外部分的新月形区定义域使用阴影表示。B 是 C 的一个子集，则表示 B 的圆在表示 C 的圆的圆外部分的新月形区定义域使用阴影表示。完成后，表示 A 的圆的新月形区定义域在表示 C 的圆的圆外部分将用阴影表示，因此将 A 描绘为 C 的子集，如图 2.5 所示。

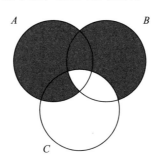

图 2.5 $A \subseteq B \subseteq C$ 的维恩图

必须强调的是，这些图表并不是证明；它们只是工具，帮助人们看到需要证明的事实。欧拉图不能描述性质（2），但维恩图是可以的。为了将 A 和 B 描绘为完全相同的集合，必须排除集合 A 的圆中集合 B 不涉及的部分（即 A 的新月形区域），并使用阴影表示，同时也

要排除表示集合 B 的圆中集合 A 不涉及的部分（即 B 的新月形区域），并使用阴影表示。也就是说，这些新月形区域都必须使用阴影表示。这样的图不仅描绘了 A 作为 B 的子集，还描绘了 B 作为 A 的子集。反之，要描绘出 A 作为 B 的子集且 B 作为 A 的子集的图，可通过在表示集合 A 的圆中，排除表示集合 B 的圆（即 A 的新月形区域并使用阴影表示），以及在表示集合 B 的圆中，排除表示集合 A 的圆（即 B 的新月形区域并使用阴影表示）来完成的。在描绘集合 A 和 B 的两个圆所围起来的区域中，只有它们重叠的透镜形区域没有阴影，从而描绘了 A 和 B 是一个完全相同的集合，如图 2.6 所示。

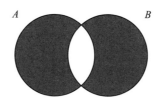

图 2.6 $A = B$ 的维恩图

现在讨论第二个关系，真子集关系。

定义 2   真子集关系

　　当且仅当 X 的每个成员都是 Y 的成员，而 Y 的某些成员不是 X 的成员，$X \subset Y$。注意，真子集关系的定义有两个条件。第一个是 X 的每个成员都是 Y 的成员，第二个是 Y 至少有一个 X 没有的成员。把这两个条件放在一起意味着 Y 拥有 X 的所有成员，然后是一些其他成员。因此，例如集合 $\{7,13,23,31\}$ 具有 $\{7,13,23\}$ 的所有成员，然后还有另一个成员，即 31，那么 $\{7,13,23\} \subset \{7,13,23,31\}$。

　　类似地，$\mathbb{Z}$ 包含 $\mathbb{N}$ 的所有成员，然后还包含一些其他成员。实际上，除了所有的自然数外，$\mathbb{Z}$ 还包含所有的负整数。那么 $\mathbb{N} \subset \mathbb{Z}$。显然，没有一个集合是它自身的真子集，因为虽然任何集合包含其自身的所有成员，但它不包含任何其他成员。

　　在维恩图中，以与子集关系相同的方式描绘真子集关系，除了一个新月形区定义域的阴影（对应于定义第一部分的图的注释）之外，在另一个新月形区定义域中放置一个星号（⋆）（对应于定义的其他部分），如图 2.7 所示。

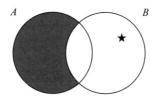

图 2.7 $A \subset B$ 的维恩图

　　稍加思考就可以发现，图 2.1 中描述子集关系的欧拉图实际上是描述真子集关系的图。事实上，如果不引入进一步的注释，就不可能用欧拉图描述非真子集关系的子集关系的实例。

　　下面是关于真子集关系的三个重要性质。第一，如性质 2 中的（1）所示，与子集关系一样，如果一个集合是第二个集合的真子集，而第二个集合是第三个集合的真子集，则第一个集合是第三个集合的真子集。第二，如性质 2 中的（2）所示，如果一个集合是另一个集合的真子集，那么另一个集合不是第一个集合的真子集。第三，如性质 2 中的（3）所示，没有一个集合是它本身的真子集。

性质 2　关于真子集关系的性质

（1）如果 $X \subset Y$ 和 $Y \subset Z$，那么 $X \subset Z$。

（2）如果 $X \subset Y$，那么 $Y \not\subset X$。

（3）$X \not\subset X$。

我们用第三个关系，即正交关系，结束对一个集合的关系的阐述。

定义 3　正交关系

当且仅当 X 的任何成员都不是 Y 的成员，$X \perp Y$。

集合 $\{1, 2\}$ 和 $\{3, 4\}$ 彼此不相交，那么 $\{1, 2\} \perp \{3, 4\}$。

相反，集合 $\{1, 2, 3\}$ 和 $\{3, 4, 5\}$ 不是彼此不相交的，那么 $\{1, 2, 3\} /\!\!\perp \{3, 4, 5\}$

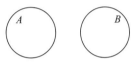

图 2.8　$A \perp B$ 的欧拉图

因为它们都有 3 作为成员。两个彼此不相交的无限集合是集合 $\mathbb{Z}^+$ 和 $\mathbb{Z}^-$，因为不存在既为正又为负的整数。

在欧拉图中，正交关系由两个不重叠的圆表示，如图 2.8 所示。在维恩图中，它是由两个中间透镜形区为阴影的重叠圆表示的，如图 2.9 所示。

从图中可以看出，如果第一个集合与第二个集合不相交，那么第二个集合与第一个集合也不相交。下面用符号重申这一性质。

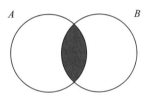

图 2.9　$A \perp B$ 的维恩图

性质 3　关于正交关系的性质

如果 $X \perp Y$，那么 $Y \perp X$。

练习：集合成员和集合之间的关系

1. 使用集合抽象表示法重新表示下列集合：

　（a）$\{10, 11, 12, 13, \cdots, 97, 98, 99\}$

　（b）$\{2, 4, 6, 8, 10, \cdots\}$

2. 使用列表表示法重新表示下面的每个集合，并说明每个集合的大小：

　（a）$\{\, x : x$ 是一个两位数的自然数，其个位数与十位数相同 $\}$

　（b）$\{\, x : x$ 是一个两位数的自然数，其个位数是十位数的两倍 $\}$

3. 设 $A=\{1, 4\}$，$B=\{4\}$，$C=\{1, 2, 3\}$ 和 $D=\{1, 2\}$，确定下列各项的真伪：

　（a）$1 \in A$　　　　　（b）$B \subseteq D$　　　　　（c）$2 \in B$　　　　　（d）$B \perp C$

　（e）$B \perp D$　　　　　（f）$C \subseteq D$　　　　　（g）$3 \in C$　　　　　（h）$B \subset C$

　（i）$4 \in D$　　　　　（j）$A \subset B$　　　　　（k）$C \perp D$　　　　　（l）$A \perp B$

4. 设 $A=\{1, 3, 5\}$，$B=\{2, 4\}$，$C=\{1, 2, 3\}$ 和 $D=\{3, 4\}$，确定下列各项的真伪：

　（a）$C \subset A$ 且 $A \perp B$　　　　　　　（b）$C \subseteq D$ 或 $B \perp C$

　（c）如果 $A \perp C$，则 $D \subseteq B$　　　　　（d）$C \perp A$ 且 $D \subset A$

5. 设 $A=\{a, c, e\}$，$B=\{b, c\}$，$C=\{a, b, c\}$，$D=\{d, e, \varnothing\}$ 和 $E=\{A, b, C, d\}$，其中 a, b, c, d 和 e 是不同的对象，确定下列各项的真伪：

　（a）$A \in E$　　　　　（b）$B \subseteq A$　　　　　（c）$C \subset B$　　　　　（d）$D \perp C$

　（e）$D \perp B$　　　　　（f）$c \subset C$　　　　　（g）$B \in e$　　　　　（h）$E \perp A$

6. 确定下列内容的真伪：

　（a）$\varnothing \in \varnothing$　　　（b）$\varnothing \subseteq \varnothing$　　　（c）$\varnothing \in \{\varnothing\}$　　　（d）$\varnothing \subseteq \{\varnothing\}$

　（e）$\{\varnothing\} \in \varnothing$　　　（f）$\{\varnothing\} \subseteq \varnothing$

7. 确定下列内容的真伪：

(a) $\mathbb{Z}^- \subset \mathbb{N}$　　　　(b) $\mathbb{N} \subset \mathbb{Z}$　　　　(c) $\mathbb{N} = \mathbb{Z}^+$　　　　(d) $\mathbb{N} \perp \mathbb{Z}^-$

(e) $\mathbb{N} \perp \mathbb{Z}^+$　　　　(f) $\mathbb{N} \subset \mathbb{Z}^-$　　　　(g) $\mathbb{Z}^+ \subseteq \mathbb{N}$　　　　(h) $\mathbb{Z}^+ \subseteq \mathbb{Z}^-$

8. 以下哪些是无限的，哪些是有限的？如果集合是有限的，说明它的大小（如果可能的话）。

(a) 罗马字母表中的字母集　　　　　　　　(b) 偶数整数集

(c) 有限集合的一个真子集　　　　　　　　(d) 偶数素数集

2.3　集合的运算

我们将学习集合的四种运算：并、交、差、补。下面从"并"的二元运算开始，该运算用 $\cup$ 表示。

定义 4　并

当且仅当 $x \in X$ 或 $x \in Y$，$x \in X \cup Y$。

该定义规定，由两个集合形成的并集包含其中一个集合（或者两者）中的所有元素。这里有一些例子：

$$\{1, 2, 5\} \cup \{3, 6\} = \{1, 2, 3, 5, 6\}$$
$$\{1, 2, 5\} \cup \{1, 3, 4\} = \{1, 2, 3, 4, 5\}$$
$$\mathbb{N} \cup \mathbb{Z}^- = \mathbb{Z}$$

同样的想法可以通过使用图 2.2 中的维恩图模式来表达。在该图中，包含单元 2、3 和 4 的区域表示 $A \cup B$。

并集的维恩图可以表现出几个有趣的性质，现在陈述这些性质，并在性质 4 中使用符号描述它们。第一，如性质 4 中的（1）所示，两个集合的顺序对最后的并集没有区别。第二，如性质 4 中的（2）和性质 4 中的（3）所示，构成并集的每个集合是其并集的子集。第三，如性质 4 中的（4）所示，有两部分内容：如果两个集合是同一集合的子集，那么两个集合的并集也是它的子集；如果两个集合的并集是一个集合的子集，那么构成并集的每个集合都是这个集合的子集。第四，如性质 4 中的（5）所示，也有两部分：如果第一个集合是第二个集合的子集，那么它们的并集就是第二个集合；如果两个集合的并集是其中一个集合，那么另一个集合就是该集合的子集。第五，如性质 4 中的（6）所示，集合与自身的并集就是集合本身。第六，如性质 4 中的（7）所示，任何集合与空集合的并集就是集合本身。

性质 4　关于并集的性质

（1）$X \cup Y = Y \cup X$。

（2）$X \subseteq X \cup Y$。

（3）$Y \subseteq X \cup Y$。

（4）当且仅当 $X \cup Y \subseteq Z$，$X \subseteq Z$ 且 $Y \subseteq Z$。

（5）当且仅当 $Y = X \cup Y$，$X \subseteq Y$。

（6）$X \cup X = X$。

（7）$X \cup \varnothing = X$。

现在来讨论二元运算"交"，用 $\cap$ 表示。

定义 5　交

当且仅当 $x \in X$ 和 $x \in Y$，$x \in X \cap Y$。

定义规定，两个集合的交集正好包含了在这两个集合中都存在的元素。这里有一些例子：

$$\{1,2,6\} \cap \{2,3,6\}=\{2,6\}$$
$$\{1,2,5\} \cap \{1,2,4\}=\{1,2\}$$
$$\{1,2,3\} \cap \{6,5,4\}=\varnothing$$

图 2.2 中的维恩图也有助于说明交集的工作原理：单元 3 的区域表示 $A \cap B$。

　　交集的性质与并集的性质有一些相似之处，这一点从维恩图上可以很容易地看出来。第一，如性质 5 中的性质 5 中的（1）所示，两个集合的顺序对最后的交集没有区别。第二，如性质 5 中的（2）和性质 5 中的（3）所示，如果一个集合是两个集合的交集，则该交集是构成交集的每个集合的子集。第三，如性质 5 中的（4）所示，有两部分：如果某一集合是两个集合的子集，那么它也是它们的交集的子集；如果某一集合是两个集合交集的子集，则它是构成交集的两个集合的子集。第四，如性质 5 中的（5）所示，也有两部分：如果第一个集合是第二个集合的子集，那么它们的交集是第一个集合；如果两个集合的交集是两个集合中的一个，那么该集合是另一个集合的子集。第五，如性质 5 中的（6）所示，集合与自身的交集就是集合本身。第六，如性质 5 中的（7）所示，任何集合与空集的交集就是空集。以下是用符号表示的性质。

　　性质 5　关于交集的性质

（1）$X \cap Y=Y \cap X$。

（2）$X \cap Y \subseteq X$。

（3）$X \cap Y \subseteq Y$。

（4）当且仅当 $Z \subseteq X \cap Y$，$Z \subseteq X$ 且 $Z \subseteq Y$。

（5）当且仅当 $Y=X \cap Y$，$Y \subseteq X$。

（6）$X \cap X=X$。

（7）$X \cap \varnothing = \varnothing$。

　　第三个且是最后一个二元运算是"差"。一个集合与另一个集合的差不应与一个数与另一个数的相减相混淆。一个集合与另一个集合的差为，从第一个集合中移除任何出现在第二个集合中的相同成员，例如：

$$\{1,3,5\}-\{2,4,5\}=\{1,3\}$$

由于 5 是这两个集合的唯一共同元素，因此它被从第一个集合中移除，结果得到 $\{1,3\}$。

　　下面是（集合）差的定义。

　　定义 6　差

　　当且仅当 $x \in X$ 且 $x \notin Y$，$x \in X-Y$。

维恩图（图 2.2）再次揭示了差集的工作原理。单元 2 的区域表示从 A 减去 B 的结果（即 $A-B$）。

　　现在来讨论最后一个运算——补，为一元运算。

　　定义 7　补

　　当且仅当 $x \in V$ 且 $x \notin X$，$x \in -X$。

定义规定，集合的补集是由全集中不在该集合内的所有元素形成的。假设全集 $V=\{1,2,3,4,5\}$，那么

$$-\{1,2,5\}=\{3,4\}$$
$$-\{5,4,1\}=\{3,2\}$$

同样，参考维恩图（图 2.2），可以看到单元 1 和单元 4 的区域合起来表示 $-A$，而单元 1 和单元 2 组成的区域表示 $-B$。

从一个合适的维恩图中可以很轻松地看出补集的几个性质。第一，如性质 6 中的（1）所示，一个集合和它的补集没有任何共同元素。换句话说，它们的交集是空集。第二，如性质 6 中的（2）所示，集合与其补集的并集为全集。第三，如性质 6 中的（3）所示，集合与其补集的补集是相同的。接下来的两个性质，如性质 6 中的（4）和（5）所示，被称为德摩根定律（DeMorgan's law），它们把补集与并集和交集联系在一起：两个集合的补集的并集与它们的交集的补集相同，两个集合的补集的交集与它们的并集的补集相同。如性质 6 中的（6）所示，可以从欧拉图中清楚地看出，补集逆转了子集关系的方向。如性质 6 中的（7）所示，一个集合与另一个集合的补集相交得到的集合与从第一个集合中删除第二个集合的元素所得的集合相同。

性质 6　关于补集的性质

（1）$X \cap -X = \varnothing$。

（2）$X \cup -X = V$。

（3）$--X = X$

（4）$-X \cup -Y = -(X \cap Y)$。

（5）$-X \cap -Y = -(X \cup Y)$。

（6）当且仅当 $-Y \subseteq -X$，$X \subseteq Y$。

（7）$X - Y = X \cap -Y$。

练习：集合运算

1. 设全集 V 为 $\{1, 2, 3, 4, 5, 6\}$，令 $A = \{1, 3, 5\}$，$B = \{2, 4\}$，$C = \{1, 2, 3\}$，$D = \{4, 5, 6\}$ 和 $E = \{3\}$，使用列表表示法表示以下每个集合：

   (a) $A \cap (A \cup (B \cap E))$

   (b) $A \cup (C \cap -E)$

   (c) $(A \cap -D) \cap (B \cup C)$

   (d) $A \cup (A \cap ((D \cap -A) \cap (-C \cup B)))$

   (e) $(A \cup D) \cap -(B \cap C)$

   (f) $(C \cap -A) \cap (B \cup -A)$

   (g) $-(B \cap C) \cap -B$

   (h) $C \cap -(C \cap -D)$

   (i) $C \cap (B \cup D)$

2. 使全集为 $\mathbb{Z}$，尽可能简化以下表达式。

   (a) $\mathbb{N} \cap \mathbb{Z}^+$　　　　　(b) $\mathbb{Z}^+ \cup \mathbb{N}$　　　　　(c) $\mathbb{Z}^+ \cup \mathbb{Z}^-$　　　　　(d) $\mathbb{Z}^- \cap \mathbb{Z}^+$

   (e) $\mathbb{Z}^+ \cap -\mathbb{N}$　　　　(f) $(\mathbb{N} - \mathbb{Z}^+) \cup \mathbb{Z}^+$　　　(g) $\mathbb{N} \cap -(\mathbb{Z}^+ - \{0\})$

3. 确定以下哪一项是正确的，哪一项是错误的。如果某个是错误的，请提供反例。

   (a) $X \cap -Y \subseteq X$

   (b) $X \cap Y \perp X \cap -Y$

   (c) 如果 $X \subseteq Y$ 且 $Y \subseteq Z$，则 $-Z \subseteq -X$

   (d) 如果 $X \subseteq Z$ 且 $Y \subseteq Z$，则 $Y \cap -X \subseteq Z$

2.4 序列

现在从集合转向序列。序列与集合的不同之处是它们的成员是有序的，而集合的成员则不是。为了解释序列的概念，下面从讨论只有两个成员的序列（也称为有序对）的特例开始。

2.4.1 有序对

有序对类似于双例集，但与双例集截然不同。它们是相似的，因为它们通常以相似的方式表示。人们通常用被逗号分开并被一对大括号括起来的两个元素来命名双例集。例如，仅由 1 和 2 组成的双例集可表示为 {1，2}。另外，人们通常用由一对尖括号括起来的两个元素来命名一个有序对，例如 <1，2>[⊖]。

如前所述，集合是无序的。因此，双例集的元素的排列顺序无关紧要。例如，{1,2}={2，1}。然而，有序对是有序的。因此，其成员的排列顺序确实很重要。因此，<1，2> ≠ <2，1>。由于有序对的成员顺序很重要，所以每个位置上的成员都有一个名称。第一个成员被称为第一个坐标，第二个成员被称为第二个坐标。

有序对和集合之间的另一个区别是，有序对中的重复元素很重要，而集合中的重复元素则不重要。因此，<1，1> 是有序对，而 {1，1} 不是双例集，因为 {1，1}={1}，但是 <1，1> ≠ <1>。而且，<a，b> 必须是有序对，不管 a 是否与 b 相同，但 {a，b} 可以是单例集，而不是双例集，这取决于 a 是否与 b 相同。最后，每个双例集都是一个集合，但没有有序对是一个集合。

两个有序对在其第一个坐标以及它们的第二个坐标相同的情况下是相同的。

定义 8 *有序对的等式*

当且仅当 $x=w$ 且 $y=z$，$<x，y>=<w，z>$。

正如双例集是一种特殊的集合，有序对也是一种特殊的序列。正如每个集合的大小都对应某一个自然数一样，每个序列的长度也对应于某一个自然数。因此，单例集的大小是 1，双例集的大小是 2，依此类推。

有序对是长度为 2 的序列，同样存在长度为 3、4、5 等的序列，甚至有长度为 1 的序列。由于顺序在一个有序集合中很重要，所以人们可以根据成员在列表中的位置来指代一个序列集合的成员。如果序列的长度为 n，则通常将其称为 n 元组，位于第 i 个位置的成员称为第 i 个坐标。事实上，只要两个序列具有相同的长度，并且它们的坐标是相同的，则这两个序列是相同的。更正式的定义如下。

定义 9 *序列的等式*

对于每个 $i \in \mathbb{Z}_n^+$，当且仅当 $x_i = y_i$，$< x_1，\cdots，x_i，\cdots，x_n >=< y_1，\cdots，y_i，\cdots，y_n >$。因此，例如，<1，2，3> 不等于 <1，3，2>，因为即使它们具有相同的成员，其中一个的一些坐标具有与另一个的相应坐标不同的成员。具体来说，虽然三个坐标中的第一个坐标相等，但第二个坐标不相等，第三个坐标也不相等。

2.4.2 笛卡儿积

现在讨论一个重要的二元运算——笛卡儿积（Cartesian product），它由符号"×"表示。

⊖ 虽然逻辑学家和集合论学家通常使用尖括号来为序列命名，但在数学领域中，特别是在代数中，使用括号代替尖括号是司空见惯的。我们将遵循逻辑学家和集合论学家的实践。

此运算也称为直积（direct product），从两个集合创建一组有序对的集合，其中每个对的第一个和第二个坐标分别取自第一个集合和第二个集合的元素。尽管使用了相同符号，笛卡儿积不应与乘法运算混淆。乘法运算取一对数并产生一个数；笛卡儿积的集合论运算取一对集合并产生一个集合。然而，这两个运算是有联系的，正如我们将看到的，正是这种联系的存在，为两个不同的运算选择了相同的符号。

定义 10 笛卡儿积

设 X 和 Y 是集合，当且仅当 $x \in X$ 和 $y \in Y$，$<x, y> \in X \times Y$。

逻辑上等同于这个定义的等式如下：

$$X \times Y = \{<x, y>: x \in X \text{且} y \in Y\}$$

以下是解释这一定义的一些例子：

$$\{1, 2\} \times \{3, 4\} = \{<1, 3>, <1, 4>, <2, 3>, <2, 4>\}$$

$$\{1, 2\} \times \{2, 3, 4\} = \{<1, 2>, <1, 3>, <1, 4>, <2, 2>, <2, 3>, <2, 4>\}$$

关于这一定义，有两点需要牢记。首先，两个集合的笛卡儿积是一个集合，而不是一个有序对。其次，两个集合的笛卡儿积的每个成员都是有序对。

如前所述，笛卡儿积运算和算术乘法运算是不同的。此外，这些运算并非简单的类比，因为算术乘法是满足交换律和结合律的，而笛卡儿积两者都不满足。换句话说，$X \times Y = Y \times X$ 或 $X \times (Y \times Z) = (X \times Y) \times Z$ 都不成立。读者可以通过具体的案例来证明笛卡儿积是不可交换的。下面的示例显示它不是可结合的，设 X 为 $\{1, 2\}$，Y 为 $\{3, 4\}$，Z 为 $\{5, 6\}$。现在，

$$Y \times Z = \{<3, 5>, <3, 6>, <4, 5>, <4, 6>\}$$

正如前面看到的，

$$X \times Y = \{<1, 3>, <1, 4>, <2, 3>, <2, 4>\}$$

因此，

$(X \times Y) \times Z = \{<<1, 3>, 5>, <<1, 4>, 5>, <<2, 3>, 5>, <<2, 4>, 5>, <<1, 3>, 6>, <<1, 4>, 6>, <<2, 3>, 6>, <<2, 4>, 6>\}$

和

$X \times (Y \times Z) = \{<1, <3, 5>>, <1, <3, 6>>, <1, <4, 5>>, <1, <4, 6>>, <2, <3, 5>>, <2, <3, 6>>, <2, <4, 5>>, <2, <4, 6>>\}$

读者可以确认，$(X \times Y) \times Z$ 和 $X \times (Y \times Z)$ 具有不同的成员，因此是不同的集合。特别是，$<<1, 3>, 5>$ 是 $(X \times Y) \times Z$ 的成员，但不是 $X \times (Y \times Z)$ 的成员。与此相关的是，$<<1、3>、5>$ 和 $<1, <3、5>>$ 不相等。有序对 $<<1, 3>, 5>$ 的第一个坐标本身就是有序对，即 $<1, 3>$，而 $<1, <3、5>>$ 的第一个坐标是 1，不是有序对。

要知道两个集合的笛卡儿积的大小，可以将这两个集合的大小直接相乘，即

性质 7 关于笛卡儿积的性质

$$|X \times Y| = |X| \times |Y|$$

这就是数学家在算术乘法（在方程的右侧使用）和笛卡儿积（在方程的左侧使用）中使用相同符号的原因。

很自然地，可以计算集合与自身的笛卡儿积，这一结果是一组有序对，其中第一个和第二个坐标从同一集合中提取，例如

$$\{1, 2\} \times \{1, 2\} = \{<1, 1>, <1, 2>, <2, 1>, <2, 2>\}$$

这里常用指数表示法。因此，如果 A 是一个集合，那么它与自身的笛卡儿积（即 $A \times A$）表示为 A^2。这与在数的乘法和集合的笛卡儿积中使用相同符号的习惯是一致的。

练习：笛卡儿积

1. 设 $A=\{2, 4, 6\}$，$B=\{1, 3\}$ 和 $C=\{3, 5\}$，计算

(a) $A \times B$
(b) C^2
(c) $B^2 \times A$
(d) $(A \times B) \cap (A \times C)$
(e) $C^2 \cup B^2$
(f) $(B \cap C) \times A$
(g) $(A \cap C) \times A^2$
(h) $(B \cup C) \times B$

2. 确定以下哪一项是正确的，哪一项是错误的。如果某项是错误的，请提供反例。

(a) 如果 $X=\varnothing$，则 $X \times Y = Y \times X$

(b) 如果 $X \times Y = Y \times X$，则 $X=Y$

(c) 如果 $X \subseteq Y$，则 $X \times Z \subseteq Y \times Z$

(d) 如果 $X \subset Y$，则 $X \times Z \subset Y \times Z$

(e) $X \times (Y \cap Z) = (X \cap Y) \times (X \cap Z)$

(f) $X \cup (Y \times Z) = (X \cup Y) \times (X \cup Z)$

(g) $X \cap (Y \times Z) = (X \cap Y) \times (X \cap Z)$

2.5 集合族

前面提到过，集合可以将集合作为成员。通常将所有成员都是集合的集合称为集合族（family of set）。因此，例如，$\{\{1, 2\}, \{2, 3\}, \{1, 3\}\}$ 是一个所有成员都是集合的集合，那么它是一个集合族。在本节中，我们将学习从集合创建集合族的运算以及从集合族创建集合的两个运算。

2.5.1 幂集运算

有一种运算是在一个集合上产生一个集合族。它被称为幂集运算（power set operation），它将由表达式 Pow 表示。特别地，幂集运算将给定集的所有子集收集为一个集合。例如，考虑集合 $\{1, 2\}$，它的幂集是它的所有子集的集合，即 $\{\varnothing, \{1\}, \{2\}, \{1, 2\}\}$。

定义 11 幂集

当且仅当 $X \subseteq Y$，$X \in \mathrm{Pow}(Y)$。

幂集运算的定义是双条件的。逻辑上等同于这个定义的等式如下：

$$\mathrm{Pow}(Y) = \{X : X \subseteq Y\}$$

下面是应用幂集运算的另外两个示例：

$$\mathrm{Pow}(\{1\}) = \{\varnothing, \{1\}\}$$

$$\mathrm{Pow}(\{1, 2, 3\}) = \{\varnothing, \{1\}, \{2\}, \{3\}, \{1, 2\}, \{2, 3\}, \{1, 3\}, \{1, 2, 3\}\}$$

性质 8 的前两个性质确定了任何一个幂集都包含的成员：形成该幂集的本身和一个空集。第三个性质是集合的大小决定了它的幂集的大小。由于集合的每一个子集都是由包含或不包含集合的一个或多个成员而产生的，如果集合有 n 个成员，那么就有 2^n 种方法来形成集合的子集。

性质 8 关于幂集的性质

（1）$X \in \mathrm{Pow}(X)$。

（2）$\varnothing \in$ Pow (X)。

（3）$|$Pow $(X)| = 2^{|X|}$。

练习：幂集运算

1. 设 $V=\{a,\ b,\ c,\ d\}$（其中 $a,\ b,\ c,\ d$ 彼此不同），计算

   （a）$\{X \subseteq V : a \in X\}$ （b）$\{X \subseteq V : \{b\} \subseteq X\}$

   （c）$\{X \subseteq V : a \in X$ 且 $b \in X\}$ （d）$\{X \subseteq V : \{a,\ b\} \perp X\}$

   （e）$\{X \subseteq V : \varnothing \subset X\}$

2. 设 $V=\{a,\ b,\ c,\ d\}$（其中 $a,\ b,\ c,\ d$ 彼此不同），计算

   （a）$\{X \subseteq V : |X|=2\}$ （b）$\{X \subseteq V : |X|=3\}$

   （c）$\{X \subseteq V : |X|=4\}$ （d）$\{X \subseteq V : |X|=5\}$

   （e）$\{X \subseteq V : |X|<1\}$ （f）$\{X \subseteq V : |X|<2\}$

3. 设 $V=\{a,\ b,\ c,\ d\}$ 和 $A=\{a,\ b\}$（其中 a、b、c、d 彼此不同），计算

   （a）$\{X \subseteq V : X \cap A=A\}$ （b）$\{X \subseteq V : X \cap -A=A\}$

   （c）$\{X \subseteq V : -X \cup A=X\}$ （d）$\{X \subseteq V : X \cup A=X\}$

   （e）$\{X \subseteq V : X \cup A=\varnothing\}$ （f）$\{X \subseteq V : X \cap A=V\}$

4. 设 $V=\{a,\ b,\ c,\ d\}$ 和 $A=\{a,\ b\}$（其中 $a,\ b,\ c,\ d$ 彼此不同），计算

   （a）$\{X \subseteq V : |X \cap A|=1\}$

   （b）$\{X \subseteq V : |X \cap A|=2\}$

   （c）$\{X \subseteq V : |X \cap A|=3\}$

5. 确定以下哪一项是正确的，哪一项是错误的。如果某项是错误的，请提供反例。

   （a）如果 $X \subset Y$，则 Pow $(X) \subset$ Pow (Y)

   （b）如果 $X \perp Y$，则 Pow $(X) \perp$ Pow (Y)

   （c）Pow $(X \cup Y) \subseteq$ Pow $(X) \cup$ Pow (Y)

   （d）Pow $(X \times Y) =$ Pow $(X) \times$ Pow (Y)

2.5.2　集合族运算

在这一节中，我们将介绍关于集合族的三种运算。它们都是前面介绍过的三种二元运算的推广：并集、交集和笛卡儿积。一对集合经过二元运算产生一个集合，这些运算被推广为将集合族当作输入并得到一个集合。下面从广义并（generalized union）开始。

定义 12　*广义并*

当且仅当，存在某些 $Y \in \mathcal{Z}$，$x \in Y$，则 $x \in \bigcup \mathcal{Z}$。

这种定义产生以下等式：

$$\bigcup \mathcal{Z} = \{\,x : x \in Y,\ 对于某些\ Y \in \mathcal{Z}\,\}$$

定义 13　*广义交*

当且仅当，对于每个 $Y \in \mathcal{Z}$，$x \in Y$，则 $x \in \bigcap \mathcal{Z}$。

这种定义产生以下等式：

$$\bigcap \mathcal{Z} = \{\,x : x \in Y,\ 对于每个\ Y \in \mathcal{Z}\,\}$$

要了解如何应用这些运算，请考虑以下集合族：

$$\mathcal{A} = \{\{1,\ 2,\ 3\},\ \{2,\ 3,\ 4\},\ \{3,\ 4,\ 5\}\}$$
$$\bigcup \mathcal{A} = \{1,\ 2,\ 3,\ 4,\ 5\}$$
$$\bigcap \mathcal{A} = \{3\}$$

现在，在集合族的基数为有限的所有情况下，广义并和广义交分别退化为并和交的二元运算的有限迭代运算。换句话说，如果 $\mathcal{A} = \{ A_1, \cdots, A_n \}$，那么

$$\cup \mathcal{A} = A_1 \cup \cdots \cup A_n$$

和

$$\cap \mathcal{A} = A_1 \cap \cdots \cap A_n$$

我们现在来讨论第三个广义运算——广义笛卡儿积（generalized Cartesian product），也称为广义直积。正如笛卡儿积应用于一对集合以产生第一组成员与第二组成员的所有配对集合一样，广义笛卡儿积应用于任意数量的集合以产生所有序列集合，其中第一个坐标从第一组的成员中获得，第二个坐标取自第二个集合的成员，依此类推。

例如，考虑集合 $\mathcal{F}$ 的族，其成员 $\{a, b, e\}$，$\{b, d, e\}$，$\{d, e\}$，$\{a, c, e\}$ 分别被索引为 A_1，A_2，A_3 和 A_4。它的广义笛卡儿积是一组四元有序序列，每个四元序列的第一个坐标是 A_1 的一个成员，第二个坐标是 A_2 的一个成员，第三个坐标是 A_3 的一个成员，第四个坐标是 A_4 的一个成员。因此，$<a, b, e, c>$ 是 $\mathcal{F}$（作为索引）的广义笛卡儿积的一个成员，因为 $a \in A_1$，$b \in A_2$，$e \in A_3$ 和 $c \in A_4$。但是，$<a, b, c, e>$ 不是成员，因为它的第三个坐标 c 不是 A_3 的成员。

请注意，索引的集合是至关重要的，因为索引指示哪个集合为哪个坐标提供成员。首先，如果 $\mathcal{F}$ 中的集合被不同索引，则其广义笛卡儿积中的成员可能不同。例如，如果 A_3 是集合 $\{a, c, e\}$，A_4 是集合 $\{d, e\}$，那么 $<a, b, e, c>$ 将不是 $\mathcal{F}$ 的广义笛卡儿积的成员（在这个新的索引下），因为 $a \in A_1$，$b \in A_2$，$e \in A_3$，$c \notin A_4$（在新的索引下，A_4 为 $\{d, e\}$）。

另外，请注意，当集合族被 $\{1, 2, 3, 4\}$ 索引时，序列或 n 元组在其广义笛卡儿积中是长度为 4 的序列，即四元组。由 $\mathbb{Z}_3^+$ 索引的集合族的广义笛卡儿积包含长度为 3 的序列，即三元组。更一般地，由 $\mathbb{Z}_n^+$ 索引的集合族的广义笛卡儿积只包含 n 元组。也可以使用正整数集 $\mathbb{Z}^+$ 来索引集合族。在这种情况下，该族的广义笛卡儿积具有无限长度的序列。

虽然可以通过更普遍的方式来定义广义笛卡儿积，但我们将把定义限制在那些索引集是前 n 个正整数的集合或其他正整数集的情况下。为了与使用更大版本的二元并集符号表示广义并集，以及使用更大版本的二元交集符号表示广义交集的类比，我们将使用更大版本的笛卡尔积符号表示广义笛卡儿积[⊖]。

定义 14　*广义笛卡儿积*

（1）有限广义笛卡儿积：

当且仅当每个 $i \in \mathbb{Z}_n^+$ 且 $x_i \in X_i$，则 $\{ x_1, \cdots, x_n \} \in \times \{ X_1, \cdots, X_n \}$。

（2）无限广义笛卡儿积

当且仅当每个 $i \in \mathbb{Z}^+$ 且 $x_i \in X_i$，则 $\{ x_1, \cdots, x_n, \cdots \} \in \times \{ X_1, \cdots, X_n, \cdots \}$。

这个定义有两个对应的等式：

$$\times \{ X_1, \cdots, X_n \} = \{< x_1, \cdots, x_n >: 每个 \ i \in \mathbb{Z}_n^+ 且 x_i \in X_i \}$$

和

$$\times \{ X_1, \cdots, X_n, \cdots \} = \{< x_1, \cdots, x_n, \cdots >: 每个 \ i \in \mathbb{Z}^+ 且 x_i \in X_i \}$$

在谈到与运算有关的一些细节之前，让我们注意一个常见的符号简化。回想一下前文介

⊖　$\times$ 的更常见符号是大写希腊字母 Π，积的助记符。

绍的 $\mathcal{F}$ 集。它的广义并表示为 $\bigcup \mathcal{F}$，也可以表示为 $\bigcup \{ A_1 , A_2 , A_3 , A_4 \}$，因为 $\mathcal{F} = \{ A_1 , A_2 , A_3 , A_4 \}$。然而，后一种表达方式有些麻烦。通过索引化，可以写出稍短的表达式 $\bigcup_{i \in \mathbb{Z}_4^+} \{ A_i \}$。现在，在编写数学表达式时，通常省略括号、尖括号和大括号，只要它们不是必需的。因此，标准做法是，将最后一个表达式进一步缩短为 $\bigcup_{i \in \mathbb{Z}_4^+} A_i$。

必须指出的是，索引族至少包含一个集合。在这种情况下，一个集合为每个坐标提供成员。例如，让族 $\{\{a, b\}\}$ 由 $\mathbb{Z}_3^+$ 索引。它的广义笛卡儿积是所有三元组的集合，每个三元组的坐标都是从集合 $\{a, b\}$ 中提取的。这组三元组的基数是 8。实际上，每当这个族是一个单例集，比如 $\{A\}$ 被 $\mathbb{Z}_n^+$ 索引，那数学家就将其写为 A^n，这与写 B^2 而不是 $B \times B$ 的原因是一样的。

最后，关于广义笛卡儿积的一个有用的性质与它产生的集合的基数有关：索引有限集合族的广义笛卡儿积的基数是每个索引集合基数的乘法积。因此，在前面的例子中，$\times_{i \in \mathbb{Z}_4^+} \mathcal{F}$ 的基数是 A_1，A_2，A_3 和 A_4 的基数的乘法积，即 $| \times_{i \in \mathbb{Z}_4^+} \mathcal{F} | = | A_1 | \times | A_2 | \times | A_3 | \times | A_4 |$，或 $3 \times 3 \times 2 \times 3$，或 54。

练习：集合族运算

1. 设 V 为 $\{1, 2, 3, 4\}$，然后，设 $A_1 = \{1, 2, 3\}$，$A_2 = \{3, 4\}$，$A_3 = \{1\}$，$A_4 = \varnothing$，$A_5 = \{3, 4\}$，计算

(a) $\bigcup \{ A_1 , A_2 , A_3 , A_4 , A_5 \}$　　　　(b) $\bigcap \{ A_1 , A_2 , A_3 , A_4 , A_5 \}$

(c) $\bigcap \{ -A_3 \}$　　　　　　　　　　　(d) $\bigcup \{ -A_5 \}$

(e) $\bigcup -A_4$　　　　　　　　　　　　(f) $\bigcap (A_2 \cup A_5)$

(g) $\bigcup \{ -A_1 , -A_2 , -A_3 \}$　　　　　(h) $\bigcap \{ -A_1 , -A_2 , -A_3 \}$

(i) $\times_{i \in \mathbb{Z}_2^+} A_i$　　　　　　　　　　(j) $\times_{i \in \mathbb{Z}_3^+} A_i$

(k) $\times_{i \in \mathbb{Z}_4^+} A_i$

2. 设 V 为 $\mathbb{N}$，然后设 $B_1 = \{0, 1, 2\}$，$B_2 = \{1, 2, 3\}$，$B_3 = \{2, 3, 4\}$，$\cdots$，$B_n = \{n-1, n, n+1\}$，计算

(a) $\bigcup \{ B_1 , \cdots , B_5 \}$　　　　　　　(b) $\bigcup \{ B_1 , B_4 , B_7 \}$

(c) $\bigcap \{ B_1 , B_2 , B_3 \}$　　　　　　　(d) $\bigcap \{ -B_2 , -B_4 , \cdots , -B_{2n} , \cdots\}$

(e) $\bigcup \{ -B_2 , -B_4 , \cdots , -B_{2n} , \cdots\}$　(f) $\bigcup \{ B_3 , B_6 , \cdots , B_{3n} , \cdots\}$

2.6　关系

关系（relation）是连接许多实体的东西。区分关系和实例化关系的实例是很重要的。虽然这一区别听起来有点神秘，但事实并非如此。毕竟，人们很容易将红色与实例化它的实例区分开来。也就是说，一方面，人们很容易将红色与红色卡车、红色铅笔、红色帽子等区分开来，因此另一方面人们也能轻松地区分关系跟实例。关系和实例化它的实例之间是完全平行的。也就是说，作为父亲的关系不同于一对父子中的任何一个人。

从数学的角度来看，一个关系由一组序列组成，而这个关系的一个实例就是这些序列中的任何一个。特别地，二元关系（binary relation）包含一组有序对，关系中的每个实例都是该集合中的有序对。通常，顺序很重要：由父亲和儿子组成的有序对是父亲关系的实例，而由儿子和父亲组成的有序对是儿子关系的实例。以三元组作为实例的关系是三元关系，以四元组作为实例的关系是四元关系。一般来说，以 n 元组作为实例的关系是 n 元关系。

通常，关系的实例被认为是从某个背景集的成员中得到的。这样的背景集称为关系的定义域（domain）。更具体地说，考虑兄弟姐妹之间的二元关系。在某种背景下，例如在某个村庄的人身上，往往很方便就能看出这种关系。虽然一个村庄中通常许多人有兄弟姐妹，但有的父母也可能只有一个孩子，这样的人不会出现在任何有序对中。在背景集中看到的某种关系被称为集合上的关系（relation on a set）。如果这个关系是一个二元关系，那么它就是集合上的一个二元关系。其中，集合称为关系的定义域。

有时候除了从一个包含各种 n 元序列的背景集中查看各种关系外，还可以很方便地从一个 n 元序列集合中查看，该集合中每个序列成员都是从对应的 n 个基本元素集合中抽取得到的。为了更容易理解这里的含义，让我们考虑另一个二元关系，即作为一个国家的首都的关系。我们当然可以从由世界上所有的城市和国家组成的背景集得到对应关系，同时还可以从两个对应的集合中得到，其中一个是包含世界上所有城市的集合，另一个是包含世界上所有国家的集合。通过后一种方式得到二元关系需考虑三个要素。第一个要素叫作二元关系定义域。它里面的元素可以通过某种关系与某事物相关，但也不是必然如此。第二个要素是二元关系的陪域（codomain）。某些事物可能通过某种关系与它里面的元素相关，但同样也不是必然如此。第三个要素是二元关系图（graph）。它详细说明了定义域的哪些元素实际上与陪域的哪些元素相关。在二元关系的例子中，定义域是世界上所有城市的集合，但不是每个城市都是某个国家的首都。因此，该定义域包括不是首都的城市，且这些城市不受关系的影响。同时，陪域是世界上所有的国家。事实上，每个国家都有首都。因此，在本例中，陪域中的所有事物都与关系有关，但这是一个特别的情况。陪域同定义域相同，可以包括与关系无关的项。关系图说明了哪个城市是哪个国家的首都。

本节分为 3 小节。2.6.1 小节介绍集合上的二元关系。正如将在第 3 章中看到的，自然语言表达体现了一种非常重要的二元关系，即成分关系。为了理解这一关系，我们将介绍集合上的二元关系的一些重要性质，即自反性、非自反性、对称性、非对称性、反对称性、传递性、非传递性和连通性。2.6.2 小节介绍从一个集合到另一个集合的二元关系。从这个角度理解二元关系可以让人很容易理解自然语言语义研究中最基本的概念之一——函数的概念，这也是 2.6.3 小节的主题。在高中，我们就学习了函数的概念，在那里，它作为代数学习的一部分被引入。在 2.6.3 小节中，我们将看到，在一个更为普遍的环境中的函数概念，这将有助于我们更好地了解它是如何应用于自然语言研究的。

2.6.1　集合上的二元关系

集合上的二元关系包括一个集合，称为二元关系的定义域，以及它的二元关系图，图的有序对的成员从定义域中抽取。其正式定义如下。

定义 15　集合上的二元关系

当且仅当 $G \subseteq D^2$，则 $<D, G>$ 是集合 D 上的二元关系。

下面用两种不同的、方便直观的方法来描述集合上的二元关系。如前所述，二元图只是一组有序对集合。第一种方式是使用矩阵，第二种是使用有向图。

二元关系可以看作一个用表来表示的矩阵。定义域中的成员全部但不重复地沿表的左侧从上到下列出，并在表的顶部从左到右按相同的顺序再次列出。有序对的第一个成员以列的形式位于表的左侧，而有序对的第二个成员以行的形式位于表的顶部。二元关系图中的成员资格由对应列和行中的加号表示，而非成员资格由减号表示。考虑二元关系 R_1：

<{1，2，3，4}，{<1，2>，<1，3>，<2，2>，<2，3>，<2，4>，<3，4>}>
可将其视为矩阵，如下表所示。

R_1	1	2	3	4
1	–	+	+	–
2	–	+	+	+
3	–	–	–	+
4	–	–	–	–

另一种查看二元关系的方法是使用有向图。正如我们即将看到的那样，数学家们以许多不同的方式使用"图"（graph）这个词。在前面，我们引入了图这个词来表示一组 n 元组。在这个意义下，二元图是一组有序对。一组有序对被称为图的原因来自初等代数。读者可能会记得可以用一条直线来表示实数。这种表示称为实数线（real number line）。两条这样的线，彼此成直角，在对应 0 的点上相交，可以确定一个平面。这两条实数线用于唯一地标识平面中的每个点：每个点被分配一对实数，称为该点的笛卡儿坐标，并且每对实数恰好确定平面中的一个点。基于这个理由，平面上的点可以看作一组有序对，图是平面上的一组点。那么，图是一组有序对。因此，用于表达平面中的一组点的图被用于表达实数的有序对集，并通过扩展应用于任何有序对集。

但是初等代数的图并不是描述有序对的唯一方法。图论是不同于初等代数的一门数学分支，它提供了一种不同的思考有序对的方法。这就是所谓有向图（directed graph）的概念。有向图包括一个定义域（其成员称为节点，并被描绘为平面中的点）以及一组有序对（其每个成员称为有向边（directed edge）或弧（arc），并被箭头描绘）。有向边从描绘有序对的第一个坐标的节点指向描绘同一有序对的第二个坐标的节点。图 2.10 是上述二元关系 R_1 的有向图。

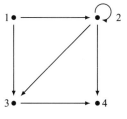

图 2.10 R_1 的有向图

我们可以把一个二元关系看作一个有向图，这样做时，它被描绘成如下方式。任何集合都可以容纳许多二元关系。实际上，对于表示节点的任何固定点集，这些节点上的二元关系与连接这些点的箭头的不同组合一样多。定义域 D 上的最大有序对集是 $D \times D$ 或 D^2，这被称为定义域的通用二元关系。D 上的其他二元关系都有一个图，这些关系是 D^2 的一个真子集。实际上，D 上的每个二元关系正好对应 D^2 的一个子集。因此，D 上的二元关系的数目是 $2^{(|D|^2)}$。如前所述，D 上的一个特殊的二元关系是全集关系，除此之外，还有空二元关系，它的图是空集。集合上第三个特别的二元关系是恒等关系。它的图是一组有序对组成的集合，其结构中的每个成员与其自身并仅与其自身成对。例如，如果定义域包含 4 个元素，它们为 a、b、c 和 d，则该集合上的恒等关系图为 {<a，a>，<b，b>，<c，c>，<d，d>}。在这本书中，如果想引用集合 D 上的恒等关系，应该使用符号 I_D。

在讨论集合上二元关系的一些特殊性质之前，我们应该引入一个方便的符号约定。回想一下，二元图是一组有序对。二元图中的每一个有序对指定有序对的第一个成员通过二元关系与第二个成员相关联。因此，用较短的表达式 aRb 来代替较长的表达式 $<a, b> \in G_R$，其中 G_R 是二元关系 R 的图。

集合上的二元关系有许多特殊性质。它们包括但不限于自反性、非自反性、对称性、非对称性、反对称性和传递性。让我们依次考虑这些属性。

集合上的二元关系仅在集合的每个成员都具有与自身的关系的情况下才是自反的。其正式定义如下。

定义 16　二元关系的自反性

设 R 为集合 D 上的二元关系。当且仅当任意 $x \in D$ 且 xRx 时，R 是自反的。

任何人都和他自己一样高，任何人都至少和他自己的年纪一样大。因此，在人的定义域里，高的关系和老的关系是自反的。此外，任何自然数小于或等于本身，因此小于或等于 N 的关系是自反的。最后，任何正整数都会被自身整除，因此 $\mathbb{Z}^+$ 上的整除关系也是自反的。

集合 $\{a, b, c, d\}$ 上的二元关系 R_2，其图如下所示：

$$G_{R_2} = \{<a, a>, <b, b>, <b, d>, <c, b>, <c, c>, <d, a>, <d, d>\}$$

该关系是自反的。相关图解和表格如下。

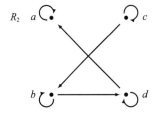

R_2	a	b	c	d
a	+	−	−	−
b	−	+	−	+
c	−	+	+	−
d	+	−	−	+

当用有向图描述自反关系时，是指每个点都有一个既源于自身又指向自身的箭头，也就是说，每个点都有一个箭头，其箭头的尖端和尾端重合。我们将这种箭头称为圆形箭头或环。表示自反关系的表格在其主对角线单元格中，即从左上角到右下角的对角线，全部为加号。

定义 17　二元关系的非自反性

设 R 为集合 D 上的二元关系。当没有 $x \in D$ 且 xRx 时，R 是非自反的。

许多二元关系是非自反的。其中包括：是某人孩子的关系，因为没有人是他自己的孩子；是某人表亲的关系，因为没有人是他自己的表亲；比某人更高的关系，因为没有人比他自己更高；比某人年纪更大的关系，因为没有人比他自己的年纪更大。

集合 $\{a, b, c, d\}$ 上的一个非自反关系是 R_3，其图如下所示：

$$G_{R_3} = \{<a, b>, <a, d>, <b, a>, <b, c>, <b, d>, <c, b>, <c, d>, <d, c>\}$$

请注意，此非自反关系图的表的主对角线单元格中只有负号，而该图不包含圆形箭头。对于任何非自反关系都是如此。

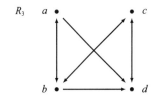

R_3	a	b	c	d
a	−	+	−	+
b	+	−	+	+
c	−	+	−	+
d	−	−	+	−

有一些二元关系，既不是自反的，也不是非自反的。信心就是这样一种关系：有些人对自己有信心，有些人则没有。关系 R_4 是既不是自反的也不是非自反的一个关系的另一个例子。

定义 18　二元关系的对称性

设 R 为集合 D 上的二元关系。当且仅当任意 x，$y \in D$，如果 xRy，那么 yRx，则 R 是对称的。

与某人是兄弟姐妹和与某人同样高是两个对称性的关系。毕竟，如果一个人是另一个人的兄弟姐妹，那么另一个人就是这一个人的兄弟姐妹。许多关系是不能对称的。至少比某人高是不对称的关系，因为任何人至少要比比他矮的人高，但没有比他矮的人比他高。唉，欣赏和爱也都不是对称的关系。最后，姐妹关系在只包含人类女性的定义域上也是一种对称关系。

对称关系的有向图是这样的：若存在从一个点指向另一个点的箭头，则必然存在方向正好相反的箭头。

R_4 是集合 $\{a, b, c, d\}$ 上的一个对称关系，其图如下所示：

$G_{R_4} = \{<a, b>, <a, d>, <b, a>, <b, b>, <b, c>, <c, b>, <c, d>, <d, a>, <d, c>\}$

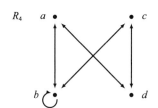

R_4	a	b	c	d
a	−	+	−	+
b	+	+	+	−
c	−	+	−	+
d	+	−	+	−

请注意，其有向图具有以下特征：如果箭头从一个节点射向另一个节点，则箭头从第二个节点射入第一个节点[⊖]。与此相对的表格表示方法的特点是关于主对角线的对称性：如果沿着主对角线折叠表，则主对角线上面的每个单元格将恰好与主对角线下面的每个单元格重合，并且重合的单元格包含的 +、− 符号相同。关于主对角线的对称性是对称二元关系的一般性质之一。

定义 19　二元关系的非对称性

设 R 为集合 D 上的二元关系。当且仅当任意 x，$y \in D$，如果 xRy，不存在 yRx，则 R 是非对称的。

许多日常中的二元关系是不对称的。除了那些用于比较的情况外，自然关系（如父母关系和孩子关系）都是不对称的。如果一个人是第二个人的父母，那么第二个人不是第一个人的父母。

集合 $\{a, b, c, d\}$ 上的二元关系是 R_5，其图如下所示：

$G_{R_5} = \{<a, b>, <a, c>, <c, b>, <d, a>, <d, c>\}$

该关系是非对称的。相关图解和表格如下。

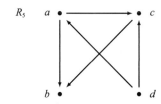

R_5	a	b	c	d
a	−	+	+	−
b	−	−	−	−
c	−	+	−	−
d	+	−	+	−

⊖　如果一对点由两个箭头连接，每个箭头的方向与另一个相反，那么图的简化就是用一个双头箭头替换这对箭头。

请注意，其有向图具有以下特征：如果箭头从一个节点射向另一个节点，则不会有箭头从第二个节点射向第一个节点。与此相对的表格表示方法的特点是关于主对角线的非对称性：如果沿着主对角线折叠表，每个带加号的单元格与带减号的单元格配对。注意，这同带减号的单元格与带减号的单元格配对是无关的。换句话说，关系图中任何成员换位都会产生不在图中的关系。

另一种二元关系是反对称关系。在自然语言中，表示对称关系的词和表示非对称关系的词非常多，而表示反对称关系的词却很少，这与数学中的情况是一致的。反对称关系的两个数学例子是可除关系和小于等于关系。例如，如果一个数可整除另一个数，而另一个数也可整除这个数，那么它们实际上是同一个数。

定义 20   二元关系的反对称性

设 R 为集合 D 上的二元关系。当且仅当任意 x，$y \in D$，如果 xRy 且 yRx 时，$x = y$，则 R 是反对称的。

集合 $\{a，b，c，d\}$ 上的反对称关系 R_6 的图如下所示：

$$G_{R_6} = \{<a，b>，<a，c>，<b，b>，<c，b>，<c，c>，<d，a>，<d，d>\}$$

这个图的图解和表格如下。

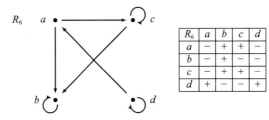

R_6	a	b	c	d
a	−	+	+	−
b	−	+	−	−
c	−	+	+	−
d	+	−	−	+

反对称关系的有向图是一个没有双向箭头的图，尽管圆形箭头可能出现。反对称关系就像一个非对称关系，除了一个非对称关系的图没有第一和第二坐标相同的任何有序对，而反对称关系的图可能有。换言之，如果沿着主对角线折叠反对称关系图的表，则主对角线上面的单元格中的加号与主对角线下面的单元格中的减号重合。这意味着每一个非对称关系都是反对称的。

定义 21   二元关系的传递性

设 R 为集合 D 上的二元关系。当且仅当任意 x，y，$z \in D$，如果 xRy 且 yRz 时，那么 xRz，则 R 是可传递的。

整除、比某人聪明、身高比某人高和年纪比某人大是 4 个可传递的关系。例如，如果第一个人比第二个人高，第二个人比第三个人高，那么第一个人比第三个人高。关系 R_7 的图如下，它指定了集合 $\{a，b，c，d\}$ 上的传递关系。

$$G_{R_7} = \{<a，b>，<a，c>，<b，b>，<b，c>，<c，c>，<d，a>，<d，b>，<d，c>，<d，d>\} \quad (2.1)$$

其图解和表格如下所示。

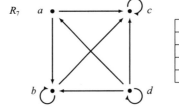

R_7	a	b	c	d
a	−	+	+	−
b	−	+	+	−
c	−	−	+	−
d	+	+	+	+

传递关系在表格方面没有简单的特征，但是它们的有向图是独特的：一个箭头直接连接由两个箭头序列间接连接在一起的任何两点。

定义 22   二元关系的非传递性

设 R 为集合 D 上的二元关系。当且仅当任意 x，y，$z \in D$，如果 xRy 且 yRz 时，不存在 xRz，则 R 是非可传递的。

许多二元关系都是典型的非传递关系，例如，是某人的父亲或是某人的儿子。因此，如果 Alan 是 Boris 的父亲，Boris 是 Carl 的父亲，那么 Alan 不是 Carl 的父亲。

集合 $\{a, b, c, d\}$ 上的关系 R_8 的图如下所示：

$$G_{R_8} = \{<a, c>, <c, b>, <d, a>\} \tag{2.2}$$

这一关系是非传递性的。它的有向图和表格如下。

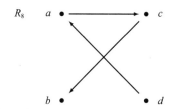

R_8	a	b	c	d
a	−	−	+	−
b	−	−	−	−
c	−	+	−	−
d	+	−	−	−

非传递性关系也没有简单的表格特征。它们的有向图中没有一个箭头直接连接由两个箭头序列间接连接在一起的任何两点。

定义 23   二元关系的连通性

设 R 为集合 D 上的二元关系。当且仅当任意且不相同的 x，$y \in D$，那么，存在 xRy 或存在 yRx 时，R 是连通的。

连通关系的一个例子是小于的关系，它适用于自然数集合，毕竟，选择任意两个不同的自然数，比如 19 和 87，要么 19<87，要么 87<19。

描述连通关系的有向图的特点是，任意两个不同点都存在一个连接它们的箭头。集合 $\{a, b, c, d\}$ 上的连通关系 R_9 由下图指定：

$$G_{R_9} = \{<a, d>, <b, a>, <b, b>, <b, c>, <b, d>, <c, a>, <d, c>\} \tag{2.3}$$

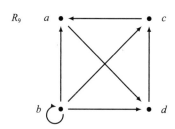

R_9	a	b	c	d
a	−	−	−	+
b	+	+	+	+
c	+	−	−	−
d	−	−	+	−

表中连通关系的特点是，相对于主对角线的两个对应单元格中至少有一个为加号。

本书介绍的集合上的二元关系的不同性质并不是其仅有的一些性质，但这些是最重要的，它们包括集合上的各种二元关系，这些关系对于研究自然语言的数学结构是重要的。

通常在数学中确定的集合上的许多二元关系结合了这些性质。我们将会介绍在本书中至关重要的两种关系，即严格序和偏序。

定义 24   严格序

设 R 为集合 D 上的二元关系。当且仅当 R 在 D 上是非对称的和可传递的，则 R 是 D 上的严格序。

下面是集合 $\{a, b, c, d\}$ 上严格序的一个例子。读者可以验证它确实是非对称的和可传递的。

$G_{S_1} = \{<a, c>, <a, d>, <b, a>, <b, c>, <b, d>, <c, d>\}$

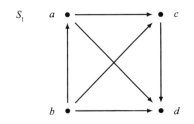

S_1	a	b	c	d
a	−	−	+	+
b	+	−	+	+
c	−	−	−	+
d	−	−	−	−

另一个更直观的例子是，针对自然数，严格序是小于或大于的关系，或者说，针对一群人，严格序是比较年龄大小的关系。

定义 25　偏序

设 R 为集合 D 上的二元关系。当且仅当 R 是自反的、反对称的和可传递的，则 R 是 D 上的偏序。

小于等于、大于等于的算术关系是偏序的。下面是偏序的一个例子。

$G_{P_1} = \{<a, a>, <a, c>, <a, d>, <b, a>, <b, b>, <b, c>, <b, d>, <c, c>, <c, d>, <d, d>\}$

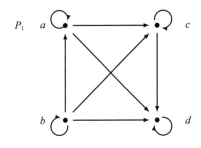

P_1	a	b	c	d
a	+	−	+	+
b	+	+	+	+
c	−	−	+	+
d	−	−	−	+

练习：集合上的二元关系

1. 下列哪项是集合上的二元关系？

(a) $<\{a, b, c\}, \{<a, b>, <b, b>, <b, a>, <a, a>\}>$

(b) $<\{a, b, c\}, \varnothing >$

(c) $<\{a, b, c\}, \{<a, b>, <b, c>, <c, d>, <a, c>, <c, a>\}>$

(d) $< \varnothing , \varnothing >$

(e) $< A , A \times A >$

2. 考虑这里列出的 7 个二元关系。对于每一个关系，确定它具有下列哪种属性：自反性、非自反性、对称性、非对称性、反对称性或可传递性。（假设 a、b、c 和 d 都是不同的。）

$R_1 : <\{a, b, c\}, \{ <a, a>, <b, b>\}>$

$R_2 : <\{a, b, c\}, \varnothing >$

$R_3 : <\{a, b, c\}, \{ <a, a>, <b, c>, <c, b>\}>$

$R_4 : <\{a, b, c\}, \{ <a, b>, <a, a>, <c, c>, <b, c>, <b, b>, <c, a>\}>$

$R_5 : <\{a, b, c\}, \{ <a, a>, <b, b>, <c, c>\}>$

$R_6 : <\{a, b, c\}, \{ <a, b>, <b, a>, <c, c>\}>$

R_7：<{a，b，c，d}，{<a，d>，<b，d>，<c，d>，<d，d>}>

3. 集合上的恒等关系具有集合上二元关系的哪些性质？

2.6.2　集合到集合的二元关系

现在转向第二种方式来看待二元关系，即描述一组包含可能相关的事物的集合、一组可能相关的事物的集合和它们的配对关系。以下是二元关系的定义。

定义 26　集合与集合的二元关系

设 $R =$< X，Y，G >是一个二元关系。当且仅当 X，Y 是集合且 $G \subseteq X \times Y$ 时，R 是一个二元关系。

二部有向图特别适合描述从一个集合到一个集合的二元关系。在二部有向图中，点被分为两列。第一列点描述定义域中的节点，第二列点描述陪域中的节点。节点全部且不重复地被列出。将左列中的点与右列中的点连接起来的箭头对应于二元关系图中的有序对。

注意，从一个集合到一个集合的二元关系并不要求集合是不相交的。事实上，它允许定义域和陪域是相同的。下图描述了从定义域 {1，2，3，4，6} 到陪域 {2，3，5} 的二元关系。

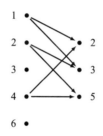

假设有两个集合 A 和 B，从 A 到 B 有多少个二元关系？答案是，从 A 到 B 的二元关系数量与第一个坐标是 A 的一个成员、第二个坐标是 B 的一个成员的有序对的不同组合数一样多。因此，从 A 到 B 的二元关系的数量是 $2^{|A \times B|}$，或是 $2^{|A| \times |B|}$。如前所述，当二元关系的图是 $A \times B$ 时，关系是从 A 到 B 的全关系，当它是空集时，关系是从 A 到 B 的空二元关系。

从一个集合到一个集合的二元关系也有特殊的性质：*左全性*、*右全性*、*左单配*和*右单配*。这些性质都在确定函数和各种函数中起作用。

当定义域中的每个成员与其陪域中的某个成员保持某种关系时，就恰好实现了*左全性*关系。

定义 27　左全性

设 $R =$< X，Y，G >是一个二元关系。当且仅当每个 $x \in X$，都有一个 $y \in Y$，使得 xRy，则 R 是左全性的。

对于关系 R_1，

$R_1 =$<A，B，G>，其中 A={a，b，c}

$$B=\{2，4，6，8\}$$

$$G=\{<a，2>，<a，6>，<b，4>，<b，8>，<c，8>\}$$

那么它是左全性的，而对于关系 R_2，

$R_2 =$<C，D，H>，其中 C={d，e，f}

$$D=\{1，3，5，7\}$$

$$H=\{<d, 1>, <d, 5>, <f, 5>, <f, 7>\}$$

那么它不是左全性的。

从左全性的二部有向图来看，对于左列中每个点，至少有一个箭头从其自身发出。从对二部有向图的观察可以看出，R_1 满足这个特性，R_2 不满足，因为没有箭头从 e 发出。

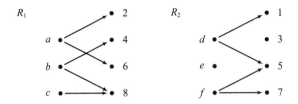

二元关系也可以用表来描述：最左边的列列出定义域的成员，最上面的行列出其陪域的成员，对应行和列中的每个点都用加号或减号来表示关系图中的成员。与二部有向图一样，这些图也反映了二元关系是否为左全性的。考虑 R_1 和 R_2 的表。

R_1	2	4	6	8
a	+	−	+	−
b	−	+	−	+
c	−	−	−	+

R_2	1	3	5	7
d	+	−	+	−
e	−	−	−	−
f	−	−	+	+

只有当一个二元关系的表的每一行中都至少有一个加号时，该关系才为左全性的。R_1 的表满足这个条件，而 R_2 的表不满足。

当其陪域的每个成员都具有由其定义域的某个成员承担的关系时，这个二元关系就是右全性的。

定义 28　*右全性*

设 $R = <X, Y, G>$ 是一个二元关系。当且仅当每个 $y \in Y$，都有一个 $x \in X$，使得 xRy，则 R 是右全性的。

关系 R_1 是右全的，但关系 R_2 不是。左全性的描述在这里也是适用的。在 R_2 的二部有向图中，可以看到，它的陪域中有一个成员没有箭头指向它，因此 R_2 不是右全性的。然而，在 R_1 的二部有向图中，我们可以看到它的陪域中的每个成员都至少有一个箭头指向它。因此，R_1 是右全性的。一般来说，一个二元关系只有在它的二部有向图具有以下性质的情况下才是右全性的：对于陪域中的每个节点，至少有一个箭头指向它。

对于二元关系，也可以从表中表示右全性：只有在表的每一列中都有加号的情况下，二元关系才是右全性的。R_1 的表满足这个条件，而 R_2 的表不满足。

在上面给出的例子中，都存在某关系既是左全性的也是右全性的这种情况。这是一个巧合。考虑 S_1，除了 c 与 8 无关之外，它和 R_1 一样。S_1 是右全性的，但不是左全性的。此外，考虑 S_2，除了 e 与 5 有关之外，它与 R_2 一样。S_2 是左全性的，但不是右全性的。

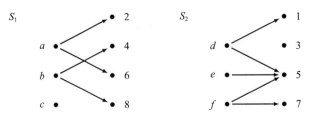

当一个二元关系的定义域的每个成员至多与它的陪域中的一个成员有关系时，它就被认为是为左单配的。R_1 和 R_2 都不是左单配的，因为它们分别有 aR_12 和 aR_16，以及 fR_25 和 fR_27。相对地，下面的关系 T_1 是左单配的。

$T_1 =<A，D，I>$，其中 $A=\{a，b，c\}$

$D=\{1，3，5，7\}$

$I=\{<a，1>，<b，7>，<c，7>\}$

注意，在 T_1 的二部有向图中，对于任何点最多有一个箭头从其左侧列发出。这是左单配关系的一个特点。

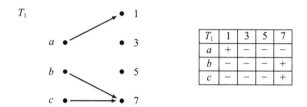

T_1	1	3	5	7
a	+	−	−	−
b	−	−	−	+
c	−	−	−	+

左单配在二元关系表中表现为没有一行中存在超过一个加号，读者可以通过检查 T_1 表来验证 T_1 是否为左单配的。左单配的定义如下。

定义 29　左单配[⊖]

设 $R=<X，Y，G>$ 是一个二元关系。当且仅当每个 $x \in X$ 和每个 $y，z \in Y$，如果 xRy 和 xRz 时，都有 $y=z$，则 R 是左单配的。

与左单配的概念相对应的是右单配的概念。当一个二元关系恰好是右单配时，它的陪域成员没有一个与多于一个定义域成员存在关系。

定义 30　右单配

设 $R=<X，Y，G>$ 是一个二元关系。当且仅当每个 $x，z \in X$ 和每个 $y \in Y$，如果 xRy 和 zRy 时，都有 $x=z$，则 R 是右单配的。

关系 R_1、R_2 或 T_1 都不是右单配的。例如，T_1 不是右单配的是因为存在 bT_17 和 cT_17。然而，T_2 是右单配的。

$T_2 =<C，B，J>$，其中 $C=\{d，e，f\}$

$B=\{2，4，6，8\}$

$J=\{<d，2>，<d，4>，<f，6>\}$

与左单配一样，右单配可以由其二部有向图或表格进行表示。在右单配二元关系的二部有向图中，至多有一个箭头终止于其右列中的任意点。在这种二元关系的表中，其任何列中最多出现一个加号，如下所示。

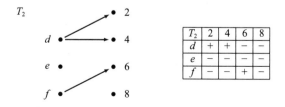

T_2	2	4	6	8
d	+	+	−	−
e	−	−	−	−
f	−	−	+	−

⊖　左单配也被称为单值制。

练习：从集合到集合的二元关系

1. 写出从 {1，2} 到 {a，b} 的所有二元关系。

2. 对于给定的每个关系，确定它是左全性、左单配、右全性还是右单配。

(a) <{a，b，c，e}，{1，3，5}，{<a，1>，<c，3>，<b，5>}>

(b) <{a，b，c}，{1，3，4，5，6，7}，{<a，3>，<c，1>，<c，4>，<a，6>，<b，5>}>

(c) <{a，b，c，d，e}，{4，6，8}，{<a，4>，<a，6>，<c，6>，<d，8>，<e，8>}>

(d) <{a，b，c，d}，{1，4，5，6}，{<a，1>，<c，1>，<c，4>，<a，6>，<b，5>}>

(e) <{a，c，d}，{1，4，6，8}，{<a，1>，<a，6>，<c，4>，<d，1>，<d，8>}>

(f) <{a，b，c，e}，{1，3，5}，{<a，1>，<c，1>，<b，5>，<e，1>}>

(g) <{a，b，c}，{1，3，4，5，6，7}，{<c，3>，<a，1>，<a，4>，<c，6>，<b，5>，<a，5>}>

(h) <{b，c，d，e}，{1，3，5}，{<e，5>，<d，5>，<d，1>，<b，3>，<c，1>}>

(i) <{a，b，c，e}，{1，3，4，5}，{<a，5>，<b，4>，<c，3>，<e，1>}>

(j) <{a，b，c，e}，{1，3，5}，{<a，1>，<c，1>，<b，1>，<e，1>}>

2.6.3　函数

　　在高中代数中，每个人都学习函数。这些函数通常相当复杂，可能会让我们忽视它们相当简单的性质。函数涉及三个方面：定义域、陪域和图。定义域是任何类型的实体集合，尽管在高中代数中，定义域通常是实数集合。陪域也是任何类型的实体集合，尽管在高中代数中，它通常也是实数集。为了理解一个函数的图形，想象着将定义域和陪域的所有元素详尽地列在对应的列表中，每个列表表示定义域或陪域。然后，函数的图形是第一个列表中的成员与第二个列表中的成员的配对关系并由箭头表示，箭头从第一个列表中的每个成员指向第二个列表中的一个成员。换句话说，一个函数是一个左全性且左单配的二元关系。

　　为了更好地了解所介绍的内容，考虑 R 和 S。R 是一个函数，而 S 不是。注意 R 包含两个列表，左边的列表 {a，b，c} 是定义域，右边的列表 {2，4，6，8} 是陪域。此外，每个定义域的成员正好只有一个箭头将其与陪域的某个成员连接起来。S 不是一个函数有两个原因：第一，没有箭头连接 e 到陪域的任何成员；第二，对于 d 和 f，有多个箭头连接它们到陪域的成员。

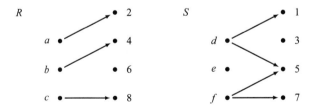

　　由于函数是一种特殊的二元关系，因此适用于二元关系的术语和符号也适用于函数。然而，由于函数数学先于二元关系数学出现，因此许多函数数学都有特殊的符号和术语。通常不将函数表示为

$$f = <X，Y，G>$$

而是

$$f : X \rightarrow Y$$

而至于表示函数的图下面分开说明。函数的图不像常用来描述有序对集合的图那样，而是有一列关系组合的列表，其中每对元素之间的尖箭头（↦）替换了原本将它们括起来的尖括号。例如，下面的函数关系：

$$f = <\{1,2,3,4\}, \{a,\ b,\ c\}, \{<1,\ a>, <2,\ a>, <3,\ c>, <4,\ b>\}> \tag{2.4}$$

它的图可以用下面的二部有向图或表来表示。

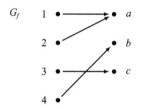

G_f	a	b	c
1	+	−	−
2	+	−	−
3	−	−	+
4	−	+	−

函数表示如下：

$$f:\{1,2,3,4\} \to \{a,\ b,\ c\}，其中$$

$$1 \mapsto a$$
$$2 \mapsto a$$
$$3 \mapsto c$$
$$4 \mapsto b$$

　　这种显示函数图的方式与二部有向图的形式类似，除了所有的箭头都是平行的，并且某些陪域成员可能不会出现。而在一个正确的二部有向图中，首先箭头不需要平行，其次不仅定义域中的每个成员必须只出现一次，而且陪域中的每个成员也必须出现一次。

　　因此，具有有限图的函数可以以三种不同的形式显示：以二部有向图的形式、以表的形式和以垂直列表的形式。现在来看函数的定义性质（即左全性和左单配）是如何在这些显示方式中反映出来的，这有助于我们理解函数。在二部有向图显示中，左边列中的每个元素都由一个箭头连接到右边列中的一个元素上，这满足了左全性的条件，即至少由一个箭头连接。同时最多也由一个箭头连接，满足了左单配的条件。在表的显示中，表的每一行正好有一个加号：满足了左全性条件中的加号至少有一个，同时每行加号最多有一个满足了左单配条件。最后，在垂直列表显示中，定义域的每个成员只出现一次：它至少出现一次，以满足左全性的条件，也最多出现一次，以满足左单配的条件。

　　在大多数数学应用中，函数的定义域和陪域是无限的，因此不能通过枚举来展示函数的图。在这种情况下，通常会写出一条规则，从中可以计算出函数图中的任何有序对。我们将这种规则称为关联规则（rule of association）。例如，对于函数，其图的一部分在下面列出：

$$g:\mathbb{Z}^+ \to \mathbb{Z}^-，其中\quad 1 \mapsto -2$$
$$2 \mapsto -4$$
$$3 \mapsto -6$$
$$\vdots \mapsto \vdots$$

也可以在以下两种方式中指定：

$$g:\mathbb{Z}^+ \to \mathbb{Z}^-，其中\quad x \mapsto -2x$$
$$g:\mathbb{Z}^+ \to \mathbb{Z}^-，其中\quad x \mapsto y，使得 -2x = y$$

　　有时，关联规则会更复杂：对函数的定义域进行分区，并对分区中每个集合的元素给出不同的规则。例如，

$$h:\mathbb{Z}\to\mathbb{Z}, \text{其中}\begin{cases} x\mapsto x+1, \text{如果}x<-1 \\ x\mapsto 2x, \text{如果}-1\leqslant x\leqslant 3 \\ x\mapsto 4x-5, \text{如果}3<x \end{cases}$$

因此，对于函数图元素的枚举通常被关联规则所代替。人们不能任意规定这样的关联规则，因为并不能确保得到的函数满足左全性和左单配。这种缺乏必要保证的情形与定义集合或二元关系所遇到的情形不同。在一个固定的讨论空间中，人们可以使用一个性质来定义一个集合：该性质可能没有任何拥有者，在这种情况下，定义的集合是空的，但是这仍然是一个集合，即空集。类似地，可以使用关联规则来定义二元关系：该规则可能无法将定义域中的任何内容与陪域中的任何内容配对，在这种情况下，关系图为空，但仍然存在一个图。不过人们不能任意设定关联规则，并期望得到满足左全性和左单配的结果。因此，要定义一个函数，首先要定义基本关系，然后确定所讨论的关系是左全性和左单配。正是这一证明过程才能保证所给的定义是一个函数的定义，而不是一些非函数的或可能是空的关系的定义。

数学家把左全性的建立看作建立存在性，这是因为左全性的定义如下：对于定义域的每个成员，存在陪域的成员，使得前者与后者相关。数学家把建立左单配称为建立唯一性，这是因为左单配要求定义域成员唯一关联陪域成员。

函数是左全性和左单配的事实意味着函数定义域的每个成员都通过函数的图与它的陪域的唯一成员相关联。这个唯一的连接允许与函数相关的定义域的任何成员明确地引用函数范围的成员。换言之，如果你明确了解函数，一旦你指定了定义域的一个成员，实际上唯一指定了它的陪域的成员。

在式（2.4）中，2 通过 f 与 a 唯一相关。如果 2 通过 f 与 a 有关，可以用 $2fa$ 表示。然而，鉴于通过 f，2 与 a 唯一相关，所以可以更清楚地用传统表示法 $f(2)=a$ 表示。

函数有自己的特殊词汇，现在让我们来熟悉一下。函数一方面常被称为映射（map），另一方面又被称为赋值（assignment）。因此，我们常说从定义域集合映射到陪域集合，以及函数将其定义域的一个成员映射到其陪域的一个成员。在前一个例子中，f 将 2 映射到 a。人们还常说一个函数将其陪域的成员赋值给其定义域的成员。当函数定义域和陪域的成员由函数配对，它们分别称为函数的参数（argument）和值（value）。因此，a 被称为函数 f 下的参数 2 的值，a 也被称为参数 2 处函数 f 的值。一个函数的参数和值也分别称为它的原像（preimage）和它的像（image），在这种情况下，a 被称为 f 下的原像 2 的像。

$$f(\_)=\_$$
$$\uparrow\qquad\uparrow$$
$$\text{参数}\quad\text{值}$$
$$\text{原像}\quad\text{像}$$

这个新符号允许我们将先前给定的函数 g 和 h 重新定义成更为常用的格式：

$$g:\mathbb{Z}^+\to\mathbb{Z}^-, \text{其中}g(x)=-2x$$

$$h:\mathbb{Z}\to\mathbb{Z}, \text{其中}h(x)=\begin{cases} x+1, \text{如果}x<-1 \\ 2x, \text{如果}-1\leqslant x\leqslant 3 \\ 4x-5, \text{如果}3<x \end{cases}$$

数学家已经确定了许多不同类型的函数。右全性的函数被称为满射（surjection）函数。换言之，满射是一个陪域的每个元素都有一个原像的函数。右单配的函数被称为单射

（injection）函数。换言之，单射是一个其中不同的原像具有不同的像的函数。右全性和右单配同时存在的函数是双射（bijection）函数。因此，双射函数既是单射函数又是满射函数。

此外，数学家还谈到常数（constant）函数。常数函数是这样定义的：陪域的同一个元素是定义域中每个元素的像。以下函数是常数函数，其定义域的每个元素都映射到 a：

$$<\{1, 2, 3, 4\}, \{a, b, c\}, \{<1, a>, <2, a>, <3, a>, <4, a>\}>$$

也有所谓的偏函数，意思是该函数的部分不符合函数性质。回想一下，通过定义，函数满足左全性和左单配，而偏函数是一个左单配的二元关系。例如，以下二元关系是一个偏函数：

$$<\{1, 2, 3, 4\}, \{a, b, c\}, \{<1, c>, <3, a>, <4, a>\}>$$

它不是一个函数，因为它不是左全性的。然而，因为它满足左单配，因此是偏函数。偏函数一词背后的思想是，一个偏函数的行为只在其定义域的一部分中像一个函数。

现在来讨论 6 个与函数相关的概念，这些函数在本书后面的章节中将发挥重要作用。前两个概念有关函数之间的关系，第一个是将函数限制在其定义域的子集上，第二个是通过向其定义域添加元素来扩展函数。第三个是从函数获得的函数，它们在这里被称为近变函数（near variant function）。第四个是一种特殊的函数，称为特征函数（characteristic function）。这些函数的定义域正好有两个特定元素，一个与"真"相关，另一个与"假"相关。第五个概念涉及协同工作的函数，以及两个或多个函数的乘积。第六个概念是在二元关系和从二元关系定义域到其陪域幂集的函数之间建立系统联系。

2.6.3.1　函数的限制和扩展

假设一个函数扩展了第二个函数，或等价地说，该函数被称为第二个函数的扩展时，就表明在这种情况下该函数的定义域、陪域和图分别是第二个函数的定义域、陪域和图的超集。

定义 31　扩展

定义 f 和 g 是函数。当且仅当 $D_f \subseteq D_g$，$C_f \subseteq C_g$ 且 $G_f \subseteq G_g$ 时，g 是 f 的扩展。

因此，例如，函数 m 是函数 l 的扩展：

$$l = <\{1,2,3\}, \{a,b,c\}, \{<1,c>, <2,b>, <3,b>\}>$$
$$m = <\{1,2,3,4\}, \{a, b, c\}, \{<1, c>, <2, b>, <3, b>, <4, c>\}>$$

请注意，即使指定了要将函数扩展到的定义域，通常也不能确定唯一的扩展方式。因此，l 可以通过三种不同的方式扩展到定义域 {1，2，3，4}，这取决于陪域的哪个成员被分配到 4。

可以说，与扩展相反的是限制。某函数在其定义域子集上的限制函数是一个定义域为初始函数定义域与该子集的交集且其关系图包含原来有序对中那些第一个坐标来自该交集的函数。因此，受限于集合 {1，2，3} 的函数 m 是函数 l，或者换句话说，函数 l 是函数 m 对集合 {1，2，3} 的限制。注意，顺便说一下，函数 l 同样是函数 m 对集合 {1，2，3，5} 的限制，因为集合 {1，2，3，5} 与 m 的定义域的交集是集合 {1，2，3}。下面是其正式定义。

定义 32　限制

定义 f 或 $<D, C, G>$ 是函数。假设 X 是一个集合，那么，f 对 X 的限制函数是 $<X \cap D, C, G \cap (X \times C)>$。

2.6.3.2　近变函数

在第 11 章和下文中，我们将有机会讨论除了最多一个定义域成员被分配不同的值之外完全相同的函数。考虑函数 j 和 k：

$$j = <\{1,2,3,4\}, \{a, b, c\}, \{<1, c>, <2, b>, <3, a>, <4, b>\}>$$

$$k = <\{1,2,3,4\}, \{a, b, c\}, \{<1, c>, <2, b>, <3, a>, <4, a>\}>$$

它们有相同的定义域和陪域。此外，除了第一个坐标是 4 的有序对之外它们的图是完全相同的，即 $<4, b> \in G_j$ 但是 $<4, b> \notin G_k$，以及 $<4, a> \notin G_j$ 但是 $<4, a> \in G_k$。换句话说，对于 $\{1, 2, 3, 4\}$ 中除了 4 的每个成员 x，$j(x) = k(x)$。当 $x = 4$ 时，$j(x) \neq k(x)$，因为 $j(x) = b$，$k(x) = a$。前者是后者的近似变体。

定义 33 近变函数

定义 f 和 g 是函数。当且仅当 $D_f = D = D_g$，$C_f = C = C_g$ 时，D 至多有一个元素 x，使得 $f(x) \neq g(x)$，那么 f 是 g 的近似变体。

一个直接的结论是，任何函数都是其自身的近变函数。

当一个函数是另一个函数的近似变体时，用另一个函数来命名这个函数是很方便的。因此，例如上例中的 j 可以由 $k_{4 \mapsto b}$ 来命名。函数 $k_{4 \mapsto b}$ 与函数 k 一样，除了它将 4 映射到 b，所以这代表的是函数 j。同样，$j_{4 \mapsto a}$ 与 j 一样，只是它映射 4 到 a，所以这代表的是函数 k。最后注意，$j_{4 \mapsto b}$ 还是 j，$k_{4 \mapsto a}$ 还是 k。

2.6.3.3 特征函数

特征函数是描述集合的函数，它指定了哪些实体是集合的成员，哪些不是集合的成员。它通过给集合的成员分配一个可分辨值（通常为 1）和给非成员分配另一个可分辨值（通常为 0）来实现。对于特征函数定义域中的实体集，如果没有明确说明，通常可以从上下文中看出。我们将这种函数定义如下。

定义 34 特征函数

定义 X 为集合。当且仅当 f 是 X 到 $\{0, 1\}$ 的函数，且对于每个 $x \in X$，如果 $x \in Y$，则 $f(x) = 1$，如果 $x \notin Y$，则 $f(x) = 0$。那么 f 是 Y 的特征函数。

在前面我们引入了集合幂集的概念，它是给定集的所有子集的集合。现在引入了一个由某集合的所有特征函数组成的集合的概念，其中所有的函数都能将集合映射到集合 $\{0，1\}$。

定义 35 集合的特征函数

定义 x 是集合，那么 $\mathrm{Chr}(X) = \mathrm{Fnc}(X, \{0,1\})$。

正如下面将要说明的，对于任何集合 X，其特征函数是 $\mathrm{Pow}(X)$ 和 $\mathrm{Chr}(X)$ 之间的双射，这里就不证明这一点了。考虑集合 A，它正好有三个成员 a、b 和 c。它有 8 个子集，因为集合的子集的数目是 2 的集合的基数次方。下面左边列出的是 A 的子集，由 $\mathbb{Z}_8^+$ 的成员索引，右边列出的是 A 到 $\{0，1\}$ 的函数图，也由 $\mathbb{Z}_8^+$ 的成员索引。（注意，A 也是 A 的一个子集，索引为 A_1。）

$\mathrm{Pow}(\{a,b,c\})$ $\mathrm{Chr}(\{a,b,c\})$

$A_1 = \{a,b,c\}$ $G_{f_1} = \{a \mapsto 1, b \mapsto 1, c \mapsto 1\}$

$A_2 = \{a,b\}$ $G_{f_2} = \{a \mapsto 1, b \mapsto 1, c \mapsto 0\}$

$A_3 = \{a,c\}$ $G_{f_3} = \{a \mapsto 1, b \mapsto 0, c \mapsto 1\}$

$A_4 = \{a\}$ $G_{f_4} = \{a \mapsto 1, b \mapsto 0, c \mapsto 0\}$

$$A_5 = \{b, c\} \qquad G_{f_5} = \{a \mapsto 0, b \mapsto 1, c \mapsto 1\}$$

$$A_6 = \{b\} \qquad\quad G_{f_6} = \{a \mapsto 0, b \mapsto 1, c \mapsto 0\}$$

$$A_7 = \{c\} \qquad\quad G_{f_7} = \{a \mapsto 0, b \mapsto 0, c \mapsto 1\}$$

$$A_8 = \varnothing \qquad\quad G_{f_8} = \{a \mapsto 0, b \mapsto 0, c \mapsto 0\}$$

可以看出，每个集合与每个函数都有明显的关联。A_1 显然与 f_1 相关，A_2 与 f_2 相关，更普遍的是，对于每个 $i \in \mathbb{Z}_8^+$，A_i 与 f_i 相关。以这种方式关联，我们可以认为，对于其关联集，每个函数都表示 A 的某个成员是否在该集中。换言之，如果 A 的成员在关联子集中，则它将 1 赋给 A 的成员；如果 A 的成员不在关联子集中，则它将 0 赋给 A 的成员。例如，在这个情况下，f_6 表示 b 在 A_6 中，但 a 和 c 都不在 A_6 中。因此，f_6 可以说是 A_6 的特征函数。一般来说，对于每个 $i \in \mathbb{Z}_8^+$，f_i 是 A_i 的特征函数。下文中，特征函数将发挥重要作用。

2.6.3.4　乘积函数

在这里，我们将学习乘积函数（product function），这一定义将在下文中发挥重要作用。乘积函数是使两个或多个函数协同工作的函数。例如，考虑这两个函数。第一个函数是倍增函数，这里称为 δ。它为每个自然数赋值为其自身的二倍。也就是说，对于每个 $x \in \mathbb{N}$，$x \mapsto 2x$。第二个函数是一个后继函数，在这里称为 σ，它给罗马字母表中的每个字母分配它的后一个字母，最后一个字母则按照字母表的顺序从头继续，即将第一个字母 a 分配给最后一个字母 z。换句话说，σ 是罗马字母表中的字母 $\mathbb{A}$ 上的函数，其中 $a \mapsto b, \cdots, y \mapsto z$ 和 $z \mapsto a$。

现在定义这两个函数的乘积，称之为 $<\delta, \sigma>$。这个函数中 δ 和 σ 协同工作。要使这些函数协同工作，意味着它们必须协同应用于一对有序元素，其中第一个元素来自 δ 的定义域 $\mathbb{N}$，第二个元素来自 σ 的定义域 $\mathbb{A}$。因此，$<\delta, \sigma>$ 应用于有序对 $<5, b>$ 意味着 δ 应用于 5、σ 应用于 b，以产生有序对 $<\delta(5), \sigma(b)>$，或 $<10, c>$。简言之，$<\delta, \sigma>(<5, b>) = <10, c>$。同样，$<\delta, \sigma>(<23, y>) = <\delta(23), \sigma(y)> = <46, z>$，$<\delta, \sigma>(<1, z>) = <\delta(1), \sigma(z)> = <2, a>$。

在这个例子的基础上，我们给出了一对一元函数的乘积的定义。

定义 36　一元函数的乘积

定义 f 和 g 分别是 X 到 W 和 Y 到 Z 的函数，对于每个 $x \in X$ 和 $y \in Y$，如果 $<f, g>(<x, y>) = <f(x), g(y)>$，那么 $<f, g>$ 是从 $X \times Y$ 到 $W \times Z$ 的函数。

两个一元函数的乘积是不可交换的。也就是说，一般来说，$<f, g>$ 和 $<g, f>$ 是不一样的。例如，$<\delta, \sigma>(<5, b>) = <\delta(5), \sigma(b)> = <10, c>$，但是 $<\sigma, \delta>(<b, 5>) = <\sigma(b), \delta(5)> = <c, 10>$，而 $<c, 10> \neq <10, c>$。

在前面的例子中，我们定义了一对一元函数的乘积。我们也可以定义一对二元函数的乘积。下面来说明这种可能性。设第一个函数为自然数集上的加法函数，用通常的加号来指定它。现在定义另一个二元函数，一个定义在罗马字母表的小写字母字符串上的函数。罗马字母表上的小写字母字符串的集合的意思是：$\{a, b, \cdots, z, aa, ab, ac, \cdots, az, ba, bb, \cdots\}$。我们把这一集合称为 $\mathbb{A}^*$。级联是这个集合上的一个二元函数，它接受一对字母字符串，并将第二个字符串接到第一个字符串的末尾。级联适用于从 $\mathbb{A}^*$ 中提取的一对字符串 zba 和 $wwqrst$，以产生 $\mathbb{A}^*$ 中的 $zbawwqrst$。换言之，让 "·" 指定连接，我们对刚才所说的内容使用这个符号，即 *zba*·*wwqrst* = *zbawwqrst*。

加法函数和级联函数的乘积，或称为 < +, · >，是从 ℕ × 𝔸* 的元素对组成的对到 ℕ × 𝔸* 的函数，换言之，< +, · >：(ℕ×𝔸*)×(ℕ×𝔸*) → ℕ × 𝔸*，因此，< +, · >(<15, *bca* >, < 29, *df* >) =< 44, *bcadf* >。

2.6.3.5　二元关系及其相关函数

现在来谈谈关于函数的第 6 个也是最后一个概念，这个概念将在第 12 章中再次出现。一方面，二元关系与从二元关系定义域到其陪域幂集的函数之间存在着系统联系，其结果是，取二元关系的定义域作为函数的定义域，取关系的陪域的幂集作为函数的陪域，把第一个成员来自定义域、第二个成员是关系的陪域的所有成员的集合作为图。让我们把这个规则应用到二元关系 T_3，它的定义域是集合 {*a*, *b*, *c*}，它的陪域是集合 {1, 3, 5}，它的图包括有序对 {<*a*, 1>, <*a*, 5>, <*b*, 1>, <*b*, 3>}。规则规定，与 T_3 相对应的函数的定义域是 T_3 的定义域，即集合 {*a*, *b*, *c*}，函数的陪域是 Pow ({1, 3, 5})，即 T_3 的陪域的幂集，函数的图是集合 {<*a*, {1, 5}>, <*b*, {1, 3}>, <*c*, ∅ >}。

现在，让我们考虑相反的情况。给定一个从集合到一组集合的集合的函数，可以定义一个二元关系，其中该关系的定义域与该函数的定义域相同，该关系的陪域是该函数的陪域的广义并集，而关系的图由那些第一个成员来自定义域、第二个成员位于一组集合中的某个集合中元素组成的对所构成。这组集合是函数陪域。下面用一个例子来解释这些说明。考虑定义域为集合 {*a*, *b*, *c*, *d*} 的函数，其陪域是集合 {{1, 2}, {2, 3}, {1, 3, 4}, {2, 4}}，其图是 {<*a*, {1, 2}>, <*b*, {1, 3, 4}>, <*c*, {2, 3}>, <*d*, {2, 4}>}。与此函数对应的二元关系具有相同的定义域，即 {*a*、*b*、*c*、*d*}。它的陪域是函数陪域的广义并，即 ∪ {{1, 2}, {2, 3}, {1, 3, 4}, {2, 4}} 或 {1, 2, 3, 4}。其图是 {<*a*, 1>, <*a*, 2>, <*b*, 1>, <*b*, 3>, <*b*, 4>, <*c*, 2>, <*c*, 3>, <*d*, 2>, <*d*, 4>}。

定义 37　二元关系的关联函数

让 *R* 是 *D* 到 *C* 的二元关系，然后，它的关联函数 im$_R$ 是一个从 *D* 映射到 Pow (*C*) 的函数，它把集合 {*y* : *Rxy*} 赋给 *D* 中的一个成员 *x*。

严格来说，我们必须证明刚刚定义的关系，即证明上述二元关系所描述的那种函数是左全性和左单配的。事实上，它也是右全性和右单配的。满足了这 4 个性质，那么这个关系就是双射。这一性质将在第 12 章中使用。

练习：函数

1. 考虑函数 $f : \mathbb{R} \to \mathbb{R}^{7\ominus}$，其图由以下规则确定：$x \mapsto 2x^2 + 3$，即 $f(x) = 2x^2 + 3$。对于以下每一种情况，确定其值。

   (a) $f(2)$　　　　　　(b) $f(-3)$　　　　　　(c) $f(0)$

   (d) $f(0.5)$　　　　　(e) $f(-0.25)$　　　　　(f) $f(-2)$

2. 下列哪种二元关系是函数？如果某个函数不是函数，解释为什么不是。

   (a) < {*a*,*b*,*c*},{1,2},{< *a*,1 >,< *b*,2 >,< *c*,1 >} >

⊖　实数的集合，表示为 ℝ，被定义为可以用十进制表示法书写的所有数字的集合，即使是那些无法穷尽表示的数字也包含其中。它包括有理数（可以写成 *p*/*q* 的数，其中 *p* 和 *q* 是整数）和无理数（不能写成 *p*/*q* 的数）。有理数的例子有 2 (=2/1)、1/3、−23.44 (=−586/25)。无理数的例子有 π (=3.141 59···)，$\sqrt{2}$ (=1.414 21···)，log$_{10}$3 (=0.477 12···)。

(b) $< \{1,2,3\}, \{b,c\}, \{<1,b>, <2,b>, <3,c>, <1,c>\} >$

(c) $< \{a,b,c\}, \{2,3\}, \{<a,1>, <b,2>\} >$

(d) $f: \mathbb{Z} \to \mathbb{Z}$，其中 $x \mapsto y$ 使得 $x^2 = y$

(e) $g: \mathbb{Z} \to \mathbb{Z}$，其中 $x \mapsto y$ 使得 $x = y^2$

(f) $h: \mathbb{Z} \to \mathbb{Z}$，其中 $\begin{cases} x \mapsto 3x, 对于 x \leqslant -1 \\ x \mapsto 4x, 对于 -1 < x < 3 \\ x \mapsto 5x, 对于 3 < x \end{cases}$

(g) $k: \mathbb{Z} \to \mathbb{Z}$，其中 $\begin{cases} x \mapsto x+5, 对于 x \leqslant 0 \\ x \mapsto x+3, 对于 0 \leqslant x \leqslant 2 \\ x \mapsto x+1, 对于 2 \leqslant x \end{cases}$

(h) $l: \mathbb{Z} \to \mathbb{Z}$，其中 $\begin{cases} x \mapsto x, 对于 x < 0 \\ x \mapsto 2x, 对于 0 \leqslant x \leqslant 2 \\ x \mapsto x^2, 对于 2 < x \end{cases}$

(i) $< \{1,2\}, \{a,b\}, \varnothing >$

(j) $< \varnothing, \{a,b\}, \varnothing >$

(k) $m: \mathbb{R} \to \mathbb{R}$，其中 $\begin{cases} x \mapsto 1, 如果 x 是有理数 \\ x \mapsto -1, 如果 x 是无理数 \end{cases}$

3. 设 P 为（欧几里得）平面 π 中的点，设 S 为 π 中的直线。以下哪些是函数？

(a) $P \times S \to S$，其中 $< p, s_i >$ 被赋予 s_j，s_j 垂直于 s_i，p 位于 s_j 上。

(b) $P \times P \to S$，其中 $< p_i, p_j >$ 被赋予 s，s 位于 p_i 和 p_j 上。

(c) $S \times S \to P$，其中 $< s_i, s_j >$ 被赋予 p，p 位于 s_i 和 s_j 上。

4. 考虑函数 f，或者 $<\{1, 2, 3\}, \{3, 6, 9\}, \{<1, 6>, <2, 3>, <3, 9>\}>$。

(a) 列出 f 由于将其定义域扩大到包含 4 而产生的所有扩展。

(b) 列出 f 由于将其陪域扩大到包含 8 而产生的所有扩展。

(c) 列出 f 由于将其定义域扩大到包含 5、陪域扩大到包含 11 而产生的所有扩展。

5. 考虑函数 g，或者 $<\{1, 2, 3, 4\}, \{5, 6, 7, 8\}, \{<1, 8>, <2, 6>, <3, 5>, <4, 5>\}>$。确定将 g 限制到以下集合所产生的函数。

(a) $\{1, 2, 3\}$　　　　(b) $\{3, 4\}$　　　　(c) $\{1\}$

(d) $\varnothing$　　　　(e) $\{1, 2, 3, 4\}$　　　　(f) $\mathbb{N}$

(g) $\{1, 2, 6, 9\}$　　　　(h) $\{9\}$　　　　(i) $\mathbb{Z}^-$

6. 一个具有基数为 n（自然数）的定义域的函数有多少不同的限制？

7. 考虑函数 h，或 $<\{a, b, c\}, \{2, 3, 5, 7\}, \{<a, 3>, <b, 3>, <c, 7>\}>$。$h$ 有多少近似变体？h 有多少有别于 h 的近似变体？解释你是如何得到答案的。

8. 设 A 为 $\{a, b, c, d\}$，其基数为 4。确定 A 的以下子集的特征函数的图。

(a) $\{a, b, c\}$　　　　(b) $\{b, c\}$　　　　(c) $\varnothing$

(d) $\{a, b, d\}$　　　　(e) $\{a\}$　　　　(f) $\{d\}$

9. 考虑以下乘积函数。

(a) 设 f 为每个自然数加 2 的函数，设 g 为将字母 a 附加到 $\mathbb{A}^*$ 的每个成员的函数，$\mathbb{A}^*$ 是罗马字母表上的小写字母串集合。确定 $< f, g >$ 分配给下列每个参数的值。

(i) $<3, \ b >$

(ii) $<9, \ dc >$

(iii) $<19, \ cca >$

（iv）<25，*aaa* >

（v）<101，*fdage* >

（vi）<256，*cccaaac* >

（b）设 × 为 ℕ 上的乘法，设 "·" 为 𝔸* 上的级联。确定 < ×,· > 分配给以下每对参数的值。

（i）<<3，*b* >，<2，*dbb* >>

（ii）<<9，*abc* >，<5，*def* >>

（iii）<<11，*dzx* >，<7，*azbxcw* >>

（iv）<<2，*abb* >，<2，*b* >>

（v）<<1，*b* >，<2，*a* >>

（vi）<<31，*dbdbdb* >，<2，*ee* >>

10．考虑以下二元关系：

<{*a*, *b*, *c*},{1, 2, 3, 4},{<*a*, 1>,<*a*, 3>,<*b*, 1>,<*b*, 3>,<*b*, 4>,<*c*, 3>,<*c*, 2>}>

描述从 {*a*，*b*，*c*} 到 Pow（{1，2，3，4}）的对应函数的图。

11．考虑以下函数关系：

<{*a*, *b*, *c*}, {1, 2, 3, 4}, {<*a*, {1, 3}>, <*b*, {3}>, <*c*, {2, 4}>}>

描述从 {*a*，*b*，*c*} 到 {1，2，3，4} 的对应关系的图。

部分练习答案

2.2 节

1．（a）{*x* : *x* 是两位的自然数} 或 {*x* : *x* ∈ ℕ 且 10 ≤ *x* ≤ 99}

2．（a）{11，22，33，44，55，66，77，88，99}

3．正确：a、d、e、g。错误：b、c、f、h、i、j、k、l。

4．正确：只有 c。

5．正确：a、d、e、h。错误：b、c、f、g。

6．正确：b，c，d。错误：a，e，f。

7．正确：b，d，g。错误：a，c，e，f，h。

8．（a）有限（26 个成员）　（c）有限

2.3 节

1．（a）{1，3，5}　　（c）{1，3}　　（e）∅　　（g）{1，3，5，6}　　（i）{2}

2．（a）ℤ⁺　　　　（c）ℤ-{0}　　（e）∅　　（g）{0}

3．正确：全部。

2.4.2 节

1．（a）{<2，1>，<2，3>，<4，1>，<4，3>，<6，1>，<6，3>}

（b）{<3，3>，<3，5>，<5，3>，<5，5>}

（c）{<<1，1>，2>，<<1，1>，4>，<<1，1>，6>，<<1，3>，2>，<<1，3>，4>，<<1，3>，6>，<<3，1>，2>，<3，1>，4>，<<3，1>，6>，<<3，3>，2>，<<3，3>，4>，<<3，3>，6>}

（d）{<2，3>，<4，3>，<6，3>}

（e）{<1，1>，<1，3>，<3，1>，<3，3>，<3，5>，<5，3>，<5，5>}

（f）{<3，2>，<3，4>，<3，6>}

（g）∅

（h）{<1，1>，<3，1>，<1，3>，<3，3>，<5，1>，<5，3>}

2．正确：a，c。错误：b，d，e，f，g。

2.5.1 节

1. (a) {{a}, {a, b}, {a, c}, {a, d}, {a, b, c}, {a, c, d}, {a, b, d}, {a, b, c, d}}

　(c) {{a, b}, {a, b, c}, {a, b, d}, {a, b, c, d}}

　(e) {{a}, {b}, {c}, {d}, …, {a, b, c, d}}（例如，Pow(V)-{∅}）

2. (a) {{a, b}, {a, c}, {a, d}, {b, c}, {b, d}, {c, d}}　(c) {{a, b, c, d}}　(e) {∅}

3. (a) {{a, b}, {a, b, c}, {a, b, d}, {a, b, c, d}}　(c) ∅　(e) ∅

4. (a) {{a}, {b}, {a, c}, {b, c}, {a, d}, {b, d}, {a, c, d}, {b, c, d}}　(c) ∅

5. 正确：a。错误：b、c、d。

2.5.2 节

1. (a) {1, 2, 3, 4}　(c) {2, 3, 4}　(e) ∅　(g) {1, 2, 3, 4}

　(i) {<1, 3>, <1, 4>, <2, 3>, <2, 4>, <3, 3>, <3, 4>}　(k) ∅

2. (a) {0, 1, 2, 3, 4, 5, 6}　(c) {2}　(e) $\mathbb{N}$

2.6.1 节

1. (a) 是　　(c) 否　　(e) 是

2. R_1：对称的，反对称的，传递的。

　R_3：对称的。

　R_5：自反的，对称的，传递的和反对称的。

　R_7：反对称的和传递的。

2.6.2 节

1. 提示：这样的关系有 16 种。

2.

	左单配	右单配	左全性	右全性
(a)	真	真	假	真
(c)	假	假	假	真
(e)	假	假	真	真
(g)	假	假	真	假
(i)	真	真	真	真

第 3 章

Natural Language Semantics: Formation and Valuation

基础英语语法

3.1 介绍

自从人类思考自己的语言以来，就注意到了语言模式和模式中的异常。最早被发现的模式之一是相似的声音在一种语言的语音片段中反复出现。解释这种模式的一个假设是，一种语言以有限数量的最小声音片段为基础，称为音素（phone）或音段（segment），语言中的所有复杂语音片段都可以被分割或分解成这些最小单位。字母表是一种以这种假设为前提的符号[⊖]，这种符号的最终改进是国际音标（International Phonetic Alphabet，IPA）。

在所有具有文化意识的社会中公认的另一个重要模式是，语音片段由相似的音素序列或单词组成。传统语法的主要研究对象是单词及其形式变化的模式。传统语法是一种系统的、经验性的探究形式，尽管它们的经验性常常不被研究它们的人所承认。

在这一章中，我们开始研究可接受的英语表达的结构。然而，在这样做之前，我们将简要概述英语语法研究中使用的基本术语，在本章的后续小节以及接下来的章节中将假设读者已经了解了这些术语的含义。这些术语包括不同词性的词和其他术语，例如性别（gender）、格（case）、数（number）、协调（coordination）、从属（subordination）、时态（tense）、体态（aspect）、语气（mood）、语音（voice）、不定时（infinitive）、分词（participle）、动名词（gerund）、主语（subject）、直接宾语（direct object）、间接宾语（indirect object）、补语（complement）、谓语（predicate）、修饰语（modifier）、情态动词（auxiliary verb）、系动词（copular verb）等。我们会对这些在传统英语语法中使用的术语以一种非正式且直观的方式加以解释。

不熟悉英语语法基础的读者应仔细阅读本节，熟悉基础的读者仍应粗略地阅读一遍，本节的目的是让读者了解当代形式方法对自然语言研究的贡献。正如将在 3.2 节中看到的那样，以传统英语语法的形式出现的英语语法无法解决第 1 章提出的自然语言研究的核心问题。第 1 章简要阐述了将经验和数学方法应用于自然语言研究所产生的见解，本次讨论的目的是提高读者对其的理解。在 3.3 节中，我们将提出一种语法，称之为成分结构语法（constituency grammar）。与传统语法不同，这种语法有一种数学结构，我们将对此进行详细的讨论。我们还将展示它是如何回答第 1 章提出的关于语义的中心问题。虽然美国结构主义语言学家在研究中使这种语法具有了现代的结构，但还远远不够完整。正如我们将要看到的，英语的现状要求我们丰富它的内容。本章将对部分内容进行充实，后续章节将对更多内容进行补充。3.4 节将总结我们对第 1 章提出的问题的看法，以及对语言研究中严格的实证研究的看法。

⊖ 包含一个字母表不是能够提出模式和假设的一个必要条件。梵语语法学家似乎完全没有书面符号。

3.2 传统英语语法

欧洲的传统语法，可以追溯到古希腊，当时存在语法分析的两个单位：句子（logos），它是表示完整思想的单位，以及词（lexis），它是意义的最小单位。传统语法发展了这两种单位所包含的类别。下面将从单词或词汇单位开始依次审查它们。

3.2.1 词类

在欧洲，单词的分类可以追溯到柏拉图之前。然而，最早的一组完整的词汇类别是由萨莫色雷斯岛的 Aristarchus（公元前 217—前 145）提供的，由他的弟子 Dionysius of Thrax（约公元前 100 年）在他的 *Téchnē Grammatikē* 中公布。其中 8 个词汇类别或词类（mére lógou）包括名词（ónoma）、动词（rhēma）、分词（metochē）、文章（árthon）、代词（antónymiā）、介词（próthesis）、副词（epirrhēma）、连词（sýndesmos）。随后的希腊语法学家，如 Apollonius Dyscolus（约公元 100 年），以及拉丁语法学家 Donatus（约公元 400 年）和 Priscian（约公元 500 年）对这些类别做了修改[⊖]。今天的西欧语言（包括英语）中使用的词汇类别或词类以及划分类别的标准在下面列出：

- **名词**　　名词是一个词或一组词，用来命名一个人、一个地方、一个想法或一件事（其中包括物体、活动、质量和状态）。
- **代词**　　代词是代表名词的词。代词所代表的是它的先行词。
- **动词**　　动词是一个词或一组词，表示一个动作、一个条件或一个状态。
- **形容词**　形容词是表示一种品质的词或词组。
- **副词**　　副词是修饰动词、形容词或其他副词的词或词组。
- **介词**　　介词是一个词，表示其宾语和句子中的另一个词之间的关系。
- **连词**　　连词是连接两个句子或句子的两部分的词。
- **感叹词**　感叹词是以感叹的方式表达某种感觉的词或词组。

我们已经阐述了英语词汇的分类，即所谓的词汇类别，让我们更详细地了解传统语法对每一个类别所要说的内容。我们将依次讨论每一类，指出其中有哪些子类，以及每一类的突出性质和用途。

3.2.1.1 名词

典型的英语名词包括恺撒大帝（Julius Caesar）、米奇湖（Lake Meech）、桌子（table）、足球（soccer）、美人（beauty）和疲劳（fatigue）。英语名词和其他语言中的名词一样，经常被分为若干子类。这些名词的子类别包括专有名词、普通名词、抽象名词、具体名词、集合名词和复合名词。这些子分类的基础是多样的。

自 Stoics 学派以来，区分专有名词和普通名词一直是习惯。其思想是有些实体是由名词唯一命名的。专有名词是特定实体特有的名词。"恺撒大帝"是公元前 1 世纪罗马执政官的专有名词。一个普通名词是许多实体所共有的名词。例如，"桌子"是所有桌子都具有的一个名词。普通名词是一个单词，专有名词有时由几个词组成，如理性时代（Age of Reason）和黑海（The Black Sea）。

普通名词在它们表示什么方面有很大的差异。它们可以表示物理实体（桌子）、心理实体（概念）、状态（疲劳）、事件（野餐）和健康状况（疾病）。事实上，似乎没有什么是它们

⊖　参见 Robins（1966）了解简要历史，参见 Michael（1970）了解更完整的历史。

无法表示的。然而，自中世纪以来，普通名词常常被分为具体名词（即表示具体实体的名词，例如岩石、树叶、人）和抽象名词（即表示抽象实体的名词，例如正义、真理、蔑视）。

还有一种在传统语法中经常被识别的常见名词是集合名词（即表示集合的名词）。它们包括诸如排（platoon）、（羊或鸟）群（flock）、组（group）等名词（见 Quirk et al.（1985, chap. 5.108 ）)。

最后，还有所谓的复合名词。这些名词的识别，不是根据它们所表示的意思，而是根据它们是如何形成的。它们是由名词组合而成的名词。复合名词 ticket office 由 ticket 和 office 复合而成，复合名词 sister-in-law 由两个名词和一个介词组合而成。

英语名词有三个特点：语法数（grammatical number）、格（case）和性别（gender）。语法数是许多英语名词的一个特点。性别是极少数名词的特征。格是一个更少的特征。

英语名词有复数和单数之分。在大多数情况下，复数用后缀 s 表示，单数则没有这个后缀。因此，flowers 是复数名词，flower 是单数名词。许多英语名词有不规则的复数形式，不仅包括鼠（mouse）、人（man）、牙（tooth）等词，还包括现象（phenomenon，phenomena）和协奏曲（concerto，concerti）等外来词。复数和单数之间的区别，在大多数情况下都以是否存在后缀 s 为标志，这被称为语法数。

许多语言，例如法语、德语、拉丁语、梵语和斯瓦希里语，都有所谓的性别，或者更具体地说，语法性别。它是把名词分为几类，但与自然性别或动物的特征性别几乎没有关系。例如，拉丁语中的每个名词都被分为三类：阳性、阴性或中性。例如，拉丁语名词 dolor（疼痛）是阳性的，而 fāma（名声）是阴性的，mare（海）是中性的。尽管在有性别的语言中，表示动物或人类为雌性的词汇具有阴性语法性别，但这并非一成不变。例如，在德语中，年轻女孩 mädchen 这个词表示女性，但这个词属于中性语法类别。英语过去有语法性别，但现在没有了。不过，确实有一些词的用法要求它们表示男性，例如代词 he 和 him，或者一些词的用法要求它们表示女性，例如代词 she 和 her。这里还有一些带自然性别的英语单词的例子。

阳性	man, boy, father, gander, Henry
阴性	woman, girl, mother, mare, Alice
中性	flower, water, stone, city

格是许多印欧语系语言的特征，仅举几个例子，包括德语、拉丁语、俄语、捷克语和梵语。在过去，它是英语的一个特点，但现在它只在英语人称代词中有痕迹。传统英语语法确定三种格：主格、宾格和所有格。以下三个词分别是主格、宾格和所有格：he、him 和 his。如前所述，除了少数人称代词外，英语名词在主格和宾格上的形式没有区别。

	单数	复数	单数	复数
主格	boy	boys	man	men
宾格	boy	boys	man	men
所有格	boy's	boys's	man's	men's

名词可以与动词有许多关系。名词可以是动词的主语、宾语或其间接宾语，如接下来三句所示。

(1.1)   *Bill* runs five miles every day.

(1.2)   The guard spotted *Bill.*

(1.3)   The instructor gave *Bill* a book.

Bill 也是下一句话中的间接宾语，它与句子（1.3）中的宾语同义。

(2)   The instructor gave a book to *Bill.*

我们将很快看到，有一些特殊的动词（如动词 to be 和 to become）被称为系动词。跟在这类动词后面的名词称为谓语性主格。

(3)   Soccer is *a sport.*

名词有时与其他名词有特殊关系，接下来将进一步加以说明。当一个词是这样的时候，它被称为与它进一步指定的名词的同位语。因此，在下一句中，my brother 与名词 Paul 是同位语。

(4)   The instructor gave a book to Paul, *my brother.*

一个名词与另一个名词并列，应区别于一个名词为另一个名词的宾语补足语。

(5)   We consider them *our friends.*

因此，在最后一句话中，our friends 是一个宾语补足语，它不是与 them 并列的。

名词也可以是介词的宾语。

(6.1)   The child wrote on *the sofa.*

(6.2)   Amy went to *the store.*

最后，名词，特别是专有名词，可以用作直接称呼。

(7)   *Helen,* please leave the room.

3.2.1.2 代词

代词是代表名词的词。代词所代表的是它的先行词。传统语法拥有许多英语代词，它们包括人称代词（例如 I、we、you）、相关代词（例如 who、which、that）、疑问代词（例如 what 和 who）、指示代词（例如 this、that、these、those）、不定代词（例如 anyone、somebody）、反身代词（那些以 self 结尾的），以及相互代词（each other 和 one another）。

英语代词在语法数上有差异。它们在某些情况下也一样表现出性别差异（例如 he 和 she）。人称代词也表现出语法人称的差异，动词之间也有这种差异。因此，人称代词被分为第一人称（包括说话人在内的代词，例如 I 和 we）、第二人称（包括一个或多个作为其正在对话的参考人的代词，例如 you）、第三人称（既不指说话人也不指被说话人的代词，例如 he、she 和 they）。（4.2.1 节对名词"人称"（person）进行了详细解释和说明。）

单数	第一	第二	第三		
			阳性	阴性	中性
主格	I	you	he	she	it
宾格	me	you	him	her	it
所有格	my/mine	your/yours	his	her/hers	its

英语代词和名词有许多相同的用法。然而，除此之外，有些名称的来源有特殊用途：它们代表其他名词，称为先行词（antecedent）。然而，并非所有代词都有先行词，只有关系代词、指示代词和第三人称人称代词有先行词。（这个话题将在 4.3 节中详细讨论。）

3.2.1.3　动词

动词是表示一个动作、一个条件或一个状态的词或词组。英语动词分为四个主要的子类：不及物动词、及物动词、系动词（又称为连系动词）和情态动词。不及物动词是指，在不带任何名词的情况下可以构成句子的动词。

(8.1)　　Birds *fly*.

(8.2)　　The woman *worked* rapidly.

相反，及物动词需要一个名词跟在后面。

(9.1)　　We *saw* the fire.

(9.2)　　The man *threw* the ball.

有些及物动词需要两个名词跟在后面。

(10.1)　　He *made* the boy a kite.

(10.2)　　He *made* a kite for the boy.

后面的第二个名词是直接宾语，第一个是间接宾语。使句子（10.1）中所示句子的直接宾语跟在动词后面、间接宾语跟在介词后面的句子就如句子（10.2）所示，这两种句子交替出现。最后，有些及物动词需要一个宾语补足语。

(11.1)　　The class *elected* Mary president.

(11.2)　　We *consider* John a fool.

有些动词既可以是及物动词，也可以是不及物动词。

(12.1)　　They *broke* the glass.

(12.2)　　The glass *broke*.

(13.1)　　They *dropped* the curtain.

(13.2)　　The curtain *dropped* suddenly.

系动词不同于不及物动词和及物动词。不及物动词不需要任何名词出现在它们之后，而及物动词则需要。系动词是后面跟形容词而不是名词的动词。

(14.1)　　The table *is* sturdy.

(14.2)　　Every child *became* sad.

(14.3)　　The actress *looks* weary.

(14.4)　　He *seems* tall.

有些系动词后面还可以跟一个名词。

(15.1)　　A table *is* a piece of furniture.

(15.2)　　The woman *became* an actress.

最后，我们来看情态动词或助动词。例如，它们包括这样的动词：to be、to have、may、can、must、will、shall。

(16.1)　　I *must* leave.

(16.2)　　The soldier *will* be brave.

(16.3)　　You *should have been* sleeping.

(16.4)　　I *do* not know.

英语动词和英语代词一样，既有人称又有数量。它们也表现出时态（tense）和体态

（aspect）。

在人称和数中体现得最明显的例子是动词 to be。

to be	单数	复数
第一：	(I) *am*	(we) *are*
第二：	(you) *are*	(you) *are*
第三：	(he) *is*	(they) *are*

动词常表示动作。动词的形式表示动作的时间和动词发出时间之间的关系。因此，以下三个句子的不同之处在于，所表达的动作是在句子发出的时间之前、同时发生还是在句子发出的时间之后。

时态	
过去	John *heard* the bell.
现在	John *hears* the bell.
将来	John *will hear* the bell.

这些句子的动词分别是过去时态、现在时态和将来时态。

体态是指动词所表达的动作是否是进行中的。英语区分为进行或连续和完成。

过去进行	John *was listening* to the bell.
现在进行	John *is listening* to the bell.
将来进行	John *will be listening* to the bell.

过去完成	John *had heard* the bell.
现在完成	John *has heard* the bell.
将来完成	John *will have heard* the bell.

过去完成进行	John *has been laughing*.
现在完成进行	John *had been laughing*.
将来完成进行	John *will have been listening*.

这些例子中的一些动词作为单个单词出现在句子中，例如在句子 John hears the bell 中的 hear，而其他的和情态动词一起出现，例如在句子 John will hear the bell 中的 will hear。包含情态动词的动词形式称为复合动词，或迂回式（periphrastic）动词形式，而没有情态动词的形式则是简单动词形式。

英语动词也根据所谓的语态（voice）来区分。英语有两种语态：主动和被动。

(17.1)　*John* wrote the letter.

(17.2)　*They* saw the prime minister.

(17.3)　*The explosion* wounded the soldier.

这些句子中的动词是主动语态。下面是含义相同但是使用了被动语态的句子。

(18.1)　The letter was written by *John*.

(18.2)　The prime minister was seen by *them*.

(18.3)　The soldier was wounded by *the explosion*.

在英语中，被动语态动词需要情态动词 to be。

动词时态按语气分类：陈述语气、祈使语气和虚拟语气。这些分类与它们出现的从句的作用大致相关。也就是说，当一个句子的动词的时态处于陈述语气时，该从句意在表达一种事实状态。

(19.1)   Bill *runs* five miles every day.

(19.2)   The guard *spotted* Bill.

(19.3)   The instructor *will give* Bill a book.

当句子动词的时态处于祈使语气时，句子表达命令。祈使语气中动词的形式很简单：除了 to be 动词的祈使句外，就是第一人称单数、现在、主动的形式。动词 to be 的祈使句是 be。

(20.1)   Please *come* here and *sit* down.

(20.2)   *Be* punctual.

(20.3)   *Have* another piece of pie.

最后，当从句动词的时态处于虚拟语气时，从句的意思是表达一种非实际的状态，包括所希望的状态。现在虚拟语气的形式与祈使语气的形式相同。

(21.1)   It is essential that the mission *succeed*.

(21.2)   The director insists that you *be* present at the meeting.

(21.3)   If I *were* you, I would not go.

到目前为止，所讨论的动词形式被称为限定形式。它们是简单句子中动词必须具备的形式。然而，动词也容易出现非限定形式。这包括不定式形式、分词形式和动名词形式。英语动词有六种不定式形式，以时态、体态和语态的特征区别开来。下面是动词 to stop 的六种不定式形式。

主动语态	现在	完成
一般	*to stop*	*to have stopped*
进行	*to be stopping*	*to have been stopping*
被动语态		
一般	*to be stopped*	*to have been stopped*

不定式的用法通常由其他词的类别来确定。因此，有名词、形容词和副词不定式。

名词	*To run* is healthy.
	比较：*Exercise* is healthy.
形容词	Here is water *to drink*.
	比较：Here is water *fresh from the spring*.
副词	We came *to eat*.
	比较：We came *quickly*.

注意，所有形式都包括介词 to，但它有时在某些动词之后被省略。

(22.1)   I dare (to) *go*.

(22.2)   I heard him *scream*.

(22.3)   We let him *talk*.

分词形式和不定式一样，通过时态、体态和语态区别开来。

	主动	被动
现在	*stopping*	*being stopped*
过去	*stopped*	—
完成	*having stopped*	*having been stopped*

分词由后缀 ing 或后缀 ed 构成。它们直接连接到动词的词干或情态动词的词干。

分词像形容词一样使用，如下所示。

形容词	The *running* water must be turned off.
	比较：The *cold* water must be turned off.
	The *faded* coat was given away.
	比较：The *red* coat was given away.

第三种非限定动词形式是动名词。它的形成方式与现在时的分词主动形式相同，即带有后缀 ing。动名词被称为动词性名词，也就是说，它们是动词的一种形式，但允许它们用作名词。

主语	*Swimming* is forbidden.
	比较：*Food* is forbidden.
宾语	The boy enjoys *swimming*.
	比较：The boy enjoys *movies*.
介词宾语	The boy was arrested for *swimming*.
	比较：The boy was arrested for *theft*.

3.2.1.4　形容词

形容词被定义为表示一种性质的词或词组。形容词可以出现在名词之前，在这种情况下，它被称为其修饰语，或在一个系动词之后，在这种情况下，它被称为谓语，或作为一个宾语补足语。

修饰语	The *large* apple is on the table.
谓语	The apple is *large*.
宾语补足语	Bill considers the house *large*.

有些形容词可以以 er 或 est 结尾，但不是所有的形容词都可以。这些形式被称为比较级（comparative）形式和最高级（superlative）形式。

比较级	This table is *heavier* than that desk.
最高级	That is the *heaviest* piece of furniture here.

其他形容词有间接的比较级和最高级形式。

比较级	This table is *more attractive* than that one.
最高级	That is the *most attractive* piece of furniture here.

代词性形容词（pronominal adjectives）是形容词的一个特殊子类别。

人称代词	mine, ours, yours, his, theirs, hers
关系代词	which
指示代词	this, that
疑问代词	which
不定代词	some, every

它们可以出现在与其他形容词相同的位置。

修饰语	*Every* book is on the table.
谓语	The apple is *mine*.
宾语补足语	Bill considers the house *his*.

与许多其他语言中的形容词不同，英语形容词不因数量、性别和格而变化。

3.2.1.5　副词

副词被定义为修饰动词、形容词或其他副词的词或词组。有些副词是通过将后缀 ly 添加到形容词上构成的。有些副词的形式与形容词完全相同。

	形容词	副词
后缀	quick	quickly
	poor	poorly
无后缀	fast	fast
	early	early

下面是这种副词修饰语的例子。

谓语修饰语	The visitor spoke *fluently*.
形容词修饰语	He was *nearly* frantic.
副词修饰语	He spoke *very* quickly.

在动词的修饰语中，副词可以表达动词所表达的各种含义，如动作的方式、地点或发生的时间。在对形容词和副词的修饰中，它们可以表达由形容词或副词所表达的性质所达到的程度。

方式	Colleen ran *swiftly*.
地点	Maria is traveling *abroad*.
时间	Bill will arrive *soon*.
程度	Fred is *very* quick.
	Fred ran *very quickly*.

3.2.1.6　介词

介词被定义为表示其宾语和句子中另一个词之间关系的一个词。介词的宾语是名词。

(23.1)　The capital *of* France is Paris.

(23.2)　*Until* Monday, no one knew the answer.

(23.3)　They worked *in* the house all day.

介词短语是由介词及其宾语构成的单位。介词短语可以修饰名词和动词。这样的话，它们就分别像形容词和副词一样。

形容词修饰语	A man *with a beard* walked into the room.
	A *bearded* man walked into the room.
副词修饰语	Bill left *in a hurry*.
	Bill left *hurriedly*.

介词可以用作副词，在这种情况下，它们没有宾语。

(24.1)　The horse fell *down*.

(24.2)　Come *in*.

(24.3)　The suspect turned *around*.

3.2.1.7　连词

连词是指连接两个句子或句子两部分的词。它们分为并列连词和从属连词。并列连词包括 and、but 和 or。

(25.1)　It rained *and* it snowed.

(25.2)　Mary left *but* Sue stayed.

(25.3)　You add wine vinegar *or* balsamic vinegar.

从属连词包括 *until*、*because*、*if*、*although*、*when*、*while*、*after*、*before*。

(26.1)　*Before* there is any more confusion, let us depart.

(26.2)　The watchman remained at his post *until* it was light.

(26.3)　*If* it does not work, read the instructions.

3.2.1.8　冠词

上述词类中没有冠词。由于拉丁语没有冠词，这一类别从拉丁语语法中省略了。这一类别被列入希腊语法，因为古希腊语确实有冠词。古希腊语的语法把冠词定义为一个反映格的词，出现在名词之前或之后。在英语中，冠词如果与名词一起出现，则只出现在名词之前。英语有两种冠词——定冠词和不定冠词。单词 the 是定冠词，单词 a 是不定冠词。

3.2.1.9　感叹词

感叹词是以感叹的方式表达某种感情的词或词组，例如 alas、oh 和 well。

3.2.2　从句

除了对一种语言的单词进行分类外，传统语法还对从句（clause）进行分类。考虑以下句子：

(27.1)　It rained.

(27.2)　Bill walked his dog.

(27.3)　He talked on his cellular phone.

这些句子可以复合成更复杂的句子，称为复合从句（compounded clause）。

(28.1)　Bill walked his dog and he talked on his cellphone.

(28.2)　Bill walked his dog, while it rained.

句子的一部分叫作从句。句子可以是单从句的或多从句的。句子（27.1）～句子（27.3）是单从句的，句子（28.1）和句子（28.2）是多从句的。一般来说，一个句子包含的从句数量和它包含的限定动词数量一样多。

如句子（28.1）中的两个从句一样，复合从句可以相互协调。就像句子（28.2）中的第二个从句一样，一个从句在关系上从属于另一个从句。句子中的另一个从句通常被称为主句，也可以称为上位（superordinate）从句。同一从句既可以是上位从句，也可以是下位从句。

(29)   If Bill arrives while Alice is here, Carl will leave.

因此，在上述句子中，从句 Bill arrivals 是从句 Carl will leave 的下位从句，也是 Alice is here 的上位从句。

传统语法通过从属关系对从句进行分类，这些从句与各种单词的类别相关。因此，有名词或名词性从句、形容词性从句和状语从句。

名词从句是具有名词相似性的从句，也就是说，它们出现在名词可能出现的地方。名词出现在主语位置，也可能出现在宾语位置。因此，下列第一句的主语可以用从句代替：

(30.0)   *Bill* bothers me.

(30.1)   *That Bill behaved badly* bothers me.

(30.2)   *What Bill did* bothers me.

下面是出现在宾语位置的从句。

(31.0)   Dan believes *Mary*.

(31.1)   Dan believes *that Peter gave Mary a present*.

(31.2)   Dan knows *Mary*.

(31.3)   Dan knows *whether Peter gave Mary a present*.

形容词性从句之所以被称为形容词性从句，是因为它们和形容词一样，出现在名词旁边，也和形容词一样修饰名词。形容词从句通常被称为关系从句，因为它们通常由关系代词引入。

(32.0)   Alan saw a man.

(32.1)   Alan saw the man *who gave Mary a present*.

(32.2)   Alan saw the present *which Peter gave Mary*.

(32.3)   Alan saw the woman *to whom Peter gave a present*.

形容词性从句不必以关系代词开头，它们可能以 that 词开头，也可能根本就没有特殊词。

(33.0)   Alan saw a man.

(33.1)   Alan saw the present *Peter gave Mary*.

(33.2)   Alan saw the woman *Peter gave a present to*.

还有一种从句是状语从句。这类从句通常按其所起的状语修饰作用的种类划分。因此，有时间状语从句、方式状语从句、原因状语从句、目的状语从句等。

(34.0)   The athlete showered *at five o'clock*.

(34.1)   The athlete showered *after he had played the game*.

(34.2)   The athlete showered *as he was directed*.

(34.3)   Their friends came *because they had been invited*.

(34.4)   The boy cried *so that someone would come to help him*.

(34.5)   Immigrants live frugally *in order that they may save money*.

传统语法中的另一种从句是比较从句。如句子（35）所示，比较从句由 than 引入。

(35)   Plato wrote more dialogues than *Shakespeare wrote plays*.

我们对具有限定动词形式的从句进行了划分，人们可能会对包含非限定动词形式的分句式单位感到好奇：不定式、分词和动名词。传统上，它们被称为短语。在许多方面，它们就像从句，只是缺少一个主语。以下是不定式短语的示例。

(36.1)   They went *to buy a hat*.

(36.2)   *To die for one's country* is every soldier's duty.

(36.3)   Dan believes Peter *to have given a present to Mary*.

(36.4)   Dan knows whether *to give a present to Mary*.

(36.5)   Dan wonders whether *to give a present to Mary*.

(36.6)   I saw a present *to give to Mary*.

(36.7)   I saw a woman *to whom to give this present*.

(36.8)   The child cried out *to get help*.

(36.9)   Immigrants live frugally *to save money*.

接下来给出两个分词短语的例子。

(37.1)   John spoke to the man *giving the present to Mary*.

(37.2)   Bill saw someone *giving the present to Mary*.

最后给出两个动名词短语的例子。

(38.1)   *Bill's giving a present to Mary* surprised everyone.

(38.2)   *Giving a present to someone* is better than receiving one.

英语的一个特点是，后缀 ing 既用于动词的动名词形式，也用于动词的现在分词形式。

在这一小节，我们对传统英语语法做了简要概述。下面来讨论它的局限性，并介绍当代语言学理论对它的改进方式。

3.2.3   传统英语语法的局限性

虽然传统的英语语法告诉了我们英语的重要性，但它显然不能解释全部英语现象。首先，正如第 1 章所讲，自然语言表达式具有递归结构。传统英语语法中没有任何东西试图描述英语表达式的递归结构。传统语法中也没有试着说明小表达式的意义是如何影响大表达式的意义的。此外，传统的英语语法通常没有明确和系统的标准来描述其基本概念。为了说明最后一点，我们将非常简略地说明传统英语语法对词性的定义，这也许是其最基本的概念。

首先，人们期望各种词汇类别的特征是一致的。然而，一些定义似乎是通过语法关系来表征词性，定义的词性与词性其他部分息息相关，其他定义依赖词性所代表的事物类型，还有一些定义则两者都依赖。

下面来谈谈依赖语法关系的特征。首先，副词的特点是修饰其他副词和形容词，但修饰的关系是什么？介词被说成表达两种事物之间的关系，但名词（如 parent、friend、capital 和 boss），形容词（如 averse、contingent、dependent、fond 和 incumbent），动词（如 abandon、 catch、greet、like 和 pursue），也一样能够表达两种事物之间的关系。事实上，即使是从属连词（如 before、after 和 because），也表示它所连接的从句所表达的内容之间的关系。代词被表示为名词，但这仅适用于第三人称代词（如 he、she、it），而不适用于第一人称和第二人称代词。连词的特点是连接句子和句子的一部分，但是介词也连接句子的各个部分。事实上，连接句子的各个部分代表什么意思？最后，名词、形容词、副词和动词可以是单个词或一组词，但没有任何情况是词的序列组合在一起形成名词、形容词或动词。

其他特征依赖本体论的区别。例如，动词可以表示动作，名词可以表示活动，但是一个动作和一个活动有什么不同呢？动词可以表示状态，形容词可以表示性质，但是一个状态和一个性质有什么不同呢？名词和动词可以表示状况，但是一种状况和一个状态有什么不同呢？此外，peace、war、famine、drought 和 armistice 肯定是指状态，然而，它们都具有名词的语法性质，而没有动词的语法性质。同时，形容词表示一种性质，虽然 young、sad、silly、beautiful 和 intelligent 这几个词具有其他形容词的语法性质，但 yonth、sadness、silliness、beauty 和 intelligence 这几个词似乎表示相同的词意，却具有名词的语法性质。事实上，如果没有对这些实体是什么以及如何将它们彼此区别开来的一些描述，它们就不能帮助我们来决定词性。

正如我们将在 3.3 节中看到的，直接成分分析法这种纯粹的语言分析形式，在帮助区分语言的词性方面尽管绝不是完美无误的，但效果要好得多。

练习：传统英语语法的局限性

找出教科书中没有列出的五个英语单词，它们表示一个事件、一个状态或一个状况，但是，从形态学或句法的角度来看，它们的模式只能是名词。如果你的母语不是英语，请提供你母语中的五个这样的单词，并说清楚你选择的单词是名词的依据。

3.3　英语句法

语言的系统研究利用了三种技术：分割、分类和替换。早在古梵文 Pāṇini 语法之前，*Aṣṭādhyāyī* 已经出现了，其前辈们已经想出了如何将句子分割成单词，将单词分割成词根和词尾，以及如何将得到的片段分类成不同类别的可替代表达式。语法由列表、规则和定义组成，这些都是梵文分析的结果。20 世纪初的欧洲语言学家和美国结构语言学家使用了 *Aṣṭādhyāyī* 中的规则来陈述其他语言的语音和音韵规律，以及语言形态和句法规则，这些语言在形态或句法规则方面，基本上形态都不是很复杂或其形态复杂性与古梵文或其他印欧语系语言有很大的不同。

1933 年，Leonard Bloomfield 出版了一本非常重要、内容丰富的书 *Language*，向广大语言学家传达了这些创新应用的基本理念。Leonard Bloomfield 的继任者 Bernard Bloch（1907—1965）、Zellig Harris（1909—1992）、Charles Hockett（1916—2000）、Eugene Nida（1914—2011）、Rulon Wells（1918—2008）等在该书出版后的 250 年内，就发展并改进了这些技术，并将其应用于多种不同语言的分析。他们采用的分析形式被称为直接成分分析（immediate constituency analysis）法，特点如下：要分析一个句子，必须如 Bernard Bloch（1946，204-205）所说，"首先将句子的直接成分作为一个整体分离出来，然后再将每个成分中的成分分离出来，依此类推到最终成分。"这意味着要将一个复杂的表达式分割成子表达式，通常是将其分割成两个子表达式，然后它们本身被进一步分割成更简单的子表达式，直到只剩下最简单或最小的表达式。接着分配给这些连续分割获得的表达式一组表达式，这些表达式在保持可接受性的同时是可替换的。最后，将不同的类别分配给可替换表达式的不同集合。

在 3.3.1 节中，我们将应用直接成分分析法技术，对可接受的英语表达式样本进行分析。从这一分析中会发现一些观测规律。在 3.3.2 节中，我们将给出这些规则，其被称为英语的直接成分语法。这一语法将更进一步揭示其中的规则，其中一些属于直接成分语法的范围，并在 3.3.3 节中讨论，而另一些不属于的则在 3.4 节中讨论。

3.3.1　直接成分分析法

在这一部分中，我们将对一组可接受的英文表达进行直接成分分析。具体地说，我们将把可接受的英语表达分成子表达，考察它们的可替代性，并对它们进行分类。在这里的许多情况下，表达式的多种分割方式与我们将讨论的数据都是一致的。这里的陈述是说明性的，不是结论性的。实际上，在后面的章节中，我们将对一些具体的直接成分分析法进行修改。

我们从以下简单、可接受的英语句子开始：

(39)　Albert laughed.

它显然只包含两个词：Albert 和 laughed。让我们思考一下，还有什么其他的表达方式可以取代这两个词中的任何一个，并且仍然可以产生一个可接受的英语句子呢。我们从左边的单词 Albert 开始，把它归为 N_p 类。还有其他的单词可以取代句子（39）中的 Albert，并产生可接受的英语句子。这里列出其中一些，给它们分配相同的类别。

　　N_p　　Albert, Beverly, Carl, Dan, Eric, Francine, Galileo, Ken ...

换言之，N_p 类中列出的每个单词都可以代替句子（40）中的 α 来产生一个可接受的英语句子。

(40)　α laughed.

接下来，考虑另一个类别以及不同的单词列表。

　　N_c　　dog, enemy, friend, guest, host, man, park, visitor, woman, yard, ...

这些单词不能代替句子（40）中的 α 来产生一个可接受的英语句子[⊖]。

(41)　*Guest laughed.

也就是说，当第二个列表中的单词在句子（39）中代替 Albert 时，它们不会保留原本的可接受性。然而，如果 the guest 这个短语代替了 Albert，那么结果就是一个可以接受的英语句子。

(42)　The guest laughed.

碰巧的是，the 并不是唯一可以放在 guest 前面的词，a 和 guest 一起，就可以代替句子（40）中的 α 来产生一个可接受的英语句子。事实上，列表

　　Dt　　a, each, every, no, some, that, the, this, ...

中的任何字都可以取代下句中的 β 并保持可接受性。

(43)　β guest laughed.

更一般地说，由两个单词序列产生的英语表达式，其中第一个单词取自 Dt 类的单词，第二个单词取自 N_c 类的单词，当它们替换句子（40）中的 α 时，它们本身就产生可接受的英语

⊖ 在表达式前面加上星号表示以英语为母语的人认为它是不可接受的。

句子。因此，我们已经确定了两类可以替代句子（40）中 α 的表达式来产生可接受的英语句子：N_p 类中的单词或者两个单词组成的序列表达式，其中第一个单词取自 Dt 类，第二个单词取自 N_c 类。让我们将 N_p 类指定给包含 N_p 类单词或两个单词序列的英语表达式集，其中序列中的第一个单词来自 Dt 类，第二个单词来自 N_c 类。我们将这个相当烦琐的语句压缩成以下简洁的符号：

NP1　　　NP $\Rightarrow N_p$

NP2　　　NP $\Rightarrow$ Dt N_c

我们将其称为直接成分分析规则，或者有时称之为分析规则，因为它们是将一个组成句子的表达式的类别与其通过直接成分分析法获得的直接成分表达式的类别相关联的规则。

现在考虑一下 the tall guest 这个词。代替句子（40）中的 α，它产生如下可接受的英语句子。

(44)　　The tall guest laughed.

恰巧，单词 tall 属于单词的一个类别，该类别的某些其他成员在如下列表中指明：

A　　　friendly, hostile, old, short, surly, taciturn, tall, young, ...

这个新类别允许我们获得另一个模式。

(45) The γ guest.

将句子（45）中的 γ 替换为 A 列表中的单词所产生的所有表达式，所有这些表达式都可以替换句子（40）中的 α 以生成可接受的英语句子。

考虑另一个类别和它的单词的部分列表：

Dg　　　quite, rather, so, somewhat, too, very, ...

由两个单词序列产生的表达式，其中第一个单词取自 Dg 类中的单词，第二个单词取自 A 类中的单词，当它们替换了句子（45）中的 γ 时，产生的表达式本身就产生了英语表达式，而当该表达式替换了句子（40）中的 α 时，产生了可接受的英语句子。因此，例如，rather 在 Dg 类中，而 tall 在 A 类中。这两个单词序列 rather tall 可以替换句子（45）中的 γ，以产生 the rather tall guest，它可以在句子（40）中替换 α，以产生可接受的英语句子：

(46)　　The rather tall guest laughed.

因此，我们已经确定了两类可以替代句子（45）中的 γ 的表达式来产生可接受的英语表达式：A 类中的单词和两个单词序列的表达式，其中第一个单词取自 Dg 类，第二个取自 A 类。让我们将这些表达式指定为普遍类 AP。根据介绍的符号，我们可以将这些结果总结如下：

AP1　　　AP $\Rightarrow$ A

AP2　　　AP $\Rightarrow$ Dg A

事实上，通过对句子（46）和迄今为止形成的分析规则的反思，我们发现每一个表达序列，第一个是 Dt 类的表达，第二个是 AP 类的表达，第三个是 N_c 类的表达，也可以代替 α 来产生一个可接受的英语句子。这将导致以下分析规则：

NP3　　　NP $\Rightarrow$ Dt AP N_c

同样，考虑句子（47）

(47)　　The guest with a dog laughed.

注意，表达式 a dog 属于 NP 类，因为单词 a 属于 Dt，单词 dog 属于 N_c，a 在 dog 之前。同时，with a dog 表达式中 with 的表达式可以替换为以下列表中的单词：

P　　　　by, near, of, on, with, ...

来形成其他可替代的表达式替代 with a dog。我们把这类表达式称为 PP。我们使用 P 和 PP 两个类别来制定第一个分析规则 PP1。记住句子（47），我们看到每一个表达序列，第一个是 Dt 类的表达，第二个是 N_c 类的表达，第三个是 PP 类的表达，也可以代替 α 来产生一个可接受的英语句子。这导致了第二个分析规则（NP4）：

PP1　　　PP $\Rightarrow$ P　　　NP

NP4　　　NP $\Rightarrow$ Dt　　　N_c PP

到目前为止，我们主要集中在句子（39）中左边可以替换的单词上。现在让我们把注意力转移到右边的可以替换的单词上。为此，我们考虑从句子（39）派生的另一个模式：

(48)　　Albert δ.

列表 V_i 中的任何单词都可以替换 δ 以生成可接受的英语表达式。

V_i　　　barked, cried, fell, laughed, slept, sat, walked, yelled, ...

但 V_i 类表达式并不是紧跟在 NP 类表达式之后的唯一可接受的表达式。V_t 类

V_t　　　abandoned, caught, chased, greeted, insulted, saw, watched, ...

中的任何一个单词可替换下式中的 ϵ：

(49)　　Albert ϵ the host

以产生可接受的英语句子。此外，我们注意到 the host 表达式是属于 NP 类的表达式。由 V_t 类中的一个单词和 NP 类中的一个表达式构成的表达式与 V_i 类的单词是可相互替代的。同样，两个分析规则说明了表达式的可替代性。我们将把那一类表达定为 VP。

VP1　　　VP $\Rightarrow$ V_i

VP2　　　VP $\Rightarrow$ V_t NP

还有其他表达式属于 VP 类。V_i 类的表达式后面可以接上 PP 类的表达式，例如 near the dog 表达式属于 PP 类，而 walked 属于 V_i 类。它们一起产生 walked near the dog，这当然可以代替句子（39）中的 laughed 产生一个可接受的表达式，即 Albert walked near the dog。同样，第一个表达式是 V_t 类的单词，第二个表达式是 NP 类，第三个表达式是 PP 类的，合起来的这个表达式也是 VP 类的表达式。这种形式的可接受的表达式包括 greeted the host in the kitchen。

以下分析规则总结了这些可能的替换组合规则：

VP3　　　VP $\Rightarrow$ V_i PP

VP4　　　VP $\Rightarrow$ VP PP

到目前为止，我们已经确定了一个句子中的许多表达类别，但我们并没有把这个句子本身归类。很容易看出需要这样一个类别。首先，显然用可接受的句子替换可接受的句子会产生可接受的句子。然而，更有趣的事实是，句子可能会出现在句子中。

例如，考虑下一个模式，从可接受的句子 The woman thought Albert laughed 中派生。我们注意到下面的 thought 是一个完整的句子。

(50)　　The woman thought η.

这些分析规则认可的每个句子都是一个可接受的英语句子，每个句子都可以替换句子（50）中的 η，从而产生另一个可接受的英语句子。thought 这个单词只是归为 V_s 类的一组单词中的一个。

       V_s believed, hoped, knew, noticed, thought, ...

现在再给出两个分析规则：

    S1   S $\Rightarrow$ NP VP

    VP5   VP $\Rightarrow$ V_s S

第一个的含义是，代表句子中的每个表达式都可以由属于 NP 类的表达式接上属于 VP 类的表达式来生成。第二个的含义是，属于 VP 类的每个表达式都可以替换为一个属于 V_s 类接上一个属于 S 类的表达式所组成的表达式。

现在是总结我们所做工作的时候了。从一个简单的可接受的英语句子开始，Albert laughed，我们考虑了两个单词中的每一个都可以被替换的表达方式，从而产生了其他可接受的英语表达方式。一些被替换的表达式是单个单词，其他的表达式则可能由若干单词组成。我们将表达式分为几类，对于固定表达式来说，这些表达式是可相互替代的。仅包含英语单字的类别称为词汇类别。到目前为止，我们识别了九个词汇类别，即 A、P、Dt、Dg、N_c、N_p、V_i、V_t 和 V_s。此外，我们看到单词被分组成与其他类别配对的更大的表达式。这些非词汇类别包括 NP、VP、PP、AP 和 S。这些类别由分析规则组织。以下是前面列出的分析规则：

    S1   S $\Rightarrow$ NP VP

    NP1   NP $\Rightarrow$ N_p

    NP2   NP $\Rightarrow$ Dt N_c

    NP3   NP $\Rightarrow$ Dt AP N_c

    NP4   NP $\Rightarrow$ Dt N_c PP

    PP1   PP $\Rightarrow$ P NP

    AP1   AP $\Rightarrow$ A

    AP2   AP $\Rightarrow$ Dg A

    VP1   VP $\Rightarrow$ V_i

    VP2   VP $\Rightarrow$ V_t NP

    VP3   VP $\Rightarrow$ V_i PP

    VP4   VP $\Rightarrow$ VP PP

    VP5   VP $\Rightarrow$ V_s S

下面是一个复杂的表达式，比如

(51)   The friendly visitor greeted the surly host.

属于一个类别，并且该复杂表达式可以被分割为直接的成分表达式，而每个表达式也都能被分配一个类别。这些后被分出的直接成分表达式本身又可以被分割成各自的直接成分表达式，每个直接成分表达式被分配一个类别。每个产生的直接成分表达式都可以进一步分割和分类，直到最终得到简单的单词。在句子（51）的情况下，我们得到以下直接成分及其类别的列表：

(52) S   the friendly visitor greeted the surly host
      NP   the friendly visitor
      Dt   the
      AP   friendly
      A   friendly
      N_c visitor
      VP   greeted the surly guest
      V_t greeted
      NP   the surly guest
      Dt   the
      AP   surly
      A   surly
      N_c guest

虽然这种安排是准确的，但并不是很有启发性。下面是同一信息的另一种安排，它更好地利用了这样一个事实：对表达式的每一次分析都将表达式分割成其直接成分表达式。

(53) [S [NP [Dt the] [AP [A friendly]] [N_c visitor]] [VP [V_t greeted] [NP [Dt the] [AP [A surly]] [N_c host]]]]

因此，在句子（53）中标记为 S 的左括号及其在句子（53）中的最后一个右括号，对应句子（52）中列出的第一个成分及其类别。句子（53）中第一个被标记为 NP 的左括号和第五个右括号对应句子（52）中列出的第二个成分及其类别。简言之，一方面，由句子（52）中的一个成分及其类别组成的每一对和句子（53）中的每一对标记匹配括号之间存在一个双射。这种括号被称为标记括号。

在 3.3.2 节中，我们将证明直接成分分析法揭示了数学结构，并且我们将对其进行定义和解释。

练习：直接成分分析法

1. 使用直接成分分析法来分析下列句子。使用标记的括号进行分析。在每种情况下，列出你使用的分析规则。

   （a）The host slept.

   （b）Each old dog barked.

   （c）The visitor walked in the park.

   （d）An old dog chased Dan.

   （e）The very tall guest saw the host.

   （f）Dan knew the guest laughed.

   （g）Beverly thought the woman sat in the yard.

2. 使用直接成分分析法来分析下列句子。使用标记的括号进行分析。此外，列出你使用的分析规则。如果规则是 3.3.1 节中列出的规则，只需给出其名称。如果这个规则是你假设的，那么把它作为一个分析规则写出来。你可能需要为句子中的单词假设新的类别。此外，通过写下每个新单词及其类别名称并在两者之间放置一个竖线，来显示每个新单词属于哪个类别。

   （a）Aristotle was a philosopher.   （b）The child seemed sleepy.

   （c）This boy lost his wallet.   （d）Albert grew a tomato.

   （e）The soldier grew sad.   （f）Alice gave the pen to Mary.

（g）Carl sat in the first chair.　　　　　（h）Carl sat in the chair behind the first chair.

（i）The city of Paris is rather beautiful.　　（j）The comedian appeared in a suit.

（k）Galileo persuaded the philosopher of his mistake.

（l）No director will approve of every proposal.

（m）Galileo persuaded the patrician he should leave.

（n）An expert will speak to this class about the languages of India.

3.3.2　成分语法

现在，我们将在直接成分分析法的基础上给出英语语法表达的形式化描述。正如 Pāṇini 中认可的那样，语法的目的是确定一种语言的全部和唯一的语法表达。3.3.1 节中进行的直接成分分析法表明，根据成分分析规则指定的类别内的语法英语表达是可接受的，其他的表达都是非语法英语表达。

显然，英语的每个单词都是英语的语法表达。从另一个角度来看 Pāṇini，我们假设一种语言的语法起点之一是一个语言的词汇清单，在这个清单中，每个单词都被分配了一个基本类别。在当代语言学术语中，这样的清单被称为词典（lexicon）。在最简单的情况下，词典是一组成对的单词，其中每个单词的词汇与它的类别配对。这样的对被称为词条（lexical entries）。

在 3.3.1 节中，我们将单词列表与各种词汇类别相关联。这里有四个列表：

Dt　　　a, each, every, no, some, that, the, this ...

N_c　　　dog, enemy, friend, guest, host, park, visitor, woman, yard ...

A　　　friendly, hostile, old, short, surly, taciturn, tall, young, ...

V_t　　　abandoned, caught, chased, greeted, insulted, saw, watched, ...

基于这些列表，我们可以为每个类别的所有单词制定词条。特别地，the 和 a 已经被分配了词类 Dt，host 和 guest 被分配给了词类 N_c，friendly 和 surly 被分配给了词类 A，greeted 被分配给了词类 V_t。使用集合论中关于对的符号，人们写下单词的词条如下：<the，Dt>，<a，Dt>，<guest，N_c>，<host，N_c>，<friendly，A>，<surly，A> 和 <greeted，V_t>。可以预料到这种格式在可读性方面的困难，所以我们将不会经常使用这样的理论符号，而是对前面的对进行稍微不同的注释：the|Dt，a|Dt，guest|N_c，host|N_c，friendly|A，surly|A 和 welcome|V_t。

适应符号	标准集合论符号
the|Dt	<the,Dt>
a|Dt	<a,Dt>
guest|N_c	<guest,N_c>
host|N_c	<host,N_c>
friendly|A	<friendly,A>
surly|A	<surly,A>
greeted|V_t	<greeted,V_t>

现在出现的问题是：如何将一个类别分配给不是单词的表达式？在直接成分分析法中，我们将每一个被赋予一个类别的复杂表达式分割成它的直接成分表达式，并赋予每一个直接

成分表达式一个类别。此过程一直持续到无法进一步分析的表达式为止，而我们现在希望做的是相反的事：从没有直接成分表达式或单词的表达式开始，并从中合成复杂的表达式。这可以通过反向应用分析规则来实现。

这里有一个简单的例子。考虑复杂的表达式 the guest，它可以被分割成两个直接成分表达式，即 the 和 guest。如果将类别 NP 分配给表达式 the guest，那么，使用分析规则 NP2（NP ⇒ Dt N_c）和刚刚指定的分割，可以将类别 Dt 分配给左侧的直接成分 the，将类别 N_c 分配给右侧的直接成分 guest。相反，如果表达式 the 具有类别 Dt，而表达式 guest 具有类别 N_c，则使用相同但方向相反的规则，可以将类别 NP 分配给表达式 guest 和表达式 the 组成的结果表达式。

一般来说，正如人们可以按照从左到右的顺序使用一个分析规则，把一个属于某个类别的复杂表达式分解成它的直接成分表达式，并且每个成分表达式都有自己的类别，人们也可以使用相同的规则（但是从右到左使用），把属于不同类别的直接成分表达式合成一个复杂的表达式。等价地说，与其从右到左读取并使用成分分析规则，以便从其直接成分表达式形成复杂表达式，不如反转所有规则并从左到右读取生成的规则。我们将把成分分析规则的逆称为成分合成规则（constituency synthesis rule）。这些规则也与 1.2.2 节中使用的形成规则密切相关。为了减少分析规则与合成规则混淆的风险，我们将继续在分析规则符号中使用双轴箭头（⇒），以区分在合成规则符号中使用的单轴箭头（→）。与 3.3.1 节中介绍的分析规则相对应的合成规则如下：

	分析规则	合成规则
S1	S⇒NP VP	NP VP → S
NP1	NP⇒N_p	N_p → NP
NP2	NP⇒Dt N_c	Dt N_c → NP
NP3	NP⇒Dt AP N_c	Dt AP N_c → NP
NP4	NP⇒Dt N_c PP	Dt N_c PP → NP
PP1	PP⇒P NP	P NP → PP
AP1	AP⇒A	A → AP
AP2	AP⇒Dg A	Dg A → AP
VP1	VP⇒V_i	V_i → VP
VP2	VP⇒V_t NP	V_t NP → VP
VP3	VP⇒V_i PP	V_i PP → VP
VP4	VP⇒VP PP	VP PP → VP
VP5	VP⇒V_s S	V_s S → VP

让我们看看如何将合成规则应用于句子（52）（即 the friendly visitor greeted the surly host），并赋予它类别 S。词典提供以下词条：friendly|A 和 surly|A。合成规则 AP1 产生两个对：friendly|AP 和 surly|AP。从 friendly|AP 和词条中的 the|Dt、visitor|N_c，合成规则 NP3 生成 the friendly visitor|NP 对。类似地，合成规则 NP3 应用于词条中，即 the|Dt、host|N_c 和 surly|AP 产生 the surly host|NP 对。另一个词条是 greeted|V_t 对。合成规则 VP2 产生这一对：greeted the surly host|VP。最后，合成规则 S1 允许形成对：the friendly visitor greeted the surly host|S。

前面的内容可以通过树形图来显示。根据合成规则显示表达式形成的树图称为标记合成树图（labeled synthesis tree diagram），简称为合成树（synthesis tree）。合成树中的顶部节点用词条标记。任何其他节点上的标记对从其正上方节点上的标记对获得，如下所示：下面标记对的左侧成员是通过将上方所有标记对的第一个成员从左到右依次添加而获得的，而下面标记对的右侧成员是合成规则箭头右侧的类别符号，其箭头左侧的类别符号对应属于上面标记对的第二个成员的类别符号，规则中类别符号的从左到右顺序与上对中类别符号的从左到右顺序相同。尽管这个过程听起来很复杂，但在学习它时记住下面的合成树应该会使它变得更加清晰。

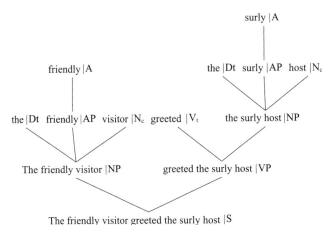

这个树形图与 1.2.2 节中使用的树形图非常相似，我们当时使用树形图说明了形成规则在 SL 表达式生成中的应用。

此合成树可以简化。非顶部节点处的每个表达式都来自其正上方节点的表达式的串联，其中串联从最左侧节点的表达式开始，以最右侧节点的表达式结束。因此，一旦确定了顶部节点的表达式，就可以确定与其相关的所有其他节点关联的表达式。因此，我们不必为不是顶部节点的所有节点写下表达式。此外，我们还将在其类别标签上方写出顶部节点的表达式。换句话说，组成一个词条的有序对是通过在第二个坐标（即其类别符号）以及上方的第一个坐标（即表达式）组成的。这些简化应用于先前的合成树可得到下面的简化合成树。

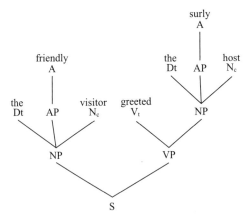

在使用符号时，必须在细节完备和清晰度之间寻求平衡。一方面，如果一个人试图用符号来表达正在研究的结构的每一个方面，结果可能会太复杂，导致人们很难辨别出相关的信息。另一方面，如果一个留下的未经标记的结构太多，规律也会显得很模糊。如我们所见，部分标记的合成树图比它前面的合成树图相对更简单。因此，它更容易理解，同时它也没有信息丢失。实际上，在完全和部分标记的合成树图之间存在一个双射。

标记合成树图和 3.3.1 节中介绍的标记括号符号之间还有一个双射。任何语法表达都可以通过标记括号的赋值或合成树进行很好的分析。下面是证明其相关的步骤。重铸简化合成树的每个顶部节点，其标签具有形式符号 e_C^c，其中 e 是表达式，C 是其类别，因此表达式 e 被括在方括号中，类别符号 C 位于左括号的正右侧，产生以下结果 [C e]。继续下一步，如下所示：当某个节点的上节点的每个标签都被转换后，写出与上节点组成的整体所对应的符号并括起来，然后在括号内左边加上所对应的类别符号，并遵循上节点从左到右的顺序依次写下来。将该转换应用于部分标记的合成树图，得到句子（53）的标记括号注释，即

(54)　[S [NP [Dt the] [AP [A friendly] [Nc visitor]] [VP [Vt greeted] [NP [Dt the] [AP [A surly]] [Nc host]]]]

应该清楚的是，这一转换，相反地应用于句子（54）中的标记括号，会产生前面所示的部分标记的合成树图。

正如我们使用合成规则来创建合成树，也可以使用分析规则来创建分析树。分析规则和合成规则是双射对应的，因此合成树和分析树之间存在双射也就不足为奇了：对于任何给定的句子，其分析树只是合成树的倒转。下面是先前简化合成树的简化分析树。

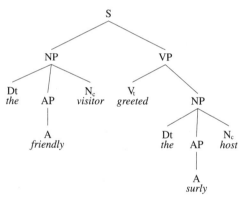

以前接触过语言学的读者可能已经见过与分析树的形式非常相似的标记树图，它不是上面的树，而是下面的树。

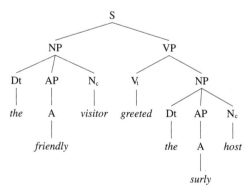

分析树和传统常见的树只在底部节点上不同。分析树的底部节点的标签是词条，表示为将类别符号直接放在表达式上面，传统树则在每个底部节点的基础上再扩展一个节点，其中

上部的节点为类别符号，下部的节点则为表达式。这种做法是对形式文法的数学处理的一种沿袭，但是形式文法直接应用于自然语言的方法现在已经被抛弃了。此外，这种形式的标记树图并不适用于成分语法的丰富性，也不适用于当发现新的规则和性质时需要我们做额外标记的客观需要。我们将主要使用合成树，很少使用分析树，不使用传统树。

　　一种语言的成分语法包括语言的基本表达式的词典和一组成分形成规则，由此可以产生语言的所有表达。如前所述，一种语言的词典是一组词条，每一个词条都是一个有序对，其第一个成员是一个发音序列，我们称之为一个表达式，其第二个成员是一个类别，一个词汇类别。应该强调的是，表达式在用作专门术语时，仅指音素序列。因此，词条包括构成单词的音素序列及其词类。最后，每个形成规则是一个成分合成规则，它是语言类别的一个有限序列，与一个单一类别配对。换言之，每个形成规则的形式为 $C_1...C_n \rightarrow C$（其中 C，C_1，$\cdots$，C_n 是语言中的类别）。现在给出成分语法的正式定义。

　　成分语法

　　让 L 是一种语言。那么，当且仅当

　　（1）BX 是 L 的基本表达式的非空有限集；

　　（2）CT 是 L 的类别的非空有限集；

　　（3）LX 是有序对 v|C 的非空有限集，v|C 为 L 的词条，其中 v ∈ BX 且 C ∈ CT；

　　（4）FR 是 L 的成分形成规则的非空有限集，其中 CT 中的每个规则都具有 $C_1...C_n \rightarrow C$ 的形式，且 C，C_1，$\cdots$，C_n 属于 CT。

　　G 或 <BX, CT, LX, FR> 是 L 的（合成）成分语法。

　　我们刚刚定义了成分语法。成分语法的形成规则是成分合成规则。同样地，我们可以定义一个形成规则是成分分析语法的成分语法。然而，既然今后不再使用成分分析规则，就不必再为这一极其复杂的问题操心了。

　　配备 L 的成分语法后，接下来定义 L 的成分。L 的成分是 L 语法中的词典的一个成员，或者可以通过有限数量的操作应用 L 的语法成分形成规则从 L 语法的词典中获得。下面是它的正式定义。

　　一种语言的成分（CS）

　　定义 L 是一种语言。设 G 为 L 的成分语法。

　　（1）每个词条是一个成分部分（$LX_G \subseteq CS_G$）；

　　（2）如果 $C_1...C_n \rightarrow C$ 是 FR_G 的一个规则，并且 $e_1|C_1$, ..., $e_n|C_n$ 在 CS_G 中，那么 $e_1...e_n|C$ 也在 CS_G 中；

　　（3）没有其他情况出现在 CS_G 中。

　　希望通过展示如何使用成分语法重新描述 1.2.2 节中提出的思想来结束本节。特别是，我们将考虑使用后缀规则生成 SL 的情况，即 L 或 {A，B，C，D} 中所有字母字符串的集合。使基本表达式为字母 A，B，C 和 D。使用集合 L 的名称和集合 SL 的名称作为基本类别的名称。让词典包含归类为 L 的四个基本表达式。将后缀形成规则的前两个子句改写为成分形成规则，即 L → SL 和 SL L → SL。

　　SL 的成分语法

　　BX = {A, B, C, D}

　　CT = {L, SL}

LX = {A|L, B|L, C|L, D|L}

FR = {L → SL, SL L → SL}

练习：成分语法

1. 使用 3.3.2 节中给出的合成规则，为下面的每一个句子确定一个合成树。在每种情况下，列出你使用的合成规则。

   (a) The visitor bit the guest.   (b) A guest in the yard yelled.

   (c) The taciturn host sat in a park.   (d) Beverly thought the visitor fell.

   (e) Eric saw the very tall guest.   (f) This very taciturn enemy insulted the host.

   (g) The friendly host yelled in the yard.

2. 对于下列各项，请说明 BX、CT、LX 和 FR 是什么。

   (a) 由 FRp 生成集合 SL（1.2.2.1 节）

   (b) 由 FRb 生成集合 SL（1.2.2.3 节练习 2e）

   (c) tally 数字集合（1.2.2.3 节练习 1）

   (d) 罗马数字集合（1.2.2.3 节练习 3b）

   (e) 集合 IN（1.2.2.3 节练习 4a）

   (f) 集合 WN（1.2.2.3 节练习 4b）

   (g) 集合 ZN（1.2.2.3 节练习 4c）

3.3.3 论证和证据

在 3.3.1 节中，我们对部分英语进行了直接成分分析。在 3.3.2 节中，我们给出了（合成）成分语法的抽象定义。这就使我们可以把第一部分的工作看作对英语语法的一个部分规范。因此，我们对英语语法提出了一个（初步）假设。接下来，我们将展示由假设语法所确定的英语的各种成分如何揭示英语表达的其他方面的性质，从而为假设提供一些论证。

3.3.3.1 进一步的规律

下面将展示我们假设的英语成分语法与英语的五个经验规律的印证，这些规律最容易且清楚地体现在成分方面，特别是体现在 3.3.1 节和 3.3.2 节[一]中确定的成分类型方面。第一个规律是所有格标记 s 的分布。另外两个是分裂句（cleft sentence）和准分裂句（pseudocleft sentence）所表现出的规律。第四个规律是在问题的答案形式中发现的。第五个规律表现为句子的部分组成并保留原句子的意义。

我们先从英语所有格标记 s 的位置开始，人们可能会认为它是一个附加在一个单词上的后缀。在某些情况下，它是；但在另一些情况下，它放在名词短语之后（见 Bloomfield（1933, 178–179））。

(55.1)　　On her first visit to England, Susan saw [NP the Queen of England]'s hat.
　　　　　*On her first visit to England, Susan saw [NP the Queen's of England] hat.

(55.2)　　[NP The student Bill talked to]'s excuse was unconvincing.
　　　　　*[NP The student's Bill talked to] excuse was unconvincing.

英语中有一种句子叫作分裂句。这些句子的形式是：it is α that ...。如下例所示，α 总是由一个成分填充，特别是名词短语或介词短语。

　　㊀ 感谢 Ben Shaer 给我分享他关于这个问题的笔记。

(56.1)   Elvin owns [NP an expensive car].
          It is [NP an expensive car] that Elvin owns.

(56.2)   Francine put her paycheck [PP under the mattress].
          It is [PP under the mattress] that Francine put her paycheck.

另一种被称为准分裂句的句型是：what x did was α。α 被一个成分填充，称为动词短语。

(57.1)   Elvin [VP bought a two-masted sailboat].
          What Elvin did was [VP buy a two-masted sailboat].

(57.2)   Francine [VP is most eager to travel to the Maldives].
          What Francine is [VP is most eager to travel to is the Maldives].

接下来，我们将讨论问题答案的形式。当一个问题被提出时，人们可以用一个完整的句子来回答。

(58.1)   Question   Where did the intruder hide?

(58.2)   Answer   The intruder hid [PP in the basement].

然而，人们也可以用一个不是句子而只是句子一部分的表达来回答问题。

(59.1)   Question   Where did the intruder hide?

(59.2)   Answer   [PP in the basement].

正如我们将要看到的，这些非连续性的表达仍然是符合语法的一个类别；也就是说，它们是可以作为答案的完整句子中的适当成分。记住，以下句子可作为对随后问题的回答：

(60)   [S [NP The tall guide] [VP met [NP the foreign visitor][PP at the train station]
          [PP at five o'clock]]]

让我们考虑这些问答对：

(61.1)   Question   Who met the foreign visitor at the train station at five o'oclock?
          Answer   [NP The tall guide].

(61.2)   Question   What did the tall guide do?
          Answer   [VP meet the foreign visitor at the train station at five o'clock].

(61.3)   Question   Whom did the tall guide meet at the train station at five o'clock?
          Answer   [NP the foreign visitor].

(61.4)   Question   Where did the tall guide meet the foreign visitor at five o'clock?
          Answer   [PP at the train station].

(61.5)   Question   When did the tall guide meet the foreign visitor at the train station?
          Answer   [PP at five o'clock].

在每种情况下，作为问题答案的表达式对应作为问题答案的句子的一个组成部分：在第一和第三种情况下，答案是简单的名词短语；在最后两种情况下，答案是简单的介词短语；在第二种情况下，答案是动词短语（见 Zwicky（1978））。

最后，我们来谈谈英语的一种规律性，即一个句子的一个子表达式可以出现在它的不同位置，而不改变句子的基本意思。正如我们将要看到的，这样的子表达式最终被证明是组成成分。

(62.1)　　Alice likes [NP the new painting by Picasso] very much.

　　　　　 [NP the new painting by Picasso] Alice likes very much.

(62.2)　　Ben promised to finish his paper and he will [VP finish his paper].

　　　　　 Ben promised to finish his paper and [VP finish his paper] he will.

(62.3)　　Colleen saw a spider [PP near the door].

　　　　　 [PP near the door] Colleen saw a spider.

(62.4)　　A scathing review [PP of the book] appeared recently.

　　　　　 A scathing review appeared recently [PP of the book].

在每种情况下，放到分句左端或右端的短语都是一个组成成分，第一个句子是名词短语，第二个句子是动词短语，第三个和第四个句子是介词短语。我们将在 3.4.3 节继续分析这种换位的情况。

　　上面描述的只是从直接成分分析法的应用中发现的一些英语模式的例子，为以下假设提供了支持：可以通过成分语法正确分析可接受的英语表达的假设。本书的第 4、8、10 和 14 章将有更多的证据表明成分在英语语法分析中的作用。

练习：论证和证据

1. 对于下面的每一个英语表达式，找到至少两个它属于的词类。在每种情况下，提供句子来证实你的猜想。

　　answer, bet, bitter, blow out, bore, bottle, brake, canoe, cash, core, cover, desire, divide, fall, hammer, humble, love, natural, saw, shelve, show off, walk, yellow (Quirk et al. 1985, appendix I, 47–50)

2. 对于每个句子进行两次分析，一次使用简单的合成树图，一次使用标记括号。如果需要额外的词汇类别和成分形成规则，请务必说明它们。

（a）Police police police.

（b）Albert grew a beard.

（c）Alice introduced Bill to Carl.

（d）Galileo argued with the philosopher about the mountains on the moon.

（e）The day after Tuesday is the day after the day after Monday.

（f）The host considered the guest a friend.

（g）The guest treated the dog badly.

（h）This rule is subject to revision.

（i）Each official averse to the proposal resigned from his position.

3.3.3.2　模糊语意

　　根据英语句子可以从成分语法的角度进行分析的假设，我们还可以得到其他可观察到的结果。思考这句话：

(63)　　Galileo saw a patrician with a telescope.

确定一下这句话的时代背景，比如说 1608 年一个人说了这个句子。让这句话的评价环境是这样的：Galileo 正通过望远镜望着威尼斯公寓的窗外，一个贵族空手走过圣马可广场。在规定的情况下，判决这个句子是真还是假？答案是"真"和"假"都有。对于规定的情况来说，答案是"真"，因为 Galileo 用望远镜观察到一个贵族；对于同样的情况来说，这有可能是"假"，因为 Galileo 没有观察到任何带望远镜的贵族。

句子（63）的敏感性会引起对事实的不确定判断并且缺乏其他规定的评价条件。想想另外一种特定的环境，问题中的贵族拿着望远镜，Galileo 用肉眼看到他。同样，句子（63）可以被判断为真或假。

我们需要强调的是，在同一时刻，在同一情况下的判决不是既真又假。相反，对每一个句子的评价必须是确定的。正如半个多世纪前 Charles Hockett（1954，sec. 3.3.1）所指出的那样，这种体验类似于对内克尔（Necker）立方体的感知：一个人不会从其顶部前角稍微向下倾斜的角度和从它的底部前角稍微向上倾斜的角度同时看到它，而是一个人首先从一个角度来看，然后再从另一个角度来看。

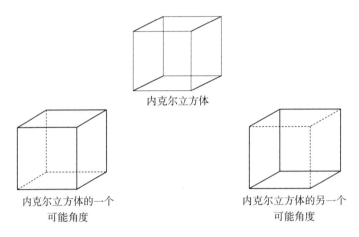

内克尔立方体

内克尔立方体的一个
可能角度

内克尔立方体的另一个
可能角度

这同样适用于句子（63）。一个人不能同时判断它是真的，并且判断它是否与规定的情况有关，而是先根据它是否与某种情况有关来判断真假，然后再判断它是否与其他的情况有关。

那么，对于同一种情况，同一个表达是如何被判断为既真又假呢？答案是同一个表达式包含两种不同的成分分析方法，这些分析与同一句子的不同解释相关。一方面，句子（63）可以理解为 Galileo 看到了一个带望远镜的贵族。这种理解与构成名词短语 a patrician with a telescope 的介词短语 with a telescope 相关，其结果是介词短语修饰了名词 patrician。另一方面，句子（63）可以理解为 Galileo 用望远镜看到了一个贵族。这种理解与介词短语是一个成分有关，该成分不是修饰了名词短语而是动词短语，介词短语修饰了动词及其直接宾语。

(64.1)   Galileo [VP saw [NP a patrician [PP with a telescope]]].
         A patrician with a telescope was seen by Galileo.

(64.2)   Galileo [VP saw [NP a patrician] [PP with a telescope]].
         Galileo used a telescope to see a patrician.

分配给句子（63）标记括号的方式与前面讨论中给出的真值判断的差异相关。关于第一种情况，根据句子（64.1）中的标记括号的方式，句子（63）是正确的，而相对于句子（64.2）中的标记括号的方式，句子（63）不是正确的。关于第二种情况，根据句子（64.1）中的标记括号的方式，该句不是真的，但是相对于句子（64.2）中的标记括号的方式，该句是真的。

这里清楚地应用了一致和差异的方法，语言学家称之为最小对（minimal pair）方法。同一个话语相对于固定的环境被同时判断为真与假，同时，同一个话语可以被分配两种不同的标记括号的方式。相对于某个人来说，这句话被认为是对的；相对于另一个人来说，这句话可能被认为是假的。显然，成分结构在如何通过与其组成表达式相关联的值来确定与复杂表达式有关的值方面起着作用。换言之，我们有经验证据证明成分结构在决定复杂表达的意义如何依赖自身成分的意义方面所起的作用，这是自然语言语义学的核心问题。

当一个表达式包含一个以上的成分分析时（如句子（63）），它被称为模糊的或结构上歧义的。模糊的表达式是理解语言表达式组成部分的丰富数据来源。

练习：模糊语意

1. 下面的句子是模糊的。确定它们与相关观察结果是不明确的。用释义来解释歧义。为每个句子提供相关的成分结构。

（a）Bill said Alice arrived on Tuesday.

（b）They can fish. (Lyons 1968, 212)

（c）The old men and women left.

（d）Alice knows how good Chinese food tastes.

（e）The merchant rolled up the thick carpet.

（f）Alice greeted the mother of the girl and the boy.

（g）April bought the men's store.

（h）The security guards must stop drinking after midnight.

（i）The prosecutor requires more convincing evidence. (Lyons 1968, 212–213)

（j）Bill told Colleen Fred left on Monday.

（k）The stout major's wife is dancing. (Hockett 1958, 153)

（l）The sleigh visitor took his host's picture.

（m）Ali does not like worrying neighbors. (adapted from Leech 1970, 81)

（n）Alice met a friend of Bill's mother.

（o）Babu dropped an egg onto the concrete floor without cracking it.

2. 解释模糊句子为何是最小对，更一般地说，最小对为何是 Mill 的一致与差异方法的一个实例，比较模糊的句子与 Mill 的一致与差异方法在语言学领域之外的应用。

3.3.3.3 递归

我们在第 1 章中观察到英语的可接受句子集合是无限的。特别是，我们看到一个句子（如句子（65.0）），可以扩展成更长的英语句子。

(65.0)   Bill sat behind the first chair.

(65.1)   Bill sat behind the chair behind the first chair.

(65.2)   Bill sat behind the chair behind the chair behind the first chair.

$\vdots$ $\vdots$

碰巧的是，无限句子集合中的任何句子，其中一些成员已在句子（65）中列出，它们都可以由以下八个成分形成规则生成：

S1	NP VP → S
VP3	V_i PP → VP
AP1	A → AP
NP1	N_p → NP
NP2	Dt N_c → NP

NP3	Dt AP N_c → NP
NP4	Dt N_c PP → NP
PP1	P NP → PP

事实上，这些成分形成规则和句子（65）中提到的无限句子集合提供了一个例子，说明如何使用有限规则集来描述无限的可接受英语句子集合。

(66.0) [S [NP [N_p Bill]] [VP [V_i sat] [PP [P behind] [NP [Dt the] [AP [A first]] [N_c chair]]]]]

(66.1) [S [NP [N_p Bill]] [VP [V_i sat] [PP [P behind] [NP [Dt the] [N_c chair] [PP [P behind] [NP [Dt the] [AP [A first]] [N_c chair]]]]]]]

(66.2) [S [NP [N_p Bill]] [VP [V_i sat] [PP [P behind] [NP [Dt the] [N_c chair] [PP [P behind] [NP [Dt the] [N_c [N_c chair] [PP][P behind] [NP [Dt the] [N_c [AP [A first]] [N_c chair]]]]]]]]]]

    ⋮   ⋮

换言之，这些成分的形成规则，以及 Bill|N_p, chair| N_c, the|Dt, behind|P, first|A 和 sat| V_i 等词条，一起生成了部分列在句子（65）中的有限句子集合。负责适当递归的成分形成规则是 NP3、NP4 和 PP1。注意，第三条规则的右边出现标签 PP，第二条规则的右边出现标签 NP。

练习：递归

    在前面的成分形成规则中找到另一个递归实例，并用英语句子说明递归。

3.3.4　问题

在 3.3 节的前面部分，我们学习了直接成分分析法，并看到它揭示了英语表达中的许多模式。我们还发现，这些模式可以通过正式定义的成分语法来确定。此外，我们还看到，成分语法解释了某些形式的歧义，而这些歧义不是英语特定词汇所带来的。这些模棱两可的形式提供了证据，证明成分结构在确定与复杂表达式相关联的值如何与组成复杂表达式的子表达式的值相关的方式中发挥了作用。最后，我们看到，通过成分形成规则，成分语法解释了一个事实，即英语的可接受表达似乎是无限的。综上所述，上述考虑表明成分语法将有助于我们解释英语和其他自然语言的两个重要特征：可接受的表达方式是无限的，以及与复杂表达式相关联的值与其子表达式的值相关。

然而，如果英语语法仅仅是一种成分语法，那简直是太令人吃惊了。正如我们即将看到的，成分语法远不是所有的语法。在 3.3.4.1 节到 3.3.4.4 节中，我们将讨论成分语法面临的一些经验问题。在 3.3.4.1 节中，我们将研究其中的三个问题，这些问题直接挑战了这些语法的经验充分性。这些问题也将说明一个方法论观点：对假设进行形式化的重要性，以验证它们是否达到了非形式陈述所表明的目标。我们将丰富成分语法以解决这三个问题，因为这些丰富的内容对于解决语义的核心问题至关重要。在 3.3.4.2 节中，我们将提出一个普遍问题，这个问题是任何试图建立自然语言的形式或形式语法的尝试，即以英语为母语的人对一个表达式的可接受性或不可接受性的判断，在多大程度上取决于他对语法的掌握，在多大程度上取决于这个表达的内容的古怪或不寻常。然后，我们将讨论一些其他的经验问题，即使采用更为丰富的成分语法依然需要去面对它们。目前已经提出了许多建议来处理这些数据，我们只需把它们记下来然后继续。在 3.3.4.2 节中，我们将提醒注意另外一些问题，这些问题还没有解决办法[⊖]。

3.3.4.1　丰富成分语法

现在讨论三个经验问题，这三个问题只是暗示我们需要丰富成分语法。第一个问题是一致性。举个例子，从句的主谓短语的名词在语法数量上与其动词一致。第二个问题是同一词类中的不同词需要不同的补语。第三个问题是某一类别的每个短语都必须包含某一类别的单词。让我们依次介绍它们。

3.3.4.1.1　数的一致性

一个关于英语的事实是，作为从句主语的名词和从句动词必须在语法数上一致。许多印欧语系都有复杂的表达系统，一种是关于名词的，另一种是关于动词的。古英语也是如此。在我们对传统英语语法的回顾中，我们也看到即使是现代英语也保留了一些特色。就名词而言，它仅限于表示单数和复数的差异；就动词而言则更全面，不仅表示为单数和复数的差异，而且还表示为人称和时态的差异。正如我们将要看到的那样，成分语法并不能自然地容纳语法数上的一致性。

与其他语言中的名词一样，英语名词和动词也表现出单数和复数的差异。如果一个普通的英语名词有后缀 s，在语法上它就是复数的，否则是单数的。例如，dog 是名词 dog 的语法单数形式，dogs 是名词 dog 的语法复数形式[⊖]。英语的一般现在时也显示了单数语法数和复数语法数之间的差异。动词 bark 的第三人称复数形式是 bark，而这个动词的第三人称单数形式是 barks。正如传统的英语语法中指出的那样，并非所有作为主语的名词和动词的组合是可以接受的。以下句子中的第一对是可以接受的，但是第二对是不可接受的。

(67.1)　　The dog barks.

(67.2)　　The dogs bark.

(68.1)　　*The dog bark.

(68.2)　　*The dogs barks.

传统英语语法有一个规则，即一个从句的主语名词和同一个从句的动词在语法数上是一致的。这条规则很明显证明了句子（67）和句子（68）中句子的对错。

在对直接成分分析法的阐述中，我们明智地选择了一些词，这使我们避免了语法数方面的一致性问题。我们只选择了单数形式的普通名词作为 N_c 类，也只选择了一般过去时形式的动词作为 V_i、V_t 和 V_s 类，因为英语中的一般过去时没有单数和复数的差异。由此产生的问题是：复数形式名词应归入哪一类？单数或复数形式的动词应归入哪一类？而且，一旦完成此分配，关于语法数一致性的规则在进行泛化推广时是否一直会被遵守？

一方面，可以指派所有的普通名词，无论是单数还是复数，都分配给 N_c 类，而对于所有动词，无论是单数还是复数，都分配给它们的过去时态对应的词汇类别。因此，人们可以假设以下词条：dog| N_c、dogs| N_c、bark| V_i 和 barks| V_i。我们只需要三个先前使用的成分形成规则来表明我们的观点。

S1　　　　　　NP VP → S

VP1　　　　　V_i → VP

NP2　　　　　Dt N_c → NP

⊖　从某种角度看异常对规则的作用，感兴趣的读者可以重温 1.3.2.2 节。

⊖　从语音上讲，这个规则更为复杂。后缀的确切音位值取决于后缀被固定到的单词的最终音位，见 1.2.1.1 节。

很容易检查这些成分形成规则与假设的词条一起不仅可以生成句子（67）中的两个句子，而且还可以生成句子（68）中的两个句子。但是，句子（68）中的两个句子是不可接受的。

另一方面，人们可能希望对单数普通名词（N_{cs}）和复数普通名词（N_{cp}）分配不同的词汇类别，以及对单数动词（V_{is}）和复数动词（V_{ip}）分配不同的词汇类别。通过举例说明，让我们假设以下词条：dog | N_{cs}，dog | N_{cp}，bark | V_{ip} 和 barks | V_{is}。

一旦我们将词法类别加倍，就必须将成分形成规则也加倍。

Ss	NP_s $VP_s \to S$
Sp	NP_p $VP_p \to S$
VP1s	$V_{is} \to VP_s$
VP1p	$V_{ip} \to VP_p$
NP2s	Dt $N_{cs} \to NP_s$
NP2p	Dt $N_{cp} \to NP_p$

根据这些附加的类别和成分形成规则，只有句子（67）中的句子被指定为 S 类，句子（68）中的任何一个句子没有任何类别。因此，通过加倍类别，我们可以得到这样一个事实：主语的名词与谓语的动词在语法数上是一致的。

我们所做的是在先前使用的类别符号后面加上 p 或 s，使成分形成规则的集合加倍。p 和 s 是复数和单数的助记符，但是这些助记符不能用在正式的成分语法中。成分语法的定义没有规定在符号后面附加符号。为了说明这一点，让我们用真正使用的符号来代替助记符，比如拉丁字母表开头的大写字母。

Ss	$B\ C \to A$
Sp	$D\ E \to A$
VP1s	$F \to C$
VP1p	$G \to E$
NP2s	$H\ I \to B$
NP2p	$H\ J \to D$

（我们保留了成分形成规则的助记符标签，以便与之前使用的扩展规则进行比较。）这些完全正式的成分形成规则清楚地表明，成分语法不承认单数和复数普通名词都是普通名词。单数普通名词被分为 I 类，复数普通名词被分为 J 类。同样，单数不及物动词被分为 F 类，复数不及物动词被分为 G 类。

前文论证了单一符号形式化的简单类别过于简单。我们将采用先前非正式符号中使用的解决方案。体现单数和复数区别的词的类别将被进行分类。特别地，这样的词将被分配一个有序对作为它们的类别标签：第一个坐标将代表词类，第二个将代表语法数。因此，单词 dog 将被指定为复杂类别 < N_c, s>，单词 dogs 将被指定为复杂类别 < N_c, p>。类似地，单词 barks 和 bark 将被指定为复杂类别 < V_i, s> 和 < V_i, p>。

现在，在很多情况下，英语中复数词的表现形式不是由它的一般规则（即加后缀 s）所确定的。在某些情况下，有些词没有单数形式，例如名词 police 只有复数形式。然后它被分配到类别 < N_c, p>。在其他情况下，有些词既有单数形式，也有复数形式，但后者的形式并不是根据规则由前者产生的。因此，诸如 foot、goose、louse、mouse、man 和 woman

等名词只允许单数一致，而 feet、geese、lice、mice、men 和 women 等名词只允许复数一致。例如，分配给 man 的复杂类别是 $<N_c , s>$，分配给 men 的复杂类别是 $<N_c , p>$。自 Pāṇini 以来，人们就认识到，必须简单地规定这些词的特殊性。这一观点在英国语言学家和语法学家 Henry Sweet（1913, 31）的著作中重新体现，并在 Leonard Bloomfield（1933, 274）中重申，这里说："词典实际上是语法的附录，是基本不规则的列表。"

一个词的集合论符号，即其语法类别和语法数类别在左边一栏，而我们应该采用的符号在右边一栏。

标准集合论符号	采用符号
$<dog,<N_c ,s>>$	dog| N_c ;s
$<dogs,<N_c ,p>>$	dogs| N_c ;p
$<barks,<V_i ,s>>$	barks| V_i ;s
$<bark,<V_i ,p>>$	bark| V_i ;p

既然我们已经给一些词指定了更复杂的语法类别，现在要解决的问题是确保句子的主语中的名词与动词在语法数方面一致。为此，我们允许在成分形成规则中使用的语法类别为复杂语法类别。特别是，我们在复杂语法类别中引入了一个变量，用 x 表示，其在特征 s 和 p 上变化。

$$NP;x \ VP;x \qquad \rightarrow \qquad S$$
$$Dt \ N_c ;x \qquad \rightarrow \qquad NP;x$$
$$V_i ;x \qquad \rightarrow \qquad VP;x$$

利用我们所介绍的，很容易证明扩展语法将语法类别 S 赋给句子（67）中的表达式，而不将语法类别赋给句子（68）中的表达式。

3.3.4.1.2　子类别化

现在讨论另一个问题。毫无疑问，读者已经注意到，为各种类别选择的符号并不是随机选择的。它们是特意选择的，因为它们暗示了传统英语语法中使用的类别。符号 A 只属于形容词，正如介词只属于符号 P 所属的词的类别一样。正如我们所看到的，传统英语语法也区分了普通名词和专有名词。只有普通名词被分配给其符号为 c 的类别，而只有专有名词被分配给其符号为 p 的类别。因此，符号化使用下标来区分一个词类中的两个子类别。换言之，助记符尊重了传统语法所承认的一些重要的英语事实。传统语法和标准词典编纂实践也把动词区分为及物动词和不及物动词。同样，下标用于区分一个词类中的两个子类别。

然而，这些经验性概括已被传统英语语法和所采用的助记符所认可，但并未反映在到目前为止提供的成分语法的正式版本中。为了了解为什么没反映，让我们再次看看当助记符被任意选择的符号替换时会发生什么。对于这一点可以只考虑这四个成分形成规则：S1、VP1、VP2 和 NP2。用简单符号 A、B、C、D、E、F 和 G 替换其中的七个助记符类别符号 S、NP、VP、V_i、V_t、Dt 和 N_c，可得到以下公式：

S1	$B \ C \rightarrow A$
VP1	$D \rightarrow C$
VP2	$E \ B \rightarrow C$
NP2	$F \ G \rightarrow B$

成分形成规则中的这种替换不会改变由成分语法生成的表达式集合。然而，这样一个替换说

明了助记符引入了正式符号所没有的东西，也就是说，存在一个将所有动词组合在一起的类别。但是，在正式语法中，我们把传统语法所称的不及物动词归为 D 类，把它所称的及物动词归为 E 类。所以，动词没有单一的符号。因此我们必须声明规则两次，即普通英语动词在第三人称单数表示形式中使用后缀 s，一次是为 D 类单词，一次是为 E 类单词。如果我们看一看全套英语动词，并继续按照成分语法的正式定义来划分类别，我们会得到几十种英语动词类别，并且必须指定不同的符号。结果是，必须对第三人称单数形式的形成规则进行多次说明。这显然不是我们所希望的。

可以认为，对于原本似乎属于单个词汇类别的情况而言，这样对于类别的扩展是不必要的。为什么不简单地把所有的英语动词指派给一个词类，比如说 D 呢。这样的词汇类别标识具有两个作用。第一，它把所有动词放在同一个词汇类别中，例如 slept 和 greeted 将属于同一词汇类别。它们的词条将是 slept|D 和 greeted|D。第二，成分形成规则 VP2 中的符号 E 将被 D 替换，因此前四个完全形式化的规则将变为：

S1	B C → A
VP1	D → C
VP2	D B → C
NP	F G → B

其结果是，所有的句子，包括两个不可接受的句子，将被指定为 A 类，因此将是英语的语法表达。

(69.1)   The visitor slept.

(69.2)   *The visitor slept the dog.

(70.1)   *The host greeted.

(70.2)   The host greeted the guest.

英语形容词、名词和介词也存在类似的问题。

传统的英语语法和标准词典区分了及物动词和不及物动词。不及物动词是指没有直接宾语的动词，及物动词是指需要直接宾语的动词。从成分分析的角度看，不及物动词是指右边没有紧接名词短语的动词，及物动词是指要求右边紧接名词短语的动词。

对各种英语动词的仔细研究表明，它们的区别在于所需成分的种类，以便满足每个动词的需要。换句话说，它们的区别在于所需补语的种类。因此，一个不及物动词（例如 to bloom、to die、to disappear、to elapse、to expire、to fail、to faint、to fall、to laugh、to sleep、to stroll 和 to vanish）不需要任何补语，而一个及物动词（例如 to abandon、to cut、to buy、to destroy、to devour、to expect、to greet、to keep、to like、to lock、to prove、to purchase、to pursue 和 to vacate）需要名词短语补语。有些动词（例如 to dash（to）、to depend（on）、to hint（at）、to refer（to）和 to wallow（in））需要介词短语补语，而有些动词（例如 to give（to）、to hand（to）、to exempt（to）、to introduce（to）、to place（in/on）、to put（in/on）、to send（to）、to stand（on）和 to talk（to））需要名词短语补语后接介词短语补语。还有其他动词（如 to maintain、to note 和 to remark），则需要一个从句补语。

那么，我们所需要的不仅是研究及物动词和不及物动词之间的区别，还需要一种通过动词所需的补语来区分动词的方法。在第 10 章中，我们将更深入地探讨英语动词补语的多样性，以及英语形容词、介词和名词补语的多样性，我们将看到如何解决这种多样性给成分语法带来的问题。

3.3.4.1.3　短语和词类

我们将解释第三个问题来结束本节，将其称之为投影问题（projection problem）。语法学家和语言学家早就认识到，一个类别的许多成分都包含一个相关类别的词。特别是每个形容词短语都包含一个形容词，每个名词短语都包含一个名词，每个介词短语都包含一个介词，每个动词短语都包含一个动词。然而，如 3.3.1 节所述，成分语法不能遵循这种普遍性。当我们用助记非正式符号代替非助记正式符号时，这一点再次变得明显。下面是非正式版本和正式版本中所述短语的成分形成规则。

	非正式规则	正式规则
NP1	$N_p \rightarrow NP$	$A \rightarrow B$
NP2	$Dt\ N_c \rightarrow NP$	$C\ D \rightarrow B$
NP3	$Dt\ AP\ N_c \rightarrow NP$	$C\ J\ D \rightarrow B$
NP4	$Dt\ N_c\ PP \rightarrow NP$	$C\ D\ H \rightarrow B$
PP1	$P\ NP \rightarrow PP$	$G\ B \rightarrow H$
AP1	$A \rightarrow AP$	$I \rightarrow J$
AP2	$Dg\ A \rightarrow AP$	$K\ I \rightarrow J$
VP1	$V_i \rightarrow VP$	$L \rightarrow M$
VP2	$V_t\ Np \rightarrow VP$	$N\ B \rightarrow M$
VP3	$V_i\ PP \rightarrow VP$	$L\ H \rightarrow M$
VP4	$VP\ PP \rightarrow VP$	$M\ H \rightarrow M$
VP5	$V_s\ S \rightarrow VP$	$P\ Q \rightarrow M$
S1	$NP\ VP \rightarrow S$	$B\ M \rightarrow Q$

在非正式成分形成规则中，箭头右侧的符号与其左侧的一个符号通过一个箭头连接。因此，例如在规则 NP1 到 NP4 的非正式版本中，符号 NP 出现在箭头的右侧，一些带有 N 的符号（N_p 或 N_c）出现在左侧。在正式版本的成分形成规则中没有这样的联系：没有任何迹象表明箭头右边的类别和左边的任何类别之间存在联系。因此，在 NP1 到 NP4 的规则中，没有任何迹象表明 B 类与 A 类和 D 类之间存在联系。类似的观察适用于规则 PP1 以及规则 AP1 到 AP2 和 VP1 到 VP5。

在第 10 章中，我们将修改对成分语法的定义，以解决刚刚定义的最后两个问题。

练习：丰富成分语法

1. 对于下面的每一个单词，给出其复数形式，并给出至少其他两个具有相似的复数形式的英语单词。你可以借助词典来完成。

   abacus, basis, criterion, deer, fish, knife, ox, hoof

2. 对于下面的每一个句子，写出其主句的动词词条。如果需要进一步的成分形成规则，请说明。

   （a）Dan remained silent.

   （b）The doctor inquired of Alice what she had done.

   （c）Chunka noticed it was raining.

   （d）Alice said to Bill it was cold.

   （e）Angelyn decided to leave the house.

   （f）The witness recalled what had happened.

(g) Alec made her friend angry.

(h) The judge accused the witness of lying.

(i) The lawyer convinced the jury of his client's innocence.

(j) Each student wondered what the answer was.

3. 全部以正式符号(也就是用罗马字母的单个大写字母)重述先前练习的所有新成分形成规则和词条。

3.3.4.2 语法和看法

当成分形成规则产生下列第一句时,它们也产生第二句。毕竟名词短语是可互换的,并能保持可接受性。考虑以下句子及其成分结构。

(71.0)   The man walks.

(71.1) $[S [NP [Dt The] [N_c man]] [VP walks]$.

它包含了属于 NP 类别的 the man 和属于 NP 类别的 the car。因此,the man 应该是可以被替代以产生一个可接受的句子的。

(72.0)   The car walks.

(72.1) $[S [NP [Dt The] [N_c car]] [VP walks]]$.

但是,这句话是不能接受的。

我们注意到,首先 man 这个词表示动物,而 car 这个词不表示动物。动物可以行走,非动物则不能行走。我们可能会从关于语法数成分语法问题的解决方案中获得线索,即扩大英语表达的语法分类,并将扩展内容纳入成分形成规则,就像我们扩大英语表达的分类以包括单数和复数之间的区别一样。因此,我们可以假定两种常见名词:表示动物的名词和不表示动物的名词。因此,单词 man 将被指定为复杂类别 N_c;s;a,car 将被指定为复杂类别 N_c;s;b。此外,单词 walks 将被指定为复杂类别 V_i;s;a。单词语法分类的扩展必须延伸到成分形成规则。

NP;n;x VP;n;x   →   S

Dt N_c;n;x   →   NP;n;x

V_i;n;x   →   VP;n;x

上述规则将句子(72.0)~句子(72.1)规定为英语句子,并将句子(71.0)~句子(71.1)规定为非英语句子。

但是,考虑动词 moves。

(73.1)   The man moves.

(73.2)   The car moves.

它同时出现在 NP;s;a 和 NP;s;b 中,那么我们如何对 moves 进行分类呢?可以肯定的是,可以按照之前的方式找到这一问题的答案。但是最后,任何这样的答案都会变得很复杂,在语法中需要越来越多的符号。但这真的是最好的分析吗?

让我们考虑关于句子(71.0)~句子(71.1)和句子(72.0)~句子(72.1)的问题的完全不同的解决方案。回想一下,我们追求最初解决方案的出发点是观察 man 和 car 代表不同的事物,前者是哺乳动物,而哺乳动物可以行走,后者是机器,而机器不可以行走。人们可能想知道这些信息是否属于语法的范畴。

为了思考这个问题,我们最好区分可接受性和语法性。说话者确定表达式是可接受的或不可接受的。语言学家决定表达式是符合语法的还是不符合语法的。前者是一个显而易见的事实。后者是根据一系列假设得出的理论结论，这些假设中有一个关于英语语法的假设。

在 1.2.1.1 节中，我们介绍了一些指导现代语言学研究的一般假设。一个一般假设是，人类的语言能力即人类使用和理解其语言的能力，涉及多种能力的联合运用，其中不仅包括一种假设的语法能力即人类形成和识别语法表达的能力，还有其他能力，比如推理、记忆以及集中注意力的能力。因此，说话者对他的语言表达的接受程度取决于他的语言能力的行使，这是包括他的语法能力在内的若干能力的联合行使。换言之，一个表达式的可接受性取决于许多因素，不仅包括它的语法性，还包括它的适当性和它所表达的内容。

那么回到句子（71.0）～句子（71.1）和句子（72.0）～句子（72.1），我们可以认为句子（72.0）～句子（72.1）的不可接受性并不是因为它不符合语法，而是因为它表达了一些说话者认为不可信或不合理的东西。有什么理由可以认为这是真的吗？事实上，有可能找到句子（72.0）～句子（72.1）是完全可接受的情况，例如，在卡通片中汽车可以被拟人化。

再次注意，以上所做的工作是通过最小对来完成的：同一句话被判断为可接受的或不可接受的是跟人们的看法相关的。这表明是我们的看法而不是语法造成了说话者对句子（71.0）～句子（71.1）和句子（72.0）～句子（72.1）中句子可接受性判断上的任何差异。

现在考虑另一个简单词汇替换的例子。回想一下句子（63）中语意模糊的句子，这里重复为句子（74.1）。这句话被认为是模棱两可的。对于一个明确规定的具体情况，它可以在一个时刻被判断为真的，而在另一个时刻却不能被判断为真的。正如我们之前看到的，这种模糊性与两个直接成分分析有关。

(74.1)　　Galileo saw a patrician with a telescope.

(74.2)　　Galileo hit a patrician with a telescope.

(74.3)　　Galileo hit a patrician with a beard.

现在，考虑第二个句子，它是用一个及物动词代替第一个句子的另一个及物动词得来的。它也应该遵循同一对直接成分分析法。

(75.1)　　Galileo [VP hit [NP a patrician [PP with a telescope]]].

(75.2)　　Galileo [VP hit [NP a patrician] [PP with a telescope]].

因此，一个人应该能够具体说明一种情况，在这种情况下，一个人可以判断该句子在某一时刻是真的，而在另一时刻不是真的。事实上我们确实可以，读者也可以很容易自己判断。

然而，如果用普通名词 beard 替换句子（74.2）中的普通名词 telescope，得到句子（74.3），其也可以遵循同一对直接成分分析法。

(76.1)　　Galileo [VP hit [NP a patrician [PP with a beard]]].

(76.2)　　Galileo [VP hit [NP a patrician] [PP with a beard]].

因此，再强调一次，一个人应该能够具体说明一种情况，在这种情况下，一个人可以判断句子在某一时刻是真的，而在另一时刻不是真的。虽然很容易想象按照句子（75.1）～句子（75.2）中分析，在何种情况下句子（74.2）被判断为真，而又在何种情况下被判断为假，但是却很难想象按照句子（76.2）中分析的在何种情况下句子（74.3）被判断为真。毕竟，一个人通常不会用胡子（beard）作为武器攻击别人。那么，人们是否应该尝试以某种方式修改成分形成规则，以避免句子（74.3）是模糊的结果？

有人认为，与句子（76.2）中给出的成分结构相对应的情况并非不可能的。想象一下，

Galileo 留着假胡子，他愤怒地用假胡子打了一个没胡子的贵族。很明显，句子（74.3）在这一情况下被判断为真，在与句子（76.1）～句子（76.2）中显示的直接成分分析法相关的另一种情况下被判断为假。再次，我们看到了可接受性和语法性之间的区别，以及我们自己寻求用语法之外的因素来解释不可接受性。

上述例子说明了语言学家在评估可接受性判断时面临的一个基本问题，即如何区分由说话者在其语言中的语法能力引起的不可接受性的判断和由其对世界的看法引起的不可接受性的判断。Geoffrey Leech（1974，8）提供了一个很好的类比。把语法规则看作游戏规则，比如说足球。现在对比以下两份报告：

(77.1)　The center forward scored by heading the ball from his own goal line.

(77.2)　The center forward scored by throwing the ball into the other team's goal.

这两句话都会让任何一个懂足球的人难以置信：第一个是因为它所表达的是一种物理上的不可能，第二个是因为它所表达的不符合足球规则。

导致对不可接受性进行判断的原因，以及在任何特定情况下相关因素是什么，都是不可以事先确定的。正如除了猜测和测试之外，没有先验的方法来确定语法的形成规则，除了猜测和测试，也没有先验的方法来确定相关因素。

练习：语法和看法

1. 考虑以下被认为是奇怪的英语表达（见 Chomsky（1965，75–77））。确定表达式是符合语法的还是不符合语法的，举出证据来支持你的结论。

 （a）Dan frightened his sincerity.

 （b）Each book elapsed in quick succession.

 （c）The dog looked barking.

 （d）Colleen solved the pipe.

 （e）The rioter dispersed.

 （f）Ophthalmologists are smarter than eye doctors.

 （g）Bill memorized the score of the sonata he will compose next week.

 （h）The decision amazed the injustice.

 （i）The repairman is wiring the entire poem this time.

 （j）A sour flash disturbed the baby's sleep.

2. 美国实用主义哲学家 William James 曾描述过这样一个谜团：

　　　　几年前，我在山上参加一个野营聚会，从一次孤独的漫步中回来，发现每个人都在进行一场激烈的形而上学的争论。争论的主体是一只松鼠，假设一只活松鼠紧贴在树干的一侧，而在树的另一侧，想象着站立着一个人。该人类目击者试图通过绕着树快速移动来看到松鼠，但是无论他走多快，松鼠都会以相反的方向快速移动，并始终将树保持在它和人之间，因此人永远不会看见它。现在产生的形而上学问题是：Does the man go round the squirrel or not？（见 Martin（1992，1–2））。

　　　　James 的观点是，许多所谓的形而上学问题都是伪物理问题。也就是说，它们只是"语言问题"。你认为这是语言问题吗？如果是，问题出在哪里？

3.3.4.3　不连续性

使用成分语法调查英语的可接受表达会导致发现一些规律，这些规律即使之前被注意到也经常会被人们习以为常地忽略。我们将列出其中一些似乎超出成分语法能力范围的规律，即使成分语法的类别已经被丰富了。

在直接成分分析法中，人们将一个成分的表达划分为子表达，每个子表达与下一个相邻，每个子表达都与一个成分标签相关。正如我们所看到的，这种分析可以等价地看作一种合成，其中复杂成分的表达式是由其直接子成分的表达式串联而成的。这意味着成分中的所有表达式都是连续的。这种连续性并不是严格意义上人们所说的连续。然而，正如我们即将看到的，许多复杂的成分似乎含有不连续的成分。这些表达似乎构成了一个成分，但在构成该成分的所有表达中，却体现出了一些非成分的表达。结构化语言学家已经注意到了许多这种不连续模式，这是转换语言学家（transformational linguist）所做的许多研究的重点。这里将描述九种在英语中发现的这种模式。所有这些模式在其他语言中都有对应的模式，其中许多是与英语无关的语言。在每一种情况下，我们将通过提供一对句子来说明不连续成分，这些句子的区别仅限于句子对中的第一个没有不连续成分，而句子对中的第二个有不连续成分。我们会用适当标记的方括号注释显示不连续性的最小成分以及其中不连续的直接子成分。称后者为错位（dislocated）成分。我们将在不连续的句子中用下划线进行注释，意思是，假如错位成分出现在那里，那么句子就不会是不连续的。我们称这样的位置为缺口（gap）。

英语中的不连续模式分为两类，一类是不连续成分的不连续部分必须在同一个分句有时甚至是同一个短语中找到，另一类是一部分在一个分句中找到，另一部分在一个比前句更高等级的分句中找到。我们从前一种开始对不连续性进行介绍。

当英语动词与特定的介词或副词有关联时，就可能产生不连续性。例如，英语中有一些不及物动词，如 to break down（参见 to cry）、to die down、to die off、to pass out（参见 to faint）、to play around、to sound off（参见 to express one's opinion）和 to turn up（参见 to appear）。这样的动词短语序列不仅被限制为不及物动词。英语及物动词还包括动词小品词序列：to call up、to hand in、to knock out、to live down、to look up、to make out（参见 to understand）、to set up 和 to sound out。把这样的动词短语序列当作句子成分是很自然的。有时它们如句子（78.1）形成连续的成分，但有时它们如句子（78.2）形成不连续的成分，其中动词的直接宾语挤入动词及其相关介词之间。

(78.1)　Bill [VP woke up his friend].

(78.2)　Bill [VP [V woke __] his friend [up]].
　　　　(Wells 1947, sec. 60)

这种不连续性与动词短语有关。

另一种不连续形式与由短语构成一种称为包裹（wrapping）的形式的现象有关。之所以这样称呼，是因为组成成分像被包裹在了修饰语的两部分之间。例如，在下面的例子中，job 作为一个组成成分被 good enough to pass inspection 修饰，但是部分修饰成分 good enough 可以在名词 job 之前，而部分修饰成分 to pass inspection 可以在 job 之后。

(79.1)　a job [AP good enough [S to pass inspection]]

(79.2)　a [AP good enough __] job [S to pass inspection]
　　　　(Wells 1947, sec. 56)

跟句子相关的一种形式的不连续性称为外位（extraposition）现象。在这里，名词短语的修饰语或补语也可能出现在包含它的子句的末尾。引起不连续性的名词短语可以是主语名词短语：

(80.1)　[NP An article [PP about malaria]] appeared in the newspaper yesterday.

(80.2)　[NP An article ___] appeared in the newspaper yesterday [PP about malaria].

或者它可能是一个补语名词短语：

(81.1)　Beverly [VP read [NP an article [PP about malaria]] in the newspaper yester-day].

(81.2)　Beverly [VP read [NP an article ___] in the newspaper yesterday] [PP about malaria].

另一种跟句子相关的不连续性的形式称为动词短语前置（VP preposing），其中整个动词短语都在其主语和助动词之前。

(82.1)　Ben promised to finish his paper and [S he will [VP finish his paper]].

(82.2)　Ben promised to finish his paper and [VP finish his paper] [S he will ___].

第三种与句子相关的不连续性的形式是介词短语前置（PP preposing），即认为与动词短语相关的介词短语出现在其子句的开头。

(83.1)　Colleen [VP saw a spider [PP near the door]].

(83.2)　[PP near the door] Colleen [VP saw a spider ___].

现在转向这样的不连续成分，其中一部分出现在一个从句中，另一部分出现在这个从句的上一层从句中。这种不连续形式有时被称为长距离依赖（long distance dependence），因为在上层从句中发现的不连续部分和从下层从句中发现的不连续部分之间没有限制或约束。主题化（topicalization）是这种不连续的一种形式。

(84.1)　Alice [VP likes [NP the new painting by Picasso] very much].

(84.2)　[NP the new painting by Picasso] Alice [VP likes ___ very much].

(84.3)　[NP the new painting by Picasso] Bill thinks [S Alice [VP likes ___ very much]].

另一种不连续性形式被称为 easy movement 或 tough movement，其中形容词 easy 和 tough 是这种不连续性所涉及的各种表达的例子。

(85.1)　It was easy to prove that theorem.

(85.2)　[NP That theorem] was easy [to prove ___].

(85.3)　[NP That theorem] was thought [to be easy [to prove ___]].

下一种也许是最为人所知的，即所谓的 wh movement。这是转换语言学家最深入研究的不连续形式。它有三种主要形式：一个需要用短语回答而不是用"是"或"否"回答的直接问题、间接问题和关系从句。

有些问题寻求是或否的回答，而另一些问题寻求的则是，提供了和疑问句相关的信息的短语回答。"是"或"否"就足以回答下面第一个问题。而第二个问题则是寻求 Carol 给钥匙的人是谁。

(86.1)　Did Carol [VP give the key [PP to Don]]?

(86.2)　Carol [VP gave the key [PP to whom]]?

更典型且更自然地，要求短语回答的问题作为不连续成分出现，如句子（87.2）和句子

（87.3）所示。

(87.1)　Carol [VP gave the key [PP to whom]]?

(87.2)　[PP to whom] did Carol [VP give the key ___]?

(87.3)　[PP to whom] does Alfred think [S Carol [VP gave the key ___]]?

间接问题仅作为从句出现。它们不问问题，包含它们的主从句也不必是疑问句。

(88.1)　Don knows [S [PP to whom] Carol [VP gave the key ___]].

(88.2)　Don knows [S [PP to whom] Alfred thinks [S Carol [VP gave the key ___]]]

移位的最后一种形式出现在关系从句中。关系从句是典型的修饰普通名词的从句。关系从句的第一个成分是关系代词或包含关系代词的介词短语。通常，由于去掉含有关系代词的初始成分而产生的成分，缺少与初始成分相对应的成分所构成的从句。

(89.1)　Carol gave the key [PP to Don].

(89.2)　Don is [NP the person [RC [PP to whom] Carol [VP gave the key ___]]].

因此，Carol gave the key 的不完整从句可以通过在适当的位置添加一个与 to whom 相同的短语而变成完整从句，to whom 是关系从句中的初始短语，在这里标记为 RC。正如这一描述所表明的，含有关系代词 whom 的介词短语显然应被解释为关系从句的动词短语的一部分，但它与动词短语的其他成分并不连续。

在起源于成分语法的语法理论中，发现了许多处理不连续的方法。其中包括各种版本的转换语法，由 Noam Chomsky 在 *Syntactic Structures*（1957）中提出，并在随后的四十年里的众多出版物中进行了修改和扩展（Chomsky（1962；1965；1970；1976；1981；1991）），以及一些与之竞争的理论，包括 David Perlmutter 和 Paul Postal 的关系语法（见 Perlmutter（1983））、Joan Bresnan 的词汇功能语法（见 Bresnan（1978；1982））、Gerald Gazdar 的广义短语结构语法（见 Gazdar（1982）和 Gazdar，Klein，Pullum，and Sag（1985）），以及随后的 Carl Pollard 和 Ivan Sag 的头部驱动短语结构语法（见 Pollard and Sag（1994））。

由于我们将在第 14 章中继续讨论某些关系从句并通过转换语法简要介绍它们的语法和语义，因此在这里简要描述其中的一些关键点以使读者明白其一般思想。

转换语法之所以被称为转换语法，是因为它除了使用成分形成规则外，还使用了其他语法规则，称为转换（transformational）规则。转换规则在数学上比成分形成规则更强大（见 Peters and Ritchie（1973））。这意味着由成分形成规则生成的表达式集合是由转换规则生成的表达式集合的一个真子集。

正如我们前面所看到的，对于每一个含有不连续成分的表达式，都有一个几乎同义的等价表达式，这个表达式没有任何不连续成分，并且或多或少是从同一组词中获得的。有人提出这样一种论点，即仅使用成分形成规则来分析一对这样的表达式，这个语法将无法反映这对句子几乎是同义的事实。例如，考虑句子（90.1）和句子（90.2）。

(90.1)　A review [PP of *Bleak House*] appeared.

(90.2)　A review appeared [PP of *Bleak House*].

第一句话可以用成分形成规则 S1，VP1，PP1 和 NP4 来分析。

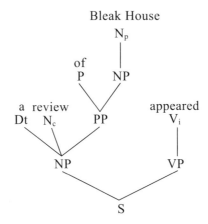

第二个句子可以用成分形成规则 S1、VP1 和 NP2 来分析，再加上另一个成分形成规则 S PP → S，它独立于句子（90.2），并使用介词短语修改它们来分析句子，如以下句子所示。

(91.1)　Beverly jogged.

(91.2)　Beverly jogged on Monday.

下面是（90）中第二个句子的合成树。

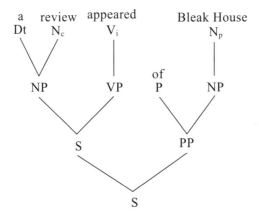

在对句子（91.1）和句子（91.2）的成分语法分析中，没有任何东西表明这两个句子有相同的含义。

　　语法要证明这两个句子有共同的意义，一种方法是从前者中得出后者的分析。其思想是转换规则对句子（91.1）的分析进行操作，从而产生对句子（91.2）的分析。为了更精确地描述，可以给每个表达式指定一对分析。第一种是句子的深层结构（deep structure），第二种是表层结构（surface structure）。在句子（90.1）中，它的两个分析是相同的，就如第一个合成树表示；在句子（90.2）中，它有两个分析，第一个对应于第一个合成树，即所谓的深层结构，第二个对应于第二个合成树，即所谓的表层结构，后者是由前者派生出来的一种转换规则，可以说，它将主语名词短语中的介词短语移动到其从句的末尾。这两个句子有共同的分析，它们的深层结构反映了它们的共同含义[⊖]。

　　用来帮助描述不连续成分的下划线注释有一个对应的符号，旨在作为不连续成分句法

　　⊖ 这个想法可以追溯到 Pāṇini 的 *Aṣṭādhyāyī*。许多同义词组或多或少都有相同的词，但语法分析不同，这给了它们一个共同的基本语法分析。

分析的一部分：所谓的缺口是由一个成分来表示的，这个成分有一个与错位成分共有的迹（trace），如此处的第二个分析所示。

(92.1)　　[NP A review ___] appeared [PP of *Bleak House*].

(92.2)　　[NP A review [PP,i t]] appeared [PP,i of *Bleak House*].

　　我们以简要介绍一个解决不连续成分问题的备选方法来结束这一节。头部驱动的短语结构语法没有使用转换规则、广义短语结构语法及其以后的发展来扩展规则集，而是使用特征来丰富成分形成规则。我们在 3.3.4.1 节中看到，英语中的许多语言模式要求成分语法以某种方式得到丰富。在数一致的情况下，人们普遍认为成分形成规则必须加以丰富来包括特征。Gerald Gazdar 提出的想法是，特征也可以用来反映不连续成分的两部分之间的联系。

练习：不连续性

　　对于每个句子，确定它是否有不连续的成分。识别它们并提供证据证明你的想法。

1. The manager sent the invitations out.
2. Clever though he may be, he is not reliable.
3. Such a person we shall never meet again.
4. Alice made a similar assessment to Bill's.
5. This is a more serious matter than anyone expected.
6. We all thought Bill would be swimming laps, and swimming laps he was.
7. The proposal of which Alice approves was adopted unanimously.
8. On the way home we shall buy some milk.

3.3.4.4　无左嵌入

　　英语表达式的一个显著特点是许多表达式都具有递归结构。然而，正如 Chomsky（1965，12–15）所指出的，在一种句法环境中可以接受的相同表达在另一种句法环境中是不可接受的，而且没有已知的句法差异来区分该环境。在这一节中，我们将看到三对相对的句法环境。

　　我们观察到，介词短语可以是另一个介词短语的一个成分，而另一个介词短语又可以是第三个介词短语的一个成分，并且对介词短语在一个句子中可以彼此出现的数量没有明显的限制。类似的模式可以出现在形容词上，仅举几个例子，如 clear、obvious 和 true。在每种情况下，形容词都可能含有一个完整句子的从句补语。因此，例如对于表达式 it is true that，可以在其后附加一个子句（例如，句子 two is a prime number）以形成一个完整的句子，而该子句又可以附加在 it is true that 上以形成另一个完整的句子，依此类推。此迭代没有限制。

(93.1)　　It is true that [S two is a prime number].

(93.2)　　It is true that [S it is true that [S two is a prime number]].

(93.3)　　It is true that [S it is true that [S it is true that [S two is a prime number]]].

⋮　　　⋮

正如这些形容词有由 that 引申出的从句补语一样，它们也可以用作主语名词短语的形容词，主语名词短语同样由 that 引申出的相似从句组成。

(94.1)   That [S two is a prime number] is true.

(94.2)   That [S two is a prime number] is obvious.

(94.3)   That [S two is a prime number] is clear.

$\vdots$ $\vdots$

然而，虽然这些形容词中的任何一个都搭配补语从句，而补语从句本身包括的这些形容词也可以搭配补语从句，但这些形容词中的任何一个都不能搭配类似的主语从句，该主语从句本身由这些形容词之一和另一个主语从句组成。换句话说，这个迭代是有限制的。

(95.1)   That [S two is a prime number] is true.

(95.2)   *That [S that [S two is a prime number] is true] is true.

(95.3)   *That [S that [S that [S two is a prime number] is true] is true] is true.

伪分裂句也会出现类似的迭代嵌入失败。

(96.1)   [S What it would buy in Germany] is amazing.

(96.2)   *[S What [S what it cost in New York] would buy in Germany] is amazing.

(96.3)   *[S What [S what [S what he wanted] cost in New York] would buy in Germany] is amazing.

同样包括主语名词短语中的关系从句。

(97.1)   The rat [S which the cat chased] died.

(97.2)   *The rat [S which the cat [S which the people own] chased] died.

(97.3)   *The rat [S which the cat [S which the people [S which I met] own] chased] died.

3.4 结论

在这一章中，我们首先简要介绍了传统英语语法，然后介绍了直接成分分析法及其作为成分语法的形式化，最后讨论了成分语法在多大程度上正确反映英语的已知规律并揭示新的规律。

直接成分分析法是自 Pāṇini 的开创性工作以来句法分析的第一个主要发展。当它被应用到英语中时，它能够正确地对待传统英语语法已经了解的英语的许多规律，并揭示出许多至今未被注意到的规律。此外，Chomsky 在成分语法方面的形式化揭示了自然语言表达式的递归结构，首次为人类语言是无限的这一观察提供了清晰的数学特征。此外，Chomsky 在语法形式化方面的工作所产生的标记树图和标记括号的表示法，使直接成分分析法所揭示的规律以语言学从未有过的清晰性和精确性而突出。因此，使用成分语法表达的规则表示的正确性更加精确，使用它进行判断时也更加客观可靠。最后，成分语法是解决印度语法学家首先提出的问题的第一步，也就是说，一种语言的最小表达式的意义是如何影响它们所构成的复杂表达式的意义的。

解决这个问题的数学方法直到 20 世纪早期才出现，当时模型理论的发现者 Alfred Tarski 展示了如何通过分配给构成复杂表达式的简单表达式的值来确定符号中分配给复杂表达式的值。事实上，Alfred Tarski（1932，164）首先提出了模型理论可以应用于研究复杂语言表达的意义的观点，但 Tarski 对这样一个目的能否实现持怀疑态度，因为他认为对自然语言的表达式我们无法给出令人满意的说明，而这是实现他的想法所必需的一步。成分语法的形式化就是这一步，因为成分结构是一种提供关系的结构，这种关系是将分配给部分的值与分配给整体的值联系起来。

正如我们所看到的，成分语法过于简单，无法对英语的所有表达式提供令人满意的说明。甚至本身在加入特征以遵循语法一致性后，它也无法解释很多表达模式。尽管如此，我们还是有很好的经验证据表明，即通过对模糊语言表达式判断为真或假的事实来看，成分在英语和其他语言表达式的具体化方面起着至关重要的作用。

部分练习答案

3.3.1 节

1. (a) The host slept.

   [S [NP [Dt the] [N_c host]] [VP [V_i slept]]]

   S1; NP2; VP1

   (c) The visitor walked in the park.

   [S [NP [Dt the] [N_c visitor]] [VP [V_i walked] [PP [P in] [NP [Dt the] [N_c park]]]]]

   S1; NP2; VP3; PP1

   (e) The very tall guest saw the host.

   [S [NP [Dt the] [AP [Dg very] [A tall]] [N_c guest]] [VP [V_t saw] [NP [Dt the] [N_c host]]]]

   S1; NP2; NP3; VP2; AP2

   (g) Beverly thought the woman sat in the yard.

   [S[NP [N_p Beverly]] [VP [V_s thought][S [NP [Dt the] [N_c woman]] [VP [V_i sat] [PP [P in] [NP [Dt the] [N_c yard]]]]]]]

   S1; NP1; NP2; VP5; VP3; PP1

2. (a) Aristotle was a philosopher.

   [S [NP [N_p Aristotle]] [VP [V_t was] [NP [Dt a] [N_c philosopher]]]]

   S1; VP2; NP1; NP2

   Aristotle| N_p , was| V_t , philosopher| N_c

   (c) This boy lost his wallet.

   [S [NP [Dt this] [N_c boy]] [VP [V_t lost] [NP [Dt his] [N_c wallet]]]]

   S1, NP2, VP2

   boy| N_c , lost| V_t , his|Dt, wallet| N_c

   (e) The soldier grew sad.

   [S [NP [Dt The] [N_c soldier]] [VP [V_a grew] [AP [A sad]]]]

   S1; NP2; AP1; VP $\Rightarrow$ V_a AP

   grew| V_a , sad|A, soldier| N_c

   (g) Carl sat in the first chair.

   [S [NP [Np Carl]] [VP [V_i sat] [PP [P in] [NP [Dt the] [AP [A first]] [N_c chair]]]]]

   S1; VP3; PP1; NP1; NP3; AP1

   first|A, chair| N_c

   (i) The city of Paris is rather beautiful.

   [S [NP [Dt the] [N_c city] [PP [P of] [NP [N_p Paris]]]] [VP [V_a is] [AP [Dg rather] [A beautiful]]]]

   S1; PP1; AP2; NP1; NP4; VP $\Rightarrow$ V_a AP

is| V_a , city| N_c , Paris| N_p , beautiful|A

（k）Galileo persuaded the philosopher of his mistake.

[S [NP [N_p Galileo]] [VP [VP [V_i persuaded]]NP [Dt the] [N_c philosopher]]] [PP [P of] [NP [Dt his] [N_c mistake]]]]]]

S1; VP4; NP1; NP2; PP1

mistake| N_c , persuaded| V_i

（m）Galileo persuaded the patrician he should leave.

[S [NP [N_p Galileo]] [VP [V_{ps} persuaded] [NP [Dt the] [N_c patrician]] [S [NP [N_{pr} he]] [Av should] [VP [V_i leave]]]]]

S1; NP1; VP1; VP⇒ V_{ns} NP S; NP2; S⇒NP Av VP; NP⇒ N_{pr}

should|Av, he| N_{pr} , leave| V_i , persuaded| V_{ns} , patrician| N_c

（n）An expert will speak to this class about the languages of India.

[S [NP [Dt an] [N_c expert]] [Av will] [VP [V_{pp} speak] [PP [P to] [NP [Dt this] [N_c class]]] [PP [P about] [NP [Dt the] [N_c languages] [PP [P of] [NP [N_p India]]]]]]]

PP1; NP2; NP1; NP4; S⇒NP Av VP; VP⇒ V_{pp} PP PP

will|Av, expert| N_c , India| N_p , speak| V_{pp}

3.3.2 节

1.（a）The visitor bit the guest.

[S [NP [Dt the] [N_c visitor]] [VP [V_t bit] [NP [Dt the] [N_c guest]]]]

NP VP → S; Dt N_c → NP; V_t NP → VP

（c）The taciturn host sat in a park.

[S [NP [Dt the] [AP [A taciturn]] [N_c host]] [VP [V_i sat] [PP [P in] [NP [Dt a] [N_c park]]]]]

NP VP → S; Dt N_c → NP; Dt AP N_c → NP; V_i PP → VP; P NP → PP

（e）Eric saw the very tall guest.

[S [NP [N_p Eric]] [VP [V_t saw] [NP [Dt the] [AP [Dg very] [A tall]] [N_c guest]]]]

NP VP → S; N_p → NP; Dt AP N_c → NP; Dg A → AP; V_t NP → VP

（g）The friendly host yelled in the yard.

[S [NP [Dt the] [AP [A friendly]] [N_c host]] [VP [V_i yelled] [PP [P in] [NP [Dt the] [N_c yard]]]]]

NP VP → S; Dt N_c → NP; Dt AP N_c → NP; V_i PP → VP; P NP → PP

2.（a）FRp 生成的集合 SL（1.2.2.1 节）：

BX={A, B, C, D}

CT={L, SL}

LX={A|L, B|L, C|L, D|L}

FR={L → SL, SL L → SL}

A|L

（b）FRb 生成的集合 SL（1.2.2.2 节）：

FR={L → SL, SL SL → SL}

（d）罗马数字的集合（1.2.2.3 节）：

上述问题的答案直接改编自 1.2.2 节给出的形成规则。成分语法不能如此直接地调整。以下虽然是成分语法，但并不能正确地描述第 1 章中规定的罗马数字。

BX={I, V, X, L, C, D, M}

CT={N，RN}

LX={I|N，V|N，X|N，L|N，C|N，D|N，M|N}

FR={N → RN，RNRN → RN}

问题在于第二个形成规则生成的表达式可能不是罗马数字，例如，IIII、IIIV、VV、LL。原因是第 1 章中罗马数字形成规则使用的条件包括：

> z 中的符号没有超过 y 中的任何符号，y 和 z 在一起时，V、L 和 D 最多出现一次，I、X、C 和 M 最多出现四次。

要将此条件合并到成分语法中，需要向 CT 添加更多类别，并向 FR 添加更多规则。

3.3.3.1 节

1. *answer*: 名词和动词

   Ben will *answer* the question 对比 The *answer* to the question was not convincing

   bitter: 形容词，名词

   The drink is *bitter* 对比 The customer drank two pints of *bitter*

   bore: 动词，名词

   A dull lecturer will *bore* his or her audience 对比 The lecturer is a *bore*

   brake: 动词，名词

   The driver could not *brake* in time 对比 The driver did not apply the *brake* quickly enough

   cash: 动词，名词

   The teller did *cash* the check 对比 The customer did have have enough *cash*

   divide: 动词，名词

   Will they *divide* the reward 对比 On which side of the *divide* lie the contenders

   hammer: 动词，名词

   Max *hammered* a nail 对比 Max used a *hammer*

   love: 动词，名词

   Did Juliette *love* Romeo 对比 Juliette's *love for* Romeo was great

   yellow: 动词，形容词

   White cotton shirts *yellow* gradually 对比 The white cotton shirt turned *yellow* gradually

2. (a) Police police police.

   [S [NP [N_b police]] [VP [V_t police] [NP [N_b Police]]]]

   N_b → NP

   (c) Alice introduced Bill to Carl.

   [S [NP [N_p Alice]] [VP [V_d introduced] [NP [N_p Bill]] [PP [P to] [NP [N_p Carl]]]]]

   V_d NP PP → VP

   (e) The day after Tuesday is the day after the day after Monday.

   [S [NP [Dt the] [N_c day] [PP [P after] [NP [N_p Tuesday]]]] [VP [V_c is] [NP [Dt the] [N_c day] [PP [P after] [NP [Dt the] [N_c day] [PP [P after] [NP [N_p Monday]]]]]]]]

   (g) The guest treated the dog badly.

   [S [NP [Dt the] [N_c guest]] [VP [V_{na} treated] [NP [Dt the] [N_c dog]] [Ad badly]]]

   V_{na} NP Ad → VP

   (i) Each official averse to the proposal resigned from his position.

   [S [NP [Dt each] [N_c official] [AP [A averse] [PP [P to] [NP [Dt the] [N_c proposal]]]]] [VP [V_i resigned] [PP [P from] [NP [Dt his] [N_c position]]]]]

Dt N$_c$ AP → NP;A PP → AP

<u>3.3.3.2 节</u>

1. 使用缩写标记括号。

（a）Bill said Alice arrived on Tuesday.

解释 1：Bill said that on Tuesday Alice arrived.

[S [NP Bill] [VP said [S [NP Alice] [VP arrived [PP on [NP Tuesday]]]]]]

解释 2：On Tuesday Bill said Alice arrived.

[S [NP Bill] [VP said [S [NP Alice] [VP arrived]]] [PP on [NP Tuesday]]]

（b）They can fish.

解释 1：They put fish into cans.

[S [NP they] [VP [V can] [NP fish]]]

解释 2：They are able to fish.

[S [NP they] [Ax can] [VP fish]]

（c）The old men and women left.

解释 1：The old men and the old women left.

[S [NP [Dt the] [AP old] [N$_c$ [N$_c$ men] [C$_c$ and] [N$_c$ women]]] [VP left]]

解释 2：The women and the old men left.

[S [NP [NP [Dt the] [AP old] [N$_c$ men]] [C$_c$ and] [NP women]] [VP left]]

（d）Alice knows how good Chinese food tastes.

解释 1：Alice knows what good Chinese food tastes like.

[S [NP Alice] [VP knows [S [Av how] [NP good Chinese food] [VP tastes]]]]

解释 2：Alice knows how good Chinese is.

[S [NP Alice] [VP knows [S [AP how good] [NP Chinese food] [VP tastes]]]]

（e）The merchant rolled up the thick carpet.

解释 1：The thick carpet was rolled up by the merchant.

[S [NP the merchant] [VP [V rolled up] [NP the thick carpet]]]

解释 2：Up the carpet rolled the merchant.

[S [NP the merchant] [VP rolled [PP up [NP the thick carpet]]]]

（f）Alice greeted the mother of the girl and the boy.

解释 1：Alice greeted one person, the mother of the girl and the boy.

[S [NP Alice] [VP greeted [NP the mother [PP [P of] [NP the girl and the boy]]]]]

解释 2：Alice greeted two people, the boy and the mother of the girl.

[S [NP Alice] [VP greeted [NP [NP the mother [PP of [NP [NP the girl]]]] [C$_c$ and] [NP the boy]]]]

（g）April bought the men's store.

解释 1：April bought these men's store.

所有格的后缀跟随名词短语组成名词短语：NP Ps N$_c$ → NP。

[S [NP April] [VP bought [NP [NP the men] [Ps s] store]]]

解释 2：April bought this men's store.

所有格的后缀跟随一个名词组成一个复合名词：N$_c$ Ps N$_c$ → N$_c$。

[S [NP April] [VP bought [NP the [Nc [men] [Ps s] store]]]].

（h）The security guards must stop drinking after midnight.

解释 1：The security guards' drinking after midnight must stop.

[S [NP the security guards] [VP must stop [GC drinking [PP after [NP midnight]]]]]

解释 2：After midnight the security guards must stop drinking.

[S [NP the security guards] [VP must stop [GC drinking]] [PP after [NP midnight]]]

（i）The prosecutor requires more convincing evidence.

解释 1：The prosecutor requires more evidence that is convincing.

[S [NP The prosecutor] [VP requires [NP [Dt more] [AP convincing] evidence]]]

解释 2：The prosecutor requires evidence that is more convincing.

[S [NP The prosecutor] [VP requires [NP [AP [Av more] convincing] evidence]]]

（j）Bill told Colleen Fred left on Monday.

解释 1：Bill told Colleen that on Monday Fred left.

[S [NP Bill] [VP told [NP Colleen] [S [NP Fred] [VP left] [PP on Monday]]]]

解释 2：On Monday Bill told Colleen that Fred left.

[S [NP Bill] [VP [V told] [NP Colleen] [S [NP Fred] [VP left]]] [PP on Monday]]

（k）The stout major's wife is dancing.

解释 1：The wife of the stout major is dancing.

[S [NP [NP [NP The stout major] [Ps s]] wife] [VP is dancing]]

解释 2：The stout wife of the major is dancing.

[S [NP The stout [N$_c$ [N$_c$ major] [Ps s]] wife] [VP is dancing]]

（l）The tall visitor took his host's picture.

无模棱两可的，take 是含糊不清的。

解释 1：The tall visitor removed his host's picture.

解释 2：The tall visitor snapped a picture of his host.

[S [NP The tall visitor] [VP took [NP his host's picture]]]

（m）Ali does not like worrying neighbors.

解释 1：Ali does not like neighbors who worry.

[S [NP Ali] [Ax does] [Av not] [VP like [NP [AP worrying] neighbors]]]

解释 2：Ali does not like to worry neighbors.

[S [NP Ali] [Ax does] [Av not] [VP like [GC worrying [NP neighbors]]]]

（n）Alice met a friend of Bill's mother.

解释 1：Alice met a friend of the mother of Bill.

[S [NP Alice] [VP met [NP a friend [PP of [NP [NP Bill] [Ps s] mother]]]]]

解释 2：Alice met the mother of Bill's friend.

[S [NP Alice] [VP met [NP [NP a friend [PP of [NP [NP Bill]]]] [Ps s] mother]]]

（o）Babu dropped an egg onto the concrete floor without cracking it.

无模棱两可的，it 可以采用两个前提中的任何一个。

[S [NP Babu] [VP dropped [NP an egg] [PP onto the concrete floor] [PP without cracking it]]]

2. 举个例子，Louis Pasteur 证明，体温是动物是否死于炭疽病的一个因素。

3.3.3.3 节

关系从句修改：

This is the cat that killed the rat that ate the malt that lay in the house that Jack built（见 Quirk et al.（1985, chap. 2.9））

3.3.4.1 节

2. （a）词条：remained| V_a

新规则：$V_a\ AP \rightarrow VP$

（c）词条：noticed| V_s

不需要新规则。

（e）词条：decided| V_{ic}

新规则：$V_{ic}\ IC \rightarrow VP$

（g）新规则：made| V_{na}

新规则：$V_{na}\ NP\ AP \rightarrow VP$

（i）词条：convinced| V_{np}

新规则：$V_{np}\ NP\ PP \rightarrow VP$

3.3.4.2 节

1. Dan frightened his friend/sincerity.

2. Each week/book elapsed in quick succession.

3. The dog looked terrifying/barking.

4. Colleen solved the problem/pipe.

5. The rioters/rioter dispersed.

6. Surgeons/Ophthalmologists are smarter than eye doctors.

7. Bill memorized the score of the sonata he composed/will compose last/next week.

8. The decision amazed the experts/injustice.

9. The repairman is wiring the entire house/poem this time.

10. A sudden/sour flash disturbed the baby's sleep.

语言和语境

4.1 语境

在第 3 章中，我们详细阐述了第 1 章说明的三个基本语义集合的概念。第一个概念是无数组成语言的表达式是由一组有限的可指定规则应用于一组有限的基本表达式而产生的。我们在第 3 章中详细阐述了这个说法。第二个概念是人类通过理解一个复杂表达式的成分的子表达式来理解这个复杂表达式。这一概念从第 1 章的简单观察中得到了经验支持，即只有一个词不同的两个复杂表达式（特别是两个句子），可以被判断为一个为真另一个为假。第三个概念是把简单的表达式组合起来形成更复杂的表达式的方式，这种方式可以帮助我们了解人们对复杂表达式的理解如何源自对组成这个复杂表达式的子表达式的理解。因此，正如我们在第 3 章所看到的，同一句话可以被同时判断为真和假，这些对真和假的判断与对句子使用的不同的直接成分分析法相关。

虽然第四个观点之前没有提到，但它同样重要，即对一个表达式的理解的某些方面在其不同用途上依然保持不变。因为如果任何一个表达式随着使用场合的改变，与之相关联的理解也改变了，那么根本就没有人能读懂它。然而，对一个表达式的理解的某些方面在不同的使用场合下保持不变，并不意味着对它的理解不能随着所在的语境改变。事实上，每一种自然语言都有这种表达方式，其理解是随着使用语境的改变而改变的。在本章中，对于一类有限但常用的表达方式，我们将探讨对它们的理解如何随着所在的语境而改变。

众所周知，陈述性句子在表达时传达的是对世界的认识。因此，如果说

(1)　　Water is composed of oxygen and hydrogen.

那么人们能对水的化学成分有所了解。同样正确但也许不那么明显的是，对于一些知识的掌握，在我们去理解知识相关的陈述句所表达的内容时是必要的。

尽管表现如此，但这并不是一个死循环。尽管要去理解一个表达某种事实的句子时，人们必须已经知道了这一事实，这看上去是循环的，但事实并非如此，即要理解一个表达某种事实的句子，就必须了解与句子所处情况有关的其他事实。

为了了解句子所处的环境如何有助于理解句子所表达的内容，请考虑以下两个句子：

(2.1)　　Marco Polo died here.

(2.2)　　Marco Polo died in Venice.

句子（2.2）是真的，任何对 Marco Polo 生平有充分了解的人都可以判断出来，而即使是对 Marco Polo 生平有充分了解的人，在不知道第一句话所处的环境时也无法判断其是否属实。很明显，要完全理解第一句话就必须了解它所处的环境。这一点由以下几点加以证实。把句子（2.1）固定下来，改变它所处的环境，你就会发现它的真值是可以改变的。在 Marco Polo 被囚禁的热那亚，这个句子是错误的；在他的著名航行开始的城市威尼斯，这个句子是正确的。

让我们考虑另一对句子。

(3.1)   It is even.

(3.2)   Two is even.

这些句子虽然在语法上难以区分，但在一个关键方面有所不同。任何懂基本算术知识的人都知道句子（3.2）是真的，但即使是最伟大的数学家也说不清句子（3.1）是不是真的。

为了更好地理解这一点，请考虑另外两个句子，这两个句子都是正确的：

(4.1)   Two is a prime number.

(4.2)   Three is a prime number.

将句子（4.1）和句子（4.2）与句子（3.1）连接起来，从而得到以下两个双元组句子。

(5.1)   <u>Two</u> is a prime number and <u>it</u> is even.

(5.2)   <u>Three</u> is a prime number and <u>it</u> is even.

即使不完全了解它们所处的环境，人们也可以判断句子（5.1）的第二个子句是真的，判断句子（5.2）的第二个子句是假的。但是句子（5.2）的第二个子句与句子（3.1）完全相同。显然，完全理解句子（3.1）的真假取决于其前面的文本。

我们刚才看到要完全理解代词 it 和单词 here 以及包含它们的句子的意思，必须知道一些关于句子所处环境的信息，或者一些在它们之前或之后出现的文本信息。在这一章中，我们将要学习的单词是这类英语单词。我们把在话语之前或之后出现的文本称为它的语境（context，也称为上下文），把表达话语的物理环境称为它的背景（setting）或话语环境（circumstances of utterance）。上面的第一个例子显示了知识背景或话语环境对于充分理解句子（2.1）如何重要；上面的第二个例子显示了句子（3.1）的语境知识对它被充分理解如何重要。

本章将概述各种像 it 和 here 这样的表达方式，对它们的理解取决于对其背景知识或语境的理解。4.2 节专门关注那些完全理解需要知道背景知识的表达，4.3 节专门关注那些完全理解需要知道围绕它们的语境的表达。4.4 节将重点区分句子的话语环境或背景和句子的赋值环境（circumstances of evaluation）之间的区别，赋值环境即判断句子是真是假的情况。理解这一区别将帮我们避免混淆表达式的歧义和它对语境的依赖性，其中表达式的语境要么是它的上下文，要么是它的背景。

4.2   背景和外指

下面这个有趣的故事很好地说明了一种语言的使用者在多大程度上认为知道话语的背景是理所当然的，以及它对交流至关重要（见 Rosten（1968，443–444），引自 Levinson（1983，68））。一个希伯来老师发现他把舒适的拖鞋丢在家里了，就派了一个跟在他后面的学生去取，带着他给妻子写的便条。便条上写着："Send me your slippers with this boy."。当学生问他为什么要写"your slippers"时，他回答说："Yold！如果我写'my slippers'，她会读'my slippers'，然后送来她的拖鞋。我能拿她的拖鞋干什么呢？所以我写了'your slippers'，她会读'your slippers'，并把我的拖鞋给我。"

我们将类似于 your 和 my 这样的在理解它们的含义时需要理解它们所在的背景的知识的表达称为外指表达（exophors）[⊖]。在考察英语外指表达之前，让我们回顾一下英语外指表

⊖   这一术语由 Ewan Klein（1980）使用。语言学家通常把这种表达称为指示词（deictic），而哲学家通常称之为索引（indexical）。

达的两个典型例子，第一人称代词和第二人称代词 I 和 you。

考虑以下两对句子：

(6.1)　　I am sad.

(6.2)　　You are sad.

(7.1)　　Reed is sad.

(7.2)　　Dan is sad.

假设 Reed 说了句子（6.1）这句话，Dan 也说了。Reed 和 Dan 说的是同样的表达吗？是也不是。一方面，他们都说了同一句话，因此可以认为他们进行了同样的表达。然而，另一方面，他们进行了不同的表达。因为当 Reed 说出句子（6.1）时，他或任何人都可以通过说出句子（7.1）来进行同样的表达。同样，当 Dan 说出句子（6.1）时，他或其他任何人也可以通过说出句子（7.2）来进行同样的表达。但很明显，句子（7.1）和句子（7.2）并没有进行同样的表达。事实上，句子（7.1）可能是真的，而句子（7.2）可能是假的。

现在让我们转到句子（6.2）。假设 Reed 说出了句子（6.1），Dan 对 Reed 说出了句子（6.2）。那么 Reed 和 Dan 进行了相同的表达吗？一方面，他们是，他们都可以用句子（7.1）代替 Reed 说的句子（6.1）和 Dan 说的句子（6.2）。然而另一方面，他们没有进行相同的表达。假设 Reed 伤心，Dan 不伤心。如果 Dan 对 Reed 说了句子（6.2），那么他说的是真的。但如果有人对 Dan 说出句子（6.2），那么他表达的是假的。

我们刚才看到，单数第一人称代词 I 和第二人称代词 you 指的是不同的人，而这取决于谁在说这个代词和对谁说这个代词。这样，对它们的理解就因话语环境的不同而不同。然而，与此同时，在每次使用的场合对它们的理解都保持不变：第一人称代词总是指话语发生时的说话人，第二人称代词总是指话语发生时被对话的人。

哲学家 David Kaplan 称在理解外指过程中不变的东西为特性（character）。因此，与句子（6.1）相关的是一个保持不变的特性，无论是谁在何时说出，它都保持不变。意思是说，当他或者她在说出这句话的时候，说话人感到悲伤。因此，句子（6.1）和句子（6.2）都有一个不同的特征。这样，句子表达了不同的含义。思考一下从下面的思维实验可以确定每一句话有怎样的性质：想象一下，你在岸边的一个瓶子里发现了一张纸，句子（6.1）和句子（6.2）写在这张纸上。你会从这两个句子中理解出什么？在这种情况下，你可以看到这些句子能够传达的信息很少，但是它们所传达的信息却各不相同。第一种把悲伤归因于写作时的作者，第二种把悲伤归因于写作时未知的收件人。

同时，句子（6.1）和句子（6.2）在正确的背景下使用也可以表达同样的含义。在刚才描述的背景中，它们都表达了和句子（7.1）相同的含义。当话语通过使用它的背景的适当知识填充后获得了明确的含义，借用 Kaplan 的一个术语，我们将其称为得到了内容（content）。

一般来说，所有表达式都有一个特征，其含义在各个背景之间保持不变。同时，许多表达（特别是外指和含有外指的表达）被引用时额外获得了一个更完整的意义，我们称之为内容。因此，虽然表达的特征在不同的背景之间保持不变，但其内容很可能会发生变化。此外，正如我们刚才所看到的，不同特征的表达在特定的使用场合可能会有相同的内容。

语言学家和哲学家早就意识到，对于自然语言中的某些表达的完全理解取决于它们所处背景的知识。哲学家的相关讨论至少可以追溯到 Charles Sanders Peirce（1839—1914）、Gottlob Frege（1848—1925）、Edmund Husserl（1859—1938）和 Bertrand Russell（1872—

1970）。然而，直到 20 世纪中叶，诸如 Hans Reichenbach（1947，sec. 50）、Arthur Burks（1949）、Edward Lemmon（1966）和 Yehoshua Bar-Hillel（1954）之类的哲学逻辑学家在认真研究过该问题后，才真正认识到了给外指表达式赋值和给非外指表达式赋值的方式是有区别的。突破发生在 20 世纪 60 年代末，当时逻辑学家 Richard Montague（1968；1970c）认识到模态逻辑的模型理论可以用来处理这些问题。结果，一些哲学逻辑学家详细地解决了外指的问题，其中最著名的是 Max Cresswell（1973）、David Kaplan（1978—1979）、David Lewis（1975）和 Robert Stalnaker（1974；1978）。不过，我们没有足够的空间在这里展示他们的解决方法。

哲学家不是唯一对外指感兴趣的学者。外指也受到语言学家的关注。因此，尽管该问题在 20 世纪上半叶被语言学家如 Karl Bühler（1934）和 Henri Frei（1944）注意到，但在 20 世纪的后三分之一时期，Charles Fillmore（1971）和 John Lyons（1977）才开始对它们进行更系统的研究，在此我们仅提及这两个人物，下面谈谈他们的观察结论。

每一种自然语言都包含话语产生的背境。尽管语言在处理方式上有所不同，但它们关于背景的框架在很大程度上是相同的。通常情况下，该背景包括"至少两个参与者，其中一个参与者沿着声音 – 听觉通道（vocal-auditory channel）在语音介质中发送信号，所有参与者都处于相同的实际情况下，能够看到对方并感知其话语的相关语言特征，每个人依次扮演发送者和接收者的角色"（见 Lyons（1977，637））[⊖]。

所有的框架都一致以话语的时间和位置为起源。因此，话语自然而然地把它的上下文环境分为之前的话语和之后的话语。此外，话语时间自然地将事件分为话语事件之前的事件、话语事件之后的事件及和话语事件同时发生的事件。此外，在其他参与者处于从属地位的场景中，产生话语的人具有特权角色。说话者的实际位置是一个自然起源，根据这个自然起源，可以将事物分为近的或远的两类。此外，这些角色随着说话人的变化而变化。我们将看到不同的表达式和背景是如何需要参考不同坐标的知识才能让我们理解它们的内容的。特别是，我们将看到各种角色是如何表达的，以及事物是如何在时间和空间上与起源相关的。在4.2.1 节到 4.2.4 节中，我们将研究英语的外指表达。

4.2.1 人称

我们从语法人称的概念开始。person 这个词来自拉丁语单词 persona（mask），拉丁语法学家用它来翻译希腊语中的戏剧角色（见 Lyons（1977，638））。

当一个句子被说出时，这个句子的说话人扮演着说话人的角色。说话人用来指代自己的代词是第一人称代词。话语指向的人是受话人，说话人用来指代该人的代词是第二人称代词。如果只有一个受话人，则代词以单数形式使用；如果有多个受话人，则代词以复数形式使用。

背景中没有被对话的其他人则扮演旁观者的角色。可以用第三人称代词来指代他们。这可以由说话人在引入相关人员时完成。例如，一个人可以指着人群中的一个人说：

(8)　He is a friend of mine.

然而，指示用法有时不需要特别说明。有时，从语境中可以很明显地看到所指对象。一个到达事故现场的医生可以很容易地询问一个受伤妇女的情况，只需询问一下：

⊖　该组织还可以包括参与者之间的社会地位（见 Allan（1986, chap. 1.3）和 Lyons（1977, chap. 14.1–14.2））。

(9)　　How is she?

事实上，正如 Geoffrey Nunber（1993，23）所观察到的那样，被指带对象可能是遥远的。穿过泰姬陵，一个人说：

(10)　　He certainly spared no expense.

不需要任何对第三人称代词的特殊说明，便能指代委托建设泰姬陵的统治者 Shah Jahān（1592—1666）。

　　为了说明人称代词的外指性质，考虑句子（11.1）。

(11.0)　　Napoleon Bonaparte is the emperor of France.

(11.1)　　I am the emperor of France.

(11.2)　　You are the emperor of France.

(11.3)　　He is the emperor of France.

它们是否表达了正确的含义取决于谁在扮演什么角色。如果说话人是 Napoleon Bonaparte（1769—1821），那么句子（11.1）是正确的。如果受话人是 Napoleon Bonaparte，那么句子（11.2）是正确的。如果 Napoleon Bonaparte 是代词 he 的指代者，那么句子（11.3）是正确的。很明显，正如希伯来老师的故事所表明的那样，一个人必须有正确的观念，才能完全理解任何含有人称代词的句子。

　　人称代词并不是语法中表示人称的唯一方式。在语法中，人称也可以通过动词变化来表示。在拉丁语等语言中，使用动词变化来表示人称的现象尤其明显。下面的动词范例是针对动词 amāre（to love）的现在时主动语态。

	单数	复数
第一人称	am-**o**	amā-**mus**
	I love	**we** love
第二人称	ama-**s**	amā-**tis**
	you love	**you** love
第三人称	ama-**t**	ama-**nt**
	he loves	**they** love

如英语译文所示，拉丁语动词的结尾（除其他含义外[⊖]）可表示语法中的人称。英语动词除了第三人称单数外，其他动词结尾几乎不表示语法中的人称。事实上，拉丁语的动词词尾语法表示人称的能力是如此之强，以至于拉丁语中不是任何子句都需要有主语，而英语要求所有有限子句都要有主语。因此，拉丁诗人 Marcus Valerius Martialis（约40—103）可以说出下面缺少任何对应于主语的名词短语的陈述句。

(12)　　odi　　　profanum　　vulgus.
　　　　I hate　　common　　　crowd

然而它的英语译文不能缺少主语名词短语。

(13.1)　　I hate the common crowd.

(13.2)　　*hate the common crowd.

[⊖]　反义语素编码不同的信息，更多讨论见 Lyons（1968，chap. 5.3；1977，639）。

在其他语言中，动词的反义语素可能与动词的宾语或间接宾语具有相同的人称。

4.2.2 时间顺序

表达事件的句子通常隐含表示事件发生的时间和话语表达时间之间的关系。只有三种可能的时间关系：被表达事件的发生时间与表达事件的话语时间是同一时刻，被表达事件的发生时间早于话语时间，被表达事件的发生时间晚于话语时间。我们将这些时间关系称为语法时态（grammatical tense），并将它们区分为现在（present）、过去（past）和将来（future）。此外，我们区分了语法时态和形态时态（morphological tense），形态时态指的是动词的形式。正如即将看到的，语法时态和形态时态只是大致相关的。

这三种时间关系或语法时态可以通过动词的结尾变化来表达，从而产生各种形态时态（见 Levinson（1983，76–78））。

(14.1) Napoleon Bonaparte *is* the emperor of France.
True, if uttered in 1805.
False, if uttered in 1822.

(14.2) Napoleon Bonaparte *was* the emperor of France.
True, if uttered in 1822.
False, if uttered in 1804.

(14.3) Napoleon Bonaparte *will be* the emperor of France.
True, if uttered in 1799.
False, if uttered in 1815.

动词有不同的形态时态，因此在出现动词的句子中所表达的内容的时间是根据句子的说话时间来排序的。

需要强调的是形态时态和语法时态之间的关系不是简单的关系。一个子句中动词的现在时态要求子句表达的内容在子句发出时获得，一个子句中动词的过去时态要求子句表达的内容在子句发出前获得，子句中动词的将来时态要求子句所表达的内容在子句发出后的某个时间获得。

因此，举例来说，动词为一般现在时的子句用于表达永恒的或暂时的真理。

(15.1) A quadratic equation *has* at most two real-valued solutions.

(15.2) Water *is composed* of two hydrogen atoms and one oxygen atom.

现在进行时句子中的动词可以用来表达将来的事实。

(16) Colleen *is leaving* for Boston tomorrow.

这三种基本的时间关系以及其他更具体的时间关系，都可以用副词来表达[一]。例如，副词 now 把句子表达的事件与句子的发出时间联系起来。副词 then 把所表达的事件与所发生的句子的发出时间以外的任何时间联系起来。其他时间副词包括 later、earlier、recently、today、tomorrow、yesterday 等。此外，即使是星期几也可以表示背景时间和所表达内容时间之间的时间关系[二]。

(17.1) Bill arrives *on Monday*.
Monday is the first Monday after the day of the utterance.

⊖ 更多信息请查询 Anderson and Keenan（1985）。

⊖ 见 Leech（1970, chap. 7.1.4），另见 Kamp and Reyle（1993, chap. 5.2, esp. 546, 613–635）。

(17.2)　　Bill arrived *on Monday*.
　　　　Monday is the first Monday preceding the day of the utterance.

(17.3)　　Bill will arrive *on Monday*.
　　　　Monday is the first Monday after the day of the utterance.

语法时态还可表达体态。体态是指动词所表示的动作是否被认为是完整或不完整的，完整动作的形态时态被称为完成（perfect）时，不完整动作的形态时态被称为未完成时态（imperfect）或进行时态（continuous/progressive）。（如需英文示例，请参阅 3.2.1.3 节。）古希腊和拉丁语法学家以及印度语法传统都研究了语法时态的这些性质。但是，用来处理语法时态和体态的关键思想出现在 20 世纪中叶的 Hans Reichenbach（1947）和 Arthur Prior（1914—1969）中，其中借鉴了中世纪欧洲逻辑学家（Prior（1957））的思想。此外，处理语法时态和体态的关键思想也出现在 Donald Davidson（1967）中。更恰当的语言处理方法始于 David Dowty（1979），采用了 Prior（1957）中的方法，另外 Hans Kamp 则采用了 Reichenbach（1947）中的方法。有很多工作都是基于 Davidson 的开创性论文，并以事件语义学（event semantics）的名称命名，其中一项系统化工作出现在 Parsons（1990）中。

4.2.3　空间位置

说话者的实际位置也是一个自然信息，根据这个自然信息，可以将事物分为近的或远的两类。这种分类反映在指示代词 this 和 that 以及副词 here 和 there 的区别上。

假设 Steve 和 Jeff 是朋友，他们在一个聚会上互相交谈。假设 Steve 在聚会上有一个同事，他想把这个同事介绍给 Jeff。一方面，如果同事面对他们并且在正常范围内进行谈话，那么 Steve 说句子（18.1）就是合适的，说句子（18.2）就不合适。另一方面，如果同事背对着 Steve 和 Jeff 在房间的另一边，那么单独说句子（18.2）是合适的。

(18.1)　　*This* is my colleague.

(18.2)　　*That* is my colleague.

副词 here 和 there 也有类似的对比。

(19.1)　　*Here* is my colleague.

(19.2)　　*There* is my colleague.

或者考虑一位母亲警告她的孩子不要吃棒棒糖。如果棒棒糖在母亲手中，则句子（20.1）是合适的，句子（20.2）就不合适；但是，如果棒棒糖在她所对话的孩子手中，则句子（20.2）是合适的。

(20.1)　　Don't eat *this* lollipop.

(20.2)　　Don't eat *that* lollipop.

然而，指示词的选择并不总是互斥的。假设棒棒糖在孩子和母亲面前的桌子上，并且与他们的距离相同。那么这两种指示语都可以使用，并且没有明显的意义差别。

需要注意的是，指示代词也可以用来代指事件。如果事件的发生时间在说话时间之前或与说话时间同时发生，则指示代词 that 是合适的；而如果事件的发生时间在说话时间之后，则指示代词 this 是合适的：

(21.1)　　*That* is an amazing stunt.

(21.2)　　*This* is an amazing stunt.

有些副词还允许指代即将发生的事件。例如，我们可以用副词 so 和 thus 来指代将来的动作。

(22.1)   One shuffles cards *so*.

(22.2)   One holds chopsticks *thus*!

除了指示性形容词 this 和 that、它们的代词对应词以及位置副词 here 和 there，对于某些动词，还需要了解背景中的空间关系。考虑动词 to go 和 to come。第一个意味着，主语所表达的内容在说话时离开了说话人所处的位置，而第二个意味着，主语所表达的内容在说话时到达了说话人所处的位置。

(23.1)   Bill went.

(23.2)   Bill came.

当这些动词后面跟着位置补语时，例如在，

(24.1)   Bill went to the airport.

(24.2)   Bill came to the airport.

含有它们的句子分别意味着，说话人在说话时不在或者在位置补语所表达的位置。

4.2.4   深入细节

有些外指表达式狭义地限定其在某个背景中所能表示的特征，其他表达式则没有如此狭义的限定。考虑句子（25）分别在两种情况下说。

(25)   He is my best friend.

在第一个背景中，Alice 和 Bill 在一个房间里交谈。另外一个房间里还有 Dan 和 Carol 两个人，他们在房间的另一边一起站着。Alice 对 Bill 说句子（25）。在这种情况下，Alice 明确地对 Bill 说 Dan 是她最好的朋友。在第二个场景中，Alice 和 Carol 在同一个房间里交谈。房间里还有 Bill 和 Dan 两个人，他们站在房间的另一边。Alice 说出句子（25），但我们不能确定她对 Carol 说的是 Dan 就是她最好的朋友。我们无法从背景中看出她想和 Carol 交流的是 Dan 是她最好的朋友还是 Bill 是她最好的朋友。然而，如果在第二个背景中，Alice 指向 Dan，朝着 Dan 的方向点头，或者将目光转向 Dan，这样她的姿势对 Carol 来说是很清楚的，那么她说的就是 Dan 是她最好的朋友。因此，我们看到说话人可以以这样的方式修改所处的背景，以便使外指表达式成功地表达出实体的真正含义。

请注意，无论说话人对某一背景做了多少修改，都不能使单数第一人称代词指代除说话人以外的任何人，或使第二人称代词指代除所对话的人以外的任何人。因此，例如在 Dan 与 Paul 说话的场合，Dan 不可能使用单数第一人称代词 I 来指代 Paul，也不可能使用第二人称代词 you 来指代自己。

写作是四千多年前发明的。它对文明产生了巨大的影响，也对如何使用外指表达式产生了影响。在说话时，说话的背境与理解的背境是相同的，而写作的出现使这种物理上的限制被克服了。十分突然地，一些信息可以在一个时间表达却在另一个时间理解。换言之，写下某件事的时间不必与理解它的时间相同。

让我们考虑一个常见的例子。人们在办公室的门上贴便条是一种常见的做法。考虑一下写在便条上的这个句子：

(26)   I shall be back in one hour.

这个信息传达了什么？写这个便条的人会在写下一个小时之后回到此地。如果此人在 2000 年 4 月 1 日中午写了这个便条，那么这个便条的内容将是，此人将在 2000 年 4 月 1 日下午 1:00 之前回到其办公室。

让我们把这个信息与另一个信息进行比较。

(27)　Come back in one hour.

它所传达的信息是，阅读信息的人应在一小时内返回信息所在的位置。如果有人在 2000 年 4 月 1 日下午 1:00 阅读信息，则信息内容是，他应在 2000 年 4 月 1 日下午 2:00 返回办公室。

因此，在第一种情况下，消息的内容与它被写下的时间相关联，而在另一种情况下，则与它被读取的时间相关联。然而在英语语法中，没有任何东西能够让人们把所计划的特征赋给每一个句子。再考虑句子（26）。这句话可以在放在门上之前的任何时候写在纸上，可能是几分钟到几年前。毕竟，如果一个人经常在正常工作日离开办公室一个小时，那么他只需要提前准备一张便条并在离开办公室时将其固定在门上就不无道理了。所以，相关的不是写便条的时间，而是使用便条的时间。

在句子（27）中，它放在门上的那一刻就是它投入使用的那一刻。但是，来访者不知道这个时间是什么时候。尽管访客无法掌握其内容，但访客可以掌握足够的信息使其变得有用。访客知道该人在他进门前离开了，于是得出"如果该人信守诺言，他将在访客读到便条后的一小时内回来"的结论，同时得出"该人不在的上限是访客读到便条后一小时"的结论。

练习：背景和外指

1. 以下句子被认为是自相矛盾的，解释为什么它们是矛盾的，提供证据支持你的解释。

　（a）I am not speaking.　　　（b）I am dead.　　　（c）I do not exist.

2. 考虑下面的句子。解释一下为什么在某个办公室门上的这句话并不像人们所希望的那样提供信息。

　I'll be back in 5 minutes.

3. 写出三个句子，不依赖背景就能使它们被完全理解。

4. 解释一下下面这个笑话的幽默之处，为你的解释提供证据。

　　Two mountain climbers are on the top of a mountain wondering where they are. One of them looks at his map. Suddenly, he exclaims, while pointing to a distant peak: *I know where we are! We are on that mountain over there.*

5. 解释为什么无论何时句子 I am not here 被某人说出来时都是错误的，而在答录机上却可以是正确的也可以是错误的。

6. 使用背景和外指的概念，解释下列句子中的指向角色：

　（a）You [pointing to A], you [pointing to B] and you [pointing to C] are fired.（Levinson 1983, 65–66）

　（b）He [pointing to A] is not the duke, he [pointing to B] is. He [pointing to A again] is the butler.

　　（Levinson 1983, 65–66）

4.3　语境：内指与省略

　　至少有两种众所周知的方式可以使表达式的一部分依赖于另一部分进而正确地被理解。一种方法是让一个表达式包含一种特殊的词，这种词的完全理解取决于一个人对前一个语境中另一个表达式的理解。第三人称代词是一种典型的依赖性表达。例如，考虑句子（28.1），当它出现在句子（28.2）中时。

(28.1)   He was driving it today.

(28.2)   Bill bought a BMW. He was driving it today.

(28.3)   Ed bought a Honda. He was driving it today.

想象一下 Reed 和 Dan 正在谈论他们的朋友 Bill，Dan 对 Reed 说句子（28.2）。进一步，想象邻居 Paul 只听到句子（28.2）中的第二句话，没有听到第一句话，那么他对第二句话的理解就不如 Reed。当 Reed 听到句子（28.2）的第二句话时，他知道 Bill 那天开的是 Bill 自己买的宝马；而当 Paul 听到第二句话时，他没有听到其他的话，所以只知道那天有人在开着什么车。此外，请注意，根据 Reed 之前听到的是句子（28.2）中的 Bill bought a BMW 还是句子（28.3）中的 Ed bought a Honda，他在听到第二句话时的理解有所不同。

我们将这种依赖性称为内指（endophora），将表现这种依赖性的词语称为内指词（endophor）或形式词（proform）。我们将看到，有些内指词不是代词，也不是所有代词都是内指词[⊖]。

理解一个表达式依赖于理解其语境中的另一个表达式的另一种形式是省略（ellipsis）。句子（29.1）中的表达式就是一个例子。

(29.1)   Ed a Porsche.

(29.2)   Bill bought a BMW and Ed a Porsche.

(29.3)   Bill sold a BMW and Ed a Porsche.

再假设 Dan 正在和 Reed 谈话，Dan 说出了句子（29.2）。再假设邻居 Paul 只无意中听到了句子（29.2）中与句子（29.1）中相同的部分。

现在 Reed 听到句子（29.2）中的话时，即 Ed a Porsche，他便明白 Ed 买了一辆保时捷。但是当 Paul 听到 Ed a Porsche 时，他不知道 Ed 买了一辆保时捷，他最多知道 Ed 和保时捷之间有某种关系。造成这种理解差异的原因是 Reed 听到了 Bill bought a BMW，而 Paul 没有听到。事实上，Reed 所理解的对应于一个子句，这个子句可以借助于前一个子句中出现的一个表达式，即动词 bought，重新构建非子句 Ed a Porsche。此外，如果 Reed 听到了句子（29.3），他在听到句子（29.1）时就会有不同的理解。他会明白不是 Ed 买了一辆保时捷，而是他卖了一辆保时捷。

注意句子（29.1）中的表达不是正确的英语成分表达。此外，它本身无法传达一个命题、一个问题或一个命令。然而，当前面有一个表达命题的子句时，如句子（29.2）和句子（29.3）所示，那么它也可以表达一个命题。此外，句子（29.1）中的非连续成分所表达的内容随着前一句所表达内容的变化而变化，如句子（29.2）和句子（29.3）所示。最后，当句子（29.1）中的非连续成分前面有一个合适的子句时，该非连续成分所表达的命题由在该非连续成分中插入从前面的子句中获得的动词来表示。

对这个例子进行概括并将省略描述如下。一个表达式在下面这种情况下是省略的一个例子：尽管它有一些组成成分，但是它不是完整的；它本身不能传达一个命题、命令或问题；在存在适当的上下文组成成分的情况下，它确实可以传达一个命题、命令或问题；在存在适当的上下文组成成分的情况下，它所传达的内容可以用由省略的部分成分和上下文中的其他成分构成的表达式来表达；以及非连续成分所表达的内容随着上下文所表达内容的变化而

⊖   我们避免使用原为古希腊语语法的照应词（anaphor），因为在许多语言学理论中，照应词的意义比在这里使用的内指词的意义窄。

变化。

内指和省略是不同的，因为含有内指的成分本身并不被认为是不完整的，而含有省略的成分则被认为是不完整的。因此，例如，判断句子（28.1）不存在缺陷，而判断句子（29.1）中的句子则存在缺陷。同时，形式词和省略词是相似的，因为要完全理解包含形式词或省略词的表达式，就需要理解它的上下文中的相关部分。我们称上下文中帮助我们了解句意的相关必要部分为先行词（antecedent）。然而，正如我们将看到的，在许多情况下先行词确实先于内指部分，但情况并非总是如此。尽管这样，我们还是要坚持这个广泛使用的传统术语。我们将内指部分与其先行词的关系称为先行关系（antecedence）。后文将通过强调这种关系来表明这一点。4.3.1 节和 4.3.2 节简要介绍了先行关系的各种形式。

4.3.1　内指

内指词或形式词包括各种表达。第三人称代词是最为人熟知的。此外，还有指示代词和不定代词 one。但是形式词不仅仅限于代词：其限定词为指示形容词或定冠词的名词短语也可以是内指词。事实上，至少有一个副词的和至少一个形容词的也是形式词。

不仅形式词不能对应于单一的成分，形式词的先行词也不能。内指第三人称代词的先行词包括名词短语、修饰名词、动词短语和从句。名词短语和子句也可以作为内指指示词和限定名词短语的先行词。尽管形式词的先行词是从子句、名词短语和动词短语等不同的句法类别中提取出来的，但它们都是组成成分。

让我们详细地看看各种形式词和它们的先行词。第三人称代词可能是最容易想到的形式词。它们经常用名词短语作为先行词。名词短语可以是简单的，仅由单独的专有名词组成，也可以是复杂的，由名词、限定词和各种修饰词组成。

(30.1)　　[NP Max] entered the room. After five minutes [NP he] left.

(30.2)　　[NP A man wearing a strange hat] entered the room. After five minutes [NP he] left.

而第三人称代词的先行词通常出现在代词之前，但是情况并不总是这样。

(31.1)　　When [NP Max] returned, [NP he] went straight to bed.

(31.2)　　When [NP he] returned, [NP Max] went straight to bed.

(32.1)　　You may not see [NP him], but [NP your father] is watching you.

(32.2)　　[NP Its] name does not feature prominently in tourist guides, but [NP Lausanne] is one of the prettiest cities in Europe.

第三人称代词的复数形式通常只有一个名词短语作为先行词，但事实也不一定如此。当有一个以上的名词短语作为先行词时，它们被称为分裂先行词（split antecedent）。

(33.1)　　[NP Madge] wants to go to Majorca for [NP their] holidays, but [NP her husband] won't go there.

(33.2)　　[NP Bill] told [NP Mary] that [NP they] should leave.

事实上，先行词的关系是相当复杂的。

(34)　　[NP Each girl in the class] told [NP a boyfriend of [NP hers]] that [NP they] should meet [NP each other] for dinner.

在这里，代词的先行词 they 被分为主句的主语名词短语 each girl in the class，以及它的间接宾语 a boyfriend of hers。间接宾语本身包含代词 hers，其先行词也是主句的主语名词短语。此外，代词 they 也作为相互代词 each other 的先行词。

名词短语并不是第三人称代词唯一的先行词成分。特殊情况下，子句可以作为单数人称代词 it 的先行词。

(35.1)   [S My boss gave me a raise]. I can't believe [NP it].

(35.2)   Even the people who believe [S John is a spy] publicly deny [NP it].

代词 it 的子句先行词可能在代词之后。

(36.1)   I can't believe [NP it]. [S My boss gave me a raise].

(36.2)   Even the people who believe [NP it] publicly deny [S John is a spy].

(36.3)   You may not realize [NP it], but [S Hesperus and Phosphorus are the same planet].

动词短语也可以作为代词 it 的先行词。

(37.1)   First, John [VP fell into the lake]. Then [NP it] happened to Bill.

(37.2)   People who [VP take drugs at an early age] later regret [NP it].

注意句子（37.1）中代词 it 的先行词不能是前一个子句，因为 it 不是 John's falling into the lake that happened to Bill，而是 falling into the lake that happened to Bill。

有一些非人称代词是内指词，不定代词 one 是其中一个⊖。

(38.1)   [NP Clean towels] are in the drawer, if you need [NP one].

(38.2)   This [N coat] is more expensive than the [NP ones] I saw in the market.

(38.3)   The [N man] who saves his money is wiser than the [N one] who spends his.

一般来说，第三人称代词和不定代词之间是有区别的。例如，考虑以下两个句子：

(39.1)   Alice bought [NP a car] and Bill also bought [NP one].

(39.2)   Alice bought [NP a car] and Bill also bought [NP it].

第一句话的事实是 Alice 和 Bill 购买了不同的汽车。事实上这就是十分明显的解释。然而，第二句话的事实与 Alice 和 Bill 买了不同的车不相容：唯一的解释是，他们买的是同一辆车。

有趣的是，有些情况下，it 像 one 一样允许代词和先行词指代不同的事物。

(40.1)   A lizard that loses [NP its tail] often grows [NP it] back.

(40.2)   A lizard that loses [NP its tail] often grows [NP one] back.

其他可以用作内指词的非人称代词是指示代词。它们的先行词可以是完整的子句。

(41.1)   [S Columbus reached the New World in 1492], but [NP this/that] did not convince anyone that the earth is round.

(41.2)   [S George Bush became president] and [NP this/that] in spite of the fact that he received less than a majority of the vote.

前面的例子表明 this 和 that 是可以互换的。但事实并非如此，首先，代词 this 可以在其先行词之前，而 that 不能。

⊖ 对代词 one 的词类及其先行词存疑，我们在此忽略。

(42.1)　　[NP This] is what we shall do: [S cancel classes …]

(42.2)　　*[NP That] is what we shall do: [S cancel classes …]

此外，即使 this 和 that 都继承了它们的先行词并且都可以使用，如句子（43.1）和句子（43.2）所示，它们在意义上仍然存在细微的差别，这区分了这两个代词的使用。

(43.1)　　[S Bill is sick]. [NP This] makes him irritable.

(43.2)　　[S Bill is sick]. [NP That] makes him irritable.

要看出区别，请考虑两种情况。两种情况都涉及 Bill 和他的两个雇员，其中一个正在和另一个谈论 Bill。在第一种情况下，Bill 在他的办公室，两个雇员即将进入。在第二种情况下，Bill 在家，他请了病假，两个雇员在上班。句子（43.1）更适合第一种情况，而句子（43.2）更适合第二种情况。

到目前为止，我们一直在考虑先行词是子句的单数指示代词的用法。然而，先行词也可以是名词短语。

(44)　　His name isn't really [NP Rex]. He just calls himself [NP that].

事实上，当指示词是名词短语限定词时，先行词通常是名词短语。

(45.1)　　[NP Ed] is coming to dinner. I detest [NP that man].

(45.2)　　I saw Fred in [NP his new sombrero]. [NP That/This hat] is really something.

在这种情况下，指示名词短语中的名词比其先行名词短语具有更广泛的指称。

不仅子句和名词短语可以作为指示代词的先行词，动词短语也可以。

(46.1)　　We shouldn't ask Mary [VP to bring a cake], since John has already volunteered to do [NP that].

(46.2)　　Do you [VP smoke or drink], or do you abstain from [NP these things]?

限定性名词短语也可能有先行词。与具有先行词的指示性名词短语一样，限定性名词短语中的名词比其先行名词短语具有更广泛的指称。

(47.1)　　I never drink [NP milk]. I can't stand [NP the stuff].

(47.2)　　Fred applied for [NP the job with DOW], and George applied for [NP the same one].

带有先行词的限定性名词短语的一个特别普遍的使用方法是，修饰限定性名词短语。

(48.1)　　[NP Tom] brought me those flowers yesterday, [NP the sweetie].

(48.2)　　After [NP John] pushed me into the pool, [NP the bastard] ate my sandwich.

副词 so 也是一个内指词。它的先行词可以是子句、动词短语和形容词短语，甚至是状语短语。

(49.1)　　Though Bill won't say [AdvP so], [S he is quite good at poker].

(49.2)　　Fred [VP wants to go to Spain], and [AdvP so] does Tom.

(49.3)　　Paul was [AP generous] as a child and he has always remained [AdvP so].

(49.4)　　Carol behaved [AdvP very defensively] yesterday, but she does not always [AdvP so] behave.

不过请注意，副词 so 的内指用法与代词 it 和 that 重叠。

(50.1)   Though Bill won't say [AdvP <u>so</u>], [S <u>he is quite good at poker</u>].

(50.2)   Though Bill won't say [NP <u>it</u>], [S <u>he is quite good at poker</u>].

(51.1)   We shouldn't ask Mary [VP <u>to bring a cake</u>], since John has already voluntccred to do [AdvP <u>so</u>].

(51.2)   We shouldn't ask Mary [VP <u>to bring a cake</u>], since John has already volunteered to do [NP <u>that</u>].

然而，副词 so 不能与 it 或 that 互换。

(52.1)   Though Bill won't admit [NP <u>it</u>], [S <u>he is quite good at poker</u>].

(52.2)   *Though Bill won't admit [AdvP <u>so</u>], [S <u>he is quite good at poker</u>].

(53.1)   Since John has volunteered to do [AdvP <u>so</u>], we shouldn't ask Mary [VP <u>to bring a cake</u>].

(53.2)   *Since John has volunteered to do [NP <u>that</u>], we shouldn't ask Mary [VP <u>to bring a cake</u>].

另一个是内指词的副词是 there。

(54)   Alan went to [NP <u>Bujumbura</u>] and stayed [AdvP <u>there</u>] a week.

最后，形容词 such 是一个内指词。

(55)   John [VP <u>got drunk at his own birthday party</u>]. His wife detests [NP <u>such behavior</u>].

上面回顾了形式词的多样性，包括代词、形容词和副词，每一种形式都可能或必须有一个先行词，以便能够完全理解形式表达的含义。我们没有回顾的是有助于确定某成分是否可以作为形式词先行词的句法模式。我们确实注意到，虽然在某些情况下，一个成分的形式是它作为形式词先行词的必要条件，但它通常不是一个充分条件。此外，正如我们还指出的那样，与术语先行词字面的意思相反，某成分不一定先于形式词出现才能成为其先行词。从 20 世纪六七十年代开始，某成分作为形式词先行词的句法条件成为许多句法研究和分析的中心。

我们也没有讨论一个伴随而来的语义问题：作为形式词先行词的成分的值如何决定形式词的值？这个问题最初是由哲学家提出的，比如 Willard Quine（1908—2000）（见 Quine（1960，sec.28））和 Peter Geach（1916—2013）（见 Geach（1962，sec.68 and 84）），他们注意到了传统语法中代词代表先行词的假设的不足，这种假设可以追溯到古希腊和古罗马。因此，句子（56）中第一句是关于名词短语 Alice 作为形式词 she 的先行词的，这一对句子中的第二句正确地解释了上述关系：

(56.1)   *Alice* believes that *she* is smart.

(56.2)   *Alice* believes that *Alice* is smart.

(57.1)   *Each girl* believes that *she* is smart.

(57.2)   *Each girl* believes that *each girl* is smart

而句子（57.2）表明名词短语 each girl 是形式词 she 的先行词，这并没有正确地解释句子（57.1）的含义。这种解法是把代词当作逻辑上的变量来对待的（变量将在第 11 章中介绍和解释）。随后的研究表明，即使是使用第三人称代词的情况也要复杂得多。

练习：内指

1. 在下面的每一句话中，找出内指的表达和它们的先行词。用证据证明你的观点。

（a）If I realize later that I have made a mistake, I shall tell you so.

（b）I can't believe it. They have given me a raise.

（c）Fred dropped by yesterday to borrow a tool. The man just does not seem to have any tools of his own.

（d）I don't like it when it rains.

（e）A viscid atom and a dry one form a pair.

（f）People who see the movie first usually regret doing so.

（g）Fred wants a new toy for Christmas, and George wants the same thing.

（h）One knows just by seeing it that a cat is on the table.

（i）John is a Republican and proud of it.

（j）Can you tell a good inference from a bad one?

（k）If someone touches my computer, I'll know it.

（l）The gems that are bright are so rendered by polishing.

（m）Bill got a job. He is very happy about it.

（n）He will go far, if circumstances favor him.

　　Il ira loin si les circonstances le favorisent. $^{\ominus}$

（o）For those of you who have children and don't know it, there is a nursery down-stairs.

（p）Bill often behaves imprudently, but he does not always behave thus.

2. 想想形式词 one。利用你在第 3 章学到的关于成分的知识，辩证性地讨论这个代词的先行词是句子成分的假设。

4.3.2　省略

　　4.3.1 节讨论的形式词的使用需要一些表达式对——一个形式词和一个或多个先行词，其中对形式词的表示的正确理解取决于对其先行词的正确理解。省略也涉及先行词。但是与形式词不同的是，省略不是一个显式表达式，而是一个隐式表达式。

　　考虑以下句子：

（58）　Colleen is eager to eat and Evan is too.

请注意，Coleen is eager to eat 这一表达形成了一个子句，而且就其本身而言，相对于某些固定的评估情况它可以被判断为真或假。Evan is too 这一表达似乎不构成子句，而且就其本身而言，相对于某些固定的评估情况它既不能被判断为真，也不能被判断为假。然而，如果将 eager to eat 的表达插入 Evan is too 的表达中产生 Evan is eager to eat too，其结果是一个子句，并且该子句本身相对于某些固定的评估情况可以被判断为真或假。此外，结果 Evan is eager to eat too 准确地表达了 Evan is too 相对的上下文。

　　接下来，我们将研究六种省略形式：动词空位（gapping）、疑问省略（interrogative ellipsis）、动词短语省略（verb phrase ellipsis）、系动词补语省略（copular complement ellipsis）、附加并列（appended coordination）和名词性省略（nominal ellipsis）。

　　我们从动词空位开始。虽然并非总是如此，但通常在下列情况下会出现动词空位：一个

　　$\ominus$　Napoleon 在巴黎高等军事学院的历史教授在他的 *carnet de notes* 中写道。

独立的子句后面跟着一个表达式，尽管这个表达式本身不构成一个完整成分，但它包含两个成分，这两个成分中任何一个都不是另一个的成分。这两个成分中的第一个对应于前一个子句中的初始成分，第二个对应于前一个子句的最终成分；省略点或动词空位出现在子句后面两个成分之间的地方；子句的初始成分和最终成分之间的表达式是动词空位的先行词。例如，在句子（59.1）中，名词短语 Susan 和 the play 不构成完整成分，但是名词短语 Susan 对应于前一句中的第一个短语 Peter，名词短语 the play 对应于前一句中的最后一个短语 the movie。

(59.1)   Peter <u>saw</u> the movie and Susan __ the play.

(59.2)   The man <u>had immigrated to Canada</u> many years ago, his wife __ only last year.
          (基于 Payne and Huddleston (2002, [8] iii))

(59.3)   Alice <u>expected to receive</u> an A, Bill __ merely a C. (基于 Payne and
          (Huddleston 2002, [13] i))

(59.4)   The towns <u>they attacked</u> with airplanes and the villages __ with tanks. (Quirk
          et al. (1985, 975))

正如最后两个例子所表明的那样，作为动词空位先行词的表达式不必是一个成分，尽管位于动词空位两侧的是成分，并且与前一子句的初始成分和最终成分属于同一类别。

省略处之后也可以有两个独立的成分，省略处也可以有两个，一个在最后而另一个不在。

(60.1)   Ed <u>had given</u> me [NP earrings] [PP for Christmas] and Bob __ [NP a necklace]
          [PP for my birthday]. (Payne and Huddleston (2002, [12]))

(60.2)   Carl <u>wanted</u> the Canadian <u>to win</u>, Fred __ the American __ . (基于 Payne and
          Huddleston (2002, [13] ii))

省略的第二种形式是疑问省略，通常称为截省（sluicing）。此时先行词是一个完整的子句。省略可以是代表独立子句的疑问句的组成成分：

(61)   A: Ed bought a <u>Mercedes</u>.
        B: Where __?

也可以是代表间接疑问句的组成成分。

(62)   The people who understand how <u>Fred killed himself</u> don't know why __.

省略的第三种形式是动词短语省略。之所以如此，是因为动词短语（无论是限定动词还是非限定动词）都能充当省略的先行词。省略的前面紧跟一个简单的助动词或介词 to。句子（63.1）～句子（63.4）说明了所有四种情况。

(63.1)   The man who promised that he would <u>bring wine</u> will __.

(63.2)   The man who promised that he would <u>bring wine</u> will be glad to __.

(63.3)   The man who promised to <u>bring wine</u> will __.

(63.4)   The man who promised to <u>bring wine</u> was glad to __.

若省略的前句是一般现在时，助动词 to do 也应该用一般现在时。

(64)   Fred <u>likes fast cars</u>, Tom does __ too.

下面将讨论一种被称为系动词补语省略的省略形式。之所以这么称呼，是因为省略的先行词是上下文中系动词 to be 的补语。

(65.1)   Bill is a criminal lawyer and Mary is — too.

(65.2)   Bill is fond of cheese and Mary is — too.

(65.3)   Bill is in Bamako and Mary is — too.

这种省略形式不应与动词短语省略混淆。动词短语省略需要一个助动词或介词 to 在省略处的前面。一个助动词是动词 to be。但是，系动词 to be 也是非助动词动词，它必须直接出现在系动词补语省略中的省略处之前。但是，这两种省略形式还是有明显区别的，因为在动词短语省略中，省略处的先行词是动词短语，而在系动词补语省略中，先行词从来不是动词短语。

省略的另一种形式是附加并列，也称为剥离（stripping）。当将一个或两个短语附加到一个子句中时，通常会由一个诸如 and 或 but 之类的并列连词引入。在某些情况下，附加短语与前一子句中的短语相对应，这个短语所传达的内容与前一子句所传达的内容一样，只是所附加的这个短语替换了前一子句中的对应短语。举个例子会使这一点更加清楚。

(66.0)   Albert gave a book to his colleague, and — a pen —.

(66.1)   Albert gave a book to his colleague, and *Albert gave* a pen *to his colleague*.

在其他情况下，前一子句不得包含任何对应内容。

(67.1)   The speaker lectured about the periodic table, but — only briefly.

(67.2)   Fred goes to the cinema, but — seldom — with his friends.

省略的第六种形式是名词性省略（nominal ellipsis）。此时先行词表达式是一个名词短语，而省略的是一个包含相同名词的表达。

(68.1)   Colleen ate two large cookies and Evan ate three (large cookies).

(68.2)   Bill picked up Carol's coat and Ed picked up Joan's (coat).

(68.3)   An article on this topic is more likely to be accepted than a book (on it). (Payne and Huddleston (2002, 424))

(68.4)   I didn't see any of the movies, but Lucille saw some (of them). (Payne and Huddleston (2002, 424))

什么情况下是省略，而什么情况下是形式词的使用，并不总能被人们分清楚。因此，举例来说，虽然有独立的证据表明 so 是一个形式词，但没有这样的证据表明 as 和 too 也是。

(69.1)   Fred likes fast cars, Tom does — too.

(69.2)   Fred likes fast cars, as does Tom —.

(69.3)   Fred likes fast cars, and Tom does so too.

(69.4)   Fred wants to go to Spain, and so does Tom.

此外，在一种语言中用省略来间接表达的东西在另一种语言中则可能必须使用形式词。例如，法语要求在句子（70.1）所示结构中使用代词 le，并且不允许在其位置使用省略，而英语对应词则要求使用省略，并且不允许使用代词。

(70.1)   Le racisme, si vous n'y mettez pas fin, qui le fera?
          *Le racisme, si vous n'y mettez pas fin, qui fera —?

(70.2)   *Racism, if you don't put an end to it, who will do it?
          Racism, if you don't put an end to it, who will —?

(71.1)   Les Romains <u>aidèrent les habitants de Messine</u>, comme ils l'avaient promis.
          *Les Romains <u>aidèrent les habitants de Messine</u>, comme ils avaient promis__.

(71.2)   *The Romans <u>aided the inhabitants of Messina</u>, as they had promised to do <u>it</u>.
          The Romans <u>aided the inhabitants of Messina</u>, as they had promised__.
          The Romans <u>aided the inhabitants of Messina</u>, as they had promised to do__.

		ENGLISH	FRENCH
(72)	Speaker A:	Are you <u>tired</u> ?	Es-tu fatigué ?
	Speaker B:	Yes, I am__.	*Oui, je suis__.
		Yes, I am tired.	Oui, je <u>le</u> suis.

事实上，使用省略还是使用形式词可能只取决于语法数。在英语中，代词 one 与省略交替出现，这取决于先行词是单数还是复数。

(73.1)   My <u>computer</u> works well, but not Dan's (computer).

(73.2)   My <u>computer</u> works well, but not <u>those</u> of my assistants.

(74.1)   Mon <u>ordinateur</u> marche bien, mais pas <u>celui</u> de Daniel.

(74.2)   Mon <u>ordinateur</u> marche bien, mais pas <u>ceux</u> de mes adjoints.

这种变化也可能取决于词序。

(75.1)   Can you distinguish a good <u>argument</u> from a bad (one).

(75.2)   Can you distinguish a good (argument) from a bad <u>argument</u>.

我们刚刚回顾了英语中的多种省略形式。本节并没有试图描述那些有助于确定作为省略的先行词的句法模式。这个问题与形式词的对应问题一样，在句法文献中受到了广泛的关注。这篇综述也没有尝试描述包含省略的表达式是如何获得值的，而这也是语义学研究的中心问题。

练习：省略

1. 对于下列每一句，确定省略的形式和省略部分的先行词，并为你的观点提供证据。

（a）There was a transition from a prelogical to a logical method of argument.

（b）Carl bought a car but no one knows from whom.

（c）The lieutenant had not issued soap to the new recruits, or towels.

（d）Both a Chinese and a Tibetan translation have appeared.

（e）We have two layers of prisms, one facing one way and one the other.（Thompson（1917, 107））

（f）Ask Dan to sign the petition to end the war; he will be glad to.

（g）Every woman who wants to run for office should.

（h）Mary is fond of ice cream and Zach is as well.

（i）David got a bike for his birthday and a book and a fountain pen.

（j）A generous bumpkin will always be better than a polite egoist, and an honest boor than a refined scoundrel.（Comte-Sponville（1995, 26））

　　Un rustre généreux vaudra toujours mieux qu'un egoïste poli. Un honnête homme incivil, qu'une fripouille raffinée.

（k）We may produce cells with thick walls or with thin and cells with plane or with curved partitions.（Thompson（1917, 105））

(1) Bill cannot remember where but he recalls that he has met Carol.

（m）Instruments are of various sorts, some living, some lifeless. In the rudder of a ship a pilot has a lifeless, in the lookout man a living instrument.（Aristotle Politics（1253b27– 1253b29））

2. 下列句子中是否有省略？说明你的理由。此外，对于你认为包含省略的每个句子，确定省略之处，并指出它包含的省略形式或者确定其不包含任何已识别的形式。提供证据证明你的答案。

（a）You may buy a car with airbags or one without.

（b）A knife and fork are on the table.

（c）Ptolemy thought that Venus is farther from the Earth and Mercury closer.

（d）He takes his work seriously, himself lightly.（Shaw（1963, 74））

3. 识别下面句子中的所有内指、形式词和省略的形式，并指出它们的先行词。

（a）I do not think that generosity teaches us much about love nor the latter about the former. Je ne suis pas sûr non plus que la générosité nous apprenne beaucoup sur lui, ni lui sur elle.

（b）The police wish to know whether Bill left and if so, with whom. La police veut savoir si Guillaume est parti, et si oui, avec qui.

（c）A magnitude, if divisible one way, is a line, if two ways, a surface, and if three a body.（Aristotle, De Caelo（268a9））

（d）Gaul is, as a whole, divided into three parts, one part of which inhabit the Belgians, another the Aquitainians, a third those who are called Celts in their language and Gauls in ours.（Julius Caesar, De Bello Gallico（I.1））

4.4　语境和歧义

不应将歧义导致的句子真值变化与语境变化导致的句子真值变化混为一谈，无论歧义是由语境变化还是背景变化引起的。让我们考虑一下句子的真值可以改变的每种方式。

以下句子含糊不清：

(76)　Galileo espied a patrician with a telescope.

让句子的语境固定下来，比如说 1609 年一个人说了这个句子。让这句话的赋值环境是这样的：Galileo 正透过望远镜望着威尼斯公寓的窗外，一个贵族空手走过圣马可广场。就规定的情况而言，在固定的语境中所说的句子是否正确？正确但也不正确。就所设想的情况而言，Galileo 看不到任何一个带望远镜的贵族，因此可以判断这句话是错误的。然而，在同样的情况下，Galileo 通过望远镜观察到一位贵族，因此可以判断这句话是对的。在这种情况下，真值判断的改变源于句子的模糊性。

现在，让我们来看看一对语义清楚的句子。

(77.1)　Hans Lippershey built a telescope, and so did Galileo.

(77.2)　Hans Lippershey made spectacles, and so did Galileo.

我们结合历史情况进行判断。Hans Lippershey（1570—1610），一位德国籍的透镜制造商于 1608 年在荷兰米德尔堡定居，建造了一台望远镜。Galileo 也在 1609 年建造了一台。此外，让我们假设 Galileo 一生中从未制造过一副眼镜。那么现在句子（77.1）里的 so did Galileo 在给出的语境中是正确的，但在句子（77.2）给出的语境中则是错误的。真值的变化源于语境的变化。

接下来，再考虑一句话。

(78)　I made spectacles.

让我们留在与评估上述那对句子真实性相同的赋值环境中，但考虑两种不同的背景。如果背景是 Hans Lippershey 说出句子（78），那么这是真的。但如果是 Galileo 所说的，那么就是错误的[⊖]。

证明表达式存在语境依赖性的证据来自找到一个包含该表达的合适句子，该句子很容易被判断为正确或错误，并且在保持赋值环境不变的情况下，人们会发现可以根据语境判断它是对的还是错的。表达式含糊不清的证据来自找到包含该表达式的合适句子，该句子易于被判断为真或假，并且在保持赋值环境固定且语境不变的情况下，可以判断该句子依然可真可假。

外指的表达式可能会导致歧义：同一个表达可能既有外指的解释，也有非外指的解释。在许多语言中，left 和 right 两个方向名词正是因为这种歧义而臭名昭著。

考虑以下情况。Peter、Mary 和 John 三个人肩并肩地朝着同一个方向站成一行，如下所示，每个箭头都指示人所面对的方向。

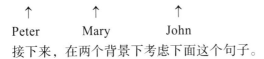

接下来，在两个背景下考虑下面这个句子。

(79)　Peter is to the left of Mary.

在第一个背景中，说话者是面对 Peter、Mary 和 John 的。

第二个背景是，人们保持原样，也就是说赋值环境保持不变，但是重新放置说话者以使他可以看到三个人的后背，如下所示：

在第一个背景下，可以判断句子（79）为真也可以判断句子（79）为假；在第二个背景下，只能判断句子（79）为真。对比第一个背景，真值判断表明该句子是模糊的，而真值判断由于背景的变化而变化表明句子是包含外指的。

让我们看看这是怎么回事。单词 left 和 right 的区别是区分人体两侧。left 这个词和 right 这个词一样，指的是一个人身体的一个侧面，这个人由名词表示，是介词 of 的宾语。这个感觉是非外指的，也就是说，它不依赖于其解释的背景。事实上，它在不同背景中是不变的。无论说话者是在三个人前面正对他们，还是在他们背后看着他们的背影，这就是一个人

判断句子（79）正确的原因。句子（79）的意思可以解释为

(80)　　Peter is to Mary's left.

同时，名词 left 也有一个外指含义，即正确解释其意义需要了解背景知识。在这个意义上，left 这个词是根据说话者对被谈论的人的定位来解释的。因此，一个人必须能够在背景中识别说话者，才能知道 Mary 的哪一面意味着什么。方位的变化会导致句子的真值发生变化。正是这个意思分别解释了第一种背景下判断为错误以及第二种背景下判断为正确的原因。

很容易为这种解释找到进一步的证据。想象一下，在背景中出现了一棵树，取代了 Mary 的位置。

(81)　　Peter is to the left of the tree.

这句话在第一个背景下判断为错误，在第二个背景下判断为正确。关于这种新的背景，只有在考虑名词 left 的外指意义时才是有意义的，因为树没有左和右。

总之，使用真值变化判断来确定句子的歧义取决于固定的情况和固定的背景，而使用真值变化判断来确定外指和内指分别依赖于背景和上下文的变化。

练习：语境和歧义

1. 想想下面的笑话，解释它们为何引人发笑。确定它是否基于歧义，如果是，确定所涉及的歧义类别。

(a) 问：Where was the Declaration of Independence signed?

答：At the bottom of the page.

(b) 问：In which state does the River Ravi flow?

答：Liquid.

(c) 问：If you throw a red stone into the blue sea, what will it become?

答：It will simply become wet.

(d) 问：How can a man go eight days without sleeping?

答：No problem, he sleeps at night.

(e) 问：How can you lift an elephant with one hand?

答：You will never find an elephant that has only one hand.

(f) 问：How can you drop a raw egg onto a concrete floor without cracking it?

答：Any way you want, concrete floors are very hard to crack.

(g) A wife asks her husband: "Could you please go shopping for me and buy one carton of milk, and if they have avocados, get six." A short time later her husband comes back with six cartons of milk. His wife asks him: "Why did you buy six cartons of milk?" He replied: "They had avocados."

2. 以下两句话出现在某公共场所的楼梯下。用你所知道的关于外指的知识来解释为什么有些人会感到困惑，而另一些人则不会。

Please, when using the stairs, stay to the right when going up, and stay to the left when going down. This will keep people from running into each other.

3. 你肯定会同意下面的论点是有些问题的。利用你对内指和外指的了解来确定其模糊性的来源，为你的判断提供证据。

A: I shall prove that you are not here.

B: Okay. Try.

A: You are not in New York.

B: True.

A: Therefore, you are somewhere else.

B: True.

A: Therefore, you are not here.

（见 Larson and Segal（1995, 225））

4.5 结论

在本章的开头，我们指出自然语言的一个表达式必须与一种在各种使用中都不变的理解相关联。但是，这种不变的理解并不意味着其在不同的使用中不能被调节。事实上，内指和外指表达式都是这种表达式的例子，虽然其在不同的使用中有不变的理解，但它们的理解也可调节。外指的不变理解是通过对其使用背景的理解来调节的，而内指的不变理解是通过对上下文的理解来调节的，特别是，通过对其先行词的理解。

练习：结论

1. 对于下面的每一个句子，确定哪些表达式是内指，哪些是外指，并说明理由：

（a）Bill thinks that we should leave.

（b）Dan lives nearby. But he is out of town this week.

（c）Last year I saw people celebrate New Year's downtown. This year I saw them do it again.

2. 考虑下文中两次出现的表达式 This email。如果有的话，这些事件中的哪一个可以同时是内指和外指的？并说明你的理由。

This e-mail contains your password to access the extranet site for assessors. You should have already received an e-mail from us that contains your username. If you have not received this e-mail, please contact the On-line Services Support Helpdesk.

3. 假设你正在看一张三个人的照片，他们面朝你，排列如下：

Bill   Peter |CHURCH >   John

（箭头表示教堂的唯一入口）。假设有人问 Bill 下列任何一个问题：

（1.1）   Who is in front of the church?

（1.2）   Who is at the front of the church?

第一个问题可以得到两个答案，第二个只能得到一个。

（2.1）   John

           Peter

（2.2）   John

解释为什么会这样，并提供必要的证据支持。

部分练习答案

4.2 节

1.（a）"I am not speaking" 这个句子包含第一人称代词，并且是现在时的。因此，它说明说话时的说话者并没有说话，但没有人能在说话时却不说话。因此，这句话永远不能说出来。

4.3.1 节

1.（a）If I realize later that <u>that I have made a mistake</u>, I shall tell you <u>so</u>.

如果一个人把 that I have made a mistake 改为 that I have understood the issue，那么他所说的将从说他犯了错误变为说他已经理解了这个问题。

(c) <u>Fred</u> dropped by yesterday to borrow a tool. <u>The man</u> just does not seem to have any tools of <u>his</u> own.

如果一个人把 Fred 改成 Bill，那么 the man 指的就是 Bill，而不是 Fred，his 也一样。

(e) A viscid <u>atom</u> and a dry <u>one</u> form a pair.

如果一个人将 atom 改为 leaf，那么 one 指的是一片叶子而不是一个原子。

(g) Fred wants <u>a new toy</u> for Christmas, and George wants <u>the same thing</u>.

如果一个人把 a new toy 换成 a new car，那么 the same thing 指的就是一辆新车，而不是一个新玩具。

(i) John <u>is a Republican</u> and proud of <u>it</u>.

如果一个人将 Republican 改为 Democrat，那么 it 将指的是民主党人，而不是共和党人。

(k) If <u>someone touches my computer</u>, I'll know <u>it</u>.

如果一个人把 someone touches my computer 换成 it is raining，那么 it 指的就是下雨了，而不是别人碰了说话者的电脑。

(m) <u>Bill got a job</u>. He is very happy about <u>it</u>.

如果一个人把 Bill 改成 Carl，那么 he 指的就是 Carl，而不是 Bill。

如果一个人把 got a job 改成 was fired，那么 it 指的就是 Bill 被解雇，而不是 Bill 得到了一份工作。

(o) For those of you who <u>have children</u> and don't know <u>it</u>, <u>there is a nursery downstairs</u>.

这句话是语义模糊的。更合理的说法是，主从句 there is a nursery downstairs 在代词 it 前面，不过，it 可以指拥有孩子这件事。

4.3.2 节

1. (a) There was a transition from a prelogical _ to a logical <u>method of argument</u>.

名词性省略

将 method of argument 改成 point of view，表达的是从先验逻辑观点到逻辑观点的转换。

(c) <u>The lieutenant had not issued</u> soap <u>to the new recruits</u>, _ or towels _.

附加并列

如果一个人将主从句的下划线句分别改成 The manager had not received 和 from the tenants，那么 or towels 将表明经理没有从租户那里收到毛巾，而不是说中尉没有向新员工发放毛巾。

(e) We have two layers of prisms, one <u>facing</u> one way and one _ the other.

动词空位

(g) Every woman who wants to <u>run for office</u> should _.

动词短语省略

(i) <u>David got</u> a bike <u>for his birthday</u> and _ a book _ and _ a fountain pen _.

附加并列

(j) A generous bumpkin <u>will always be better</u> than a polite egoist, and an honest boor _ than a refined scoundrel.

动词空位

(l) Bill cannot remember where _ but he recalls that <u>he has met Carol</u>.

疑问省略

2. (a) You may buy <u>a car</u> with <u>airbags</u> or <u>one</u> without _.

内指：one

介词补语的省略

（c）Ptolemy thought that Venus <u>is</u> farther <u>from the Earth</u> and Mercury _ closer _.

动词空位：is

形容词补语的省略

备注：先行词是 from the Earth，但是如果要完整表达，省略之处应该是 to the earth。

3.（a）I do not think that generosity <u>teaches us much</u> about love nor <u>the latter</u> about <u>the former</u>.

动词空位

内指

（c）<u>A magnitude</u>, if (<u>it</u>) (is) divisible one way, is a line, if (<u>it</u>) (is divisible) two ways, (is) a surface, and if (<u>it</u>) (is divisible) three (ways) (is) a body.

语言与认知：暗含与预设

5.1　语言、交流和认知

　　成功的交流需要交流者分享一些东西。在媒介是语言的情况下，它取决于对话者语言能力的一致性。正如我们在 1.2.1.1 节看到的，语言能力不仅包括语法能力，还包括记忆力、注意力以及认知和推理能力。

　　想象一下，两个人中一个只会说中文，另一个只会说马拉地语，如果仅仅依靠他们自己的语言能力，他们永远不会互相交流，因为他们各自的语法能力完全不同。然而，这两个人成功地进行语言交流不仅仅取决于共同的语法能力，没有在某些你认为理所当然的事情上有一致的认识也会使交流失败。

　　正如我们在第 4 章中所看到的，许多表达式的内容因使用场合的不同而不同，尽管它们的特征决定了一个表达式如何在不同语境中仍然保持不变。因此，要理解一个内指或外指的表达，不仅需要理解它的特征，而且需要知道如何利用表达式的背景或语境的知识来理解它的内容。如果对话者对背景和语境没有一致的认知，他们将无法为内指或外指表达式赋予相同的内容。

　　此外，表达式的使用背景也会变化。毕竟，随着说话者的变化，其扮演的角色也会发生变化。如果对话者在移动，物理环境可能会改变，背景的空间起源也会改变。随着谈话的进行，时间起源也发生了变化。此外，随着对话的继续，语境也发生了变化。对话者必须对这些变化持一致的认知。这反过来又表明他们必须以一致的方式将对这些变化的认知纳入他们已经拥有的认知中。

　　在这一章中，我们将探讨另外两种方式，通过这两种方式，对话者的认知或者他们认为理所当然的事情将影响人们如何理解他们所使用的表达方式。我们首先要区分对话中所说的（字面意义）和所要传达的。各种文明的古典文本评论者都注意到一个句子所说的和它所传达的内容可能是截然不同的。哲学家 Herbert Paul Grice（1913—1988）在 20 世纪后半叶首次对这种差异进行了系统和持续的研究，这也是 5.2 节的主题。第二个需要处理的现象是预设。自古希腊以来，人们就知道某些表达带有预设，但直到 20 世纪后半叶，语言学家和哲学家才对这种普遍存在的自然语言现象给予了系统的和持续的关注。最后一个需要重新审视的现象（也是所有对语言使用有所了解的人都知道的事实）是，说话者往往不说他们打算说的话。

5.2　暗含

　　例如，假设 Bill 对一个未来的房东说 " I own one cat "，那么在 Bill 搬进公寓的那天，房东发现他养了 20 只猫时肯定会十分惊讶。Bill 撒谎了吗？ Bill 确实有一只猫。那么，怎么能说他撒谎呢？然而，很明显房东在 Bill 所说的基础上形成了一种错误的认知，一种相信任何人都会在同样的基础上形成的认知。房东和我们一样，认为 Bill 只有一只猫。但是 Bill

没有说他只有一只猫，他说他有一只猫。不过 Bill 似乎向他未来的房东和我们表明，他只有一只猫。因此，我们可以看出 Bill 所说的他有一只猫，与 Bill 所传达的他只有一只猫之间的区别。

这个例子所表达的 Bill 只有一只猫，被 H. P. Grice 称为暗含（implicature）。1967 年他去哈佛大学做 "William James 讲座" 时，创造了暗含这个词，而不是使用常见词含意（implication），因为后者在逻辑上已经并且现在仍以特定的意义使用，尽管它在某种程度上类似于他希望赋予的词 "暗含" 的意义，但两者并不相同。在这本书中，赋值逻辑中的含意（implication）一词的技术概念将被称为蕴含（entailment）。尽管将在第 6 章中详细讨论，但在这里还是介绍一下，以便弄清楚它与暗含的区别。

一方面，蕴含是一组语句与一个语句之间的关系；另一方面，只要集合中的语句都是真的，那么单个语句就必须是真的。就句子进行陈述而言，我们可以说句子对（1.1）蕴含句子（1.2）。

(1.1)   All men are mortal.
        Socrates is a man.

(1.2)   Socrates is mortal.

蕴含的一个特殊情况是一组句子只包含一个句子。

(2.1)   Wellington was taller than Napoleon.

(2.2)   Napoleon was shorter than Wellington.

然后习惯上说一个句子蕴含另一个句子，比如句子（2.1）蕴含句子（2.2）。正如我们将要看到的，蕴含和暗含是根本不同的。

话语暗含的意思是指在对话原则的指导下，通过使用推理原则从话语者的（字面意义）意思和对话者共有的认知中获得的充实或改变。

例如，考虑句子（3.0）中的问题和句子（3.1）～句子（3.4）中可能的答案。现在的情况是，Alan 对 Bill 讲话时已经是下午 12 点半了。

(3.0)   Alan: Can you tell me what time it is?

(3.1)   Bill: Yes, I can.

(3.2)   Bill: It is twelve thirty.

(3.3)   Bill: Yes, I can. It is twelve thirty.

(3.4)   Bill: The postman just delivered the mail.

虽然第一个答案很明显是对这个问题的一个回答，但通常会被认为是出于幽默目的，但事实上是令人讨厌的、拒绝合作的，在真实情况下通常是一种反常的表现。相比之下，第二个答案正是人们所期待的那种答案。尽管有些复杂，第三个也是一个自然的答案。第四个答案，如果不进一步说明具体情况，可能看起来很奇怪，但如果是 Alan 和 Bill 是室友的这种情况，他们都大致知道邮件何时送达，而且都知道对方知道这一点，那么这个答案就不奇怪了。

让我们更仔细地看一下所说与所传达之间的区别。句子（3.0）和句子（3.2）的对话仅仅值得我们稍微注意一下，因为它完全不令人惊讶。第二个对话包括句子（3.0）和句子（3.3），与第一个对话的区别在于句子（3.3）中对句子（3.0）中单个问题的答复由两个句子组成，而句子（3.2）仅由一个句子组成。实际上，这两个句子构成了对两个问题的答案。这两个问题是 Alan 在句子（3.0）中向 Bill 提出的问题。将 Alan 在句子（3.0）中所提问题表达的内容转化为字面上所说的内容，同时保留 Bill 的回答为字面上所说的内容，我们得出以下对话，在这个对话中，问题中所说的内容与回答中所说的内容完全匹配。

(4.0)   Alan: Can you tell me what time it is? If so,
                   please tell me the time it is right now.

(4.1)   Bill: Yes, I can. It is twelve thirty.

句子（4.0）明确了句子（3.0）的问题，并为第四个对话中的句子（3.4）中 Bill 的回复提供了一个很好的问题。

(5.0)   Alan: Can you tell me what time it is?
                   If so, please tell me what time it is right now.

(5.1)   Bill: No, I cannot. However, this information is relevant:
                   the postman just delivered the mail.

Bill 不知道确切的时间，不过他确实掌握了相关信息。Bill 没有根据相关信息猜测时间，而是将相关信息传递给 Alan，从而使他自己能够尽可能准确地回答自己的问题。

我们认为话语的会话暗含是从话语的字面意思和对话者的共同认知中获得的。这是用对话原则指导的推理原则来完成的。

为了说明共同认知的重要性，让我们重新考虑第一次对话。这似乎是 Bill 故意不合作的结果。但如果我们改变情景，这种不合作就没有了。假设 Alan 想从起居室看到厨房里的钟。Alan 让他的朋友 Bill 进起居室，而他留在厨房里摆弄钟。Alan 可以在句子（3.0）中提出这个问题，Bill 在回答句子（3.1）时表示会全力配合。他们的交流可以理解为

(6.0)   Alan: Are you capable of telling me what time it is?

(6.1)   Bill: Yes, I am.

如释义所示，在这种情况下，句子（3.0）中的问题没有超出其字面意义的内容。也就是说，没有会话暗含产生。这表明，共同认知在决定是否产生会话暗含方面起着至关重要的作用。

考虑到会话暗含的一般意义，让我们转向 Grice 所认为的指导我们从话语和共同认知的字面意义上推导会话暗含的准则。

5.2.1   Grice 准则

Grice（1975）认为，指导对话者在交谈中理解所说的和所传达的内容之间的差距的准则如下。

合作	一个人应该在对话发生的阶段，按照他所参与的对话的公认目的或方向，做出他所需要的对话贡献
质量	一个人所说的话应该有充分的证据
	一个人不应该说他认为假的事情
数量	一个人应该提供对话所需的尽可能多的信息
	一个人的贡献不应超过所要求的
关联	一个人所说的话应该是相关的
方式	一个人所说的话应该是清楚的
	一个人所说的话应该简明扼要、有条不紊、清晰明确

理解这些准则的作用是很重要的。首先，最后四条准则服从于第一条准则。换言之，当一个人在对话中应用最后四条准则时，是以第一条准则生效为前提的。也就是说，仅当一个

人打算遵守第一条准则时，遵守最后四条准则才有意义。

在应用最后四条准则之前，我们先来阐述一下第一条准则。违反它的方法有很多。说谎不仅违反质量准则，也违反合作（cooperation）准则。如果一个人说谎，他肯定是不合作的。违反合作准则的另一种方法是，在说话者无法察觉的情况下违反一条或多条其他准则，在本节开始举的例子说明了这一点，准房客说他有一只猫，而实际上他有 20 只。准房客没有撒谎，毕竟他确实养了一只猫，但是他误导了房东。

在遵守第一条准则的范围内，Grice 区分了遵守和无视其他四条准则之间的区别。一个人遵守一条准则意味着一个人本着合作的精神遵守这些准则。对于一个无视某个准则的人来说，这意味着一个人要违背这条准则，这样做也会使对话者清楚地知道某条准则被违反了[⊖]。当我们详细研究这些不同准则时，将能得到遵守和无视准则的例子。

5.2.1.1 质量

质量（quality）准则要求人们说出自己的认知，并且人们有证据证明它是正确的。让我们看看这是怎么回事。

考虑以下对话：

(7) Dan: What news do you have of John?
Eileen: John has bought a farm.

假设情况是 John 事实上没有买农场，而且 Eileen 也知道他没有。换句话说，Eileen 的陈述是错误的，她也知道这是错误的。显然，Eileen 违背了 Grice 的合作准则。此外，她也违反了第二条准则，因为她将自己知道是假的东西描述为是真的，也就是说，她在说谎。

除非 Dan 有理由怀疑 Eileen 在撒谎，否则很有可能会相信她。除此之外，他还将认为 Eileen 相信她自己所说的话并有充分的证据，也就是说，她既遵守合作准则，又遵守质量准则。更广泛地说，除非我们有理由怀疑，否则假定我们的对话者都是合作的，他们都相信自己所说的话，并有证据证明这一点。

哲学家 George Edward Moore（1873—1958）所做的观察进一步证明了质量准则在对话中发挥的作用。他指出，以下这类句子好像是自相矛盾的。

(8) John has a farm, but I don't believe it.

注意，当第二个子句不包含第一人称代词时，矛盾就不会出现。

(9) John has a farm, but Sheila doesn't believe it.

人们有错误的认知。很明显，John 有可能有一个农场，Sheila 有可能不相信他有。此外，有些人完全有可能断言 John 有一个农场，但是他自己却不相信这件事。毕竟，人们确实会断言一些他们自己都不相信的事情。当一个人断言一些事情，但是他却不相信他刚才所说的话时，矛盾就产生了。

Grice 的质量准则告诉我们这个矛盾是如何产生的。有些人说 John 有农场，而这个人又说他不相信 John 有农场，这种说法并不是事实上的矛盾。然而，当一个人发表一个声明时，他会暗示他相信这是真的。因此，John 有农场的说法暗含说话人相信 John 有农场，而正是这种暗含与同一个人的说法相矛盾，也就是他不相信 John 有农场。换言之，矛盾不是两种陈述之间的矛盾，而是暗含和陈述之间的矛盾。

⊖ 在 Grice 这里，动词无视（flout）的意思不同于字典里的意思，字典里的意思是蔑视。

虽然 Grice 的合作和质量准则禁止一个人说谎，但他们不禁止一个人说出他们自己也认为是错误的事情。因为说谎不仅要求说假话，而且要求说假话的人故意欺骗。说出我们知道是假的话同时没有任何欺骗意图是可以的。事实上，人们有时可能希望对话者认识到他所讲的是错误的。

下面是一个例子：

(10)   Fred: Teheran is in Turkey.

Gina: And London is in France.

情况是这样的：Gina 有关于欧洲或北美的世界地理的一般知识，而 Fred 没有，Fred 尤其对中东的地理情况不太了解。他知道德黑兰在中东，但他错误地认为它在土耳其。而且，他们都知道伦敦在英国而不是法国。

Gina 不仅说了一些她知道是错误的话，而且她也相信 Fred 知道她说的是假的，而且 Fred 知道她知道这一点。由于她所说的话显然是假的，她向 Fred 转达了他所说的是错误的这一意图。

注意，Gina 说的话对她和 Fred 来说显然是错误的，这一点至关重要。假设她说了别的话。

(11)   Fred: Teheran is in Turkey.

Gina: And Roseau is in Saint Vincent.

对于像 Fred 这样的人来说，他关于欧洲或北美的地理知识一般，Gina 就不能表达出 Fred 所说的是错误的这一意图。

那么，句子（7）中的对话和句子（10）中的对话有什么区别呢？首先，在做出一个判断时，暗含 Eileen 相信她所做的陈述。在第二个例子中，在句子（10）中，Gina 和 Fred 显然都知道 Gina 所说的是错误的，并且每个人都知道对方知道是错误的。因此，Eileen 违反了准则，并且不打算让 Dan 知道她这么做了，而 Gina 虽然无视了准则，但她同样试图让 Fred 明白她没有遵守规则。

5.2.1.2　数量

数量（quantity）准则既不依赖于所说的事实，也不依赖于对它的认知，而是有关所提供的信息含量的多少。想象一下这种情况。Henrietta 和 Ian 正在准备一份需要四个鸡蛋的菜品，此时冰箱里有四个鸡蛋。他们进行了以下对话。

(12)   Henrietta: How many eggs are there in the refrigerator?

Ian: There are two eggs in the refrigerator.

Ian 所说的绝对正确。实际上，冰箱里确实有两个鸡蛋，因为如果有了四个鸡蛋，那么肯定就会包含两个鸡蛋。然而，Ian 违反了数量准则和合作准则。遵守合作准则需要提供所需的信息，即答案是冰箱里有四个鸡蛋。

事实上，下面的对话将完全遵守 Grice 准则，尤其是数量准则。

(13)   Henrietta: How many eggs are there in the refrigerator?

Ian: There are four eggs in the refrigerator.

这里，在根据 Ian 遵守数量准则的认知下，他告诉 Henrietta 冰箱里正好有四个鸡蛋，因为如果他知道冰箱里有超过四个鸡蛋，他就会把所有的信息都传达出去。

我们现在来谈谈数量准则。在举出一个例子之前，让我们考虑涉及无视行为的对话，但实际上并不是这样。假设 Jack 在解决一道数学题：他必须确定 9571 是否是质数。Jack 的朋友 Karla 擅长数学，尤其是算术。Karla 在以下对话中的答复既缺乏信息也是不合作的。

(14)　Jack:　　Is 9,571 a prime number?
　　　　Karla:　Either it is prime or it isn't.

相比之下，考虑这样一个对话，其中的回复在字面意义上同样没有信息，但却是合作的。假设 Lora 和 Mike 在等 Neil，而 Neil 还没到。

(15)　Lora:　　Neil is late.
　　　　Mike:　Either Neil will come or he won't.

这个看似没有信息的回答所传达的是，Lora 无法做任何事情来影响 Neil 是否会来。Mike 无视了数量准则。

5.2.1.3　关联

关联（relevance）准则显示了语境外的东西似乎可以是确定的，而在语境中的东西可以是需要推断的。

假设 Orville 和 Paul 是加拿大人，和许多加拿大人一样，他们是曲棍球爱好者。Paul 在接下来的对话中向 Orville 传达的信息是 Bill 喜欢曲棍球。

(16)　Orville:　Does Bill like hockey?
　　　　Paul:　　Bill's from Edmonton.

他说了一个事实，即 Bill 来自 Edmonton。对这个事实的了解，加上对前提的共同了解，比如 Edmonton 人喜欢曲棍球，Paul 能够得出一个结论，这就是他对问题的答案。

当一个人通常在谈话中试图说出一些相关的东西时，有时他会故意说一些即使在当前语境中也似乎不符合逻辑的东西。考虑以下对话：

(17)　Richard:　I think Prof. Smart is an idiot.
　　　　Sandy:　　I am going to lift weights.

Sandy 的回答是不符合逻辑的，因此看起来跟对话是无关的。不过，假设她看到 Smart 教授走近，知道 Richard 不希望 Smart 教授听到自己在说他坏话。在这种情况下，Sandy 会无视关联准则。

5.2.1.4　方式

现在来讲最后一条准则——方式（manner）准则。方式准则要求一个人在说话时尽量做到简洁、有序、明确、清晰。考虑下面的例子（摘自 Levinson（2000））

(18.1)　Put your key in the ignition. Rotate the key until it points to the start position.
　　　　Hold it until the engine starts. Then immediately release your grip.

(18.2)　Start the car.

第一个例子是有序、明确且清晰的。然而，它并不简短。第二个例子简洁明了。如果第一个例子是写给一个称职司机的，那就违反了合作和方式准则，而且很可能被认为是一种侮辱。然而，如果把它写给学习驾驶的人，说话者就遵守了 Grice 准则，尤其是方式准则。

尽管句子的暗含常常用来表达事态，而且最好用陈述句来表达，但有时它们会表达请求，此时最好用祈使语气的句子来表达。例如，顾客在杂货店购物，并对其雇员说句子（19.1）中的陈述句，此时传达的不是某种状态，而是一种请求，由句子（19.2）中祈使语气的句子表达。

(19.1)　　I cannot find the minced garlic.

(19.2)　　Please help me find the minced garlic.

5.2.2　暗含的性质

Grice 认为会话暗含具有许多性质：非规约性（nonconventionality）、可推导性（derivability）、不可分离性（nondetachability）和可取消性（cancelability）。

非规约性

会话暗含并不一定是话语的习惯上的传统意义。话语的字面意义是传统意义，无论它是由构成话语本身的单个词的字面意义产生的，还是它本身就像惯用语一样具有传统意义。话语的字面意义在所有语境中都是相同的。相反，暗含因语境而异，这是因为它与对话者的认知是相关的。如我们所见，对话者认知的改变可以改变与话语相关联的暗含，以及话语是否具有这些暗含。因此，句子（3.0）中的问题在一种情况下具有某种暗含，如句子（4.0）中的句子所示，而在另一种情况下没有这种暗含，如句子（6.0）中的问题所示。

此外，会话暗含不应与惯用语相混淆，因为虽然人们不能通过理解一个短语的字面意义和组成结构来理解这个短语的意思，但这个短语的意思并不随对话者共同认知的变化而变化。

(20)　　How do you do?

因此，这句话被用作问候语并不是由话语的会话暗含导致的。

不可分离性

一些话语即使被改述，其暗含也保持不变。Grice 称之为不可分离性。因此，如果一个人是在讽刺，那么无论他说的是句子（21.1）还是句子（21.2），暗含都没有区别。讽刺都会传达出来。

(21.1)　　Bill is a genius.

(21.2)　　Bill is a mental prodigy.

可推导性

会话的暗含并不都是约定俗成的。但是，它们也不是凭空产生的。相反，它们可以用一种推理的形式来描述。因此，在句子（16）中的对话中，Bill 喜欢曲棍球这个理解来源于一个共同的前提知识，比如 Edmonton 人喜欢曲棍球，Paul 明确声明 Bill 是 Edmonton 人。

可取消性

最后，我们谈一下可取消性，或可废除性（defeasibility）。这是会话暗含与蕴含的最大区别。话语的蕴含并不可通过增加进一步的信息而被撤销，但暗含可以被撤销甚至取消。考虑句子（22.1）蕴含句子（22.2）。

(22.1)　　Sheila owns a cat.

(22.2)　　Sheila owns an animal.

一旦一个人说出了句子（22.1），任何与之相矛盾的话都会被视为与句子（22.1）相矛盾。因此，下面句子中的第一个子句所包含的内容与第二个子句所陈述的内容直接矛盾。

(23)　　Sheila owns a cat, but she does not own an animal.

任何说出这一句话的人都被认为自相矛盾。

为了对比，考虑这对句子中第二句所表达的是第一句的暗含。

(24.1)　　Sheila owns one cat.

(24.2)　　Sheila owns exactly one cat.

这当然不是蕴含的，因为句子（24.1）可以是真的，而句子（24.2）是假的。毕竟，Sheila 很可能养了两只猫。在这种情况下，她只拥有一只猫是假的，但她确实拥有一只猫。现在，请注意以下两个句子相互矛盾：

(25.1)　　Sheila owns exactly one cat.

(25.2)　　Sheila owns two cats.

然而，尽管下一句中第一个子句所暗示的内容与第二句相矛盾，但没有人会说句子（26）这句话是自相矛盾的。

(26)　　Sheila owns a cat; in fact, she owns two.

相反，第一个子句的暗含似乎在第二个子句出现时消失了。这样，会话暗含是可撤销的，或可取消的，但蕴含不能。

5.2.3　暗含与歧义

我们已经介绍了所说与所传达之间的区别。一句话所说的是它的字面意义，而它所传达的不是。人们可能会想得出这样的结论：含暗示的表述在它们所说的和所传达的内容之间，即在其字面意义和暗含之间，是模棱两可的。但这是一个错误。

要了解为什么，请考虑两种典型的歧义情况——词汇歧义和含混或结构歧义。

(27.1)　　This is a pen.

(27.2)　　Galileo spotted a patrician with a telescope.

这些句子中的每一个都可以与另一个句子配对，该句子的字面意义与配对的有歧义句子的字面意义之一相矛盾。

(28.1)　　This is a pen, but it is not a writing instrument.

(28.2)　　Galileo spotted a patrician with a telescope, but Galileo never used a telescope.

注意，一个人可以判断句子（28.1）和句子（28.2）中的句子既是矛盾的又是非矛盾的。事实上，第二个子句所陈述的内容与第一个子句的字面意义之一相矛盾，这并不能消除第一个子句的意思。然而，一个子句或句子确实会抵消前面话语的会话暗含。换言之，当与一个句子相关联的字面意义与其语境中另一个句子的字面意义相矛盾时，它所传达的意思不会被撤销或取消，但会话暗含可以。

练习：暗含

1. 考虑下面的句子。在每一种情况下，确定其暗含并结合 Grice 准则进行解释。

　（a）The bus stop is some distance from my house.

　（b）This flag is red.

　（c）Richard got a job. I can't believe it.

　（d）The gasoline station is less than fifty kilometers down the road.

　（e）No one other than Peter came.

　（f）Helen caused the lights to go off.

　（g）Sheila got out her key and opened the door.

（h）I think we have met before.

（i）There is somebody behind you.

（j）I tried to reach Bill yesterday.

2. 考虑以下对话。在每一种情况下，确定其暗含，并结合 Grice 准则进行解释。

（a）A: Are we going to the ballet?

　　B: The tickets are sold out.

（b）A: What shall we do today?

　　B: I'm really tired.

（c）A: How do you like this compact disc?

　　B: I don't like jazz.

　　（Adapted from Blakemore（1992, 126））

（d）A: Let's get the kids something.

　　B: Okay, but I veto I-C-E-C-R-E-A-M.

　　（From Levinson（（1986, 104））

3. 多年前，一家销售罐装金枪鱼的公司开始使用广告口号：It never turns black in the can。这使得公司的销售额大大增加。用 Grice 准则解释这句口号（引自 Martin（1992, 50））。

4. 考虑以下段落。在每种情况下，解释其为什么被认为是幽默的。

（a）L 船长有一个有时酗酒的大副，有时，正如俚语所说"got full"。船停在一个外国港口，船上的大副就在岸上沉溺于外国港口常见的一些肮脏场所。他上船时，"drunk as a lord"，还以为自己有全世界的抵押贷款。而船长本人很少碰酒，他对同事不光彩的行为感到非常不安，特别是船员们都注意到了他的情况。船的大副的职责之一是每天写下"日志"，但由于大副没有精力做这个，所以船长代替他做了记录，并且补充道："The mate was drunk all day"。第二天，该船离开了港口，大副也"sobered off"。他重新开始记录，但当他看到船长的所作所为时很震惊。他上了甲板，不久之后发生了下列对话：

大副：Cap'n, why did you write in the log yesterday that I was drunk all day?

船长：It was true, wasn't it?

大副：Yes, but what will the owners say if they see it? It will hurt me with them.

但是，除了"It was true, wasn't it?"之外，大副从船长那里得不到任何回答。第二天，当船长检查日志时，他在大副的观察记录（关于航向、风和潮汐的记录）底部发现："The captain was sober all day"（Trow（1905, 14–15））。

（b）以下引文来自 Groucho·Marx：

I've had a perfectly wonderful evening. But this wasn't it.

（c）A: Where was the Declaration of Independence signed?

　　B: At the bottom of the page.

（d）A: How many months of the year have 28 days?

　　B: Just one, February.

　　A: Wrong. Each month of the year has 28 days.

（e）A: In which battle did Lord Nelson die?

　　B: His last battle.

（f）A: What is the main reason for divorce?

　　B: Marriage.

（g）A: What can you never eat for breakfast?

  B: Lunch and dinner.

（h）A: What looks like half an apple?

  B: The other half.

（i）A: If you had three apples and four oranges in one hand and four apples and three oranges in other hand, what would you have?

  B: Very large hands.

（j）A: If it took eight men ten hours to build a wall, how long would it take four men to build it?

  B: No time at all, the wall is already built.

（k）I think that hyperbole is the single greatest factor contributing to the decline of society.

5.3　预设

  让我们转向另一种在语言交流中起作用的认识。Aristotle 时代的哲学家和逻辑学家都注意到有些问题似乎具有双重含义，即除了实际提出的问题之外，它似乎也将另一个未提出的问题的答案视为理所当然的。

  假设 Aaron 和 Beth 彼此完全陌生。他们在一个聚会上相遇并开始谈话。在谈话的早期，他们注意到有人离开房间出去抽烟。现在把 Beth 问 Aaron 的以下两个问题进行比较：

（29.1）　Do you smoke?

（29.2）　Have you quit smoking?

根据当时两人所处的情境，问题（29.1）看起来很自然，问题（29.2）看起来很奇怪。既然 Aaron 和 Beth 彼此完全不认识，Beth 为什么要假定 Aaron 以前抽烟呢？这两个问题有什么区别？第二个问题表明 Beth 认为 Aaron 过去抽烟是理所当然的。第一个问题并不认为这是理所当然的。

  如果问题（29.2）被分成两个问题，那么它的奇怪之处就可以消除了：

（30） Beth: Did you ever smoke?
    Aaron: Yes, I did.
    Beth: Have you quit smoking?

正如在句子（30）中的对话所显示的，问题（29.2）似乎理所当然地认为对方对问题"Did you ever smoke?"会有肯定的回答。

  这类将另一个问题的答案视为理所当然的前提的问题被逻辑学家和哲学家认为是一种谬论的实例，称之为许多问题的谬论（the fallacy of many questions）。这类问题被称为预设（presuppose），或理所当然地认为其他的东西被称为它们的预设（presupposition）。因此，问题"Did Aaron quit smoking"有一个前提，那就是"Aaron used to smoke"。

（31） 问题 Did Aaron quit smoking?
    预设 Aaron used to smoke.

  疑问句并不是唯一有预设的句子，命令和陈述句也可以。

（32.1） 命令 Quit smoking.
     预设 The addressee of the command smokes.

（32.2） 陈述 Aaron quit smoking.
     预设 Aaron used to smoke.

预设不是主句所特有的。一个句子通常也会保留一个子句的预设，即使子句是从属的。要理解这一点，我们必须首先理解子句变成条件句后会发生什么。例如，将句子（33.1）的作用与其转换为从属条件从句时的作用进行比较。

(33.1)　It is raining.

(33.2)　If it is raining, the picnic will be canceled.

句子（33.1）完全有可能是错误的，而句子（33.2）是正确的。也就是说，如果下雨，野餐可能会取消，即使并没有下雨。因此，句子（33.2）不蕴含句子（33.1）。

有趣的是，带有预设的陈述句通常会保留它们，即使它们被转换成从属条件从句也是如此。

(34)　句子　　If Aaron quits smoking, his health will improve.
　　　预设　　Aaron smokes.

对于包含模态表达式的子句（例如情态动词 might 或形容词 possible）以及包含否定副词 not 的子句，也会出现类似的观察结果。因此，下面的后三个句子都不蕴含第一个句子。

(35.0)　It is raining.

(35.1)　It might be raining.

(35.2)　It is possible that it is raining.

(35.3)　It is not raining.

然而，当那些含有模态表达式的词被加入一个有预设的子句中，预设则会保留。

(36.1)　句子　　Aaron might not quit smoking.

(36.2)　句子　　It is possible that Aaron will quit smoking.

(36.3)　句子　　Aaron has not quit smoking.

　　　　预设　　Aaron smokes.

简而言之，子句具有预设，无论其被断言、否定、质疑还是变成条件子句或命令，它们的预设都保持不变。因此，句子（37）预设 Charles 考试作弊。

(37)　句子　　Charles admitted that he had cheated on the exam.
　　　预设　　Charles cheated on the exam.

即使这个句子是否定的、变成疑问句、变成命令句或者变成从句，这个预设仍然存在。

(38)　否定　　Charles did not admit that he had cheated on the exam.
　　　模态　　Charles might admit that he had cheated on the exam.
　　　问题　　Did Charles admit that he had cheated on the exam?
　　　命令　　Admit, Charles, that you cheated on the exam.
　　　条件　　If Charles admits that he had cheated on the exam, his punish-
　　　　　　　ment will be mitigated.
　　　预设　　Charles cheated on the exam.

事实上，这种跨子句类型的不变性被用来作为该子句具有预设的初步证据。如果某个似乎被一个子句视为理所当然的东西持续存在，即使该从句被否定、变成一个问题或命令，或放入条件从句中，那么也有初步证据表明，被该从句视为理所当然的东西是它的预设。

最后应该指出的是，预设某件事并不能保证它是真的。在句子（37）中问这个问题的人假设 Charles 在考试中作弊。即使 Charles 没有任何不当行为也可以问这样一个问题。然而，任何被问到这样一个问题并且相信 Charles 是无辜的人都会觉得这个问题很奇怪，就像我们前面的例子一样，人们会认为 Beth 提出关于 Aaron 是否戒烟的问题很奇怪。

5.3.1 预设的触发因素

看到子句有预设，人们很可能会想知道预设是从哪里来的。恰巧，各种各样的表达都会产生预设。它们包括副词，例如 again、even、still 和 too。

(39) 句子   Pat is leaving too.

预设   Someone other than Pat is leaving or has left.

以及各种动词，包括体动词（aspectual verb），例如 to continue、to quit、to stop；愿望动词（desiderative verb），例如 to desire、to wish；叙实类动词（factive verb），例如 to admit、to know、to recognize；含蓄动词（implicative verb），例如 to manage、to struggle；以及反复动词（iterative verb），例如 to return、to restate、to reconsider。

(40) 句子   I wished Joan lived here.

预设   Joan does not live here.

(41) 句子   Nick admitted that the Canadiens had lost.

预设   The Canadiens had lost.

(42) 句子   John managed to open the door.

预设   John had tried to open the door.

(43) 句子   Napoleon returned to power.

预设   Napoleon had once held power.

此外，某些类型的句子也有预设，比如分裂句：

(44) 句子   It was Lee who signed up for the course.

预设   Someone signed up for the course.

准分裂句：

(45) 句子   What John broke was his typewriter.

预设   John broke something.

当动词处于完成虚拟语气时，其从属词为 if 的从句：

(46) 句子   If Caesar had not crossed the Rubicon, Pompei would not have
              fled to Egypt.

预设   Caesar crossed the Rubicon.

以及从属词为 when 和 since 的从句：

(47) 句子   There was a riot when the Canadiens beat the Kings.

预设   The Canadiens beat the Kings.

现在转向名词短语。预设的存在，是由 Gottlob Frege（1892）最先提及并由 Peter Strawson（1950）正式论证出来的，预设一直有着巨大的争议，这可以追溯到 Bertrand Russell。为了了解争议的原因，让我们考虑这对句子：

(48.1) Julius Caesar was a Roman consul.

(48.2) Julius Caesar was not a Roman consul.

句子（48.1）为真，句子（48.2）为假。思考句子（48.1）真实性的一种方法是考虑所有罗马执政官的名单。句子（48.1）是真的，因为人们知道执政官名单上面一定有恺撒大帝的名字。一种判断句子（48.2）是假的方法是，考虑一份所有不是罗马执政官的人的名单。尽管这肯定是一个很长的名单，但是你可以肯定恺撒大帝的名字没有出现在它上面。一般来说，如果一个单句是假的，那么它的否定就是真的，如果一个单句是真的，那么它的否定就是假的。

现在考虑句子（49.1）和句子（49.2），假设是今天说了这个句子。

(49.1)　　The present King of France is bald.

(49.2)　　The present King of France is not bald.

正如 Russell（1905）所指出的，在今天是秃头的人的名单中，都没有包括法国国王的名字。因此，第一句话是错误的。此外，在今天不是秃头的人的名单中也不会包括法国国王的名字。因此，第二句话是错误的。Russell 的难题是：一个句子和它的否定怎么可能都是假的？

Russell 认为，虽然这两个句子在语法上都是单句的，但在逻辑上都是双句的。换句话说，句子具有由语言学家确定的语法形式（grammatical form），并且具有逻辑形式（logical form），该逻辑形式可能与语法形式不同。句子（48.1）和句子（48.2）是语法形式确实不同于逻辑形式的句子。根据 Russell 的说法，句子的逻辑形式是通过恰当地翻译成逻辑符号而给出的。为了避免把句子（48.1）和句子（48.2）转换成逻辑符号的复杂性，我们可以简单地把它们转换成其他英语句子，使其与 Russell 所说的逻辑形式更接近。

(50.1)　　There is someone who is the king of France and he is bald.

(50.2)　　There is someone who is the king of France and he is not bald.

Russell 进一步指出，句子（49.2）也可能是真的。换言之，Russell 认为这个句子是模糊的，它所含有的两种解释代表两种逻辑形式，对应句子（51.1）和句子（51.2）。

(51.1)　　There is no bald king of France.

(51.2)　　There is no person who is the king of France and is bald.

Peter Strawson（1950）提出了另一个解决这个难题的方法（另见 Geach（1950））。同 Gottlob Frege（1892）和 Edmund Husserl（1900）的预料一致，Strawson 坚持认为像句子（49.1）和句子（49.2）这样的句子既不是真的，也不是假的。根据 Strawson 的说法，如果一个人在说出句子（49.1）和句子（49.2）时没有做任何其他陈述，那么他的意思是，这两句话都不表达任何含义。

5.3.2　共同点

让我们回到介绍预设的概念时的那个例子。我们对比了下面的句子，在 Aaron 和 Beth 这两个人彼此完全不认识的情况下，他们在一个聚会上相遇并开始谈话。

(52.1)　　Do you smoke?

(52.2)　　Have you quit smoking?

进一步想象，在他们谈话的早期，他们注意到有人离开房间出去抽烟。在这种情况下，句子（52.1）句似乎很自然，而句子（52.2）就很奇怪。

我们注意到句子（52.1）是没有预设的，但是句子（52.2）有预设。在我们所看到的每一种情况下，句子的预设都是由句子的某个部分触发的，要么是由某个特定的词触发的，要么是由某个特定的结构触发的。然后，根据句子的单词和结构以特定的方式从句子中检索预设。因此，任何句子（53.1）这种形式的句子都会产生句子（53.2）中的预设。

(53.1)　句子　　NP quit V-ing.

(53.2)　预设　　NP used to V.

但是，句子（52.2）带有预设以及句子（52.1）不带有预设这一事实如何进行解释？

答案是，这取决于会话参与者是否认为句子的预设是理所当然的，或者是否遵从了某种理所当然的习惯。Robert Stalnaker 建议，我们所指的会话参与者认为是理所当然的事情，或遵从的理所当然的习惯被称为共同点（common ground）。因此，在特定情况下，句子（52.2）很奇怪，因为 Aaron 以前是一个吸烟者这一点不是共同点的一部分，也没有遵从任何共同的习惯。

让我们来检验一下这个解释。改变谈话环境，再假设 Aaron 和 Beth 是第一次见面，但他们是在一个试图戒烟或打算戒烟的人的见面会上。在这种情况下，句子（52.2）中的问题不再显得奇怪。原因是参加聚会的人要么已经正在戒烟，要么打算戒烟，这是共同点的一部分。

共同点不是一成不变的。它随着人们发现自己改变的环境而改变。然而，共同点的改变，不仅是参与者发生的事情，也是参与者自身能够带来的事情。他们说话的时候，共同点就可能改变。回想一下，根据 Grice 的说法，当对话发生时，会话准则就成立了。尤其是通过合作准则和质量准则，谈话中的参与者理所当然地认为其他参与者所说的是真实的。当参与者发言时，共同点就变得丰富了。参与者口头贡献中的共同点部分称为对话记录（conversational record）。随着对话记录的增多，共同点也越来越丰富。

我们可以再次检验这个说法。让我们回到 Aaron 和 Beth 的例子，他们彼此完全陌生，站在一起，同时注意到有人离开房间到外面抽烟。

(54)　Aaron:　　At one time I smoked two packs of cigarettes a day.
　　　Beth:　　Have you quit smoking?
　　　Aaron:　　No, not yet.

Aaron 说的第一句话记录了他过去吸烟的事实。Beth 提出的问题的前提现在已成为共同点的一部分，所以她的问题就显得并不奇怪。

5.3.3　预设、蕴含和暗含

预设、蕴含和暗含是如何区别的？为了回答这个问题，让我们首先注意到，预设、蕴含和暗含是句子话语的预设、蕴含和暗含。虽然句子所预设的、句子所蕴含的和句子所暗含的不是句子本身，但是我们可以用句子来表述什么是它预设的，什么是它蕴含的，以及什么是它暗含的来区分预设、蕴含和暗含这些概念。

蕴含是一个或多个容易被判断为是正确的或者是错误的陈述句之间的关系，换句话说，是陈述句子们和一个陈述句之间的关系，这些陈述句都是正确的或都是错误的[⊖]。因此，只有陈述句才能拥有蕴含关系，表达命令、请求和问题的句子没有蕴含关系，因为命令、请求和问题原则上是不能被判断为正确的或错误的。

暗含是一个句子（可能是陈述句、祈使句或疑问句）和另一个句子（也可能是陈述句、祈使句或疑问句）之间的关系。因此，暗含是一对句子之间的关系，这些句子可以表达命

　　㊀　把陈述句限制在正确或错误的陈述句上，目的是排除那些似乎不是正确或错误的陈述句，例如 I promise to return the book I borrowed from you tomorrow。

令、请求、问题或陈述。

预设是一个句子（可以是陈述句、祈使句、或疑问句）和一个可以判断正误的陈述句之间的关系。预设也是一对句子之间的一种关系。然而，虽然具有预设的主句可以做出陈述，或者表达命令、请求或问题，但表达预设的句子只做陈述，而不表达命令、请求或问题。换言之，主句的预设总是由一个陈述句来表达，这个陈述句可以是正确的，也可以是错误的，但主句本身不一定必须是正确或错误的，因为句子本身可以表达一个命令、请求或问题。

让我们进一步阐述蕴含和预设之间的区别。虽然蕴含和具有预设的句子都具有陈述句形式，但它们在三个方面是不同的。第一，只有一个单句带有预设，而一个或多个句子在一起具有蕴含关系。第二，带有预设的单句可以是疑问句、祈使句或陈述句，而共同产生蕴含的句子都必须是陈述句。第三，如前所述，如果一个简单的子句假设某个陈述是正确的，那么即使该从句被否定、被修改成一个表达可能性的从句或者被用作一个条件句的基础，这个预设的陈述仍然是正确的⊖。而一个简单子句的蕴含在这种修改下就消失了，如以下句子所示。

(55)　句子　　The chief constable arrested three men.
　　　　预设　　There is a chief constable.
　　　　蕴含　　The chief constable arrested two men.

(56)　否定　　The chief constable did not arrest three men.
　　　　预设　　There is a chief constable.
　　　　无蕴含　The chief constable arrested two men.

(57)　模态　　The chief constable might have arrested three men.
　　　　预设　　There is a chief constable.
　　　　无蕴含　The chief constable arrested two men

(58)　条件　　If the chief constable arrested three men, then he will be up for a promotion.
　　　　预设　　There is a chief constable.
　　　　无蕴含　The chief constable arrested two men.

现在来阐述一下预设和暗含之间的区别。虽然预设和暗含在祈使句、疑问句或陈述句中有时是相同的，但它们在许多方面是不同的。首先，一个句子的预设只能用陈述句来表达，而一个句子的暗含可以用祈使句、疑问句或陈述句来表达。其他的差异来源于 Grice 对会话暗含归结的四个性质：非规约性、可推导性、不可分离性和可取消性。

我们认为预设是由特定的表达方式触发的，无论是单个词还是从句类型。因此，预设是传统意义上的。会话暗含不是传统意义上的。在句子的字面意义上，没有必要使用准则来推导预设，而应该将准则应用于句子以获得会话暗含。因此，会话暗含是可推导的，但预设不是。此外，会话暗含是不可分离的，也就是说，句子被改述时暗含保持不变，但预设似乎并不是这样。例如，考虑一个分裂句及其非分裂的对应项。

(59.1)　Lee signed the contract.

(59.2)　It was Lee who signed the contract.

⊖　条件句的前件（protasis）是从属连词 if 引入的从属从句，归结子句（apodosis）是从属从句。另一对用来指代这类从句的术语分别是先行词（antecedent）和后继（consequent）。我们避免使用后一个术语，因为使用了术语先行词来表示用于定义内指表达的表达式。

这两句话在完全相同的情况下是正确的。然而，第二种预设是有人签署了合同，而第一种则没有预设。除了在预设方面的不同，它们完全是同义的。

预设通常是不可取消的。句子（60.1）后面接上句子（60.2）绝对是奇怪的。

(60.1)　　Brian has quit smoking.

(60.2)　　In fact, he has never smoked.

然而，有些叙实类动词在某些语境中带有预设，在另一些语境中则没有。

(61.1)　　句子　　　If Jim finds out that Bill is in New York, then there will be
　　　　　　　　　　trouble.
　　　　　预设　　　Bill is in New York.

(61.2)　　句子　　　If I find out that Bill is in New York, then there will be
　　　　　　　　　　trouble.
　　　　　无预设　　Bill is in New York.

例句（61.1）和例句（61.2）取自 Chierchia and McConnell-Ginet（1990，285），接下来的例子取自 Soames（1989，574）。

(62.1)　　句子　　　I regret that I have not told the truth.
　　　　　预设　　　I have not told the truth.

(62.2)　　句子　　　If I regret later that I have not told the truth, then I shall expose
　　　　　　　　　　my lie to everyone.
　　　　　预设　　　I have not told the truth.

最后，蕴含和暗含是不同的。蕴含是一个或多个陈述句和一个陈述句之间的关系，而暗含是一对任何类型的句子之间的关系。正如我们之前所说的，暗含是可以取消的，但蕴含不行。

练习：预设

找出与下列句子相关的预设，并进行解释。（几乎所有的例子都摘自 Leech（1974，chap.13）。）

（a）The governor of Idaho is currently in London.

（b）I wonder whom Bill met.

（c）Tom has a bigger stamp collection than I do.

（d）Lee's surrender to Grant spelt the end of the Confederate cause.

（e）The inventor of the flying bicycle is a genius.

（f）Bill forced Fred to leave.

（g）Marion pretended that her sister was a witch.

（h）It is nice to see that Yorick has many friends.

5.4　目的和理解

先前区分了所说的和所传达的之间的区别。现在要区分说话者说的是什么，以及说话者想要说什么和别人认为说话者说了什么之间的区别。一个人说的话和他想说的话之间有差距，或者他说的话和别人认为他说的话之间有差距，是很普遍的。然而正如将要看到的那样，这些差距没有被注意到，因为一个人常常会自动地把对话者说的话转化成他认为对话者打算说的话，而这有时是可以的，但有时却不成功。

一个人所说的话和他想说的话之间，或者一个人所说的话和其他人认为他所说的话之间存在差距的一个明显的例子是，有的对话者不是使用母语交流。尽管非母语说话者的表达有错误，但使用母语的人通常能够理解。例如，一个人在说法语时的一个表达即使有性别错误或没有使用适当语法，以法语为母语的人也很少不能通过这个表达来确定一个非法语母语的人想说什么。同样，成年人在幼儿学习成人语言的过程中也很容易适应他们的表达缺陷。例如，如果一个非母语人士或孩子说 that was as easy as cake，他们就不太可能被别人误解。我们通常能够猜对说话者的意图。不过，有时一个人的猜测是错误的，如一幅漫画所示。

> 一位母亲在厨房准备饭菜，一个小孩在隔壁的餐厅里，门开着，但两人都看不见对方。孩子刚锯完一把餐厅椅子的腿。孩子对妈妈说："妈妈，我锯了椅子。"（Mommy, I sawed the chair.）妈妈回答说："不，亲爱的，你看到椅子了。"（no honey, you saw the chair.）

事实上，以英语为母语的成年人也会故意说错话，而为了有利于传达预期的信息，他们会忽视这些错误。下面这个臭名昭著的句子是教士 William A. Spooner（1844—1930）说的，他曾经是牛津大学新学院的院长，据说他犯了很多言语错误，而这些错误常常是幽默的，因此他说了一些与他想说的不同的话。据说 Spooner 教士说了句子（63.1），而他实际上打算说的显然是句子（63.2）。

(63.1)   Work is the curse of the drinking class.

(63.2)   Drink is the curse of the working class.

如前所述，对话者必须对对话的背景及其语境有一致的认知。一般来说，成年人不会对谈话者在言语交流中所扮演的角色感到困惑。一个人不会在打算使用第二人称代词时使用第一人称代词，一个人也不会误解第三人称代词为第二人称代词。然而，不难想象人们刚开始学习一门语言时会犯这样的错误。事实上，这样的错误确实会发生在孩子们身上。

成年人对于谈话的误解更可能源于对背景的错误认知。在第 4 章中，我们假设使用的外指和使用它们的背景之间有一个理想的结合，然而，事实并不总是这样。话语中的外指可能无法找到合适的值。举个例子，假设 Charles 和 Mark 是室友并且同在一个聚会上。Charles 开始和他旁边的人谈话，就称呼旁边的人 Alice 吧。几分钟后，Charles 想到他应该把他的室友介绍给 Alice。与此同时，Mark 已经走开了，但是 Charles 没有注意到。Charles 没有看 Mark 刚刚在的那个地方，就指着那个地方说：

(64)   By the way, this guy is my roommate.

在这种背景下，this guy 的外指找不到合适的值，但是说话者对背景的错误认知也可能并不会阻碍另一个对话者理解说话者的意图。

让我们来看看另一个例子，这是 Keith Donnellan（1966）讨论过的。想象有一个聚会，聚会上正好有一个人拿着一个香槟杯，里面盛着一种起泡的液体。再假设一个参加聚会的人向另一个人说出以下句子，此时他们都盯着那个拿着香槟酒杯的人（见 Stalnaker（1970, 283–285）和 Soames（1989, sec. 2.2–2.3））。

(65)   The man drinking champagne is a philosopher.

如果发现那个男人拿着的香槟酒杯里确实是香槟，那么句子（65）就代表一个声明。然而，如果事实证明玻璃杯中装的是气泡水，就无法代表任何声明，但听见此话语的人将把说话者的意图理解为说话者最有可能表达的意图，也就是说，所讨论的人是哲学家（见 Kripke

（1979 ））。

误解的另一个来源是歧义。一个人说出句子（66.0），但本来想说的是句子（66.1）所表达的内容，但他被理解为说出了句子（66.2）所表达的内容。

(66.0)　　Galileo spotted a patrician with a telescope.

(66.1)　　A patrician with a telescope was spotted by Galileo.

(66.2)　　Using a telescope, Galileo spotted a patrician.

同样，这种模糊的说法通常不会阻碍母语使用者去确定说话者的意图，但是他也可能会忽略掉该话语可以表达的另外的意思。

不规范也是误解的另一个来源。背景中可能包含过多的外指的潜在值。正如哲学家 Ludwig Wittgenstein（1889—1951）所指出的，人们认为、指出或论证某样事物时，有时不会唯一地确定表达出来人们想要指出或论证什么。假设有人把一瓶酒倒进了一个酒壶。如果该人用他的食指触摸酒瓶并说出句子（67.0），则不清楚该人是打算说出句子（67.1）所表达的内容还是句子（67.2）所表达的内容。

(67.0)　　This is imported.

(67.1)　　This wine is imported.

(67.2)　　This decanter is imported.

注意，如果酒是进口的，而酒瓶是国产的，那么句子（67.0）可以理解为或真或假。这句话是真是假取决于说话者指的是什么。

其他可能产生误解的方式还有关于暗含的理解。一个人可能无法传达他想要传达的信息。当说话者讽刺地说出一个句子，说一些他认为对话者知道明显是错误的而对话者却认为是正确的话时，这一点尤其明显。

(68)　　A:　　Derek is really clever.
　　　　　　（具有讽刺意味）
　　　　B:　　Oh really?

练习：目的和理解

1. 找出下列句子中的歧义，并说明理由。

（a）Tom and Julie married each other.

（b）The boy put his clothes on himself.

（c）Bill knows what I know.

（d）The volunteers replaced the cushions.（取自 Blakemore（1992, 11））

（e）There are too many marks in this book.（取自 Blakemore（1992, 6））

（f）There is a plant right in front of the window.

2. 考虑以下几对句子，确定每对句子中相反的暗含。当与 Grice 准则结合时，确认是哪些可能的背景认知导致了暗含的差异。

（a）Fred appeared in a tie.

　　　Fred appeared in his underwear.

（b）Bill has had breakfast.

　　　Bill has had caviar.

5.5　结论

使用自然语言的两个对话者之间的成功交流不仅需要一些共同的语法能力，还需要与背景和语境相关的一致认知。在这一章中，我们看到了句子所说的内容和所传达的内容不一定是相同的，以及 Grice 会话准则如何确定句子所表达的东西（即会话暗含）与它所说的东西不同。我们还看到一个句子如何通过它的某种表达做出了预设，也就是说，那些对话者认为理所当然的东西。我们区分了一个句子的蕴含、暗含和预设，并指出句子暗含和预设的概念都不同于一个句子由于歧义而可能包含的多种意思。最后，我们指出一个人说什么、打算说什么以及其他人是怎样理解的这三项之间不一定都是相同的，我们注意到，对话者往往能够理解一个人打算说什么，即使这个人想说的不是他实际说的。

部分练习答案

5.2 节

1.（a）The bus stop is some distance from my house.

这句话一定是对的，因为除非说话者的房子是公共汽车站，否则房子和公共汽车站之间有一段距离。通过遵循关联准则，并无视数量准则，说话者传达出从公共汽车站到他的房子的距离大于对话者预期的距离。

（c）Richard got a job. I can't believe it.

第一句话用质量准则来传达说话者认为 Richard 得到了一份工作。在说出第二句话时，说话者明确表示他无视了准则，从而传达出他没有料到 Richard 会得到一份工作。

（d）The gasoline station is less than fifty kilometers down the road.

其暗含加油站在公路 50 千米左右的位置。这是通过遵循数量准则来表达的。毕竟，如果加油站在道路下面 1 千米处，说话者就不会向他人提供加油站在公路上不到 50 千米的信息。

（f）Helen caused the lights to go off.

其暗含 Helen 并没有用通常的方法关掉灯，也就是说，Helen 不只是简单地按下开关。这是因为说话者说的话比假设 Helen 以通常的方式关灯时该说的话更为详尽。这是从方式准则出发的。

（h）I think we have met before.

说话者表示自己不确定自己和对话者以前见过面。这是由说话者的陈述所传达的，其力度不如陈述句 we have met before。由于说话者没有进行更有力的陈述，所以暗含遵循数量准则。

2.（a）A: Are we going to the ballet?

　　B: The tickets are sold out.

暗含 A 和 B 不去看芭蕾舞。B 所说的并不是对 A 提出的问题的直接回答。通过关联准则，B 说了一些能回答这个问题的东西。如果票卖完了，B 就不太可能买到芭蕾舞的票。没有票，就不能去看芭蕾舞。因此，B 表示 A 和 B 不去看芭蕾舞。

（c）A: How do you like this compact disc?

　　B: I don't like jazz.

暗含 B 不喜欢这张光盘。B 所说的并不是对 A 提出的问题的直接回答。通过关联准则，B 说了一些能够回答这个问题的东西。现在，这张光盘大概是一张关于爵士乐的光盘。如果 B 说他不喜欢爵士乐，那么 B 不太可能喜欢录在这张光盘上的音乐。因此，B 表示他不喜欢这张光盘。

5.3 节

1.（a）预设是 Idaho has a governor.

（c）预设是 the speaker has a stamp collection.

（e）预设是 someone invented the flying bicycle.

（g）预设是 Marion has a sister and that her sister is not a witch.

5.4 节

1. （a）Tom and Julie married each other.

    解释 1   Tom and Julie became spouses of each other.

    解释 2   Tom officiated Julie's marriage to someone and Julie officiated Tom's marriage to someone.

  （c）Bill knows what I know.

    解释 1   Bill knows everything I know.

    解释 2   Bill knows something I know.

  （e）There are too many marks in this book.

    解释 1   This books has too many grade entries.

    解释 2   This books has too many markings.

2. （b）暗含 Bill has had breakfast *that day*.

    暗含 Bill has had caviar *at least once in his life*.

经典命题逻辑：符号与语义

6.1 论证

论证由口头或书面的陈述性句子组成，其中的一部分是结论，其余部分是前提。虽然组成一个论证的句子可以是正确的也可以是错误的，但论证本身没有正确或错误之分，而是分为有效的或无效的。如果前提为真时结论也为真，则论证有效。提出相同观点的另一种说法是，如果一个论证的前提不可能全都是真的，而且结论是假的，那么这个论证是有效的。换言之，一个有效的论证是这样的：其前提的真实性保证了其结论的真实性。

当且仅当其前提为真时，其结论也为真，则论证是有效的。

另一种定义如下：

当且仅当前提为真结论为假这一情况在同一时间绝不可能出现时，论证是有效的。

考虑以下论证。它的性质是，如果它的前提是正确的，则其结论必须是正确的。也就是说，它具有有效论证的性质。

(1.1)　　If team A won its game today,
　　　　then team B is not in the play-offs.

(1.2)　　If team C lost its game today,
　　　　then team D is in the play-offs.

(1.3)　　Either team A won its game today or
　　　　team C lost its game today.

────────────────────

(1.4)　　Either team B is not in the play-offs or
　　　　team D is in the play-offs.

人们不知道它的前提是否正确。它们可能都是正确的，也可能有的是正确的有的是错误的，或者有可能都是错误的。如果其中至少有一个是错误的，那么结论也可能是错误的，尽管此时不需要结论也是错误的。如果结论是错误的，那么一个或全部的前提都是错误的。

一个论证是有效的并不意味着它的任何前提都是正确的。尽管这个论证是有效的，它的前提也可能是错误的。如果一个有效论证的前提是正确的，那么它的结论就是正确的。

即使其前提都是正确的，但以下论证也是无效的：

(2.1)　　Every man is human.

(2.2)　　Some humans have black hair.
────────────────────

(2.3)　　Some men have black hair.

因为前提是真的，而结论是假的。例如，很可能是这样：虽然每个男人都是人，但只有女性有黑发。

自 Aristotle 时代以来，人们就知道，像句子（2.1）～句子（2.3）中的这种论证是错误的。也就是说，它是无效的，因为它的前提是真的，而结论是假的。

(3.1) If it is raining, then it is cold.

(3.2) It is not the case that it is raining.

(3.3) It is not the case that it is cold.

如何确定一个论证是否有效？可以试图找出一个同样形式的论证，但其前提显然是真的，其结论同样显然是假的。

(4.1) If it is snowing, then it is cold.

(4.2) It is not the case that it is snowing.

(4.3) It is not the case that it is cold.

很明显，这个论证的前提可以是真的，但结论是假的。毕竟，我们可以想象没有下雪的冬日仍然很寒冷。

很容易看出句子（3.1）～句子（3.3）和句子（4.1）～句子（4.3）中的论证共享一种形式：

(5.1) If *p,* then *q.*

(5.2) It is not the case that *p.*

(5.3) It is not the case that *q.*

我们所做的是，用命题变量替换句子（3.1）～句子（3.3）和句子（4.1）～句子（4.3）中的子句，从而抽象出一个模式，它的框架包含了一些特殊的表达式 if 和 it is not the case。这些词在句子中的分布有助于判断论证是否有效。考虑一下这个论证。

(6.1) If it is snowing, then it is cold.

(6.2) It is not the case that it is cold.

(6.3) It is not the case that it is snowing.

这个论证是有效的，并且与句子（4.1）～句子（4.3）中的论证有很重要但很细微的不同，从抽象到形式可以看出。

(7.1) If *p,* then *q.*

(7.2) It is not the case that *q.*

(7.3) It is not the case that *p.*

句子（5.1）～句子（5.3）中形式的论证是谬论。这种谬论被称为对前件的否定（denial of the antecedent）。句子（7.1）～句子（7.3）中形式的论证是有效的，并且该论证的形式有时被称为其拉丁名否定后件（modus tollens）。

如何确定论证是有效的还是无效的？一种证明论证是有效的方法是列出一系列论证，首先，这一系列中最后一个论证的结论是证明其有效性的论证的结论，其次，这一系列中的每个论证的有效性都不证自明，最后，这一系列中任何论证的任何前提是论证其有效性的论证的前提，或者是这一系列中前一个论证的结论。这种示范的范例是在 Euclid 的 *Elements* 中找到的证据。证明论证有效的另一种方法是，证明其句子的形式是前提的真实性保证了结论的真实性。

上述表达论证的句子是英语的。因此，我们应该自然地得出结论，我们应该研究英语的句法。并且在第 8 章中，我们将研究并列从句和从属从句的句法，以及复合从句的值是如何由组成它的从句的值决定的。然而在这里，我们将学习经典命题逻辑，因为它为我们提供了一些必要的工具来处理并列和从属独立从句的语法和语义。

练习：论证

1. 在下面的每一段中，指出其是否表达了一个论证。然后如果是的话，确定它的前提和结论。

(a) With regard to good and evil, these terms indicate nothing positive in things considered in themselves, nor are they anything else than modes of thought, or notions which we form from the comparison of one thing with another. For one and the same thing may at the same time be both good and evil or indifferent. Music, for example, is good to a melancholy person, bad to one mourning, while to a deaf man it is neither good nor bad. (*Ethics*, Baruch Spinoza; 引自 Copi (1953, 40))

(b) ... we are told that this God, who prescribes forbearance and forgiveness of every fault, exercises none himself, but does the exact opposite; for a punishment which comes at the end of all things, when the world is over and done with, cannot have for its object either to improve or deter, and is therefore pure vengeance. (*The Christian System*, Arthur Schopenhauer; 引自 Copi (1953, 40))

(c) Particles and their antiparticles quickly annihilate upon meeting, their combined mass converting to energy as described in Einstein's famous equation. Thus no serious thought has been given to manufacturing large amounts of antimatter, since it should be impossible to store. ("Antimatter—the Ultimate Explosive?", Paul Preuss, *Science* v. 80; 引自 Copi (1953, 40))

(d) Now, as soon as landowners are deprived of their strong sentimental attachment to the land, based on memories and pride, it is certain that sooner or later they will sell it, for they have a powerful pecuniary interest in so doing, since other forms of investment earn a higher rate of interest and liquid assets are easily used to satisfy the passions of the moment. (*Democracy in America*, Alexis de Tocqueville; 引自 Copi (1953, 41))

(e) ...if materialism is true, all our thoughts are produced by purely material antecedents. These are quite blind, and are just as likely to produce falsehood as truth. We have thus no reason for believing any of our conclusions—including the truth of materialism, which is therefore a self-contradictory hypothesis. (*Philosophical Studies*, John M. E. McTaggart; 引自 Copi (1953, 41))

2. 在下面的每一段中，找出论证并说明它是否有效。

(a) The patient will die unless we operate. We will operate. Therefore, the patient will not die.

(b) John and Bill left. Hence, Bill left.

(c) Fred did not meet anyone. Therefore, Fred did not meet Ted.

(d) Most Canadians like hockey. Everyone who likes hockey likes curling. Thus, most Canadians like curling.

(e) Either the government will call an election or it will raise taxes. Therefore, if the government raises taxes, it will not call an election.

6.2　经典命题逻辑

经典命题逻辑（Classical Propositional Logic, CPL）关注的是依赖于所谓的命题连接词（propositional connective）的论证的有效性。因为这些连接词是经典命题逻辑的关键，所以在阐述经典命题逻辑之前先简要讨论连接词,并将它们和在某种程度上与它们平行的英语表达联系起来。经典命题逻辑的连接词是:¬、→、↔、∨ 和 ∧。和它们相对应的英语表达是 it is not the case that、if、if and only if、or 和 and。

英语表达	命题连接词
It is not the case that...	¬...
...and...	... ∧ ...
...or...	... ∨ ...
if..., then...	... → ...
...if and only if...	...↔...

我们将在第 8 章详细探讨连接词及其与英语表达的对应关系。然而,现在让我们通过理所当然的方法来理解这些联系词。

否定

考虑以下两个句子。

(8.1)   It is raining.

(8.2)   It is not the case that it is raining.

很明显,如果一个是真的,那么另一个就是假的,反之亦然。下表总结了这一观察结果。

It is raining.	It is not the case that it is raining.
T	F
F	T

现在,这种观察并不仅限于下雨的命题。事实上,任何命题都是这样的。为了表达这一概括,让 p 表示命题 It is raining。然后 ¬p 表示命题 It is not the case that it is raining,然后可以将上表概括如下:

P	¬p
T	F
F	T

合取

考虑句子 It is raining 和 It is cold。很明显,只有当这对句子 it is raining and it is cold 中的每个句子都是真的时,这对句子的合取才是真的。同样,我们可以以用一个表来概括这个观察结果。

It is raining.	It is cold.	It is raining and it is cold.
T	T	T
T	F	F
F	T	F
F	F	F

而且,和以前一样,这个观察是具有一般性的,并且可以泛化为用命题变量来表示。

p	q	$p \wedge q$
T	T	T
T	F	F

（续）

p	q	$p \wedge q$
F	T	F
F	F	F

析取

接下来，假设 It is raining 和 It is cold 这对句子被连词 or 结合在一起，形成句子 It is raining or it is cold。如果作为成分的句子中至少有一个是正确的，则由它们构成的句子也是正确的。下表重申了这一观察结果。

It is raining.	It is cold.	It is raining or it is cold.
T	T	T
T	F	T
F	T	T
F	F	F

p	q	$p \vee q$
T	T	T
T	F	T
F	T	T
F	F	F

实质蕴含

为了理解实质蕴含（material implication）的含义，让我们类比真理和谬误，明白两者之间的明显区别，比如要遵守诺言或不遵守诺言。显然，要么遵守诺言，要么不遵守诺言。类似地，经典命题逻辑的公式要么是真的，要么是假的。现在，想想一位老师对一个班级的学生所作的承诺。

(9)   If you pass the final exam, then you will pass the course.

教师在什么情况下不遵守诺言？答案是明确的：只有在学生通过考试，而教师却没有让他通过这门课程的情况下，教师才没有遵守诺言。在所有其他情况下，教师都遵守了诺言。特别是，如果学生没有通过最终考试，但在其他方面表现良好，教师让这个学生通过该课程时，不会违背承诺；如果教师没有让该学生通过该课程，并且该学生在课堂作业和其他考试中都表现不佳时，教师也不会违背承诺。也就是说，一旦学生最终考试不及格，不管老师做什么，老师都不会违背承诺。

You pass the final exam.	You pass the course.	If you pass the final exam, then you pass the course.
T	T	T
T	F	F
F	T	T
F	F	T

通过类比，只有在箭头左边的命题变量被赋值为真，箭头右边的命题变量被赋值为假的情况下，整个公式才被赋值为假；在所有其他情况下，它都被赋值为真。

p	q	$p \rightarrow q$
T	T	T
T	F	F
F	T	T
F	F	T

实质等价

让我们继续把遵守诺言和不遵守诺言的真值进行类比,因为它也揭示了实质等价,这样做,它将进一步揭示实质蕴含。在句子(9)的承诺下,我们注意到,教师不遵守承诺的唯一情况是,学生通过最终考试,但教师最后却没有让学生通过课程;在所有其他情况下,教师都遵守了承诺。这与以下承诺形成对比。

(10)　If, and only if, you pass the final exam, will you pass the course.

在句子(9)的情况下,一旦学生最终考试不及格,无论教师做什么,都不会违背承诺。然而,在句子(10)的情况下,如果学生最终考试不及格,教师有义务让学生在课程中不及格。如果学生通过期末考试,句子(10)中的承诺就像句子(9)中的承诺一样,要求教师让学生通过课程。

You pass the final exam.	You pass the course.	You pass the final exam, iff you pass the course.
T	T	T
T	F	F
F	T	F
F	F	T

p	q	$p \leftrightarrow q$
T	T	T
T	F	F
F	T	F
F	F	T

6.2.1　符号

在这一节中,我们要解释经典命题逻辑的符号。它的符号是由两组不相交的符号构成的:一组是命题连接词(Propositional Connective,PC),其中精确地包含五个不同的符号;一组是非空的命题变量(Propositional Variable,PV)。从这些符号集合中建立了经典命题逻辑的所有公式。

这里用作命题连接词的五个符号是一个一元连接词(¬)和四个二元连接词(∧,∨,→,↔)。

命题连接词的符号因书而异。因此,读者可能会发现,注意一些用于命题连接词的其他符号是很有用的。

1. ¬是否定的象征。它是一元命题连接词。起否定符号作用的其他符号包括 ~。

2. ∧是连接符号。其他同作用的符号是 & 和 ·。

3. →是实质蕴含符号,替代符号是 ⊃。

4. ↔是实质等价符号,替代符号通常是 ≡。

5. 还有其他的命题连接词,包括 ⊤、⊥和 | 等。它们不是其他命题连接词的替代词,而是有自己的作用。

用来表示命题变量的符号是罗马字母表中的小写字母，从 p 开始。一小组命题变量是集合 $\{p, q, r\}$。如果需要大量的命题变量，则将使用字母 p 和正整数下标。例如，如果需要 15 个命题变量，将使用符号 $p_1, \cdots, p_{15}$。

从命题连接词的集合和命题变量的集合出发，得到了经典命题逻辑的计算公式。由于命题连接词的集合是固定的，而命题变量的集合是不固定的，因此得到的经典命题逻辑公式的集合将取决于所选择的命题变量的集合。因此，经典命题逻辑的任何一组公式都是相对一组命题变量来定义的。

正如即将看到的，经典命题逻辑（或 FM）的公式集可以用两种不同的方法定义。其中一种方法是典型的逻辑学家方法，是使用一种综合（syncategorematic）的定义形式；另一种方法更适合与成分语法比较，是一种使用分类（categorematic）的定义形式。6.2.1.1 节和 6.2.1.2 节会给出这些定义。

6.2.1.1　公式定义：综合

FM 的综合定义规定所有的命题变量都是公式。它还指出任何一个开头加上 ¬ 的命题都是公式，而一对加上 ∧、∨、→或 ↔ 并使用括号括起来的命题也是公式。最后，它规定其他任何东西都不是公式。以下是该定义的正式声明。

定义 1　经典命题逻辑的公式（综合定义形式）

令 PV 是一组命题变量。然后，基于 PV 的经典命题逻辑公式 FM 定义如下：

（1）PV⊆FM；

（2.1）如果 $\alpha \in$ FM，那么 ¬$\alpha \in$ FM；

　　　（2.2.1）如果 $\alpha, \beta \in$ FM，那么 $(\alpha \wedge \beta) \in$ FM；

　　　（2.2.2）如果 $\alpha, \beta \in$ FM，那么 $(\alpha \vee \beta) \in$ FM；

　　　（2.2.3）如果 $\alpha, \beta \in$ FM，那么 $(\alpha \rightarrow \beta) \in$ FM；

　　　（2.2.4）如果 $\alpha, \beta \in$ FM，那么 $(\alpha \leftrightarrow \beta) \in$ FM；

（3）其他都不是 FM。

这个定义被称为综合定义，因为它没有显式地调用命题连接词的类别。唯一要显式调用的类别是 PV 和 FM，PC 只是不被引用。

假设 p、q 和 r 是命题变量，那么根据定义的第（1）条，每个命题变量都是一个公式。根据第（2.1）条，¬p 是一个公式，而且根据第（2.2.1）条，$(q \wedge r)$ 是一个公式。因为 ¬p 和 $(q \wedge r)$ 是公式，所以根据第（2.2.3）条，$(¬p \rightarrow (q \wedge r))$ 是一个公式。就像我们在第 1 章和第 3 章看到的那样，可以用图表来展示这个推理过程。

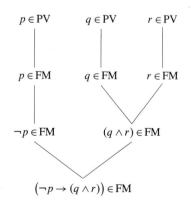

　　然而，通常需要简化图表。首先只要表达式是公式，那么就把注意力限制在表达式上，从而省略用 PV 标记的节点；其次，因为所有剩余的表达式都在 FM 中，所以省略表示公式是 FM 成员的指示符号。我们将得到的简化图称为综合合成树图（syncategorematic synthesis tree diagram）。

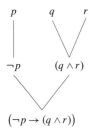

它可以颠倒过来，从而变为所谓的综合分析树图（syncategorematic analysis tree diagram）。

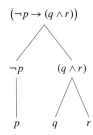

　　不同的命题变量的集合可以用来建立一组公式。显然，如果用集合 {p, q, r} 作为一组命题变量，将得到一组公式；如果用集合 {s, t, u} 作为命题变量，将得到另一组公式。事实上，这两组公式是不相交的。在给定的任何场合中，将哪些符号用作命题变量会被明确说明，或者可以从上下文中清晰得知。

6.2.1.2　公式定义：分类

　　FM 的分类定义与综合定义非常相似。不同的是，除了集合 PV 和 FM 之外，还明确地确定另外两个集合：一元命题连接词的集合 UC，它只包含一个成员，即 ¬；二元命题连接词的集合 BC，它包含四个成员，即 ∧、∨、→ 和 ↔。与综合定义一样，分类定义也规定所有命题变量都是公式。它还指出任何用一元命题连接词（¬）修饰的命题都是公式，一对用二元命题连接词修饰并用括号括起来的命题也是公式。最后，就像综合定义一样，分类定义规定其他任何东西都不是公式。下面是它的正式定义。

定义 2　经典命题逻辑的公式（分类定义形式）

　　令 PV 是一组命题变量。然后，基于 PV 的经典命题逻辑公式 FM 定义如下：

（1）PV⊆FM；

　　　（2.1）如果 $\alpha \in$ FM 且 $* \in$ UC，那么 $*\alpha \in$ FM；

　　　（2.1）如果 $\alpha, \beta \in$ FM 且 $\circ \in$ BC，那么 $(\alpha \circ \beta) \in$ FM；

（3）其他都不是 FM。

比较分类定义和综合定义，我们注意到第（1）条和第（3）条是相同的。区别在于第（2）条中的定义。让我们从第（2.1）条中的定义开始区分。该公式的分类形式定义用 * 替换了 ¬，并包含了深层次的条件 $* \in$ UC。另一个变化是综合定义形式的第（2.2）条中的四个定义被缩减为分类定义形式中的一个定义。这是通过在条件项中加上 $\circ \in$ BC 并用符号 $\circ$ 替换条件项中的各种命题连接词来实现的，因此可以将四个定义整合成一个定义⊖。

让我们回到先前使用综合定义建立的公式，并且得出它同样可以使用分类定义获得。正如之前所做的那样，假设 *p*、*q* 和 *r* 是命题变量，根据定义的第（1）条，每个命题变量都是一个公式，根据第（2.1）条，¬*p* 是一个公式。此外，根据第（2.2）条，(*q* ∧ *r*) 是一个公式。因为 ¬*p* 和 (*q* ∧ *r*) 是公式，所以根据第（2.2）条，(¬*p* → (*q* ∧ *r*)) 也是公式。下面是这个公式的分类合成树图（categorematic synthesis tree diagram）。

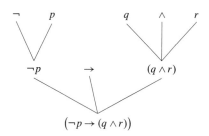

下面是相应的分类分析树图（categorematic analysis tree diagram）。

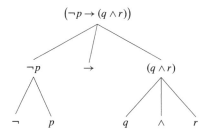

练习：定义规则

1. 请针对以下每个公式写出综合分析树图、综合合成树图、分类分析树图和分类合成树图。

   (a) ((*p* ∧ *q*) → *p*)　　　　　　　　　　　(b) (*p* ∧ (*q* → *p*))

   (c) ¬(*p* ∧ (¬*p* ∧ *q*))　　　　　　　　　(d) (¬*p* ∧ (¬*p* ∧ *q*))

   (e) ((*p* → *q*) → (¬*q* → ¬*p*))　　　　　(f) (¬(*p* ∧ (*q* ∨ *r*)) → (¬*r* ∨ *q*))

2. 确定下列符号串中哪些是公式，哪些不是公式。证明你的回答是正确的。

   (a) (*p*)　　　　　　　　　　　　　　　　　(b) (*p* ∧ (*p* ∨ *p*))

   (c) *p* → (*p* ∧ *p*)　　　　　　　　　　　(d) *q*

   (e) (¬*q* ∧ (*p* ← *q*))　　　　　　　　　(f) ¬¬(¬¬*q* ∨ ¬¬¬*r*)

   (g) ((*p* ∧ *q*) → (*r* ∨ *p*))　　　　　　(h) *p* ∨ *q*

   (i) ((*p* ∧ (*q* → *r*)) ∧ *p*)　　　　　　(j) ((*r* ∧ *q* ∧ *r*) → *p*)

   (k) ¬((*p*↔*q*) ∨ *r*)　　　　　　　　　　(l) ¬(¬(*p* ∧ *r*))

6.2.1.3　公式和子公式

在本节中，我们将公式分为各种类型，还将探讨公式与组成它的公式之间的关系。

正如在 6.2.1.1 节和 6.2.1.2 节中看到的，所有的命题变量（PV）都是公式。因为它们和命题连接词是其他公式的组成成分，所以当它们被视为公式时，也被称为基本子式（Atomic Formulae，AF）。非基本子式是复合公式（Composite Formulae，CF）。例如 ¬¬*p*、(*q* ∧ ¬*p*)

⊖　如第 5 章所述，if 从句是条件从句，而它从属的子句是归结子句。

和 ¬ $(p \rightarrow q)$ 都是 CF。显然，命题变量不是复合公式。

最后，有一类命题公式既可以是 CF 又可以是 AF，即基本公式（Basic Formulae，BF）。BF 是 AF 及其否定词，即 p 和 ¬q 是 BF。$(r \lor q)$ 和 ¬¬p 两者都不是 BF。这种公式也被称为文字（literal）。

通常讨论一个大公式的一部分公式是有意义的。要做到这一点，我们必须引入两种关系：作为直接子公式的关系和作为适当子公式的关系。

只在两种情况下存在一个公式是另一个公式的直接子公式：公式可以由否定符号做前缀以产生第二个公式，或者公式和二元命题连接词配对并用括号括起来以产生第二个公式。

定义 3 经典命题逻辑的直接子公式

令 α 和 γ 是 FM 的成员。当且仅当 ¬α=γ 或有一个公式 β，使得 $(\alpha \land \beta)$=γ，$(\beta \land \alpha)$=γ，$(\alpha \lor \beta)$=γ，$(\beta \lor \alpha)$=γ，$(\alpha \rightarrow \beta)$=$\gamma$，$(\beta \rightarrow \alpha)$=$\gamma$，$(\alpha \leftrightarrow \beta)$=$\gamma$ 或者 $(\beta \leftrightarrow \alpha)$=$\gamma$，$\alpha$ 是 γ 的直接子公式。

不管是综合树图还是分类树图都可以很好地描述一个公式是另一个公式的直接子公式的关系。公式 α 的直接子公式是其树图中紧靠 α 之上的公式。例如，$(p \land q)$ 是 $(\neg r \rightarrow (p \land q))$ 的一个直接子公式。

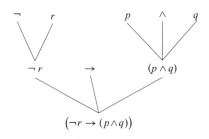

然而，它不是 $(p \lor ((p \land q) \rightarrow r))$ 的直接子公式。

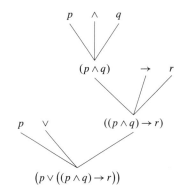

有一个比直接子公式更广泛的概念是有用的，例如 $(p \land q)$ 是 $(p \lor ((p \land q) \rightarrow r))$ 的子公式，但是我们刚刚看到前者不是后者的直接子公式。让我们把这个更广泛的概念称为适当子公式。粗略地说，如果 α 是公式 β 的直接子公式，那么它就是 β 的一个适当子公式，或者 α 是 β 的直接子公式的直接子公式，是 β 的直接子公式的一个直接子公式的直接子公式等。下面是正式定义。

定义 4 经典命题逻辑的适当子公式

令 α 和 γ 是 FM 的成员。当且仅当有以下几种情况之一时，α 是 γ 的一个适当子公式：

（1）α 是 γ 的一个直接子公式；

（2）有一个公式 β，β 是 γ 的直接子公式，而 α 是 β 的适当子公式。

无论是公式的综合树图还是分类树图都可以很好地描述一个公式是另一个公式的适当子公式的关系。只有当 α 在 β 的合成树中高于 β 时，α 才是 β 的适当子公式。因此，虽然 $(p \wedge q)$ 不是 $(p \vee ((p \wedge q) \to r))$ 的直接子公式，但它是其适当子公式。

事实上，逻辑学家和数学家更喜欢一个更广泛的子公式概念，即允许一个公式是它自己的子公式。这个更广泛的概念的优点是，它有助于定义其他概念，这些概念将在下面介绍。

定义 5　经典命题逻辑的子公式

令 α 和 β 是 FM 的成员。当且仅当 α 是 β 或者 α 是 β 的适当子公式时，α 是 β 的子公式。

注意，如 3.3.1 节和下文所述，作为直接子公式、适当子公式和子公式的关系，就像作为直接成分、适当成分和成分的关系一样。

在讨论公式及其部分时，必须注意同一个命题变量或命题连接词在同一个公式中可能出现不止一次。例如，p 在公式 $(p \wedge (q \vee p))$ 中出现两次，$\wedge$ 在公式 $(p \wedge (q \wedge r))$ 中出现两次。有时我们必须能够区分这些事件。在这种情况下，人们说的不是符号，而是符号出现的次数。只有当我们感到有可能混淆时，才应遵守这一区别，否则将继续使用这种术语来指代符号本身及其出现的惯常做法。

一个必须遵守刚才所做区分的情况是范围关系。

定义 6　经典命题逻辑的命题连接词的范围

公式 α 中命题连接词的出现范围是 α 的子公式，这个子公式包含命题连接词的出现但其直接子公式不包含。

我们必须谈到命题连接词和其出现的范围。考虑公式 $((p \wedge q) \wedge r)$，探讨 $\wedge$ 的范围是没有意义的，只有探讨其第一次出现时或其第二次出现时的范围才是有意义的，在这两种情况下范围分别是 $(p \wedge q)$ 和 $((p \wedge q) \wedge r)$。

定义 7　在经典命题逻辑范围内的公式

当且仅当 α 是公式 β 中命题连接词出现的范围的子公式时，公式 α 是在公式 β 中命题连接词出现的范围内。

因此，例如 p 和 $(q \vee \neg r)$ 都出现在公式 $(p \to (q \vee \neg r))$ 的 $\to$ 的范围内。注意 p 不在同一公式中 $\vee$ 的范围内。此外，在公式 $(p \vee (q \vee \neg r))$ 中，p 在 $\vee$ 首次出现的范围内，但是不在其第二个范围内。

定义 8　在经典命题逻辑的范围内的命题连接词

当且仅当第一个命题连接词在一个公式中，而这个公式出现在另一个命题连接词的范围内时，这个公式中的命题连接词出现在另一个命题连接词的范围内。

在公式 $(p \to \neg (r \to q))$ 中，$\neg$ 只出现在 $\to$ 第一次出现的范围内，但 $\to$ 的第二次出现发生在仅出现一次的 $\neg$ 的范围内。

定义 9　经典命题逻辑公式的主要命题连接词

公式的主要命题连接词是范围包含整个公式的命题连接词[⊖]。

公式 $\neg (p \vee \neg q)$ 的主要命题连接词是第一次出现的 $\neg$，而 $((\neg p \to q) \vee (r \wedge p))$ 的主要命题连接词是仅出现过一次的 $\vee$。

请注意，括号并不是经典命题逻辑的符号。与此相反，它们是通过对公式集的定义被影

⊖　这个定义是用命题连接词而不是它的出现来界定的，用后一种方式表达定义会导致蹩脚的英语。

射到公式中的。因此，它们有时被认为是同步的。它们的目的就像英语中的逗号和句点一样，是为了消除歧义；综上，它们有时被称为标点符号。管理标点符号的规则就是在没有标点符号时省略它，相同的规则也应用于逻辑和数学中，因此括号经常被省略。为了防止混淆，我们采用了规范其省略规则的惯例。这些是本书采用的惯例：

（i）省略括整个公式的括号。因此，$p \wedge q$ 是 $(p \wedge q)$ 的缩写。

（ii）如果一个连接词本身就是一个连词，则省略将其括起来的括号。因此，$p \vee (p \wedge q \wedge r)$ 是 $p \vee (p \wedge (q \wedge r))$ 和 $p \vee ((p \wedge q) \wedge r)$ 的缩写，根据先前的惯例，它们本身就是缩写。

（iii）如果一个连接词本身是分隔符，则省略将其括起来的括号。因此，$p \wedge (p \vee q \vee r)$ 是 $p \wedge (p \vee (q \vee r))$ 和 $p \wedge ((p \vee q) \vee r)$ 的缩写，根据先前的惯例，它们本身就是缩写。

练习：公式和子公式

1. 在下列符号中，确定哪些是公式，哪些是惯例公式。

    (a) p (b) $(p \wedge (p \vee p))$ (c) $p \wedge q$

    (d) $(p \wedge q \wedge r)$ (e) $\neg\neg(\neg\neg q \vee \neg\neg\neg r)$ (f) $((p \wedge q) \to (r \vee p))$

    (g) $(p \wedge (q \to r)) \wedge p$ (h) $\neg((p \leftrightarrow q) \vee r)$ (i) $p \wedge \neg q \wedge (p \to q)$

2. 在下列公式中，确定哪些是 AF，哪些是 BF，哪些是 CF。

    (a) $(p \wedge (p \vee p))$ (b) p (c) $((q \wedge p) \leftarrow q)$

    (d) $\neg q$ (e) $\neg\neg\neg r$ (f) r

    (g) $p \vee q$ (h) $(r \wedge q \wedge r) \to p$ (i) $\neg p$

    (j) $\neg((p \leftrightarrow q) \vee r)$

3. 说明以下每一项是真是假。如果是假，请提供反例。

    (a) AF=PV   (b) AF⊆BF   (c) BF⊆FM   (d) BF⊆AF

    (e) CF⊆BF   (f) BF⊆CF   (g) BC⊆FM

4. 对于下列公式中的每一项，确定其主命题连接词及其所有的子公式。

    (a) $((q \leftrightarrow p) \vee p)$ (b) $\neg((r \vee p) \wedge q)$ (c) $\neg\neg\neg r$

    (d) r (e) $(\neg(r \vee (q \wedge r)) \to p)$

5. 考虑公式 $(((p \vee q) \to q) \to ((q \wedge r) \vee p))$

    (a) $\to$ 的第一次出现的范围是什么？   (b) $\to$ 的第二次出现的范围是什么？

    (c) $\vee$ 的第一次出现的范围是什么？   (d) $\vee$ 的第二次出现的范围是什么？

    (e) $\wedge$ 的范围是什么？

6. 考虑另一个公式 $((p \wedge (q \leftrightarrow r)) \to (\neg p \vee (q \wedge r)))$

    (a) r 的第一次出现是否在 $\leftrightarrow$ 的出现范围内？

    (b) r 的第二次出现是否在 $\vee$ 的出现范围内？

    (c) p 的第一次出现是否在 $\wedge$ 的第二次出现的范围内？

    (d) $\leftrightarrow$ 的唯一一次出现是否在 $\to$ 出现的范围内？

    (e) q 的第二次出现是否在 $\wedge$ 的第一次出现的范围内？

    (f) $\vee$ 的唯一一次出现是否在 $\neg$ 出现的范围内？

    (g) q 的第一次出现是否在 $\wedge$ 的第一次出现的范围内？

    (h) p 的第一次出现是否在 $\wedge$ 的第一次出现的范围内？

    (i) $\leftrightarrow$ 的唯一一次出现是否在 $\wedge$ 的第一次出现的范围内？

    (j) $\wedge$ 的任何一个出现都在另一个的范围内吗？

6.2.2 语义

命题语义学的基本思想是真值赋值和估值。真值赋值和估值都是函数。

真值赋值（truth value assignment）是从一个域（即命题变量集 PV）到一个陪域（即包含 T 和 F 的集）的任意函数，其中 T 和 F 直观地表示真和假。二价真值赋值（bivalent truth value assignment）或简称为二价赋值，是其陪域仅包含 T 和 F 的真值赋值[⊖]。

假设目前 PV 只包含三个命题变量：p、q 和 r。下面就是一个二价赋值：

$$p \mapsto T, q \mapsto T, r \mapsto F$$

但是，下面这两个赋值都不是二价赋值：

$$p \mapsto T, r \mapsto F$$
$$p \mapsto T, q \mapsto N, r \mapsto F$$

前者不是一个域为 PV 的函数，而后者是一个域虽然是 PV 的函数，但不是二价的。

以下是所有的真值 {T，F} 对集合 $\{p, q, r\}$ 中命题变量的二价赋值。

		a_1	a_2	a_3	a_4	a_5	a_6	a_7	a_8
p	$\mapsto$	T	T	T	T	F	F	F	F
q	$\mapsto$	T	T	F	F	T	T	F	F
r	$\mapsto$	T	F	T	F	T	F	T	F

二价赋值 a_1 将 T 赋给三个命题变量中的每一个命题变量，而二价赋值 a_2 将 T 赋给 p 和 q，并将 F 赋给 r。由于真值赋值是函数，人们还可以写出 $a_1(p)=a_1(q)=a_1(r)=T$，$a_2(p)=a_2(q)=T$ 以及 $a_2(r)=F$。

值得注意的是，只要命题变量的数目是有限的，那么集合 {T，F} 的赋值数目就是有限的。毕竟，对于每个命题变量而言只有两个选择——T 或 F。因此，如果一个集合有三个命题变量，那么就只有 $2 \cdot 2 \cdot 2$ 或 2^3 个可能的赋值，如果一个集合有 n 个命题变量，那么 {T，F} 的可赋值数量就是 2^n。

现在让我们讨论估值（valuation）。估值是域为公式集（FM）且其陪域是包含 T 和 F 的集合的任何函数。如果陪域中仅有的值是 T 和 F，则赋值是二价的。FM 是无限的（顺便说一句，即使 PV 只包含一个命题变量，FM 也是无限的）。这个事实有两个结果。首先，估值的数量（甚至是二价估值的数量）是不可数的。其次，任何估值图都不能用列表符号写下。

然而，为了了解二价估值的多样性，再次假设 PV 只包含三个命题变量 p、q 和 r。下面是二价估值的四个部分，其域是从 $\{p, q, r\}$ 获得的公式集。

		f_1	f_2	f_3	f_4
p	$\mapsto$	T	T	T	T
q	$\mapsto$	T	T	F	F
r	$\mapsto$	T	F	T	F
$\neg p$	$\mapsto$	T	F	F	F
$\neg q$	$\mapsto$	F	F	T	T
$\neg r$	$\mapsto$	F	T	F	T
$p \wedge q$	$\mapsto$	T	T	T	F
$p \vee r$	$\mapsto$	T	T	T	T

⊖ bivalent 是二值（two-valued）的另一个种说法。

		f_1	f_2	f_3	f_4
$\neg p \vee q$	$\mapsto$	F	F	F	F
$\neg q \wedge r$	$\mapsto$	T	F	T	F
$\vdots$	$\vdots$	$\vdots$	$\vdots$	$\vdots$	$\vdots$

如果一个人完成了这个列表，并确保在所有 f 下的每个位置都精确地填入 T 或 F，则每个 f 都将提供一个二价估值。然而，其中有三个不符合先前对符号 $\neg$、$\wedge$ 和 $\vee$ 的解释。例如，f_1 同时将 T 赋给 p 和 $\neg p$。此外，f_2 将 T 赋给 q，却也将 F 赋给 $\neg p \vee q$。最后，f_3 已经将 F 赋给 q，却又将 T 赋给 $p \wedge q$。只有 f_4 在其规定的范围内符合早期对命题连接词的解释。

与先前给出的命题连接词的解释一致的二价估值被称为经典估值（classical valuation），可以定义如下。

定义 10 *经典命题逻辑的经典估值*

当且仅当 A 的估值 v 是二价的，并且对于每个 α，$\beta \in$ FM 都符合以下条件时，v 是 A 的经典估值：

（1）当且仅当 $v(\alpha)$=F 时，$v(\neg\alpha)$ = T；

　（2.1）当且仅当 $v(\alpha)=v(\beta)$=T 时，$v(\alpha \wedge \beta)$=T；

　（2.2）当且仅当 $v(\alpha)$=T 或 $v(\beta)$= T 时，$v(\alpha \vee \beta)$=T；

　（2.3）当且仅当 $v(\alpha)$=F 或 $v(\beta)$=T 时，$v(\alpha \rightarrow \beta)$=T；

　（2.4）当且仅当 $v(\alpha)=v(\beta)$ 时，$v(\alpha \leftrightarrow \beta)$=T。

我们已经注意到，所有二价估值的集合都是无限的。然而，如果对二价估值集加以限制，人们可能会想知道是否有任何一个二价估值可以满足定义，也就是说，这组经典估值集是否为空。

事实上，经典估值的数目与二价估值的数目完全相同。此外，尽管我们无法证明，但正如将看到的，每一个经典估值都由二价估值确定，而不同的二价估值决定了不同的经典估值。观察定义可以看出，定义右侧的公式是左侧公式的直接子公式，而分配给左侧公式的值是根据分配给其直接子公式的值来定义的。因此，每个复合公式的真值由其直接子公式的真值决定。这意味着对公式的基本子式的真值的任何赋值都会立即通过定义将该真值传递到越来越大的子公式，直到最后将真值赋值给这个公式本身。

如何准确地将真值从其基本子式或命题变量传递到公式，取决于是以公式的综合定义还是以分类定义作为出发点。第一个出发点是，从二价赋值到经典估值的规范扩展的综合定义，第二个是对规范扩展的分类定义。在 6.2.2.1 节和 6.2.2.2 节中，我们将分别探讨第一个和第二个选择。

练习：赋值和估值

1. 描述三种二价估值。

2. 假设真值的数目是 3，一组 n 个命题变量有多少个真值赋值？

3. 下列哪个关联规则决定二价估值？在每种情况下，证明你的答案是正确的。

　（a）如果 α 有命题连接词，那么 $\alpha \mapsto$T；否则 $\alpha \mapsto$F。

　（b）如果 α 具有偶数个二元命题连接词，那么 $\alpha \mapsto$T；如果果 α 具有奇数个一元命题连接词，那么 $\alpha \mapsto$F。

　（c）如果 α 中出现任何二元命题连接词，那么 $\alpha \mapsto$T；如果 α 中出现任何一元命题连接词，那么 $\alpha \mapsto$F。

（d）如果 α 有偶数个命题变量，那么 $\alpha \mapsto \mathrm{T}$；如果 α 有奇数个命题变量，$\alpha \mapsto \mathrm{F}$。

4. 下列哪一组是空的？在每种情况下，证明你的答案是正确的。

（a）从 FM 到 {T，F} 的函数集，其中每个出现一元命题连接词的 $\alpha \in$ FM 都被赋值为 T。

（b）从 FM 到 {T，F} 的函数集，其中每个出现偶数个二元命题连接词的 $\alpha \in$ FM 被赋值为 F。

（c）从 FM 到 {T，F} 的函数集，其中每个不出现一元命题连接词的 $\alpha \in$ FM 被赋值为 T，每个出现二元命题连接词的 $\alpha \in$ FM 被赋值为 F。

（d）从 FM 到 {T，F} 的函数集，其中，如果 α 包含三个不同的命题变量，则每个 $\alpha \in$ FM 被赋值为 T，否则赋值为 F。

6.2.2.1　综合方法

首先介绍将二价赋值扩展到经典估值的综合定义，并举例说明 a_3 如何将真值赋给 $\neg p \rightarrow (q \wedge r)$，这与前文所述命题连接词的解释有关。

首先记住下面的公式综合合成树图。

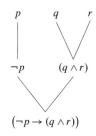

回想一下之前对 $\neg$ 的解释。

α	$\neg\alpha$
T	F
F	T

这个解释等同于经典估值定义（定义 10）的第（1）条。将它应用到上述树中，可以将值 F 赋给子公式 $\neg p$。

接下来，回想一下对 $\wedge$ 的解释。

α	β	$\alpha \wedge \beta$
T	T	T
T	F	F
F	T	F
F	F	F

这相当于经典估值定义的第（2.1）条。它要求我们把 F 赋值给子公式 $q \wedge r$。

最后，回忆一下对 $\rightarrow$ 的解释。

α	β	$\alpha \rightarrow \beta$
T	T	T
T	F	F
F	T	T
F	F	T

这相当于经典估值定义的第（2.4）条。把这里的 α 作为树中的 $\neg p$，把这里的 β 作为树中的

$q \wedge r$，我们就可以把 T 赋给公式 $\neg p \rightarrow (q \wedge r)$。

在（$\neg p \rightarrow (q \wedge r)$）的综合合成树图上显示，根据前面所述的条件，$a_3$ 对其各种子公式的真值赋值。

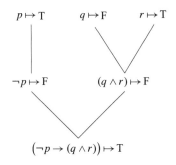

请注意，将值分配给树上的顶部节点后，可以确定较低节点的值，因为每个较低节点都是根据其正上方节点的值计算的。定义 10 中对应命题连接词 $\neg$、$\wedge$ 和 $\rightarrow$ 的三个子句保证了除顶部节点以外的其他节点被分配唯一的值。

前面的例子说明了（但没有证明）通过遵守定义 10 中的条目，每个二价赋值都为每个公式分配了真值，从而得到了经典估值。

现在，我们可以全面地陈述将二价赋值扩展到经典估值的过程。

定义 11　扩展到经典命题逻辑的经典估值（综合方法）

令 a 是 PV 的二价赋值。当且仅当 v_a 是 FM 的函数，并且符合以下条件时，v_a 是 a 的经典扩展：

（1）对于每个 $\alpha \in$ AF，$v_a(\alpha) = a(\alpha)$；

（2）对于每个 α，$\beta \in$ FM，

　　（2.1）当且仅当 $v_a(\alpha) =$ F 时，$v_a(\neg \alpha) =$ T；

　　　　（2.2.1）当且仅当 $v_a(\alpha) = v_a(\beta) =$ T 时，$v_a(\alpha \wedge \beta) =$ T；

　　　　（2.2.2）当且仅当 $v_a(\alpha) =$ T 或 $v_a(\beta) =$ T 时，$v_a(\alpha \vee \beta) =$ T；

　　　　（2.2.3）当且仅当 $v_a(\alpha) =$ F 或 $v_a(\beta) =$ T 时，$v_a(\alpha \rightarrow \beta) =$ T；

　　　　（2.2.4）当且仅当 $v_a(\alpha) = v_a(\beta)$ 时，$v_a(\alpha \leftrightarrow \beta) =$ T。

勤奋的读者可能会怀疑，二价赋值的经典扩展的定义是否会导致估值，甚至导致经典估值。答案是确实会的。第（1）条中的子句保证经典扩展为每个基本子式分配一个真值。第（2）条中的子句仅重新定义了经典估值（定义 10）中的子句，要求该扩展遵守前文给出的命题连接词的解释。此外，正如我们已经注意到的，任何双条件子句的左边给出的公式的值是由右边给出的其直接子公式或其直接子公式的一个或多个值确定的。

前面所说的虽然很清楚，但有一点不能证明，即每一个二价赋值经典地扩展到一个独特的经典估值。事实上，我们可以证明另外两个事实：不同的二价赋值会导致不同的经典估值，而每个经典估值是某些二价赋值的经典扩展。这些事实加在一起意味着在二价赋值和经典估值之间存在一个双射。这就是为什么在定义二价赋值的经典扩展时，经典估值 v 的函数符号将二价赋值 a 的函数符号作为下标。

使用经典扩展的表示法，我们可以按如下方式重新确定 $\neg p \rightarrow (q \wedge r)$ 的综合合成树图。

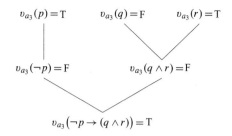

$$v_{a_3}(\neg p \to (q \wedge r)) = T$$

回想一下，由于经典估值的域是无限的，因此不可能将其全部写出。然而，在给定二价赋值的情况下，经典扩展的定义使人们可以对任何公式计算经典估值分配给它的值，并以有限的步骤进行计算。

虽然如前所示，使用综合合成树图进行此计算是清晰明了的，但它占用了大量空间。一个更紧凑却能完成同样效果的方法如下。首先，写出公式（符号之间有足够的间距）。然后，在每个基本子式下写出它的真值。在任何只要在其范围内有一个基本子式的命题连接词下，都可以写出该子公式的真值。以这种方式继续，直到在公式的主命题连接词下写出真值。公式的主命题连接词下的真值也就是公式的真值（相对于分配给公式的基本子式的真值）。

	¬	p	→	(q	∧	r)
a_3	F	T	T	F	F	T

将公式 $(\neg p \to (q \wedge r))$ 的命题变量的八个二价赋值中的每一个合并起来，得到公式的真值表（truth table）。

TVA	¬	p	→	(q	∧	r)
a_1	F	T	T	T	T	T
a_2	F	T	T	T	F	F
a_3	F	T	T	F	F	T
a_4	F	T	T	F	F	F
a_5	T	F	T	T	T	T
a_6	T	F	F	T	F	F
a_7	T	F	F	F	F	T
a_8	T	F	F	F	F	F

练习：综合合成树的解释

1. 为以下每个公式提供综合合成树图，并使用指定的二价赋值为每个节点分配一个值。

(a) $\neg p \vee q$，节点 a_1 处

(b) $p \vee \neg p$ 节点 a_2 处

(c) $p \wedge \neg p$ 节点 a_3 处

(d) $p \leftrightarrow \neg\neg p$ 节点 a_4 处

(e) $(p \wedge q) \to \neg p$ 节点 a_5 处

(f) $(p \vee \neg q) \to r$ 节点 a_6 处

(g) $(p \to q) \to (\neg q \to \neg p)$ 节点 a_7 处

(h) $(p \vee q) \leftrightarrow (p \vee (\neg p \wedge q))$ 节点 a_8 处

2. 为上一练习中的每个公式提供一个真值表。

3. 公式的真值表有多少行？

6.2.2.2 分类方法

根据定义 11，二价赋值的经典扩展可以使我们计算将扩展应用于公式的值。在定义综合方法的情况下，这种计算是基于公式的综合合成树图进行的。在分类方法的情况下，这种计算是基于公式的分类合成树图完成的。为了了解它是如何完成的，现在让我们来考虑公式 $\neg p \to (q \wedge r)$ 的分类合成树图，该树图曾被综合方法处理过。

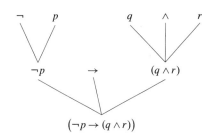

再次使用二价赋值 a_3，将 F 分配给 q，将 T 分配给 p 和 r。在综合合成树图中没有用命题连接词标记节点，因此不需要为它们赋值。然而，在分类合成树图中，公式中的每个命题连接词都有节点。这些节点也必须赋值。

现在只需要看一下前面对命题连接词的解释，就会发现它们是从真值（或真值对）到真值的函数。也就是说，它们是真值的函数。当先前给出的解释使用以下形式重新描述时，这一点就变得清楚了。下面是 ¬ 的真值函数 $o_\neg$ 的定义。

$o_\neg$	域		陪域
	T	$\mapsto$	F
	F	$\mapsto$	T

下面用四个两位函数来解释剩下的四个命题连接词。

$o_\wedge$	域		陪域	$o_\vee$	域		陪域
	<T, T>	$\mapsto$	T		<T, T>	$\mapsto$	T
	<T, F>	$\mapsto$	F		<T, F>	$\mapsto$	T
	<F, T>	$\mapsto$	F		<F, T>	$\mapsto$	T
	<F, F>	$\mapsto$	F		<F, F>	$\mapsto$	F

$o_\to$	域		陪域	$o_\leftrightarrow$	域		陪域
	<T, T>	$\mapsto$	T		<T, T>	$\mapsto$	T
	<T, F>	$\mapsto$	F		<T, F>	$\mapsto$	F
	<F, T>	$\mapsto$	F		<F, T>	$\mapsto$	F
	<F, F>	$\mapsto$	F		<F, F>	$\mapsto$	F

让我们把它应用到公式 $\neg p \to (q \wedge r)$。其中 ¬ 和 p 是 $\neg p$ 的直接成分，¬ 被真值函数 $o_\neg$ 赋值，p 被赋值为 T。赋值给 $\neg p$ 的值是应用真值函数 $o_\neg$ 赋值给 ¬ 和 T 赋值给 p 得到的值。也就是说，赋值给 $\neg p$ 的值是 $o_\neg$（T）或 F。同样，q、$\wedge$ 和 r 是 $(q \wedge r)$ 的直接成分。$\wedge$ 通过二价赋值 a_3 被赋值为 $o_\wedge$，q 被赋值为 F，r 被赋值为 T。$(q \wedge r)$ 的值是由真值函数 $o_\wedge$ 将 $\wedge$ 应用到一对值 <F, T> 上得到的，这对值分别是 q 和 r。也就是说，赋值给 $(q \wedge r)$ 的值是 $o_\wedge$（F, T）或 F。最后，$\neg p$、$\to$ 和 $(q \wedge r)$ 是 $(\neg p \to (q \wedge r))$ 的直接成分。如刚才计算的，$\to$ 的值是 $o_\to$，$\neg p$ 和 $(q \wedge r)$ 的值是 F。应用真值函数 $o_\to$ 赋值给真值对 <F, F>，产生真值

T（即 $o_\to$（F，F）=T），然后赋值给（$\neg p \to$（$q \wedge r$））。

借助 $\neg p \to$（$q \wedge r$）的分类合成树图来展示这个计算过程。

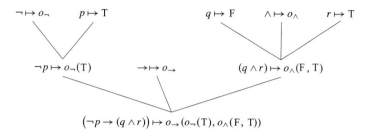

$$(\neg p \to (q \wedge r)) \mapsto o_\to(o_\neg(T), o_\wedge(F, T))$$

注意，一旦将值分配给合成树上的顶部节点，就可以计算下面节点的值，因为每个较低节点都是根据真值函数和真值或真值对来计算的，函数是紧挨着它的上面一个节点的值，真值或真值对是紧挨着它的上面的其他节点的值。

这个例子的推广给出了分类版本的二价赋值的经典扩展的定义。

定义 12　扩展到经典命题逻辑的经典估值（分类方法）

令 a 是 PV 的二价赋值。当且仅当 v_a 是 FM 的函数，并且符合以下条件时，v_a 是 a 的经典扩展：

（1）对于每个 $\alpha \in$ AF，v_a（α）=$a(\alpha)$

（2）对于每个 α，$\beta \in$ FM

　　（2.1）v_a（$\neg\alpha$）= $o_\neg$（v_a（α））

　　　　（2.2.1）v_a（$\alpha \wedge \beta$）= $o_\wedge$（v_a（α），v_a（β））

　　　　（2.2.2）v_a（$\alpha \vee \beta$）= $o_\vee$（v_a（α），v_a（β））

　　　　（2.2.3）v_a（$\alpha \to \beta$）= $o_\to$（v_a（α），v_a（β））

　　　　（2.2.4）v_a（$\alpha \leftrightarrow \beta$）= $o_\leftrightarrow$（v_a（α），v_a（β））

练习：分类合成树的解释

1. 给出下列公式的分类合成树图，并使用指定的二价赋值给每个节点赋值。

　（a）$\neg p \vee q$，在节点 a_2 处　　　　　　（b）$p \vee \neg p$，在节点 a_3 处

　（c）$p \wedge \neg p$，在节点 a_4 处　　　　　　（d）$p \leftrightarrow \neg\neg p$，在节点 a_5 处

　（e）（$p \wedge q$）$\to \neg p$，在节点 a_6 处　　　（f）（$p \vee \neg q$）$\to r$，在节点 a_7 处

　（g）（$p \to q$）$\to$（$\neg q \to \neg p$），在节点 a_8 处　　（h）（$p \vee q$）$\leftrightarrow$（$p \vee$（$\neg p \wedge q$）），在节点 a_1 处

2. 在本节中，给出了一个从 {T，F} 到 {T，F} 的真值函数。找出其他所有具有相同域和陪域的真值函数，并以相同形式写出它们。

3. 在这一节中，给出了从 {T，F} × {T，F} 到 {T，F} 的四个真值函数，其他还有多少？请用同样的形式写出来。

4. 将 $o_\wedge$、$o_\vee$、$o_\to$ 和 $o_\leftrightarrow$ 的真值函数重新表示为矩阵。

6.2.2.3　语义性质和关系

公式具有语义性质，公式集也具有语义性质。类似地，一对公式和一对公式集也有语义关系。最后，一组公式与单个公式也有语义关系。我们将在本节中学习其中一些性质和关系。

根据一个基本关系——即满足关系（satisfaction relation）——来定义这些不同的性质和

关系，满足关系将二价赋值和单个公式或单个公式集联系起来。在二价赋值的经典扩展给某个公式赋值为 T，以及给公式集中的每个公式赋值为 T 的情况下，二阶赋值被称为满足一个或一组公式。下面是用一些符号表达的定义。

定义 13 经典命题逻辑的满足

（1）对于二价赋值 a 和每个公式 α，当且仅当 $v_a(\alpha)$ =T 时，a 满足 α；

（2）对于二价赋值 a 和每一组公式 Γ，当且仅当任意 $\alpha \in \Gamma$，都有 $v_a(\alpha)$ =T 时，a 满足 Γ。

读者应验证 a_3 满足公式 $\neg p \to (q \wedge r)$ 但 a_6 不满足这个公式，a_4 满足公式 $\{p \to \neg q, r \to \neg p\}$ 但 a_3 不满足这个公式。

以下是关于满足的两个重要事实。首先，仅在二价赋值满足唯一成员是所讨论公式的单例集时，它才满足这个公式。让我们来看看原因。假设一个二价赋值满足一个公式。然后，根据满足定义的第（1）条，其经典扩展将 T 赋值给公式。因此，它将 T 赋给唯一成员是所讨论的公式的单例集的每个成员。相反，假设一个二价赋值满足一个单例集，其唯一成员是一个公式。然后，根据满足定义的第（2）条，将 T 赋值给公式，该公式是所讨论的单例集的唯一成员。

其次，每一个二价赋值满足一组空集的公式。这是为什么呢？假设任意选择的二价赋值不满足空集，然后根据满足定义的第（2）条，二价赋值就不能满足集合中的某些公式，但这是不可能的，因为空集没有成员。因此，没有二价赋值不能满足空集。换言之，每一个二价赋值都满足空集。

我们把这两个事实记录下来供以后参考。

事实 1 关于满足的事实

（1）对于每个二价赋值 a 和公式 α，当且仅当 a 满足 $\{\alpha\}$ 时，a 满足 α；

（2）每一个二价赋值都满足空集。

下面来讨论公式的性质。

公式的性质

性质通常分为三类：重言式（tautology）、偶然式（contingency）和矛盾式（contradiction）。重言式是无论怎样都是正确的命题。例如，if Socrates was Greek, then Socrates was Greek。这一命题一定成立。然而，想想命题 Aristotle was a philosopher，这是一个偶然式命题，因为这有可能是真的，但也有可能是假的。Aristotle 可能被他的父母说服去从事其他职业。偶然式命题是这样的：如果是真的，但仍然可能是假的；如果是假的，但仍然可能是真的。矛盾式是一个无论如何都不可能是真的命题。Every circle is a square 就是一个矛盾式：它根本不可能是真的。

这些术语同样适用于经典命题逻辑中的公式，它们在经典命题逻辑的上下文中的定义如下。每一个经典估值赋值为 T 的公式是重言式，这也可以用满足来表述。下面是我们的定义。

定义 14 经典命题逻辑的重言式

当且仅当每个二价赋值都满足一个公式时，这个公式是重言式。

重言式的一些例子是 $p \vee \neg p$、$p \to p$、$(p \wedge \neg p) \to q$、$p \to (q \to p)$、$p \to (p \vee q)$ 和 $(p \wedge q) \to q$。

其次，每一个经典估值赋值为 F 的公式都是矛盾式，或者看如下定义。

定义 15　经典命题逻辑的矛盾式

当且仅当每一个二价赋值不满足一个公式时，这个公式是矛盾式。

矛盾式包括这样的公式：$p \wedge \neg p$、$(q \vee \neg q) \rightarrow (p \wedge \neg p)$、$p \wedge \neg (\neg p \rightarrow q)$ 和 $p \leftrightarrow \neg p$。

最后，一些经典估值赋值为 T、一些经典估值赋值为 F 的公式是偶然式。

定义 16　经典命题逻辑的偶然式

当且仅当某些二价赋值满足一个公式，而另一些不满足这个公式时，这个公式是偶然式。

读者应该自己验证这些公式是偶然式：$(p \wedge q) \rightarrow \neg q$、$p \vee \neg q$ 和 $p \rightarrow (p \wedge r)$。

公式的性质和公式的集合

一组或一个命题可以归结为两个性质：可满足性（satisfiability）和不可满足性（unsatisfiability）。一个命题如果有可能是真的就是可满足的，如果不可能是真的就是不可满足的。下雨的说法有可能是真的，所以，这是一个可满足的命题。然而，每个正方形都是圆的这一命题不可能是真的，所以，它是一个不可满足的命题。接下来，如果一个集合中的所有命题都可以同时为真，则这个命题集合是可满足的。命题集合 {it is raining，it is cold} 也是可满足的，因为这个集合中的两个命题可以同时为真。相反，集合 { it is raining，it is not raining } 是不可满足的，因为这个集合中的两个命题不可能同时成立。

现在定义这些术语，以便它们在经典命题逻辑中更好地使用，我们根据满足关系来进行定义。

定义 17　经典命题逻辑的可满足性

（1）当且仅当某些二价赋值满足一个公式时，这个公式是可满足的。

（2）当且仅当某些二价赋值满足一个公式的集合时，这个公式的集合是可满足的。

这些公式的集合是可满足的：$\{p, q, p \rightarrow q\}$、$\{p\}$、$\{p \vee \neg q、p \wedge q、r \vee (p \rightarrow \neg r)\}$ 和 $\{p \vee q, \neg p, p \rightarrow q\}$。这些公式也是可满足的：$p \wedge q$、$r$ 和 $p \rightarrow (q \wedge \neg p)$。可满足性的另一个术语是语义一致性（semantic consistency）。

以下是关于可满足性的三个重要事实。

事实 2　关于可满足性的事实

（1）对于每个公式 α，当且仅当 $\{\alpha\}$ 是可满足的，α 是可满足的。

（2）可满足的公式集合中的每个子集都是可满足的。

（3）空集是可满足的。

第一个事实显然成立。根据事实 1 中的第（1）条，一个公式和包含这个公式的单例集被完全相同的二价赋值所满足。因此，每一个满足这个公式的二价赋值都会满足包含这个公式的单例集，反之亦然。为了证明第二个事实成立，让我们考虑一个可满足的公式集合。因为它是可满足的，所以有一个二价赋值满足集合的每个成员。因此，相同的二价赋值满足了初始集合的任何子集中的每个公式。第三个事实和第二个一样，因为空集是每个集合的子集。

一个公式和一个公式集合的第二个性质是不可满足性，它与可满足性相反。

定义 18　经典命题逻辑的不可满足性

（1）当且仅当没有二价赋值能满足一个公式时，这个公式是不可满足的。

（2）当且仅当没有二价赋值能满足一组公式时，这个公式集合是不可满足的。

$\{p, \neg q, p \rightarrow q\}$ 和 $\{p \wedge q, r \vee (p \rightarrow \neg r), p \wedge \neg q\}$ 是两组不可满足的公式。$\neg q \wedge q$ 和 $(p \wedge \neg q)$ $\wedge (p \rightarrow q)$ 是两个不可满足的公式。事实上，还有很多其他不可满足的公式。毫不意外，不可满足性的另一个术语是语义不一致性（semantic inconsistency）。

不可满足性有三个相关的事实，它们和刚刚关于满足性的三个事实相对应。

事实3 关于不可满足性的事实

（1）对于每个公式 α，当且仅当 $\{\alpha\}$ 是不可满足的时，α 是不可满足的。

（2）不可满足的公式集合的每个超集都是不可满足的。

（3）FM 或所有公式的集合是不可满足的。

第（1）条事实是通过事实 1 中的第（1）条得到的，它保证了一个公式和包含这个公式的单例集被完全相同的二价赋值所满足。因此，每一个不能满足这个公式的二价赋值都不能满足包含它的单例集，反之亦然。

为什么第二个事实成立呢？考虑一个不可满足的公式集合。因为它是不可满足的，所以没有二价赋值能满足它，也就是说，每一个二价赋值都不能满足集合的某个公式。考虑任何二价赋值都不能满足一个公式，这个二价赋值不能满足一个较大集合中的公式。因此，一个不可满足的公式集合的每个超集都是不可满足的。第三个事实和第二个一样，因为公式集合 FM 是每个不可满足的集合的超集。

公式与公式集合的关系

最后，我们来讲语义等价与蕴含的关系。首先关注语义等价。这种关系适用于一对公式集合、一对公式或包含一个公式集合的一对公式，以及单个公式之间的关系。

定义19 经典命题逻辑的语义等价

一方面的一个公式集合或一个公式，和另一方面的一个公式集合或一个公式在语义上是等价的，当且仅当满足前者的每一个二价赋值满足后者，并且满足后者的每一个二价赋值满足前者。

以下两个公式集合在语义上是等价的：$\{p \wedge q, p \rightarrow q\}$ 和 $\{p, q, \neg p \vee q\}$。还有这两个公式集合在语义上也是等价的：$(\neg p \vee q) \vee q$ 和 $p \rightarrow q$。此外，以下公式和以下公式集合在语义上是等价的：$p \wedge q$ 和 $\{p, q\}$。

以下事实将语义等价与重言式和矛盾式联系起来。

事实4 关于语义等价的事实

（1）所有重言式和重言式集合在语义上是等价的。

（2）所有重言式和所有重言式集合在语义上都等价于空集。

（3）所有矛盾式和所有矛盾式集合在语义上是等价的。

（4）所有矛盾式和所有矛盾式集合在语义上都等价于 FM 或所有公式的集合。

通过对重言式的定义，每一个二价赋值都满足一个重言式。很明显，每一个二价赋值满足了每一个重言式集合。因此，第一个事实成立。此外，根据事实 1 的第（2）条，每个二价赋值满足空集。因此，第二个事实成立。最后两个事实留给读者去证实。

本节要讨论的第二个关系是蕴含的语义关系，也就是一个公式集合与一个公式之间的关系。仅在集合中的每个命题都是真的，而单个命题也是真的时，这个命题集合蕴含这个命题。在经典命题逻辑中，蕴含被定义为一个公式集合与一个公式之间的关系。

定义20 经典命题逻辑的蕴含

当且仅当满足公式集合 Γ 的每个二价赋值满足公式 α 时，公式集合 Γ 蕴含公式 α，或 $\Gamma \vDash \alpha$。

公式集合 $\{r \wedge \neg p, q \to p\}$ 蕴含公式 $\neg q$，即 $\{r \wedge \neg p, qc \to p\} \vDash \neg q$。然而，公式集合 $\{p \wedge \neg q, q \to r\}$ 不蕴含公式 $r \wedge p$，即 $\{p \wedge \neg q, q \to r\} \nvDash r \wedge p$。

以下是关于蕴含的重要事实。

事实 5　关于蕴含的事实

令 α 和 β 是公式，令 Γ 和 Δ 为公式集合。

（1）如果 $\alpha \in \Gamma$，则 $\Gamma \vDash \alpha$。

（2）如果 $\Gamma \subseteq \Delta$ 且 $\Gamma \vDash \alpha$，则 $\Delta \vDash \alpha$。

（3）$\Gamma \cup \{\alpha\} \vDash \beta$，当且仅当 $\Gamma \vDash \alpha \to \beta$ 时。

（4）$\Gamma \vDash \alpha \wedge \beta$，当且仅当 $\Gamma \vDash \alpha$ 且 $\Gamma \vDash \beta$ 时。

第一句话是真的。毕竟，满足一个公式集合的每一个二价赋值都满足该集合中的每一个公式。为了证明第二个事实成立，假设 $\Gamma \vDash \alpha$ 且 $\Gamma \subseteq \Delta$。进一步假设 a 是满足 Δ 的任意二价赋值。因此，a 满足了 Δ 中的每个公式，从而满足了 Γ，因为 Γ 中的每个公式都在 Δ 中。此外，由于假设 $\Gamma \vDash \alpha$，因此 a 满足 α。由于 a 是任意选择的，所以得出结论 $\Delta \vDash \alpha$。

为了证明第三个事实，我们必须证明两个要求：第一，如果 $\Gamma \cup \{\alpha\} \vDash \beta$，那么 $\Gamma \vDash \alpha \to \beta$；第二，如果 $\Gamma \vDash \alpha \to \beta$，那么 $\Gamma \cup \{\alpha\} \vDash \beta$。为了证明第一个成立，假设 $\Gamma \cup \{\alpha\} \vDash \beta$。进一步假设 a 是满足 Γ 的任意的二价赋值。现在出现了两种情况：a 满足 α 或 a 不满足 α。情况 1：假设 a 满足 α，然后，a 满足 $\Gamma \cup \{\alpha\}$ 中的每个公式。因此证明 a 满足 β。于是，a 满足 $\alpha \to \beta$。情况 2：假设 a 不满足 α，然后，$v(\alpha) = F$。因此 $v(\alpha \to \beta) = T$。于是，a 满足 $\alpha \to \beta$。不管怎样，a 都满足 $\alpha \to \beta$。由于 a 是一个任意选择的二价赋值，所以每个满足 Γ 的二价赋值都满足 $\alpha \to \beta$。因此，根据蕴含的定义，$\Gamma \vDash \alpha \to \beta$。

第三个事实的第（2）条要求和构成第四个事实的两项要求留给读者解释。

接下来，我们提醒读者注意两个事实，即蕴含和重言式之间的联系。

事实 6　关于蕴含和重言式的事实

令 α 是一个公式。

（1）当且仅当 $\varnothing \vDash \alpha$ 时，α 是一个重言式。

（2）当且仅当每个 FM 的子集 Γ，都有 $\Gamma \vDash \alpha$ 时，α 是一个重言式。

因为每一个二价赋值都满足重言式，每一个二价赋值都满足空集，所以第一个事实成立。第二个事实和第一个一样。假设 α 是一个重言式，根据第一个事实，得出 $\varnothing \vDash \alpha$。现在每个集合都是空集合的超集，事实 5 的第（2）条表明，对于公式 Γ 的每一个集合，$\Gamma \vDash \alpha$。相反，假设对于公式 Γ 的每一个集合，$\Gamma \vDash \alpha$，所以 $\varnothing \vDash \alpha$。而且，根据第一个事实，我们可以得出结论，$\alpha$ 是一个重言式。

最后，我们得出三个连接不可满足性和蕴含的事实。

事实 7　关于蕴含和不可满足性的事实

令 α 是一个公式，令 Γ 为一个公式集合。

（1）当且仅当 $\Gamma \cup \{\neg\alpha\}$ 是不可满足的，$\Gamma \vDash \alpha$。

（2）当且仅当对于每个 $\alpha \in$ FM，$\Gamma \vDash \alpha$ 时，Γ 是不可满足的。

（3）当且仅当对于一些矛盾式 α，$\Gamma \vDash \alpha$ 时，Γ 是不可满足的。

第一个是真的，下面是原因。假设 $\Gamma \vDash \alpha$，根据 $\vDash$ 的定义，满足 Γ 的每个二价赋值都满足 α，因此，没有满足 Γ 的二价赋值满足 $\neg\alpha$。于是，$\Gamma \cup \{\neg\alpha\}$ 是不可满足的，相反，假设 $\Gamma \cup \{\neg\alpha\}$ 是不可满足的，因此，没有二价赋值能满足它。于是，满足 Γ 的每一个经典赋值都

不满足 ¬α，并且因此满足 α。然后，根据蕴含的定义，Γ⊨α。

　　读者们要努力证明最后两个事实的真实性。

练习：语义性质和关系

1. 确定下列公式中哪些是重言式，哪些是偶然式，哪些是矛盾式。

(a) ¬(p ∧ (¬p ∧ q))　　　　　　　　　　(b) (p ∧ q) → ¬p

(c) (p → q) → (¬q → ¬p)　　　　　　　(d) (p ∨ q) ↔ (p ∨ (¬p ∧ q))

(e) (p ∨ ¬q) → q　　　　　　　　　　　(f) p ∨ ¬p

(g) p↔¬¬p　　　　　　　　　　　　　　(h) (p ∨ q) ↔ (p ∨ (¬p → q))

(i) ((p → p) → q) → p　　　　　　　　　(j) p ∧ ¬p

2. 确定以下公式集合是可满足的还是不可满足的。

(a) {(p ∨ q) ∧ (p ∨ r), p ∧ (q ∨ r)}　　(b) {(p → q) → (r → s), ¬(p ∧ q) → s, ¬s → ¬p}

(c) {p↔q, p↔¬q}　　　　　　　　　　(d) {(p ∨ q) ∧ r, r → s, ¬p → (r → s)}

3. 确定下列主张的真实性或虚假性。

(a) p ∧ (q ∨ r)⊨(p ∨ q) ∧ (p ∨ r)　　　(b) p↔(p ∧ q)⊨q → p

(c) ((p ∧ q) → r)⊨p → (q → r)　　　　(d) q → p⊨¬q → ¬p

(e) {p ∨ q, p}⊨q　　　　　　　　　　　(f) (p ∧ q) ∨ (¬p ∧ ¬q)⊨p → q

4. 对于以下每一项声明，请说明其是真是假。如果是真的，解释为什么是真的；如果是假的，提供反例。

(a) 从 FM 到 {T，F} 的每一个函数都是一个经典估值。

(b) 每个不可满足的集合都包含矛盾式。

(c) 偶然式的集合都不能形成一个可满足的集合。

(d) 每一组重言式都是可满足的。

(e) 没有可满足的集合包含重言式。

(f) 一些可满足的集合包含重言式。

(g) 当且仅当 {α} 是可满足的，α 才是偶然式。

(h) 偶然式的否定可以是重言式。

(i) 当且仅当 Γ⊨α 或 Γ⊨β，Γ⊨α ∨ β。

(j) 当且仅当 α↔β 是重言式，{α} 和 {β} 在语义上是等价的。

(k) 如果 Δ⊆Γ 且 Γ 是不可满足的，那么 Δ 是不可满足的。

(l) 如果 Δ⊆Γ 且 Δ 是可满足的，那么 Γ 是可满足的。

(m) 如果 Γ⊨α，则 α ∈ Γ。

(n) 如果 Δ⊆Γ 且 Γ⊨α，则 Δ⊨α。

部分练习答案

6.2.1.2 节

2. (a) 否　　　(c) 否　　　(e) 否　　　(g) 是　　　(i) 是　　　(k) 是

6.2.1.3 节

1. (a) 公式　　　(c) 按惯例　　　(e) 公式　　　(g) 按惯例　　　(i) 按惯例

2. (a) 复合公式　　　(c) 不是公式　　　(e) 复合公式

　　(g) 复合公式　　　(i) 基本公式和复合公式

3. (a) 真　　　(c) 真　　　(e) 假　　　(g) 假

4. (a) $\lor$　　　(c) 第一个 $\neg$　　　(e) $\to$

5. (a)$((p \lor q) \to q)$　　　(c)$(p \lor q)$　　　(e)$(q \land r)$

6. (a) 真　　(c) 假　　(e) 假　　(g) 真　　(i) 真

6.2.2 节

2. 3^n

3. (a) 二价赋值　　　(c) 非二价赋值，非左全性

4. (a) 非空　　(c) 空

6.2.2.1 节

1. (a) T　　　(c) F　　　(e) T　　　(g) T

6.2.2.2 节

1. (a) T　　　(c) F　　　(e) T　　　(g) T

6.2.2.3 节

1. (a) 重言式　　　(c) 重言式　　　(e) 偶然式

　(g) 重言式　　　(i) 偶然式

2. (a) 可满足　　　(c) 不可满足

3. (a) 真　　　(c) 真　　　(e) 假

4. (a) 假　　　(c) 假　　　(e) 假　　　(g) 假

　(i) 假　　　(k) 假　　　(m) 假

注：

(g) 左条件暗含右条件，但相反不可以。

(i) 右条件暗含左条件，但相反不可以。

经典命题逻辑：演绎

7.1 演绎

现在来谈谈和经典命题逻辑中演绎（deduction）有关的问题。在定义演绎之前，让我们回顾第 6 章开头提出的论证及其有效性的概念。

再思考一下这个论证。

(1.1)　If team A won its game today,
　　　　then team B is not in the play-offs.

(1.2)　If team C lost its game today,
　　　　then team D is in the play-offs.

(1.3)　Either team A won its game today or
　　　　team C lost its game today.

(1.4)　Either team B is not in the play-offs or
　　　　team D is in the play-offs.

我们认为这个论证是有效的，也就是说，只要它的前提是真的，那么它的结论就是真的。在缺乏经验的人看来，这并不是很明显。证明论证有效的一种方法是构造一系列论证，其中每个论证都是明确有效的，并且将一个或多个前提与新结论联系起来，或者将较早的中间结论和前提与新结论联系起来，最终得出所需的最终结论。在本质上这是一种演绎。

让我们从前面论证的前提中演绎出它的结论。

1. 一方面，假设 A 队今天赢了。

- 然后，根据前提（1.1），B 队不在季后赛中。
- 但如果 B 队确实不在季后赛中，那么要么 B 队不在季后赛中，要么 D 队在季后赛中。
- 因此，如果 A 队今天赢了比赛，那么要么 B 队不在季后赛中，要么 D 队在季后赛中。

2. 另一方面，假设 C 队今天输了。

- 然后，根据前提（1.2），D 队进入季后赛。
- 但如果 D 队确实在季后赛中，那么要么 B 队不在季后赛中，要么 D 队在季后赛中。
- 因此，如果 C 队今天输掉了比赛，那么要么 B 队不在季后赛中，要么 D 队在季后赛中。

3. 现在，我们确定如果 A 队今天赢了比赛，那么要么 B 队不在季后赛中，要么 D 队在季后赛中。我们确定如果 C 队今天输掉了比赛，那么要么 B 队不在季后赛中，要么 D 队在季后赛中。但是，要有前提（1.3），即要么 A 队今天赢了，要么 C 队今天输了。

4. 不管怎样，结果是，要么 B 队不在季后赛中，要么 D 队在季后赛中。

有很多不同方式来表达 CPL 的演绎。我们将研究 5 种，这些可以称为自然演绎（natural

deduction）表达。自然演绎表达的区别在于每个命题连接词都有一对规则。这些表达分为两类：一类表示如何从一组公式中推导出一个公式，另一类表示可以从一组这样的公式对中推导出包括一组公式和一个公式的对。我们称前一类表达为公式自然演绎（formula natural deduction），后一类表达为序列自然演绎（sequent natural deduction），其中序列是由一组公式和一个公式组成的对。（7.3 节将详细讨论序列。）公式自然演绎和序列自然演绎都可以显示为表达式列或表达式树。前四个表达式分别是：公式列的自然演绎、公式树的自然演绎、序列的自然演绎和序列树的自然演绎。第五种表示法也是一种序列自然演绎。然而，它不是对每个命题连接词都有一个消除规则和一个引入规则，而是有两个引入规则。这被称为 Gentzen 序列演算（Gentzen sequent calculus）。尽管它的推导在原则上可以设置为表达式列，但它被设置为表达式树。

首先给出了两个自然演绎的公式表示，然后是两个自然演绎的序列表示，最后是 Gentzen 序列演算。（参见 Pelletier（1999），了解 CPL 自然演绎的各种表达形式的发展简史。）我们在结束本章时简要讨论子结构逻辑，这是对从自然演绎表现形式发展而来的逻辑概念的概括。

波兰逻辑学家 Stanisław Jaśkowski（1906—1965）首次建议在一个列中呈现公式的自然推导（Jaśkowski（1934））。这也许是最常见的自然演绎表达式的教学。出于这个原因，我们首先给出它的定义。然而，使用树的表示最适合用于研究自然语言的句法和语义。尽管如此，我们还是阐述关于列的序列自然演绎，因为它将帮助读者可以从更直观呈现的公式自然演绎过渡到更不直观呈现的序列自然演绎。

研究同一数学或逻辑概念的各种表达形式可以进一步得到两个重要的益处。同一数学概念的不同表述虽然在数学上是等价的，但其优缺点各不相同，因而其应用的适用性也各不相同。因此，一个表达可能非常适合于一个应用场景，而另一个表达可能适合于另一个应用场景。第二个益处是不同的表达方式有助于概括所表达的数学概念。这两点对学习自然语言的学生特别有用。我们将在 7.5 节详细阐述这一点。

7.2　公式自然演绎

如前所述，公式自然演绎可以以列格式或树格式显示。下面从列格式开始。

7.2.1　列中的公式

人们可以将一个论证（如 7.1 节所述）看作由一系列步骤组成，每个步骤都是一个简单但有效的论证。Jaśkowski（1934）试图将其形式化。以下是相关定义。

定义 1　CPL 的演绎（公式列格式）

从一组公式中推导出一个公式（即演绎的前提是一系列公式），其中每一个公式都是前提，在这种情况下，它可以从一组前提中提取，或通过下面指定的一个规则从序列的早期公式中获取，或者它也可以在辅助演绎中被演绎出来。

虽然自然演绎只是一系列公式，但习惯上是用公式的枚举来注释该序列，并指出如何获得序列中的每个公式。通过在列中编写包含演绎的公式来完成此操作。公式的基本列通常用簿记符号来补充，以简化验证所讨论的公式序列确实是一个演绎任务。为此，一个人在公式的左侧写上一个数字，表示公式在序列中的位置，而在右侧，可以写出该公式在序列中的这一位置的理由。如果公式是演绎的前提，则认为公式是前提；如果公式是由规则从以前的公式演绎而来，则表示公式的数目和所使用的规则。那么，演绎的显示将包括三列：数字列（其中数字"*n*"表示该列中第 *n* 个公式）、一列公式和一列说明。那么显示的每一行包括一个数字、一个公式及其说明（见例 1）。

在较长的演绎范围内发生的每一个演绎都是辅助演绎（ancillary deduction）。它总是有一个确切的假设（supposition）或辅助前提（ancillary premise）。不属于任何长期演绎的演绎是主要演绎（principal deduction）。我们允许一个主要演绎有一个以上的前提，并且我们要求在开始时就列出来所有使用的前提。

在描述了如何显示演绎的一般特征之后，让我们来看看演绎中使用的规则。在这本书中有 10 个基本的规则来表现 CPL。这些规则分为两类：一类是允许公式通过紧接在前的辅助演绎而出现在演绎序列中；另一类是对基本的、自明有效的论证的说明，这些论证有前提和结论。

先看后一条规则。就像演绎一样，这些规则都有前提和结论。我们应确保区分规则的前提和使用这个规则的演绎前提，以及区分规则的结论和演绎的结论。有前提的演绎规则可分为两类：一类规则结论公式具有其前提之一的公式作为直接子公式，另一类规则结论公式是其前提之一的直接子公式。前一种规则称为引入规则（introduction rule）。引入规则引入了一个连接词的出现，其中连接词是规则结论公式的主要连接词，并且在规则前提中找到的公式至少有一个是它的直接子公式。后一种规则称为消除规则（elimination rule）。消除规则消除了规则前提中某个公式的主连接词，从而产生一个直接子公式，即规则结论的公式。

现在来讨论第二种规则，该规则允许公式通过紧接在前的辅助演绎而出现在演绎序列中。这些规则要么引入一个其直接子公式出现在紧接着的辅助演绎中的公式，要么从辅助演绎中的公式中删除一个主命题连接词。

完成对演绎规则的一般描述后，现在将详细介绍每一个规则。先从有前提的规则开始，即对 ∧、∨ 和 ↔ 的引入规则和消除规则，以及对 → 的消除规则。然后将转向那些需要辅助演绎的规则。

7.2.1.1 ∧ 消除

这个规则反映了这样一个事实：如果一个人有理由判断一个连接命题是合理的，也就是说，一个命题由两个命题连接而成，那么这个人就有理由判断组成这个命题的任意一个命题都是合理的。因此，如果一个人有理由判断合取命题"it is raining **and** it is cold"是合理的，那么就有理由判断"it is raining"这个命题是合理的。基于同一个合取命题，同样有理由判断"it is cold"也是合理的。

下面通过概要性地显示应用该规则作为演绎的最后一步的结果来表示 ∧ 消除规则。因此，演绎的最后一行 *n* 是从前面的 *m* 行中得到的，*n* 行的公式是 *m* 行中公式的一个直接子公式，因为 *m* 行中的公式是两个公式的合取 $\alpha \wedge \beta$，并且可以从中推导其任何一个直接子公式，所以该规则有两个版本。

∧ 消除	
版本1	版本2
$\vdots$ $\quad$ $\vdots$	$\vdots$ $\quad$ $\vdots$
m $\quad$ $\alpha \wedge \beta$	m $\quad$ $\alpha \wedge \beta$
$\vdots$ $\quad$ $\vdots$	$\vdots$ $\quad$ $\vdots$
n $\quad$ α $\quad$ $m \wedge \mathrm{E}$	n $\quad$ β $\quad$ $m \wedge \mathrm{E}$

7.2.1.2 ∧引入

本规则与前一规则相反。如果一个人判断两个命题中的每一个都是合理的，那么这个人就可以判断它们形成的合取命题也是合理的。因此，如果一个人认为" it is raining"这个命题是合理的，也认为" it is cold"是合理的，那么不管它们出现在演绎或由此产生的合取命题中的顺序如何，这个人都可以认为把一个命题和另一个命题联系起来是合理的。

在∧引入规则的示意图中，演绎的最后一行 r 是从前面的 m 行和 n 行中得到的，m 和 n 行中的公式是 r 行中公式的直接子公式。由于 $\alpha \wedge \beta$ 的直接子公式 α 和 β 的出现顺序在公式列中是不重要的，因此这个规则也有两个版本。

∧ 引入			
版本1		版本2	
⋮	⋮	⋮	⋮
m	α	m	β
⋮	⋮	⋮	⋮
n	β	n	α
⋮	⋮	⋮	⋮
r	$\alpha \wedge \beta$　$m,n \wedge$ I	r	$\alpha \wedge \beta$　$m,n \wedge$ I

这些规则的应用通过格式演绎得到了一个例证，其显示了一个唯一前提为 $p \wedge (q \wedge r)$ 且结论为 $(p \wedge q) \wedge r$ 的论证的有效性。

例 1（公式列格式）

1	$p \wedge (q \wedge r)$	前提
2	p	1 ∧ E
3	$q \wedge r$	1 ∧ E
4	q	3 ∧ E
5	r	3 ∧ E
6	$p \wedge q$	2, 4 ∧ I
7	$(p \wedge q) \wedge r$	5, 6 ∧ I

必须强调的是，演绎规则适用于整个公式，而不是其子公式。也就是说，使用∧引入得到的公式的主命题连接词必须是∧，直接子公式必须是前面两行的公式。因此，下面展示的不是从 $p \wedge (q \wedge r)$ 中推导 $(p \wedge q) \wedge r$。它包含了∧消除规则的两个违规应用，违规的行用星号标出。

1	$p \wedge (q \wedge r)$	前提
2	p	1 ∧ E
*3	q	1, ∧ E
4	$p \wedge q$	2, 3 ∧ I
*5	r	1 ∧ E
6	$(p \wedge q) \wedge r$	4, 5 ∧ I

第 3 行不能从第 1 行获得，因为 q 不是 $p \wedge (q \wedge r)$ 的直接子公式。出于同样的原因，第 5 行不能从第 1 行获得。

7.2.1.3 →消除

→消除首先被 Stoic 学派哲学家 Chrysippus（约公元前 279—360 年）明确认定为有效，现在也常被称为其拉丁名肯定前件（modus ponens）。这个想法是这样的：如果一个人判断一个条件是合理的，而且判断其条件的前提也是合理的，那么就可以判断其条件的归结子句也是合理的。这是一种非常常见的演绎形式。它在本章开始时的非正式论证（1.1）～（1.4）中出现两次。在这里，因为规则前提的顺序不重要，所以给出了两个版本。

→ 消除			
版本1		版本2	
$\vdots$	$\vdots$	$\vdots$	$\vdots$
m	$\alpha \to \beta$	m	α
$\vdots$	$\vdots$	$\vdots$	$\vdots$
n	α	n	$\alpha \to \beta$
$\vdots$	$\vdots$	$\vdots$	$\vdots$
r	β $\quad m,n \to \mathrm{E}$	r	β $\quad m,n \to \mathrm{E}$

下面的演绎使用→消除规则确定前提为 $p \to (q \to r)$、p 和 q 且结论为 r 的论证是有效的。

例 2（公式列格式）

1	$p \to (q \to r)$	前提
2	p	前提
3	q	前提
4	$q \to r$	$1, 2 \to \mathrm{E}$
5	r	$3, 4 \to \mathrm{E}$

必须指出的是，这个演绎不能按以下方式进行：

1	$p \to (q \to r)$	前提
2	p	前提
3	q	前提
*4	$p \to r$	$1, 3 \to \mathrm{E}$
5	r	$2, 4 \to \mathrm{E}$

第 4 行是对→消除规则的误用。它的误用在于它应用于第 1 行公式的一个子公式。

→引入规则并没有在前面几行的演绎中使用，而是在一个辅助演绎中使用。因此，我们把对它的讲解和讨论推迟到本节的后面，因为只在前面几行上绘制的规则都已经解释并说明过了。

7.2.1.4 ∨消除

这条规则是之前给出的非正式演绎中使用的最后一条规则，毫无疑问，这条规则也是有效的，但可能需要稍微思考才能证明它是有效的。假设一个人判断下面三个命题是有效的：如果 α，那么 γ；如果 β，那么 γ；以及或者 α 或者 β。那么这个规则就可以认为判断 γ 是有效的。让我们这样来理解。假设一开始被告知两件事：第一，如果 A 开关打开，那么隔壁房间的灯就亮；第二，如果 B 开关打开，那么隔壁房间的灯也能亮。此时，一个人不知道隔壁房间的灯是否亮着，但现在假设这个人被告知开关 A 或开关 B 是接通的，那么他现在可以断定隔壁房间的灯是亮着的。这就是 $\vee$ 消除规则。

由于 α、β 和 $\alpha \vee \beta$ 三个公式出现的顺序不影响规则的有效性，因此我们必须以下面这种方式陈述规则，使得它们可能出现的六个顺序中的任何一个都是符合规则声明所涵盖范围的。

$\vee$ 消除
令 Σ 为 $\{\alpha \vee \beta, \alpha \to \gamma, \beta \to \gamma\}$
$\vdots\quad\vdots$
$m\quad \pi_1\quad$（其中 $\pi_1 \in \Sigma$）
$\vdots\quad\vdots$
$n\quad \pi_2\quad$（其中 $\pi_2 \in \Sigma - \{\pi_1\}$）
$\vdots\quad\vdots$
$r\quad \pi_3\quad$（其中 $\pi_3 \in \Sigma - \{\pi_1, \pi_2\}$）
$\vdots\quad\vdots$
$s\quad \gamma\qquad\qquad\qquad\qquad m, n, r \vee \mathrm{E}$

为了说明这个规则的应用，请考虑从前提 $p \wedge (q \vee r)$、$p \to (q \to s)$ 和 $p \to (1 \to s)$ 到结论 s 的这个演绎。

例 3　（公式列格式）

1	$p \wedge (q \vee r)$	前提
2	$p \to (q \to s)$	前提
3	$p \to (r \to s)$	前提
4	p	$1 \wedge \mathrm{E}$
5	$q \vee r$	$1 \wedge \mathrm{E}$
6	$q \to s$	$2, 4 \to \mathrm{E}$
7	$r \to s$	$3, 4 \to \mathrm{E}$
8	s	$5, 6, 7 \vee \mathrm{E}$

请注意，以下并不是从该前提的结论得出的演绎。

1	$p \wedge (q \vee r)$	前提
2	$p \to (q \to s)$	前提
3	$p \to (r \to s)$	前提
4	p	$1 \wedge \mathrm{E}$

5	$q \lor r$	$1 \land E$
*6	$p \to s$	$2, 3, 5 \lor E$
7	s	$4, 6 \to E$

因为 $\lor$ 消除规则的 $\alpha \to \gamma$ 和 $\beta \to \gamma$ 不符合第 2 行和第 3 行的公式，而是符合每一行的适当子公式。

7.2.1.5　$\lor$ 引入

$\lor$ 引入规则是一个明显有效的规则。这个规则认为，如果一个人判断一个命题是有效的，那么这个人判断任何由该命题与其他命题连接形成的析取命题也是有效的。当然，如果 it is raining 是真的，那么 it is raining 或者 it is cold 是真的。它具有一个反直觉的结果，也就是说，它允许人们从信息量更大的东西（即 it is raining）中得出信息量较少的东西（即要么 it is raining，要么 it is cold）。但请记住，目前的任务只是给出了肯定有效论证的例子。当然这条规则也是。此外，这条规则很少在不考虑演绎目标的情况下使用，并且该目标通常确定要通过已经演绎的命题或与之相关的命题来选择。

针对 or 连接两个命题而形成的命题，判断其中的任何一个命题有效都能证明 or 连接的命题有效，所以下面陈述这个规则的两个版本。

$\lor$ 引入			
版本1		版本2	
$\vdots$	$\vdots$	$\vdots$	$\vdots$
m	α	m	β
$\vdots$	$\vdots$	$\vdots$	$\vdots$
n	$\alpha \lor \beta$ $m \lor I$	n	$\alpha \lor \beta$ $m \lor I$

下面是使用 $\lor$ 引入规则来证明从前提 $p \land q$ 得出结论 $p \land (q \lor r)$ 的论证是有效的。

例 4　（公式列格式）

1	$p \land q$	前提
2	p	$1 \land E$
3	q	$1 \land E$
4	$q \lor r$	$3 \lor I$
5	$p \land (q \lor r)$	$2, 4 \land I$

注意，不能通过 $\lor$ 引入规则的应用直接从前提中得出此结论。

1	$p \land q$	前提
*2	$p \land (q \lor r)$	$1 \lor I$

因为 $\lor$ 不是第 2 行公式的主要命题连接词。

7.2.1.6　$\leftrightarrow$ 消除和引入

这对规则将条件命题和双条件命题联系起来。本质上，这些规则所依赖的双条件是这样一个事实：两个条件。因此，消除规则认为一个人可以从一个双条件中演绎出两个条件中的任何一个。因此，该规则有两个版本。

↔ 消除			
版本1		版本2	
$\vdots$ $\vdots$		$\vdots$ $\vdots$	
m	$\alpha \leftrightarrow \beta$	m	$\alpha \leftrightarrow \beta$
$\vdots$ $\vdots$		$\vdots$ $\vdots$	
n	$\alpha \rightarrow \beta$ $m \leftrightarrow$ E	n	$\beta \rightarrow \alpha$ $m \leftrightarrow$ E

引入规则认为的正相反：一个人可以从一对合适的条件中演绎出一个双条件。同样，由于条件出现在演绎中的顺序是无关紧要的，所以下面给出了两个版本。

↔ 引入			
版本1		版本2	
$\vdots$ $\vdots$		$\vdots$ $\vdots$	
m	$\alpha \rightarrow \beta$	m	$\beta \rightarrow \alpha$
$\vdots$ $\vdots$		$\vdots$ $\vdots$	
n	$\beta \rightarrow \alpha$	n	$\alpha \rightarrow \beta$
$\vdots$ $\vdots$		$\vdots$ $\vdots$	
r	$\alpha \leftrightarrow \beta$ $m, n \leftrightarrow$ I	r	$\alpha \leftrightarrow \beta$ $m, n \leftrightarrow$ I

接下来给出两个演绎。第一个说明了 ↔ 消除规则的用法，第二个说明了 ↔ 引入规则的用法。

第一个演绎证明了前提为 p、r 和 $p \rightarrow (q \leftrightarrow r)$ 并且结论为 q 的论证的有效性。

例 5 （公式列格式）

1	p	前提
2	r	前提
3	$p \rightarrow (q \leftrightarrow r)$	前提
4	$q \leftrightarrow r$	$1, 3 \rightarrow$ E
5	$r \rightarrow q$	$4 \leftrightarrow$ E
6	q	$2, 5 \rightarrow$ E

对于同一结论，以下演绎是不可以的：

1	p	前提
2	r	前提
3	$p \rightarrow (q \leftrightarrow r)$	前提
*4	$p \rightarrow (r \rightarrow q)$	$3 \leftrightarrow$ E
5	$r \rightarrow q$	$1, 4 \rightarrow$ E
6	q	$2, 5 \rightarrow$ E

第二个演绎证明了前提为 $p \to (q \to r)$、$p \to (r \to q)$ 和 p 且结论为 $q \leftrightarrow r$ 的论证的有效性。

例 6 （公式列格式）

1	$p \to (q \to r)$	前提
2	$p \to (r \to q)$	前提
3	p	前提
4	$q \to r$	$1, 3 \to$ E
5	$r \to q$	$2, 3 \to$ E
6	$q \leftrightarrow r$	$4, 5 \leftrightarrow$ I

这一演绎不能缩短为：

1	$p \to (q \to r)$	前提
2	$p \to (r \to q)$	前提
3	p	前提
*4	$p \to (q \leftrightarrow r)$	$1, 2 \leftrightarrow$ I
5	$q \leftrightarrow r$	$3, 4 \to$ E

因为 $\leftrightarrow$ 引入规则的 $\alpha \to \beta$ 和 $\beta \to \alpha$ 与第 1 行和第 2 行的公式不对应，但与它们的适当子公式对应。

到目前为止，所描述的规则基本上都是以相同的方式工作的。$\wedge$ 消除、$\leftrightarrow$ 消除和 $\vee$ 引入规则在前面一行的基础上演绎出新的一行。$\wedge$ 引入、$\leftrightarrow$ 引入和 $\to$ 消除规则在前面两行的基础上演绎出新的一行。$\vee$ 消除规则在前面三行的基础上演绎出新的一行。接下来的三个规则没有利用任何一个特定数量的较早行，而是利用了紧接在前的辅助演绎，而这些演绎正是为了应用相关规则而进行的。这样的规则有 3 种：$\to$ 引入规则以及 $\neg$ 引入和消除规则。

7.2.1.7 $\to$ 引入

让我们从 $\to$ 引入规则开始，它在之前提出的非正式演绎中使用过两次。这条规则背后的思路非常简单：要证明一个条件陈述，必须从条件陈述的前提中推导出条件陈述的归结子句。换句话说，要证明 $\alpha \to \beta$ 形式的公式，必须提供一个演绎，这个演绎唯一的前提是 α，其结论是 β。这个规则可以表示如下。

$\to$ 引入		
m	α	
$\vdots$	$\vdots$	
n	β	
$n+1$	$\alpha \to \beta$	m–$n \to$ I

为 $\to$ 引入规则的应用提供基础的演绎是辅助演绎（ancillary deduction），其前提是辅助前提（ancillary premise）或假设（supposition）。为了确定构成辅助演绎的行，在辅助演绎的

整行的正左边画一条从起始的假设 α 到终止的结论 β 的垂直线。

辅助演绎一终止，其辅助前提或假设即告解除（discharg）。辅助演绎或其中的任何一行均不得用于规则的后续应用。这就是左线的意义所在。换言之，一旦演绎终止，辅助演绎中的每个步骤都是不可访问的（inaccessible）。除非每个辅助演绎都终止，即每项假设均已解除，否则演绎是不完整的。

下面是一个应用此规则的示例，以展示前提为 $p \to (q \to r)$ 以及结论为 $(p \wedge q) \to r$ 的论证是有效的。

例 7 （公式列格式）

1	$p \to (q \to r)$	前提
2	$p \wedge q$	假设
3	p	$2 \wedge E$
4	$q \to r$	$1, 3 \to E$
5	q	$2 \wedge E$
6	r	$4, 5 \to E$
7	$(p \wedge q) \to r$	$2 \sim 6 \to I$

请注意，第 2 行中的公式（假设）与第 7 行公式中 $\to$ 左侧的直接子公式相同，第 6 行公式与第 7 行公式中 $\to$ 右侧的直接子公式相同。如果 $\to$ 引入所演绎的公式左侧的直接子公式与应用 $\to$ 引入之上的辅助演绎的假设或辅助前提不相同，或者 $\to$ 引入所演绎的公式右侧的直接子公式与同一辅助演绎结论的公式不相同，则 $\to$ 引入规则就是被误用的。这种误用如下：

1	$p \leftrightarrow q$	前提
2	$p \to (r \wedge s)$	前提
3	p	假设
4	$r \wedge s$	$2, 3 \to E$
5	r	$4 \wedge E$
6	$p \to q$	$1 \leftrightarrow E$
*7	$p \to r$	$3 \sim 6 \to I$

这个所谓的演绎中发生的错误出现在第 7 行。第 7 行中的公式应根据从第 3 行开始到第 6 行结束的辅助演绎中的 $\to$ 引入规则进行推导。第 7 行公式以 $\to$ 为主要命题连接词，尽管第 3 行的假设与归结子句是同一公式，但第 7 行公式的归结子句与第 6 行（辅助演绎的最后一行）公式不同。尽管第 6 行中的公式是从第 1 行中正确演绎出来的，但是应用 $\to$ 引入规则时应得出公式 $p \to (p \to q)$，而不是公式 $p \to r$。

我们之前说过，一旦辅助演绎终止，其任何一行都不能再使用。以下演绎展示了违反此要求的情况。

$$
\begin{array}{lll}
1 & p \to (r \land s) & \text{前提} \\
2 & p & \text{假设} \\
3 & r \land s & 1, 2 \to \text{E} \\
4 & r & 3 \land \text{E} \\
5 & p \to r & 2\sim4 \to \text{I} \\
*6 & s & 3 \land \text{E} \\
7 & s \land (p \to r) & 5, 6 \land \text{I}
\end{array}
$$

7.2.1.8 ¬ 消除和引入

后两条规则通常以拉丁名反证法（reductio ad absurdum）而闻名。事实上，最早记载的论证就是这样的论证，即 Aristotle 关于毕达哥拉斯的一个论点，其中 2 的平方根不能表示为两个整数的比。因为它的历史意义和简单性，我们将对其进行陈述。

为了更充分地理解这个演绎，应该了解两个数学知识：第一，偶数是 2 的倍数的自然数，即当且仅当存在一个自然数 k，使得 $n=2k$ 时，n 才是偶数。第二，每一个分数都可以被还原成一个与其相等的分数，这个分数的分子和分母除了 1 之外没有任何公因子。例如，分数 15/27 可以还原成分数 5/9。

1. 假设 $\sqrt{2} = m/n$，其中 m 和 n 是除了 1 之外没有公因子的正整数。
2. $m^2/n^2 = 2$。
3. $2n^2 = m^2$。
4. m^2 是偶数（因为它等于 2 的倍数）。
5. m 是偶数（因为奇数的平方不是偶数）。
6. 对于某些 k 来说，$m=2k$（因为 m 是偶数）。
7. $2n^2=4k^2$
8. $n^2 = 2k^2$
9. n^2 是偶数（因为它等于 2 的倍数）。
10. n 是偶数（因为奇数的平方不是偶数）。
11. m 和 n 都是偶数。
12. m 和 n 有一个除了 1 之外的公因子，也就是 2。
13. 但根据推测，m 和 n 只有 1 是它们的公因子。
14. 因此，不存在除了 1 之外没有其他公因子的正整数 m 和 n 满足 $\sqrt{2} = m/n$。

我们已经看到了，在实际的数学推理中应用反证法规则的这个例子，现在让我们来制定规则。首先，我们给出消除规则。注意它有两个版本，因为在辅助演绎最后一行的矛盾的直接子公式的出现顺序是无关紧要的。

¬ 消除		
版本1		**版本2**
m	$\neg\alpha$	m $\neg\alpha$
$\vdots$	$\vdots$	$\vdots$ $\vdots$
n	$\beta \wedge \neg\beta$	n $\neg\beta \wedge \beta$
$n+1$	α m-$n \neg$ I	$n+1$ α m-$n \neg$ I

其次，我们给出了引入规则，同样也有两个版本。

¬ 引入		
版本1		**版本2**
m	α	m α
$\vdots$	$\vdots$	$\vdots$ $\vdots$
n	$\beta \wedge \neg\beta$	n $\neg\beta \wedge \beta$
$n+1$	$\neg\alpha$ m-$n \neg$ I	$n+1$ $\neg\alpha$ m-$n \neg$ I

请注意，与→引入规则一样，这些规则要求使用辅助演绎，它们仅在辅助演绎的形式上不同于→引入规则。

¬引入规则的应用举例如下，从前提 p 得出结论 $\neg(q \wedge \neg(p \wedge q))$。

例8（公式列格式）

1	p	前提
2	$q \wedge \neg(p \wedge q)$	假设
3	q	2 ∧ E
4	$\neg(p \wedge q)$	2 ∧ E
5	$p \wedge q$	1, 3 ∧ I
6	$(p \wedge q) \wedge \neg(p \wedge q)$	4, 5 ∧ I
7	$\neg(q \wedge \neg(p \wedge q))$	2～6 ¬ I

现在来讨论最后一条规则，也是最简单的规则。它是重复规则，是一条允许人们重申在演绎之前发生的公式的规则，但前提是在已终止的先前的辅助演绎中未发现该公式。

7.2.1.9 重复规则

如果要重复的公式在先前终止的辅助演绎之外出现过至少一次，则可以在演绎的后面重申演绎公式。

下面是它的用法示例。

例9（公式列格式）

1	$\neg p$	前提
2	$r \wedge (p \wedge q)$	假设

3	$p \wedge q$	$2 \wedge E$
4	p	$3 \wedge E$
5	$\neg p$	1 重申
6	$p \wedge \neg p$	$4, 5 \wedge I$
7	$\neg(r \wedge (p \wedge q))$	$2 \sim 6 \neg I$

与其他规则不同, 此规则可以被免除。对于使用此规则的任何演绎, 都有一个等效的可免除此规则的演绎。虽然规则的可免除性在刚刚给出的示例中是显而易见的, 但至少在一种情况下可免除性是不明显的。练习中给出了一个可免除性不明显的演绎。

下面是一个误用这条规则的演绎的例子。

1	$p \rightarrow (r \wedge s)$	前提
2	p	假设
3	$r \wedge s$	$1, 2 \rightarrow E$
4	r	$2 \wedge E$
5	$p \rightarrow r$	$2 \sim 4 \rightarrow I$
*6	r	4 重申

7.2.1.10   可推导性: 公式列格式

现在介绍可以从一组前提推导公式的形式符号。我们用希腊字母表中的大写字母来表示一组前提。

定义 2   CPL 的可推导性 (公式列格式)

当且仅当存在一个推导 (公式列格式), 其中每个辅助前提或假设已被解除, 其唯一前提是 Γ 中的公式, 且以 α 终止时, α 可从 Γ 推导或 $\Gamma \vdash \alpha$。

这一定义有一个值得注意的重要特征, 第二个条件要求, 只有在推导中使用 Γ 中的前提公式作为其公式, 不排除未使用的公式。因此, 例如, 不仅可以从 $\{p \rightarrow q, \neg q\}$ 中推导出 $\neg p$, 还可以从 $\{p \rightarrow q, \neg q, r\}$ 中推导出 $\neg p$, 甚至可以从 $\{p \rightarrow q, \neg q\}$ 为子集的任何其他公式集合中推导出 $\neg p$。

虽然可推导性的关系是一个公式集合和一个公式之间的二元关系, 但在另一方面, 如果某个公式集合的公式数目有限, 则通常省略用于表示这个公式集合的大括号 (如果这个公式集合的公式数目有限), 而只需记下这个公式。例如, 我们不写 $\{\neg(p \wedge r), \neg(\neg(p \wedge q) \wedge \neg p), r\} \vdash \neg s$, 而将其写为 $\neg(p \wedge r), \neg(\neg(p \wedge q) \wedge \neg p), r \vdash \neg s$。

可推导性的定义仅在其唯一前提是集合中的单一公式的推导情况下获得。问题是: 这组前提是否可以是空的呢? 也就是说, $\varnothing \vdash \alpha$ 是否可以存在呢? 答案是肯定的。下面是一个例子。

1	$p \wedge (r \wedge \neg p)$	假设
2	p	$1 \wedge E$

3	$(r \wedge \neg p)$	$1 \wedge E$
4	$\neg p$	$3 \wedge E$
5	$p \wedge \neg p$	$2, 4 \wedge I$
6	$\neg(p \wedge (r \wedge \neg p))$	$1\text{--}5 \,\neg I$

这个演绎是没有前提的。但是，请注意它来自一个有假设的辅助演绎。

任何可以在无前提下推导的公式，也就是说，任何可以从空的公式集合推导出的公式称为 CPL 的一个定理。

定义 3　CPL 的定理

设 α 为公式。当且仅当 $\varnothing \vdash \alpha$ 时，α 是一个定理。

通常省略空集的符号，直接写成 $\vdash \alpha$ 而不是 $\varnothing \vdash \alpha$。

除了用演绎的概念来确定公式的性质外，人们还可以用它确定一个公式集合的性质。

定义 4　CPL 的一致性

设 Γ 为一个公式集合。当且仅当不存在使 $\Gamma \vdash \alpha$ 和 $\Gamma \vdash \neg\alpha$ 的公式 α 时，Γ 是一致的。
这里有一些满足一致性公式集合的例子：$\{p, q, p \to q\}$，$\{p\}$，$\{p \vee \neg q, p \wedge q, r \vee (p \to \neg r)\}$。

定义 5　CPL 的不一致性

设 Γ 为一个公式集合。当且仅当存在一个使 $\Gamma \vdash \alpha$ 和 $\Gamma \vdash \neg\alpha$ 的公式 α 时，Γ 是不一致的。
下列公式是不一致的：$\{p, \neg q, p \to q\}$，$\{p \wedge q, r \vee (p \to \neg r), p \wedge \neg q\}$。

定义 6　CPL 的可互推性

设 α 和 β 为公式。当且仅当 $\alpha \vdash \beta$ 和 $\beta \vdash \alpha$ 同时存在，α 和 β 是可相互推导的。
以下公式对是可相互推导的：$p \vee p$ 和 p；$p \vee \neg q$ 和 $q \to p$；以及 $\neg(p \wedge q)$ 和 $\neg p \vee \neg q$。

练习：自然演绎——列中的公式

1. 对于以下每个显示，确定哪些是演绎，哪些不是演绎。如果某个显示是演绎，指出它是什么演绎；如果不是，就指出使它不能成为演绎的点。

(a)
1	$(p \wedge q) \wedge r$	前提
2	r	$1 \wedge E$
3	q	$1 \wedge E$
4	$q \wedge r$	$2, 3 \wedge I$
5	p	$1 \wedge E$
6	$p \wedge (q \wedge r)$	$4, 5 \wedge I$

(b)
1	$p \wedge s$	前提
2	$q \wedge s$	前提
3	p	$1 \wedge E$
4	q	$2 \wedge E$
5	$r \vee (p \wedge q)$	$3, 4 \wedge I$

(c)

	1	$p \wedge (q \rightarrow (r \wedge s))$	前提
	2	p	$1 \wedge E$
	3	$q \rightarrow (r \wedge s)$	$1 \wedge E$
	4	$q \rightarrow r$	$3 \wedge E$

(d)

	1	$(p \vee q) \rightarrow r$	前提
	2	p	前提
	3	$p \vee q$	$2 \vee I$
	4	r	$1, 3 \rightarrow E$
	5	$p \vee r$	$4 \vee I$

(e)

	1	p	前提
	2	r	前提
	3	$p \rightarrow (q \leftrightarrow r)$	前提
	4	$q \leftrightarrow r$	$1, 3 \rightarrow E$
	5	$r \rightarrow q$	$4 \leftrightarrow E$
	6	q	$2, 5 \rightarrow E$

(f)

	1	$p \wedge (q \rightarrow r)$	前提
	2	p	$1 \wedge E$
	3	$q \rightarrow r$	$1 \wedge E$
	4	$q \rightarrow (s \vee r)$	$3 \vee I$

(g)

	1	$p \wedge (q \rightarrow (r \wedge s))$	前提
	2	p	$1 \wedge E$
	3	$q \rightarrow (r \wedge s)$	$1 \wedge E$
	4	$q \rightarrow r$	$3 \wedge E$
	5	$p \wedge (q \rightarrow r)$	$2, 4 \wedge I$

2. 通过提供演绎确定以下内容。

(a) $(p \wedge q) \wedge r \vdash p \wedge (q \wedge r)$

(b) $p \wedge (q \rightarrow (r \wedge s)) \vdash p \wedge (q \rightarrow r)$

(c) $p \wedge (q \rightarrow r) \vdash p \wedge (q \rightarrow (p \vee r))$

(d) $p, s, s \rightarrow (p \rightarrow r), r \rightarrow (s \rightarrow t) \vdash v \vee t$

(e) $p \rightarrow q, q \rightarrow r, r \rightarrow s, p \vdash s$

(f) $p \rightarrow q, q \rightarrow r, r \rightarrow s \vdash p \rightarrow s$

(g) $p \wedge \neg q, \neg r \wedge s \vdash p \wedge s$

(h) $\neg q \vdash \neg (\neg p \wedge q)$

(i) $p \rightarrow q, \neg q \vdash \neg p$ (j)$\neg p \rightarrow \neg q \vdash q \rightarrow p$

(j) $\neg p \rightarrow \neg q \vdash q \rightarrow p$

(k) $\neg (p \wedge r), p \wedge q, r \vdash s$

(l) $p \rightarrow q, q \rightarrow r, \neg r \vdash \neg p$

(m) $p \rightarrow q, q \rightarrow r \vdash \neg r \rightarrow \neg p$

(n) $p \leftrightarrow (p \wedge q) \vdash p \rightarrow q$

(o) $(p \wedge q) \rightarrow r \vdash p \rightarrow (q \rightarrow r)$

(p) $\neg (\neg s \wedge q), \neg (p \wedge (\neg q \wedge \neg r)), \neg (r \wedge \neg s) \vdash \neg (\neg s \wedge p)$

(q) $p \leftrightarrow q \vdash \neg p \leftrightarrow \neg q$

(r) $p \wedge (q \vee r) \vdash (p \wedge q) \vee (p \wedge r)$

(s) $\neg p \wedge \neg q \vdash \neg (p \wedge q)$

(t) $p \vee q, \neg p \vdash q$

(u) $(p \vee q) \wedge r, q \rightarrow s \vdash \neg p \rightarrow (r \rightarrow s)$

(v) $(p \wedge q) \vee (\neg p \wedge \neg q) \vdash p \leftrightarrow q$

(w) $(p \leftrightarrow q) \leftrightarrow (q \leftrightarrow r) \vdash p \leftrightarrow r$

(x) $p \vdash p$

3. 通过提供演绎，确定以下内容。

(a) $\vdash \neg(p \wedge (\neg p \wedge q))$　　　　(b) $\vdash (p \wedge q) \to p$

(c) $\vdash (p \to q) \to (\neg q \to \neg p)$　　(d) $\vdash \neg((p \wedge q) \wedge (r \wedge \neg q))$

(e) $\vdash (p \vee q) \leftrightarrow (p \vee (\neg p \wedge q))$　　(f) $\vdash (p \wedge \neg p) \to q$

(g) $\vdash p \vee \neg p$　　　　　　　　(h) $\vdash p \leftrightarrow \neg\neg p$

(i) $\vdash (p \vee q) \leftrightarrow (p \vee (\neg p \to q))$　　(j) $\vdash ((p \to q) \to p) \to p$

(k) $\vdash (\neg p \vee \neg q) \leftrightarrow \neg(p \wedge q)$　　(l) $\vdash p \to p$

4. 确定下列公式对是可相互推导的。

(a) $p \to q$ 和 $\neg p \vee q$　　　　　(b) $p \to q$ 和 $\neg(p \wedge \neg q)$

(c) $p \vee q$ 和 $\neg(\neg p \wedge \neg q)$　　　(d) $p \wedge q$ 和 $\neg(\neg p \vee \neg q)$

(e) $p \leftrightarrow q$ 和 $(p \wedge q) \vee (\neg p \wedge \neg q)$　(f) $p \leftrightarrow q$ 和 $(p \to q) \wedge (q \to p)$

(g) $p \to q$ 和 $p \leftrightarrow (p \wedge q)$　　(h) $p \to q$ 和 $\neg q \to \neg p$

7.2.2　树中的公式

　　辅助演绎作为公式列显示具有复杂性，一种减轻这种复杂性的方法是将它们显示为公式树。在这种视图中，每个规则将一个或多个公式树扩展到一个新的公式树。规则的结论根据其前提中指定的树来定义树。在大多数情况下，想要确定前提的树的形式，只需确定问题中树的最后一个公式的形式。在少数情况下，还需要确定更多的信息。这种显示最初由德国逻辑学家 Gerhard Gentzen（1909—1945）（见 Gentzen（1934））使用，后来由瑞典逻辑学家 Dag Prawitz（1936 年生）（见 Prawitz（1965））发展壮大。

　　定义 7　CPL 的演绎（公式树格式）

　　从一组公式（演绎的前提）中演绎一个公式可以是一个公式树，每一个公式都是树顶部的一个公式，在这种情况下，它是从一组前提中提取的，或者是通过下面指定的规则之一从公式树中紧靠其上方的公式中获得的公式。

　　最简单的公式树仅包含一个公式：它就是公式本身的一个演绎，一个完全逻辑的演绎。为了获得更有用且更有趣的演绎，我们需要类似于 7.2.1 节所阐述的规则，前面的规则用于公式列格式的演绎，但现在需要的规则适用于公式树格式。

7.2.2.1　∧ 消除和引入

　　我们从 ∧ 规则开始。消除规则认为，任何以 $\alpha \wedge \beta$ 或 $\beta \wedge \alpha$ 形式的公式为终点的演绎树，都可以分别扩展到以 α 形式或 β 形式的公式为终点的树。引入规则认为，任何一对演绎树，其中一个以 α 形式的公式结尾，另一个以 β 形式的公式结尾，都可以推广到以 $\alpha \wedge \beta$ 形式的公式结尾的树。

∧	消除		引入
	版本1	版本2	
	$\dfrac{\alpha \wedge \beta}{\alpha}$	$\dfrac{\alpha \wedge \beta}{\beta}$	$\dfrac{\alpha, \beta}{\alpha \wedge \beta}$

注意，消除规则有两个版本，列格式的演绎规则也有两个版本，而引入规则只有一个版本，与之相反，列格式的演绎规则有两个版本。规则公式中的这种压缩源于逗号的表示法，它位

于水平线上方两个公式的引用之间。逗号表示这两个公式的顺序不相关。换句话说，在树显示中，α 可能出现在 β 的左侧或右侧。

例 1 （公式树格式）

$$\frac{\dfrac{p \wedge (q \wedge r)}{p}\wedge\text{E} \quad \dfrac{\dfrac{p \wedge (q \wedge r)}{q \wedge r}\wedge\text{E}}{q}\wedge\text{E}}{p \wedge q}\wedge\text{I} \qquad \dfrac{\dfrac{p \wedge (q \wedge r)}{q \wedge r}\wedge\text{E}}{r}\wedge\text{E}$$

$$\frac{\dfrac{p \wedge q}{}\quad \dfrac{}{r}}{(p \wedge q) \wedge r}\wedge\text{I}$$

花一点时间将这种树格式的演绎与列格式的演绎进行比较是值得的。在这两个演绎中，出现了完全相同的七个公式。但是，在列格式的演绎中，每个公式精确显示一次，而在树格式的演绎中，一个公式显示了三次，另一个公式显示了两次。其原因是，在列格式的演绎中，公式的相同外观可用于同一规则的不同应用，而在树格式的演绎中，规则的不同应用要求其中使用的公式具有不同外观。因此，由于 $\wedge$ 消除规则对公式 $q \wedge r$ 应用了两次，因此该公式在树格式中出现了两次。另外，$p \wedge (q \wedge r)$ 需要演绎 p 和 $q \wedge r$，所以它出现了三次，一次是 p 的演绎，两次是 $q \wedge r$ 的两个表现的演绎。

7.2.2.2 ∨ 消除和引入

现在转而介绍 $\vee$ 引入和 $\vee$ 消除。虽然有两个版本的树格式 $\vee$ 引入演绎，正如有两个版本的列格式的演绎一样，逗号表示法允许我们简化树格式的 $\vee$ 消除演绎公式，而不需要额外的表示法来说明它的六个版本。

$\vee$	消除	引入	
		版本1	版本2
	$\alpha \vee \beta, \alpha \to \gamma, \beta \to \gamma$	$\dfrac{\alpha}{\alpha \vee \beta}$	$\dfrac{\beta}{\alpha \vee \beta}$
	γ		

消除规则规定，以 $\alpha \vee \beta$、$\alpha \to \gamma$ 和 $\beta \to \gamma$ 形式的公式结尾的任何三个演绎树可以组合并扩展到以 γ 形式公式结尾的演绎树。引入规则规定，任何以某公式结尾的演绎都可以组合并扩展到以某公式结尾的新演绎，这个公式的主命题连接词是 $\vee$，其直接子公式之一是树中其上方的公式。

鼓励读者将以下两个树格式演绎与相应的列格式演绎进行比较。

例 2 （公式树格式）

$$\frac{\dfrac{p \wedge (q \vee r)}{q \vee r}\wedge\text{E} \quad \dfrac{\dfrac{p \wedge (q \vee r)}{p}\wedge\text{E} \quad p \to (q \to s)}{q \to s}\to\text{E} \quad \dfrac{\dfrac{p \wedge (q \vee r)}{p}\wedge\text{E} \quad p \to (r \to s)}{r \to s}\to\text{E}}{s}\vee\text{E}$$

例 3 （公式树格式）

$$\frac{\dfrac{p \wedge q}{p}\wedge\text{E} \quad \dfrac{\dfrac{p \wedge q}{q}\wedge\text{E}}{q \vee r}\vee\text{I}}{p \wedge (q \vee r)}\wedge\text{I}$$

7.2.2.3 ↔ 消除和引入

↔ 消除规则规定，以 $\alpha \leftrightarrow \beta$ 形式公式结尾的任何树可以扩展到以 $\alpha \to \beta$ 形式或 $\beta \to \alpha$ 形式公式结尾的树。↔ 引入规则规定，以 $\alpha \to \beta$ 和 $\beta \to \alpha$ 形式公式结尾的任何一对树都可以组合并扩展到以 $\alpha \leftrightarrow \beta$ 形式公式结尾的树。

↔	消除		引入
	版本1	版本2	
	$\dfrac{\alpha \leftrightarrow \beta}{\alpha \to \beta}$	$\dfrac{\alpha \leftrightarrow \beta}{\beta \to \alpha}$	$\dfrac{\alpha \to \beta,\ \beta \to \alpha}{\alpha \leftrightarrow \beta}$

例 4 （公式树格式）

$$\cfrac{r \qquad \cfrac{\cfrac{p \qquad p \to (q \leftrightarrow r)}{q \leftrightarrow r} \to \text{E}}{r \to q} \leftrightarrow \text{E}}{q} \to \text{E}$$

例 5 （公式树格式）

$$\cfrac{\cfrac{p \qquad p \to (q \to r)}{q \to r} \to \text{E} \qquad \cfrac{p \qquad p \to (r \to q)}{r \to q} \to \text{E}}{q \leftrightarrow r} \leftrightarrow \text{I}$$

7.2.2.4 → 消除和引入

现在讨论与 → 有关的规则。→ 消除规则规定，以 α 和 $\alpha \to \beta$ 形式公式结尾的任何一对树可以组合并扩展到以 β 形式公式结尾的树。→ 引入规则规定，任何以 β 形式公式结尾的树，如果在树的顶部有 α 形式公式的一个或多个实例，则可以扩展到以 $\alpha \to \beta$ 形式公式结尾的树，并且在这个树的顶部有 α 形式公式的每个实例，并括在方括号中。

→	消除	引入
		$[\alpha]$
		$\vdots$
	$\dfrac{\alpha,\ \alpha \to \beta}{\beta}$	$\dfrac{\beta}{\alpha \to \beta}$

例 6 （公式树格式）

$$\cfrac{p \qquad \cfrac{p \to (q \to r) \qquad q}{q \to r} \to \text{E}}{r} \to \text{E}$$

→ 消除规则与公式树格式中的其他消除规则非常相似，我们不需要对其或其说明进行解释。但是，我们将对 → 引入规则进行解释，因为该规则要求解除假设，这是在公式树格式中尚未看到的。

考虑以下公式列格式的推导，其最后一步使用 → 引入规则。

例 7 （公式树格式）

$$\dfrac{p \to (q \to r) \qquad \dfrac{\dfrac{[p \wedge q]}{p} \wedge \text{E}}{q \to r} \qquad \dfrac{[p \wedge q]}{q} \wedge \text{E}}{\dfrac{r}{(p \wedge q) \to r} \to \text{I}} \to \text{E}$$

同样的七个公式以两种格式出现。但是，在列格式的推导中，每个公式只出现一次，而在树格式的推导中，同一个公式 $p \wedge q$ 出现两次。如前所述，这是由于使用了 $\wedge$ 消除规则两次，所以它必须在树格式的推导中出现两次。

列格式的演绎 $\to$ 引入规则要求使用辅助演绎，其第一个公式是辅助前提、假设，其左侧出现一条表示辅助演绎开始的垂直线。辅助演绎在应用 $\to$ 引入时终止，此时该辅助演绎的前提解除。辅助演绎的终止是指从辅助演绎前提的正左边开始的垂直线的终止。对于树格式的演绎，$\to$ 引入规则也需要一个辅助演绎。所需的辅助演绎是以树的形式表现的，辅助前提的解除是以方括号括起该解除的所有形式来表示的。在这种情况下，均出现公式 $p \wedge q$。

7.2.2.5 ¬ 消除和引入

¬ 的两个规则都类似于 $\to$ 引入规则，因为它们都涉及一个假设的解除。¬ 引入规则规定，在矛盾中终止的树被扩展到在某个公式的否定中终止的树，这个公式是在由前提确定的树顶部出现的公式。应用规则时，被求反的公式的每个实例都括在方括号中。¬ 消除规则和 ¬ 引入规则的定义是一样的，只是解除的公式是 $\neg\alpha$ 形式的，而扩展树的公式是 α 形式的。

¬	消除		引入	
	版本1	版本2	版本1	版本2
	$[\neg\alpha]$	$[\neg\alpha]$	$[\alpha]$	$[\alpha]$
	$\vdots$	$\vdots$	$\vdots$	$\vdots$
	$\beta \wedge \neg\beta$	$\neg\beta \wedge \beta$	$\beta \wedge \neg\beta$	$\neg\beta \wedge \beta$
	α	α	$\neg\alpha$	$\neg\alpha$

例 8 （公式树格式）

$$\dfrac{\dfrac{p \qquad \dfrac{[q \wedge \neg(p \wedge q)]}{q} \wedge \text{E}}{p \wedge q} \wedge \text{I} \qquad \dfrac{[q \wedge \neg(p \wedge q)]}{\neg(p \wedge q)} \wedge \text{E}}{\dfrac{(p \wedge q) \wedge \neg(p \wedge q)}{\neg(q \wedge \neg(p \wedge q))} \neg \text{I}} \wedge \text{I}$$

7.2.2.6 可推导性：公式树格式

根据公式列格式定义演绎不同于公式树格式定义演绎的这一事实，可推导性的定义有不同的定义。

定义 8 CPL 的可推导性（公式树格式）

当且仅当存在以 α 结尾的推导（公式树格式），且树顶部的每个公式要么是 Γ 中的公式，要么是括在方括号中的公式，那么 α 是可从 Γ 中推导的或 $\Gamma \vdash \alpha$。

尽管不会证明这一点，但是为公式列格式和公式树格式定义演绎的方法是等价的，与定义可推导性的相应方法一样。

我们以一个重要的观察来结束本节。它本可以在 7.2.1.10 节中提出，但却在这里提出，因为当以树格式而不是列格式的想法进行演绎时，它的真实性更为明显。

事实 1   割定理

$$\frac{\Gamma \vdash \alpha, \Delta \cup \{\alpha\} \vdash \beta}{\Gamma \cup \Delta \vdash \beta}$$

这说明，如果一个公式（比如 β）是从一组包含一个公式（比如 α）的公式集中演绎出来的，也就是说，是从 $\Delta \cup \{\alpha\}$ 中演绎出来的 β，如果一个公式还可以从一组可能不同的前提 Γ 中演绎出 α，那么一个公式可以从一组组合公式 $\Gamma \cup \Delta$ 中演绎出 β，其中 α 被割断了。考虑到以树形式显示的演绎，我们可以很容易地看出这是真的。从 Γ 对 α 的任何演绎都显示为根节点用 α 标记的树。从 $\Delta \cup \{\alpha\}$ 对 β 的任何演绎，如果在演绎中实际使用 α，则 α 将至少作为其树中的顶节点出现一次。从 $\Gamma \cup \Delta$ 中演绎 β 将显示为一棵树，其中显示从 Γ 中演绎 α 的树将替换显示从 $\Delta \cup \{\alpha\}$ 中演绎 β 的树的顶部节点中未解除的 α 实例。

练习：自然演绎——树中的公式

使用树公式自然演绎的演绎规则，建立 7.2.1 节的练习 2 ～ 练习 4 的结果。

7.3 序列自然演绎

现在转向序列的自然演绎法。如前所述，序列自然演绎可显示为一个序列列或一棵序列树。我们从列中的序列开始。

7.3.1 列中的序列

在自然演绎中，人们要区分从一组公式对一个公式的演绎和从一组公式对一个公式的可推导性。可推导性是根据演绎来定义的。反过来，演绎是根据一套规则来定义的。一些用于定义演绎的规则将一个或多个公式与单个公式关联起来，而另一些规则将辅助演绎与单个公式关联起来。正是这些规则将辅助演绎与某单个公式联系起来，虽然这个方式直观，但却很复杂，特别是在演绎的显示上尤其复杂。

有几种方法可以避免辅助演绎的识别和求助。这个想法是由德国逻辑学家 Gerhard Gentzen（1909—1945）在他的博士论文（Gentzen（1934））中提出的。他的观点是以可推导性关系为根本。回想一下，可推导性是一组公式和单个公式之间的二元关系。Gentzen 将此关系实例的表达式称为序列（sequent）。他的想法是，通过以一些可推导性关系的实例为基础来定义可推导性关系的所有实例，并使用用于序列而不是用于公式的规则来获得其他实例。我们以后再考虑 Gentzen 最初的建议。在这里，我们考虑一种关于他的想法的替代方法，即由美国逻辑学家 Patrick Suppes（生于 1922 年，见 Suppes（1957, chap. 2））提出的。

基本思想是序列演绎（sequent deduction）。列格式的自然演绎包括一系列公式，每个公式的左侧有一个数字，右侧有一个理由。列格式的序列演绎包括一连串（sequence）的序列（sequents）[⊖]，每个序列左边有一个数字，右边有一个理由。以下是对序列演绎的定义。

定义 9   CPL 的序列演绎（序列列格式）

⊖ 不幸的是，这两个英语单词 sequence 和 sequents 是同音的。

序列的演绎是一连串的序列，每个序列都是 $\Gamma \vdash \alpha$ 形式，其中 $\alpha \in \Gamma$，或者通过下面指定的规则之一从序列中的较早序列中获得。

$\Gamma \vdash \alpha$ 形式的序列称为公理（axiom），其中 $\alpha \in \Gamma$。这里有两个公理的例子：$p \wedge q$, $r \rightarrow p \vdash p \wedge q$ 和 $r \vdash r$。公理可以出现在一个序列演绎中的任意点，并且这些序列被证明是公理。接下来是规则，其中一个序列是从序列中较早的序列中获得的。这里的主要思想是，通过在每一步骤中列出演绎中该步骤公式所依赖的所有假设和前提，从而放弃跟踪假设的特殊惯例。毫不奇怪，列格式的序列演绎规则与列格式的自然演绎规则非常相似。实际上，任何不涉及辅助演绎的自然演绎规则与其列格式中的序列演绎规则基本上是相同的。如果从后一个规则的中间列中取消表达式 $\vdash$ 和公式集的表达式，则获得前一个规则。与自然演绎规则相对应的序列演绎规则适用于辅助演绎，从左侧的一组公式中删除一个公式，并在右侧对公式进行适当的更改。

请牢记这些一般性说明，并请读者通读本规则及其应用说明。我们也鼓励读者将说明性的演绎与前面章节中的相应演绎进行比较。下面从 $\wedge$ 规则开始。

7.3.1.1 ∧消除

∧ 消除	
版本1	版本2
$\begin{array}{lll} \vdots & \vdots & \vdots \\ m & \Gamma \vdash & \alpha \wedge \beta \\ \vdots & \vdots & \vdots \\ n & \Gamma \vdash & \alpha \qquad m \wedge E \end{array}$	$\begin{array}{lll} \vdots & \vdots & \vdots \\ m & \Gamma \vdash & \alpha \wedge \beta \\ \vdots & \vdots & \vdots \\ n & \Gamma \vdash & \beta \qquad m \wedge E \end{array}$

7.3.1.2 ∧引入

∧ 引入	
版本1	版本2
$\begin{array}{lll} \vdots & \vdots & \vdots \\ m & \Gamma \vdash & \alpha \\ \vdots & \vdots & \vdots \\ n & \Delta \vdash & \beta \\ \vdots & \vdots & \vdots \\ r & \Gamma \cup \Delta \vdash & \alpha \wedge \beta \quad m,n \wedge I \end{array}$	$\begin{array}{lll} \vdots & \vdots & \vdots \\ m & \Delta \vdash & \beta \\ \vdots & \vdots & \vdots \\ n & \Gamma \vdash & \alpha \\ \vdots & \vdots & \vdots \\ r & \Gamma \cup \Delta \vdash & \alpha \wedge \beta \quad m,n \wedge I \end{array}$

现在用列中的序列建立 $p \wedge (q \wedge r) \vdash (p \wedge q) \wedge r$。事实上，以下表达是从演绎的表达中获得的，该演绎建立了与在列中的公式表达相同的序列，方法是用序列替换第一个表达中每行的公式。这产生以下证明。

例 1（序列列格式）

1	$p \wedge (q \wedge r) \vdash p \wedge (q \wedge r)$	公理
2	$p \wedge (q \wedge r) \vdash p$	1 ∧ E
3	$p \wedge (q \wedge r) \vdash q \wedge r$	1 ∧ E
4	$p \wedge (q \wedge r) \vdash q$	3 ∧ E

5	$p \wedge (q \wedge r) \vdash r$	$3 \wedge$ E
6	$p \wedge (q \wedge r) \vdash p \wedge q$	$2, 4 \wedge$ I
7	$p \wedge (q \wedge r) \vdash (p \wedge q) \wedge r$	$5, 6 \wedge$ I

下一步将讨论 $\vee$ 规则。

7.3.1.3　$\vee$ 消除

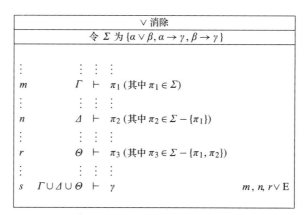

例 2（序列列格式）

1	$p \wedge (q \vee r) \vdash p \wedge (q \vee r)$	公理
2	$p \rightarrow (q \rightarrow s) \vdash p \rightarrow (q \rightarrow s)$	公理
3	$p \rightarrow (r \rightarrow s) \vdash p \rightarrow (r \rightarrow s)$	公理
4	$p \wedge (q \vee r) \vdash p$	$1 \wedge$ E
5	$p \wedge (q \vee r) \vdash q \vee r$	$1 \wedge$ E
6	$p \wedge (q \vee r), p \rightarrow (q \rightarrow s) \vdash q \rightarrow s$	$2, 4 \rightarrow$ E
7	$p \wedge (q \vee r), p \rightarrow (r \rightarrow s) \vdash r \rightarrow s$	$3, 4 \rightarrow$ E
8	$p \wedge (q \vee r), p \rightarrow (q \rightarrow s), p \rightarrow (r \rightarrow s) \vdash s$	$5, 6, 7 \vee$ E

7.3.1.4　$\vee$ 引入

	$\vee$ 引入	
	版本1	版本2
	$\begin{array}{llll} \vdots & \vdots & \vdots & \vdots \\ m & \Gamma & \vdash & \alpha \\ \vdots & \vdots & \vdots & \vdots \\ n & \Gamma & \vdash & \alpha \vee \beta \quad m \vee \text{I} \end{array}$	$\begin{array}{llll} \vdots & \vdots & \vdots & \vdots \\ m & \Gamma & \vdash & \beta \\ \vdots & \vdots & \vdots & \vdots \\ n & \Gamma & \vdash & \alpha \vee \beta \quad m \vee \text{I} \end{array}$

例 3（序列列格式）

1	$p \wedge q \vdash p \wedge q$	公理
2	$p \wedge q \vdash p$	$1 \wedge$ E
3	$p \wedge q \vdash q$	$1 \wedge$ E
4	$p \wedge q \vdash q \vee r$	$3 \vee$ I
5	$p \wedge q \vdash p \wedge (q \vee r)$	$2, 4 \wedge$ I

7.3.1.5 ↔消除

↔消除	
版本1	版本2
$\vdots \quad \vdots \quad \vdots \quad \vdots$	$\vdots \quad \vdots \quad \vdots$
$m \quad \Gamma \quad \vdash \quad \alpha \leftrightarrow \beta$	$m \quad \Gamma \quad \vdash \quad \alpha \leftrightarrow \beta$
$\vdots \quad \vdots \quad \vdots \quad \vdots$	$\vdots \quad \vdots \quad \vdots$
$n \quad \Gamma \quad \vdash \quad \alpha \rightarrow \beta \quad m \leftrightarrow E$	$n \quad \Gamma \quad \vdash \quad \beta \rightarrow \alpha \quad m \leftrightarrow E$

例4（序列列格式）

1 $p \vdash p$ 　　　　　　　　　　　　　公理
2 $r \vdash r$ 　　　　　　　　　　　　　公理
3 $p \rightarrow (q \leftrightarrow r) \vdash p \rightarrow (q \leftrightarrow r)$ 　　　　公理
4 $p, p \rightarrow (q \leftrightarrow r) \vdash q \leftrightarrow r$ 　　　　$1,3 \rightarrow E$
5 $p, p \rightarrow (q \leftrightarrow r) \vdash r \rightarrow q$ 　　　　$4 \leftrightarrow E$
6 $r, p, p \rightarrow (q \leftrightarrow r) \vdash q$ 　　　　　$2,5 \rightarrow E$

7.3.1.6 ↔引入

↔引入	
版本1	版本2
$\vdots \quad \vdots \quad \vdots$	$\vdots \quad \vdots \quad \vdots$
$m \quad \Gamma \quad \vdash \quad \alpha \rightarrow \beta$	$m \quad \Delta \quad \vdash \quad \beta \rightarrow \alpha$
$\vdots \quad \vdots \quad \vdots$	$\vdots \quad \vdots \quad \vdots$
$n \quad \Delta \quad \vdash \quad \beta \rightarrow \alpha$	$n \quad \Gamma \quad \vdash \quad \alpha \rightarrow \beta$
$\vdots \quad \vdots \quad \vdots$	$\vdots \quad \vdots \quad \vdots$
$r \quad \Gamma \cup \Delta \quad \vdash \quad \alpha \leftrightarrow \beta \quad m,n \wedge I$	$r \quad \Gamma \cup \Delta \quad \vdash \quad \alpha \leftrightarrow \beta \quad m,n \wedge I$

例5（序列列格式）

1 $p \rightarrow (q \rightarrow r) \vdash p \rightarrow (q \rightarrow r)$ 　　　　　公理
2 $p \rightarrow (r \rightarrow q) \vdash p \rightarrow (r \rightarrow q)$ 　　　　　公理
3 $p \vdash p$ 　　　　　　　　　　　　　　　公理
4 $p \rightarrow (q \rightarrow r), p \vdash q \rightarrow r$ 　　　　　$1,3 \rightarrow E$
5 $p \rightarrow (r \rightarrow q) \vdash r \rightarrow q$ 　　　　　　$2,3 \rightarrow E$
6 $p \rightarrow (q \rightarrow r), p \rightarrow (r \rightarrow q), p \vdash q \leftrightarrow r$ 　　$4,5 \leftrightarrow I$

7.3.1.7 →消除

→ 消除	
版本1	版本2
$\vdots \quad \vdots \quad \vdots$	$\vdots \quad \vdots \quad \vdots$
$m \quad \Gamma \quad \vdash \quad \alpha$	$m \quad \Delta \quad \vdash \quad \alpha \rightarrow \beta$
$\vdots \quad \vdots \quad \vdots$	$\vdots \quad \vdots \quad \vdots$
$n \quad \Delta \quad \vdash \quad \alpha \rightarrow \beta$	$n \quad \Gamma \quad \vdash \quad \alpha$
$\vdots \quad \vdots \quad \vdots$	$\vdots \quad \vdots \quad \vdots$
$r \quad \Gamma \cup \Delta \quad \vdash \quad \beta \qquad m,n \rightarrow E$	$r \quad \Gamma \cup \Delta \quad \vdash \quad \beta \qquad m,n \rightarrow E$

例6 （序列列格式）

1	$p \rightarrow (q \rightarrow r) \vdash p \rightarrow (q \rightarrow r)$	公理
2	$p \vdash p$	公理
3	$q \vdash q$	公理
4	$p, p \rightarrow (q \rightarrow r) \vdash q \rightarrow r$	$1, 2 \rightarrow E$
5	$p, q, p \rightarrow (q \rightarrow r) \vdash r$	$3, 4 \rightarrow E$

7.3.1.8 →引入

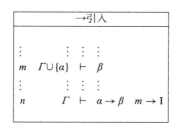

例7 （序列列格式）

1	$p \rightarrow (q \rightarrow r) \vdash p \rightarrow (q \rightarrow r)$	公理
2	$p \wedge q \vdash p \wedge q$	公理
3	$p \wedge q \vdash p$	$2 \wedge E$
4	$p \rightarrow (q \rightarrow r), p \wedge q \vdash q \rightarrow r$	$1, 3 \rightarrow E$
5	$p \wedge q \vdash q$	$2 \wedge E$
6	$p \rightarrow (q \rightarrow r), p \wedge q \vdash r$	$4, 5 \rightarrow E$
7	$p \rightarrow (q \rightarrow r) \vdash (p \wedge q) \rightarrow r$	$6 \rightarrow I$

7.3.1.9 ¬消除

¬ 消除	
版本1	版本2
$\vdots$	$\vdots$
$m \quad \Gamma \cup \{\neg\alpha\} \quad \vdash \quad \beta \wedge \neg\beta$	$m \quad \Gamma \cup \{\neg\alpha\} \quad \vdash \quad \neg\beta \wedge \beta$
$\vdots$	$\vdots$
$n \qquad \Gamma \quad \vdash \quad \alpha \qquad m \neg E$	$n \qquad \Gamma \quad \vdash \quad \alpha \qquad m \neg E$

7.3.1.10 ¬引入

¬ 引入	
版本1	版本2
$\vdots$	$\vdots$
$m \quad \Gamma \cup \{\alpha\} \quad \vdash \quad \beta \wedge \neg\beta$	$m \quad \Gamma \cup \{\alpha\} \quad \vdash \quad \neg\beta \wedge \beta$
$\vdots$	$\vdots$
$n \qquad \Gamma \quad \vdash \quad \neg\alpha \qquad m \neg I$	$n \qquad \Gamma \quad \vdash \quad \neg\alpha \qquad m \neg I$

例 8 （序列列格式）

1	$p \vdash p$	公理
2	$q \wedge \neg (p \wedge q) \vdash q \wedge \neg (p \wedge q)$	公理
3	$q \wedge \neg (p \wedge q) \vdash q$	$2 \wedge E$
4	$q \wedge \neg (p \wedge q) \vdash \neg (p \wedge q)$	$2 \wedge E$
5	$p, q \wedge \neg (p \wedge q) \vdash p \wedge q$	$1, 3 \wedge I$
6	$p, q \wedge \neg (p \wedge q) \vdash (p \wedge q) \wedge \neg (p \wedge q)$	$4, 5 \wedge I$
7	$p \vdash \neg (q \wedge \neg (p \wedge q))$	$6 \neg I$

练习：自然演绎——列中的序列

使用列中的自然演绎序列的演绎规则确定 7.2.1 节的练习 2～练习 4 中结果。

7.3.2 树中的序列

毫不奇怪，可以将序列列格式的序列演绎重新转换为序列树格式的序列演绎。在公式树的演绎格式中，显示演绎的树的顶部节点用公式标记，普通公式是演绎中使用并用作前提的公式，方括号中的公式是假设或辅助前提，最终在演绎过程中被解除。在这里，显示演绎的树的顶部节点是以下形式的序列：$\Gamma \vdash \alpha$，其中 $\alpha \in \Gamma$，也就是 7.3.1 节的公理。与公式树格式中的演绎一样，每个规则将一个或多个树扩展到一个新树中，并根据终止正在扩展的一个或多个树的序列指定终止新树的序列。

定义 10 CPL 的序列演绎（树格式）

序列演绎是这样的一个序列树，其中每一个序列都是树顶上的一个序列，在这种情况下它是公理，或者是根据指定规则从序列树上紧接其上的序列得到的序列。

此格式是公式树格式的简单介绍。实际上，这里使用的位置只是 7.2.1.10 节定义 2 中定义的位置和 7.2.2.6 节定义 8 中定义的位置的另一种表征方式。这种格式是为了便于处理下一个和最后一个表示。

通常对规则的符号进行概括，以便包含公理。公理用于标记演绎树中的顶部节点。为了把公理当作规则，可以使用规则的形式，将规则之上的内容留作空白，毕竟没有一个节点支配它，然后在该行下面写公理的形式。

公理

$$\frac{}{\Gamma \vdash \alpha}\ (\text{其中 } \alpha \in \Gamma)$$

回想一下，任何公式都是从公式本身的公式树格式中得出的推导。因此，通过对可推导性（公式树格式）的定义，公式可以从它所属的任何一组公式中推导出来。

下面的规则与公式树格式中使用的消除规则和引入规则一样。不同之处在于，在公式树格式规则的制定中没有使用符号来表示演绎所依赖的前提，但这里使用了符号来表示。

7.3.2.1 ∧ 消除和引入

∧	消除		引入
$\dfrac{\Gamma \vdash \alpha \wedge \beta}{\Gamma \vdash \alpha}$	$\dfrac{\Gamma \vdash \alpha \wedge \beta}{\Gamma \vdash \beta}$		$\dfrac{\Gamma \vdash \alpha,\ \Delta \vdash \beta}{\Gamma \cup \Delta \vdash \alpha \wedge \beta}$

这里的 ∧ 消除规则认为，如果有公式 $\alpha \wedge \beta$ 的演绎，其前提在 Γ 的公式中，则有一个公式 α 的演绎来自同一个前提集合。事实上，假设在公式树格式中公式 $\alpha \wedge \beta$ 是从集合 Γ 中的公式推导出的，那么，有一个公式树格式的演绎，其未解除的顶部节点用 Γ 的公式标记，其底部节点用 $\alpha \wedge \beta$ 标记。现在，根据 7.2.2.1 节中的 ∧ 消除规则，把树扩展一个节点，并将其标记为 α，从而得到公式 α 的演绎，所有未解除的顶部节点都用 Γ 中的公式标记。同样的推理也适用于 ∧ 消除规则的第二个版本。

∧ 引入规则认为，如果公式树格式中有一个公式 α 的演绎，其前提在 Γ 公式中，而且公式树格式中有一个公式 β 的演绎，其前提在公式 Δ 中，则公式树格式中有一个公式 $\alpha \wedge \beta$ 的演绎，其前提在公式 Γ 和 Δ 的综合考虑中。简单地将每种演绎的公式树组合在一起，并扩展为以 $\alpha \wedge \beta$ 结尾的公式树，调用 7.2.2.1 节中的 ∧ 引入规则。

例 9 （序列树格式）

$$\cfrac{\cfrac{p\wedge(q\wedge r)\vdash p\wedge(q\wedge r)}{p\wedge(q\wedge r)\vdash p}\ {\scriptstyle\wedge E}\quad \cfrac{\cfrac{p\wedge(q\wedge r)\vdash p\wedge(q\wedge r)}{p\wedge(q\wedge r)\vdash q\wedge r}\ {\scriptstyle\wedge E}}{p\wedge(q\wedge r)\vdash q}\ {\scriptstyle\wedge E}}{p\wedge(q\wedge r)\vdash p\wedge q}\ {\scriptstyle\wedge I} \quad \cfrac{\cfrac{\cfrac{p\wedge(q\wedge r)\vdash p\wedge(q\wedge r)}{p\wedge(q\wedge r)\vdash q\wedge r}\ {\scriptstyle\wedge E}}{p\wedge(q\wedge r)\vdash r}\ {\scriptstyle\wedge E}}{p\wedge(q\wedge r)\vdash(p\wedge q)\wedge r}\ {\scriptstyle\wedge I}$$

7.3.2.2　∨ 消除和引入

∨	消除	引入	
		版本 1	版本 2
	$\Gamma \vdash \alpha \to \gamma,\ \Delta \vdash \beta \to \gamma,\ \Theta \vdash \alpha \vee \beta$	$\Gamma \vdash \beta$	$\Gamma \vdash \alpha$
	$\Gamma \cup \Delta \cup \Theta \vdash \gamma$	$\Gamma \vdash \alpha \vee \beta$	$\Gamma \vdash \alpha \vee \beta$

鼓励读者使用 7.2.2.1 节中关于 ∧ 消除和引入规则与其对应规则的等价说明，以查看此处的 ∨ 消除和引入规则与其对应规则在 7.2.2.2 节中的等价性。

例 10 （序列树格式）

$$\cfrac{\cfrac{p\wedge(q\vee r)\vdash p\wedge(q\vee r)}{p\wedge(q\vee r)\vdash q\vee r}\ {\scriptstyle\wedge E}\quad \cfrac{\cfrac{\cfrac{p\wedge(q\vee r)\vdash p\wedge(q\vee r)}{p\wedge(q\vee r)\vdash p}\ {\scriptstyle\wedge E}\quad p\to(q\to s)\vdash p\to(q\to s)}{p\wedge(q\vee r),\,p\to(q\to s)\vdash q\to s}\ {\scriptstyle\to E}}{p\wedge(q\vee r),\,p\to(q\to s),\,p\to(r\to s)\vdash s}}{}$$

$$\cfrac{\cfrac{\cfrac{p\wedge(q\vee r)\vdash p\wedge(q\vee r)}{p\wedge(q\vee r)\vdash p}\ {\scriptstyle\wedge E}\quad p\to(r\to s)\vdash p\to(r\to s)}{p\wedge(q\vee r),\,p\to(r\to s)\vdash r\to s}\ {\scriptstyle\to E}}{}\ {\scriptstyle\vee E}$$

例 11 （序列树格式）

$$\cfrac{\cfrac{p\wedge q\vdash p\wedge q}{p\wedge q\vdash p}\ {\scriptstyle\wedge E}\quad \cfrac{\cfrac{\cfrac{p\wedge q\vdash p\wedge q}{p\wedge q\vdash q}\ {\scriptstyle\wedge E}}{p\wedge q\vdash q\vee r}\ {\scriptstyle\vee I}}{}}{p\wedge q\vdash p\wedge(q\vee r)}\ {\scriptstyle\wedge I}$$

7.3.2.3 ↔ 消除和引入

↔	消除		引入
	$\Gamma \vdash \alpha \leftrightarrow \beta$	$\Gamma \vdash \alpha \leftrightarrow \beta$	$\Gamma \vdash \alpha \to \beta, \Delta \vdash \beta \to \alpha$
	$\Gamma \vdash \alpha \to \beta$	$\Gamma \vdash \beta \to \alpha$	$\Gamma \cup \Delta \vdash \alpha \leftrightarrow \beta$

希望这些规则与 7.2.2.3 节中对应规则之间的等价性是明确的。

例 12 （序列树格式）

$$\cfrac{\cfrac{\cfrac{p \to (q \leftrightarrow r) \vdash p \to (q \leftrightarrow r) \qquad p \vdash p}{p \to (q \to r), p \vdash q \leftrightarrow r} {\to}\text{E}}{p \to (q \leftrightarrow r), p \vdash r \to q} {\leftrightarrow}\text{E} \qquad r \vdash r}{p, r, p \to (q \leftrightarrow r) \vdash q} {\to}\text{E}$$

例 13 （序列树格式）

$$\cfrac{\cfrac{p \to (q \to r) \vdash p \to (q \to r) \quad p \vdash p}{p \to (q \to r), p \vdash q \to r} {\to}\text{E} \qquad \cfrac{p \to (r \to q) \vdash p \to (r \to q) \quad p \vdash p}{p \to (r \to q), p \vdash r \to q} {\to}\text{E}}{p \to (r \to q), p \vdash q \leftrightarrow r} {\leftrightarrow}\text{I}$$

7.3.2.4 → 消除和引入

→	消除	引入
	$\Gamma \vdash \alpha, \Delta \vdash \alpha \to \beta$	$\Gamma \cup \{\alpha\} \vdash \beta$
	$\Gamma \cup \Delta \vdash \beta$	$\Gamma \vdash \alpha \to \beta$

公式树格式中的自然演绎→消除规则与序列树格式之间的等价性推理与前面所说的类似。然而，→引入规则的等价性需要一些句子来说明。

→引入规则认为，在前提为 $\Gamma \cup \{\alpha\}$ 的公式中如果存在公式树格式中的公式 β 的演绎，那么在前提为 Γ 的公式树格式中存在公式 $\alpha \to \beta$ 的演绎。一个是将公式树格式中 β 的演绎扩展到以 $\alpha \to \beta$ 结尾的公式树，另一个是将所有由 α 标记的顶部节点括在方括号中。其结果是从 Γ 中的公式中以公式树格式推导出公式 $\alpha \to \beta$。

例 14 （序列树格式）

$$\cfrac{\cfrac{p \to (q \to r) \vdash p \to (q \to r) \qquad p \vdash p}{p \to (q \to r), p \vdash q \to r} {\to}\text{E} \qquad q \vdash q}{p \to (q \to r), p, q \vdash r} {\to}\text{E}$$

例 15 （序列树格式）

$$\cfrac{\cfrac{p \to (q \to r) \vdash p \to (q \to r) \qquad \cfrac{\cfrac{p \land q \vdash p \land q}{p \land q \vdash p} {\land}\text{E}}{p \to (q \to r), p \land q \vdash q \to r} {\to}\text{E} \qquad \cfrac{p \land q \vdash p \land q}{p \land q \vdash q} {\land}\text{E}}{\cfrac{p \to (q \to r), p \land q \vdash r}{p \to (q \to r) \vdash (p \land q) \to r} {\to}\text{I}}{} {\to}\text{E}}$$

7.3.2.5 ¬ 消除和引入

¬	消除		引入	
	版本1	版本2	版本1	版本2
	$\dfrac{\Gamma \cup \{\neg\alpha\} \vdash \beta \wedge \neg\beta}{\Gamma \vdash \alpha}$	$\dfrac{\Gamma \cup \{\neg\alpha\} \vdash \neg\beta \wedge \beta}{\Gamma \vdash \alpha}$	$\dfrac{\Gamma \cup \{\alpha\} \vdash \beta \wedge \neg\beta}{\Gamma \vdash \neg\alpha}$	$\dfrac{\Gamma \cup \{\alpha\} \vdash \neg\beta \wedge \beta}{\Gamma \vdash \neg\alpha}$

希望对 7.2.2.4 节的 → 引入规则和刚刚介绍的 → 引入规则的等价关系进行阐述, 足以阐述此处的 ¬ 消除和引入规则与 7.2.2.5 节 ¬ 消除和 ¬ 引入规则等价。

例 16 （序列树格式）

$$\dfrac{\dfrac{p \vdash p \qquad \dfrac{\dfrac{q \wedge \neg(p \wedge q) \vdash q \wedge \neg(p \wedge q)}{q \wedge \neg(p \wedge q) \vdash q} \wedge E}{p,q \wedge \neg(p \wedge q) \vdash p \wedge q} \wedge I \qquad \dfrac{q \wedge \neg(p \wedge q) \vdash q \wedge \neg(p \wedge q)}{q \wedge \neg(p \wedge q) \vdash \neg(p \wedge q)} \wedge E}{p,q \wedge \neg(p \wedge q) \vdash (p \wedge q) \wedge \neg(p \wedge q)} \wedge I}{p \vdash \neg(q \wedge \neg(p \wedge q))} \neg I$$

练习: 自然演绎——树中的序列

在 7.2.1 节的练习 2 至 4 中, 使用树中的自然演绎序列的演绎规则确定结果。

7.4 Gentzen 序列演算

最后, 来介绍 Gentzen 序列演算（Gentzen sequent calculus）, 我们将只描述非常简单的一种方法。在 Gentzen 序列演算中, 没有消除规则, 只有引入规则。前两种自然演绎序列形式中使用的消除规则被引入规则所代替, 引入规则不是在序列的结果中进行, 而是在先行词中进行。因此, 只有引入规则, 它们分为在先行词中进行的引入规则和在结果中进行的引入规则。在先行词公式中引入命题连接词的规则, 也就是说, 通过在左侧添加命题连接词来改变公式的规则, 被称为**左引入规则**（left introduction rule）, 在结果公式中引入命题连接词的规则, 也就是说, 通过在右侧添加命题连接词来改变公式的规则, 被称为**右引入规则**（right introduction rule）。右引入规则与 7.3.2 节中介绍的引入规则完全相同。

为了完全实现 Gentzen 序列演算的思想, 我们需要一个更一般的序列概念, 在这个概念中, 没有一个公式出现在中间符号的右边, 除非是一组可能是空集的公式。然而, 这种更为普遍的序列概念是控制否定的演绎规则所必需的。由于否定规则在本书的主题中没有对应的部分, 所以就不必再讨论更一般的序列概念和否定规则了。

定义 11 CPL 的 Gentzen 序列演算演绎（树格式）

序列的 Gentzen 序列演算演绎是这样的一个序列树, 每个序列树要么是树顶部的序列（在这种情况下是公理）, 要么是通过以下指定的规则从序列树上紧接其上的序列得到的序列。

Gentzen 序列演算的公理就像树格式的序列演绎的公理。

公理

$$\overline{\Gamma \vdash \alpha} \; (其中 \; \alpha \in \Gamma)$$

我们转向介绍其他规则。由于右引入规则与树格式的自然演绎规则相同, 所以我们将对左引入规则进行介绍。

7.4.1 ∧左引入和右引入

∧	引入 L	引入 R
	$\Gamma \cup \{\alpha, \beta\} \vdash \gamma$	$\Gamma \vdash \alpha, \Delta \vdash \beta$
	$\Gamma \cup \{\alpha \wedge \beta\} \vdash \gamma$	$\Gamma \cup \Delta \vdash \alpha \wedge \beta$

∧左引入指出，如果包含 α 和 β 的一组公式中有 γ 的演绎，则从一组相同不包含 α 和 β 单包含 $\alpha \wedge \beta$ 的公式中存在 γ 的演绎。为了证明这个规则是有效的，让我们考虑一下树公式格式的演绎。现在假设从一组包含 α 和 β 的公式中演绎出 γ。进一步假设，在不丧失一般性的情况下，α 和 β 实际上用于演绎。因此，不带方括号的 α 和 β 在演绎树中标记至少一个顶部节点。为了从同一组包含 $\alpha \wedge \beta$ 而不是 α 和 β 的公式中得到一个演绎树，在顶部节点中，用中间的演绎线标记为 ∧E 的节点标记的 $\alpha \wedge \beta$ 来作为每个不带方括号的 α 或 β 出现点上方的一个位置。得到的演绎树是从同一组用 $\alpha \wedge \beta$ 代替 α 和 β 的公式中演绎出的 γ 的演绎。

既然已经理解了∧左引入规则的有效性，让我们看看它和它的伙伴∧右引入规则的应用。

例 1 （Gentzen 序列演算树）

$$\cfrac{\cfrac{\cfrac{p \vdash p \qquad q \vdash q}{p,q \vdash p \wedge q} \wedge R \qquad r \vdash r}{p,q,r \vdash (p \wedge q) \wedge r} \wedge R}{\cfrac{p,q \wedge r \vdash (p \wedge q) \wedge r}{p \wedge (q \wedge r) \vdash (p \wedge q) \wedge r} \wedge L} \wedge L$$

7.4.2 ↔左引入和右引入

↔	引入 L	引入 R
	$\Gamma \cup \{\alpha \to \beta, \beta \to \alpha\} \vdash \gamma$	$\Gamma \vdash \alpha \to \beta, \Delta \vdash \beta \to \alpha$
	$\Gamma \cup \{\alpha \leftrightarrow \beta\} \vdash \gamma$	$\Gamma \cup \Delta \vdash \alpha \leftrightarrow \beta$

请读者花时间自己解释为什么↔左引入规则是有效的。

例 2 （Gentzen 序列演算树）

$$\cfrac{p \vdash p \qquad \cfrac{\cfrac{r \vdash r \qquad q \to r, q \vdash q}{r, q \to r, r \to q \vdash q} \to L}{r, q \leftrightarrow r \vdash q} \leftrightarrow L}{p, r, p \to (q \to r) \vdash q} \to L$$

例 3 （Gentzen 序列演算树）

$$\cfrac{\cfrac{p \vdash p \qquad q \to r \vdash q \to r}{p, p \to (q \to r) \vdash q \to r} \to L \qquad \cfrac{p \vdash p \qquad r \to q \vdash r \to q}{p, p \to (r \to q) \vdash r \to q} \to L}{p, p \to (q \to r), p \to (r \to q) \vdash q \leftrightarrow r} \leftrightarrow R$$

7.4.3 →左引入和右引入

→	引入 L	引入 R
$\Gamma\vdash\alpha$, $\Delta\cup\{\beta\}\vdash\gamma$		$\Gamma\cup\{\alpha\}\vdash\beta$
$\Gamma\cup\{\alpha\rightarrow\beta\}\cup\Delta\vdash\gamma$		$\Gamma\vdash\alpha\rightarrow\beta$

→左引入规则指出，如果从一组公式中存在演绎 α，可能不同的包括 β 的一组公式中存在演绎 γ，则不包含 β 而是包含 $\alpha\rightarrow\beta$ 的两组公式中存在演绎 γ。

让我们看看→左引入规则是如何等价于 7.2.2.4 节中的→消除规则的。假设公式树格式有两个演绎，一个是来自一组公式 Γ 中的演绎 α，另一个是来自包含 β 的一组公式即来自 $\Delta\cup\{\beta\}$ 中的演绎 γ。假设在不丧失一般性的情况下，β 实际上也被用于后一个演绎。以公式树格式从 $\Gamma\cup\Delta\cup\{\alpha\rightarrow\beta\}$ 构造一个演绎树，其终端节点用 γ 标记如下。首先，使用公式 $\alpha\rightarrow\beta$ 作为假设，并将其终端节点用 α 标记，依赖 Γ 中的假设的演绎树，来获得其终端节点用 β 标记且依赖 $\Gamma\cup\{\alpha\rightarrow\beta\}$ 中的假设的演绎树。调整到新演绎树的终端节点的转换规则是→消除规则。其次，用第一步中获得的演绎树替换演绎树中每个出现的 $[\beta]$，其终端节点用 γ 标记，并依赖 $\Delta\cup\{\beta\}$ 中的假设。(回想一下，它的终端节点是用 β 标记的。)结果是一个演绎树，其终端节点是用 γ 标记的，这取决于 $\Gamma\cup\Delta\cup\{\alpha\rightarrow\beta\}$ 中的假设。

例 4 (Gentzen 序列演算树)

$$\cfrac{p\vdash p \quad \cfrac{q\vdash q \quad r\vdash r}{q,q\rightarrow r\vdash r}\,{\rightarrow}\text{L}}{p,q,p\rightarrow(q\rightarrow r)\vdash r}\,{\rightarrow}\text{L}$$

例 5 (Gentzen 序列演算树)

$$\cfrac{\cfrac{p\vdash p \quad \cfrac{q\vdash q \quad r\vdash r}{q,q\rightarrow r\vdash r}\,{\rightarrow}\text{L}}{\cfrac{\cfrac{p,q,p\rightarrow(q\rightarrow r)\vdash r}{p\wedge q,p\rightarrow(q\rightarrow r)\vdash r}\,{\wedge}\text{L}}{p\rightarrow(q\rightarrow r)\vdash(p\wedge q)\rightarrow r}\,{\rightarrow}\text{R}}}{}$$

7.4.4 ∨左引入和右引入

∨	引入 L	引入 R	
$\Gamma\cup\{\alpha\}\vdash\gamma$, $\Delta\cup\{\beta\}\vdash\gamma$		$\Gamma\vdash\alpha$	$\Gamma\vdash\beta$
$\Gamma\cup\Delta\cup\{\alpha\vee\beta\}\vdash\gamma$		$\Gamma\vdash\alpha\vee\beta$	$\Gamma\vdash\alpha\vee\beta$

∨左引入规则指出，如果公式树格式的 γ 既可以从包含 α 的一组公式中演绎，也可以从包含 β 的一组公式中演绎，那么公式树格式的 γ 就可以从一组相同的不包含 α 和 β 但包含 $\alpha\vee\beta$ 的公式中演绎。

让我们看看∨左引入规则是如何等价于 7.2.2.2 节中的∨消除规则的。假设 γ 有两个演绎，一个来自包含 α 的公式集，即来自 $\Gamma\cup\{\alpha\}$，另一个来自包含 β 的公式集，即来自

$\Delta \cup \{\beta\}$。再一次假设，在不丧失一般性的情况下，α 和 β 出现在各自的演绎中。通过 7.2.2.4 节的→引入规则，我们知道公式树格式有两个演绎，一个是来自 Γ 的 $\alpha \to \gamma$，另一个是来自 Δ 的 $\beta \to \gamma$。现在用 $\Gamma \cup \Delta \cup \{\alpha \vee \beta\}$ 作为未解除前提来构造 γ 的演绎树：把 $\Gamma \vdash \alpha \to \gamma$ 的演绎树、$\Delta \vdash \beta \to \gamma$ 的演绎树和公式 $\alpha \vee \beta$ 放在 γ 上，并用 $\vee$ I 标记中间的演绎线。

例 6（Gentzen 序列演算树）

$$
\cfrac{
p \vdash p \qquad \cfrac{\cfrac{q \vdash q \qquad s \vdash s}{q, q \to s \vdash s} \to L}{p, q, p \to (q \to s) \vdash s} \to L
\qquad
\cfrac{p \vdash p \qquad \cfrac{r \vdash r \qquad s \vdash s}{r, r \to s \vdash s} \to L}{p, r, p \to (r \to s) \vdash s} \to L
}{\cfrac{p, q \vee r, p \to (q \to s), p \to (r \to s) \vdash s}{p \wedge (q \vee r), p \to (q \to s), p \to (r \to s) \vdash s} \wedge L} \vee L
$$

例 7（Gentzen 序列演算树）

$$
\cfrac{\cfrac{p, q \vdash p}{p \wedge q \vdash p} \wedge L \qquad \cfrac{\cfrac{\cfrac{p, q \vdash q}{p, q \vdash q \vee r} \vee R}{p \wedge q \vdash q \vee r} \wedge L}{}}{p \wedge q \vdash p \wedge (q \vee r)} \wedge R
$$

7.4.5 ¬ 左引入和右引入

如前所述，关于否定的两条规则需要一个更为一般的序列概念，其中一条规则中的一组公式出现在中间符号的右侧。由于这些规则的对应部分在本书中没有起到任何作用，所以我们将在这里为那些好奇这些规则是什么样子的读者陈述这两条规则，但并不多做讲解。

¬	引入 L	引入 R
	$\Gamma \vdash \{\alpha\} \cup \Delta$	$\Gamma \cup \{\alpha\} \vdash \Delta$
	$\Gamma \cup \{\neg\alpha\} \vdash \Delta$	$\Gamma \vdash \{\neg\alpha\} \cup \Delta$

练习：Gentzen 序列演算

1. 解释为什么 ↔ 左引入规则是有效的。

2. 使用 Gentzen 序列演算的演绎规则，计算 7.2.1 节练习 2 ～练习 4 的结果。

7.5 子结构逻辑

在前文中，我们定义了一个序列，它是一组公式和单个公式之间的关系。然而，Gentzen 认为符号 ⊢ 左边的内容不是一组公式的名称，而是一个有限的列表，也可能是一个空列表。此外，他的公理具有 $\gamma \vdash \gamma$ 的形式。为了得到一个与我们给出的序列演绎等价的演绎关系，Gentzen 在他的演绎规则中加入了三个所谓的结构规则（structural rule）。在下面这些规则的陈述中，大写希腊字母表示可能为空的公式的有限列表。此外，为了强调我们有列表，而不是集合，左侧没有使用标点符号。因此，表达式 $\Delta \alpha \Theta$ 表示公式列表，该列表以 Δ 表示的公式列表开始，并且可能为空，然后是公式 α，接下来是另一个 Θ 表示的公式列表，同样可能为空。

排列	收缩	弱化
$\Delta\ \alpha\ \beta\ \Theta \vdash \gamma$	$\Delta\ \alpha\ \alpha\ \Theta \vdash \beta$	$\Delta \vdash \beta$
$\Delta\ \beta\ \alpha\ \Theta \vdash \gamma$	$\Delta\ \alpha\ \Theta \vdash \beta$	$\Delta\ \alpha \vdash \beta$

　　列表是有序的集合。正如我们在第 2 章中所解释的，在列表符号中，集合仅由命名的成员识别，而不考虑顺序或重复。Gentzen 所采用的结构规则指的是，在由于排列（permutation）规则而不考虑列表中公式的顺序以及由于收缩（contraction）规则而不考虑重复的情况下，演绎是成立的。具有 $\gamma \vdash \gamma$ 形式的 Gentzen 公理和这里所采用的公理之间具有差异，这里的公理具有 $\Gamma \vdash \alpha$ 形式，其中 $\alpha \in \Gamma$，它们是通过弱化（weakening）来桥接的，因为弱化允许将任何公式添加到前提中，在弱化规则里 α 不必在 Δ 中。

　　经典逻辑和直觉逻辑都需要这三种结构规则。另一种被称为关联逻辑的逻辑放弃了弱化，但保留了排列和收缩。还有一种逻辑，称为线性逻辑，放弃了弱化和收缩，只保留了排列。Lambek 演算（见第 13 章）删除了所有这些结构规则。这三种逻辑，以及其他类似的灵感，被称为子结构逻辑（substructural logic）。

英语连接词

8.1 介绍

1.3.1 节指出，我们要探讨的基本问题是：英语复杂表达式的值如何由构成它的表达式的值决定？还指出回答这个问题需要一些来自逻辑的指导，因为被称为模型理论的逻辑部分提出了一个问题：复杂公式的值是如何由组成它的部分的值决定的？在 6.2.2.1 节和 6.2.2.2 节中，我们看到了分配给复合公式的真值是如何由分配给其直接子公式的真值确定的，以及最终是如何由分配给其基本子式或命题变量的真值确定的。

与 CPL 的命题变量类似的是英语中的简单陈述句。正如公式可以被赋予真值一样，陈述句也很容易被判断为真或假。此外，正如复合公式的真值是由其直接子公式的真值决定的一样，复合陈述句的真值是由其直接成分陈述句的真值决定的。举一个例子来说，复合陈述句" it is raining and it is cold"。只有当我们判断每一个直接成分陈述句是真的时，我们才能判断整句话是真的。

It is raining.	It is cold.	It is raining and it is cold.
T	T	T
T	F	F
F	T	F
F	F	F

但这正是解释命题连接词 $\wedge$ 的真值函数 $o_{\wedge}$。因此，自然而然接下来假设真值函数 $o_{\wedge}$ 至少代表了英语连接词"and"的一部分含义。

正如不知道符号是如何构成的就无法根据其基本符号的值来获得复杂表达式的值一样，如果不知道自然语言（如英语）的复合陈述句是如何组成的，就不可能在其分句的解释的基础上对其进行解释。因此，我们必须弄清楚连接词是如何与其他分句结合以形成复合句的。然后，我们开始回顾与英语连接词及其从句语法有关的主要句法事实。

8.2 英语连接词和分句

在英语中，可以用两个独立的分句组成一个复合句。例如，下面两个独立的分句

(1.1) John plays the guitar.

(1.2) Mary plays the piano.

可以形成下面所示的复合句。

(2.1) [S John plays the guitar] *moreover* [S Mary plays the piano].

(2.2) [S John plays the guitar] *and* [S Mary plays the piano].

(2.3) [S John plays the guitar] *when* [S Mary plays the piano].

能够促使句子复合的词称为连接词（connector）。它们包括并列连词（coordinator）——

and、or 和 but，以及从属连词（subordinator）——when、because 和 if 等词。采用 Quirk et al.（1985, chap. 8.134）使用的术语，我们将既不是并列连词也不是从属连词的连接词称为连词（conjunct），包括 moreover 和 however 等词。

　　一般来说，英语并列连词和从属连词不会侵入它们所连接的分句，尤其是不会侵入第二个分句。在这方面，它们不同于其他英语连接词，例如 moreover，因为 moreover 虽然可能位于它所连接的独立分句之间，如句子（3.1）所示，但它可能侵入所连接的第二个分句，如句子（3.2）所示。事实上，连接词（如 moreover）也可以出现在第二个分句的末尾。

(3.1)　　[S John plays the guitar] *moreover* [S his sister plays the piano].

(3.2)　　[S John plays the guitar] [S his sister *moreover* plays the piano].

(3.3)　　[S John plays the guitar] [S his sister plays the piano] *moreover*.

然而，英语并列连词和从属连词既不侵入第二句，也不会出现在第二句的右边缘。

(4.1)　　　[S John plays the guitar] *and* [S his sister plays the piano].

(4.2)　　*[S John plays the guitar] [S his sister *and* plays the piano].

(4.3)　　*[S John plays the guitar] [S his sister plays the piano] *and*.

(5.1)　　　[S John plays the guitar] *when* [S his sister plays the piano].

(5.2)　　*[S John plays the guitar] [S his sister *when* plays the piano].

(5.3)　　*[S John plays the guitar] [S his sister plays the piano] *when*.

　　从逻辑上讲，没有必要要求英语并列连词和从属连词都不得侵入第二个分句。因为在某些语言中，并列连词被禁止出现在两个分句之间，而必须出现在第二个分句的某些组成部分的左边。例如，古梵文中的并列连词 ca（and）、vā（or）和 tu（but）就是这样的。

(6.1)　　*[S Devadattaḥ vīṇām vādayati] *ca* [S Yajñadattaḥ odanam pacati].

(6.2)　　[S Devadattaḥ vīṇām vādayati] [S Yajñadattaḥ *ca* odanam pacati].

(6.3)　　[S Devadattaḥ vīṇām vādayati] [S Yajñadattaḥ odanam pacati] *ca*.

(6.4)　　Devadatta is playing the lute and Yajñadatta is cooking rice.

在其他语言中，连接词可以出现在分句的最开始，也可以正好出现在分句的主语之后。例如汉语就是这样的。

(7.1)　　[S *suīrán* wǒ xiǎng fā cái] kě shì bù gǎn mào xiǎn.

(7.2)　　[S wǒ **suīrán** xiǎng fā cái] kě shì bù gǎn mào xiǎn.

(7.3)　　Although I plan to get rich, I am not willing to take risks.
　　　　　(Chao(1968, chap. 2.12.6))

　　尽管英语并列连词和从属连词与其他连接词（如 moreover）相比有相似之处，但英语并列连词和从属连词的模式并不一致。首先，并列连词可以连接动词短语，而从属连词则不能。

(8.1)　　Dan [VP drank his coffee] *and* [VP left quickly].

(8.2)　　*Dan [VP did not drink his coffee] *when* [VP left quickly].

　　另一个不同表现在动词空位（见 4.3.2 节）上。当两个具有平行句法结构且共用同一动词的英语分句由一个并列连词连接时，可以省略第二个分句的动词。当连接词是从属连词时，情况就并非如此。

(9.1)   Alice encouraged Beth, and Carl encouraged Dan.

(9.2)   Alice encouraged Beth, and Carl __ Dan.

(10.1)   Alice encouraged Beth, when Carl encouraged Dan.

(10.2)   *Alice encouraged Beth, when Carl __ Dan.

再者，并列连词从不一个接一个地出现。然而，从属连词可能会这样。

(11.1)   *John is unhappy *and but* he does what he is told.

(11.2)   Bill left, *because if* he hadn't, he would have been in trouble.

(11.3)   We don't need to worry about Carol, *because if when* she arrives we are not home, she can let herself in with the key I lent her.

然而，并列连词可以紧跟在从属连词之前。

(12)   Dan asked to be transferred, *because* he was unhappy *and because* he saw no chance of promotion.

最后，英语从属连词可能出现在连接分句的开始，而英语并列连词不可以。

(13.1)   [S It is cold] *and* [S it is raining].

(13.2)   *And* [S it is raining] [S it is cold].

(14.1)   [S It is cold] *because* [S it is raining].

(14.2)   *Because* [S it is raining] [S it is cold].

下表总结了上述内容。

	并列连词	从属连词
侵入	否	否
可以连接动词短语	是	否
允许动词空位	是	否
可以重复	否	是
在复合句开头	否	是

上述观察表明，从属连词和并列连词以不同的模式出现。而且还表明，从属和并列产生了不同的成分模式。并列句由两个分句组成，其中一个位于并列连词两侧的任意一侧。下面的合成树很好地描述了这种结构。

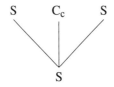

其中，S 是句子的类别，C_c 是并列连词的类别。用成分形成规则 S C_c S → S 来指定这样的结构是很方便的。该规则规定一个并列连词及其左右侧的两个分句构成一个复合句。

这一规则的确凿证据来自包含由 and 和 or 引导的并列分句的复合陈述句的歧义性，如下面的讨论所示。

(15.0)   It is cold and it is overcast or it is windy.

考虑一下 it is cold 是假的，但 it is overcast 和 it is windy 是真的。在这种情况下，既可以判断句子（15.0）为真也可以判断其为假。当它被理解为句子（15.1）时它是真的，当它被理解为句子（15.2）时它是假的。

(15.1)　Either it is cold and overcast or it is windy.

(15.2)　It is cold and it is either overcast or windy.

　　并列句的结构可以用一个形成规则来描述，而从属句的结构则需要三个规则。这是因为从属从句可能出现在它所从属的句子的右侧或左侧。下面给出的合成树对显示了这些交替模式。

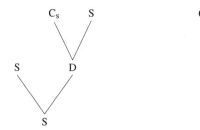

其中 S 是句子，D 是从属从句，C_s 是从属连词。这两个合成树可以用三个成分形成规则来描述：S D → S，D S → S，C_s S → D。可将所有规则重新组合如下。

成分形成规则

S2	$S\,C_c\,S \rightarrow S$
S3	$S\,D \rightarrow S$
S4	$D\,S \rightarrow S$
D1	$C_s\,S \rightarrow D$

其中 C_c 是并列词类，C_s 是从属词类。

练习：英语连接词和分句

1. 考虑以下英语连接词：

　　after, although, as, before, but, nevertheless, once, since, so, therefore, though, unless, until, whereas, while, yet

　　对于上述每个单词，使用 8.2 节中列出的标准来确定它是并列连词、从属连词还是两者都不是。

2. 使用 8.2 节中给出的成分形成规则来分析下列句子的结构（取自或改编自 Gamut（1991 v. 1, 40–41））。

　　（a）John is going to swim, and unless it rains, Bill will too.

　　（b）If it rains while the sun shines, a rainbow will appear.

　　（c）If it rains or too many people are sick, the picnic will be canceled.

　　（d）If you do not help me if I need you, I shall not help you if you need me.

　　（e）Although once it rains, people will leave, while it is not raining, people will stay.

　　（f）If you stay with me if I won't drink anymore, then I won't drink anymore.

　　（g）We don't need to worry about Carol, because if when she arrives we are not home, she can let herself in with the key.

　　（h）Though while we are picnicing, everyone will be happy, before it starts or after it ends, everyone will be preoccupied.

3. 对于下列每一个句子，确定它们是否是可接受的。在区分英语并列连词和从属连词的标准方面，说明是否具有可接受性或不可接受性。并阐述 8.2 节给出的成分形成规则对可接受性或不可接受性的影响（如果有影响的话）。

（a）You may have coffee and or you may have tea.

（b）If it rains or if too many people are sick, the picnic will be canceled.

（c）He asked to be transferred, for he was unhappy and for he saw no chance of promotion.

（d）Because if when Carol arrives, we are not at home, she can let herself in with the key, we don't need to worry about Carol.

（e）For his sister plays the piano John plays the guitar.

（f）So that we arrived home late, the rush hour traffic delayed us.

4. 制定成分形成规则，对这些句子进行分析。

（a）Yesterday the sun was very warm and the ice melted.

（b）Yesterday the sun was very warm and today the ice melted.

（c）Yesterday, the sun was very warm and the ice melted.

5. nor 这个词属于哪一类？

8.2.1 英语连接词的未解决问题

并非所有与并列分句和从属分句有关的复合句都只能由先前给出的成分形成规则来解释。首先，一些从属连词表现出了成分形成规则所没有包含的特殊性。例如，从属连词 for 引导的从句从不在其从属的句子之前。

(16.1)　　Rick purchased a suitcase, *for* he wishes to travel abroad.

(16.2)　　*For he wishes to travel abroad, Rick purchased a suitcase.

这种特殊性并不是从属连词 for 所独有的。有时，从属连词 so that 引导的从句可能在它们直接从属的句子之前，虽然句子（17.1）是可以接受的，但句子（17.2）是不可接受的。

(17.1)　　The rush hour traffic delayed us *so that* we arrived home late.

(17.2)　　*So that we arrived home late, the rush hour traffic delayed us.
　　　　　（Quirk et al. (1985, chap. 13.8)）

碰巧，从属连词 so that 是模棱两可的。它可以引导所谓的目的从句，也可以引导所谓的结果从句。句子（18.1）包含一个 so that 引导的目的从句。有时，so that 引导的目的从句可以用不定式分句来解释，而不定式分句本身可以用 in order 来引导。句子（19.1）包含一个结果从句。由 so that 引导的结果从句可以用同一句话来解释，除非 as a result of which 替换了从属连词 so that。

(18.1)　　Alice sold her stamp collection *so that* she could buy a car.

(18.2)　　Alice sold her stamp collection *in order* to buy a car.

(19.1)　　The rush hour traffic delayed us *so that* we arrived home late.

(19.2)　　The rush hour traffic delayed us, *as a result of which* we arrived home late.
　　　　　（Quirk et al. (1985, chap. 13.8)）

由 for 和 so that（结果性的）引导的从属从句，不是唯一不能在其主句之前的从句，也不是在其左侧本身具有从句的从句。（见 3.3.4.4 节。）

(20.1)　　A rainbow appeared, *because* it rained *while* the sun was shining.

(20.2)　　*Because* it rained *while* the sun was shining, a rainbow appeared.

(20.3)　　*Because while the sun was shining it rained, a rainbow appeared.

下一个问题涉及并列连接（coordination）。并列句可以与并列连词 and 一起使用，也可以不使用任何并列连词。包含并列连词的并列连接称为有连接词的并列连接（syndetic coordination），不包含并列连词的并列连接称为无连接词的并列连接（asyndetic coordination）。在句子（21.1）中，有三个分句，并且并列连词 and 出现了两次。在句子（21.2）中，省略了第一次出现的并列连词，从而导致无连接词的并列连接。

(21.1)   The wind roared *and* the trees shook *and* the sky grew dark.

(21.2)   The wind blew, the trees shook *and* the sky grew dark.

（参见 Quirk et al.（1985，chap.13.17））

并非所有简单省略连词的分句都是无连接词的并列连接情况。考虑这句话：

(22)   The wind roared *and* the trees shook, the sky grew dark.

句子（22）的含义等同于句子（21）的含义。然而，句子（21.2）中的前两个分句的并列是无连接词的，而句子（22）中有连接词的分句和最后一个分句之间的并列是没有连接词的。原因如下：无连接词的并列连接可以出现在从句中，而省略连词的则不能。

(23.1)   That the wind roared *and* the trees shook *and* the sky grew dark frightened everyone.

(23.2)   That the wind blew, the trees shook, *and* the sky grew dark frightened everyone.

(23.3)   *That the wind roared *and* the trees shook, the sky grew dark frightened everyone.

我们鼓励读者去探索成分形成规则是如何不能恰当地描述无连接词的并列连接的。

最后，虽然连接词 but 具有并列连接的许多属性，但与在一系列并列分句中可以重复出现的并列连词 and 和 or 不同，并列连词 but 最多只能出现一次，并且必须紧跟在并列分句的最后一个分句之前。

(24.1)   The wind roared *and* the trees shook *but* the sky did not grow dark.

(24.2)   *The wind roared *but* the house stood *but* the sky did not grow dark.

这一事实不能用成分形成规则来处理。

练习：英语副词 not 的未解决问题

1. 从属连词是 for 的从属从句不能在它从属的从句之前。解释为什么下面的句子不是反例。

   For travel abroad, Rick purchased a suitcase.

2. 为无连接词的并列连接制定成分形成规则，并提供反例。

3. 详细说明并列连接的成分形成规则和 but 类别 C_c 的分配是如何导致不可接受的英语表达的。

4. 描述并列连词 nor 在句中的位置。

8.3   真值和独立，陈述句

在第 6 章中，我们观察到复合公式是由它的直接子公式通过与一个合适的命题连接词组合而得到的。例如，给定公式 $\neg p$ 和 $(q \lor r)$，通过规则"如果 α，$\beta \in \mathrm{FM}$，那么 $(\alpha \land \beta) \in \mathrm{FM}$"，可以得到公式 $(\neg p \land (q \lor r))$。在 8.2.1 节中，我们观察到，根据成分形成规则，通过并列句的分句与一个合适的语法连接词的组合，可以得到并列从句。因此，独立分句（independent clause）it is raining 和 it is cold 结合并列连词 and，根据成分形成规则 S2（即 S

C$_c$ S → S），可产生并列句 it is raining and it is cold。

我们在 6.2.2.1 节和 6.2.2.2 节中还观察到，复合公式的真值由其直接子公式的真值决定。因此，如果公式 ¬*p* 和（*q* ∨ *r*）分别被赋值为 T 和 F，并且 ∧ 被赋值为 o$_∧$，那么根据经典估值的定义，（–*p* ∧（*q* ∨ *r*））被赋值为 F。这些公式的真值又由它们的直接子公式决定。这一过程一直持续到构成整个公式的都是命题变量为止。但是这些命题变量的真值是从哪里来的呢？来自真值赋值。

如我们所见，如果独立分句"it is raining"和"it is cold"被判断为真，那么并列句"it is raining and it is cold"应被判断为真。这表明并列句像公式，可以通过它的结构从它的直接成分分句的真值中获得自己的真值。本章的余下部分主要准确阐述如何做到这一点。

一开始自然会产生一个问题：简单句如何获得它们的真值？答案是，它们是由评估环境决定的，这些环境下该句的目的是表达事实。如果一个句子所表达的环境是这种环境，那么这个句子就是真的；否则，它就是假的。对句子的真实性或虚假性进行评估的环境称为评估环境（circumstance of evaluation）。使句子为真的评估环境就是其真值条件（truth condition）。

真值条件是一个可以通过它构成满足、可满足性、语义等价和陈述句蕴含等逻辑概念的对应物。评估环境在其为真的情况下满足陈述句，而在有评估环境满足它的情况下陈述句是满足的。陈述句是重言的、矛盾的和偶然的，分别是评估的每种环境都能满足它、没有评估环境能满足它，以及有些环境能满足而有些环境不能满足它。一对陈述句在语义上等价的前提是，相同的评估环境满足它们。满足一组陈述句的任何评估环境都满足某个陈述句时，说明这组陈述句蕴含这个陈述句。我们强调，自然语言的满足、可满足性、重言式、矛盾式、偶然式、语义等价和蕴含等概念与 CPL 的概念不同，但与其类似。毕竟后者是针对 CPL 的符号明确定义的，而前者将必须针对英语的陈述句定义。

8.4 英语并列连词 and

英语并列连词 and 与命题连接词 ∧ 有着惊人的相似性。首先，由 and 连接的两个独立分句组成的复合句的真值依赖其分句的真值，就像由 ∧ 连接的两个公式组成的复合公式的真值一样。例如，考虑两个简单的独立分句：it is raining 和 it is cold。毫无疑问，在两个并列的分句都为真的情况下，由这两个独立分句与并列连词 and 形成的复合句是真的，并且没有其他情况能使所形成的复合句为真。

It is raining.	It is cold.	It is raining and it is cold.
T	T	T
T	F	F
F	T	F
F	F	F

但这正是解释 CPL 的 ∧ 的真值函数，从它的真值表可以看出：

α	*β*	*α* ∧ *β*
T	T	T
T	F	F
F	T	F
F	F	F

这个真值函数有几个逻辑性质。首先，它是可交换的。交换性也是并列连词 and 的一个性质。

(25.1)   It is raining *and* it is cold.

(25.2)   It is cold *and* it is raining.

(26.1)   Mary studies at McGill *and* John studies at Concordia.

(26.2)   John studies at Concordia *and* Mary studies at McGill.

此外，正如我们可以推断出主连接词为 ∧ 的公式的所有直接子公式一样，我们也可以推断出一个由并列连词 and 连接的复合句中的任意一个独立分句。因此，在 CPL 中，以下句子成立：

(27.1) $\alpha \wedge \beta$ $\vDash$ α

(27.2) $\alpha \wedge \beta$ $\vDash$ β

(27.3) $\{\alpha, \beta\}$ $\vDash$ $\alpha \wedge \beta$

同样，在英语中，以下内容也适用：

(28.1)   it is raining *and* it is cold 蕴含 it is raining。

(28.2)   it is raining *and* it is cold 蕴含 it is cold。

(28.3)   {it is raining, it is cold} 蕴含 it is raining *and* it is cold。

最后，出现命题连接词 ∧ 的分类树图的结构与并列连词 and 连接的独立陈述分句的成分结构相同。要了解这一点，请考虑公式模式 α ∧ β 的分类树图（下图左）。将其中的每个公式替换为它所属集合的名称，即 FM，将命题连接词替换为它所属集合的名称，即 BC。这就产生了中间树。接下来，用标签 S 替换标签 FM，用标签 C_c 替换标签 BC，从而得到与 S2（即 S C_c S → S）对应的合成树（下图右）。

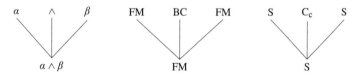

更准确地说，合成树具有以下形式。

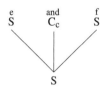

现在让我们来谈谈如何在这些结构中分配值。显然，应用于分类树图的相同估值规则是根据分配给下层节点的值为上层节点赋值的，应用于前面的合成树的相应部分，以便上层节点获取由分配给其下层节点的值确定的值，如下图所示。

其中，成分形成规则 S C_c S → S 表征了成分的结构。赋值给 and | C_c 的值是 $o_\wedge$。

S2 成分形成规则是：如果 e | S、f | C_c 且 g | S，则 e f g | S。

S2 成分估值规则是：令 a 为基本分句的真值赋值，v_a（e f g｜S）＝ v_a（f｜C_c）(v_a（e｜S），v_a（g｜S））。

在并列连词是 and 的情况下，值被赋为 $o_\wedge$，也就是说 v_a（and｜C_c）＝ $o_\wedge$。

8.4.1　英语并列连词 and 的明显问题

在本节中，我们将探讨并列连词 and 的微妙之处。特别是，我们将进一步研究这样一个假设，即真理函数 $o_\wedge$ 至少表征了英语并列连词 and 的一部分含义，并研究与假设相反的例子。本节的重点不仅在于提醒读者注意与使用并列连词有关的微妙之处，而且还在于说明如何调查关于自然语言表达式含义的假设。那么，我们将采用 1.3.2 节所述的推理。

如果两个独立分句可能归因于先前假设的结果，那么它们应该由 and 负责连接。然而，由 and 连接的这样的分句似乎没有这样的自由。考虑下面的句子。

(29.1)　*Two is an even number and the concept of intentionality is inexplicable.

(29.2)　*Six men are throwing stones at a frog and seven men can fit in a Ford.

(Lakoff (1971, 117))

毫无疑问，这些句子很奇怪。然而，它们的奇怪并不归因于前面所述的假设，因为当相同的分句仅仅并列时，这些句子同样很奇怪。

(30.1)　*Two is an even number; the concept of intentionality is inexplicable.

(30.2)　*Six men are throwing stones at a frog; seven men can fit in a Ford.

因此，任何使句子（29.1）和句子（29.2）变得奇怪的东西都独立于并列连词 and 的句法和语义性质。

事实上，独立的原则解释了句子（29.1）和句子（29.2）的奇怪之处，这两个句子是由 and 连接的，而句子（30.1）和句子（30.2）只是并列的。可以这样解释，这些句子违背了 Grice 的关联准则，即要求对话的贡献是相关的（见 5.2 节）。在没有任何特殊上下文的情况下，很难想象两个成分从句的主题与什么主题相关。

事实证明，Grice 的关联准则是一个事实，即一旦在句子（29.1）、句子（29.2）和句子（30.1）、句子（30.2）中建立了适当的上下文，它们就不会让人觉得奇怪了。例如，假设说出句子（29.1）、句子（29.2）或句子（30.1）、句子（30.2）的人是问答游戏中的回答者，并且他被要求陈述想到的前两个事实。

违背关联准则并不是唯一使并列连词 and 看起来奇怪的原因。考虑这句话。

(31)　*Buddhists are vegetarians, and Buddhist men are vegetarians.

再次注意，这个奇怪之处并不是 and 并列连接所特有的，即使并列连接的句法形式仅仅被并置取代也会出现。

(32)　*Buddhists are vegetarians; Buddhist men are vegetarians.

在这里，这个奇怪之处由 Grice 的另一个准则解释（即数量准则），其中说，一个人的谈话贡献应该是富含信息的。正如 Stalnaker（1978，321-322）所阐述的那样，当一个人做一系列陈述时，他正在增加信息。如果前面的陈述包含后面的陈述，那么后面的陈述不能增加已经表达的信息，因此它不能提供信息。在句子（31）和句子（32）中，第一个分句所说的话显然包含了第二个分句所说的话。因此，一旦第一个分句被表达和理解，第二个分句就不能提供信息。

到目前为止，我们已经看到了如何违背 Grice 的关联准则和数量准则以产生不并列的独立分句。现在来看看假设的第三个明显结果以及与之不相容的数据。

如前所述，$o_\wedge$ 是一个具有可交换性的真值函数。这意味着主命题连接词为 $\wedge$ 且其直接子公式相同但直接子公式的顺序不同的两个公式是等价的，如下所示。

α	β	$\alpha \wedge \beta$	$\beta \wedge \alpha$
T	T	T	T
T	F	F	F
F	T	F	F
F	F	F	F

这似乎意味着，如果并列连词 and 的含义的一部分的真值函数为 $\wedge$，那么由并列连词 and 连接的两个分句的换位会形成一个完全一致的并列句。然而，事实上，情况并非总是如此。因此，句子（33.1）和句子（33.2）不可以通过分句的简单换位而获得含义相同的句子。

(33.1)　　Peter owns a car and Mary does too.

(33.2)　　*Mary does too and Peter owns a car.

然而，句子（33.1）是正确的，但句子（33.2）是绝对不能被接受的。

同样，很容易证明句子（33.2）的不可接受性与并列连词 and 的出现无关，因为仅仅是句子（34.1）中并列的两个分句的换位就产生了与句子（33.2）一样奇怪的句子，即句子（34.2）。

(34.1)　　Peter owns a car; Mary does too.

(34.2)　　*Mary does too; Peter owns a car.

对句子（33.2）和句子（34.2）奇怪之处的解释是显而易见的：省略空位没有先行词。正如在 4.3.2 节中看到的，动词空位的先行词必须先于空位。句子（33.1）和句子（34.1）满足了这一条件。然而，一旦这些句子中的分句被换位，条件就不再满足，因此作为结果的句子就变得不合语法。

这个解释的真实性很容易被证实。通过消除内指的依赖性，从句的可交换性就能恢复。

(35.1)　　Peter owns a car and Mary owns a car.

(35.2)　　Mary owns a car and Peter owns a car.

(36.1)　　Peter owns a car; Mary owns a car.

(36.2)　　Mary owns a car; Peter owns a car.

短语作为内指成分的先行词，对其所必需条件的破坏并不是破坏可交换性的唯一方式。思考这对句子：

(37.1)　　Carl has children, and all of Carl's children are asleep.

(37.2)　　*All of Carl's children are asleep, and Carl has children.

问题不在并列连词 and 身上，当句子（37.1）和句子（37.2）中任一句子的分句仅仅并置时，可接受性的对比就会出现。

(38.1)　　Carl has children; all of Carl's children are asleep.

(38.2)　　*All of Carl's children are asleep; Carl has children.

正如在 5.3 节中所了解到的，某些表达方式带有预设。特别是，名词短语的直接成分是所有格名词短语，它带有一个前提，即名词短语所表示的关系是事实。因此，名词短语 Carl's children 预先假定 Carl 有孩子。在句子（37.1）和句子（38.1）中，第一个分句陈述了第二个分句中部分名词短语的预设条件。因此，第一条确保了第二条所要求的前提已经到位。在句子（37.2）和句子（38.2）中，这些分句是换位的。结果是，第一个分句所预设的内容由第二个分句明确陈述。现在，第一个分句所带的前提要么已经为听话人准备好了，要么没有但听话人已经接受了。无论哪种方式，第二条都是多余的，违背了 Grice 的数量准则。

下一对句子说明了可交换性可能失败的第三种方式。

(39.1)　It rained, and it rained hard.

(39.2)　*It rained hard, and it rained.

第一句完全是惯用语的句子，第二句很奇怪，虽然它是由第一句的并列句简单换位而得。

同样，人们可能会得出这样的结论：奇怪之处是关于并列连词 and 的假设的结果。然而，很容易证明事实并非如此。事实上，句子（39.2）是奇怪的，其原因与句子（31）和句子（32）奇怪的原因一样。在句子（39.1）中换位第一句和第二句，得到一个句子（39.2），其中第一句隐含第二句，违背了 Grice 的数量准则。

现在转向第四种使并列连词 and 不符合可交换性的方式。考虑下面的句子对

(40.1)　Robert died and he was buried in a cemetery.

(40.2)　Robert was buried in a cemetery and he died.

(41.1)　Evan heard an explosion and he telephoned the police.

(41.2)　Evan telephoned the police and he heard an explosion.

每对句子都被认为是不相等的。但是，真值函数 $o_\wedge$ 被假设为并列连词 and 含义的一部分，是可交换的。

然而，换位条件下的分句不能保持等价性并不是并列连词 and 的连接分句所特有的，而且同样的并置分句也不能保持等价性。

(42.1)　Robert died; he was buried in the cemetery.

(42.2)　Evan heard an explosion; he telephoned the police.

对这种换位后不能等价的解释不在于我们对并列连词 and 的假设，而在于并列连接产生的某些暗含。众所周知，时间序列和因果序列通常与由 and 连接的分句相关[⊖]。通过将 then 和 as a result 分别附加到并列连词 and 来突出显示这些解释。

(43.1)　Robert died and then he was buried in a cemetery.

(43.2)　Robert died; then he was buried in a cemetery.

(44.1)　Evan heard an explosion and as a result he telephoned the police.

(44.2)　Evan telephoned the police; as a result, he heard an explosion.

显然，分句的顺序传达了分句所表达内容之间的时间顺序或因果顺序，这种时间顺序或因果顺序抑制了分句的交换性。毕竟，时间和因果顺序是不对称的。分句换位，从而传达一个颠倒的时间或因果顺序。

⊖　见 Quirk et al.（1985，chap.13.23—13.25）。

这种解释有独立的证据。在 5.2.2 节中，暗含是可取消的，甚至可以明确地取消，而不会产生矛盾。因此，如果一个句子是模棱两可的，并且它的直接上下文中有一个句子的字面意思与模棱两可的句子的字面意思相矛盾，那么这种矛盾是可以察觉的。然而，如果一个句子拥有暗含，并且有一个字面意思与暗含相矛盾的句子作为它的直接上下文的一部分，那么暗含就被忽略了，而没有可察觉的矛盾。

我们看到带有 and 的序列性和结果性的这些方面可以被明确取消，而不会有可察觉的矛盾。

(45.1)   Robert died and he was buried in a cemetery—but not necessarily in that order.

(45.2)   Evan heard an explosion and he telephoned the police—but not necessarily in that order.

注意，这样做后，交换性就恢复了。

取消暗含的另一种方法是，将从句与相关的 both 配对，这是 and 连接的分句所特有的。我们注意到，当 and 连接非从属的独立分句时，both 是不能使用的；但是，它可以用于连接从属的独立分句：

(46.1)   It is true both that Robert died and that he was buried in a cemetery.

(46.2)   It is true both that Robert was buried in a cemetery and that he died.

注意，此时交换性同样被恢复。

(47.1)   It is true both that Evan heard an explosion and that he telephoned the police.

(47.2)   It is true both that Evan telephoned the police and that he heard an explosion.

最后，应该指出的是，分句的并置并不是某些规则删除并列连词 and 的结果，如果是的话，句法并列和并置应该共享所有相同的暗含，但它们没有。句子（48.1）和句子（48.2）具有相同的暗含，即第二句所表达的事件是第一句所表达的状态的结果，但句子（49.1）和句子（49.2）没有[⊖]。

(48.1)   The road was icy; the car spun out of control.

(48.2)   The road was icy and the car spun out of control.

(49.1)   The car spun out of control; the road was icy.

(49.2)   The car spun out of control and the road was icy.

句子（48.1）中从句换位，其中从句只是并置的，留下由状态引起的事件的暗含，而句子（48.2），换位后的句法并列取消了暗含。

在这一节中，我们研究了一些不可接受的句子，这些句子可能被认为包含了与真值函数 $o_\wedge$ 至少表征英语并列连词 and 一部分含义的假设不一致的数据。然而，对数据的仔细研究表明，这类句子并不构成对假设的反例。相反，我们已经看到，相同的句子中，仅将并列从句变成并置的句子，同样是不可接受的，这两种句子的不可接受性可以用独立的语法或语用原则来解释。

练习：英语并列连词 and

这些练习的目的是让读者根据 1.3.2 节的讨论，对本节所涵盖的材料进行假设检验。本节介绍的材料说明了这是如何实现的。

⊖ 进一步讨论见 Gazdar（1979，4）以及 Bar Lev and Palacas（1980）。

1. 对于下面的每句话，确定它的不可接受性是否与英语并列连词 and 表示 $o_\wedge$ 的真值函数的假设相矛盾。
   - （a）*John is a strict vegetarian and he eats lots of meat.
        （Lakoff（1971, 116, ex. 7））
   - （b）*Bill has a PhD in linguistics and he can read and write.
        （Lakoff（1971, 124, ex. 30））
   - （c）*Alice is a vegetarian and Fred washed the clothes.
   - （d）*Cassius Clay eats apples and Muhammed Ali eats apples.

2. 下列句子不完全相同。为什么这样的判断会被认为与英语并列连词 and 表示 $o_\wedge$ 的真值函数的假设有关？你认为经过仔细的反省后，判断出的不等价性是否足以推翻这一假设？
   - （a）Bill owns a BMW and he owns a yacht.
        He owns a yacht and Bill owns a BMW.
   - （b）Bill washed the dishes and Carol dried them.
        Carol dried the dishes and Bill washed them.
   - （c）A wolf might get in and it would eat you.
        A wolf would eat you and it might get in.
   - （d）These three men share a condominium and each owns a BMW.
        Each owns a BMW and these three men share a condominium.
   - （e）I had suspected the solution was elusive, and I was right.
        I was right, and I had suspected the solution was elusive.
        （改编自 Schmerling（1975, ex. 6a））
   - （f）That is what Bill says, and we all know how reliable he is.
        We all know how reliable Bill is, and that is what he says.
        （Schmerling（1975, ex. 20））
   - （g）Joan sings ballads and she accompanies herself on guitar.
        Joan accompanies herself on guitar and she sings ballads.
        （Schmerling（1975, ex. 7））

8.4.2　英语并列连词 and 的未解决问题

我们在本节结束对并列连词 and 的处理，并简要讨论了四个未解决的问题，在每一种情况下，并列连词 and 连接的成分并不是可以归因于真值条件的成分。

8.4.2.1　由 and 连接的非陈述句的并列

首先是在祈使语气或疑问语气中由并列的独立分句提出的问题。这类分句没有真值。毕竟，clean your room 这个命令既不是真的，也不是假的；问题 is your room clean 也既不是真的，也不是假的。但是祈使语气和疑问语气中的分句都可以用 and 来连接。

(50.1)　Clean your room and wash the car.

(50.2)　Did John eat his breakfast and did Mary take out the garbage?

然而，函数 $o_\wedge$ 对一对真值进行运算以返回一个真值。如果真值不能与祈使语气或疑问语气中的句子相关联，那么 $o_\wedge$ 的真值函数就不能是并列连词 and 的确切含义，至少在 and 连接这些从句时是这样的。

当 and 与这样的句子一起出现时，它的意思是什么？这个问题在这里无法回答，但可以粗略地描述一种可能的方法。我们注意到，陈述句的真实性取决于它所要表达的事实所处的环境。这种情况被称为陈述句的真值条件。与此类似，我们可以谈论祈使句的遵守条件（compliance condition）和疑问句的回答条件（answerhood condition）。祈使句的遵守条件是该分句所表达的命令被认为已得到遵守的条件。因此，祈使句 clean your room 在任何情况下，只要被称呼人的房间是干净的，就表示被遵守了。疑问句的回答条件可以说是已经回答了这个问题。一个独立的疑问句（如 Did Mary take out the garbage?）就是由一份声明来回答的，该声明要求 Mary 把垃圾倒出去。

遵守条件和回答条件让我们看到并列连词 and 对独立句、祈使句和疑问句的并列连接的贡献与它对独立陈述句的并列连接的贡献非常相似。请记住，使 and 连接的陈述句为真的情况可以使两个分句均为真，使两个分句均为真的情况也可以使并列句为真。同样，and 连接的祈使句得到遵守的环境是两个分句都得到遵守的环境。并且，两个分句都得到遵守的环境也是并列句得到遵守的环境。最后，回答由 and 连接的疑问句的响应是回答两个分句的响应，回答两个分句的响应也是对并列句的响应。

此外，这些遵守条件和回答条件的概念允许我们对祈使语气和疑问语气中的分句定义一种蕴含关系。为了将这些关系与陈述句中为分句定义的蕴含关系区别开来，我们将其称为遵守蕴含（compliance entailment）关系，简称 c 蕴含（c-entailment）关系。祈使语气中的一组从句通过遵守祈使语气中的一个分句而产生，确切地说，当集合中祈使语气里的所有分句都被遵守时，祈使语气中的单个分句也被遵守。同样地，我们也将讨论疑问语气中的分句关系，即回答蕴含（answerhood entailment）关系，简称 a 蕴含（a-entailment）关系。疑问语气中的一组分句通过回答疑问语气中的一个分句而产生，确切地说，当所有疑问语气中的分句都被回答时，疑问语气中的单个分句也被回答了。

我们进一步注意到，并列的祈使句和疑问句具有与并列的陈述句相似的蕴含。

(51.1)　　Clean your room *and* wash the car! c 蕴含 Clean your room!

(51.2)　　Clean your room *and* wash the car! c 蕴含 Wash the car!

(52.1)　　Did John eat his breakfast and did Mary take out the garbage?
　　　　　a 蕴含 Did John eat his breakfast?

(52.2)　　Did John eat his breakfast and did Mary take out the garbage?
　　　　　a 蕴含 Did Mary take out the garbage?

最后，遵守条件和回答条件的概念允许我们分别定义祈使语气中的一对分句和疑问语气中的一对分句之间的等价关系。一对祈使分句只有在具有相同的遵守条件时才是等价的。疑问语气中的两个分句只有在回答条件相同的情况下才是等价的。

并列连词 and 的特征在遵守条件和回答条件方面意味着它连接的分句是可交换的。下面给出的例子就证明了这一点。

(53.1)　　Clean your room and wash the car.

(53.2)　　Wash the car and clean your room.

(54.1)　　Did John eat his breakfast and did Mary take out the garbage?

(54.2)　　Did Mary take out the garbage and did John eat his breakfast?

简而言之，正如独立陈述句有真值条件一样，我们已经看到独立祈使句和独立疑问句也分别具有遵守条件和回答条件。根据这些条件，我们发现独立祈使句或独立疑问句在 and 的连接下具有类似于独立陈述句的蕴含和语义等价的性质。

练习：英语并列连词 and 的未解决问题

找出并列祈使句和并列疑问句中与并列陈述句的假设相似的反例。验证用于解释并列陈述句的反例的原则是有助于解释祈使句和疑问句的反例的。

8.4.2.2   由 and 连接的祈使句和陈述句的并列连接

在 8.4.2.1 节中，独立祈使句具有遵守条件，独立陈述句具有真值条件。而如下面这对句子所说明的那样，从祈使句和陈述句复合而成的句子有什么条件呢？

(55.1)   Go by air and you will save time.

(55.2)   Join the Navy and you will see the world.

换言之，句子（55.1）和句子（55.2）中的复合句是否有真值条件、遵守条件或其他条件呢？

尽管存在一些表象，但人们可能会认为每个句子的第二个分句并不是一个陈述句，而是一个祈使句。证据来自这样一个事实：句子（55.1）和句子（55.2）可以分别用句子（56.1）和句子（56.2）来解释。

(56.1)   Go by air and save time.

(56.2)   Join the Navy and see the world.

如果是的话，那么复合句具有遵守条件，并且我们的问题被解答了。

然而，这种将祈使句与陈述句的并列问题归结为两个祈使句的并列问题的尝试并没有成功，因为它面临着几个不可逾越的障碍。首先，句子（56.1）和句子（56.2）分别对句子（55.1）和句子（55.2）的释义不具有一般性。当第二个复合陈述句的主语不是第二人称时，第二个复合陈述句的解释就不成立。例如，句子（57.2）不是（57.1）的释义。

(57.1)   Give me some money and I shall help you escape.

(57.2)   Give me some money and help you escape.

其次，由 and 连接的两个祈使性分句各自 c 蕴含一个从句，如句子（55.1）和句子（55.2）所示，但对于句子（56.1）和句子（56.2）中的复合句来说，情况并非如此。

(58.1)   Go by air and save time.

(58.2)   Go by air.

(58.3)   Save time.

句子（58.1）中的祈使句既不 c 蕴含句子（58.2）中的分句，也不 c 蕴含句子（58.3）中的分句。事实上，由祈使句和陈述句复合而成的句子似乎根本不具备遵守条件，而是具有真值条件。考虑句子（59）。

(59)   Move and I'll shoot.

说话人当然不是在命令听话人移动。相反，说话人命令听话人不要移动。事实上，这句话被下面这个句子很好地解释了：

(60)   If you move, then I shall shoot.

这个释义意味着，像句子（59）这样的句子应该对否定后件假言推理（modus tollens）（推断）负责。

(61)　A:　Move and I'll shoot.
　　　　B:　Don't shoot!
　　　　A:　So, don't move!

此外，这个释义自然地扩展到了所有句子，包括由 and 将祈使句和陈述句连接起来的句子。

(62.1)　If you go by air, you will save time.

(62.2)　If you join the Navy, then you will see the world.

(62.3)　If you give me money, I shall help you escape.

这些释义表明，用于连接祈使语气分句与陈述语气分句的 and 不具有真值函数 $o_\wedge$ 的部分意义，而具有真值函数 $o_\to$ 的部分意义。and 是否真的有真值函数 $o_\to$ 的意义，或者可以提供一些其他的分析使得 and 保留真值函数 $o_\wedge$ 的意义，这是一个未解决的问题。

8.4.2.3　由 and 连接的名词短语和陈述句的并列连接

另一个问题是由简单名词短语与陈述句的并列连接产生的。

(63.1)　Any noise and I shall shoot.

(63.2)　Another beer and I'll leave.

根据话语的上下文，这些句子可以解释如下。

(64.1)　If any noise is made, I shall shoot.

(64.2)　If another beer is had, I shall leave.

同样，这些并列句子既不允许 and 消除，也不允许交换。此外，它们似乎可以用句子来解释，其中名词短语构成条件句的前件部分，第二个从句构成条件句的归结子句部分⊖。

8.4.2.4　短语的并列

刚才我们看到名词短语可以与陈述句并列。问题是，尽管陈述句有真值条件，但是名词短语却没有。事实上，无论是名词短语、形容词短语、介词短语还是动词短语，都不具备真值条件。然而，每一种短语都可以与另一种同类短语并列连接。

(65.1)　Chunka [VP hit the ball] [Cc and] [VP ran to first base].

(65.2)　My friend seemed [AP rather tired] [Cc and] [AP somewhat cross].

(65.3)　[NP The man in the yellow hat] [Cc and] [NP the monkey] left in a car.

(65.4)　Bill remained [PP in the house] [Cc and] [PP on the telephone].

我们将在第 14 章重讲这个问题。

8.5　英语并列连词 or

与英语中的并列连词 and 和命题连接词 ∧ 有着惊人的相似性一样，并列连词 or 与命题连接词 ∨ 也有着惊人的相似性。首先，由 or 连接两个独立的分句构成的句子的真值，取决于其分句的真值，就像由 ∨ 连接两个直接子公式组成的复合公式的真值取决于其两个直接子公式的真值一样。再考虑这两个简单的独立分句：it is raining 和 it is cold。由这两个分句与并列连词 or 一起构成的句子，只有在分句都是错误的情况下才是错误的，在其他情况下都是正确的。

⊖　条件句的前件是从属连词 if 引入的从句，而归结子句是主句。另一对用来指代这类句子的术语分别是先行词和后继。我们避免使用后面的术语，因为使用了术语先行词来表示用于定义内指表达的表达式。

It is raining.	It is cold.	It is raining or it is cold.
T	T	T
T	F	T
F	T	T
F	F	F

但这也是用来解释命题连接词 $\vee$ 的函数 $o_\vee$。

α	β	$\alpha \vee \beta$
T	T	T
T	F	T
F	T	T
F	F	F

像 $o_\wedge$ 一样，这个真值函数是可交换的。交换性似乎也是并列连词 or 的性质。

(66.1) It is raining *or* it is cold.

(66.2) It is cold *or* it is raining.

(67.1) Mary studies at McGill *or* John studies at Concordia.

(67.2) John studies at Concordia *or* Mary studies at McGill.

此外，正如可以从其直接子公式中推断出主连接词为 $\vee$ 的复合公式一样，

(68.1) $\alpha \models \alpha \vee \beta$

(68.2) $\beta \models \alpha \vee \beta$

(68.3) $\{\alpha \vee \beta, \alpha \rightarrow \gamma, \beta \rightarrow \gamma\} \models \gamma$

我们也可以从分句中推断出 or 连接的分句。

(69.1) it is raining 蕴含 it is raining *or* it is cold。

(69.2) it is cold 蕴含 it is raining *or* it is cold。

(69.3) {either switch A is on or switch B is on; if switch A is on, the light is on; if switch B is on, the light is on} 蕴含 the light is on。

我们还注意到主连接词是 $\vee$ 的公式的直接子公式都不蕴含这个公式。

(70.1) $\alpha \vee \beta \not\models \alpha$

(70.2) $\alpha \vee \beta \not\models \beta$

由 or 连接的陈述句同样适用这一结论：

(71.1) it is raining *or* it is cold 不蕴含 it is raining。

(71.2) it is raining *or* it is cold 不蕴含 it is cold。

最后，由于命题连接词 $\vee$ 是一个二元连接词，并且 or 是一个并列连词，所以在这里应用句子形成和赋值规则 S2，其中 $o_\vee$ 被赋给 or，即 v_a（or| C_c）= $o_\vee$。

8.5.1 英语并列连词 or 的明显问题

在本节中，我们将探讨并列连词 or。再次声明，我们的目的不仅是让读者注意到并列连词使用的微妙之处，还为了说明人们是如何调查有关自然语言表达意义的假设，在这种情况下，假设真值函数 $o_\vee$ 至少表征了英语并列连词 or 的一部分意义。首先从两千多年前的一个问题开始，这个问题最初是由 Stoic 哲学家提出的，即并列连词 or 的明显排他性。

练习：英语并列连词 or

1. 公式 $\alpha+\beta$ 在语义上是否与 $\alpha\leftrightarrow\neg\beta$ 等价？请证明你的答案。

2. 计算 $\alpha \vee (\beta \vee \gamma)$ 和 $\alpha+(\beta+\gamma)$ 的真值表。

3. 公式 $\alpha \vee \beta$ 在语义上是否与 $\alpha \vee (\neg\alpha \rightarrow \beta)$ 等价？请证明你的答案。

8.5.1.1　or 的明显排他性

尽管争议中的所有参与者都同意，当两个连接分句均为假时，这对由 or 连接的分句组成的句子才是假的。

(72.1)　Either it is raining or it is cold.

(72.2)　Either George is a doctor or George is a lawyer.

(72.3)　Either your car has been stolen or it has been moved.

但许多人认为，or 必须被赋予一个独特的意义，在由 or 连接的两个分句组成的句子中，两个分句不能同时成立。下面给出了 or 具有后一种含义的例子：

(73.1)　Either it is Monday or it is Tuesday.

(73.2)　Either Dan is in San Francisco or Dan is in Boston.

这种意义被称为 or 的排他性（exclusive）含义，它与所谓的包含性（inclusive）含义相反，后者允许复合句在两个并列分句都为真时为真。

如句子（73.1）和句子（73.2）所经常引用的，它们不是单词 or 排他性和包含性含义之间任何歧义的证据。其原因是排他性的解释显然是由并列分句所表达的状态所决定的。因此，没有一天可以同时是星期一和星期二，也没有人可以同时在旧金山和波士顿。

一个对排他性更有说服力的候选句子来自 Alfred Tarski（1941,21）。他请读者思考一位父亲对儿子做出的以下承诺：

(74)　Either we are going on a hike or we are going to the theater.

Tarski 坚持认为，可以根据这句话排除父亲早上带儿子远足并且下午还去看戏的可能性。

问题是：排他性的解释究竟是所说的，还是仅仅是所传达的？也就是说，对排他性的解释是并列连词 or 的意思的一部分，还是并列连词 or 的暗含之意？

有证据支持解释是暗含这种观点，因为它是不可行的。

(75)　Either we are going on a hike *or* we are going to the theater.
　　　In fact, we are going to do both.

后续的句子消除了排他性。

而另一种涉及许可的例子支持这样的结论：并列连词 or 在句子中的包含性含义和排他性含义之间是模棱两可的。

(76)　Either you may have coffee *or* you may have tea.

在大多数情况下，当餐厅的服务员说出这句话时，人们会理解这个选择是具有排他性的。然而，我们再次注意到这个对排他性的解释是不可行的。

(77)　Either you may have coffee *or* you may have tea.
　　　Indeed, you may have both.

还有另一种考虑不利于认为并列连词 or 在排他性和包含性含义之间是模棱两可的。回想一下，表达模棱两可的最好迹象是对于一个固定的评价环境，一个人既能真正确定，又能真正否定包含它的陈述句。因此，在 Albert 只有一张桌子的情况下，他在那张桌子上放着一个文件夹，里面装着各种各样的文件（file），但是他没有在他的桌子上放任何带有一系列用来磨平表面的小突起的锉刀（file），我们既可以真的确定，也可以真的否定这句话。

(78)   Albert has a file in his desk.

事实上，一个人既能真正确定也能真正否定这句话。

(79)   A file is not a file.

当人们认为 file 这个词的每一次出现都有相同的含义时，这句话被认为是错误的，但当人们认为 file 这个词的每一次出现都有不同的含义时，这个句子可以被认为是正确的。

现在，假设并列连词 or 有两个含义，一个包含性含义，给定为真值函数 $o_\vee$，以及一个排他性含义，给定为真值函数 o_+ [⊖]。

α	β	$\alpha + \beta$
T	T	F
T	F	T
F	T	T
F	F	F

现在考虑句子（72.1）～句子（72.3），对于第二句话，并根据 George 既是医生又是律师的情况来评估。然后，如果并列连词 or 在表示真值函数 $o_\vee$ 的含义和表示真值函数 o_+ 的另一个含义之间模棱两可，人们就应该能够判断在 or 表示 $o_\vee$ 时句子为真，在 or 表示 o_+ 时句子为假。或者考虑第三句话，并根据小偷开车逃走的情况进行评估。在那种情况下，这辆车既被偷又被搬走了。如果并列连词 or 在包含性含义和排他性含义之间模棱两可，那么在排他性含义上，应该能够判断句子（72.3）为假，因为这两个分句都是真的，但没有这样的判断。

事实上，如果并列连词 or 在排他性含义和包含性含义之间是模棱两可的，则应能理解以下句子是表示矛盾的句子，因为分句不可能有不同的真值。因此，关于并列连词 or 的排他性含义，还是一个矛盾。

(80)   Either it is raining *or* it is raining.

但这句话并不表示矛盾。

另一个反对并列连词 or 具有附加的排他性含义的论点是由 Ray Jennings（1994）提出的。正如他所指出的，当且仅当偶数个基本子式为真时，其连接词为 + 的复合公式为假。因此，如果 Dan 碰巧不是律师，他既是医生又是会计，那么 or 应该具有排他性含义，那么句子（81）将被判定为错误。

(81)   Either Dan is a doctor or he is a lawyer or he is an accountant.

但是，事实上，即使句子（81）的分句中的两个被判断为是真的，它仍被判断为是真的。

8.5.1.2　or 的明显不可交换性

像连接词 ∧ 一样，连接词 ∨ 是可交换的。

⊖　这里使用了符号 +，因为这通常是用来表示对称差的符号。

α	β	$\alpha \vee \beta$	$\beta \vee \alpha$
T	T	T	T
T	F	T	T
F	T	T	T
F	F	F	F

并且，并列连词 and，并列连词 or 产生的句子被判断为不等同于那些仅仅是由它们的并列分句的换位组成的句子。先从下面提出的问题开始。

(82.1)   Dan is laughing or Dan appears to be laughing.

(82.2)   *Dan appears to be laughing or Dan is laughing.

我们在前一节中注意到，并列连词 and 可以用来添加一个增强其前一个分句的分句。并列连词 or 可用于添加分句以削弱甚至更正其前一分句。这个用法可以通过添加 rather 来突出显示。

(83.1)   Dan ran to the store or he walked.

(83.2)   Dan ran to the store, or rather he walked.

这个句子是不可交换的，这显然是因为上述特殊的用法。通过在假的或不正确的分句后面附加并列连词 or 和一个真实的句子来挽救其真实性，在完全的话语意义上是有意义的，而在真实的句子上附加带有 or 的假的分句则没有话语意义。

接下来给出的两对句子说明了并列连词 or 的不可交换性的另一种情况。

(84.1)   *Either* little Seymour eats his dinner *or* his mother complains to her neighbors.

(84.2)   *Either* little Seymour's mother complains to her neighbors *or* little Seymour eats his dinner.

(85.1)   They must have liked the apartment *or* they would not have stayed so long.

(85.2)   They would not have stayed so long *or* they must have liked the apartment.

上面的交换性失败是一个更微妙的问题。这里不能举出所有的证据，但是，下面的内容将使提议成为可能。

首先，观察到，这个 or 可以被 or else 解释（参见 Webster 的 *Third New International Dictionary*）。

(86.1)   *Either* little Seymour eats his dinner, *or else* his mother complains to her neighbors.

(86.2)   They must have liked the apartment, *or else* they would not have stayed so long.

其次，观察到，副词 else 是内指的，其先行词可以是由并列连词 or 连接的前置分句。If not 可以使这个用法更加明确（参见 Webster 的 *Third New International Dictionary*）。

(87.1)   *Either* little Seymour eats his dinner, *or if not*, his mother complains to her neighbors.

(87.2)   They must have liked the apartment, *or if not*, they would not have stayed so long.

最后，如句子（88.1）和句子（88.2）所示，条件句中的前件有时被理解为用于表达由其归结子句所表达的事物的原因。

(88.1)   If you put the baby down, Bill will scream.

(88.2)   If Alice does not leave, Bill will scream.

这个解释是暗含，尽管我们不想在这里建立一个暗含。

综上所述，我们得出结论，并列连词 or 暗示第二句的隐含事实，这一句的内容是对前一条分句的否定，由此产生进一步的含义，即第一条所表达内容的失败是第二条所表达内容发生的原因。

(89.1)   Either little Seymour eats his dinner *or,* if he does not (eat his dinner), his mother complains to the neighbors.

(89.2)   Either little Seymour's mother complains to the neighbors *or,* if she does not (complain to the neighbors), little Seymour eats his dinner.

(90.1)   They must have liked the apartment, *or* if they had not liked the apartment, they would not have stayed so long.

(90.2)   They would not have stayed so long, *or* if they had stayed so long, they must have liked the apartment.

8.5.2 英语并列连词 or 的未解决问题

对于并列连词 or 的未解决问题，不仅包括与并列连词 and 未解决问题相似的问题，还包括一个附加问题。我们首先讨论相似问题，最后对附加问题进行说明。

8.5.2.1 由 or 连接的非陈述句的并列

首先，祈使句和疑问句可以由 or 进行连接。

(91.1)   Clean your room or wash the car.

(91.2)   Did John eat his breakfast or did Mary take out the garbage?

然而，如前所述，祈使句和疑问句并不具备事实条件。因此，在这类句子中 o 不能是 or 的含义。

我们还注意到，祈使句具有遵守条件，疑问句具有回答条件。正如并列连词 and 的情况，遵守条件和回答条件允许我们在祈使句和疑问句中看到 or 的含义与其在并列陈述句中的含义类似。因此，我们注意到，如果由 or 并列连接的两个分句中的任何一个是真的，那么并列句就是真的，并且如果两者都是假的，那么并列句就是假的。同样，如果两个祈使分句中的任何一个得到遵守，则并列句就得到遵守；如果两者都没有得到遵守，则并列从句也没有得到遵守。如果两个疑问句中的任何一个得到了回答，那么并列从句就得到了回答；如果两个疑问句都没有得到回答，那么并列句也没有得到回答。

使用 8.4.2.1 节中规定的遵守条件和回答条件的蕴含关系类型，我们可以看到由两个祈使句和 or 组成的句子由其分句蕴含。

(92.1)   Clean your room! c 蕴含 Clean your room *or* wash the car!

(92.2)   Wash the car! c 蕴含 Clean your room *or* wash the car!

以同样的方式，由两个疑问句和 or 组成的句子由其任何一个分句蕴含。

(93.1)   Did John eat his breakfast? a 蕴含
          Did John eat his breakfast or did Mary take out the garbage?

(93.2)   Did Mary take out the garbage? a 蕴含
          Did John eat his breakfast or did Mary take out the garbage?

需要注意的是，相反的蕴含是不成立的。

(94.1)　Clean your room *or* wash the car!　非c蕴含
　　　　Clean your room!

(94.2)　Clean your room *or* wash the car!　非c蕴含
　　　　Wash the car!

(95.1)　Did John eat his breakfast or did Mary take out the garbage?
　　　　非a蕴含　Did John eat his breakfast?

(95.2)　Did John eat his breakfast or did Mary take out the garbage?
　　　　非a蕴含　Did Mary take out the garbage?

　　最后，并列连词 or 的特征在遵守条件和回答条件方面意味着它连接的分句是可交换的。这一点可通过以下例子加以证实：

(96.1)　Clean your room or wash the car.

(96.2)　Wash the car or clean your room.

(97.1)　Did John eat his breakfast or did Mary take out the garbage?

(97.2)　Did Mary take out the garbage or did John eat his breakfast?

8.5.2.2　由 or 连接的祈使句和陈述句的并列连接

　　就像祈使句与陈述句之间可以用 and 来连接一样，它们也可以用 or 来连接。

(98.1)　Move or you will die.

(98.2)　Move or I'll shoot.

(98.3)　Move or he will shoot.

　　正如句子（98.2）和句子（98.3）所示，陈述句不一定必须是第二人称。因此，这样的句子不能简化为由 or 连接的两个独立祈使句的并列连接。

　　但是，可以将每个句子中的第一个分句转换为陈述句，从而获得对每一句的合理解释。

(99.1)　You move or you will die.

(99.2)　You move or I'll shoot.

(99.3)　You move or he will shoot.

这些解释很好地说明了这样一个事实，即句子（98.1）～句子（98.3）产生了类似于 CPL 推理形式的推理，即析取三段论（disjunctive syllogism）：$\{\alpha \vee \beta, \neg\beta\} \models \alpha$。

(100)　A:　Move or I'll shoot.
　　　　B:　Don't shoot!
　　　　A:　So, move!

8.5.2.3　由 or 连接的短语的并列连接

　　就像并列连词 and 一样，并列连词 or 可连接一对同类短语：名词短语与名词短语、动词短语与动词短语、介词短语与介词短语或形容词短语与形容词短语，并且它可以把名词短语和陈述句连接起来。

(101.1)　Bill [VP sold his car] [Cc or] [VP bought another one].

(101.2)　Carl appeared [AP somewhat annoyed] [Cc or] [AP somewhat surprised].

(101.3)　[NP The host] [Cc or] [NP his guest] went upstairs.

(101.4)　Doris hid [PP in the basement] [Cc or] [PP in the attic].

而且，它和 and 一样可以把一个简单的名词短语和陈述句联系起来，这毫不奇怪。

(102)   Your money or I'll shoot.

8.5.2.4 or 和 and 的明显同义性

除了并列连词 or 提出的类似于并列连词 and 提出的问题之外，or 也提出了自身的问题。我们注意到，由两个陈述句和 or 组成的句子不蕴含任何一个分句。

(103.1)   it is raining *or* it is cold 不蕴含 it is raining。

(103.2)   it is raining *or* it is cold 不蕴含 it is cold。

然而，情况并非总是如此。由 or 连接两个陈述句构成的句子（104.0），似乎蕴含了它的每个分句。

(104.0)   Either you may have coffee *or* you may have tea.

(104.1)   蕴含 You may have coffee。

(104.2)   蕴含 You may have tea。

虽然这个问题的解决方案还不清楚，但暗含是不可行的这一事实表明，蕴含的内容实际上是暗含的。

(105.0)   Either you may have coffee *or* you may have tea.
           But I don't remember which.

(105.1)   不蕴含 You may have coffee。

(105.2)   不蕴含 You may have tea。

练习：英语并列连词 or 的未解决问题

1. 讨论下列句子的不可交换性：

   (a) Give me liberty or give me death.

   (b) Don't be too long or you will miss the bus.

2. 哪个二元真值函数最好分配给英语连接词 nor？

8.6 英语从属连词 if

我们已经讨论了英语的两个并列连词 and 和 or，现在来讨论英语从属连词 if。我们已经证明了并列句与从属句有着不同的句法结构，但句法结构并不是并列句和从属句的唯一区别。从属句及其从句有时受动词形式的限制。

下面从陈述语气的从句动词的特点开始（当其从属的从句动词也处于陈述语气中时）。为了便于比较，请考虑动词在陈述语气过去时态中的从句和从属句。

(106.1)   Aaron *returned* the keys [S before he *left*].

(106.2)   [S While Fred *was washing*], we *prepared* dinner.

(106.3)   [S If it *rained*] the ground *was* wet.

现在，如果主句的动词是将来时，那么即使从句的动词和主句一样被理解为未来时的状态，从句的动词也通常是现在时。

(107.1)   Aaron *will return* the keys [S before he *leaves*].

(107.2)   [S While Fred *is washing*], we *will prepare* dinner.

(107.3)   [S If it *rains*] the ground *will be* wet.

现在，让我们把注意力集中在从属连词是 if 的从句上。我们称主句和从属连词为 if 的从句为条件句（conditional clause）。从属从句叫作条件子句（protasis），主句叫作归结子句（apodosis）。

句子（108.1）和句子（108.2）是两个条件句，只在归结子句中动词的形式上有所不同：一个是情态动词 will 的现在时形式，另一个是它的过去时形式 would。

(108.1)   [S If it *rained*] the ground *will be* wet.

(108.2)   [S If it *rained*] the ground *would be* wet.

句子（108.1）中的 rained 是陈述语气的过去式；句子（108.2）中的 rained 是虚拟语气的过去式。事实上，除了动词 to be 是用 were 代替 was 之外，这两种语气中的过去时态几乎是一致的。

(109.1)   [S If I *were* you], I *would leave*.

(109.2)   [S If Richard *were* here], Beth *would be* upset.

区分了指示条件句和虚拟条件句之后，让我们把注意力转向指示条件句中 if 的含义。稍后将在虚拟条件句中讨论 if 的含义。

指示性从句中 if 的意义与真值函数 $o_{\rightarrow}$ 相吻合，但正如我们将看到的，这种对应并不完美。这一点可以用句子（110）来说明，读者可以想象下面是一位老师对他班上的学生说的话。

(110)   If you pass the final, you pass the course.

在什么情况下，老师会被视为没有遵守诺言？在学生通过考试，但老师却让学生不及格的情况下，老师被视为没有遵守诺言。假设老师在他没有不遵守承诺的情况下遵守了他的承诺，那么下面的真值赋值恰当地描述了 if 在句子（110）中的使用。

You pass the final.	You pass the course.	If you pass the final, you pass the course.
T	T	T
T	F	F
F	T	T
F	F	T

这正是解释 CPL 的 → 的真值函数，从真值表可以看出。

α	β	$\alpha \rightarrow \beta$
T	T	T
T	F	F
F	T	T
F	F	T

此外，最著名的两个蕴含规则是肯定前件假言推理（modus ponens）和否定后件假言推理（modus tollens）。

肯定前件假言推理 $\{\alpha \rightarrow \beta, \alpha\} \models \beta$

否定后件假言推理 $\{\alpha \rightarrow \beta, \neg\beta\} \models \neg\alpha$

它们的对应词是英语的指示条件句，因此，

(111.1)   {if it is raining, it is cold, it is raining} 蕴含 it is cold。

(111.2)   {if it is raining, it is cold, it is not cold} 蕴含
           it is not raining。

这些观察结果同样适用于句子（110）。因此，假设老师向一位学生承诺句子（110）中所说的话，而这个学生通过了考试，然后，由于不能违背承诺，所以老师必须让这个学生通过该课程。此外，如果学生没有通过课程，那么学生一定没有通过最终考试。

更进一步的证据表明，真值函数 $o_\rightarrow$ 提供了从属连词 if 的含义，这是由于它与并列连词 and 和 or 所采用的假设相吻合。为了证明这一点，我们必须采用一个辅助假设，即 not 是由真值函数 $o_\neg$ 给出的含义。

首先，我们注意到 $\alpha \rightarrow \beta$ 和 $\neg(\alpha \wedge \neg\beta)$ 的等价性。

α	β	$\alpha \rightarrow \beta$	$\neg(\alpha \wedge \neg\beta)$
T	T	T	T
T	F	F	F
F	T	T	T
F	F	T	T

以上这种等价性，以及假设 and 的含义由真值函数 $o_\wedge$ 给出并结合包含 and 的英语分句可以通过将真值函数 $o_\neg$ 应用于包含它的分句的真值来进行处理的辅助假设，两者合起来的这种等价性意味着以下两个句子应该被判断为相等。

(112.1)   If London is in China, I am a monkey's uncle.

(112.2)   It is not the case both that London is in China and that I am not a monkey's uncle.

另一个等价性是 $\alpha \rightarrow \beta$ 和 $\neg\alpha \vee \beta$。

α	β	$\alpha \rightarrow \beta$	$\neg\alpha \vee \beta$
T	T	T	T
T	F	F	F
F	T	T	T
F	F	T	T

同样，这个等价性，连同关于 not 的辅助假设和由真值函数 $o_\vee$ 给出的 or 的含义假设，意味着下面这对句子被判断为等价的。

(113.1)   If London is in China, I am a monkey's uncle.

(113.2)   Either London is not in China or I am a monkey's uncle.

而且，事实上，它们是这样被判断的。

需要注意的最终等价性是主连接词为 → 的公式及其对立的公式。

α	β	$\alpha \rightarrow \beta$	$\neg\beta \rightarrow \neg\alpha$
T	T	T	T
T	F	F	F
F	T	T	T
F	F	T	T

我们再次注意到，下列对应的英语句子被认为是等价的。

(114.1)　　If London is in China, I am a monkey's uncle.

(114.2)　　If I am not a monkey's uncle, then London is not in China.

8.6.1　英语从属连词 if 的明显问题

对于该假设提出了许多反对意见，即真值函数 $o_{\rightarrow}$ 与指示条件中从属连词 if 的含义非常吻合。有些反对意见比其他反对意见更为强烈。在这里，我们只考虑那些容易得到合理解释的反对意见。稍后，我们将转向更深层次的反对意见。

8.6.1.1　一些明显的不等价性

让我们回到句子（110），并根据目前讨论的等价性来进行考量。我们观察到第一个句子的等价性完全适用。

(115.0)　　If you pass the final, you pass the course.

(115.1)　　It is not the case both that you pass the final and that you do not pass the course.

第二个句子的等价性似乎不太清楚。

(115.0)　　If you pass the final, you pass the course.

(115.2)　　Either you do not pass the final or you pass the course.

注意，困难不在于判断句子是不等价的，而在于很难观察到等价性。然而，当句子（115.2）中的分句被删减时，等价性是显而易见的。

(116)　　Either you pass the course or you do not pass the final.

这一事实表明，人们对句子（115.0）和句子（115.2）之间等价性的判断不够清晰的问题，不是关于 if 含义的假设的问题，而是由句子的其他方面引起的问题。

McCawley（1981，221-222）指出，并非所有对应 $\alpha \rightarrow \beta$ 和 $\neg\alpha \vee \beta$ 的逻辑等价的等价性都是恰当的。他特别指出，尽管 Grice 的等价性例子是完全可以接受的：

(117.1)　　If Labour doesn't win the next election, there'll be a depression.

(117.2)　　Either Labour will win the next election or there'll be a depression.

但他自己的去除前件中的否定的例子并不明显等价。

(118.1)　　If Labour wins the next election, there'll be a depression.

(118.2)　　Either Labour won't win the next election or there'll be a depression.

注意，在 Grice 的例子中，由 or 连接的句对中的第一个分句不包含 not，而在 McCawley 的例子中，第一个分句包含 not。我们进一步注意到，在句子（115.2）中，not 出现在第一个分句中。当分句被修改时，如句子（116）所示，起始从句不再包含 not，恢复与句子（115.0）的等价性。进一步确认罪魁祸首是第一个分句的 not 来自以下句子（119.1）和（119.2）的释义，其中在由 or 连接的句子的第一个分句中再次消除了 not。

(119.1)　　If you do not fail the final, you pass the course.

(119.2)　　Either you fail the final or you pass the course.

为什么 not 应该起作用呢？这是一个未解决的问题，我们留给读者思考。

下面来讨论条件语句和它的对立命题的等价性关系。

(115.0)　　If you pass the final, you pass the course.

(115.3)　　If you do not pass the course, then you do not pass the final.

在这里，等价性也并不清楚。现在，换质位并不总是被阻止的。回想一下，它对句子（114）起作用。此外，许多其他句子允许换质位：

(120.1)　If Bill is in the car, then he is safe.

(120.2)　If Bill is not safe, then he is not in the car.

注意，句子（120.1）和句子（120.2）的分句不是按时间顺序排列的，而句子（115.0）和句子（115.3）中的分句是按时间顺序排列的。在句子（115.0）的前件中表达的事件先于在归结子句中表达的事件。通过改变分句中的时态，可以抵消这种影响。

(121.1)　If you pass the final, you pass the course.

(121.2)　If you do not pass the course, you will not have passed the final.

8.6.1.2　从属连接

我们看到并列句的构成不同于从属句。并列连词有两个姊妹分句，而从属连词只有一个姊妹分句。因此，当二元真值函数被分配给节点 C_c 时，其姊妹节点提供该函数所需的一对真值，以便真值可以被分配给母节点。

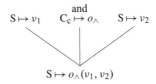

但是，如果一个二元真值函数被分配给从句结构中标记为 C_s 的节点，那么它的姊妹节点只提供该函数所需的一对真值中的一个，以便可以将真值分配给母节点。

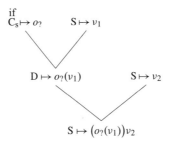

解决方法是，找到一个与 $o_\rightarrow$ 等价但可以应用于从句结构的真值函数。下面展示了如何实现这一点。我们将考虑两种情况：前件或 if 从句被赋值为 T 和被赋值为 F 的情况。让我们从前件被赋值为 T 的情况开始。现在归结子句或主句可以被赋值为 T 或 F。如果归结子句被赋值为 T，那么底部 S 节点也必须被赋值为 T；如果归结子句被赋值为 F，那么底部 S 节点也必须被赋值为 F。简言之，如果前件被指定为 T，那么底部 S 节点的值与归结子句的值完全相同。这意味着，如果前件被赋值为 T，那么 D 节点必须被赋值为 T 到 T 和 F 到 F 的一元函数。也就是说，D 节点必须被赋值为一元恒等真值函数（unary identity truth function），我们将其命名为 o_i。

接下来，让我们来看看前件被赋值为 F 的情况。然后，我们知道无论什么被指定为归结子句，底部节点都必须被指定为 T。这意味着 D 节点必须被赋予一元不变的真值函数，该函数将 T 和 F 映射到 T。我们将调用这个函数 o_t。

总之，从属连词 if 由映射 T 到 o_i 和映射 F 到 o_t 的函数来解释。不管从句是在主句之前还是之后，读者应该检查对 if 的这种解释是否是有效的。

现在陈述相关的形成规则和估值规则。第一条规则形成从属从句，并根据分配给从属连词及其主句的值为其赋值。

D1 成分形成规则：

如果 e | C_s 且 f | S，则 ef | D。

D1 成分估值规则：

令 a 为基本分句的真值赋值。如果 e | C_s 且 f | S，则 v_a (ef | D) = v_a (e | C_s) v_a (f | S)。

由于从句可以在主句之前或之后形成更复杂的句子，所以我们需要两条规则。

S3 成分形成规则：

如果 e | S 且 f | D，那么 ef | S。

S3 成分估值规则：

令 a 为基本分句的真值赋值。如果 e | C_s 且 f | S，则 v_a (ef | S) = v_a (e | S) v_a (f | D)。

S4 成分形成规则：

如果 e | D 且 f | S，那么 ef | S。

S4 成分估值规则：

令 a 为基本分句的真值赋值。如果 e | C_s 且 f | S，则 v_a (ef | S) = v_a (e | D) v_a (f | S)。

练习：英语从属连词 if

前两个练习的目的是让读者对本节所涵盖的材料进行假设检验，如 1.3.2 节所述。本节中介绍的材料说明了这是如何做到的。

1. 思考下面这句话：If it rained, it did not rain hard。如果有问题的话，它会对 $o_\rightarrow$ 对应从属连词 if 的含义的假设提出什么问题？

2. 解释为什么以下两个句子被认为有关于假设 $o_\rightarrow$ 对应从属连词 if 的含义的问题的：

- If its main switch is on and its safety switch is on, the machine runs.
- The machine runs, if its main switch is on, or the machine runs, if its safety switch is on.

3. 针对下列真值函数，找到可以用来给出与其相对应的从属函数的意义的函数：

(a) $o_\wedge$

(b) $o_\vee$

4. 确定 unless 是从属连词还是并列连词。找一个 α unless β 形式的句子的合适释义来确定二元真值函数。说明这种二元真值函数作为从属连词或并列连词是否适合 unless 的语法状态。如果这个函数不合适，请找一个合适的。

8.6.2　英语从属连词 if 的未解决问题

现在来谈谈四个未解决的问题。第一个问题与从属连词 if 的否定句子相关。第二个问题是如何处理主句为祈使语气或疑问语气且从句是 if 引导的句子。第三个是关于虚拟条件句的众所周知的问题，最后一个是所谓的 Austinian 条件句问题。

8.6.2.1　否定条件句

否定指示条件句的问题首先由 L. Jonathan Cohen（1971）提出，他对 Grice 的暗含理论做出了批判性的反应。Cohen 观察到，虽然下列蕴含：

(122) 　$\neg(\alpha \rightarrow \beta) \models \alpha$

在逻辑上成立，但在英语中，相应的蕴含表达

(123)   It is not the case that, if God is dead, everything is permitted 蕴含 God is dead。

不成立。到目前为止，在 if 的意义对应 $o_\supset$ 并且 it is not the case that 的意义对应 $o_\neg$ 的情况下，对这个问题没有令人满意的处理。

8.6.2.2　非陈述句中的从属连接

非陈述句可能从属于条件句，这一点也不奇怪。条件句可以是祈使语气

(124.1)   If it rains, take an umbrella and wear a hat.

(124.2)   If it rains, either take an umbrella or wear a hat.

或者是疑问语气。

(125.1)   If it snows, will Paul snowshoe or will he ski?

(125.2)   If it rains, will Anne swim or will she jog?

同样，前面为祈使句和疑问句勾勒出的思想似乎也适用于这里。

8.6.2.3　虚拟条件句

最广为人知的残留问题是由虚拟条件句引起的。这些条件句中前件的真值要么是未知的，要么是假定为错误的。后者的虚拟条件句被称为反事实条件句。

我们将很快看到，表示反事实的虚拟条件句并不是真值函数，也就是说，与指示条件句中成分条件句的真值决定条件本身的真值不同，反事实条件句中分句的真值并不决定反事实条件句的真值。

为了理解这一点，让我们考虑一个显然不是真值函数的英语连接词的例子。为了使连接词具有真值函数，需要拥有以下各项：所连接的分句的真值决定了复合句的至少一个真值和最多一个真值。到目前为止，我们已经看到了充分的证据，证明 or 和 and 是真值函数。我们也看到一些例子，证明 if 也是真值函数。但是，从属连词 because 不是真值函数，因为它的两个分句都有可能是真的，而复合句本身也有可能是真的或假的，这取决于分句所陈述的确切内容。

考虑以下评估情况。Richard 曾经和 Linda 结过婚，但离婚后他和 Beth 结了婚。Richard 和 Beth 一起参加一个聚会，但避免见他的前妻。他的前妻 Linda 也参加了聚会，当 Richard 发现 Linda 在聚会上时，他提前离开了聚会。现在，以下句子是真的：

(126.1)   Richard left the party early.

(126.2)   Beth was at the party.

(126.3)   Linda was at the party.

现在考虑两个句子，包含主句、从句和从属连词 because：

(127.1)   Richard left the party early, because Beth was at the party.

(127.2)   Richard left the party early, because Linda was at the party.

尽管分句都是真的，但只有句子（127.2）是真的，而句子（127.1）是假的。这说明从属连词 because 不是真值函数。对应句子（127.1）中的子句的真值与分配给句子（127.2）中的对应分句的真值相同，但句子（127.1）的真值为假，而句子（127.2）的真值为真。没有函数可以将同一对真值 T 和 T 映射到两个不同的值。

考虑到这一点，让我们考虑反事实条件句。首先回顾什么是反事实条件句。反事实条件

句是条件句，其前件的动词具有虚拟语气的过去时形式，其归结子句的动词具有情态动词 will 的过去时形式。句子（128.1）是指示语气：前件是过去时态，归结子句是现在时态。句子（128.2）不是指示语气：前件是虚拟语气的过去时，其形式恰好是指示语气的完全完成时态的形式，而归结子句是以情态动词 would 表示的条件语气。

(128.1)　　If it rained, then the ground is wet.

(128.2)　　If it had rained, then the ground would be wet.

如果第一句话的前件是真的而且它的归结子句是假的，那么它将是假的，否则是真的。正如即将看到的，第二句话的真实性更难评估。让我们回到关于 Richard、Beth 和 Linda 的具体情况，除了稍微做如下修改：想象一下 Richard 在聚会上，但 Beth 和 Linda 都不在。在这种情况下，句子（126.1）～句子（126.3）都是假的。然而，请考虑以下两个反事实的句子。第一个反事实句子用句子（126.1）作为其归结子句，用句子（126.2）作为其前件；而第二个反事实句子用句子（126.1）作为其归结子句，用句子（126.3）作为其前件。

(129.1)　　Richard would have left the party early, if Beth had been at the party.

(129.2)　　Richard would have left the party early, if Linda had been at the party.

判决句子（129.1）为假，判决句子（129.2）为真。然而，句子（126.1）～句子（126.3），即句子（129.1）和句子（129.2）的非虚拟语气版本，都是假的。这意味着反事实条件句不是真值函数。没有函数可以将同一对值 F 和 F 映射到两个不同的值。

8.6.2.4　Austinian 条件句

从属连词 if 的另一种用法是非真值函数，也就是所谓的 Austinian 条件句（Austinian conditional），它是以英国哲学家 John Langshaw Austin（1911—1960）命名的，首先引起了那些对自然语言语义感兴趣的人注意。

(130)　　If it snows, there is a shovel in the trunk.

John Austin 观察到，前一句中的从属连词 if 不应被理解为具有 $o_\lrcorner$ 的含义。

首先，这种条件句作为肯定前件假言推理（modus ponens）和肯定后件假言推理（modus tollens）形式论证的前提看起来很奇怪。

(131.1)　　It is snowing. If it snows, there is a shovel in the trunk.
　　　　　　Therefore, there is a shovel in the trunk.

(131.2)　　There is no shovel in the trunk. If it snows, there is a shovel
　　　　　　in the trunk. Therefore, it is not snowing.

而且，当 Austinian 条件句被重新表述成我们已经注意到的等价形式时，结果是看起来很奇怪的句子。

(132.0)　　If it snows, there is a shovel in the trunk.

(132.1)　　*It is not the case both that it will snow and that there is no
　　　　　　shovel in the trunk.

(132.2)　　*Either it will not snow or there is a shovel in the trunk.

(132.3)　　*If there is no shovel in the trunk, it will not snow.

由此产生的问题是：是否有任何独立的证据表明 Austinian 条件中的从属连词 if 与原先讨论过的真值函数的从属连词 if 是不同的？确实有。正如 Quirk et al.（1985，chap.15.20—15.21）所讨论的那样，英语从属连词根据其对焦点词的容忍度而有所区分。

首先，考虑这对句子，除了一个包含 because 另一个包含 since 之外，它们完全相同。

(133.1)   Bill likes Carol *because* she is always helpful.

(133.2)   Bill likes Carol *since* she is always helpful.

现在，只有第一句话可以产生一个分裂句

(134.1)   It is *because* she is always helpful that Bill likes Carol.

(134.2)   *It is *since* she is always helpful that Bill likes Carol.

或者是一个准分裂句。

(135.1)   The reason that Bill likes Carol is *because* she is always helpful.

(135.2)   *The reason that Bill likes Carol is *since* she is always helpful.

类似地，because 可以对问题形成单个分句的回答，但是 since 不可以。

(136.1)   A: Why does Bill like Carol?
           B: *Because* she is always helpful.

(136.2)   A: Why does Bill like Carol?
           B: **Since* she is always helpful.

这两个从属连词之间的差别也体现在它们对焦点副词的容忍度上，如 only、just、simply 和 mainly。

(137.1)   Bill likes Carol only *because* she is always helpful.

(137.2)   *Bill likes Carol only *since* she is always helpful.

because 和 since 之间的区别在问题形成方面进一步反映了出来：

(138.1)   Does Bill like Carol *because* she is always helpful or *because* she never complains?

(138.2)   *Does Bill like Carol *since* she is always helpful or *since* she never complains?

最后，我们来讨论这些从属连词对否定的敏感性。

(139.1)   Bill dislikes Carol not *because* she is unhelpful, but *because* she always complains.

(139.2)   *Bill dislikes Carol not *since* she is unhelpful, but *since* she always complains.

在前面，我们集中讨论过一对具有相同含义的从属连词。现在观察到，所有的时间从属连词模式都具有 because，而所有的让步从属连词模式都具有 since。

不过，请注意，有些从属连词显然是模棱两可的。例如，从属连词 since 在与 because 共享的含义和时间的含义之间是不明确的。

(140.1)   Dan put up his umbrella, *since* it was raining.

(140.2)   Dan has been relaxing, *since* he has gone on holiday.

读者可以自己检查，从属连词 since 在时间含义上与 because 相对应。

采用 Quirk et al.（1985，chap.15.20）使用的术语。让我们区分那些以时间为模式的从属连词和那些以让步为模式的从属连词，并将其分别作为附加语（adjunctive）和析取语（disjunctive）。

接下来，我们将讨论这些从属连词的一个重要用法，无论它们是附加语还是析取语，这使得它们与析取列中的从属连词形成模式。要想看出区别，请考虑下面这对句子。

(141.1)　　McGill University has no electricity, *because* its trunk line failed.

(141.2)　　McGill University has no electricity, *because* I just called there.

很容易检查到，只有第一个用法是附加用法。

(142.1)　　 It is *because* its trunk line failed that McGill University has no electricity.

(142.2)　　 *It is *because* I just called there that McGill University has no electricity.

　　句子（141.1）中的用法与句子（141.2）中的用法的区别在于，前一种情况下的从句与主句的内容有关，而后一种情况的从句依赖从句主语指代的含义与主句的内容的关系。

(143.1)　　McGill University has no electricity, *because* I just called there.

(143.2)　　I know that McGill University has no electricity, *because* I just called there.

(144.1)　　I know that McGill University has no electricity, *because* I called there.

(144.2)　　It is *because* I called there that I know that McGill University has no electricity.

这里还有一些其他的例子。

(145.1)　　*Since* you are so smart, what does this word mean?

(145.2)　　*While* we are on the subject, where does Fred live?

(145.3)　　*Before* you say anything, you have the right to remain silent.

　　下表总结了关于附加语从属连词和析取语从属连词之间区别的讨论。

	附加语从属连词	析取语从属连词
分裂句	是	否
准分裂句	是	否
形成分句回答	是	否
紧接着焦点副词	是	否
可以形成析取疑问句	是	否
紧接着 not	是	否

　　有了这个区别，我们可以很容易地看出 Austinian 条件句构成了从属连词 if 的析取用法，这由句法测试证明。

(146.1)　　 It is if London is in China that I am a monkey's uncle.
(146.2)　　 *It is if it snows that there is a shovel in the trunk.

(147.1)　　 The condition under which I am a monkey's uncle is if London is in China.
(147.2)　　 *The condition under which there is a shovel in the trunk is if it snows.

请读者自行进行其他的此类测试。

　　最后，我们注意到附加语 if 和析取语 if 在它们对归结子句中副词 then 的容忍度之间的区别。

(148.1)　　 If London is in China, then I am a monkey's uncle.

(148.2)　　 *If it snows, then there is a shovel in the trunk.

练习：英语从属连词 if 的未解决问题

1. 请考虑下面的英语从属连词列表：

after, although, as, before, once, since, so that, though, until, when, while, whereas, while, unless

对于该列表中的每个单词，使用 8.6.2.4 节中的标准来确定它是析取从属连词还是附加从属连词，或者两者都不是。

2. 对于练习 1 中是析取用法的每个从属连词，给出一个句子来说明这一析取用法。

8.7 英语副词 not

乍一看，英语的 not 与命题逻辑 ¬ 之间似乎有着密切的对应关系。毕竟，就像可以在分句前面加上 it is not the case that 以获得否定形式那样，也可以在一个公式前面加上 ¬ 以获得公式。

(149.1)　It is raining.　　　　　　　　　　　α

(149.2)　It is not the case that it is raining.　$\neg\alpha$

此外，不争的是，当第一个是真的时第二个是假的，当第二个是真的时第一个是假的。

It is raining.	It is not the case that it is raining.
T	F
F	T

但这正是 CPL 的真值函数 $o_\neg$。

α	$\neg\alpha$
T	F
F	T

此外，从属从句 it is not the case 满足 ¬ 所享有的双重否定定律。

(150.1)　$\alpha \models \neg\neg\alpha$

(150.2)　$\neg\neg\alpha \models \alpha$

(151.1)　it is raining 蕴含
it is *not* the case that it is *not* the case that it is raining。

(151.2)　it is *not* the case that it is *not* the case that it is raining
蕴含 it is raining。

此外，假设英语并列连词 or 是以真值函数 $o_\vee$ 为表征的，则从句 it is not the case 也符合排中律

(152)　$\models \alpha \vee \neg\alpha$

因为不可能认为句子（153）是假的。

(153)　Either it is raining or it is not the case that it is raining.

同样地，假设英语的并列连词 and 是以真值函数 $o_\wedge$ 为表征的，从句 it is not the case 也符合无矛盾律

(154)　$\not\models \alpha \wedge \neg\alpha$

因为句子（155）不可能是真的。

(155)　It is raining and it is not the case that it is raining.

然而，虽然真值函数 $o_\neg$ 似乎确实是从句 it is not the case 的特征，但还远不清楚它是否是副词 not 的特征。因为，与从句 it is not the case 作为前缀来形成句子不同的是，副词 not

插入一个分句的中间。

(156.1)　　*It is not the case* that it is raining.

(156.2)　　It is *not* raining.

虽然句子（156.1）和句子（156.2）是等价的，但我们还没有回答英语副词 not 的语义贡献是什么。为此，我们必须首先确定它的句法性质。

8.7.1　not 的语法

仔细研究副词 not 的分布，可以发现副词 not 的句法结构与命题连接词 ¬ 所处的句法结构完全不一致。现在进行仔细分析。

在传统语法中，not 被归类为副词。它的分布模式实际上与副词 never 的分布模式相同。在非限定分句中，如果动词采用非变化形式，则 not 出现在紧挨动词的左端，如果动词是变位形式[⊖]，则 not 应出现在动词最左侧到紧挨着动词之间的位置。简而言之，至少有一个动词成分必须出现在它的右边。

(157.1)　　Joan regrets [*never/not* having attended parties]．

(157.2)　　Joan regrets [having *never/not* attended parties]．

(157.3)　　*Joan regrets [having attended *never/not* parties]．

在限定分句中，not 和 never 的分布服从附加约束：它们至少需要一个动词成分（即情态动词）位于其最左边[⊖]。

(158.1)　　Joan ?*never*/*not has attended parties.

(158.2)　　Joan has *never/not* attended parties.

(158.3)　　*Joan has attended *never/not* parties.

当主要动词是 to be 动词的非变位形式时，就会出现一个例外。两个副词都放弃了要求，否则就会发现其右边出现了一些动词成分[⊜]。

(159.1)　　Joan ?*never*/*not is late.

(159.2)　　Joan is *never/not* late.

注意，给出的简单描述说明了这样一个事实，即副词 not 永远不会出现在没有情态动词的主句中，never 也是[⊗]。

我们在下表中总结了这些观察结果[⑤]。

动词	在动词成分之前	在动词成分之后
非限定动词	不需要	需要
限定动词	需要	需要
系动词	需要	不需要

⊖　变位形式是使用情态动词而不是后缀的表达形式。例如，一些英语比较形容词，例如 tall，是通过添加后缀 er 来形成比较级形式的，也就是非变位形式。其他词，例如 admirable，是用词法改写的，也就是使用了 more 这个词来形成比较级形式。动词的变位形式是那些包含情态动词的形式。非变位形式则不包含。

⊖　如果关注的话，这个额外的限制在 never 的情况下是宽松的。因此，下面这句话是完全可以接受的，当 never 被强调：Bill never left the house。

⊜　同样，如果关注的话，这个额外的限制在 never 的情况下是宽松的。

⊗　刚才对副词 not 和 never 的分布所进行的描述要求在疑问句下不完全适用。

⑤　参见 Baker（1989，chap.11.3.5）了解更多有关 not 分布的详细信息。

这些观察结果为副词 not 在有限子句中产生了以下成分形成规则：

S5   NP Av Adv VP → S

VP6   V_c Adv AP→VP

VP7   V_c Adv NP→VP

在本节关于英语副词 not 的开头中，我们注意到一元连接词 ¬ 和副词 not 之间的某些相似之处。这些相似之处表明副词 not 不具有真值函数 o_ 含义的一部分。然而，一方面，我们转向公式中涉及的结构，另一方面，转向包含副词 not 的分句，这样会遇到问题。

一方面，任何包含 ¬ 的公式都具有 ¬ 的姊妹直接子公式。由于公式具有真值，一旦为命题变量分配了真值，则解释一元连接词的函数便具有适用的值。另一方面，用于解释副词 not 的同一真值函数不具有适用的适当值。原因是：真值仅分配给陈述句。将真值分配给名词短语、动词短语、形容词短语或系动词是没有意义的。毕竟，说出以下任何一项是对还是错意味着什么呢？如名词短语 the visitor，动词短语 walked in the park，形容词短语 courageous，或系动词 is。但是，正如带有 not 的简单分句的成分形成规则所示的那样，它的唯一姊妹是名词短语、动词短语、形容词短语或系动词。有两种选择：一种是将构成结构作为面值使用，然后为 not 赋予一个函数，该函数可以应用于分配给动词短语的值的种类，并且尽管与真值函数 o_ 不同，但仍能产生等价结果。只有在讲完第 10 章之后，我们才能充分展示此选项，在第 10 章中，我们将了解如何为短语分配值。另一种选择是给句子分配一个适合给副词 not 赋值 o_ 的组成结构，这可以利用在第 14 章中介绍的转换规则来完成。换句话说，在这一点上，我们不能对副词 not 提供足够的处理。

8.7.2　英语副词 not 的未解决问题

关于副词 not 还有三个问题。首先，它可能出现在不同于前一节所描述的位置。例如，not 可能出现在任何成分的左边缘。这被称为成分否定，当被否定的成分被一个非负的对应部分平衡时，它最有效，如句子（160.1）～句子（160.3）所示。

(160.1)   Bill bought, *not* hot dogs, *but* hamburgers.

(160.2)   Bill bought hamburgers, *not* hot dogs.

(160.3)   Bill bought hamburgers; he did *not* buy hot dogs.

其次，not 可以出现在有限子句的开头，前提是它后面跟着限定词是量词短语的名词短语。然而，不是任何限定词都可以做到。

(161.1)   Not every bird flies.

(161.2)   *Not some bird flies.

(161.3)   *Bill spotted not every bird.

这将在 14.3.5.3 节中进一步讨论。

最后，我们来谈谈 Laurence Horn（1989，chap.6）发现的 not 的用法，并将其称为元语否定（metalinguistic negation）。这样的使用不是真值函数。实际上，它的用法与句子的非语义方面有关。因此，副词 not 的元语用法可以用来否定与句子相关联的暗含，如下所示。

(162)   Ann does not have three children; she has four.

它也可以用来否定预设。

(163)　　Bill has not quit smoking, for he never smoked in the first place.

事实上，它甚至可以用来纠正语法错误和发音错误。

(164.1)　　It is not concertos, but concerti.
　　　　　　It is not concertos; it is concerti.

(164.2)　　This is not a tomayto; it is a tomahto.

练习：英语副词 not

为下列句子指定一个合成树：

　（a）Bill did not sleep for two days.

　（b）Carl will not be in town before midnight.

8.8　结论

在这一章中，我们研究了并列连词 and 和 or、从属连词 if 和副词 not 在多大程度上分别具有真值函数 $o_\wedge$、$o_\vee$、$o_\rightarrow$ 和 $o_\neg$ 的含义。我们发现，$o_\wedge$ 和 $o_\vee$ 分别刻画了并列连词 and 和 or 的特征，与说话者对由并列陈述句构成的陈述句的真假判断相吻合。此外，我们注意到二元命题连接词的形成规则（其中两个是 ∧ 和 ∨）和并列连词的成分形成规则（其中两个是 and 和 or）是完全相同的。因此，发现当句子是并列陈述句时，可以直接采用 ∧ 和 ∨ 的值（即 $o_\wedge$ 和 $o_\vee$），作为 and 和 or 的值。

我们还看到，如果涉及从属连词 if，情况会变得更加复杂。撇开它在析取从句、Austinian 条件句和虚拟从句中的用法不谈，当控制混淆的语境因素时，我们发现说话者对 if 从属的陈述句的真实性和虚假性的判断符合真值函数 $o_\rightarrow$。然而，我们也注意到，二元命题连接词的形成规则（其中一个是 →）和从属连词的形成规则（其中一个是 if）是不一样的。因此，我们不能采用 CPL 框架下的 $o_\rightarrow$ 函数作为值赋给从属连词 if，但是可以将函数 o_{if} 赋值给 if，尽管它在数学上与 $o_\rightarrow$ 是不同的，但仍等价于 $o_\rightarrow$，并且适合形成具有主句和从句的复合句所需要的成分形成规则。

最后，我们发现，除了非陈述句中副词 not 的元语用法及其在成分否定中的用法外，说话者对含有副词 not 的陈述句的真假判断与真值函数 $o_\neg$ 十分相符。然而，我们也看到副词在分句中的位置使它不能被赋予真值函数 $o_\neg$。在解决这一问题的两个建议中，我们没有尝试其中任何一个。

部分练习答案

8.2 节

1. 从属连词：as，once，whereas

　并列连词：but

　连词：nevertheless，so，therefore

2. 这里给出了部分标记括号。

　（b）[S [D [C$_s$ if] [S [S it rains] [D [C$_s$ while] [S the sun shines]]]] [S a rainbow will appear]]

　（c）[S [D [C$_s$ if] [S [S it rains] [C$_c$ or] [S too many people are sick]]] [S the picnic will be canceled]]

　（e）[S [D [C$_s$ although] [S [D [C$_s$ once] [S it rains]] [S people will leave]]] [S [D [C$_s$ while] [S it is not raining]] [S people will stay]]]

(g) [S [S we don't need to worry about Carol] [D [C$_s$ because] [S [D [C$_s$ if] [S [D [C$_s$ when] [S she arrives]] [S we are not home]] [S she can let herself in with the key]]]]]

3. （a）and or 是英语的证明表达。如果你在练习句中判断它是可以接受的，那么它就构成了一个初步反例，来反驳关于英语并列连词不迭代的判断。然而，如果它是一个单字，那么它就不是一个反例。注意，or and 不是可接受的表达式。

（c）如果你认为练习句是不可接受的，则表明其从属连词为 for 的从句没有被并列。

（e）如果你认为练习句是不可接受的，则表明由 for 引入的从句不能在其从属的分句之前。

4. 以下单个规则与其他 S 规则一起足以生成所有三个句子：Adv S → S。

8.4 节

1. 这些句子都没有违反 and 表示 $o_\wedge$ 的真值函数的假设。

2. 在 and 表示可交换性真值函数 $o_\wedge$ 的假设下，人们期望 and 连接的任意两个独立的分句在不干扰可接受性或等价性的情况下可转置，但事实并非如此。在每种情况下，失败都可能归结于其他因素。此外，在每种情况下，都有可能提供证据来支持这种归因。

8.5 节

1. 公式 $\alpha+\beta$ 在语义上等价于公式 $\alpha \leftrightarrow \neg\beta$。可以用真值表证明这一点。

3. 公式 $\alpha \vee \beta$ 在语义上等价于公式 $\alpha \vee (\neg\alpha \to \beta)$。可以用真值表证明这一点。

经典谓词逻辑

9.1 介绍

在本章中，我们将讨论经典谓词逻辑（Classical PreDicate Logic，CPDL）。CPL 被称为命题逻辑，因为在它的基本表达式中，除了命题连接词和括号外，都是命题变量。CPDL 被称为谓词逻辑，因为它的基本表达式除了逻辑常量和括号之外，都是谓词和单个符号，而不是命题变量。如本书所述，CPDL 只是通常被称为一阶谓词逻辑（first-order predicate logic）或简称为谓词逻辑（predicate logic）的某一部分。通常所说的一阶谓词逻辑在这里被称为经典数量逻辑（classical quantificational logic）。换言之，在这本书中，我们把通常被称为一阶谓词逻辑的整体分成两部分，一部分涉及谓词，另一部分则额外涉及量化。之所以这样划分是为了便于说明。

术语谓词（predicate）是一个不太恰当的术语。这个术语是由 Aristotle 发明的，现在在传统语法中指的是，当主语被移去时，单句中剩下的那一部分。因此，它对应今天人们所说的动词短语。

	句子	谓词
(1.1)	Bill *is tall.*	_ *is tall.*
(1.2)	The visitor *is a Canadian.*	_ *is a Canadian.*
(1.3)	Each tourist *bought a ticket.*	_ *bought a ticket.*
(1.4)	Which guest *gave Mary a present?*	_ *gave Mary a present?*

就像这样，谓语是单句的一部分，但它缺少一个成分，即主语名词短语。但在逻辑中，谓词是基本子式的一部分，但该公式缺少一个或多个个体符号，因而不能构成完整基本子式。

因此，对逻辑谓词的更好的类比是自然语言的动词。假设英语只包含动词和专有名词（proper noun）。有些动词只需要加一个专有名词就成了句子。这些动词是不及物动词。有些动词需要加上两个专有名词才能成为句子。这些动词是及物动词。最后，有些句子需要加上三个专有名词。这些被称为双及物动词。因此，动词可以被认为带有槽（slot），而想要成为句子的话，必须由专有名词填充这些槽。不及物动词有一个槽，及物动词有两个槽，双及物动词有三个槽。（槽的概念只是一个比喻。）

	动词	句子
不及物	__ walk	John walks
及物	__ sees __	Mary sees Bill
双及物	__ gave __ __	Mary gave Bill Fido

接下来介绍 CPDL 中的符号。

9.2 符号

回想一下，CPL 的基本表达式包括命题连接词以及和与命题连接词集合不相交的命题变量集合。与 CPL 一样，谓词逻辑在其基本表达式中包括命题连接词；然而，谓词逻辑中另外包含了两组代替了命题变量的基本表达式：一组个体符号（individual symbol，通常也被称为常量）和一组关系符号（relational symbol，通常也被称为谓词）。这些基本表达式集合不仅彼此不相交，而且与命题连接词集合也不相交。正如命题变量集合可以是有限的，也可以是无限的，所以个体符号集合（即常量集合）可以是有限的，也可以是无限的，同样，关系符号集合（即谓词集合）可以是有限的，也可以是无限的。

我们用罗马字母表开头的小写字母表示个体符号，如 a、b 和 c。如果需要大量个体符号，将使用带正整数下标的字母 c。

关系符号的表示更复杂一些。尽管我们将使用从 P 开始的罗马字母表的大写字母作为关系符号，但还需要做更多规定。我们注意到，CPDL 中的个体符号可以类比英语中的专有名词，而关系符号则可以类比动词。正如动词可以分为不及物动词、及物动词和双及物动词一样，CPDL 的关系符号也可以分为一个位置的关系符号、两个位置的关系符号、三个位置的关系符号等。英语动词不同于 CPDL 的关系符号，因为英语动词很少有需要三个以上位置的动词并且肯定不会需要超过四个位置，而 CPDL 的关系符号可以有任意数量的位置。一个关系符号有几个位置可以用三种不同但等价的方式来进行表示。

第一个也是最直观的方法是，用对应关系符号位置的下划线注释每个关系符号。因此，一个一位关系符号，例如 P，可以表示为 $P\_$，一个二位关系符号，例如 R，可以表示为 $R\_\_$，以及一个三位关系符号，例如 T，可以表示为 $T\_\_\_$。虽然这个注释在处理代表少量位置的关系符号（每个符号不超过几个位置）时是很明确的，但它不适合表达一般情况。

我们可以用新词价（adicity）[一]来概括一个关系符号有多少个位置。含有一个位置的关系符号有一个价，含有两个位置的关系符号有两个价，一般来说，含有 n 个位置的关系符号有 n 个价，n 为正整数。换句话说，价是一个从关系符号到正整数的函数。我们将此函数表示为 ad。因此，通过书写 ad（P）=1，ad（R）=2，ad（T）=3 来表示它们的价，而不是对符号添加下划线来表示。

CPDL 的一种规范符号表示由个体符号集合（IS）、关系符号集合（RS）和一个从关系符号到正整数的价函数（ad）组成，这种符号规范被称为识别标志（signature）[二]。下面是它的正式定义。

定义 1　识别标志

当且仅当 IS 和 RS 是不相交的集合且 ad 是一个从 RS 到 $\mathbb{Z}^+$ 的函数时，<IS, RS, ad> 为识别标志。

值得注意的是，ad 是值域为正整数的函数这一性质保证了不存在同一个关系符号含有不同的价的情况。

还有另一种表示关系符号价的方式[三]。我们可以认为关系符号集是根据它们的价分成不相交的集合，然后用代表集合中关系符号价的数字下标注释用 RS 标记的每个集合。不仅关系符号的集合可能是无限的，而且每个集合的大小也可能是无限的。下面展示了类似的这种情况。使用下标来表示关系符号的价，即与之关联的空位置的数量；使用上标来区分价数量

　[一]　这一新词是将后缀 *ity* 连接到形容词后缀 *adic* 后形成的，形容词后缀的例子有 *monadic*、*dyadic*、*triadic*。最后形成的结果价视为名词。

　[二]　许多作者使用语言（language）这个词来指代 CPDL 的非逻辑符号集。

　[三]　这类符号将在第 13 章中使用。

相同的两个关系符号。

$$RS_1 \qquad = \qquad \{\ P_1^1\ ,\ P_1^2\ ,\ \cdots,\ P_1^m\ ,\ \cdots\}$$
$$RS_2 \qquad = \qquad \{\ P_2^1\ ,\ P_2^2\ ,\ \cdots,\ P_2^m\ ,\ \cdots\}$$
$$\vdots \qquad\qquad \vdots$$
$$RS_n \qquad = \qquad \{\ P_n^1\ ,\ P_n^2\ ,\ \cdots,\ P_n^m\ ,\ \cdots\}$$
$$\vdots \qquad\qquad \vdots$$

在这种情况下，$RS = \bigcup_n RS_n$。

正如一个专有名词和一个不及物动词可以组合成句子一样，个体符号和一个位置关系符号也可以组合成一个 CPDL 的基本子式；正如及物动词和两个名词可以组合成句子一样，两个个体符号与一个二位关系符号结合，也可以形成 CPDL 的基本子式。

关系符号	个体符号	基本子式
$W\ \_$	b	$W\underline{b}$
$S\ \_\ \_$	a, b	$S\underline{a}\,\underline{b}$
$T\ \_\ \_\ \_$	a, b, c	$T\underline{c}\,\underline{b}\,\underline{a}$

在此基础上，我们将 CPDL 的基本子式定义为任意 n 位关系符号后接 n 个个体符号。下面是正式的定义。

定义 2　CPDL 的基本子式

定义 <IS, RS, ad> 为识别标志。当且仅当 $\Pi \in RS$，$ad(\Pi) = n$ 并且有来自 IS（即 $c_1, \cdots, c_n$）的 n 个个体符号组成 $\alpha = \Pi c_1 \cdots c_n$ 时，α 是 CPDL 的一个基本子式，即 $\alpha \in AF$。

下面展示这个规则如何定义基本子式和非基本子式的一些例子。

关系符号	基本子式	非基本子式
$ad(W)=1$	Wb, Wa	Wba, W
$ad(S)=2$	Sab, Saa	$Sa, Sabc$
$ad(T)=3$	$Tcba, Taba$	$Tc, Tab, Tabca$

同样的例子可以用槽和下划线来进行表示。

关系符号	基本子式	非基本子式
$W\ \_$	$W\underline{b}, W\underline{a}$	$W\underline{b}\,a, W\ \_$
$S\ \_\ \_$	$S\underline{a}\,\underline{b}, S\underline{a}\,\underline{a}$	$S\underline{a}\ \_, S\underline{a}\,\underline{b}\,c$
$T\ \_\ \_\ \_$	$T\underline{c}\,\underline{b}\,\underline{a}, T\underline{a}\,\underline{b}\,\underline{a}$	$T\underline{c}\ \_\ \_, T\underline{d}\,\underline{b}\ \_, T\underline{c}\,\underline{b}\,\underline{a}\,c$

9.2.1　CPDL 公式

除了基本子式之外，CPDL 还有复合式。它们就是把基本子式和命题连接词结合起来，从基本子式中得到的公式。下面为对 CPDL 公式的分类定义。

定义 3　CPDL 的公式（分类版本）

FM，即 CPDL 的公式，定义如下：

（1）AF⊆FM。

　　（2.1）如果 $\alpha \in$ FM 和 $* \in$ UC，那么 $*\alpha \in$ FM。

　　（2.2）如果 $\alpha, \beta \in$ FM 和 o $\in$ BC，那么 $(\alpha\ o\ \beta) \in$ FM。

（3）其他情况下都不属于 FM。

正如以综合的方式制定 CPL 公式一样，也可以按照相同的方式定义 CPDL 公式。读者在章节后可以做相应的练习。

应该注意的是，我们重新使用了 AF 这个名称。在第 6 章中，AF 表示 CPL 的基本子式集合，它是一组单独符号，即命题变量；而在本章中，AF 表示 CPDL 的基本子式集合，它不是单独符号，而是复合符号，由一个初始的关系符号和一系列个体符号组成。CPL 的基本子式与 CPDL 的基本子式是不相交的。因此，名称 AF 是不太精确的。我们可以用 AF_{CPL} 表示 CPL 的基本子式，用 AF_{CPDL} 表示 CPDL 的基本子式，来消除这个名称的歧义。但是正如数学和逻辑学中的惯例，我们将会依赖上下文来明确 AF 表示的集合。

同样，我们重新使用了 FM 这个名称，在第 6 章中，它表示 CPL 的公式集合，在本章中，它表示 CPDL 的公式集合。由于 CPL 的基本子式与 CPDL 的基本子式不相交，因此 CPL 的公式与 CPDL 的公式也不相交。因此，尽管刚刚给出的 CPDL 公式的分类定义与 CPL 公式的分类定义几乎相同（第 6 章中的定义 2）。然而，它们在各自定义中的第一个条件上存在重大差异：CPL 公式的分类定义包含 PV，而 CPDL 公式的分类定义中的第一个条件包含的是 AF，CPDL 的基本子式与 CPL 的基本子式是不相交的，且 CPL 的基本子式是命题变量。因此，即使使用相同的逻辑常量和括号构造公式，公式的基本元素是不相交的事实意味着得到的公式集合也是不相交的。所以，FM 这个名字也是模糊的。同样，我们可以消除 FM 的歧义，用 FM_{CPL} 表示 CPL 的公式，用 FM_{CPDL} 表示 CPDL 的公式。但是，我们再次选择了数学和逻辑学中的惯例，即依赖上下文来明确 FM 表示的表达式集合。

考虑到 CPDL 公式的定义，人们自然会想知道如何确定一串符号是否构成 CPDL 的合法公式。根据前面的定义，任何公式都必须符合下列情况之一：包含具有 n 个价的关系符号 Π 的基本子式，后跟来自 IS 的 n 个个体符号；或是 $\neg\, \alpha$ 形式的公式；或是 $(\alpha \wedge \beta)$，$(\alpha \vee \beta)$，$(\alpha \to \beta)$，$(\alpha \leftrightarrow \beta)$ 形式中的一种公式。

例如，设 IS 为 $\{a,\ b,\ c\}$，设 RS 为 $\{P,\ R\}$，其中 ad (P) =1，ad (R) =2。现在，考虑以下符号串列表：Pa，$\neg\, Rbc$，$(\neg\, Pa)$，$(\neg\, Rbc \to Pa)$，$((\neg\, Pa) \vee (Pa \wedge Rbc))$。第一个符号串包括一个一位关系符号，其后紧跟着一个单独符号。因此，根据定义 2，它是 CPDL 的基本子式，根据定义 3 的条件（1）可知它也是 CPDL 的公式。其余的符号串都不构成基本子式，因为每个符号串至少包含一个命题连接词。字符串 Rbc 包含一个二位关系符号，后跟两个个体符号。因此，根据定义 2，它是一个基本子式；根据定义 3 的第（1）条，它是一个公式。根据定义 3 的第（2.1）条，$\neg\, Rbc$ 是 CPDL 的一个公式。第三个字符串不是公式，因为它与刚刚枚举的所有可能性都不对应。然而，第四个字符串是 CPDL 的公式。我们已经确定 $\neg\, Rbc$ 和 Pa 是公式，引用定义 3 的第（2.2）条，得出 $(\neg\, Rbc \to Pa)$ 是公式。最后，考虑字符串 $((\neg\, Pa) \vee (Pa \wedge Rbc))$。如果它是一个公式，那么根据定义 3 的第（2.2）条，$(\neg\, Pa)$ 和 $(Pa \wedge Rbc)$ 都将是公式，但之前已经证明了 $(\neg\, Pa)$ 不是一个公式，因此得出结论，最后一个字符串不是公式。

9.2.2　公式和子公式

我们挑选出了 CPDL 公式集合的一个特殊子集合，即基本子式。与 CPL 一样，我们将区分基本子式和复合公式。复合公式的示例有 $\neg\neg\, Rba$，$(Pc \wedge \neg\, Saa)$ 和 $\neg\, (Rba \to Pa)$。显然，没有一个基本子式是复合式。

最后，有一类公式集合与基本子式和复合公式都相交，即基本公式（basic formulae）。

基本公式是基本子式及其否定。Rbc 和 $\neg Rbc$ 是基本公式，而（$Pa \wedge Rbc$）和 $\neg\neg Pa$ 都不是。

CPDL 的复合公式和 CPL 的复合公式一样，都有直接子公式。我们可使用与 CPL 相同的定义（第 6 章中的定义 3）来对应 CPDL。在 CPL 中以及 CPDL 中，哪些公式是复合公式的直接子公式可以用公式的树图很好地描述。此外，CPL 中对应适当子公式的相同定义（第 6 章中的定义 4）也可用于 CPDL。同样，哪个公式是哪一个公式的一个子公式也可以用树图很好地描述。最后，子公式的定义（第 6 章中的定义 5）也可用于 CPDL。

另外三个定义也直接从 CPL 继承过来：命题连接词的范围、在命题连接词的范围内的符号、公式的主命题连接词。

如同在 CPL 中一样，人们必须清楚命题连接词出现的范围。考虑公式（（$Pb \rightarrow Rab$）$\rightarrow Qc$），单独探究 $\rightarrow$ 的范围没有意义。相对地，探究第一个 $\rightarrow$ 的范围（即在（$Pb \rightarrow Rab$）中的范围）是有意义的，或者第二个 $\rightarrow$ 的范围（即（（$Pb \rightarrow Rab$）$\rightarrow Qc$）中的范围）也是有意义的。

关于命题连接词范围的定义允许人们说，例如，单个符号 a 在公式（$Pa \vee \neg Rcb$）中的 $\vee$ 范围内，但 a 不在 $\neg$ 范围内。此外，$\neg$ 在 $\vee$ 的范围内，但不能反过来。

CPDL 的复合公式与 CPL 的复合公式一样，都具有主命题连接词。（$Pa \vee \neg Rcb$）的主命题连接词是 $\vee$。

最后，请注意，与 CPL 一样，括号不在 CPDL 的符号中列出。相反，它们通过对公式集合的定义被代入公式中。CPL 公式中的缩写惯例同样也适用于 CPDL 公式。读者可以通过查阅 6.2.1.3 节的最后段落来进行复习。

练习：公式和子公式

1. 写出 CPDL 公式集合的综合定义。

2. 给出 CPDL 公式的下列各部分之间的关系的定义：

   (a) 命题连接词的范围。

   (b) 在命题连接词的范围内的公式。

   (c) 出现在命题连接词的范围内的命题连接词。

   (d) 公式的主命题连接词。

3. 设 IS 为 {a, b, c, d}，RS 为 {P, Q, R, S, G, H}，ad（P）=1，ad（Q）=1，ad（R）=2，ad（S）=2，ad（G）=3，ad（H）=3。在下面的符号串中找出哪些是 CPDL 公式，哪些是 CPDL 公式的传统缩写，哪些两者都不是。对于是传统缩写的公式，写出其原公式。

   (a) $Haab$

   (b) （（$Sab \wedge$）$Rba \vee Qb$）

   (c) （Qb）

   (d) （（$Gbaa \rightarrow \neg Paa$）$\leftrightarrow Qa$）

   (e) $\neg\neg(\neg\neg Sab \leftrightarrow \neg\neg\neg Rdb)$

   (f) （（$Pc \wedge Qa$）$\leftarrow Rab$）$\vee Pb$）

   (g) $Pd \vee Qb$

   (h) （（$Pc \wedge$（$Qa \rightarrow Sbaa$））$\wedge Pc$）

   (i) （$Pc \vee Qa \vee Rdb$）

   (j) Sd

   (k) （$\neg$（（$Pc \wedge Qa$）$\vee Rab$））

   (l) （（$Hab \wedge Rba$）$\rightarrow Qbc$）

4. 在下列公式中，确定哪些是基本子式，哪些是基本公式，哪些是复合公式。

   (a) （$Pc \vee Rab$）

   (b) （（$Sdb \vee$（$Qa \wedge Hadb$））$\rightarrow Pc$）

   (c) $\neg Qb$

   (d) Sba

   (e) （（$Gbba \rightarrow Pa$）$\vee Rba$）

   (f) $\neg Pc$

(g) $\neg((Pc \leftrightarrow Qa) \vee Rdb)$ (h) $(Pc \rightarrow (Qc \vee Rba))$

(i) $\neg\neg\neg Rdb$ (j) Saa

5. 对于给定的每个公式，找出其所有子公式及主连接词。

(a) $(Qa \rightarrow (Pc \wedge Pc))$ (b) $\neg\neg\neg Hbcd$

(c) $\neg((\neg Rdb \vee Pc) \wedge \neg Qa)$ (d) Rdb

(e) $(\neg(Rdb \vee (Qa \wedge Sdd)) \rightarrow Pc)$

6. 考虑这个公式：

$$(((Pb \rightarrow Qc) \vee (Gab \wedge Qa)) \wedge (Scc \rightarrow Pc))$$

(a) 第一个→的范围是什么？   (b) 第二个→的范围是什么？

(c) 第一个∧的范围是什么？   (d) 第二个∧的范围是什么？

(e) ∨的范围是什么？

7. 考虑另一个公式：

$$((Pc \wedge ((Qc \rightarrow Rdb) \leftrightarrow \neg Habc)) \vee (Qa \wedge Rbc))$$

(a) Rdb 是否在↔的范围内？   (b) Rbc 是否在∨的范围内？

(c) 第一个 c 是否在第一个∧的范围内？   (d) ↔是否在→的范围内？

(e) 第二个 a 是否在∧的范围内？   (f) ¬是否在∨的范围内？

(g) 第一个 b 是否在第一个∧的范围内？   (h) 第一个 Pc 是否在第一个∧的范围内？

(i) ↔是否在第一个∧的范围内？   (j) 任何一个∧是否在另一个∧的范围内？

9.3　语义

回想一下，二值赋值是指函数赋值 T 或 F 给 CPL 的命题变量。由于 CPL 的基本子式正是命题变量，所以二值赋值将值赋给基本子式，但它不能给复合公式赋值。经典估值的定义将会以一种独特的方式把二值赋值扩展到所有 CPL 公式的真值赋值上。

由于 CPDL 的复合公式与 CPL 的复合公式是以相同的方式构建的，因此可以预料到，一旦确定了真值分配给 CPDL 的基本子式的方式，它们所构成的复合公式的真值的计算方法与 CPL 的复合公式的真值的计算方法完全相同，都是基于对命题变量的二值赋值来计算的。所以，问题来了：如何将真值赋给 CPDL 的基本子式？

回想一下，CPDL 的基本子式不是一个基本表达式，而是一个复杂表达式，由一个关系符号和一个或多个个体符号组成。现在的想法是将值赋给关系符号和个体符号，以便能够将真值赋给由它们构建的基本子式。将值分配给关系符号和个体符号的函数称为解释函数（interpretation function）。它的定义域包括个体符号集合和关系符号集合（IS ∪ RS）。它的值域包括由一些个体组成的集合，被称为全集（universe），以及对全集按照集合论的操作所得到的所有集合。但是，如果对应某值域的一般的赋值函数想要成为解释函数，则必须满足某些条件。特别是，解释函数能够分配给 IS 的每个成员一个全集 U 中的值，同时它给价为 1 的每一个关系符号赋的值组成的集合是 U 的一个子集，给价为 n（$n \geqslant 2$）的每一个关系符号赋的值组成的 n 元组的元素同样来自 U。

更精确的表述为，设 U（即全集）为一个非空的集合。由 U 中的元素构成的所有有序对的集合用 U^2 表示；由 U 中的元素构成的所有有序三元组的集合用 U^3 表示。一般来说，所有 n 元组的集合称为 U^n，但是，在 n 等于 1 的情况下，我们规定 U^1 为 U，而不是一个一元组的集合。然后，如果符号是一个个体符号，解释函数必须从 U 给它赋值；如果一个符号

是 n 位关系符号，解释函数必须从 $\text{Pow}(U^n)$ 给它赋值。

现在为识别标志定义一个结构或模型。

定义 4 识别标志的结构

M（即 $<U, i>$）为识别标志（即 $<\text{IS}, \text{RS}, \text{ad}>$）的结构，当且仅当

（1）U 是一个非空集合。

（2）i 是一个函数，并且满足

　　（2.1）它的值域为 $\text{IS} \cup \text{RS}$。

　　（2.2）对于任意 $c \in \text{IS}$，$i(c) \in U$。

　　（2.3）对于任意 $\Pi \in \text{RS}$，有 $\text{ad}(\Pi) = n, i(\Pi) \in \text{Pow}(U^n)$。

让我们考虑这样一个情况，其中 $\text{IS} = \{a, b, c\}$ 和 $\text{RS} = \{P, R\}$，且 $\text{ad}(P) = 1$ 和 $\text{ad}(R) = 2$。让 U 为集合 $\{1, 2, 3\}$，以下两个函数都是从 $\text{IS} \cup \text{RS}$ 到 $U \cup \text{Pow}(U) \cup \text{Pow}(U^2)$ 的函数，但只有第一个 i 是解释函数：

$$
\begin{array}{llll}
i & a & \mapsto & 1 \\
  & b & \mapsto & 2 \\
  & c & \mapsto & 3 \\
  & P & \mapsto & \{2, 3\} \\
  & R & \mapsto & \{\langle 1, 2 \rangle, \langle 2, 3 \rangle, \langle 3, 1 \rangle\} \\
j & a & \mapsto & 1 \\
  & b & \mapsto & 2 \\
  & c & \mapsto & 3 \\
  & P & \mapsto & \{\langle 1, 2 \rangle, \langle 2, 3 \rangle, \langle 3, 1 \rangle\} \\
  & R & \mapsto & \{2, 3\}
\end{array}
$$

j 基于两个方面的原因不能成为解释函数：第一，一位关系符号 P 不能解释为 U 的子集；第二，R 不能解释为由 U 形成的有序对集合的子集。

现在要定义 CPDL 公式的经典估值方法。正如 CPL 公式的经典估值方法将从命题变量或基本子式到真值的二值赋值函数扩展到从所有公式到真值的函数一样，CPDL 表达式的经典估值方法也是如此。它将解释函数（即从非逻辑符号映射到全集、全集的子集或由全集元素组成的 n 元组的子集的函数）扩展到还为所有表达式赋值的函数，包括非逻辑符号及由其生成的公式。因此，正如 CPL 公式的经典估值方法包含其扩展的二值赋值一样，CPDL 公式的经典估值包含其扩展的解释函数。CPDL 公式的经典估值定义有三个部分。第一部分规定，当经典估值应用于非逻辑符号时，扩展函数的经典估值与解释函数一致，正如 CPL 公式的经典估值与其扩展的二价真值赋值一致一样。

定义 5 CPDL 的经典估值

设 M（即 $<U, i>$）为识别标志（即 $<\text{IS}, \text{RS}, \text{ad}>$）的结构。当且仅当它的定义域为 $\text{IS} \cup \text{RS} \cup \text{FM}$，且满足以下条件时，$v_M$ 是一个（对于 CPDL）经典估值函数：

（0）对于非逻辑符号

　　如果 c 是 IS 的元素，则 $v_M(c) = i(c)$。

　　如果 Π 是 RS 的元素，则 $v_M(\Pi) = i(\Pi)$。

（1）对于基本子式

　　设 Π 为 RS 的元素，且 $\text{ad}(\Pi) = 1$，设 c 为 IS 的成员，那么

（1.1）当且仅当 $v_M(c) \in v_M(\Pi)$，$v_M(\Pi c)$ =T。

设 Π 为 RS 的元素，且 ad (Π) =n（其中 n>1），设 c_1，$\cdots$，c_n 为 IS 的元素，那么

（1.2）当且仅当 $<v_M(c_1)$，$\cdots$，$v_M(c_n)> \in v_M(\Pi)$，$v_M(\Pi c_1 \cdots c_n)$ =T。

（2）对于复合公式

对于 FM 中的每个 α 和每个 β

$$(2.1) \quad v_M(\neg\alpha) \quad = o_\neg(v_M(\alpha))$$

$$(2.2.1) \quad v_M(\alpha \wedge \beta) \quad = o_\wedge(v_M(\alpha), v_M(\beta))$$

$$(2.2.2) \quad v_M(\alpha \vee \beta) \quad = o_\vee(v_M(\alpha), v_M(\beta))$$

$$(2.2.3) \quad v_M(\alpha \to \beta) \quad = o_\to(v_M(\alpha), v_M(\beta))$$

$$(2.2.4) \quad v_M(\alpha \leftrightarrow \beta) \quad = o_\leftrightarrow(v_M(\alpha), v_M(\beta))$$

来看看 CPDL 的基本子式如何根据结构和自身的定义（定义 2）来确定真值。CPDL 的基本子式的结构相对简单。例如，考虑公式 Rab。它的合成树图有两个生成行：上面的节点被标记为 R、a 和 b，下面的节点被标记为 Rab。结构 $<U, i>$ 将值分配给其中的每一个元素，并且定义 5 的第（1.2）条根据上面三个节点的值来确定下面节点的值。

细心的读者会注意到，对 CPDL 公式的经典估值的定义是一个分类版本。将这个定义改写为一个综合定义是一件很简单的事情。我把这个改写留给读者作为练习。

尽管在这里不能证明，但解释函数给出了公式的经典估值。基于这个原因，经典估值被产生它的解释函数所索引，就像 CPL 的经典估值被真值赋值函数所索引一样。

练习：解释函数和结构

1. 设 IS 为 {a, b, c}，RS 为 {P, R, T}，ad (P) =1，ad (R) =2，ad (T) =3，U 为 {1, 2, 3}。对于以下每个函数，确定它是否与 U 一起构成给定识别标志的结构。

i_1　$a \mapsto \{1\}$
　　$b \mapsto 2$
　　$c \mapsto 3$
　　$P \mapsto \{1, 2, 3\}$
　　$R \mapsto \{\langle 1, 2\rangle, \langle 2, 3\rangle, \langle 3, 1\rangle\}$
　　$T \mapsto \{\langle 2, 1, 2\rangle, \langle 2, 3, 1\rangle, \langle 1, 3, 1\rangle\}$

i_2　$a \mapsto 3$
　　$b \mapsto 2$
　　$c \mapsto 1$
　　$P \mapsto \{1, 3\}$
　　$R \mapsto \{\langle 1, 1\rangle, \langle 2, 2\rangle, \langle 3, 3\rangle\}$
　　$T \mapsto \{\langle 1, 2, 3\rangle, \langle 2, 3, 1\rangle, \langle 3, 1, 2\rangle\}$

i_3　$a \mapsto 1$
　　$b \mapsto 2$
　　$P \mapsto \{2, 3\}$
　　$R \mapsto \{\langle 2, 1\rangle, \langle 2, 2\rangle, \langle 3, 1\rangle\}$
　　$T \mapsto \{\langle 1, 1, 3\rangle, \langle 3, 3, 1\rangle, \langle 2, 3, 2\rangle\}$

$$
\begin{array}{llll}
i_4 & a & \mapsto & 1 \\
 & b & \mapsto & 1 \\
 & c & \mapsto & 1 \\
 & P & \mapsto & \{1,2\} \\
 & R & \mapsto & \{\langle 1,3\rangle\} \\
 & T & \mapsto & \{\langle 1,1,1\rangle, \langle 2,2,2\rangle, \langle 3,3,3\rangle\}
\end{array}
$$

$$
\begin{array}{llll}
i_5 & a & \mapsto & 1 \\
 & b & \mapsto & 2 \\
 & c & \mapsto & 2 \\
 & P & \mapsto & \{1,1\} \\
 & R & \mapsto & \{\langle 2,1\rangle, \langle 2,2\rangle, \langle 3,1\rangle\} \\
 & T & \mapsto & \{\langle 1,3,1\rangle, \langle 3,3,2\rangle\}
\end{array}
$$

$$
\begin{array}{llll}
i_6 & a & \mapsto & \varnothing \\
 & b & \mapsto & 2 \\
 & c & \mapsto & 2 \\
 & P & \mapsto & \{1\} \\
 & R & \mapsto & \{\langle 2,1\rangle, \langle 2,2\rangle, \langle 3,1\rangle\} \\
 & T & \mapsto & \{\langle 1,1,3\rangle, \langle 3,3,1\rangle, \langle 2,3,2\rangle\}
\end{array}
$$

$$
\begin{array}{llll}
i_7 & a & \mapsto & 1 \\
 & b & \mapsto & 1 \\
 & c & \mapsto & 1 \\
 & P & \mapsto & \varnothing \\
 & R & \mapsto & \varnothing \\
 & T & \mapsto & \varnothing
\end{array}
$$

$$
\begin{array}{llll}
i_8 & a & \mapsto & 4 \\
 & b & \mapsto & 2 \\
 & c & \mapsto & 2 \\
 & P & \mapsto & \{3,1\} \\
 & R & \mapsto & \{\langle 1,1\rangle, \langle 2,2\rangle, \langle 3,3\rangle\} \\
 & T & \mapsto & \{\langle 3,2,1\rangle, \langle 1,3,2\rangle, \langle 2,1,3\rangle\}
\end{array}
$$

$$
\begin{array}{llll}
i_9 & a & \mapsto & 3 \\
 & b & \mapsto & 2 \\
 & c & \mapsto & 2 \\
 & P & \mapsto & \{1\} \\
 & R & \mapsto & \{\langle 3,2\rangle, \langle 2,1\rangle, \langle 1,4\rangle\} \\
 & T & \mapsto & \{\langle 2,2,1\rangle, \langle 1,3,3\rangle, \langle 1,1,3\rangle, \langle 2,1,2\rangle\}
\end{array}
$$

$$
\begin{array}{llll}
i_{10} & a & \mapsto & 3 \\
 & b & \mapsto & 2 \\
 & c & \mapsto & 2 \\
 & P & \mapsto & \{1,1\} \\
 & R & \mapsto & \{\langle 3,2\rangle, \langle 2,1\rangle, \langle 1,3\rangle\}
\end{array}
$$

2. 设 $<U, j>$ 是识别标志对应的结构，其中 IS 是 $\{a, b, c\}$，RS 是 $\{P, R, T\}$，ad $(P)=1$，ad (R) $=2$，ad $(T)=3$，U 是 $\{1, 2, 3\}$，j 可以定义如下。

$$
\begin{array}{llll}
j & a & \mapsto & 1 \\
 & b & \mapsto & 2 \\
 & c & \mapsto & 3 \\
 & P & \mapsto & \{3,1\} \\
 & R & \mapsto & \{\langle 1,2\rangle, \langle 3,2\rangle, \langle 3,3\rangle\} \\
 & T & \mapsto & \{\langle 3,2,1\rangle, \langle 1,3,2\rangle, \langle 2,1,3\rangle\}
\end{array}
$$

对于下列每一个公式，说明其由结构 $<U, j>$ 决定的真值。

(a) $Pc \lor Rab$

(b) $\neg T\,aab$

(c) $((Rab \lor (Pa \land T\,ccc) \rightarrow Pb$

(d) $Pb \lor \neg Pb$

(e) Rba

(f) $((T\,bba \rightarrow Pa) \lor Rbb)$

（g）$\neg Pc$ （h）$\neg((Pc \leftrightarrow Gcba) \vee Raa)$

（i）$(Pa \rightarrow (Tbab \vee Rcc))$ （j）$\neg\neg Rcc$

（k）Raa

3. 考虑 CPDL 经典估值的定义（定义 5）。

（a）解释为什么不能用删除第（2.1）条而只保留第（2.2）条的形式，并通过简单地删除 $n>1$ 的限制来修改？

（b）为了通过允许 n 是任何正整数而使第（2.2）条包含第（2.1）条，必须做些什么？（提示：重新考虑 U^n 的定义。）

（c）注意通过扩展解释函数得到的经典估值函数的定义域是解释函数的定义域的真超集。定义另一种经典估值函数，使其定义域只是公式的集合，从而使其定义域与解释函数的定义域不相交。

（d）重新定义的经典估值函数是解释函数的扩展吗？

9.3.1 语义性质和关系

在第 6 章中，我们定义了 CPL 公式和公式集合的若干性质和关系。在这里将定义 CPDL 公式和对应公式集合的类似性质和关系。其中基本的关系是满足关系，这里的定义类似 CPL 中对应的定义。之所以说 CPDL 的定义只是类似 CPL 的定义，是因为满足关系的对象或者说相关的事物是不同的。在 CPL 中，满足关系的一方是二值真值，另一方则是 CPL 的一个公式或公式集合。在 CPDL 中，满足关系是识别标志的结构与 CPDL 的一个或一组公式之间的关系。回想一下，CPL 的公式集合和 CPDL 的公式集合是不相交的。

定义 6 CPDL 中的满足关系

（1）对于每个结构 M 和每个公式 α，M 满足 α，当且仅当 $v_M(\alpha) =$ T。

（2）对于每个结构 M 和每个公式集合 Γ，M 满足 Γ，当且仅当对任意 $\alpha \in \Gamma$，$v_M(\alpha) =$ T。

下面是一对关于满足关系的性质。

性质 1 关于满足关系的性质

（1）对于每个结构 M 和每个公式 α，M 满足 α，当且仅当 M 满足 $\{\alpha\}$。

（2）每一个结构都满足空集。

鉴于前面所说的 CPL 的满足关系和 CPDL 的满足关系是相似的，因此，与 CPDL 的满足关系有关的这两个性质类似与 CPL 的满足关系有关的两个性质就不足为奇了。

让我们看看为什么这两个类似的性质适用于 CPDL。首先，来看看为什么若一个结构能够满足一个公式构成的单例集，它能够满足这个公式。假设结构 M 满足公式 α，根据满足关系定义的第（1）条，v_M 将 T 赋给 α，但是由于 α 是集合 $\{\alpha\}$ 中的唯一公式，所以 v_M 能够将 T 赋给 $\{\alpha\}$ 的每个成员。相对应地，假设结构 M 将 T 赋给由单一公式组成的集合 $\{\alpha\}$ 中的每个公式，根据满足关系定义的第（2）条，v_M 将 T 赋给 α。接着，我们证明每个结构满足公式的空集。首先，假设任意选择的结构不满足空集。然后，根据满足定义的第（2）条，二值赋值不能满足集合中的某些公式，但这是不可能的，因为空集合没有成员。因此，没有二值赋值不能满足空集。换言之，每一个二值赋值函数都满足空集。

读者应该花点时间确认一下，这里证明这两个性质的方式实际上与 6.2.2.3 节中的对应性质的证明方式完全相同。实际上，CPL 中的满足关系和 CPDL 中的满足关系之间的类比不仅支持本节定义的所有性质和关系，而且还支持与它们相关的逻辑性质。我们鼓励读者花时间自己去证实这些性质。如果经过一两次认真的尝试之后，读者仍不知道如何确定某个性质，可以参考 6.2.2.3 节中的类似性质的证明。

9.3.1.1　公式的性质

与 CPL 一样，CPDL 公式分为重言式（即每个结构都满足的公式）、矛盾式（即没有结构满足的公式）和偶然式（即一些结构满足但另一些结构不能满足的公式）。

定义 7　CPDL 重言式

一个公式是重言式，当且仅当任何结构能满足它。

这里有一些 CPDL 的重言式：$Pa \lor \neg Pa$，$Rab \to Rab$，$(Pa \land \neg Pa) \to Rab$，$Pb \to (Pa \to Pb)$。注意，每一个公式都可以从 CPL 的重言式中获得，方法是用 CPDL 的合适公式代替 CPL 的基本命题变量。例如，用 Pa 代替 CPL 的重言式 $p \lor \neg p$ 中的 p，用 Rab 代替 p 从而得到前面的重言式例子中的第一个，而用 Pb 和 Pa 分别代替 $p \to (q \to p)$ 中的 p 和 q 得到前面的重言式例子中的最后一个。

定义 8　CPDL 的矛盾式

一个公式为矛盾式，当且仅当每个结构不满足它。

$Pa \land \neg Pa$，$(Rab \lor \neg Rab) \to (Gaab \land \neg Gaab)$，$Rba \leftrightarrow \neg Rba$ 是 CPDL 的矛盾式。同样，每一个矛盾都可以通过用 CPDL 的适当公式代替 CPL 中矛盾式里的命题变量来得到。

定义 9　CPDL 的偶然式

一个公式为偶然式，当且仅当某些结构满足它，而另一些结构不满足它。

CPDL 偶然式包括 $Pa \lor Rab$，$Sa \to (Sa \land Rbb)$ 等公式。它们与 CPDL 的其他偶然式一样，可以通过使用 CPDL 的适当公式代替 CPL 中偶然式中的命题变量来得到。

9.3.1.2　公式及公式集合的性质

下一步将讨论可满足性和不可满足性。我们将对这些性质进行定义，以便使之既适用于单一公式，也适用于公式集合，就像在 CPL 中对它们的对应项所做的那样。

定义 10　CPDL 的可满足性

（1）一个公式是可满足的，当且仅当某些结构能够满足它。

（2）一个公式集合是可满足的，当且仅当某些结构满足集合中的每个公式。

这些公式集合是可满足的：$\{Rab, Pb, Rab \to Pb\}$，$\{Rca\}$，$\{Pa \lor \neg Rab, Pa \land Rab, Pc \lor (Pa \to \neg Pc)\}$。可满足性也称为语义一致性（semantic consistency）。

不出所料，CPDL 可满足性的性质类似于 CPL 的可满足性的性质。

性质 2　关于可满足性的性质

（1）对于每个公式 α，α 是可满足的，当且仅当 $\{\alpha\}$ 是可满足的。

（2）可满足公式集合的每个子集都是可满足的。

（3）空集是可满足的。

现在转向不可满足性，也称为语义不一致性（semantic inconsistency）。

定义 11　CPDL 的不可满足性

（1）一个公式是不可满足的，当且仅当没有结构满足它。

（2）一个公式集合是不可满足的，当且仅当没有结构满足所有的公式。

这里有两个不可满足公式的集合：$\{Pa, \neg Rab, Pa \to Rab\}$ 和 $\{Pa \land Rab, Pc \lor (Pa \to \neg Pc), Pa \land \neg Rab\}$。

再次，CPDL 不可满足性的性质类似于 CPL 的不可满足性的性质。

性质 3 关于不可满足性的性质

（1）对于每个公式 α，α 是不可满足的，当且仅当 $\{\alpha\}$ 是不可满足的。

（2）每个不可满足的公式集合的超集都是不可满足的。

（3）FM（即所有公式的集合）是不可满足的。

鼓励读者自己去证明这些性质。

我们注意到，除了特意构建可满足的公式集合外，每一个可满足的 CPDL 公式集合都可以通过使用适当的 CPDL 公式替换 CPL 可满足公式集合中的公式的命题变量来获得。对于每一个不可满足的 CPDL 公式集合也可以这样获得。

9.3.1.3　公式与公式集合的关系

最后，类比 CPL，我们得到了 CPDL 的语义等价关系和蕴含关系。

定义 12 CPDL 的语义等价

一组公式或一个公式与另一组公式或另一个公式，在语义上是等价的，当且仅当

（1）满足前者的每个结构都满足后者。

（2）满足后者的每个结构都满足前者。

下列公式在语义上是等价的：$Pa \lor Pa$ 和 Pa，$Pa \lor \neg Rab$ 和 $Rab \to Pa$，以及 $\neg(Pa \land Rab)$ 和 $\neg Pa \lor \neg Rab$。

同样，CPDL 的语义等价与 CPL 的语义等价也有类似的性质。

性质 4 关于语义等价性的性质

（1）所有重言式和重言式集合在语义上是等价的。

（2）所有重言式和所有重言式集合在语义上都等价于空集合。

（3）所有矛盾式和所有矛盾式集合在语义上是等价的。

（4）所有矛盾式和所有矛盾式集合在语义上等价于 FM，即所有公式的集合。

第二个关系——蕴含——是一组公式与一个公式之间的关系。

定义 13 CPDL 的蕴含

一组公式包含一个公式，即 $\Gamma \vDash \alpha$，当且仅当每个满足集合 Γ 的结构都能满足公式 α。

公式集合 $\{Pa, Pa \to Rab\}$ 蕴含公式 Rab，表示为 $\{Pa, Pa \to Rab\} \vDash Rab$。公式集合 $\{Rab, Pa \to Rab\}$ 不蕴含公式 Pa，表示为 $\{Rab, Pa \to Rab\} \nvDash Pa$。

性质 5 蕴含的性质

设 α 和 β 为公式，Γ 和 Δ 为公式集。

（1）如果 $\alpha \in \Gamma$，则 $\Gamma \vDash \alpha$。

（2）如果 $\Gamma \subseteq \Delta$ 以及 $\Gamma \vDash \alpha$，则 $\Delta \vDash \alpha$。

（3）$\Gamma \cup \{\alpha\} \vDash \beta$，当且仅当 $\Gamma \vDash \alpha \to \beta$。

（4）$\Gamma \vDash \alpha \land \beta$，当且仅当 $\Gamma \vDash \alpha$ 和 $\Gamma \vDash \beta$。

性质 6 关于蕴含和重言式的性质

设 α 为公式，Γ 为公式集合。

（1）α 是一个重言式，当且仅当 $\varnothing \vDash \alpha$。

（2）α 是一个重言式，当且仅当，对于每个 Γ，$\Gamma \vDash \alpha$。

性质 7 关于蕴含和不满足性的性质

设 α 为一个公式，Γ 为一个公式集合。

（1）$\Gamma \vDash \alpha$，当且仅当 $\Gamma \cup \{\neg\alpha\}$ 是不可满足的。

（2）Γ是不可满足的，当且仅当对于任何α，$\Gamma \vDash \alpha$。

（3）Γ是不可满足的，当且仅当，对于至少一个α，存在矛盾式$\Gamma \vDash \alpha$。

在本节马上结束时，我们指出，CPDL中的语义等价关系可以通过用CPDL的适当公式替换CPL中本身是语义等价的公式或语义等价的公式集合中的命题变量来获得。CPDL中的蕴含也是如此。

练习：语义性质和关系

1. 确定下列公式中哪些是重言式，哪些是偶然式，哪些是矛盾式。

(a) $\neg Pa \wedge (\neg Pa \wedge Qc)$

(b) $(Rab \wedge Qc) \rightarrow \neg Rab$

(c) $(Pb \rightarrow Qa) \rightarrow (\neg Qa \rightarrow \neg Pb)$

(d) $(Pc \vee Qb) \leftrightarrow (Pc \vee (\neg Pc \wedge Qb))$

(e) $(Pa \vee \neg Rab) \rightarrow Rab$

(f) $Gabc \vee \neg Gabb$

(g) $Pa \leftrightarrow \neg\neg Pc$

(h) $(Pa \vee Qc) \leftrightarrow Pa \vee (\neg Pa \rightarrow Qc)$

(i) $(Pa \rightarrow Pa) \rightarrow Gabc \rightarrow Pa$

(j) $Pa \wedge \neg Pb$

2. 确定以下公式集合是可满足（语义一致的）还是不可满足的（语义不一致的）。

(a) $\{(Pb \vee Qb) \wedge (Pb \vee Rba),\ Pb \wedge (Qa \vee Rba)\}$

(b) $\{(Pb \rightarrow Qb) \rightarrow (Rbc \rightarrow Sbb),\ \neg(Pb \wedge Qb) \rightarrow Scc,\ \neg Scc \rightarrow \neg Pb\}$

(c) $\{Pb \leftrightarrow Qa,\ Pb \leftrightarrow \neg Qa\}$

(d) $\{(Pb \vee Qb) \wedge Rcb,\ Rcb \rightarrow Sca,\ \neg Pb \rightarrow (Rcb \rightarrow Sca)\}$

3. 确定下列命题的真假。

(a) $Pa \wedge (Qc \vee Rab) \vDash (Pa \vee Qa) \wedge (Pa \vee Rab)$

(b) $Pa \leftrightarrow (Pa \wedge Qb) \vDash Qc \rightarrow Pb$

(c) $(Pa \wedge Qc) \rightarrow Rab \vDash Pa \rightarrow (Qc \rightarrow Rab)$

(d) $Qc \rightarrow Pa \vDash \neg Qc \rightarrow \neg Pa$

(e) $\{Pa \vee Qc, \neg Pa\} \vDash \neg Qc$

(f) $(Pa \wedge Qb) \vee (\neg Pa \wedge \neg Qb) \vDash Pa \rightarrow Qa$

4. 对于以下每一个命题，请说明其是真是假。如果是真的，解释为什么是真的；如果是假的，提供反例。

(a) 每个不可满足集合都包含一个矛盾式。

(b) 偶然式组成的集合不能够形成一个可满足集合。

(c) 每一个重言式集合都是可满足的。

(d) 没有可满足集包含重言式。

(e) 一些可满足集包含重言式。

(f) α是一个偶然式，当且仅当$\{\alpha\}$是可满足的。

(g) 一个偶然式的否定可能是一个重言式。

(h) $\Gamma \vDash \alpha \vee \beta$，当且仅当$\Gamma \vDash \alpha$或$\Gamma \vDash \beta$。

(i) $\{\alpha\}$和$\{\beta\}$，在语义上是等价的，当且仅当$\alpha \leftrightarrow \beta$是重言式。

(j) 如果$\Delta \subseteq \Gamma$且Γ是不可满足的，那么Δ是不可满足的。

(k) 如果$\Delta \subseteq \Gamma$且Δ是可满足的，那么Γ是可满足的。

(l) 如果$\Gamma \vDash \alpha$，那么$\alpha \in \Gamma$。

(m) 如果$\Delta \subseteq \Gamma$且$\Gamma \vDash \alpha$，那么$\Delta \vDash \alpha$。

9.4　演绎

CPDL中的演绎同CPL的演绎完全一致。

练习：演绎

假设以下所有公式都是CPDL的公式，用演绎来证明每个命题的合理性。

1. $\{Pa \to Qb, Qb \to Rab, Rab \to Scc\} \vdash Pa \to Scc$

2. $Pb \to Gabc \vdash \neg Gabc \to \neg Pb$

3. $\neg Gabc \to \neg Pb \vdash Pb \to Gabc$

4. $\{Pc \to Qa, Qa \to Rbb\} \vdash \neg Rbb \to \neg Pc$

5. $Pa \to Qb \vdash Pa \leftrightarrow (Pa \land Qb)$

6. $Pc \to (Qa \to Rac) \vdash (Pc \land Qa) \to Rac$

7. $\neg Gaac \leftrightarrow \neg Rca \vdash Gaac \leftrightarrow Rca$

8. $\{\neg Pa \lor \neg Qa, Qa\} \vdash Pa$

9. $(Pa \land Qb) \lor (Pa \land Rbc) \vdash (Pa \land (Qb \lor Rbc))$

部分练习答案

9.2.2 节

1. CPDL 公式集合的综合定义如下：

（1）AF ⊆ FM。

（2.1）如果 $\alpha \in$ FM, 那么 $\neg\alpha \in$ FM。

（2.2.1）如果 $\alpha, \beta \in$ FM, 那么 $(\alpha \land \beta) \in$ FM。

（2.2.2）如果 $\alpha, \beta \in$ FM, 那么 $(\alpha \lor \beta) \in$ FM。

（2.2.3）如果 $\alpha, \beta \in$ FM, 那么 $(\alpha \to \beta) \in$ FM。

（2.2.4）如果 $\alpha, \beta \in$ FM, 那么 $(\alpha \lor \beta) \in$ FM。

（3）其他情况则不属于。

2.(a) 公式 α 中命题连接词的范围是，本身包含命题连接词但其直接子公式不包含命题连接词的 α 的子公式。

(c) 公式 α 在公式 β 中命题连接词的范围内，当且仅当 α 是公式 β 中命题连接词的范围内的一个子公式。

3.(a) 是　　　　(c) 否　　　　(e) 是

(g) 传统缩写　　(i) 传统缩写　　(k) 否

4.(a) 复合式　　(c) 基本式　　(e) 复合式

(g) 复合式　　(i) 复合式

5.(a) $(Qa \to (Pc \land Pc))$, $(Pc \land Pc)$, Qa, Pc

(c)- $(\text{-}Rdb \lor Pc) \lor Qa$、$(\text{-}Rdb \lor Pc) \lor Qa$、$(\text{-}Rdb \lor Pc)$、$\text{-}Qa$、$Qa$、$\neg Rdb$, Pc, Rdb

(e) $((Rdb \lor (Qa \land Sdd)) \to Pc)$、$(Rdb \lor (Qa \land Sdd))$、$Pc$、$(Rdb \lor (Qa \land Sdd))$, Rdb,

$(Qa \land Sdd)$, Qa, Sdd

6.(a) $(Pb \to Qc)$　　(c) $(Gabc \land Qa)$

(d) $(((Pb \to Qc) \lor (Gabc \land Qa)) \land (Scc \to Pc))$

7.(a) 是　　(c) 是

(e) 否　　(g) 是

(i) 是

9.3 节

1. 对于识别标志 <IS,RS,ad>, $<U, i_1>$, $<U, i_3>$ 和 $<U, i_9>$ 不是结构，而 $<U, i_5>$ 和 $<U, i_7>$ 是。

2.(a) 真　　(c) 假

(e) 假　　(g) 假

(i) 真　　(k) 假

9.3.1.3 节

1. (a) 重言式　　(c) 重言式　　(e) 偶然式
   (g) 偶然式　　(i) 偶然式
2. (a) 可满足　　(c) 不可满足的
3. (a) 是　　　　(c) 是　　　　(e) 否
4. (a) 假　　　　(c) 真　　　　(e) 真　　　　(g) 假
   (i) 真　　　　(k) 假　　　　(m) 假
   (f) 左边条件能推出右边条件，但不能反过来。
   (h) 右边条件能推出左边条件，但不能反过来。

第 10 章

英语中的语法谓语和最小子句

10.1 介绍

在第 9 章中，为了帮助读者直观地理解关系符号和个体符号的概念，我们提出将关系符号和个体符号与英语动词和专有名词进行类比。特别是，我们注意到，由专有名词和不及物动词，或由两个专有名词和及物动词，或由三个专有名词和一个双及物动词组成的最小独立英语子句，类似由一位关系符号和一个个体符号，一个两位关系符号和两个个体符号，以及一个三位关系符号和三个个体符号组成的基本子式。正是对最小独立英语子句的认识，帮助我们理解 CPDL 的符号是如何发挥作用的。

在本章中，我们将看到，与最小独立英语子句有关的问题比与 CPDL 的基本子式有关的问题更为复杂。特别是，CPDL 基本表达式的分类要比最小英语子句的基本表达式的分类简单得多，谓词逻辑的基本子式的形成也要比最小独立英语子句的形成简单得多。

回想一下，在 CPDL 中，我们从一组基本表达式开始，这些表达式按所谓的识别标志进行分类。然后，我们使用基本表达式库来定义复杂表达式集合，其中包括基本子式和由它们构建的复合公式。此外，我们允许为基本表达式分配一系列值。然而，不是所有的赋值方法都是解释函数。重要的是，根据简单符号的分类方式为其赋值。最后，将解释函数扩展为首先将真值赋给基本子式，然后再赋值给所有复杂公式。

第 3 章介绍了成分语法的概念。成分语法包括一个非空的有限基本表达式集合、一个非空有限的类别集合、一个词典和一组成分形成规则。现在，就像一个识别标志提供了一组类别，并将符号分类为个体符号和具有各种价值的关系符号那样，成分语法的词典将每一个基本表达式与一个类别进行配对。此外，正如 CPDL 的形成规则规定了如何使用识别标志的类别来形成基本子式，以及如何从基本子式中获得复合公式一样，成分语法的形成规则和成分的形成规则为怎样才能够从简单的成分中获得复杂的成分提供了依据。我们将要解决的问题是，不仅要规定赋值给词典成员的方式，而且还要规定赋值给由它们组成的成分的方式。换言之，我们将确定什么能够构成语言基本表达式的解释函数，类似于 CDPL 的个体符号和关系符号集合的解释函数，并根据解释函数为每个复杂成分赋值来决定最终成分的值，类似于给每一个公式赋予一个真值。

正如在 3.4 节所了解到的，成分语法在许多方面都是不完善的。我们之前承诺过解决 3.3.4.1 节中列出的两种形式的不足，一个是不能区别出虽然属于同一词汇类别但是却搭配不同补语的词，另一个是不能辨别出任何被非正式地分类为 XP 的表达式包含的被分类为 X 的词。我们将会看到，解决了上述第一个问题也就能解决第二个问题。成分语法的另一个不足之处是，它不允许对结构进行定义，这一点在前面没有讨论过，但在这里将进行相关讨论。正如将看到的，前两个问题的解决方案也能解决最后一个问题。换句话说，这三个问题的解决方法实际上是相同的。此外，这个解决方案也为解决本章稍后将阐述的其他不足打下基础。

10.2 最小英语子句

让我们把一个最小的英语子句定义为陈述语气的从句,它的每个成分都是最小的。回想一下,陈述语气中的每一个独立的英语从句都包括一个主语名词短语和一个动词短语。最小名词短语是仅由专有名词组成的短语,但是什么是最小动词短语呢?要回答这个问题,我们必须区分中心词、修饰语和补语。一般来说,一个成分有一个中心词。名词短语把其中的名词视为中心词,动词短语则是一个动词,形容词短语则是一个形容词,而一个介词短语则是一个介词,等等。除了中心词,一个成分可能包含被称为补语的直接成分。从传统语法的角度看,补语被认为是完整中心词的成分。因此,补语是中心词需要的成分,而修饰语则不是必需的。正如我们将看到的那样,非补语确实是可选的,但补语有时是可选的,有时则不是。一个最小英语子句由一个最小主语名词短语和一个动词短语组成,这个动词短语由一个动词作为中心词,并搭配着它的补语。

在本节中,我们将探讨最小成分的语法以及从这些成分中可以得到的最小从句的语法。这些研究自然地分为动词及其补语研究、形容词及其补语研究、介词及其补语研究、名词及其补语研究。

10.2.1 动词短语:动词及其补语

在前几章中,我们看到了同一个表达式如何作为一个成分出现在许多不同的较大表达式中。在第 3 章中,我们看到用 VP 标记的表达式作为问题的答案,作为成分出现在准分裂句的系动词后边以及作为错位成分出现在所谓的动词前置中。

(1.1)　问　What did the tall guide do?
　　　　答　[VP meet the foreign visitor at the train station at five o'clock].

(1.2)　　　What the tall guide did was [VP meet the foreign visitor at the train
　　　　　station at five o'clock].

(1.3)　　　Ben promised to finish his paper and [VP finish his paper] he will.

在第 4 章中,我们看到了一些作为某些省略形式的先行词的表达式,以及一些词(例如 so 和 the same thing)在与动词 to do 连用时作为它们先行词的表达式,都是 VP 成分。

(2.1)　　　Fred [VP drove a fast car], and Tom did __ too.

(2.2)　　　Fred [VP drove a fast car], as did Tom __ .

(2.3.1)　　Fred [VP drove a fast car], and Tom did so too.

(2.3.2)　　Fred [VP drove a fast car], and so did Tom.

(2.4)　　　Fred [VP drove a fast car], and Tom did the same thing.

在确定了一些可以表明动词短语是英语表达的组成部分这一假设的模式之后,让我们来讨论怎样区分动词补语和非动词补语。

10.2.1.1 区分动词补语和非动词补语

长期以来一直认为,有些成分对动词是必不可少的,而另一些成分则不是。在句子 (3.1)中,

(3.1)　　Alice [VP greeted [NP the visitor] [PP at the door]].

(3.2)　　Alice [VP greeted [NP the visitor]].

(3.3)　　*Alice [VP greeted [PP at the door]].

如句子（3.2）所示，介词短语 at the door 可以省略，结果表达式不会变得不可接受，而如句子（3.3）所示，省略名词短语 the visitor 会导致结果不可接受。

然而，正如将要看到的，虽然一个动词的成分的不可省略性是它是动词补语的初步证据，但成分的可省略性并不是它不是动词补语的证据。换言之，动词的成分的不可省略性是其作为动词补语的充分条件，但不是必要条件。

随着转换语法的出现，人们发现了各种各样的似乎有助于区分动词补语和非补语的模式。例如，Klima（1965）注意到，在准分裂句的主语从句中可出现句子的动词短语的非补语，但不能出现其补语。例如，介词短语 in the bathtub 可能出现在句子（4.2）中准分裂句的主语从句中，但名词短语 dirty dishes 不能。

(4.1)　　Alice [VP washes [NP dirty dishes] [PP in the bathtub]].

(4.2)　　[NP What Alice does in the bathtub] [VP is wash [NP dirty dishes]].

(4.3)　　*[NP What Alice does dirty dishes] [VP is wash [PP in the bathtub]].

换言之，在准分裂句的主语从句中出现在动词 to do 后面的成分是该动词的非补语成分。

另一种模式是在带有动词短语先行词的内指表达式中发现的。在动词短语中，动词的某个充当内指先行词的成分如果不能加入内指从句进而不影响内指从句的可接受性，则其为该动词的补语；而如果同一类型的成分可以在不影响内指从句可接受性的情况下添加进去，则它不是动词的补语。

考虑以下句子，关注其中的动词短语省略，以及在动词 to do 后面的 so（见 Huddleston（2002，sec. 1））和 the same thing（见 Baker（1989，chap. 3.1））。

(5.1)　Alice [VP washes clothes in the bathtub] and Bill does too.
(5.2)　Alice [VP washes clothes in the bathtub] and Bill does too in the kitchen sink.
(5.3)　Alice [VP washes clothes] and *Bill does too dishes.

(6.1)　Alice [VP washes clothes in the bathtub] and Bill does *so* too.
(6.2)　Alice [VP washes clothes in the bathtub] and Bill does *so* too in the kitchen sink.
(6.3)　Alice [VP washes clothes] and *Bill does *so* too dishes.

(7.1)　Alice [VP washes clothes in the bathtub] and Bill does *the same thing*.
(7.2)　Alice [VP washes clothes in the bathtub] and Bill does *the same thing* in the kitchen sink.
(7.3)　Alice [VP washes clothes] and *Bill does *the same thing* dishes.

在每组句子的第二个中，介词短语 in the kitchen sink 与前面的先行动词短语 in the bathtub 的介词短语平行，它可以被附加到内指表达式中，而不影响结果句子的可接受性。而在第三句中，名词短语 dishes 与先行动词短语中的名词短语 clothes 平行，其被附加到内指表达式后，结果子句变得不可接受。

10.2.1.2　英语动词补语的基本模式

在这里考察了英语主要描写语法中所确定的动词补语的范围（见 Quirk et al（1985，chap. 16 和 Huddleston（2002））。正如在第 3 章中看到的，传统英语语法区分了不及物动词和及物动词。英语不及物动词是不跟任何补语的动词。

(8.1)　　The smoke vanished.

(8.2)　　*Bill vanished the salad.

不跟补语（不及物动词）：

to bloom, to crawl, to die, to disappear, to elapse, to expire, to fail, to faint, to fall, to laugh, to sleep, to stroll, to vanish, …

英语及物动词是需要名词短语补语的动词。

(9.1)   Bill abandoned [NP his teammate].

(9.2)   *Bill abandoned

NP 补语（及物动词）：

to abandon, to buy, to cut, to catch, to consider (the proposal), to destroy, to devour, to expect, to greet, to guarantee (the product), to keep (the gift), to lack, to like, to lock, to maintain (one's health), to note (the error), to prove, to purchase, to pursue, to vacate, ...

但名词短语并不是英语动词的唯一补语，形容词短语和介词短语也可以。这包括传统语法所说的连接动词或系动词。

(10.1)   Carl remained [AP proud of his accomplishments].

(10.2)   *Carl remained

AP 补语（系动词）：

to be, to become, to appear, to feel, to get, to look, to seem, to smell, to sound, to taste, to remain, to keep, to stay, …

有些英语动词只有一个介词短语补语。

PP 补语：

to approve of, to dash to, to depend on, to dispose of, to hint at, to refer to, to rely on, to wallow in, …

(11.1)   Dan relied [PP on Carl's advice].

(11.2)   *Dan relied

从句以及不定式短语和动名词短语都可以作为补语。从句、不定式短语和动名词短语都含有动词。从句的动词具有限定的形式；不定式短语的动词则具有非限定形式，称为不定式，动名词短语的动词具有非限定形式，称为动名词。从句有主语，并且可能连接在单词 that 后面，that 在这种情况下被称为补语化成分。从句和不定式短语可以采用陈述式或疑问式。动名词短语则能这样进行区分。我们将从句、不定式短语和动名词短语分类为 S 类。然而，必要时，可以详细区分这五种成分。我们将用 Sg 标签区分动名词短语和其他短语。其余四种成分区分如下：Sfd 表示陈述性从句，它有一个限定性动词；Sfi 表示疑问性从句，它有一个限定性动词；Snd 表示陈述性不定式短语，它有一个非限定性动词；Sni 表示疑问性不定式短语，它也有一个非限定动词。

(12.1)   Alice noted [Sfd it was raining].

(12.2)   *Alice noted

(13.1)   Alice wondered [Sfi who was leaving].

(13.2)   *Alice wondered

(14.1)   Bill decided [Snd to spend the night in the garage].

(14.2)   *Bill decided

(15.1)   Alice recalled [Sni where to drop off her keys].

(15.2)   *Alice recalled

(16.1)   Carl enjoyed [Sg spending the night in the garage].

(16.2)   *Carl enjoyed

有些英语动词有两个补语：第一个是名词短语，第二个是名词短语、形容词短语、介词短语或副词短语。

(17.1)   Carl made [NP his friend] [AP angry at him].

(17.2)   *Carl made [NP his friend].

(17.3)   *Carl made [AP angry at him].

(18.1)   The members proclaimed [NP their leader] [NP the president].

(18.2)   *The members proclaimed [NP their leader].

(18.3)   *The members proclaimed [NP the president].

(19.1)   The judge accused [NP the defendant] [PP of malfeasance].

(19.2)   *The judge accused [NP the defendant].

(19.3)   *The judge accused [PP of malfeasance].

(20.1)   The client treated [NP the waiter] [AdvP shabbily].

(20.2)   *The client treated [NP the waiter].

(20.3)   *The client treated [AdvP shabbily].

现在来谈谈第二个补语是从句的情况。在很多情况下，补语之一是可选的，有时两者都是。

(21.1)   Alice convinced [NP Bill] [Sfd it was raining].

(21.2)   Alice asked [NP Bill] [Sfi where it was raining].

(21.3)   Alice persuaded [NP Bill] [Snd to sell his car].

(21.4)   Alice asked [NP Bill] [Sni what to say].

(21.5)   Alice hates [NP Bill] [Sg jumping up and down on the bed].

(22.1)   Bill said [PP to Alice] [Sfd it is raining].

(22.2)   Bill inquired [PP of Alice] [Sfi where she had gone].

(22.3)   Alice waited [PP for Bill] [Snd to wash the dishes].

(22.4)   Bill inquired [PP of Alice] [Sni where to go].

(22.5)   Bill thought [PP of Alice] [Sg winning the prize].

接下来转向有三个补语的动词。这种情况比较少见，在大部分情况下三个补语中的两个是可选的。

(23.1)   Bill fined [NP Alice] [NP one hundred dollars] [PP for the speeding violation].

(23.2)   Bill transferred [NP money] [PP from one bank account] [PP to another].

(23.3)   Alice bet [NP Bill] [NP ten dollars] [S that she would win the race].

现在把英语动词的补语分类制成表格，并且考虑从句、不定式短语和动名词短语之间的区别。

动词补语模式

无	一个	二个	三个
AP	NP AP		
NP	NP NP	NP NP PP	
PP	NP PP	NP PP PP	

（续）

无	一个	二个	三个
	AdvP S	NP AdvP NP S PP S PP AP PP PP	NP NP S

10.2.1.3 并发现象

现在讨论动词及其补语的一些并发现象。我们要考虑三个问题：第一个是动词及其补语所特有的，另外两个是形容词、介词、名词及其补语所共有的。

10.2.1.3.1 动词和介词

下面以与动词相关的现象开始进行介绍。紧跟在动词后面的介词常常会导致英语动词短语中大家很熟悉的并发现象。举例来说，考虑动词 call 和两个介词 on 以及 up。

句子（24.1）和句子（24.2）看起来似乎有着完全相同的成分结构，例如动词 to call 紧接着介词 up 和 on。很容易证明这些介词是动词所必需的。

(24.1)　　Dan called up his boss.

(24.2)　　Dan called on his boss.

这些句子的准分裂句清楚地表明，紧跟在表达式 call 后面的是它的补语。

(25.1)　　*What Dan did up his boss is call.

(25.2)　　*What Dan did on his boss is call.

因此，人们可能想得出这样一个结论：动词搭配一个介词短语补语，并且两个句子有相同的成分结构。

(26.1)　　Dan [VP called [PP up his boss]].

(26.2)　　Dan [VP called [PP on his boss]].

然而，它们所能构成的可接受的句式结构证明这种观点是错误的（见 Quirk et al.（1985, chap. 16.4，16.6）和 Huddleston（2002, sec. 6.2）），如下所示：

(27.1)　　Dan called his boss up/*on.

(27.2)　　On/*up which person did Dan call?

(27.3)　　Dan called on/*up Bill and on/*up Carl.

(27.4)　　Dan called angrily on/*up his boss.

(27.5)　　Dan called on/*up him.

为了解释这种模式上的差异，有必要将补语中含有介词的及物动词分为两类：第一类如句子（24.1）所示，介词是动词的组成部分并且这个动词的整体的补语是名词短语；第二类如句子（24.2）所示，介词不是动词的一部分，动词的补语是介词短语。

(28.1)　　Dan [VP [V called up] [NP his boss]].

(28.2)　　Dan [VP [V called] [PP on his boss]].

把与介词复合的动词称为复合动词（compounded verb）。其他复合动词包括 to hand in、to knock out、to live down、to look up、to make out、to set up 和 to sound out。

这种分类方式及基于此的分析带来了两个好处。首先，许多包括一个单独的动词表达式并且后面跟着一个介词和一个名词短语的英语表达式都是语义模糊的。考虑以下两句话：

(29.1)　Bill got over the message.

(29.2)　Bill got the message over.

第一句话表达的要么是 Bill 成功地传达了一个信息，要么是 Bill 克服了由一个传达给他的信息引起的不安情绪。第二句话只表达了 Bill 成功地传达了信息，没有表达 Bill 克服了由传达给他的信息而引起的不安情绪。有很多这样的表达方式，如 to shout down (an opponent/a hall)、to turn in (a fugitive/a wrong direction)、to run off (a copy/a road)、to turn on (the light/his supporters)、to take in (the box/his friends)。

第二个好处是，在英语的不及物动词中，介词可以跟在动词后面，但是后面不能再跟名词短语。换句话说，英语有不及物复合动词。这里有一些例子：to break down (cf. to cry)、to die down、to die off、to pass out (cf. to faint)、to play around、to sound off (cf. to express one's opinion)、to turn up (cf. to appear)。

存在复合不及物动词这一事实引出了是否有带补语的复合动词这一问题。事实上，确实有些可以搭配名词短语补语，正如在前面的一些例子中看到的，有些可以搭配介词短语补语，例如 to touch down (on something)、to take off (from something)、to catch on (to something)、to get on (with someone)、to give in (to something)。

这些事实自从转换语法诞生以来就众所周知，但是没有任何合理的解释。

10.2.1.3.2　补语多样性

读者可能已经注意到，许多带补语的英语动词可以搭配不同的句法类别作为补语。我们可以说这类动词有多样补语（polyvalent complement）。为了强调这种现象非常普遍，首先简要介绍这些案例。下面从只带一个补语的动词开始。

英语系动词 be 需要补语，但补语可以是形容词短语、名词短语、介词短语，甚至是副词短语。

(30.1)　Dan is [AP silent].

(30.2)　Carl is [NP a scholar].

(30.3)　Beth is [PP in Paris].

(30.4)　Alice is [AdvP downstairs].

英语中至少还有其他两个系动词具有相同的多样性。还有一些系动词需要补语，补语可以是形容词短语、名词短语、以 like 开头的介词短语、以 to be 开头的不定式短语，或者由 as through 引入的陈述性从句。

(31.1)　Bill appeared [AP foolish].

(31.2)　Bill appeared [NP a fool].

(31.3)　Bill appeared [PP like a fool].

(31.4)　Bill appeared [Snd to be a fool].

(31.5)　Bill appeared [Sfd as though he were a fool].

除了系动词外，许多动词可以搭配从句补语来替代名词短语补语。下面是各种从句补语的例子。

(32.1)　Bill believes [NP the claim that π is transcendental].

(32.2)　Bill believes [Sfd π is transcendental].

(33.1)　Bill asked [NP the time].

(33.2)　Bill asked [Sfi what time it is].

(34.1)　Bill started [NP the book].

(34.2)　Bill started [Snd to read the book].

(35.1)　Bill tried [NP the door].

(35.2)　Bill tried [Sg opening the door].

(36.1)　Bill inquired [PP about a place to sleep].

(36.2)　Bill inquired [Sni where to sleep].

　　双补语动词的第二个补语也可以被替换。下面从一个被语法学家认可并被广泛研究的例子开始。

(37.1)　Bill [VP considers [NP Alice] [NP a friend]].

(37.2)　Bill [VP considers [NP Alice] [AP quite competent]].

这些动词中有几个可以搭配第二个补语是以动词 to be 开头的不定式短语。

(38.1)　Bill considers [VP [NP Alice] [Snd to be [NP a friend]]].

(38.2)　Bill considers [VP [NP Alice] [Snd to be [AP quite competent]]].

事实上，这些动词通常允许其两个补语被一个从句替代。

(39.1)　Bill [VP considers (that) [Sfd [NP Alice] [VP is a friend]]].

(39.2)　Bill [VP considers (that) [Sfd [NP Alice] [VP is quite competent]]].

由于句子（39.1）和句子（39.2）是句子（37.1）、句子（37.2）和句子（38.1）、句子（38.2）中对应句子的释义，转换语言学家将句子（37.1）和句子（37.2）中第二个补语与第一个补语的关系描述为第二谓语（secondary predication），并将这个补语对合称为小句（small clause）。

　　有趣的是，并非所有允许名词短语和形容词短语作为第二补语的动词也允许不定式短语作为第二补语或搭配一个单句。

(40.1)　Alice [VP keeps [NP Bill] [AP poor]].

(40.2)　Alice [VP keeps [NP Bill] [NP a pauper]].

(40.3)　*Alice [VP keeps [NP Bill] [Snd to be poor/a pauper]].

(40.3)　*Alice [VP keeps [Snd Bill is poor/a pauper]].

　　第二补语的另一对可以互相替代的是介词短语和名词短语。有两种模式：在第一种模式中，省略第二个补语中的介词会将第二个补语转换成名词短语，得到的第二个句子就是第一个句子的释义。

(41.1)　Alice [VP appointed [NP Bill] [PP as her assistant]].

(41.2)　Alice [VP appointed [NP Bill] [NP her assistant]].

然而，我们注意到，动词 to choose 在用法中几乎与 to assign 同义，但是却不允许相同的替换。

(42.1)　　Alice [VP chose [NP Bill] [PP as her assistant]].

(42.2)　　*Alice [VP chose [NP Bill] [NP her assistant]].
　　　　　　(Allerton (1982, 138))

　　另一种更为人所知的是，出现在某些动词的第二个补语上的介词短语和名词短语之间的互换，这些动词有时被称为双及物动词。这种动词最常被引用的例子是动词 to give。

(43.1)　　Bill [VP gave [NP a dog] [PP to Alice]].

(43.2)　　Bill [VP gave [NP Alice] [NP a dog]].

　　我们注意到句子（43.1）、句子（43.2）和句子（42.1）、句子（42.2）一样是同义的。然而，与句子（42.2）是通过省略第一个句子中的介词得到的不同，句子（43.2）是通过省略介词和重排补语的位置从第一个句子中获得的。

　　类似的替换出现在以介词 for 开头的第二个补语中。

(44.1)　　Bill [VP bought [NP a dog] [PP for Alice]].

(44.2)　　Bill [VP bought [NP Alice] [NP a dog]].

再次强调，如果要保持等价性，重排也是至关重要的⊖。

　　这种模式局限于特定种类的多样动词，它们的补语表的第一个坐标为一个名词短语补语，并在后面的位置搭配一个名词短语和一个介词短语补语或两个具有不同介词的介词短语补语。此外，如果交换补语中的两个名词短语，并且省略其中一个介词，或者交换其中的两个介词，它们会产生一对同义句⊖。我们将这类动词称为允许补语重排（complement permutation）的动词⊖。

　　并非所有在第一个补语位置搭配名词短语，并在后面搭配指定的一个名词短语和一个介词短语补语，或同时指定两个介词短语补语的动词，都会通过重排产生这样一对同义句。事实上，有许多动词对是近义词，然而其中一个允许重排，另一个不允许重排。例如，to give 允许重排，但它的近义词 to donate 和 to contribute 不允许。

(45.1.1)　　Alice gave ten dollars to the United Way.

(45.1.2)　　Alice gave the United Way ten dollars.

(45.2.1)　　Alice donated ten dollars to the United Way.

(45.2.2)　　*Alice donated the United Way ten dollars.

其他这样的动词如 to tell、to send、to show、to teach 和 to throw。

　　大多这些可以重排的动词的介词短语补语都以介词 to 开头，如句子（43.1）所示，或以介词 for 开头，如句子（44.1）所示。然而，同样的重排也会出现在其他介词中，例如 of、toward 和 with。

(46.1)　　Alice asked [NP a favor] [PP of Bill].

　　⊖　Green（1974，chap.4B）讨论了一些动词（例如 to teache 和 to show），它们允许这样的重排，但在她看来，它们并不完全相等。

　　⊖　这里的开拓性工作见 Fillmore（1965）和 Green（1974）。

　　⊖　早期的转换语言学家通过称为与格移位（dative shift）的转换来处理这种重排。与格这个词的使用是因为在传统英语语法中，介词 for 和 to 经常被用来标记间接宾语，而在带有格的印欧语言中，间接宾语通常用与格来表示。

(46.2)　　Alice asked [NP Bill] [NP a favor].
　　　　　　(Allerton (1982, 102–104))

(47.1)　　Alice bears [NP ill will] [PP toward Bill].

(47.2)　　Alice bears [NP Bill] [NP ill will].
　　　　　　(Huddleston (2002, 311))

(48.1)　　Alice played [NP a game of chess] [PP with/against Bill].

(48.2)　　Alice played [NP Bill] [NP a game of chess].
　　　　　　(Huddleston (2002, 311))

最后，一些具有重排等价性的动词会涉及成对的介词短语。介词对包括 to 和 with、for 和 on、from 和 of、into 和 from 或 out of、with 和 一 个 定 位 介 词，如 in、into、on、on、over、again 等（详见 Huddleston（2002，chap. 8.3.1 ））。

(49.1)　　Alice credited the discovery to Bill.

(49.2)　　Alice credited Bill *(with) the discovery.

(50.1)　　Alice blamed Bill for the accident.

(50.2)　　Alice blamed the accident *(on) Bill.

(51.1)　　Bill cleared the dishes from the table.

(51.2)　　Bill cleared the table *(of) the dishes.

(52.1)　　Bill hunted the deer in the woods.

(52.2)　　Bill hunted the woods *(for) the deer.

(53.1)　　Alice built a shelter out of stones.

(53.2)　　Alice built stones *(into) a shelter.

(54.1)　　Bill sprayed the wall with the paint.

(54.2)　　Bill sprayed paint *(on) the wall.

(55.1)　　Bill engraved the ring with his initials.

(55.2)　　Bill engraved his initials *(on) the ring.

(56.1)　　Alice banged the fence with a stick.

(56.2)　　Alice banged a stick *(against) the fence.

10.2.1.3.3　补语多元性

许多英语动词只能搭配特定语法类别的补语，同时许多英语动词可以选择性地搭配一些补语。可以称这些选择性搭配补语的词为多元词（polyadic word）。在这一节中，我们将研究多元动词。正如将要看到的那样，英语多元动词对可选择性补语的省略与动词解释的变化有关，而且这种变化的范围是相当有限的。下面开始研究这种现象。

从一个相对受限的动词类开始。考虑动词 to dress。

(57.1)　　Alice dressed the doll.

(57.2)　　Alice dressed.

(57.3)　　<u>Alice</u> dressed <u>herself</u>.

很容易看出名词短语 the doll 为修饰动的补语，并且该补语可以省略而不影响句子的可接受性。此外，所产生的句子的意思与用反身代词替换第一个句子中的名词短语补语所产生的句子同义，如句子（57.3）所示。

虽然这些动词中有许多是表示梳妆打扮的，但这个条件不是必需的也不是充分的，如下面的例子所示。

(58.1)　<u>Alice</u> clothed *(<u>herself</u>).

(58.2)　<u>Bill</u> behaved (<u>himself</u>).

我们将这些动词称为反身多元动词（reflexive polyadic verb），示例如下。

反身多元动词

to bathe (oneself), to shave (oneself), to shower (oneself), to wash (oneself), to disrobe (oneself), to dress (oneself), to undress (oneself), to strip (oneself) naked, to behave (oneself),…

接下来是一类范围更大的动词，称为关联多元动词（reciprocal polyadic verb）。

关联多元动词

to court (each other), to divorce (each other), to embrace (each other), to equal (each other), to fight (each other), to hug (each other), to kiss (each other), to marry (each other), to match (each other), to meet (each other), to touch (each other),…

(59.1)　<u>Carol</u> met <u>Bill</u>.

(59.2)　<u>Carol and Bill</u> met.

(59.3)　<u>Carol and Bill</u> met (<u>each other</u>).

下一个例子表明，不是根据动词的意义来决定是否可以省略补语。

(60.1)　<u>The socks</u> match (<u>each other</u>).

(60.2)　<u>The socks</u> resemble *(<u>each other</u>).

除了反身多元动词和关联多元动词外，还有不定式多元动词（indefinite polyadic verb）。事实上，这类动词是相当多的。

不定式多元动词

to bake (pastry), to carve (wood), to clean, to cook (food), to crochet, to dig, to draw, to drink (alcohol), to drive (a car), to eat (food), to embroider, to file, to hoe, to hunt, to iron, to knit, to paint, to plow, to read (a book), to sew, to smoke (a cigarette), to sow, to study, to sweep, to telephone, to type, to wash, to weave, to weed, to whittle, to worship (a deity), to write,…

(61.1)　<u>Bill</u> read (the sign).

(61.2)　<u>Bill</u> read (something).

在许多情况下，我们可以找到一些同义动词，其中一个是不定式多元动词，另一个不是多元的。

(62)　<u>Bill</u> perused *(the book).

第四种多元动词是语境（contextual）动词。这些动词在省略相关补语的时候，表现为内指的或者外指的。

语境多元动词

to approach, to choose, to call (in the sense of to telephone), to close, to enter, to find out, to fit, to follow, to interrupt, to lead, to leave, to lose, to match, to obey, to oppose, to pass, to pull, to push, to visit, to watch, to win,…

句子（63.1）表示，当省略补语时，句子表达了内指的含义，而句子（64.1）表示，当补语被省略时，句子表达了外指的含义。

(63.1)　　Bill drove to <u>Toronto</u>. He arrived (there) an hour ago.

(63.2)　　Bill drove to <u>Toronto</u>. He reached *(there) an hour ago.

(64.1)　　A: When did you arrive (here)?

(64.2)　　A: When did you reach *(here)?

（这句话是 A 在见到 B 的时候说的。）

　　事实上，语境多元动词补语的省略可能取决于句义上的细微差别。动词 leave 就是一个例子。

(65.1)　　Bill left (the house).

(65.2)　　Bill left *(the package).

　　　　　（取自 Fillmore (1986, 101)）

　　第五类多元动词是使役（causative）多元动词。它们之所以被这样命名，是因为当省略了相关补语时，当前动词的正确释义是借助动词 to cause 以及当前补语来解释的，如句子（66.1）～句子（66.3）所示。

使役多元动词

to bake, to balance, to bend, to bleed, to blow up, to boil, to break, to burn, to close, to cook, to dissolve, to drop, to dry, to explode, to fill, to float, to gallop, to grow, to hang, to ignite, to improve, to march, to melt, to move, to open, to rock, to roll, to shake, to shine, to sink, to spill, to spread, to stretch, to tear, to walk, to withdraw, …

(66.1)　　The butter melted.

(66.2)　　Bill melted the butter.

(66.3)　　Bill caused the butter to melt.

　　最后一种多元动词被不太贴切地称为中间（middle）多元动词。英语只有主动语态和被动语态，它们在形态上是不同的。有些语言有第三种语态，称为中间语态，在形态上可以与主动语态和被动语态区分开来。然而，在英语中，所谓的中间语态与主动语态有着相同的形式，尽管它是按照被动语态被理解的。因此，在句子（67.1）中，动词 sold 为主动语态，第一个名词短语表示动词的发出者，第二个名词短语表示出售的物品；然而在句子（67.2）中，动词的形式完全相同，但是第一个名词短语表示出售的物品。

(67.1)　　Dan sold the book easily.

(67.2)　　The book sold easily.

中间多元动词

to alarm, to amuse, to demoralize, to embarrass, to flatter, to frighten, to intimidate, to offend, to pacify, to please, to shock, to unnerve, to clean, to cut, to hammer, to iron, to read, to wash, … （见 Huddleston(2002, 308)）

练习：并发现象

1. 对于下面每一个多元动词，找出它的一个不属于多元动词的近义词：

　　to send, to show, to teach, to tell, to throw

2. 对于下面每个多元动词，确定它是哪种多元动词，然后找出其非多元动词的近义词：

　　to accept, to approach, to drink, to follow, to hide, to eat, to meet, to write, to hunt, to leave, to shake

10.2.2　形容词短语：形容词及其补语

英语形容词既可以是定语性的（attributively），即充当名词短语中的修饰语；也可以是谓语性的（predicatively），即充当系动词的补语。如下所示。

(68.1)　The [AP bald] man fainted.

(68.2)　The man who fainted is [AP bald].

而绝大多数形容词能同时出现在定语和谓语中，同时一些词只能出现在定语中，另一些只能出现在谓语中。

只有定语性的

damn, drunken, ersatz, erstwhile, eventual, former, frigging, future, latter, lone, maiden, main, marine, mere, mock, only own, premier, principal, putative, self-confessed, self- same, self-styled, sole, utter, veritable,…（见 Pullum and Huddleston(2002, 553)）

只有谓语性的

ablaze, afloat, afoot, afraid, aghast, agleam, aglimmer, aglitter, aglow, agog, ajar, akin, alight, alike, alive, alone, amiss, askew, asleep, averse, awake, aware, awash, awry,…（见 Pullum and Huddleston (2002, 559)）

定语性的形容词可以出现在名词短语的中心名词之前或之后，但是具体该放在哪里是受限制的。

(69.1)　　The [AP bald] man fainted.

　　　　*The man [AP bald] fainted.

(69.2)　　*A [AP happy to have been elected] candidate mounted the podium.

　　　　A candidate [AP happy to have been elected] mounted the podium.

英语形容词，无论是定语性的还是谓语性的，就像英语动词一样，都可能有补语。我们仅研究谓语性的形容词，即作为系动词的补语出现的形容词短语，例如 to be、to become、to appear、to appear 和 to remain。问题是：在形容词短语中，如何区分形容词的补语成分和非补语成分？不幸的是，这个问题并没有被语言学家所解决，无论是理论上的还实际中的。然而，我们应该遵守一个普遍的共识，即形容词至多有一个补语（见 Baker（1989，chap. 3.9.1））。

10.2.2.1　英语形容词补语的基本模式

形容词补语有两大类：介词短语和从句[⊖]。然而并不是所有的谓语性形容词都可以搭配补语。以下是一些不能搭配补语的例子。

无补语的形容词

ambulatory, bald, concise, dead, despondent, enormous, farcical, friendly, gigantic, hasty, immediate, intelligent, light, lovely, main, nefarious, ostentatious, purple, quiet, regular, salty, surly, tentative, unreliable, urban, vivid, wild, young, … (Pullum and Huddleston 2002, 543).

当介词短语作为谓语性形容词的补语时，这类短语的前置词或多或少地被限定为 about、at、by、for、from、in、of、on、upon、to、toward 以及 with。

一些英语形容词被认为需要介词短语补语。它们是 averse to、contingent on、dependent on、due to、fond of、incumbent on、intent on、liable to、loath to、mindful of、reliant on 和

⊖　我只知道在一种情况下形容词有名词短语补语，即 worth，这是由 Allerton（1975，225）指出的。

subject to。

(70.1)　　*Max is averse.

(70.2)　　 Max is averse to games.
　　　　　　（见 Quirk et al.(1985, 16.69 节)）

补语也可以是从句，尽管像 likely 这样需要从句补语的词很少见。

(71.1)　　*Carol is unlikely.

(71.2)　　 Carol is unlikely to resign.
　　　　　　（见 Quirk et al. (1985, 2.32 节)）

尽管如此，形容词确实可以搭配在动词中发现的五种类型的从句补语。这些从句可以是限定的或者非限定的，也可以是陈述的或疑问的，还可以是动名词的。

(72.1)　　Carl is wrong [Sfd that it is raining].

(72.2)　　Carl is unsure [Sfi where it is raining].

(73.1)　　Carl was unwilling [Snd to attend the ceremony].

(73.2)　　Carl was unsure [Sni where to find the ceremony].

(74)　　 Carl was busy [Sg washing the dishes].

形容词补语模式

无	一个
	PP
	S

10.2.2.2　并发现象

现在讨论形容词及其补语的一些并发现象。像动词一样，许多形容词都是多样的，可以搭配不同的补语，而且许多形容词同样是多元的，可选择性地搭配补语。

同一形容词不仅可以搭配从句补语和介词短语补语，还可以搭配以不同介词为首的介词短语。例如，考虑一下 angry 这个形容词。

(75.1)　　Bill is angry [Sfd (that) he did not get a raise].

(75.2)　　Bill is angry [PP at his boss].

(75.3)　　Bill is angry [PP with his boss].

(75.4)　　Bill is angry [PP about his raise].

事实上，许多形容词都有单独的补语，可以在从句和介词短语之间以及不同介词之间交替搭配：busy、clear、cross、glad、good、happy、mad、ready、sure 和 unsure。在这里仅举这几个例子。

此外，许多带补语的形容词也可能省略补语。正如我们所看到的，尽管存在着关联的、语境的和不定式的形容词，但似乎并不存在反身形容词。

关联多元形容词很常见。

关联多元形容词

compatible (with), distinct (from), divergent (from), equivalent (to), identical (to or with), incompatible (with), parallel (to or with), perpendicular (to), similar (to), simultaneous (with), and separate (from),…

形容词 similar 特别有趣，因为它可以组成最小的三元组。形容词 similar、alike 和介词

like 都是同义词。因此，similar 表达了一种关联含义，即使在没有补语的情况下使用，如句子（76.1）中的同义句对所示。然而，介词 like 与形容词 similar 有相同的含义，必须搭配补语，如句子（76.2）中的一对句子所示。最后，形容词 alike 也与形容词 similar 有相同的含义，不能搭配任何补语，如句子（76.3）中的一对句子所示。

(76.1)   Bill and Carol are similar.
        Bill and Carol are similar to each other.

(76.2)   *Bill and Carol are like.
        Bill and Carol are like each other.

(76.3)   Bill and Carol are alike.
        *Bill and Carol are alike (to) each other.

    同样常见的还有语境多元形容词。对应的形容词有 close、faraway、foreign、local 和 near。想想形容词 faraway。在某些情况下，句子（77.1）中的句子对是同义的，句子（77.2）中的句子对也是。

(77.1)   Bill lives faraway.
        Bill lives faraway from here.

(77.2)   Although Bill lives faraway, he visits <u>his parents</u> regularly.
        Although Bill lives faraway from <u>them</u>, he visits <u>his parents</u> regularly.

    充分理解语境多元形容词所需的不仅仅是理解其中的名词短语，有时需要理解一个完整的从句。

(78)   Bill left early. Alice was glad.
        Bill left early. Alice was glad that he did.

    多元形容词的另一个复杂之处是，许多形容词有时难以区分是多元的还是不是多元的。让我们从一个很容易区分含义的例子开始，考虑形容词 sick。在句子（79.1）的第一句中，sick 没有补语，它是形容词 ill 的同义词；在句子（79.2）中，sick 有补语，但它不是形容词 ill 的同义词。

(79.1)   Bill is sick.
        Cf. Bill is ill.

(79.2)   Bill is sick of school.
        Cf. Bill has a strong distaste of school.

注意，Bill 可能生病（sick 或 ill）了，但同时没有对任何人或任何事感到恶心，Bill 也可能对一些事情感到恶心，但没有生病。因此，句子（79.1）和句子（79.2）中的两个句子都不蕴含另一个。

    另一个具有明显可以区分的含义的形容词是 proud。

(80.1)   Bill is proud.
        Cf. Bill is arrogant.

(80.2)   Bill is proud of his success.
        Cf. Bill is highly satisfied with his success.

我们再次注意到两句话之间同样没有蕴含关系：Bill 可以骄傲或傲慢，而不为任何人或任何事骄傲，或对任何人或任何事高度满意；Bill 也可以对他的成功高度满意或骄傲而自己本身并不骄傲或傲慢。

用下面这个例子来结束对形容词补语的讨论[⊖]。形容词 familiar 有两种不同的含义，事实上，两种含义是互逆的。这些含义的区别在于介词短语补语是以介词 to 或 with 开头的。

(81.1)　These facts are familiar to the expert.
　　　　Cf. These facts are known to the expert.

(81.2)　The expert is familiar with these facts.
　　　　Cf. The expert knows these facts.

但要注意，当介词 to 在介词短语补语开头时，补语可以省略，但当以介词 for 开头时，补语就不能省略。

(82.1)　These facts are familiar.
　　　　Cf. These facts are known.

(82.2)　*The expert is familiar.
　　　　Cf. The expert knows.

在第二个句子中当形容词 familiar 被替换为 is known 时，这个句子就可以被人们接受了。

综上所述，我们发现形容词的补语范围比动词小得多。形容词要么不允许补语，要么只允许一个补语，在这种情况下，补语要么是介词短语，要么是从句。此外，形容词的补语和动词的补语一样，可能会有所不同，有些形容词既可以搭配介词短语补语又可以搭配从句补语。形容词补语也可以是可选的。当它们是可选的时，我们看到该多元形容词要么是语境的，要么是关联的，但没有一个是反身的。

10.2.3　介词

接下来，我们来讨论介词。长期以来，人们认为介词只带名词短语补语。

(83.1)　*Dan stood on.

(83.2)　Dan stood on the porch.

事实上，很多介词确实是这样的。

NP 补语

about, at, by, during, for, from, in, into, near, of, on, onto, out, upon, to, toward, under, up and with,…

然而，我们也知道有些从属连词兼作介词。

S 补语

after, before, since, until

(84.1)　Dan came after lunch.

(84.2)　Dan came after lunch had been served.

然而，一个词的含义并不能决定它的补语是从句还是名词短语。如 Sag et al.（1999，99）所述，during 和 while 构成最小对。

(85.1)　The storm arrived during [NP the picnic].
　　　　*The storm arrived during [S we were eating the picnic].

(85.2)　*The storm arrived while [NP the picnic].
　　　　The storm arrived while [S we were eating the picnic].

⊖　感谢 Andrew Reisner 让我注意到这个例子。

此外，传统语法学家和描述语言学家早就知道许多介词可能没有任何补语（见 Quirk et al. （1985，chap.9.65–66））。他们将这种现象称为介词用作副词。

多元介词

Aboard, about, above, across, after, along, alongside, around, before, behind, below, beneath, besides, between, beyond, by, down, in, inside, near, off, on, opposite, out, out- side, over, past, round, since, through, throughout, under, underneath, up, within, without,···（ 见 Quirk et al. (1985, chap. 9.65))

(86)　In only a few years an English clergyman, Joseph Priestley, isolated and studied more new gases than any person before or since.
　　　(Ihde (1964, 40))

同时一个词的含义也不能决定它的补语是否是可选的，如 in 和 into 组成的最小对所示。

(87)　　Dan stood in front of the house. When the phone rang,
　　　　*he suddenly ran into.
　　　　he suddenly ran in.

如同动词和形容词一样，介词也是如此：补语会发生变化，它们的价也会发生变化。

多元介词只是语境的。语境值可以根据谈话背景确定。

(88)　A:　Is your sister in?
　　　B:　No, she is out.
　　　　　(Quirk et al.(1985, 715))

或者根据先行词确定。后一点由句子（89.1）的完美释义（即句子（89.2））来证实。

(89.1)　In the third century AD, if not before, this Greek intellectual conception ... served to crystallize ...
　　　　(Robinson 1948, 196)

(89.2)　In the third century AD, if not before then, this Greek intellectual conception ... served to crystallize ...

我们用一个副词的例子来结束本节的讨论。副词 afterward 如句子（90）所示，经常与 after that 是同义的。

(90)　　Alice lived in Montreal until 2010.
　　　　Afterward, she moved to Vancouver.
　　　　After that, she moved to Vancouver.

然而，与 after 不同的是，afterward 不能搭配补语。副词 afterward 表示了一种关系，正如介词 after 表示的关系一样，但是，afterward 不能像介词那样公开表达两者的关系。Afterward 不是唯一如此的副词。

无补语的副词

afterward, ago, beforehand, downstairs, downtown, earlier, later, overhead, presently, previously, shortly, soon, subsequently, upstairs, uptown, ···

介词补语模式

无	一个
	NP
	S

10.2.4　名词

因为将在第 14 章中详细讨论英语名词，所以在这里集中讨论名词所搭配的补语。众所周知，从动词派生出来的名词也可以搭配补语，而实际上不是从动词派生出来的名词也可以搭配补语。普通名词（如 table、man、virtue、water、air、picnic⋯）不能搭配补语，但普通名词（如 friend、brother、husband、enemy、neighbor、top 和 bottom）却可以。它们的补语都是含有 of 的介词短语。

(91.1)　　Bill is [NP the father [PP of the bride]].

有些名词可以将从句作为补语，如 report、rumor、statement。

(91.2)　　Alice heard [NP the rumor [S Bill resigned]].

其他名词可以搭配两个补语：一个介词短语和一个形容词短语（例如 rendering），或者两个介词短语（例如 dismissal），或者一个介词短语和一个从句（例如 report、statement）。

(91.3)　　[NP the rendering [PP of seawater] [AP potable]].

(91.4)　　The voters were amazed [PP at [NP the dismissal [PP of the minister] [PP from the position]].

(91.5)　　[NP The statement [PP by Alice] [S that all is well]] is not believable.

最后，有些可以搭配三个补语：三个介词短语（例如 gift），或者两个介词短语和一个从句（例如 persuasion）。

(91.6)　　[NP The gift [PP to Alice] [PP of the book] [PP by Bill]] was touching.

(91.7)　　[NP The persuasion [PP of the patrician] [PP by Galileo] [S that the moon has craters]] was crucial.

简而言之，英语常用名词的补语搭配规律如下。

常用名词补语模式

无	一个	二个	三个
	PP	PP PP	PP PP PP
	S	PP AP	PP PP S
		PP S	

10.3　英语词典的一种结构

回想本章的主要目的之一是确定什么能够成为一组词条的解释函数，即类似于 CPDL 的简单表达式集合的解释函数。鉴于使用成分语法来定义英语的表达式集合，我们自然会想到，针对上述问题，成分语法的哪一方面会对自然语言的基本表达产生影响，就像识别标志对 CPDL 的非逻辑符号起的作用一样。人们可能会回答，词典中的基本词类对基本表达式的作用类似于识别标志对于 CPDL 的非逻辑符号起的作用。毕竟，基本词类有助于确定哪些复杂表达式可以由基本表达式形成，但是它们是否可以决定什么样的集合论对象可以分配给基本表达式呢？

有人可能会认为，形容词类的基本表达式被赋予一种值，名词类的基本表达式被赋予一种值，动词类的基本表达式被赋予一种值，介词类的基本表达式被赋予第四种值。但稍微想一想就知道这是不对的。有些动词（如 to sleep）自然被认为是全集的一个子集，在动词 to sleep（睡觉）的情况下，子集就是 sleeper（睡觉的人）的集合，而其他动词，（如 to greet（打招呼））则自然地被认为是一个有序对集合（即全集自身的笛卡儿积的一个子集），在动词 to greet（打招呼）的情况下，有序对的第一个元素是 greeter（打招呼的人），第二个元素是被 greeter 问候的人。同样，有些形容词（如 happy）自然被认为是全集的一个子集，在 happy（快乐的）这个形容词的例子中，是所有快乐的人的集合，而其他形容词（如 fond）自然被认为是一个有序对集合（即全集自身笛卡儿积的一个子集），在形容词 fond(喜欢的) 的情况下，有序对的第一个元素是喜欢的某人或某物，而第二个元素是被喜欢的某人或某物。因此，仅仅知道一个基本表达式是动词或形容词并不足以确定它被赋予了什么样的值。

事实证明，在第 3 章中提出的两个问题被解决后，上面这个问题的解决方案就随之而来了。我们之前注意到的一个问题是，成分语法不能解释下面这个众所周知的假设：某句法类别的表达式，为了方便，我们将其非正式地标记为 XP，其中包含句法类别为 X 的单词。换句话说，这样的语法无法表达，每个名词短语都包含一个名词，每个动词短语都包含一个动词，每个形容词短语都包含一个形容词，每个介词短语都包含一个介词（见 3.3.4.1.3 节）。第二个不足之处是，这些语法不能将分配给单词的句法类别正式划分为更细的子类别[⊖]（见 3.3.4.1.2 节）。

3.3.4.1.2 节给出了上述第二个问题，以及由此带来的问题。一方面，所有英语动词构成了一个单一的句法类别，因为正如传统语法所承认的那样，英语动词是唯一可以根据数、人称、时态等变化形式的英语单词。另一方面，传统语法和传统词典编纂早已认识到英语动词可以分为及物动词和不及物动词。然而，正式的成分语法不能表达这样的事实。任何将所有动词指定为同一句法类别的成分语法都会产生不可接受的英语表达，而将不同英语动词指定为不同句法类别的成分语法则无法将所有动词指定为同一类别。

事实上，问题要严重得多。通过对英语动词补语的研究，我们发现英语动词可以至少分为三十多类。换言之，传统语法的及物动词和不及物动词划分只是一种特殊情况，这种区别是由动词是否可以搭配补语的不同而产生的。此外，动词之间的这种区别本身是一种更为普遍的区别的特殊情况，在最基本的情况下，每一个动词所属的词汇类别因其所搭配的补语不同而不同，英语动词补语的多样性最大。

要解决上面的问题，首先所需要的是丰富词的句法类别的标签，因为需要考虑到同一句法类别的不同词所搭配补语的不同。这个符号不应该是临时安排的，比如说，这里有一个下标，那里有一个下标，这是早期转换语言学家的习惯，而且必须引入一些系统的符号，以能够捕捉到补语的多样性。现在来谈谈这两个问题。

正如将看到的，这两个问题有同一个解决方案，同时，这也为如何根据表达式的句法类别为其分配正确的值提供了一个解决方案。下面首先根据单词补语的简单描述来制定解决方案，然后对解决方案进行修改来应对一些复杂情况。

⊖ 这个问题首先在 George H. Matthews 和 Robert P. Stockwell 于 20 世纪 60 年代完成但未发表的作品中，以及 Paul Schachter（1962）和 Emmon Bach（1964）的出版作品中被提到（见 Chomsky（1965，79n13，213））。事实上，Noam Chomsky 在 1965 年的著作 *Aspects of the Theory of Syntax* 中对该句法问题给出了两个答案，但是 Chomsky 的两个答案都没有得到学术界的广泛承认，尽管他的讨论确实有助于推广 Emmon Bach 对相关现象的说法，即子类别化（subcategorization）。

10.3.1　类别更加丰富的成分语法

为了解决如何为英语单词的句法类别制定一些系统的符号的问题，首先回顾一下为英语动词、形容词和介词的补语制定的模式表示。前面的经验表明，每一个词都可以由一个有序对来表示，有序对的第一个元素是句法类别，这在第 3 章中非正式地提到过，即形容词（A）、名词（N）、介词（P）或动词（V）的词汇类别之一，它们的补语的句法类别列表按照它们出现的先后顺序给出。为了定义本章讨论所需的一些句法类别，假设有一个可以区分的类别 S 和 5 个基本类别：A、Adv、N、P 和 V。此外，我们还有短语类别，包括所有词汇类别和空序列，由 <> 表示。在下表中，我们列出了四个短语类别。第一列包含第 3 章中常见的非正式符号，第二列包含将使用的正式集合论符号，第三列包含稍微修改过以增强可读性的正式符号。

短语分类

非正式符号	集合论符号	修改后的符号
AP	<A, <>>	A:<>
NP	<N, <>>	N:<>
PP	<P, <>>	P:<>
VP	<V, <>>	V:<>

接下来，定义补语列表 (complement list)。补语列表可以是空序列，也可以是由基本类别或者可区分类别 S 组成的类别序列。这里有一些例子：<>、<AP>、<NP>、<NP>、<PP>、<S>、<NP、AP>、<NP、PP、S> 等。由于补语列表是一个序列，所以可以谈论具体的坐标是什么。例如，NP 是 <NP, PP, S> 补语列表的第一个坐标的元素，PP 是其第二个坐标的元素，S 是其第三个坐标的元素。

我们把词汇类别（lexical cactegory）定义为一个有序对，其中包括一个词汇类别（A，Adv，N，P，V）和补语列表。单词 sleep、greeted、fond 和 introduce 的词汇类别分别是 <V:< >>、<V:<NP>>、<A:<PP>> 和 <V:<NP, PP>>。最后，我们把词典像之前一样定义为词汇条目的集合，其中每一个成员都是一个有序对，包括基本表达式及其词汇类别。下表展示了一些词汇条目的例子，里面包括刚才提到的四个词的词汇条目。

标准集合论符号	修改的符号
<Alice, <N, <>>>	Alice|N:<>
<Bill, <N, <>>>	Bill|N:<>
<Carl, <N,<>>>	Carl|N:<>
<slept, <V, <>>>	slept|V:<>
<greeted, <V,<N, <>>>>	greeted|V:<NP>
<introduced, <V, <<N, <>>,<P, <>>>>>	introduced|V:<NP, PP>
<of, <P, <<N,>>>>>	of|P:<NP>
<to, <P, <<N,< >>>>>	to|P:<NP>
<asleep, <A, < >>>	asleep|A:<>
<fond, <A, <<N, <>>>>>	fond |A:<NP>
<was,<V, <<A, <>>>>>	was|V:<AP>

我们用这些新的符号来重述之前的动词、形容词和介词的补语模式。（请注意，在下表中，S 既不区分限定从句和非限定从句，也不区分疑问从句和陈述从句。）

动词补语模式

无	一个	二个	三个
V:<>	V:<AP>	V:<NP, AP>	V:<NP, NP, PP>
	V:<NP>	V:<NP, NP>	V:<NP, PP, PP>
	V:<PP>	V:<NP, PP>	
	V:<AdvP>	V:<NP, AdvP>	V:<NP, NP, S>
	V:<S>	V:<NP, S>	
		V:<PP, S>	
		V:<AP, PP>	
		V:<PP, PP>	

形容词补语模式

无	一个
A:<>	A:<PP>
	A:<S>

介词补语模式

无	一个
P:<>	P:<NP>
	P:<S>

常见名词补语模式

无	一个	二个	三个
N:<>	N:<PP>	N:<PP, PP>	N:<PP, PP, PP>
	N:<S>	N:<PP, AP>	N:<PP, S>
		N:<PP, S>	

现在可以根据前面的内容进行概括。一个特定类型的短语至少包含一个相同类型的词及其所有补语。这就产生了以下成分形成规则，我们将两次描述它们，一次使用第 3 章的符号，一次使用这里的新符号。

动词短语形成规则

旧符号	新符号
$V_1 \rightarrow VP$	V:<> → V:<>
$V_2 AP \rightarrow VP$	V:<AP> AP → V:<>
$V_3 NP \rightarrow VP$	V:<NP> NP → V:<>
$V_4 PP \rightarrow VP$	V:<PP>PP → V:<>
$V_5 S \rightarrow VP$	V:<S>S → V:<>
$V_6 NP\ AP \rightarrow VP$	V:<NP, AP> NP AP → V:<>
$V_7 NP\ NP \rightarrow VP$	V:<NP, NP> NP NP → V:<>
$V_8 NP\ PP \rightarrow VP$	V:<NP, PP> NP PP → V:<>
$V_9 NP\ S \rightarrow VP$	V:<NP,S> NP S → V:<>
$V_{10} NP\ NP\ PP \rightarrow VP$	V:<NP, NP, PP> NP NP PP → V:<>
$V_{11} NP\ NP\ S \rightarrow VP$	V:<NP, NP, S> NP NP S → V:<>

回忆一下非正式符号是如何误导我们的理解的。实际上，符号 V_1 到 V_{11} 是不同的符号，就成分分析语法的正式定义而言，尽管它们都带有字母 V，但带有这个标签的单词彼此之间并没有关系。

　　新的符号是为了反映这样一个事实：使用旧的非正式符号表示的动词，它们之间的不同之处在于它们所搭配的补语的种类不同。

　　这一点也适用于形容词及其补语、介词及其补语和名词及其补语。

形容词短语形成规则

旧符号	新符号
$A_1 \rightarrow AP$	$A{:}\diamond \rightarrow A{:}\diamond$
$A_2PP \rightarrow AP$	$A{:}{<}PP{>}PP \rightarrow A{:}\diamond$
$A_3S \rightarrow AP$	$A{:}{<}S{>}S \rightarrow A{:}\diamond$

介词短语形成规则

旧符号	新符号
$P_1 \rightarrow PP$	$P{:}\diamond \rightarrow P{:}\diamond$
$P_2NP \rightarrow PP$	$P{:}{<}NP{>}PP \rightarrow P{:}\diamond$
$P_3S \rightarrow PP$	$P{:}{<}S{>}S \rightarrow P{:}\diamond$

名词短语形成规则

旧符号	新符号
$N_1 \rightarrow NP$	$N{:}\diamond \rightarrow N{:}\diamond$
$N_2PP \rightarrow NP$	$N{:}{<}PP{>}PP \rightarrow N{:}\diamond$
$N_3S \rightarrow NP$	$N{:}{<}S{>}S \rightarrow N{:}\diamond$
$N_4PP\,PP \rightarrow NP$	$N{:}{<}PP, PP{>}\,PP\,PP \rightarrow N{:}\diamond$
$N_5PP\,S \rightarrow NP$	$N{:}{<}PP, S{>}\,PP\,S \rightarrow N{:}\diamond$
$N_6PP\,PP\,PP \rightarrow NP$	$N{:}{<}PP, PP, PP{>}\,PP\,PP\,PP \rightarrow N{:}\diamond$

　　使用更为丰富的新符号的成分语法避免了子类别化问题。同一词汇类别的所有词的第一坐标的成分类别是相同的。同时，成分形成规则确保一个词与其适当的补语成分相结合。新的语法还反映了一个普遍性事实，即每一个归类为 XP 的短语都包含一个归类为 X 的单词。更准确地说，每一个归类为 XP 的短语（或者更恰当地说是 X:<>）都是一个其子表达式不需要补语的成分。此外，$X \rightarrow XP$ 对应的不同词汇类别的四个规则都可以被舍弃掉了，因为现在都可以用 X：<> → X:<> 来代替。

　　实际上，到目前为止给出的所有规则都是以下模式的实例。

短语形成规则模式（缩略版）：

　　$X{:}{<}C_1,...,C_n{>}C_1...C_n \rightarrow X{:}\diamond$

上述模式所要求的是词组中的补语数量与补语列表中的坐标数量相同，第 i 个补语的语法类别是其第 n 个补语列表坐标（$i \in \mathbb{Z}_n^+$）的一部分。补语列表中坐标的索引称为该坐标的秩，补语的索引称为该补语的秩。英语是一种特殊情况，其补语列表中坐标数总是小于或等于 3。顺便说一句，这种形式的规则在类型语法（categorial grammar）中是为大众所熟知的，第 13 章将回到这个话题。

　　然而，最小英语子句的形成规则并不适用于上述情况，因此需要将其单独列出来。

子句形成规则

旧符号	新符号
$NP\,VP \rightarrow S$	$N{:}{<}{>}V{:}{<}{>} \rightarrow S$

现在有 20 个成分形成规则，不过，正如之前所指出的，前 19 个都出自同一个规则模式。

现在来定义内容扩展后的成分语法。读者可能会记得成分语法有四个要素：基本表达式（BX）、类别（CT）、将基本表达式与类别配对的词条（LX）和成分形成规则（FR）。扩展的成分语法有 8 个成分：基本表达式（BX）、一个单独可区分的类别 S、基本类别（BC）、短语类别（PC）[^⊖]、补语列表（CL）、词汇类别（LC）、词条（LX）和成分形成规则（FR）。

扩展的成分语法

L 为一种语言，那么 G（即 <BX，S，BC，PC，CL，LC，LX，FR>）是由 L 扩展的成分语法，当且仅当

（1）BX 是一个非空的有限集合，它包含 L 的基本表达式；

（2）S 是 L 的一个单独可区分的类别；

（3）BC 是 L 的基本类别的非空集合；

（4）PC 是有序对 X:<> 的集合，且 X 在 BC 当中，<> 是一个空序列；

（5）CL 是一个有限序列集合，其中一个序列要么是空序列，要么是一个有限长度的序列 $<C_1, \cdots, C_n>$，C_i 为 S 或者属于 PC；

（6）LC 是一个有序对 <x, y> 集合，其中 x 属于 BC，y 属于 CL；

（7）LX 是一个有序对 v | C 集合，它包含 L 的词汇条目，其中 $v \in BC$ 且 $C \in LC$；

（8）FR 是 L 的成分形成规则集合，包括 NP VP → S 规则和其他短语形成规则模式的实例，其中 X 属于 BC，C_i 属于 PC 或者为 S。

接下来，定义扩展的成分语法的组成部分。

语言的组成部分（CS）

L 为一种语言，G 为 L 的扩展成分语法。

（1）每个词汇条目都是一个组成部分 ($LX_G \subseteq CS_G$)；

（2）如果 $C_1 \cdots C_n \to C$ 是 FR_G 的一个规则，并且 $e_1 | C_1$，$\cdots$，$e_n | C_n$ 属于 CS_G，那么 $e_1 \cdots e_n | C$ 属于 CS_G；

（3）其他成分都不属于 CS_G。

在为一种语言定义了内容更加丰富的扩展成分语法之后，我们转而讨论如何给语言的各种成分赋值的问题。如前所述，我们必须明确对一种语言的每个词汇条目赋予什么样的值，然后在此基础上明确对由这些基本词汇条目组成的复杂成分赋予什么样的值。这个问题就是下一节的主题。

10.3.2　语义

正如之前所说的，词典对应 CPDL 的识别标志部分。在 CPDL 中，基本符号的类别决定了解释函数可以赋值给它的值的类型，但是词典中的基本表达式的类别并不能确定解释函数可以赋值给它的值的类型。然而，一旦词典中的基本类别结合每个词的补语列表扩展后，就会出现一个明显的对应关系：任何一个带有 n 个补语的词都能被分配一个 $n+1$ 长度的序列集合。

词典的结构

U 是一个非空集合，$<U, i>$ 为词典 L 的结构，当且仅当 i 是一个关于词汇条目的函数

[^⊖]: 在第 6 章中，我们分别用 BC 和 PC 来表示二元连接词集合和命题连接词集合。在这里，它们分别用于表示基本类别的集合和短语类别的集合。读者将能够轻松根据上下文来辨别这两个符号具体表达什么含义。

且满足以下条件：

$$X:<> \rightarrow \text{Pow}<U>$$
$$X:<C_1,\cdots,C_n> \rightarrow \text{Pow}(U^{n+1})$$

回想一下，在这一章中，我们没有对名词做特殊处理。在下面的内容中，我们将只处理由专有名词组成的名词短语。现在，专有名词指的是那些不带补语的名词。这表明它们属于 N:<> 类。根据给出的词典结构的定义，专有名词应被赋值为全集的子集。然而，在 CPDL 中，与专有名词对应的是个体符号，一个解释函数分配给每个个体符号属于全集的单独的元素，而不是全集的子集。为了符合刚才给出的定义，我们将给那些没有补语的名词全集的子集赋值，但是同时，对于专有名词，我们将给只包括单个元素的集合赋值。我们注意到，全集中的元素和全集的包含单个元素的子集是双射对应的，如第 2 章集合论定理所述。

当且仅当 $\{x\} \subseteq X$, $x \in X$。

接下来，看一个关于英语词典 $<U, i>$ 结构的例子，其中 $U = \{1, 2, 3, 4, 5\}$ 且 i 定义如下。

专有名词

Alice|N:<>	$\mapsto \{1\}$
Bill|N:<>	$\mapsto \{2\}$
Carl|N:<>	$\mapsto \{3\}$
Dalian|N:<>	$\mapsto \{4\}$

动词

slept|V:<>	$\mapsto \{1,3\}$
greeted|V:<NP>	$\mapsto \{<1,2>, <2,3>, <3,2>\}$
relied|V:<PP>	$\mapsto \{<2,1>,<3,1>, <3,2>\}$
introduced|V:<NP, PP>	$\mapsto \{<1, 2, 3>,<1,3,2>,<3,2,1>\}$

形容词

asleep|A:<>	$\mapsto \{1,3\}$
fond|A:(PP)	$\mapsto \{<2, 1>,<3,1>,<1,2>, <3,5>\}$

介词

in|P:<NP>	$\mapsto \{<1,4>, <2,4>, <3, 5>\}$

练习：词典的解释函数

对于下面的每一个词：admired, Alice, coughed, demonstrated, disliked, fainted, laughed, Osaka, transferred。写出它们对应的词汇条目，并指出下列哪些值可以通过一个全集为 $\{a, b, c, d, e\}$ 的解释函数分配给它们。

(a) e

(b) $\{c\}$

(c) $\{<a, a>, <b, a>, <e, d>\}$

(d) $\{<a, b>, e, <b, c>\}$

(e) $\emptyset$

(f) $\{<e, b>, <a, c>, \emptyset\}$

(g) $\{<e, a, b>, <b, a, c>, <e, d>\}$

(h) $\{<a, b, c>, <b, a, e>, <c, e, d>\}$

(i) $\{a, c\}$

10.3.3 成分估值规则定义

现在来讨论这样一个问题，即如何将一个词汇条目的解释函数扩展到一个赋值函数，用于给该语言语法生成的所有成分赋值。我们将循序渐进，从动词分别为不及物和及物的最小子句开始，然后将转到动词是系动词 to be 的最小子句，最后，将转向动词带有介词短语补语的最小子句。

10.3.3.1 不及物动词和及物动词

首先说明成分估值规则如何将真值赋给最小子句，它包括一个主语名词短语和一个动词短语。因为在扩展的成分语法中，不及物动词本身就是动词短语，而且因为不及物动词不需要补语，所以考虑包含不及物动词的最小子句，如句子（92.1）和句子（92.2）所示。

(92.1)   Alice slept.

(92.2)   Bill slept.

追溯到 Aristotle 时期，人们的传统观点是，只有当句子中的专有名词（即句子的主语）属于某个能够正确搭配句子的动词的集合时，这个句子才是正确的。然而，我们之前认为专有名词都是对应单元素子集的。鉴于专有名词发生了这种变化，我们必须修改判断句子的理论依据以说明句子（92.1）和句子（92.2）是真的。不说专有名词（即主语）是能够正确搭配动词的集合中的一员，而是说，包含专有名词的单元素集是能够正确搭配动词的集合的一个子集。实际上，句子（92.1）和句子（92.2）被认为是所有人中的 Alice 在睡觉以及所有人中的 Bill 在睡觉。事实上，这正是一些欧洲中世纪逻辑学家对待这些句子的方式。在现代，Willard Quine（1960，sec.38）再次提出了这一观点。

最小子句

成分形成规则：如果 e | NP 和 f | VP，则 ef | S。

成分估值规则：$<U, i>$ 是英语词典的一个结构。如果 e | NP 和 f | VP，当且仅当 $v_i(e|NP) \subseteq v_i(f|VP)$ 时，则 $v_i(ef | S) = T$。

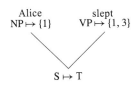

现在把注意力转向动词为及物动词的最小子句（V:<NP>），如句子（93.1）和句子（93.2）所示。可以看到问题变得更复杂了。

(93.1)   Alice greeted Bill.

(93.2)   Bill greeted Carl.

正如人们给 slept 这个词指定了一个集合，其中任何元素都能正确搭配 slept，换句话说，这个集合指的就是 sleeper（睡觉的人）的集合，所以一个人给 greeted Bill（向 Bill 打招呼）这个动词短语指定了其中任何一个元素都能搭配 greeted Bill 的词集合，换句话说，一个人给 greeted Bill 指定了 Bill greeter（向 Bill 打招呼的人）组成的集合。给出一个谁向谁打招呼的列表集合并找出 Bill，我们该如何找到给 Bill 打招呼的那些人呢？我们需要在打招呼列表中找出所有与 Bill 配对的元素。因此，在所研究的结构中，Bill | N:<> 被赋予单元素集合 {2}，greeted| V:<NP> 被赋予有序对集合 {<1，2>，<2，3>，<3，2>}，即 G。

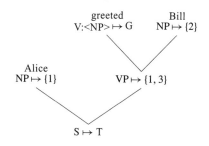

因此，向 Bill 打招呼是那些在集合中被分配给 greeted 的有序对，并且它们必须可以与 Bill 对应的单元素集合中的元素配对。在这个结构中，只有 1 和 3 与 2 配对。因此，{1, 3} 被分配给 greeted Bill。换句话说，

(94)　$v_i(\text{greeted Bill}|V:\langle\rangle)=\{x:\langle x, y\rangle \in v_i(\text{greeted}|V:\langle NP\rangle)$ 且 $y \in v_i(\text{Bill}|NP)\}$。

可以从句子（94）所示等式右边的表达式中进行归纳，得出由及物动词和名词短语组成的任何动词短语的语义规则的表达式，用 e 代替 greeted，用 f 代替 Bill。

具有及物动词的动词短语

成分形成规则：如果 e|V:$\langle NP\rangle$ 且 f|NP，那么 ef|V:$\langle\rangle$。

成分赋值规则：$\langle U, i\rangle$ 为是英语词典的结构。如果 e | V:$\langle NP\rangle$ 且 f | NP，那么 $v_i(\text{ef}|V:\langle\rangle)=\{x:\langle x, y\rangle \in v_i(e|V: \langle NP\rangle)$ 且 $y \in v_i(f|NP)\}$。

读者应该注意到，这种与成分形成规则相结合的对估值规则的处理方式（即考虑动词短语由及物动词和名词短语构成），类似第 8 章中提到的方法。回想一下，虽然英语中的并列独立从句的结构与主要连接词是二元连接词的 CPL 复合公式的结构相同，但包含从属从句的独立从句的结构不同，因为从属连接词与独立从句结合形成了从属从句，该从句与另一独立从句组合构成了另一个更大的独立从句。带有及物动词的最小子句与其对应的基本子式（包括一个两位关系符号和两个个体符号）之间也存在类似的差异，因为一个两位关系符号与两个个体符号组合形成一个基本子式，而动词的补语与单补语动词结合形成动词短语，再与主语名词短语结合形成最小子句。

10.3.3.2　系动词

如我们所见，英语动词 to be 可以搭配各种补语：形容词短语、介词短语、名词短语和副词短语。这里考虑这四种情况中的三种：形容词短语补语、介词短语补语和名词短语补语。

从形容词开始。在与句子（92.1）完全相同的情况下，句子（95.1）肯定是正确的。同样，句子（95.2）在与句子（92.2）完全相同的情况下也是正确的。

(95.1)　Alice was asleep.

(95.2)　Bill was asleep.

事实上，任何像句子（95.1）和句子（92.1）的句子，只是在动词短语的选择上有所不同（即 slept 和 was asleep），但意思都是一样的。因此，这两个动词短语适用于同一组对象。此外，形容词 asleep 和动词 slept 同样适用于同一组对象。因此，人们可以推断形容词 asleep 和动词短语 was asleep 的表示是完全相同的。如果把动词 was 当作及物动词处理并在结构的全集中去描述这种等价关系的时候，这种等价性就导致它所对应的集合是结构全集中的每一个成员都与自身配对的有序对的集合以及它本身⊖。事实上，在欧洲传统思想中，人们一直使用系动词来表达这种等价关系，这可以一直追溯到 Aristotle。在逻辑中，正如将在第 12

⊖　读者在进一步阅读之前，不妨回顾一下 2.6.1 节。

章中看到的，这种等价关系被认为是一种逻辑关系。

带有系动词的动词短语

成分形成规则：如果 was|V:<AP> 且 f|AP，那么 was f|V:< >。

成分赋值规则：设 <U, i> 是英语词典的结构，I_U 为 U 上的等价关系。如果 was|V:<AP> 且 f|AP，那么 v_i(was f|V:<>)={x:<x,y> ∈ v_i (was|V: <AP>) 且 y ∈ v_i (f |AP)}，其中，v_i(was|V:<AP>)=I_U。

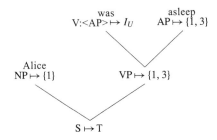

从下面的例子可以明显看出，英语介词表示二元关系。

(96.1)　　Carl is in Dalian.

(96.2)　　Alice is from Europe.

(96.3)　　Dan is on the porch.

显然，前面句子中的介词表示了人与地方的二元关系，in 是表示某物在某处的二元关系的介词，from 是表示某物来自某处的二元关系的介词，on 是表示某物在另一物体的上表面的二元关系的介词。在前面的例子采用的结构中，in|P:<NP> 被指定了一组有序对 {<1, 4>, <2, 4>, <3, 5>}，在下图中缩写为 L。

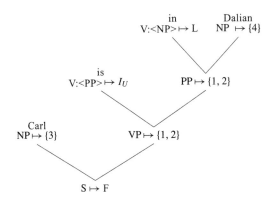

介词短语

成分形成规则：如果 e|P:<NP> 且 f|NP，那么 ef|P:<>。

成分赋值规则：<U, i> 是英语词典的结构。如果 e|P:<NP> 且 f|NP，那么 v_i(ef|P:<>)= {x:<x, y> ∈ v_i(e|P: <NP>) 且 y ∈ v_i(f|NP)}。

读者应该注意，这里的成分赋值规则与及物动词的成分赋值规则几乎完全相同。

最后考虑系动词的补语是名词短语的情况。一直以来区分最小系动词子句表达的是论断关系还是等价关系是一个常见的问题。句子（97.1）表示等价关系，而句子（97.2）表示的则是论断关系。

(97.1)   George Orwell was Eric Blair.

(97.2)   George Orwell was an author.

表达等价关系的最小系动词子句包含两个名词短语，它们都是限定性的名词短语。英语中的单数限定名词短语是一个由一个专有名词或一个普通名词以及一个指示性形容词（this 或 that）或定冠词（the）组成的单数名词短语。在这种情况下，主语名词短语和系动词后的名词短语都可以进行转换，并且不仅能保留可接受性，也能保留真实性。

(98.1)   George Orwell was Eric Blair.
(98.2)   Eric Blair was George Orwell.

(99.1)   Eric Blair was the author of *Nineteen Eighty-Four*.
(99.2)   The author of *Nineteen Eighty-Four* was Eric Blair.

相反，当句子（97.2）中的两个名词短语被转换时，得到的句子是不可接受的。

(100)   *An author was George Orwell.

此外，当名词短语表达的是论断关系的时候，它必须以不定冠词 a 作为限定词；如果它被它的近义词 some 替换，那么得到的句子（101.2），

(101.1)   Eric Blair was an author.

(101.2)   Eric Blair was some author.

就产生了一种特殊的解释，它表达了说话者的观点，即相对于系动词后面的名词短语的一般意义而言，主语名词短语在某种程度上是特殊的。当单词 some 被强调时，这种解释尤其正确。

从前面的分析中得到的结论是，当不定冠词跟在一个系动词后面时，它就表达了等价关系。

10.3.3.3   介词短语补语

现在把注意力转移到包含介词短语的最小子句上，这些介词短语是动词或形容词的必要补语。我们必须解决的问题是需要给这些介词赋什么样的值。这里的回答是，它们表示等价关系。这一点可以通过句子（102.1）中的第一个介词 of 来说明，同样也可以由作为句子（102.1）的释义的句子（102.2）来证明这种用法，因为第二句中省略了介词 of，所以专有名词 Paris 与名词短语 the city 并列。

(102.1)   The city of Paris is the capital of France.

(102.2)   The city, Paris, is the capital of France.

介词 on 虽然是动词 to rely on 的一部分，但它同经常与普通名词（例如 city）一起使用的介词 of 一样，对动词的意义没有实质性的语义贡献。这类介词也可以看作在全集的结构中表达等价关系。

(103.1)   Alice relied on Bill.

(103.2)   Bill depended on Carl.

在之前采用的结构中，relied|V:<PP> 对应 {<2，1>，<3，1>，<3，2>}，下图将它表示为 R。

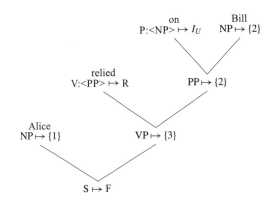

带有介词短语补语的动词短语

成分形成规则：如果 $e|V:<PP>$ 且 $f|PP$，那么 $ef|V:<>$。

成分赋值规则：$<U,\ i>$ 是英语词典的结构。如果 $e|V:<PP>$ 且 $f|PP$，那么 $v_i(ef|V:<>)=$ $\{x:<x,y> \in v_i(e|V:<PP>)$ 且 $y \in v_i(f|PP)\}$。

最后，考虑带两个补语的动词，以动词 to introduce 为例子。在之前的例子的结构中，introduced$|V:<NP, PP>$ 被指定为 $\{<1, 2, 3>, <1, 3, 2>, <3, 2, 1>\}$，其在下图中缩写为 K。

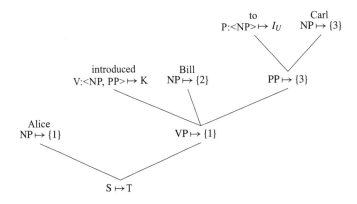

带有两个补语的动词短语

成分形成规则：如果 $e|V:<NP,\ PP>$，$f|NP$ 且 $g|PP$，那么 $efg|V:<>$。

成分赋值规则：$<U,\ i>$ 为英语词典的结构。如果 $e|V:<NP,\ PP>$，$f|NP$ 且 $g|PP$，那么 $v_i(efg|V:<>)= \{x:<x,y,z> \in v_i(e|V:<NP,\ PP>),\ y \in v_i(f|NP)$ 以及 $z \in v_i(g|PP)\}$。

10.3.3.4 小结

在前一节中，向读者介绍了几个成分形成规则和相应的成分赋值规则，这些规则包括子句形成规则、动词短语形成规则和介词短语形成规则。在句子（104）中形式化的从句形成规则规定，任何被归类为名词短语（$e\ |\ NP$）的表达式，后跟被归类为动词短语（$f\ |\ VP$）的任何表达式，都可以构成被归类为从句（$ef\ |\ S$）的表达式。

(104) 子句形成规则：如果 $e\ |\ NP$ 且 $f\ |\ VP$，则 $ef\ |\ S$。

子句形成规则具有相应的子句赋值规则。该规则将一个值分配给一个被归类为子句的复杂表达式，赋值规则基于该子句的直接成分的值，即名词短语和动词短语。赋给子句的直接成分什么样的值取决于赋给子句的直接成分的直接成分值，当然其最终取决于构成子句的词汇条目的值。因此，规则刚开始确定英语词典的结构，其规定了语言分配给每个词汇条目的值。

接着的假设，即"如果"所在的子句，确定了要赋值的复杂成分的直接成分；相应的结论，即"则"所在的子句，准确地说明了复杂成分从句的值是如何从分配给其直接成分名词短语和动词短语的值中获得的。

（105）子句赋值规则：$<U, i>$ 是英语词典的结构。如果 $e \mid NP$ 且 $f \mid VP$，则当且仅当 $v_i(e \mid NP) \subseteq v_i(f \mid VP)$ 时，$v_i(ef \mid S) = T$。

接下来介绍短语形成规则及其对应的短语赋值规则。在 3.3.3 节中只看到了一部分，但实际上，有几十条这样的规则。回想一下，不同的词可能属于相同的基本词汇类别（A、Adv、N、P 或 V），但是它们可以搭配不同的补语列表，从而会产生多达五十多种的词汇类别。因此，例如，一些表达式具有词汇类别 P:<NP>，另一些具有词汇类别 N:<PP, PP>，其他一些具有 V:<NP, NP, PP>。对于其中的每个类别，我们都有一个规则，对于一个需要补语的表达式，如果它和补语的序列是形成相应短语的表达式，那么其补语的种类必须如补语列表所示，且必须按照列表中的顺序跟在表达式的后面。在这里，形式化的短语形成规则如下所示。

（106）短语形成规则模式：对于每个 $j \in \mathbb{Z}_n^+$，如果 $e \mid X:<C_1, \cdots, C_n>$ 且 $f_j \mid C_j$，那么 $ef_1\cdots f_n \mid X:<>$。

虽然英语中所有短语形成规则的实例都符合该模式，但并非符合该模式的所有实例都是英语中正确的短语表达式。特别是，人们普遍认为英语中没有一个单词的补语可超过三个。因此，n 大于或等于 4 的模式实例在英语中不是正确的短语表达式。

与短语形成规则模式相对应的是短语赋值规则模式，该模式为短语形成规则模式的任何实例所形成的短语提供相应的短语赋值规则。此规则模式将值赋给任何归类为短语的复杂表达式，这是基于子句短语的直接成分进行的，句子的直接成分包括一个词和它的补语（如果存在的话）。同样，子句短语直接成分的值又取决于其自身的直接成分的直接成分的值，而最终取决于构成短语的词汇条目的值。和以前一样，规则的刚开始说明了英语词典的结构，原因在之前已经提到过。接着的假设，即"如果"所在的子句，说明了待赋值的复杂成分的直接成分；相应的结论，即"则"所在的子句，准确地说明了复杂成分（这里是短语）的值是如何从它的直接成分（即名词短语和动词短语）的值中获得的。

（107）短语赋值规则模式

$<U, i>$ 是英语词典的结构。

如果 $e \mid X:<C_1, \cdots, C_n>$ 且 $f_j \mid C_j$，对于每个 $j \in \mathbb{Z}_n^+$，有 $v_i(ef_1\cdots f_n \mid X:<>) = \{x:<x, y_1, \cdots, y_n> \in v_i(e \mid X:<C_1, \cdots, C_n>)$ 且 $y_j \in v_i(f_j \mid C_j)$，对于每个 $j \in \mathbb{Z}_n^+\}$。

鼓励读者通过上面总结的两个短语的规则模式来了解 10.3.3.3 节中介绍的各个具体的规则模式是如何得到的。

练习：成分赋值规则定义

1. 定义基本词汇类别为 A、Adv、N、P 和 V，补语类别为 AP、AdvP、NP、PP、VP 和 S。有多少个词汇类别最多有三个补语？解释你是如何得到答案的。

2. 短语形成规则模式应用于下列哪一项可以产生正确的短语？说明理由。

   (a) A:<PP> PP   (b) N:<PP> PP

   (c) A:<NP> PP   (d) N:<PP> NP

   (e) P:<S> S   (f) V:<S>S

(g) P:<NP> S   (h) V:<PP> S

(i) A:<NP, PP> NP PP   (j) P:<NP, S> NP S

(k) A:<PP, NP> NP PP   (l) V:<S, PP> PP S

(m) S:<S,S,S>SSS   (n) A:<PP> PP

3. 考虑以下四个句子。

(1) Beth runs.

(2) Alan is courageous.

(3) Beth approves of Carl.

(4) Carl dispatched Alan to Beth.

(a) 使用具有扩展句法类别的成分语法，写出前面的每个句子的合成树。

(b) 使用结构 <{1, 2, 3}, j> (其中 j 定义如下)，写出合成树中的每个节点的值，并且对于应用合成规则的每个实例，写出相应的语义规则。

j Alan|N:<> $\mapsto$ {1}

    Beth|N:<> $\mapsto$ {2}

    Carl |N:<> $\mapsto$ {3}

    of|P:<NP> $\mapsto$ I_U

    courageous |A:<> $\mapsto$ {2, 3}

    runs |V:<> $\mapsto$ {1, 2}

    approves |V:<PP> $\mapsto$ {<1, 2>, <2, 3>, <1, 3>, <3, 2>}

    dispatched |V:<NP; PP> $\mapsto$ {<1, 2, 3>, <1, 3, 2>, <2, 3, 1>, <3, 1, 2>}

10.3.4 进一步扩展

现在已经看到，丰富句法类别后的扩展成分语法可以同时解决三个问题，包括第 3 章提到的两个问题 (即投影问题和子类别化问题)，以及本章所解释的第三个问题 (即定义英语词典结构的问题)。现在将展示这种扩展后的语法如何解释前面描述的补语的三种复杂情况：补语多样性、补语重排和补语多元性。下面将简略地说明这些问题。

10.3.4.1 补语多样性问题

许多英语单词都有多样补语，即在同一补语位置上允许存在不同类别的补语。如前所述，英语中最突出的例子是动词 to be，它可以搭配形容词短语、名词短语、介词短语，甚至是副词短语作为其单独的补语。如果假设每个带补语的单词只能搭配一个类别的补语，那么必须得出结论：动词 to be 有四种歧义，第一种带形容词短语补语 (V:<AP>)，第二种带名词短语补语 (V:<NP>)，第三种带介词短语补语 (V:<PP>)，第四种带副词短语补语 (V:<AdvP>)。如果补语的多样性是动词 to be 所特有的性质，那么人们可能倾向于简单地规定这些动词具有不同的意义，以解释动词 to be 的特殊逻辑地位。然而，英语以及其他很多语言，充满了各种多样词。

如何解决补语多样性问题？我们需要做的是，设计一个符号，以允许为相同的补语位置指定不同的类别。最简单的方法是用补语类别集合替换单词补语列表中的某个位置的补语类别，集合中每个补语类别都是目标单词在该补语位置所允许的类别。因此，一个单词的补语列表不再是补语类别的列表，而是一个补语类别的非空集合的列表，每一个集合都包含可能出现在这个位置的成员。例如，动词 to be 只带一个补语，但其补语可以是形容词短语、名词短语、介词短语或副词短语。因此，它的补语列表是集合 {AP, NP, PP, AdvP}。它的

词汇条目将是 be|V：<{AP，NP，PP，AdvP}>。

下面是之前见过的几个多样动词的词汇条目的例子。

(108.1)　be|V:<{AP，NP，PP，AdvP}>

(108.2)　appear|V:<{AP，NP，PP}>

(108.3)　keep|V:<{NP}，{AP，NP}>

(108.4)　consider|V:{NP}，{AP，NP}>

一旦在单词的词汇类别标注中采用这种变化，就必须对短语形成规则进行适当调整[⊖]。前面给出的短语形成规则要求单词补语列表中的类别与单词后面的表达式的类别相同，并且必须是相应的类别以相同的顺序出现。扩展后的规则要求单词后面的表达式的类别在单词类别列表的集合当中，并且相应的类别以相同的顺序出现。我们不对已经给出的每个具体的短语形成规则进行修改，而只对短语形成规则模式进行修改。

(109) 短语形成规则模式（对于那些含有多样补语的单词）：对于每个 $j \in \mathbb{Z}_n^+$，C_j 代表某个补语的类别，$\mathcal{C}_j$ 为补语类别集合的一个非空子集，且 C_j 是 $\mathcal{C}_j$ 的一个元素。

如果 $e \mid X:<\mathcal{C}_1, \cdots, \mathcal{C}_n>$ 并且，对于每个 $j \in \mathbb{Z}_n^+$，$f_j \mid C_j$，且 $C_j \in \mathcal{C}_j$，则 $ef_1 \cdots f_n \mid X:<>$。

根据前面的形成规则模式，以及下列动词 to choose 和 to appoint 的词汇类别：

(110.1)　appoint|V:<{NP}，{NP，PP}>

(110.2)　choose|V:<{NP}，{PP}>

可以生成下列的前三个句子，但不能生成第四个。

(111.1)　　Dan appointed Alice as chief minister.

(111.2)　　Dan appointed Alice chief minister.

(112.1)　　Dan chose Alice as chief minister.

(112.2)　　*Dan chose Alice chief minister.

现在必须调整短语赋值规则模式以配对修改后的短语形成规则模式。读者应该注意到，最后赋的值仍然和以前一样。

（113）　短语赋值规则模式（对于那些含有多样补语的单词）：设 $<U, i>$ 是英语词典的结构。对于每个 $j \in \mathbb{Z}_n^+$，C_j 代表某个补语的类别，$\mathcal{C}_j$ 为补语类别集合的一个非空子集，且 C_j 是 $\mathcal{C}_j$ 的一个元素。

如果 $e|X:<\mathcal{C}_1,\cdots,\mathcal{C}_n>$ 并且对于每个 $j \in \mathbb{Z}_n^+$，有 $f_j|C_j$，并且 $C_j \in \mathcal{C}_j$，那么有 $v_i(ef_1 \ldots f_n|X:<>) = \{x:<x,y_1,\cdots,y_n> \in v_i(e|X:<\mathcal{C}_1,\cdots,\mathcal{C}_n>)$，以及对于每个 $j \in \mathbb{Z}_n^+$，有 $y_j \in v_i(f_j|C_j)\}$。

练习：补语多样性问题

1. 再次，让基本词汇类别为 A、Adv、N、P 和 V，并让补语类别为 AP、AdvP、NP、PP、VP 和 S。在新的词汇类别下，有多少个词汇类别最多有三个补语？解释你是如何得到答案的。

2. 扩展短语形成规则模式应用于下列哪一项以产生短语？在每种情况下，都要证明你的答案是正确的。

　　（a）A:<{PP}> PP　　　　　　　　　　（b）N:<{PP, S}> AP

　　（c）A:<{NP, PP}> PP　　　　　　　　（d）N:<{PP, NP}> NP

　　（e）P:<{AP, NP}> S　　　　　　　　　（f）V:<{S, S}> S

⊖　这个变化以及 3.4.2 节和 3.4.3 节中的类似变化要求我们对扩展的成分语法的定义进行修订。我们不必费心这么做。

（g）P:<{NP, PP}> S　　　　　　　　（h）V:<{PP, S}> S

（i）A:<{NP, PP> NP PP　　　　　　（j）P:<{NP, S}, {PP, AP}> NP S

（k）A:<{PP, NP}, {PP}> NP PP　　　（l）V:<{S, PP}> PP S

（m）S:<{S, NP, PP> PP　　　　　　（n）A:<{PP}> PP

3. 根据下面的句子的可接受性，使用新的符号来写出动词 to try 和 to strive 对应的词汇条目。

Dan tried to run.

Dan strove to run.

Dan tried running.

* Dan strove running.

10.3.4.2 补语重排问题

在讨论多样性问题时，我们注意到一些多样动词的补语会发生重排现象。对于所有允许补语重排的动词的补语列表，第一个坐标为一个名词短语，第二个坐标为一个名词短语和一个介词短语补语或两个搭配不同介词的介词短语补语（原因稍后将在 10.3.5 节中说明，目前只处理第二个坐标为名词短语和介词短语的情况）。

我们之前观察到，并非所有第一个坐标为 NP 类、第二个坐标为 NP 类或 PP 类的动词都允许补语重排。例如，动词 to give 和它的近义词 to contribute 的第一个坐标为 NP 类，第二个坐标为 NP 类或 PP 类，然而仅 to give 允许补语重排。

（114.1）　　Dan gave five dollars to a charity.

（114.2）　　Dan gave a charity five dollars.

（115.1）　　Dan contributed five dollars to a charity.

（115.2）　*Dan contributed a charity five dollars.

鉴于 to contribute 和 to give 是近义词，这说明两个动词在补语上的差异性是词汇方面的一个性质，而不存在更一般的原因。

注意，从分布的角度来看，最小对 to appoint 和 to chose 与最小对 to give 和 to contribute 是平行的：每对中的第一个可以搭配名词短语或介词短语作为第二个补语，而每对中的第二个只能搭配介词短语作为第二个补语。

（116.1）　give|V:<{NP}, {NP, PP}>

（116.2）　contribute|V:<{NP}, {PP}>

然而，to appoint 和 to give 之间有着很大的区别。在句子（111.1）和句子（111.2）中，句子（111.2）中的所有单词都出现在句子（111.1）中并且顺序相同，这两个句子是同义的；而在句子（117.1）和句子（117.2）中，句子（117.2）中的所有单词出现在句子（117.1）中并且顺序相同，但这两个句子不是同义的。

（117.1）　Alice gave Fido to Bill.

（117.2）　Alice gave Fido Bill.

为了使句子（117.2）与句子（117.1）同义，我们需要重排两个补语名词短语，且必须去掉介词，如句子（118.1）和句子（118.2）所示。

（118.1）　Alice gave Fido to Bill.

（118.2）　Alice gave Bill Fido.

换言之，当动词 to give 的第一个补语和第二个补语的类别分别是 NP 和 PP 时，第一个补语表示给予的礼物或事物，第二个补语表示接受礼物的人。然而，当两个补语的类别都是 NP 时，第一个补语表示受赠人，第二个补语表示礼物。

　　为了处理这样的句子对，我们引入了变音符号来区分这两个允许重排的补语动词和不允许重排的补语动词。特别是，我们丰富了补语列表的符号，允许在 NP 补语符号上添加上标 p。

(119.1)　appoint|V:<{NP}，{NP，PP}>

(119.2)　give|V:<{NP}，{NP^p，PP}>

(119.3)　contribute|V:<{NP}，{PP}>

一旦变音符号被包含在词汇条目的符号中，我们必须修改短语形成规则模式，以解释这个特殊的情况。由于相关动词正好都是带有两个补语的动词，所以我们对有两个补语的动词进行说明。

(120) 短语形成规则模式（对于两位可重排的补语动词）：对于每个补语类别 XP，允许补语类别包括补语类别 XP^p。设 $\mathcal{C}_1$ 和 $\mathcal{C}_2$ 是补语种类的非空集合，其中没有集合同时包括 XP 和 XP^p；设 C_1 和 C_2 为补语类别。若 C_1 在 $\mathcal{C}_1$ 中，C_2 或 C_2^p 在 $\mathcal{C}_2$ 中，则 V:<$\mathcal{C}_1$，$\mathcal{C}_2$>C_1 C_2 → V:<>。

当然，我们必须同时修改与短语形成规则模式相结合的短语赋值规则模式，以便当第二个补语的类别在词汇条目的第二坐标中时，或者当第二补语的类别是 NP 而 NP^p 在第二个坐标中时，将一个值赋给动词短语。

(121)　短语赋值规则模式（对于两位可重排的补语动词）：

设 M，即 <U，i>，是英语词典的结构。

　　对于每个补语类别 XP，允许包括补语类别 XP^p。设 $\mathcal{C}_1$ 和 $\mathcal{C}_2$ 是补语类别的非空集合，其中没有集合同时包括 XP 和 XP^p；设 C_1 和 C_2 为补语类别。若 C_1 在 $\mathcal{C}_1$ 中，C_2 或 C_2^p 在 $\mathcal{C}_2$ 中，那么有两种情况。

- 第一种情况：如果 $C_1 \in \mathcal{C}_1$ 和 $C_2 \in \mathcal{C}_2$，则 v_i (V:<$\mathcal{C}_1$，$\mathcal{C}_2$>$C_1 C_2$) ={x:<x，y_1，y_2> $\in v_i$ (V:<$\mathcal{C}_1$，$\mathcal{C}_2$> 且 $y_1 \in v_i$ (C_1) 和 $y_2 \in v_i$ (C_2) }。

- 第二种情况：如果 $C_1 \in \mathcal{C}_1$ 和 $C_2^p \in \mathcal{C}_2$，则 v_i (V:<$\mathcal{C}_1$，$\mathcal{C}_2$>$C_1 C_2$) ={x:<x，y_1，y_2> $\in v_i$ (V:<$\mathcal{C}_1$，$\mathcal{C}_2$>) 且 $y_1 \in v_i$ (C_1) 和 $y_2 \in v_i$ (C_2) }。

读者应仔细阅读这两种情况，弄清楚第一种情况对应句子（118.1）中的动词短语 give Fido to Bill，第二种情况对应句子（118.2）中的动词短语 give Bill Fido。

　　补语重排的模式通常被称为格移位（dative shift），这是转换语言学家给它起的名字，他们用转换来处理补语重排所产生的等价性。

练习：补语重排问题

1. 我们只看到了补语重排的短语形成和赋值规则模式的四个例子。写出对应允许重排的单词的第二个坐标仅能搭配一个 PP 的两个例子的两对规则。

2. 对于下列每一个英语动词，找出一个与之配对的动词，使它们形成类似于 to give 和 to contribute 的最小对：to tell、to show、to teach 和 to throw。并说明它们为什么是最小对。

3. 假设 blicked 是一个英语单词。<U，j> 是英语词典的结构，其中 U = { 1, 2, 3, 4, 5 }，j 的部分定义如下。

| j | Alice|N:<> | $\mapsto$ {1} |
| | Beth |N:<> | $\mapsto$ {2} |

Carl |N: < >   ↦ {3}

to|P: < NP >   ↦ I_U

blick |V: <{NP}, {PP, NP^p}> ↦ {<1, 2, 3>, <4, 2, 3>, <5, 2, 3>, <2, 4, 5>, <2, 2, 3>, <5 1 2>}

假设下面两句话同义，分别写出这两句话的合成树，并使用该结构为树中的每个节点赋值。

(1) Alice blicked Beth to Carl.

(2) Alice blicked Carl Beth.

10.3.4.3 补语多元性问题

与补语有关的第三个复杂问题是许多词有选择性补语。正如所看到的，当从句中省略了可选补语时，产生的从句总是可以进行规范的解释，因为补语的省略会产生相应的解释特征。例如，当省略了动词 to eat 的补语时，就好像它有一个不确定的直接宾语。当动词 to arrive 的补语被省略时，它就被解释为它有代词 here 或代词 there 作为它的补语。当省略形容词 similar 的补语时，表示产生了一种关联特征。最后，在省略动词 to address 的补语的情况下，表示产生了反身指代特征。

几乎所讨论的每一个有可选补语的动词都有近义词，但是它们对应的补语都是强制性的。这说明这些词的补语的选择性是它们所特有的一个特征，与词义无关。

(122.1)   Alice ate (something).

(122.2)   Alice devoured *(something).

(123.1)   Dan arrived (here) this morning.

(123.2)   Dan reached *(here) this morning.

(123.3)   Carol took a plane to Mumbai. She arrived (there) this morning.

(123.4)   Carol took a plane to Mumbai. She reached *(there) this morning.

(124.1)   Peter and Bill are similar (to each other).

(124.2)   Peter and Bill resemble *(each other).

(125.1)   Carl dressed (himself).

(125.2)   Carl clothed *(himself).

一项针对英语中具有可选补语的词的调查显示出以下规律。前面提到的四种情况——语境的、不定式的、关联的和反身的——都与英语动词联系在一起。其中只有三种情况——语境的、不定式的和关联的——是跟英语名词和形容词有联系的。而只有语境这一种情况跟介词有关。下表对此进行了总结。

英语	语境的	不定式的	关联的	反身的
动词	是	是	是	是
形容词	是	是	是	否
名词	是	是	是	否
介词	是	否	否	否

为了处理这些情况，除了常用的基本补语类别之外（即 AdvP、AP、NP、PP 和 S），我们允许在补语类别组成的非空集合中加入下面这四个特征：ind（不定式的）、ref（反身的）、rec（关联的）和 cnt（语境的）。它们出现在那些允许省略补语的位置中。它们之间的差异确保了省略会导致不同的解释，这取决于允许省略发生时句子的特征。

下面是句子（122.1）～句子（125.2）中的多元词以及与之配对的近义词的词汇条目的示例。

(126.1)　　eat|V:<{NP,ind}>

(126.2)　　devour|V:<{NP}>

(127.1)　　arrive|V<{PP, cnt}>

(127.2)　　reach|V:<{NP}>

(128.1)　　dress|V:<{NP, rel}>

(128.2)　　clothe|V<{NP}>

(129.1)　　meet|V:<{NP, rec}>

(129.2)　　encounter|V:<{NP}>

　　在介绍完这些特征之后，我们必须再次修改短语形成规则模式，以满足具有此类词汇条目的词。不同版本的短语形成规则模式都要求单词补语的数量与其补语列表的坐标数量相同，并且第 i 个补语的类别是补语列表第 i 个坐标的一个成员。但是这些不同的模式都不适用于省略了可选补语的短语，因为它们的补语数量总是严格小于中心词补语列表中的坐标数量。此外，当短语中补语的数量总是严格小于中心词补语列表中坐标的数量时，如现在所解释的情况，第 i 个补语的类别不再必须是补语列表第 i 个坐标的成员。

　　以动词 to trade 为例，它有三个补语，第二个补语是可选的，如果省略它，会产生不确定的解释。

(130.1)　　Alice traded [NP a car] [PP to Bill] [PP for a sailboat].

(130.2)　　Alice traded [NP a car] [PP for a sailboat].

它的词汇条目是 tarde|V:<{NP}, {PP, ind}, {PP}>。当所有的补语都出现时（如句子（130.1）），它可以使用带有多样补语的单词的短语形成规则模式，因此子句 to traded a car to Bill for a sailboat 最终能够生成 VP 或 V:<>。然而，这个模式不能使子句 to traded a car for a sailboat 生成 VP 或 V:<>，因为在第三个坐标的位置上没有对应的词，所以这个表达式不构成动词短语。我们希望第一个补语对应第一个坐标，第二个补语跳过第二个坐标直接对应第三个坐标。

　　更一般地说，我们希望禁止秩较高的补语对应秩较低的坐标，但允许秩较低的补语对应秩较高的坐标，但仅当没有对应任何补语的坐标具有以下四个特征之一时，才能这样做：ind、cnt、ref 和 rec。同时，当且仅当在短语满足下列条件的情况下才能如此。第一，每个补语的类别是中心词的补语列表种类集合的成员；第二，不同补语的类别是不同补语列表坐标种类集合的成员；第三，如果一个补语在第二个补语之前，然后，前者所属的类别集合也必须在后者所属的类别集合之前；第四，如果其中一个坐标的类别集合没有对应的补语，那么该集合至少包含 cnt、ind、ref 和 rec 四个特征中的一个。前两个条件实际上要求，存在一个补语到补语列表坐标的映射。第三个条件要求从补语到补语列表坐标的映射相对于补语的秩和坐标的秩是单调递增的。这意味着，随着补语的秩增加，坐标的秩也在增加，允许补语的秩增加一，但相应坐标的秩增加一以上。第四个条件确保在某些坐标没有对应补语的情况下，它们必须包含某种特征。

（131）　短语形成规则模式（对于包含多元补语的单词）：设 $C_1, \cdots, C_n$ 为补语类别的非空子集，这些补语类别包含特征 ind、con、ref 和 rec；设 $C_1, \cdots, C_m$ 为补语类别，其中 $m \leqslant n$；设 r 为单调递增的从 $\mathbb{Z}_m^+$ 到 $\mathbb{Z}_n^+$ 的映射，并满足以下两个条件：

　　（1）　对于每个 $i \in \mathbb{Z}_m^+$，有 $C_i \in \mathcal{C}_{r}(i)$；

（2） 对于每个 $j \in \mathbb{Z}_n^+$，以及每个不在关系 r 中的 $\mathcal{C}_j$，$\mathcal{C}_j$ 包含 ind、con、ref 或 rec。

那么，如果 $e \mid X{:}{<}\mathcal{C}_1,\cdots,\mathcal{C}_n{>}$ 和对于每个 $i \in \mathbb{Z}_m^+$，$f_j \mid C_j$ 且 $C_j \in \mathcal{C}_{r(j)}$，有 $ef_1\cdots f_n \mid X{:}{<}{>}$。（带有多元补语的单词的短语形成规则模式包含作为特例的带有多样补语的单词的短语形成规则模式，但不包括那些针对第一个和第二个补语可以重排的动词的短语形成规则。）

正如读者所预期的那样，我们必须制定一个相应的短语赋值规则模式。这个模式有点复杂，因为需要根据未对应坐标的特征来赋不同的值。

与前面所有的成分赋值规则一样，开头确定了英语词典的结构，接下来只是对短语形成规则前三个条件以及第五个假设条件的重复，最后给短语赋值，这个值不仅取决于它的直接成分的值，而且还取决于省略的补语包含哪个特征。由于一共有四个特性——ind、cnt、ref 和 rec，所以对这四种情况需要分别说明。

（132） 短语赋值规则模式（对于包含多元补语的单词）：设 $<U, i>$ 是英语词典的结构；设 $\mathcal{C}_1,\cdots,\mathcal{C}_n$ 为补语类别的非空子集，这些补语类别包含特征 ind、con、ref 和 rec；设 $C_1,\cdots,C_m$ 为补语类别，其中 $m \leqslant n$。设 r 为单调递增的从 $\mathbb{Z}_m^+$ 到 $\mathbb{Z}_n^+$ 的映射，并满足以下两个条件：

（1） 对于每个 $i \in \mathbb{Z}_m^+$，有 $C_i \in \mathcal{C}_{r(i)}$；

（2） 对于每个 $j \in \mathbb{Z}_n^+$，以及每个不在关系 r 中的 $\mathcal{C}_j$，$\mathcal{C}_j$ 包含 ind、con、ref 或 rec。

设存在 $e \mid X{:}{<}\mathcal{C}_1,\cdots,\mathcal{C}_n{>}$ 和对于每个 $j \in \mathbb{Z}_m^+$，$f_j \mid C_j$ 和 $C_j \in \mathcal{C}_{r(j)}$，那么，对于每个 $j \in \mathbb{Z}_n^+$，以及每个不在关系 r 中的 $\mathcal{C}_j$，有 $v_i(X{:}{<}\mathcal{C}_1,\cdots,\mathcal{C}_n{>}\,C_1\cdots C_m) = \{x{:}{<}x,\ y_1,\cdots,\ y_n{>} \in v_i(X{:}{<}\mathcal{C}_1,\cdots,\mathcal{C}_n{>})$。同时，其中，对于每个 $i \in \mathbb{Z}_m^+$，$y_i \in v_i(C_i)$。对于每个 $j \in \mathbb{Z}_n^+$，以及每个不在关系 r 中的 $\mathcal{C}_j$，

（1） 如果它对应的特征是 ind，则 $y_i \in U$；

（2） 如果它对应的特征是 cnt，则 $y_i = d$；

（当结构明确确定时，d 的值就确定了）

（3） 如果它对应的特征是 ref，则 $y_i = x$；

（4） 如果它对应的特征是 rec，则 $y_i{:}{<}x,\ y_1,\cdots,\ y_{i-1},\ x,\ y_{i+1},\ y_n{>} \in v_i(X{:}{<}\mathcal{C}_1,\cdots,\mathcal{C}_n{>})$。

（这仅仅是一个粗略的描述）

分别为 ind、cnt、ref、rec 这四种特征想出对应的例子。想想 to eat 这个动词。由于该动词的补语列表中只有一个坐标，因此它被赋值了一组有序对。因为它具有特征 ind，所以它的补语可以省略。如果省略补语，然后短语赋值规则给该只包含单词 eat 的动词短语赋值为，在当前结构对应的全集中，所有能出现在动词 eat 所对应的有序对的第一个坐标上的成员。换句话说，动词短语 eat 被赋值为结构对应的全集中那些可以吃（eat）的对象。这意味着，动词短语 eat 和 eat something 被赋值为全集中完全相同的子集。

接下来，考虑动词 to arrive。它的补语列表中也只有一个坐标，因此，它也被赋值了一组有序对。由于其具有 cnt 特征，所以它的补语可以省略。如果省略，则短语赋值规则给该只包含单词 arrive 的动词短语赋值为，在当前结构对应的全集中，所有能出现在动词 arrive 所对应的有序对的第一个坐标上的成员，并且该成员与结构对应的全集中的某个可区分的成员 d 配对。例如，对应的全集中可区分的成员是 Paris，那么动词短语 arrive 和 arrive in Paris 被赋值为全集中完全相同的子集。

当动词是 to dress 时会发生什么？和其他两个动词一样，它的补语列表中也只有一个坐

标，因此，它也被赋值了一组有序对。它具有特征 ref，所以它的补语也可以省略。如果省略，则短语赋值规则给该只包含单词 dress 的动词短语赋值为，在当前结构对应的全集中，所有与动词 dress 对应的有序对中可以与自己配对的词。结果，Bill dressed 和 Bill dressed himself 这两个从句具有相同的值。事实上，动词短语 dressed 和 dressed himself 被赋值了全集中完全相同的子集。

最后，我们来讨论特征为 rec 的词。做一个一阶近似，这些动词不能搭配中心名词是单数可数名词的主语名词短语，因为它们需要多个主语[○]。我们找到了下面的例子：

(133.1)　　*Bill met.

(133.2)　　Bill and Carol met.

然而，复数可数名词的语义不在本书的讨论范围之内。因此，我们对第四个特性 rec 的语义给出了一个粗略而不准确的陈述。基本思想是，像 to meet 这样的动词被赋值为结构所对应的全集中的有序对集合，同时特征 rec 则给该只包含单词 meet 的动词短语赋值为全集中那些互相存在区别但是同时分别在第一个坐标和第二个坐标上出现的成员[○]。

练习：补语多元性问题

解释句子（131）中的条件如何应用于满足以下条件的短语：

　（a）动词带一个可选补语，短语没有补语；

　（b）动词带两个补语，其中一个是可选的，短语只有一个补语；

　（c）动词带三个补语，其中两个是可选的，这个短语有一个或两个补语。

10.3.4.4　被动语态

当扩展的成分语法被用来处理带有多样补语、可重排的补语和多元补语的单词时，似乎是在处理一种模式，这种模式从一开始就一直受到转换语言学家的关注，即由被动语态表现出来的模式。众所周知，主动语态中含有及物动词的最小子句与被动语态中含有及物动词的最小子句是等价的，其中主动语态从句的主语变成一个可选的介词短语补语，主动语态从句的宾语变成一个主语名词短语，如下所示。

(134.1)　　Alice greeted Bill.

(134.2)　　Bill was greeted by Alice.

众所周知，当被动动词的介词短语补语被省略时，会产生不确定的解释含义。事实上，没有介词短语补语的从句的含义等同于具有非限定介词短语补语的另一从句，如下一对句子所示。

(135.1)　　Bill was greeted.

(135.2)　　Bill was greeted by someone.

这与之前看到的在省略补语时产生不确定解释的多元词的释义相同。

简而言之，英语及物动词的被动化涉及动词形式的变化，其名词短语补语被一个以介词 by 开头的可选介词短语补语所取代时，如果省略它，则它的解释就变得不确定，就像其他非限定多元英语动词一样。此外，被动化的及物动词在重排主语和直接宾语名词短语时也是等价的，就像具有可重排补语的动词所产生的等价性那样。

在结束对英语被动化的简要论述时，值得读者注意的是，被动化英语动词和非限定多元

　○　它们确实可以搭配集体单数可数名词和一些物质名词。

　○　正如语义学家所熟知的那样，这种对于对称非反身关联性关系的描述太强了。

英语动词之间的另一个相似之处。一个动词为非限定多元动词的最小子句和动词为被动语态的最小子句，当省略可选补语或者省略从句时，可能会产生相似的解释。这类句子的解释如句子（136）中的解释 1 情况所示，而不是解释 2。

(136) Bill did not read.

> 解释 1
>
> It is not the case that there is something Bill read.
>
> 解释 2
>
> There is something which Bill did not read.

(137) Bill was not greeted.

> 解释 1
>
> It is not the case that there is someone who greeted Bill.
>
> 解释 2
>
> There is someone who did not greet Bill.

更一般地说，简而言之，所有那些会有不确定的解释的被省略的可选补语，它们的解释是被理解为它们从属于否定副词。

10.3.5 未解决的问题

在本章的最后，我们列举了由补语带来的一些未解决的问题。第一个问题是关于词的补语的顺序的。有时顺序是严格的。

(138.1)   Alice asked [NP Bill] [NP a favor].

(138.2)   *Alice asked [NP a favor] [NP Bill].

有时顺序是比较随意的。

(139.1)   Alice asked [NP a very big favor] [PP of Bill].

(139.2)   Alice asked [PP of Bill] [NP a very big favor].

第二，虽然先前对多元补语的处理已经涵盖了许多已知的内容，但仍有两种补语多元性问题没有得到解决：如句子（140.1）和句子（140.2）所示的中间多元动词，以及如句子（141.1）和句子（141.2）的第一句所示的使役多元动词。

(140.1)   Dan sold the book easily.

(140.2)   The book sells easily.

(141.1)   The butter melted.

(141.2)   Bill melted the butter.

Bill caused the butter to melt.

第三，补语的其他许多方面都超出了我们目前所研究的范围。首先，我们还没有详细介绍如何处理介词短语补语。带有介词短语补语的词通常不是都能搭配任何介词短语作为补语，它们通常只能搭配以特定介词为首的介词短语。例如，在下列介词短语中，为了保留句子的意义，或者说是可接受性，任何一个介词短语中的介词都不能被另一个介词取代。

(142.1)   Alice disposed [PP of Carl's money].

*Alice disposed [PP to Carl's money].

(142.2)   Bill dashed [PP to the car].

*Bill dashed [PP of the car].

(142.3)　　The water buffalo wallowed [PP in the mud].
　　　　　 *The water buffalo wallowed [PP at the mud].

正是这个原因，我们没有试图研究那些第二个补语为特定类别的介词短语的动词的补语重排现象。也是这个原因，我们没有详细讨论如何处理被动化。

此外，有些动词允许在其补语介词短语中使用一系列介词。例如，可以搭配一个补语的动词 to dash 能搭配以下列介词开头的介词短语，如 into (to dash into the room)、out of (to dash out of the house)、up (to dash up the street)、through (to dash through the hall) 和 from (to dash from the shower)。可以搭配两个补语的动词 to put 能搭配以下列介词开头的介词短语，如 above (to put the key above the door)、in (to put the shoes in the closet)、on (to put the glass on the floor) 和 near (to put the chair near the table)，也可以搭配副词短语，如 downstairs (to put the box downstairs)。

有些动词必须指定只能搭配反身代词作为补语（更多示例见 Stirling and Huddleston (2002，sec.3.1.1)）。

(143.1)　　Alice prides herself on her open-mindedness.

(143.2)　　*Alice prides Bill on his open-mindedness.

与补语进一步相关的是配价（valency）限制，也称为主题或语义角色。它们包括代理人（agent）、病人（patient）、器械（instrument）、福利（beneficiary）、来源（source）、位置（location）等角色⊖。这些不同的角色是什么，它们是如何区分的，以及如何确定赋予它们的值，是令人烦恼的问题（例如，David Dowty (1991) 详细讨论了这一点）。

事实上，有一整套的限制，通常被称为选择限制（selection restriction），即从非常一般的限制（例如补语是否必须表示人类（人类与非人类）、有生命的东西（有生命的与无生命的）或者有性别的东西（男性与女性））到通常很难具体说明的非常特殊的限制。首先，请考虑印度语法学家讨论的第二个例子。

(144.1)　　Devadatta sprinkled water on the ground.

(144.2)　　*Devadatta sprinkled fire on the ground.

洒水（sprinkle）这个动词与水（water）结合时，会产生一个完全可以接受的动词短语"洒水"（sprinkle water），但与火（fire）结合时，会产生一个完全不能接受的动词短语"洒火"（sprinkle fire）。

哲学家和语言学家在 20 世纪也有过类似的观察。下面有一对关于 to drink 和 to eat 的补语的限制的对比。

(145.1)　　Carl ate the cake.

(145.2)　　*Carl ate the water.
　　　　　 （见 Leech(1974，141)）

(146.1)　　The chimpanzee drank water.

(146.2)　　*The chimpanzee drank footwear.
　　　　　 （见 Lyons(1968，152)）

事实上，正如 Sally Rice（1988）所指出的，下列及物动词的名词短语补语范围非常有限。

⊖　这些是 Pāṇini 在他的 *Aṣṭādhyāyī* 中使用的。在现代语言学中，主题（theme）一词已经取代了病人（patient）一词。

to unplug (a plug), to mail (a letter or package), to father (a child), to stub (a toe), to bark (one's shin), to purse (one's lips), to pucker (one's lips), to blow (one's nose), to crook (one's neck), to turn (the wheel), to gun (an engine), to rev (an engine), to floor (a gas pedal), to brush (one's teeth), to comb (one's hair), to shampoo (one's hair)

事实上，正如 McCawley（1968,139）所指出的，及物动词 to devein，只适用于虾，因为它的意思是从虾身上去掉它背上的黑线。

最后，前面的很多方法并没有解决许多所谓的选择限制不仅适用于补语也适用于主语这一问题。

(147)　　　*The wall sees.
　　　　　　(Baruch Spinoza, 引自 Hom (1989, 41))

(148.1)　　The meat rotted.
(148.2)　　The food rotted.
(148.3)　　*The milk rotted.

(149.1)　　The horse neighed.
(149.2)　　The animal neighed.
(149.3)　　*The mouse neighed.

(150.1)　　The deadline elapsed.
(150.2)　　*Bill elapsed.

到目前为止，建立起来的语法规则并不能解释这样的事实。

练习：未解决的问题

1. 寻找除了 to pride 之外的其他动词，它需要一个反身代词作为它的补语之一。如果有必要，指出在动词的哪种意义下补语是反身的。

2. 给出更多的词类范围的例子，其可以作为下列动词的补语：to sprinkle、to eat 和 to drink。

10.4　结论

在这一章中，我们介绍了最小子句的句法和语义处理方法，即拥有最少成分的英文陈述句且其名词短语只有一个专有名词的句子的处理方法。这使得我们能够区分短语的中心词和它的补语、修饰语。然后，我们将重点放在单词及其补语上，考察英语中单词补语的丰富多样性。这些研究显示了 3.3.4.1 节提出的两个问题对英语句法的重要性，即子类别化问题和投射问题。为了解决这些问题，我们丰富了词汇类别的符号，这样，一个单词除了根据自身的词性来分类外，还可以根据其补语来分类。我们看到通过使用内容更加丰富的补语类别扩展了成分语法后，另一个问题（即根据英语词典确定单词结构的问题）也通过把补语列表作为单词词汇条目的一部分而得到了解决。对词汇及其补语的研究还发现了几个更加具体的模式：补语多样、补语重排和补语多元。更加丰富的类别符号以及扩展后的成分形成和赋值规则可以解释这些模式，或者说，至少进行初步的近似后，这些现象模式可以被纳入扩展的成分语法的解释范围内。当然，我们忽略了许多更加复杂的现象。这些复杂现象包括成分语法对于中间动词和使役动词的形成规则与赋值规则，以及其他超出补语范围的各种规则，如特定介词的特殊性和所谓选择限制的特殊性。

经典量化逻辑

11.1 符号

在这一章中，我们开始研究经典量化逻辑（Classical Quantificational Logic，CQL）。它之所以被称为量化逻辑，是因为它与谓词逻辑的区别在于有两组额外添加的符号：一组变量（Variable，VR）和一组量化连接词（Quantificational Connective，QC），或者简称为量词（quantifier），其中只有两个符号，即 ∃ 和 ∀。换句话说，CQL 不仅像 CPDL 那样包括命题连接词（PC）集合和由个体符号（IS）集合、关系符号（RS）集合和一个用来指示每个关系符号的价是多少的价函数组成的识别标志，CQL 还含有变量集合和两个元素的量化连接词集合（QC）。

读者会记得，在第 9 章中，我们用罗马字母表开头的小写字母表示个体符号，如 a、b 和 c。如果需要大量个体符号，则用带正整数下标的字母 c 来表示。用于表示变量的符号是罗马字母表结尾处的小写字母：w、x、y 和 z。如果需要大量变量符号，则使用类似表示个体符号时的惯例：使用带正整数下标的字母 v 来表示。

PC、QC、VR、IS 和 RS 集合当然是互不相交的。这里继续将识别标志定义为 <IS，RS，ad>，ad 是 RS 到 $\mathbb{Z}^+$ 的函数。我们将个体符号和变量组合在一起称为基本项（term），将 PC 和量化连接词组合在一起称为 CQL 的逻辑连接词。因此，基本项集合 TM 就是 IS ∪ VR，逻辑连接词集合 LC 就是 PC ∪ QC。

现在已经确定了 CQL 的所有基本符号，那么可以确定它的基本子式[⊖]。

定义 1　CQL 的基本子式

<IS，RS，ad> 是识别标志，VR 是变量的非空集合，TM 为 IS ∪ VR。当且仅当 $\prod \in$ RS，$ad(\prod) = n$ 且存在 n 个来自 TM 的基本项 $t_1, \cdots, t_n$ 时，α 是 CQL 的基本子式（$\alpha \in$ AF），且 $\alpha = \prod t_1 \cdots t_n$。

这里有一些是基本子式的例子以及一些看起来像基本子式但实际上不是的符号序列。在这里和后面的示例中，个体符号包括 a 和 b 以及关系符号 P、R 和 S。

关系符号	基本子式	非基本子式
$ad(P)=1$	*Pb, Px*	*Pxa, P*
$ad(R) = 2$	*Rzb, Rxz, Rzz*	*Rz, Ra, Rxby*
$ad(S)=3$	*Sxbz, Saxx*	*Sz, Sxy, Sxyzw*

现在我们了解了什么是基本子式，然后来定义什么是 CQL 的公式集合（FM）。在这里介绍它的分类版本的定义，希望读者写出它对应的综合定义。

⊖　读者应该注意到，我们正在重用 AF 这个名称，这次是为了表示 CQL 的基本子式集合，我们也将重用 FM 这个名称来表示 CQL 的公式集合。

定义 2 CQL 公式（分类版本）

CQL 的公式集合 FM 定义如下：

（1）AF⊆FM；

    （2.1）如果 α ∈ FM 和 * ∈ UC，那么 *α ∈ FM；

    （2.2）如果 α, β ∈ FM 和 ○ ∈ BC，那么 (α ○ β) ∈ FM；

（3）如果 Q ∈ QC，v ∈ VR 和 α ∈ FM，那么 Qvα ∈ FM；

（4）其他情况都不符合。

下面是一些只使用 CQL 符号的表达式。左栏为 CQL 的公式，右栏不是 CQL 的公式。

公式	非公式
$\exists x Px$	$\exists a Pa$
$\exists x Rxz$	$\exists z\, Rxz$
$\forall y Rxz$	$\forall Rxz$
$\exists x\,(Rxy \wedge Px)$	$\exists z\,(Raz)$
$\neg \exists z Sazy$	$(\neg \exists z Sazy)$
$(\exists x Rxy \wedge Px)$	$\forall zy Ryz$

下面是最后一个公式（$\exists x Rxy \wedge Px$）的分类合成树。

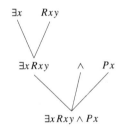

现在来谈谈与公式结构有关的一些概念：量化连接词的范围、自由的和有界的变量，以及开放的和封闭的公式。

在 6.2.1.3 节中，我们提到了逻辑连接词范围的概念：公式中逻辑连接词（的出现）的范围是包含逻辑连接词（的出现）的最小子公式。同样的概念在第 9 章中再次被提及，并为了适应 CPDL 的表达式而进行了修改。它在这里再次出现，并且再次被修改以适应 CQL 的符号。

定义 3 CQL 逻辑连接词的范围

公式 α 中逻辑连接词的出现范围是包含逻辑连接词但其直接子公式不包含该连接词的 α 的子公式。

需要特别注意的是，该定义允许量词（的出现）也有范围。公式中量词（的出现）范围是包含量词的最小子公式。例如，公式（$\forall x\,(Px \to \exists y Rxy) \wedge \forall x\,(Gx \vee \exists z Rxz)$）中的第一个全称量词的范围是子公式（$\forall x\,(Px \to \exists y Rxy)$，而第二个全称量词的范围是子公式 $\forall x$ （$Gx \vee \exists z Rxz$））。第一个存在量词的出现范围是子公式 $\exists y Rxy$ 而第二个存在量词的出现范围是子公式 $\exists z Rxz$。

正如细心的读者会注意到的，没有一个公式的量词右边没有变量符号。将 $Qv\alpha$ 形式的公式分为两部分有助于我们理解，第一部分包含量词和变量 Qv，称为量词前缀（quantifier prefix），第二部分包含公式的直接子公式 α，称为量词矩阵（quantifier matrix），或者简称为矩阵。应该清楚的是，量词（的出现）的范围和由量词构成的量词前缀（的出现）的范围总是相同的。

下面介绍一个重要的关系——量词前缀和变量之间的关系——绑定（binding）。

定义 4　CQL 中的绑定关系

设 α 属于 FM，Qv 是出现在 α 中的一个量词前缀，设 w 是 α 中的一个变量。量词前缀 Qv（的出现）和变量 w（的出现）具有绑定关系，当且仅当

（1）$v=w$（这意味着 v 和 w 是相同的变量）；

（2）w（的出现）在量词前缀（的出现）的范围之内；

（3）除 Qv 外，不存在任何其他 $\exists v$ 或者 $\forall v$，在其范围内和 w 的出现存在关联且它本身又在 Qv 出现的范围内。

定义中的前两个条件比第三个条件更容易理解，所以为了理解这个定义，首先思考前两个条件，然后再思考第三个条件。

再考虑一下公式 $\exists x Rxy \land Px$。变量 x 的第二次出现是跟量词前缀 $\exists x$ 绑定的。为什么呢？因为第二次出现的变量 x 在唯一量词前缀 $\exists x$ 出现的范围内，并且出现的是同一变量。换言之，定义中的前两个条件得到满足，并且由于没有出现任何其他意外情况，因此第三个条件得到满足。

作为对照的是，唯一出现的变量 y 没有与唯一出现的量词前缀 $\exists x$ 绑定，因为虽然变量 y 出现在量词前缀 $\exists x$ 的范围内，但出现的变量是不同的。换句话说，虽然满足了第二个条件，但第一个条件不满足。

同时，同一公式中第三次出现的变量 x 也没有与量词前缀 $\exists x$ 绑定，因为尽管是同一变量，但第三次出现的变量 x 不在唯一出现的量词前缀 $\exists x$ 的范围内。

现在来谈谈第三个条件。只有当一个公式包含两个或两个以上的量词前缀时，它才起作用，每个量词前缀都具有相同的变量，但不一定具有相同的量词。考虑公式 $\forall x (Rxa \to \exists x Px)$，最后一次出现的变量 x 满足了定义的前两个条件，既与第一个量词前缀 $\forall x$ 有关，也与第二个量词前缀 $\exists x$ 有关，但是我们并不希望任何变量的出现跟两个不同的量词前缀绑定。为了避免这种情况，我们使用条件（3），可以说，条件（3）可以打破这种不同量词前缀之间相互竞争的局面。它要求只有出现的范围最小的量词前缀才跟变量互相绑定。因此，在上一个例子中，最后出现的 x 仅与量词前缀 $\exists x$ 绑定。

一个自然产生的问题是：在量词前缀（的出现）中的变量（的出现）的状态是什么？仔细阅读绑定的定义（定义 4），我们可以发现，量词前缀绑定了其中的变量（的出现）。因此，例如，在量词前缀 $\exists v$ 中出现的 v 被每一次出现的量词前缀所绑定。

定义 5　CQL 的受限变量

当且仅当在公式 α 中存在量词前缀（的出现）绑定了其中的一个变量 v，那么这个变量 v（的出现）在公式中是受限的。

定义 6　CQL 的自由变量

当且仅当在公式 α 中不存在量词前缀（的出现）绑定其中的一个变量 v，那么这个变量 v（的出现）在公式中就是自由的。

考虑公式 $Px \land \exists x \forall y (Rax \to Sxy)$。第一次出现的 x 是自由的，紧跟在 a 之后出现的 x 受量词前缀 $\exists x$ 的绑定，紧接着 S 出现的 x 也是。最后一次出现的 y 被量词前缀 $\forall y$ 所绑定。注意，虽然某类变量在公式中既可以是受绑定的也可以是自由的，但出现的单个变量不能同时是受绑定的和自由的。此外，每个出现的变量都必须是自由的或受绑定的，而不存在第三种

状态。

我们使用受绑定的变量和自由变量之间的区别来区分两种公式：封闭式公式和开放式公式。一个封闭的公式是没有自由变量出现的公式。

定义 7 CQL 的封闭式公式

一个公式是封闭的，当且仅当它没有自由变量（的出现）。

因此，以下公式中的每一个都是封闭的：$\forall z Pz$、$\exists x \forall y\, Rxy$、$\exists x \forall y\,(Rax \to Sxy)$。我们将封闭式公式的集合记为 FM^c。

开放式公式中至少有一个变量的出现是自由的。

定义 8 CQL 的开放式公式

一个公式是开放式的，当且仅当它至少有一个自由变量（的出现）。

这里有一些例子：Pz、$\forall y Rxy$、$\exists x \forall y\,(Rax \to Sxz)$。我们把开放式公式的集合记为 FM^o。

定义一个能够找出每个公式中的自由变量的函数是很有用的。这个定义是递归的。

定义 9 CQL 公式中的自由变量

（1）基本子式

设 α 为形如 $\Pi t_1 \cdots t_n$ 的基本子式。

$Fvr(\alpha) = \{v : v \in VR,$ 且对于某些 $i \in \mathbb{Z}_n^+,$ t_i 是 v 的一个实例 $\}$。

（2）复合公式

（2.1）设 α 为一个形如 $*\beta$ 形式的复合公式，其中 $* \in UC$，即，设 α 为公式 $\neg\beta$，那么有 $Fvr(\alpha) = Fvr(\beta)$。

（2.2）设 α 为形如 $(\beta \circ \gamma)$ 形式的复合公式，其中 $\circ \in BC$，是二元连接词，那么，$Fvr(\alpha) = Fvr(\beta) \cup Fvr(\gamma)$。

（2.3）设 α 为形如 $Qv\beta$ 的复合公式，其中 $Q \in QC$，$v \in VR$，那么，$Fvr(\alpha) = Fvr(\beta) - \{v\}$。

根据这些定义，如果 $Fvr(\alpha) = \varnothing$，则公式是封闭的；如果 $Fvr(\alpha) = \varnothing$，则公式是开放的。

最后需要介绍的句法概念是替换，其定义为用个体符号替换出现的自由变量。这个概念可以为基本项定义，并且通过递归的方式，能扩展到 CQL 的所有公式。事实上，不同的操作的数量跟不同的符号和变量对的数量一样多。我们把这种操作表示为 $[c/v]$。我们称代替或取代自由变量 v 的个体符号 c 为取代项（substituen），称被个体符号 c 取代或代替的变量 v 为被取代项（substituendum）。这两个新词将在第 13 章被证明是有用的。

定义 10 CQL 中用个体符号替换自由变量

设 c 属于 IS 且 v 属于 VR，那么，

(0.1)　$[c/v]t = t$，如果 $t \in IS$

(0.2)　$[c/v]t = t$，如果 $t \in VR$ 且 $t \neq v$

(0.3)　$[c/v]t = c$，如果 $t \in VR$ 且 $t = v$

(1.1)　$[c/v]\Pi t_1 \ldots t_n = \Pi[c/v]t_1 \ldots [c/v]t_n$

(2.1)　$[c/v]*\alpha = *[c/v]\alpha$

(2.2)　$[c/v](\alpha \circ \beta) = [c/v]\alpha \circ [c/v]\beta$

　　　(2.3.1)　$[c/v]Qw\alpha = Qw[c/v]\alpha$ 如果 $v \neq w$

　　　(2.3.2)　$[c/v]Qw\alpha = Qw\alpha$ 如果 $v = w$

为了进一步理解这个操作是如何工作的，让我们考虑例子 $[a/x]$。

公式	替换结果
α	$[a/x]\alpha$
Rxy	Ray
Rxx	Raa
$\forall xRxx$	$\forall xRxx$
Py	Py
$Rxx \wedge \exists x\, Px$	$Raa \wedge \exists x\, Px$
$\exists x\exists yRxy \to Px$	$\exists x\exists yRxy \to Pa$

将一个公式视为另一个公式的替换结果是有益处的。粗略地说，一个公式，比如 α，是另一个公式 β 的替换结果，当且仅当 β 是一个带有量词前缀 Qv 的公式，并且 α 就像 β 的直接子公式一样，只是子公式中所有的自由变量 v 都被某个体符号所代替。参考下面的例子有助于读者的理解。

公式	替换式	非替换式
$\forall xPx$	Pa	Px
$\forall xRxx$	Raa	Rab
$\exists x\forall yRxy$	$\forall yRay$	Rab
$\exists x(\exists yRxy \to Px)$	$\exists yRay \to Pa$	$\exists x(Rxb \to Px)$
$\forall y(\exists xRxy \to Py)$	$\exists xRxa \to Py$	$\forall yRay \to Py$

我们可以使用替换函数精确说明一个公式是另一个公式的替换式。

定义 11   CQL 的替换式

公式 α 是公式 β 的替换式，当且仅当对于某个量词前缀 Qv，某个公式 γ 以及某个个体符号 c，有 $\beta=Qv\gamma$ 和 $[c/v]\gamma=\alpha$。

本节要介绍的最后一个概念是一个公式是另一个公式的字母变体（alphabetical variant）。让我们考虑这样一对简单例子：$\forall xPx$ 和 $\forall yPy$。直观地说，这两个公式在表达相同的含义：每个事物都有属性 P。第一个使用变量 x，第二个使用变量 y。一对公式是彼此的字母变体，当它们以相同的方式形成、它们对应的关系符号和个体符号是相同的关系符号和个体符号，以及它们对应的自由变量是相同的变量。因此，如果它们有不同之处，它们只在受量词前缀绑定的变量方面不同。其中，一个公式的量词前缀 Qv 绑定了变量 v 的出现，另一个公式则有量词前缀 Qw，它将变量 w 的出现绑定在与被 Qv 所绑定的 v 的出现的对应位置。以下是一些是字母变体和非字母变体的例子。

字母变体		非字母变体	
$\exists x\, Px$	$\exists y\, Py$	$\forall x\, Px$	$\exists x\, Px$
$\forall x\exists yRx$	$y\forall x\exists wRxw$	$\forall x\exists yRxy$	$\forall x\exists wRyw$
$\forall x\exists yRx$	$y\forall y\exists wRyw$	$\forall x\exists yRxy$	$\exists y\forall x\, Ryx$
$\forall x\exists yRx$	$y\forall y\exists xRyx$	$\forall x\exists yRxy$	$\forall y\exists x\, Rxy$
$\forall xRxw$	$\forall yRyw$	$\forall xRxy$	$\forall x\, Rxx$
$\forall x(Rxw\vee\exists yQy)$	$\forall y(Ryw\vee\exists yQy)$		

之后我们介绍 Lambda 演算时（第 13 章），我们将再次用到两个表达式是彼此的字母变体的概念。

练习：符号

在下面的练习中，假设 IS={a, b, c}, VR={x, y, z}, RS$_1$={F, G, H} 和 RS$_2$={R, S, T}。

1. 对于给定的每个符号序列，确定它是不是 CQL 中的公式，根据传统表示的惯例，它是 CQL 中的公式还是根本不是公式。如果是按惯例的公式，请说明相关的惯例。如果它不是一个公式，解释它为什么不是。

   （a）$\exists x H x$ （b）$\forall y \exists z T y z$
   （c）$\exists x F a$ （d）$\exists a H z$
   （e）$\forall y (\exists F G y \lor R z y)$ （f）$\forall x \exists y (R a x \lor S a x)$
   （g）$\forall y (\exists z G y \rightarrow S y z)$ （h）$\left(F a \rightarrow \forall y (G b \lor R b) \right)$
   （i）$\exists y (R a y \land \forall x F a x)$ （j）$\forall x \exists y \forall z R x z \lor S y z$
   （k）$\left(\exists x (R a x \land \forall y F y) \rightarrow S z y \right)$ （l）$\neg \exists x \left(\exists z (F z) \land R a x \right)$

2. 对于每个公式中的每个变量，说明哪些是受绑定的变量及其对应的量词前缀以及哪些是自由变量。

   （a）$\exists z G z$ （b）$\forall z R z x$
   （c）$\exists x \forall z S y z$ （d）$\exists y G a$
   （e）$\exists x (\forall x R x a \land H x)$ （f）$\forall x (F x \rightarrow \exists y R x y)$
   （g）$\forall x (\forall y \exists z R y z \leftrightarrow (G y \land T z x))$ （h）$\left(T a y \leftrightarrow (\exists x R y x \land G y) \right)$
   （i）$\exists x \exists z \exists y (R z x \lor S y x)$ （j）$\left((\exists z \forall x R y x \land G z) \land R z z \right)$
   （k）$(F z \lor \exists y G x) \rightarrow \forall x S a y$ （l）$\exists x \exists y (R z x \lor \exists z S y x)$
   （m）$(\exists z F z \rightarrow \exists x G x) \land \forall x (G x \lor S a x)$ （n）$\forall z \exists x (R z x \rightarrow S y x) \lor (\exists y F x \leftrightarrow T a y)$
   （o）$\exists z F z \lor \forall y \exists x \left((T a x \rightarrow S y x) \land \forall x (G x \lor S a y) \right)$

3. 在下面每个例子中，将替换函数用于整个公式，写出得到的对应的公式结果。

   （a）$[a/x] R a x$ （b）$[b/x] S a x$
   （c）$[c/z] T a x$ （d）$[a/y] \exists x R y x$
   （e）$[b/x] \exists x S y x$ （f）$[c/z] P b$
   （g）$[a/z] \left((\exists z \forall x R y x \land G z) \land R z z \right)$ （h）$[a/x] (\exists x R a x \land P x)$
   （i）$[c/y] \left(\exists y R y x \land (P x \rightarrow P a) \right)$ （j）$[a/z][c/y] R z y$
   （k）$[c/y] (\exists x R x y \land \exists y P y)$ （l）$[a/z] (\exists x R z x \land \exists z S x y)$

4. 说明右栏中的哪些公式是左栏中公式的替换式：

   （a）$\forall x R a x$ $R a a$
   （b）$\forall x R x x$ $\exists x R x b$
   （c）$\exists x R x b$ $R b a$
   （d）$\exists y R c y$ $\exists z R z b$
   （e）$\forall x \exists y R x y$ $R a b$
   （f）$\forall x \forall y R x y$ $\forall x R a x$
   （g）$\forall z R z z$ $R b b$
   （h）$\exists z R z b$ $R b a$
   （i）$\forall y R c y$ $\exists y R c y$

11.2　CQL 的经典估值方法

CPL 的经典估值方法是基于可以组成所有公式的基本子式或命题变量的真值赋值，以及将真值赋值从基本子式扩展到所有公式的五条规则上的。同样，谓词逻辑的经典赋值也是在对基本子式的真值赋值和将真值赋值从基本子式扩展到所有公式的五条规则的基础上定义的。它们之间的区别在于，由于 CPL 的基本子式没有语法结构，因此没有什么可以限制对它们的赋值，而谓词逻辑的基本子式包含一个关系符号和一些个体符号，所以对它的赋值决定于解释函数对于关系符号和个体符号的赋值。

CQL 的符号比 CPDL 的符号更复杂。除个体符号（IS）外，它还有变量；除一元和二元连接词外，它还有量词。变量和量词是经典估值方法需要面对的问题之一。请考虑公式 $\forall x Px$。该公式包括一个量词前缀 $\forall x$ 和一个子公式 Px。如果按照之前的做法进行处理，我们会期望 $\forall x Px$ 的真值基于赋给 Px 的真值与赋给 $\forall$ 和 x 的真值来确定。然而，正如我们将看到的，通常情况下并不是这样进行的。首先，我们并不清楚如何将真值赋给 Px，因为，即使给定一个结构，人们也不知道 Px 在结构中是真是假，就像人们不知道 $x \leqslant 5$ 是真是假一样。此外，还不清楚该给 $\forall$ 或 x 赋什么样的值。

人们尝试过使用多种不同的方式去解决类似 Px 的开放式公式和量词前缀所带来的问题，一些是综合做法，另一些是分类做法。我们将研究解决这个问题的许多不同方法，首先是各种综合方法。

11.2.1　CQL 估值的综合定义

对于 CQL 公式的真值赋值，有几种综合类解决方案，同时它们可以方便地被分为两个类别。在一种方法中，不会给任何开放式公式赋值。因此，例如 $\forall x Px$ 的真值不是基于它的子公式 Px 的，而是基于它的一个或多个替换式的，即基于 Pa 这样的公式来确定。我们将基于这种方法的经典估值方式称为替换定义。

另一种方法是使用变量赋值，所以开放公式也可以被直接赋值。因此，正如 $x \leqslant 5$ 可以根据 x 的值被判断为真或假。如果 x 被赋值为 4，则为真，如果 x 被赋值为 6，则为假，那么 Px 也可以在结构中被赋值为真或假，这取决于在结构对应的全集中赋值给 x 什么样的值。我们将基于此方法的经典估值方式称为变量赋值定义。

接下来，我们将学习三个替换定义和一个变量赋值定义。第一个替换定义基于中世纪欧洲逻辑学家的发现。其他三种定义方法都比较新，可以追溯到 19 世纪末和 20 世纪初。

11.2.1.1　CQL 的中世纪估值方式

中世纪欧洲逻辑学家注意到，有些由 each 构成的句子和其他由 and 构成的句子在意思上是等价的，同时有些由 some 构成的句子和其他由 or 构成的句子在意思上是等价的。例如，有人观察到四个男孩（Andy、Billy、Charlie 和 Danny），那么下面每个句子对中的第一句就等价于第二句。

(1)　Each boy ran.

(2)　Andy ran and Billy ran and Charlie ran and Danny ran.

(3)　Some boy ran.

(4)　Andy ran or Billy ran or Charlie ran or Danny ran.

一般来说，如果这成立，必须为每个正在讨论的对象指定一个名称。例如，如果另外有一个男孩没有名字，那么句子（1）就不等价于句子（2），句子（3）也不等价于句子（4）。此外，人们只能讨论有限的事物，因为句子只能包含有限的子句。

这一观点可用于制定 CQL 的经典估值规则。要做到这一点，我们必须假设一个结构对应的全集 U 是一个有限集，它的解释函数 i 将全集的每个成员分配给某些个体符号。换言之，限制于 IS 的解释函数 i 是对 U 的一个满射。这样，当且仅当某个结构中的全称量化公式的每个替换式的交为真时，该公式才为真。类似地，当一个结构中的存在量化公式的每一个替换式的并为真的时，该公式才为真。更准确地说，设结构的全集中的 n 个成员分别为 c_1 到 c_n。当且仅当 $[c_1/v]\alpha \wedge \cdots \wedge [c_n/v]\alpha$ 在该结构中是真时，$\forall v\alpha$ 为真；当且仅当 $[c_1/v]\alpha \vee \cdots \vee [c_n/v]\alpha$ 为真时，$\exists v\alpha$ 为真。事实上，在添加这两个条件到 CPDL 公式的经典估值定义中，我们就能获得对 CQL 封闭公式的经典估值定义。换言之，下面给出的定义只是将这两个条件添加到 CPDL 经典估值定义中：它们是定义 12 第（3）项中的两个条件。

定义 12　CQL 的中世纪估值

M（即 $<U, i>$）为对应识别标志 $<IS, RS, ad>$ 的结构，其中 U 是一个有限集，i 为从 IS 到 U 的一个满射，那么 v_M 是从封闭式公式集合（FM^c）到真值集 $\{T, F\}$ 的映射函数，且其满足以下条件。

（1）基本子式

设 Π 为 RS 的成员，设 $ad(\Pi)$ 为 1 且 c 为 IS 的成员。那么，

（1.1）$v_M(\Pi c)=T$ 当且仅当 $i(c) \in i(\Pi)$。

设 Π 为 RS 的成员，$ad(\Pi)$ 为 n（其中 $n>1$），设 $c_1, \cdots, c_n$ 为 IS 的成员。那么，

（1.2）$v_M(\Pi c_1 \cdots c_n)=T$ 当且仅当 $<i(c_1), \cdots, i(c_n)> \in i(\Pi)$。

（2）复合公式

然后，对于 FM 中的每个 α 和每个 β，

（2.1）当且仅当 $v_M(\alpha)=F$，有 $v_M(\neg \alpha)=T$。

（2.1.1）当且仅当 $v_M(\alpha)=T$ 且 $v_M(\beta)=T$，有 $v_M(\alpha \wedge \beta)=T$。

（2.1.2）当且仅当 $v_M(\alpha)=T$ 或 $v_M(\beta)=T$，有 $v_M(\alpha \vee \beta)=T$。

（2.1.3）当且仅当 $v_M(\alpha)=F$ 或 $v_M(\beta)=T$，有 $v_M(\alpha \rightarrow \beta)=T$。

（2.1.4）当且仅当 $v_M(\alpha)=v_M(\beta)$，有 $v_M(\alpha \leftrightarrow \beta)=T$。

（3）量化复合公式

设 v 是 VR 的一个成员，α 是 FM 的一个成员，设 $c_1, \cdots, c_n$ 是来自 IS 的成员，这样 U 的每个成员都被分配给某个 c_i（$i \in \mathbb{Z}_n^+$）。

（3.1）当且仅当 $v_M([c_1/v]\alpha \wedge \cdots \wedge [c_n/v]\alpha)=T$，有 $v_M(\forall v_a)=T$。

（3.2）当且仅当 $v_M([c_1/v]\alpha \vee ... \vee [c_n/v]\alpha)=T$，有 $v_M(\exists v_a)=T$。

为了了解第（3）项中的条件是如何发挥作用的，让我们考虑一个包含四个个体符号和四个关系符号的识别标志及其对应的结构 M（即 $<U, j>$）其中 $U=\{1, 2, 3, 4\}$，j 的定义如下：

j			
a $\mapsto$ 1	E _	$\mapsto$	$\{2, 4\}$
b $\mapsto$ 2	O _	$\mapsto$	$\{1, 3\}$
c $\mapsto$ 3	P _	$\mapsto$	$\{1, 2, 3\}$
d $\mapsto$ 4	D _ _	$\mapsto$	$<1,1>, <1,2>, <1,3>, <1,4>,$
			$<2,2>, <2,4>, <3,3>, <4,4>\}$

现在考虑公式 $\exists z(Pz \wedge Ez)$。首先，根据上面的结构以及定义 12 中的条件（1），得到

$v_M(Pb)$=T 以及 $v_M(Eb)$=T。因此，根据条件（2.1.1），可得 $v_M(Pb \land Eb)$=T。接下来重复应用条件（2.1.2）可以得到公式 $(Pa \land Ea) \lor (Pb \land Eb) \lor (Pc \land Ec) \lor (Pd \land Ed)$ 是真的。最后，根据条件（3.2），可得 $\exists z(Pz \land Ex)$ 是真的。

接下来，考虑公式 $\forall x(Ox \to Px)$。根据定义 12 的条件（1），下面每一项在该结构中都是真的：$Oa \to Pa$ 是真的，因为 1 是 $j(O)$ 和 $j(P)$ 的成员；$Ob \to Pb$ 是真的，因为 2 不是 $j(O)$ 的成员；$Oc \to Pc$ 是真的，因为 3 是 $j(O)$ 和 $j(P)$ 的成员；$Od \to Pd$ 是真的，因为 4 不是 $j(O)$ 的成员。根据条件（2.1.1），$(Oa \to Pa) \land (Ob \to Pb) \land (Oc \to Pc) \land (Od \to Pd)$ 为真。并且，根据条件（3.1），$\forall x(Ox \to Px)$ 为真。

最后，考虑公式 $\forall x(Px \to Dbx)$。根据定义 12 的条件（1），$Pa \to Dba$ 是假的，因为 1 是 $j(P)$ 的成员，但是 $<2,1> \notin j(D)$。由于 $Pa \to Dba$ 为假，根据条件（2.1.1）$(Pa \to Dba) \land (Pb \to Dbb) \land (Pc \to Dbc) \land (Pd \to Dbd)$ 为假。同时根据条件（3.1），$\forall x(Px \to Dbx)$ 为假。

为了强调要求将全集中的每个成员指定给某个体符号的重要性，让我们考虑这样一种结构，即全集中的一个成员没有指定给任何个体符号。结构 M' 或 $<U, j'>$ 与 $<U, j>$ 相似，只是 $j'(d)$ =3 而 $j(d)$ =4。其具体结构如下：

j'	$a \mapsto 1$	$E\_$	$\mapsto$	$\{2, 4\}$
	$b \mapsto 2$	$O\_$	$\mapsto$	$\{1, 3\}$
	$c \mapsto 3$	$P\_$	$\mapsto$	$\{1, 2, 3\}$
	$d \mapsto 4$	$D\_\_$	$\mapsto$	$\{<1, 1>, <1, 2>, <1, 3>, <1, 4>,$
				$<2, 2>, <2, 4>, <3, 3>, <4, 4>\}$

现在考虑公式 $\forall xPx$。一方面，它在结构 $<U, j>$ 中是错误的，因为根据条件（3.1），$v_M(\forall xPx)$=T 当且仅当 $v_M(Pa \land Pb \land Pc \land Pd)$=T。同时根据条件（2.1.1），$v_M(Pa \land Pb \land Pc \land Pd)$=T 当且仅当 $v_M(Pa \land Pb \land Pc)$=T 以及 $v_M(Pd)$= T。但是，因为根据条件（1.1），$j(d) \notin j(P)$，所以 $v_M(Pd)$=F。另一方面，它在结构 M' 或者说 $<U, j'>$ 中是正确的。再者，根据条件（3.1），$vM'(\forall xPx)$=T 当且仅当 $vM'(Pa \land Pb \land Pc \land Pd)$=T。同时，再根据条件（2.1.1），$vM'(Pa \land Pb \land Pc \land Pd)$=T 当且仅当 $v_M(Pa \land Pb \land Pc)$=T 以及 $vM'(Pd)$=T。然而，因为根据条件（1.1），$j'(d) \in j'(P)$，所以 $vM'(Pd)$=T。

对于同一个公式 $\forall xPx$，其关系符号在两个结构中有同样的解释函数，那么究竟为什么在一种情况下为真，在另一种情况下为假？答案是，在结构 M 中 4 有对应项，即 d，而在结构 M' 中，4 没有对应项；相反，在 M 中对应 4 的个体符号 d，在 M' 中对应 3。

在结束本节之前，我们应注意此处定义的中世纪估值（定义 12）与 CPL 和 CPDL 的估值有何区别。在 CPL 和 CPDL 中，赋值是一个从 FM 到 {T, F} 的函数，但这里定义的赋值不是这样的，因为它不给任何开放式公式赋值。例如，它不给 Px 赋值。相反，它是一个从封闭式公式（FM^c）到 {T, F} 的函数。原因是，（3）中的条件与其他条件具有不同的性质。条件（1）根据解释函数赋值给组成它的关系符号和个体符号的真值，将值分配给封闭的基本公式。条件（2）根据赋值给其直接子公式的真值，将值赋给复合公式。然而，条件（3）为复合公式赋值时，不是基于其直接子公式的真值，而是基于该公式的替换式的交集或并集的真值，且其中必须假设全集的每个值都赋给了某个体符号。因此，例如，确定公式 $\forall xPx$ 的真值，不是基于其直接子公式 Px 的真值，而是基于公式 $Pa \land Pb \land Pc \land Pd$ 的真值，该公式不是 $\forall xPx$ 的子公式，而是其替换式的交集，而公式 $\exists xPx$ 的真值由

Pa ∨ *Pb* ∨ *Pc* ∨ *Pd* 的真值确定，它不是 ∃*xPx* 的子公式，而是它的替换式的并集。换言之，与为 CPL 和 CPDL 定义的估值不同，在 CPL 和 CPDL 中，真值赋值是根据公式的合成树计算的，但是在这里，当为一个主要逻辑连接词是一个量词的公式赋值时，估值规则就和合成树无关了。

练习：CQL 的中世纪估值

1. 根据结构 *M* 或 <*U*, *j*>，确定下列公式的真值。

（a）$v_M(Pa)$ （f）$v_M(Dba)$ （k）$v_M(\exists yDcy)$

（b）$v_M(Od)$ （g）$v_M(Dca)$ （l）$v_M(\forall xDxx)$

（c）$v_M(Ec)$ （h）$v_M(\forall zPz)$ （m）$v_M(\forall x\exists yDxy)$

（d）$v_M(Pb)$ （i）$v_M(\exists xOx)$ （n）$v_M(\forall x\exists yDyx)$

（e）$v_M(Dab)$ （j）$v_M(\forall zDzd)$ （o）$v_M(\exists y\forall xDxy)$

根据 CQL 的中世纪估值的定义（定义 12）来证明你的回答是正确的。

2. 使用 CQL 中世纪估值定义（定义 12），确定练习 1 中的公式在结构 *M'* 或 <*U*、*j'*> 中对应的真值。

11.2.1.2 CQL 的 Marcus 估值

CQL 的中世纪估值方法（定义 12）仅限于具有有限全集的结构，原因是，即使个体符号的数量是无限的，也不可能形成具有无限个交集或有无限个并集的公式，因为每个公式的基本子式是有限的。

当然，我们也可以绕过这个限制。这种方法不需要根据替换式的交集或者并集去判断，而只是简单地确定替换式本身的真实性。Ruth Barcan Marcus（1961）首先提出这个观点，他认为一个全称量化公式在一个结构中是真的，当且仅当它的每一个替换式在其中都是真的。也就是说，∀ *vα* 在一个结构中是真的，当且仅当对每个 *c* ∈ IS，[*c*/*v*]*α* 在其中是真的。类似地，当一个结构中至少一个替换式为真时，一个存在量化公式是真的。也就是说，∃*vα* 在结构中是真的，当且仅当对于某些 *c* ∈ IS，[*c*/*v*]*α* 是真的。为了使这个假设能够发挥作用，全集中的每个成员同样都必须对应某个体符号。

CQL 经典估值的最终定义与 CQL 中世纪估值的定义类似，只是在两个方面有所不同：第一，它修改了条件（3）；第二，它取消了结构的全集必须有限的限制。以下简略的定义仅说明了新定义与定义 12 不同的部分。

定义 13 CQL 的 Marcus 估值

M 或 <*U*, *i*> 是一个识别标志 <IS, RS, ad> 所对应的结构，其中，*i* 是一个从 IS 到 *U* 的满射。然后，v_M 是从封闭式公式集（FM^c）到真值集 {T, F} 的一个函数，它满足以下条件。

（3）量化复合公式

设 *v* 为 VR 的成员，*α* 为 FM 的成员。

（3.1）当且仅当对每个 *c* ∈ IS，$v_M([c/v]\alpha)$=T，有 $v_M(\forall v\alpha)$=T；

（3.2）当且仅当对某个 *c* ∈ IS，$v_M([c/v]\alpha)$=T，有 $v_M(\exists v\alpha)$=T。

让我们考虑下面的示例。保留与以前例子中相同的关系符号，但用无限集合中的个体符号取代原来的四个个体符号作为新的 IS。为了这个扩展表示，采用下面的结构 <**Z**$^+$, *k*>（**Z**$^+$ 是正整数集合）。

k	$c_1 \mapsto 1$	$E\_$	$\mapsto$	$\{2,\ 4,\ \cdots\}$
				（即偶数正整数）
$\cdots$		$O\_$	$\mapsto$	$\{1,\ 3,\ \cdots\}$
				（即奇数正整数）
	$c_n \mapsto n$	$P\_$	$\mapsto$	$\{2,\ 3,\ 5,\ 7,\ 11,\ \cdots\}$
				（即质数正整数）
$\cdots$		$D\_\_$	$\mapsto$	$\{<1,\ 1>,\ <1,\ 2>,\ \cdots,\ <2,\ 2>,\ <2,\ 4>,\ \cdots,$
				$<3,\ 3>,\ <3,\ 6>,\ \cdots\}$
				（即正整数有序对集合，其中第一个数可以整除
				第二个数）

让我们使用与 11.2.1.1 节中相同的公式进行说明。公式 $\exists z(Pz \wedge Ez)$ 在这个结构中是真的，因为该公式存在一个替换实例 $Pc_2 \wedge Ec_2$，它在这个结构中是真的。根据条件（3.2），足以判断公式 $\exists z(Pz \wedge Ez)$ 在该结构中是真的。公式 $\forall x(Px \rightarrow Ox)$ 在此结构中为假，因为根据条件（3.1），要使公式在结构中为真，则公式的每个替换式在结构中都必须为真。但是，公式存在一个替换式，其在这个结构中是假的，即 $Pc_2 \rightarrow Oc_2$。最后，公式 $\forall x((Px \wedge Dc_2x) \rightarrow Ox)$ 在结构中是真的，因为公式的每个替换式在该结构中都是真的，根据条件（3.1），这是公式在结构中是真的充分条件。

读者还应清楚的是，对于有限的全集，当其每一个成员对应有限个体符号集合的成员时，定义 13 中的条件（3）和定义 12 中的条件（3）是等价的。让我们看看为什么。首先，让我们考虑一下每个定义中的条件（3.1）。考虑一个全称量化公式 $\forall v\alpha$。假设这个公式在一个对应有限全集的结构中是真的。然后，根据 CQL 的中世纪估值的定义（定义 12），当且仅当其所有替换式的交集在该结构中为真，则公式在结构中为真。但是，如果公式的所有替换式的交集在结构中为真，则每个替换式在结构中为真。因此，根据 CQL 的 Marcus 估值的定义（定义 13），$\forall v\alpha$ 在相同的结构中也是真的。反过来，假设 $\forall v\alpha$ 在具有有限全集的某些结构中是真的，根据 CQL 的 Marcus 估值的定义（定义 13），所有公式的替换式在结构中都为真。由于全集是有限的，且每个成员都被对应一个个体符号，因此替换式在结构中可以形成为真的交集。因此，根据 CQL 中世纪估值的定义（定义 12），$\forall v\alpha$ 在相同的结构中也为真。简言之，公式根据一个定义在一个具有有限全集的结构中为真，当且仅当该公式在同一结构中根据另一个定义为真。我们刚刚的推理证实了两个定义中条件（3.2）的等价性。因此，对于有限的全集，且其每个成员都对应于一个有限集合中的个体符号，两个定义中的条件（3.1）是等价的，并且条件（3.2）也是等价的。

然而，在一般情况下，两个定义的条件（3）不是等价的，这是因为根据定义 12 中的条件（3）无法判断具有无限成员的交集或并集的真假，因此正如我们之前提到的，无限长的交集或者无限长的并集都不是公式。

请注意，如之前的中世纪估值定义（定义 12）一样，此处定义的 Marcus 赋值（定义 13）也与 CPL 和 CPDL 的估值不同。与中世纪估值一样，Marcus 赋值也不是从 FM 到 $\{T, F\}$ 的函数，因为它不能给任何开放式赋值。相反，就像中世纪赋值一样，它是从封闭公式（FM^c）到 $\{T, F\}$ 的函数。与之前一样，原因跟条件（3）有关。在这里，条件（3）将真值赋给一个主连接词为量词的封闭公式时，不是基于赋给其直接子公式的真值，而是基于赋给其各种替换式的真值。同样，正如中世纪估值的定义一样，它也假设了全集的每一个成员对应某个个体符号。然而，与中世纪估值定义中的条件不同，替换式既不构成交集也不构成并集。相反，我们考虑的是替换式构成的集合。如果公式的前缀为全称量词，那么集合中的每个替换式必须都是真的，公式本身才是真的，如果公式的前缀为存在量词，那么集合中至少存在一个替换式是真的，公式本身才是真的。例如，如果全集有五个成员，分别对应 c_1 到 c_5，那么集合 $\{Pc_1, Pc_2, Pc_3, Pc_4, Pc_5\}$ 中至少一个公式应该是真的，那么 $\exists xPx$ 才是真的；如果它们都是真的，那么 $\forall xPx$ 才是真的。再者，与为 CPL 和 CPDL 定义的估值不同，而与中世纪的估值一样，当为主连接词为量词的公式赋值时，Marcus 估值就与公式的合成树无关了。

练习：CQL 的 Marcus 估值

1. 根据 11.2.1.1 节中定义的结构 M 或 <U, j> 确定下列公式的真值。使用 CQL 的 Marcus 估值的定义（定义 13）证明你的回答。

(a) $v_M(Pb)$	(f) $v_M(Dcb)$	(k) $v_M(\exists yDcy)$
(b) $v_M(Oa)$	(g) $v_M(Dac)$	(l) $v_M(\forall z \forall xDzx)$
(c) $v_M(Ed)$	(h) $v_M(\forall zPz)$	(m) $v_M(\forall x\exists yDxy)$
(d) $v_M(Pc)$	(i) $v_M(\exists xOx)$	(n) $v_M(\forall x\exists yDyx)$
(e) $v_M(Dbc)$	(j) $v_M(\forall zDcz)$	(o) $v_M(\exists y \forall xDxy)$

2. 根据本节中定义的 <U, k> 确定下面公式的真值。使用 CQL 的 Marcus 估值的定义（定义 13）证明你的回答。

(a) $v_M(Pc_3)$	(f) $v_M(Dc_{17}c_{37})$	(k) $v_M(\exists yDc_{13}y)$
(b) $v_M(Oc_8)$	(g) $v_M(Dc_3c_9)$	(l) $v_M(\forall xDxx)$
(c) $v_M(Ec_2)$	(h) $v_M(\exists zPz)$	(m) $v_M(\forall x\exists yDxy)$
(d) $v_M(Pc_6)$	(i) $v_M(\forall xOx)$	(n) $v_M(\forall x\exists yDyx)$
(e) $v_M(Dc_9c_8)$	(j) $v_M(\forall zDc_1z)$	(o) $v_M(\exists y\forall xDxy)$

11.2.1.3 CQL 的 Fregean 估值

根据上面 CQL 经典估值的定义，为了确定带有量词公式的真值，我们需要确定公式替换式的真值。这里的方法是只考虑一个替换式。但是一个替换式不能说明全称命题是否为真的，或者存在命题是假的。要了解这个问题，请回忆一下结构 <U, j>，其全集是 $\{1, 2, 3, 4\}$，其解释函数如下。

$$
\begin{array}{lll}
j & a \mapsto 1 & E\_ \mapsto \{2, 4\} \\
& b \mapsto 2 & O\_ \mapsto \{1, 3\} \\
& c \mapsto 3 & P\_ \mapsto \{1, 2, 3\} \\
& d \mapsto 4 & D\_\_ \mapsto \{<1,1>, <1,2>, <1,3>, <1,4>, \\
& & \qquad\qquad <2,2>, <2,4>, <3,3>, <4,4>\}
\end{array}
$$

在 <U, j> 中 Pa 为真并不意味着 $\forall xPx$ 为真。事实上它在 <U, j> 中是假的。同样，M 中的 Pd 为假并不意味着 $\exists xPx$ 为假，因为它确实是真的。

那么，仅用单个替换式来进行判断是可能的吗？答案是，必须为替换式中引入的个体符号指定不同的值。不像在之前定义中那样确定 Pa、Pb、Pc 和 Pd 在结构中是否为真，而是在结构对应的每种关系符号和每个个体符号下确定 Pa 是否为真，而不仅是固定住 a，只让它对应的值发生变化。考虑公式 $\forall xPx$，在这里，我们保留对 P 的赋值 $\{1，2，3\}$，并在 a 分别被赋值为 1、2、3 和 4 时进行考虑。

让我们先使用 Marcus 估值定义再使用 Fregean 估值定义来确定公式 $\forall xPx$ 在结构 M 或 $<U, j>$ 下的真值。根据直觉考虑，公式 $\forall xPx$ 是真的，当且仅当 P 在结合全集中的任何一个成员都为真时才行，所以为了确认 $\forall xPx$ 在结构中是否为真，人们必须确认 P 在结合 1、2、3 和 4 时是否都为真。使用 Marcus 估值，人们可以确认 $\forall xPx$ 在结构中的每个替换式是否都为真。通过结构的定义可以看到，P 在结合 1、2 和 3 时为真，而在结合 4 时不是。这正是定义 13 的条件（3.1）所说明的，$v_M(Pa) = v_M(Pb) = v_M(Pc) = T$ 及 $v_M(Pd) = F$。另一种方法是，只研究其中的一个替换式 Pa，接着我们分别确定如果 a 为 1、a 为 2、a 为 3 和 a 为 4 时，Pa 是否为真。当 a 对应 1、2 或 3 时，Pa 是真的，但是当对应 4 时，Pa 为假。通过这种方法，可以看到 P 不是在任何情况下都为真，所以 $\forall xPx$ 为假。两种方法的区别如下所示：

（Marcus 估值）

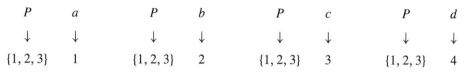

（Fregean 估值）

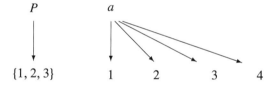

为了在经典估值方法的定义中更正式和一般化地概述上面对于替换式的使用变化，我们必须能够表示出上面公式中保持一部分不变而另一部分发生变化的情况。在不同情况下，解释函数的赋值是不变的，但是用来构成替换式的个体符号的值会发生变化。为了表示这样的解释函数，我们使用 2.6.3.2 节中介绍的近变函数的表示。

考虑这些近变函数：$j: j_{a\mapsto 1}, j_{a\mapsto 2}, j_{a\mapsto 3}$ 和 $j_{a\mapsto 4}$。它们都给 P 赋了相同的值，即 $j_{a\mapsto 1}(P) = j_{a\mapsto 2}(P) = j_{a\mapsto 3}(P) = j_{a\mapsto 4}(P)$。事实上，这些解释函数会给所有的关系符号和除了 a 之外的个体符号赋相同的值。这些函数对于 P 的赋值是固定的，但是会将全集 U 中不同的值赋给 a。因此，我们可以确定 P 在结合全集 U 中的成员时是否为真：首先，是否 $j_{a\mapsto 1}(a) \in j_{a\mapsto 1}(P)$（意思是，如果 a 被赋为 1，Pa 是否为真）；第二，是否 $j_{a\mapsto 2}(a) \in j_{a\mapsto 2}(P)$（意思是，如果 a 被赋为 2，Pa 是否为真）；第三，是否 $j_{a\mapsto 3}(a) \in j_{a\mapsto 3}(P)$（意思是，如果 a 被赋为 3，Pa 是否为真）；第四，是否 $j_{a\mapsto 4}(a) \in j_{a\mapsto 4}(P)$（意思是，如果 a 被赋为 4，Pa 是否为真）。事实上，我们确认了 Pa 在四种结构下是否为真：$<U, j_{a\mapsto 1}>$，$<U, j_{a\mapsto 2}>$，$<U, j_{a\mapsto 3}>$ 和 $<U, j_{a\mapsto 4}>$。（因为 $j_{a\mapsto 1} = i$，所以 $<U, j_{a\mapsto 1}>$ 就是 $<U, i>$。）我们将这样的结构表示为 $M_{a\mapsto 1}$，$M_{a\mapsto 2}$，$M_{a\mapsto 3}$ 和 $M_{a\mapsto 4}$，其中 $M_{a\mapsto 1}$ 就是 M。

第三种对 CQL 经典估值的定义取消了前两种定义中包含的对结构的限制，并按照刚刚的说明重新定义了条件（3）。我们用缩写形式重述此第三种定义。

定义 14   CQL 的 Fregean 估值

M（即 $<U,\ i>$）为一个识别标志 $<IS,\ RS,\ ad>$ 对应的结构。v_M 是一个从封闭公式集合（FM^c）到真值集合 $\{T,\ F\}$ 的函数，其满足下面的条件。

（3）量化复合公式

v 是 VR 的一个成员，α 是 FM 的一个成员。

（3.1）$v_M(\forall v\alpha)=T$，当且仅当对于 U 中的每个 e，$v_{M_{c\to e}}([c/v]\alpha)=T$，其中 c 为一个在 a 中没有出现过的个体符号；

（3.2）$v_M(\exists v\alpha)=T$，当且仅当对于 U 中的某个 e，$v_{M_{c\to e}}([c/v]\alpha)=T$，其中 c 为一个在 a 中没有出现过的个体符号。

这种 CQL 的估值方式即使在结构中的某些成员没有对应的个体符号时也是有效的。考虑结构 $<\mathbf{Z}^+,\ l>$

l	$a \mapsto 1$	$E\_$	$\mapsto$	$\{2,\ 4,\ \cdots\}$（即偶数正整数）
	$b \mapsto 3$	$O\_$	$\mapsto$	$\{1,\ 3,\ \cdots\}$（即奇数正整数）
	$c \mapsto 3$	$P\_$	$\mapsto$	$\{2,\ 3,\ 5,\ 7,\ 11,\ \cdots\}$（即质数正整数）
		$D\_\_$	$\mapsto$	$\{<1,\ 1>,\ <1,\ 2>,\ \cdots,\ <2,\ 2>,\ <2,\ 4>,\ \cdots,\ <3,\ 3>,\ <3,\ 6>,\ \cdots\}$（即正整数有序对集合，其中第一个数可以整除第二个数）

我们再来讨论之前研究过的三个公式，以说明定义中的条件是如何发挥作用的。公式 $\exists z(Pz \wedge Ez)$ 是真的，因为它在对应 $<\mathbf{Z}^+,\ l>$ 的某个变化（即 $<\mathbf{Z}^+,\ l_{a\to 2}>$）时，$Pa \wedge Ea$ 有正确的替换式。公式 $\forall x(Px \to Ox)$ 是错误的，因为根据条件（3.1），它如果是真的话，$Pa \to Oa$ 必须在对应 $<\mathbf{Z}^+,\ l>$ 的每种变化时都为真，但是它在对应 $<\mathbf{Z}^+,\ l_{a\to 2}>$ 时是假的。最后，公式 $\forall x(Px \wedge \neg Dbx) \to Ox$ 是真的，因为它对应每种 $<\mathbf{Z}^+,\ l>$ 的变化都有为真的替换式。

读者肯定已经注意到条件（3）中的每个条件都限制了用来形成替换式的个体符号不能是出现在原本公式中的个体符号。我们可以通过一个例子来解释其中的原因。考虑对应结构 $<\mathbf{Z}^+,\ l>$ 的公式 $\forall x\ Dxc$。Dcc 为真，因为 $l(c) = 3$ 且 3 能够整除 3，而且它在各种结构 $<\mathbf{Z}^+,\ l_{c\to n}>$ 下都为真，因为每个正整数 n 都可以被自身整除。所以，$\forall x\ Dxc$ 在 $<\mathbf{Z}^+,\ l>$ 中为真。但是公式 $\forall x\ Dxc$ 不应该为真，因为不是所有的正整数都可以整除 3。如果我们用没有出现在原公式中的个体符号进行替换就可以有效避免这个问题。

Fregean 估值（定义 14）与中世纪和 Marcus 估值赋值（分别为定义 12 和定义 13）相似，与 CPL 和 CPDL 的经典估值不同。Fregean 估值（定义 14）不是从 FM 到 $\{T,\ F\}$ 的函数，而是从 FM^c 到 $\{T,\ F\}$ 的函数。当然，这同样是因为条件（3）。再次，条件（3）为主连接词为量词的封闭公式赋值时，是基于替换式而不是子公式的真值。然而，这里的条件（3）与定义 12 和定义 13 中的条件（3）也有着很大的不同。在之前的定义中，同一个结构被用于确定分配给带有量词前缀的封闭公式的值。在中世纪估值情况下，通过由替换式组成的交集或并集确定；在 Marcus 估值情况下，则是根据它的各种替换式确定。而在这种方法下，当确定分配给带有量词前缀的封闭公式的值时，则是需要通过很多结构的变化来确定。

同样，与为 CPL 和 CPDL 定义的估值不同，而与中世纪估值和 Marcus 估值一样，当为主连接词为量词的公式赋值时，Fregean 估值就与公式的合成树无关了。

练习：CQL 的 Fregean 估值

使用 CQL 的 Fregean 估值定义（定义 13），确定下列公式在结构 $<U, l>$ 中的真值。

（a）$v_M(Dbc)$　　　　　　　　　　　（f）$v_M(\exists y Dcy)$

（b）$v_M(Dcb)$　　　　　　　　　　　（g）$v_M(\forall x \forall y Dxy)$

（c）$v_M(\exists z(Pz \wedge Ez))$　　　　　　（h）$v_M(\forall x \exists y Dxy)$

（d）$v_M(\forall y(Ey \rightarrow Dby))$　　　　（i）$v_M(\exists x(Ox \wedge \exists y(Ey \wedge Dyx)))$

（e）$v_M(\forall z Daz)$　　　　　　　　（j）$v_M(\exists x(Ox \wedge \exists y(Ey \wedge Dxy)))$

11.2.1.4　CQL 的 Tarskian 估值

上面三个经典估值的定义可以确定量化公式的真值，并且不是基于其对应矩阵的真值，而是基于其一个或多个替换式的真值。这与 CPL 和 CPDL 的经典估值定义不同。由此产生的问题是：是否可以只用它的适当部分来确定，特别是用它的矩阵或它的直接适当子公式来确定一个量化公式的真值。

虽然表达式 $x \leqslant 5$ 不能被确定为真或假，但是如果给 x 赋一个值就可以了。因此，如果 x 被赋 5，那么它就是真的，但是如果 x 被赋 6，那么它就是假的。类似地，当全集中的某个成员被赋给 x 的时候，公式 Px 也可以在该结构中确定真假。问题是至少在一般情况下，基于分配给 x 的单个值和分配给 P 的单个值，量化公式（如 $\forall xPx$ 或 $\exists xPx$）的真值不能被确定。我们发现，这些量化公式的真值不能仅仅基于单个替换式的值来确定。然而，我们也看到，在结构 $<U, j>$ 中，通过保持其解释函数赋给 P 的值不变，而给个体符号赋不同的值，我们可以确定结构中此类公式的真值。

Fregean 估值定义

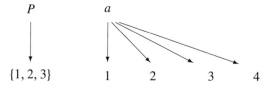

这里提出的方法同样固定住 P 不变，但不是用个体符号去对应全集中不同的成员，而是给那些当公式的量词被去除时变为自由变量的变量赋不同的结构的全集中的值。

变量赋值下结构的真值

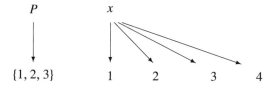

再次考虑公式 $\forall xPx$ 在结构 $<U, j>$ 中的真值。用来确定这些公式在结构中真值的基本思想是：当且仅当 P 结合全集中的每个成员都能成立时，公式 $\forall xPx$ 在结构中为真。因此，要确定 $\forall xPx$ 在这个结构中是否正确，必须确定 P 在与 1、2、3 和 4 结合时是否正确。使用定义 14 来实现这一点的做法是，只研究 $\forall xPx$ 的一个替换式 Pa，验证当 a 被赋值 1 时、a 被赋值 2 时、a 被赋值 3 时和 a 被赋值 4 时，Pa 是否为真，同时保持 P 的赋值固定不变。但同样的结果也可以不通过 $\forall xPx$ 的替换式，而是通过使用它的子公式 Px 来获得。不是让 a 去对应全集中不同的值，而是让 x 被赋值为不同的值。设 e 是全集中的一个元素，就像我们用符号 $a \mapsto e$ 来表示 a 对应不同的值一样，我们可以用符号 $x \mapsto e$ 来表示 x 对应不同的值。

在进一步说明之前，让我们先熟悉一些常用的符号。首先，通常使用结构的名称作为索引来表示其对应的全集和解释函数。例如，对于一个结构 M，那么它的全集用 U_M 表示，其解释函数由 i_M 表示。换句话说，$M=<U_M, i_M>$。其次，我们介绍另一种书写函数的方法，即将函数的名称写在应用它的值的名称的右侧，而不是写在左侧。此外，我们用方括号将函数所应用的值的名称括起来，而不是用圆括号。例如，当分别在 CPL 和 CPDL 的经典估值定义中表示 $v_a(\alpha)$ 和 $v_M(\alpha)$ 时，在这里，我们将其写成 $[\alpha]^M$。

在介绍了这种函数的替代表示法之后，让我们回到公式 $\forall xPx$ 和 $\exists xPx$。当 Px 在结构中为真时，公式 $\forall xPx$ 在结构中为真，而无论全集中什么值被赋给 x。我们可以将其更正式地表述如下。

暂定条件（单前缀封闭公式）

$(3.1')$ 当且仅当对于每个 $e \in U_M$，有 $[Px]^M_{x \mapsto e}=\text{T}$，则 $[\forall xPx]^M=\text{T}$。

让我们考虑一个结构 M，它的全集由 $\{1, 2, 3\}$ 组成，同时它的解释函数将集合 $\{1, 2, 3\}$ 赋给 P。为了确定 $\forall xPx$ 在这个结构中是否为真，我们必须确定 Px 是否为真，不管全集中是什么值赋给 x。有三种情况要考虑：x 被赋值为 1 的情况，x 被赋值为 2 的情况和 x 被赋值为 3 的情况。如果 x 被赋值为 1，那么 Px 为真，因为被赋值给 x 的 1 是 $\{1, 2, 3\}$ 的成员，而 $\{1, 2, 3\}$ 被赋给 P，即 $[Px]^M_{x \mapsto 1}=\text{T}$。如果 x 被赋值为 2，那么 Px 再次为真，因为被赋值给 x 的 2 是 $\{1, 2, 3\}$ 的成员，而 $\{1, 2, 3\}$ 被赋给 P，即 $[Px]^M_{x \mapsto 2}=\text{T}$。如果 x 被赋值为 3，那么 Px 同样再次为真，因为被赋值给 x 的 3 是 $\{1, 2, 3\}$ 的成员，而 $\{1, 2, 3\}$ 被赋给 P，即 $[Px]^M_{x \mapsto 3}=\text{T}$。因此，无论全集中的任何值被赋给 x，Px 都为真。换句话说，对于每个 $e \in U_M$，$[Px]^M_{x \mapsto e}=\text{T}$，所以根据条件（$3.1'$）中的暂定条件，$[\forall xPx]^M=\text{T}$，意思是 $\forall xPx$ 在这个结构中为真。

让我们看看公式 $\forall xPx$ 在一个不同的结构中的真值。这个结构具有相同的全集，但它的解释函数将集合 $\{2, 3\}$ 赋给 P，而不是 $\{1, 2, 3\}$。我们也可以将这个结构称为 M，在这个结构中，公式 $\forall xPx$ 为假，即 $[\forall xPx]^M=\text{F}$。原因是，即使当 x 被赋值为 2 时 Px 为真，且即使 x 被赋值为 3 时 Px 仍然为真，但当 x 被赋值为 1 时，Px 为假。因此，对于每个 $e \in U_M$，没有 $[Px]^M_{x \mapsto e}=\text{T}$。综上，根据条件（$3.1'$），$[\forall xPx]^M=\text{F}$，也就是说，$\forall xPx$ 在结构中为假。

让我们转向公式 $\exists xPx$，在什么情况下，它在一个结构中是正确的？换句话说，在什么情况下 $[\exists xPx]^M=\text{T}$？当 M 中的某个值被赋给 x，Px 为真时，它才为真。它可如下正式表述。

暂定条件（单前缀封闭公式）

$(3.2')[\exists xPx]^M=\text{T}$，当且仅当对于某个 $e \in U_M$，有 $[Px]^M_{x \mapsto e}=\text{T}$。

为了说明条件（$3.2'$）中的暂定条件是如何发挥作用的，让我们转到这样一个结构，其中全集仍然是集合 $\{1, 2, 3\}$，但其中 P 被赋为集合 $\{2, 3\}$。对于 Px，当 x 被赋值为 1 时，它为假，因为赋值给 x 的 1 不是结构赋值给 P 的集合 {2，3} 的成员。但是，如果 x 被赋值为 2 或 3，Px 是真的，因为 2 和 3 是结构赋值给 P 的集合的成员。因此，在这个结构中，存在某些值赋给 x 时，使 Px 为真，也就是说，对于一些 $e \in U_M$，$[Px]^M_{x \to e} = T$。因此，根据条件 （3.2′）中的暂定条件，$[\exists x Px]^M = T$，即 $\exists x Px$ 在结构中为真。

作为比较，让我们考虑一个全集仍然是集合 {1，2，3} 的结构，但是其中 P 被赋值为空集。当 x 被赋值为 1 时，Px 为假，因为 1 被赋给 x，它不是结构的解释函数赋给 P 的集合（即空集）的成员。当 x 被赋值为 2 时，Px 也不是真的，因为 2 也不是空集的成员。当 x 被赋值为 3 时，Px 也不是真的。简言之，无论从这个结构的全集中赋值给 x 任何值，Px 都是假的。全集中不存在这样的元素，当它被赋值给 x 时，使 Px 为真，也就是说，不存在对于一些 $e \in U_M$，$[Px]^M_{x \to e} = T$。因此，根据条件（3.2′）中的暂定条件，$[\exists x Px]^M = F$，即公式 $\exists x Px$ 在结构中为假。

令人高兴的是，刚刚我们用于分析带有一个量词前缀的封闭式公式的方法同样可以应用于带有两个量词前缀的封闭式公式，以及带有任意数量的量词前缀的封闭式公式。为了证明这一点，考虑一个带有两个量词前缀的封闭式公式，如式（5），以及一个结构 M，其全集仅包含三个元素 {1，2，3}，其中 R 被赋值了集合 {<1，2>，<2，3>，<3，1>}。

（5） $\forall x \exists y R x y$

正如对公式 $\forall x Px$ 一样，我们知道，当且仅当 $e \in \{1,2,3\}$，$[\exists y R x y]^M = T$ 时，才有 $[\forall x \exists y R x y]^M = T$，即必须确定 $\forall x \exists y R x y$ 的直接子公式 $\exists y R x y$ 的真值，其对应三个函数，如下所示：

（5.1）　$[\exists y R x y]^M_{x \mapsto 1} = T$

（5.2）　$[\exists y R x y]^M_{x \mapsto 2} = T$

（5.3）　$[\exists y R x y]^M_{x \mapsto 3} = T$

我们如何得出式（5.1）的真值？让我们像对待式（5）那样继续下去。去掉量词 $\exists y$，并将 U 中的各种值赋给 y。这给了我们这三个等式：

（5.1.1）　$[R x y]^M_{x \mapsto 1; y \mapsto 1} = F$

（5.1.2）　$[R x y]^M_{x \mapsto 1; y \mapsto 2} = T$

（5.1.3）　$[R x y]^M_{x \mapsto 1; y \mapsto 3} = F$

如何得出它们的真值？让我们先考虑式（5.1.1）中的等式。当 x 被赋值为 1，y 被赋值为 1 时，且有序对 <1, 1> 是结构赋值给 R 的集合的成员时，基本公式 $R x y$ 为真。现在，结构将集合 {<1，2>，<2，3>，<3，1>} 赋值给 R，该集合不包含有序对 <1, 1>。因此，当 x 被赋值为 1，y 被赋值为 1 时，$R x y$ 在结构中被赋值为 F。接下来，考虑式（5.1.2）中的等式。这里，我们感兴趣的是，当 x 被赋值为 1 且 y 赋值为 2 时的基本公式 $R x y$。由于有序对 <1, 2> 在结构赋给 R 的集合中，因此当 x 被赋值为 1，y 被赋值为 2 时，$R x y$ 被赋值为 T。最后，考虑式（5.1.3）中的等式。当 x 被赋值为 1，y 被赋值为 3 时，基本公式 $R x y$ 被赋值为 F，因为有序对 <1, 3> 不在结构赋值给 R 的集合中。综上，如果 x 被赋值为 1，y 被赋值为 2，那么 $\exists y R x y$ 在结构中为真，因此，我们得到式（5.1）中等式右侧的真值 T。

现在来谈谈式（5.2.1）～式（5.2.3）中的等式。我们按照完全相同的方式进行处理，为基本公式 $R x y$ 进行如下赋值处理，每个真值赋值都是通过对自由变量 x 和 y 进行不同的赋值来计算的。

(5.2.1)　$[Rxy]^M_{x\mapsto 2;\, y\mapsto 1}=\mathrm{F}$

(5.2.2)　$[Rxy]^M_{x\mapsto 2;\, y\mapsto 2}=\mathrm{F}$

(5.2.3)　$[Rxy]^M_{x\mapsto 2;\, y\mapsto 3}=\mathrm{T}$

由 x 和 y 的不同赋值而产生的三个有序对，即有序对 <2，1>、有序对 <2，2>、有序对 <2，3>，只有有序对 <2，3> 在 R 对应的集合中，因此，前两个等式为 F，最后的等式为 T。

最后来研究式（5.3.1）～式（5.3.3）中的等式，进行同样处理后结果如下所示：

(5.3.1)　$[Rxy]^M_{x\mapsto 3;\, y\mapsto 1}=\mathrm{T}$

(5.3.2)　$[Rxy]^M_{x\mapsto 3;\, y\mapsto 2}=\mathrm{F}$

(5.3.3)　$[Rxy]^M_{x\mapsto 3;\, y\mapsto 3}=\mathrm{T}$

T 只出现在了式（5.3.1）当中，因为在 3 个有序对中，只有有序对 <3，1> 在 R 对应的集合当中。

现在已经看到 T 肯定会出现在式（5.1.1）～式（5.1.3）、式（5.2.1）～式（5.2.3）和式（5.3.1）～式（5.3.3）中。因此，我们通过定义 14 的条件（3）得出结论，$[\forall x\exists yRxy]^M=\mathrm{T}$，即式（5）在结构 M 中是真的。

前面的分析过程清晰且直观，但也相当烦琐。当遇到一个带有量词前缀的公式时，消除量词前缀，并从全集中赋给与量词前缀中的变量对应的公式中的自由变量不同的值，来确定得到的矩阵为真或为假。如果量词前缀包含全称量词，则无论去掉量词前缀后的公式中的自由变量赋全集中的什么值，矩阵都为真时，公式为真；否则为假。如果量词前缀包含存在量词，则在全集中至少存在一个值赋给去掉量词前缀后的公式中的自由变量，矩阵为真时，公式便为真；否则为假。

读者可能会认为下面代表（3.1′）和（3.2′）中暂定条件的一般形式能够充分反映我们为确定公式（1）在结构中的真实性而采取的步骤。

暂定条件的一般形式

(3.1″) 当且仅当对于每个 $e\in U_M$，有 $[\alpha]^M_{v\mapsto e}=\mathrm{T}$，则 $[\forall v\alpha]^M=\mathrm{T}$；

(3.2″) 当且仅当对于某些 $e\in U_M$，有 $[\alpha]^M_{v\mapsto e}=\mathrm{T}$，则 $[\exists v\alpha]^M=\mathrm{T}$。

然而，上面代表暂定条件的一般形式并不足以指导我们执行所有的步骤。要了解原因，请仔细查看每个从句靠前的函数符号和靠后的函数符号。两个从句中前边的符号都是 $[\ ]^M_{v\mapsto e}$，而后边的符号是 $[\ ]^M$。后边的函数符号 $[\ ]^M$，没有表示出我们该如何对自由变量赋值。因此，尽管可将（3.1″）中的规则从句应用于公式（1），从而得到三个函数，即 $[\ ]^M_{x\mapsto 1}$、$[\ ]^M_{x\mapsto 2}$ 和 $[\ ]^M_{x\mapsto 3}$，我们将它们每一个都应用于公式（5）的直接子公式 $\exists yRxy$，分别如（5.1）、（5.2）和（5.3）所示，但我们不能将（3.2″）中的条件应用于公式 $\exists yRxy$，以获得可应用于 $\exists yRxy$ 的直接子公式 Rxy 的函数，原因是在（3.2″）中没有说明任何可以为 $\exists yRxy$ 中自由变量 x 赋值的函数。因此，我们可以再增加一对条件：

(3.1‴) 当且仅当对于每个 $d\in U_M$，有 $[\alpha]^M_{v\mapsto e;\, w\mapsto d}=\mathrm{T}$，则 $[\forall w\alpha]^M_{v\mapsto e}=\mathrm{T}$；

(3.2‴) 当且仅当对于每个 $d\in U_M$，有 $[\alpha]^M_{v\mapsto e;\, w\mapsto d}=\mathrm{T}$，则 $[\forall w\alpha]^M_{v\mapsto e}=\mathrm{T}$。

但是，新增加的条件在我们处理带有三个量词前缀的公式时也无法彻底解决问题。

为了解决这个问题，Tarski 使用了变量赋值（variable assignment），并在变量赋值中定义了真值。变量赋值可以是从变量到结构对应的全集的任何函数。举例来说，假设我们的符号集合中只有三个变量，比如 x、y 和 z。使用结构 $<U, j>$（定义跟前面一样）和变量赋值（比如 g（其中 $x \mapsto 1$、$y \mapsto 2$ 和 $z \mapsto 4$）），可以将真值赋给任何开放式公式，包括公式 Rxy、Pz、Rzz 和 Px（R 就如刚刚定义的那样）。因此，Pz 为假，因为 $g(z)=4$，$j(P)=\{1, 2, 3\}$，则 $g(z) \notin j(P)$。相反，Px 为真，因为 $g(x)=1$，$j(P)=\{1, 2, 3\}$，则 $g(x) \in j(P)$。此外，Rxy 为真，因为 $g(x)=1$，$g(y)=2$，$j(R)=\{<1,2>, <2,3>, <3,1>\}$，则 $<g(x), g(y)> \in j(R)$。也可以很容易得到 Rzz 为假。一般来说，一旦同时知道了结构和变量赋值，任何公式，无论是开放的还是封闭的，都可以被判断真假。稍微修改一下前面介绍的符号，得到 $[Pz]_g^M = F$ 和 $[Px]_g^M = T$。我们将右括号的下标标记为 g，因为 g 和 M 都用于确定开放式公式的真值。使用结构的解释函数为个体符号和关系符号赋值，使用 g 为变量赋值。

如何使用变量赋值为带有量词前缀的公式确定真值？回想一下，根据之前介绍过的步骤，当遇到带有量词前缀的公式时，我们消除量词前缀，并给公式中对应量词前缀的变量赋值，以确定对应矩阵的真值。为了使这个步骤跟变量赋值相互适应，当从公式中删除量词前缀时，对于由每个变量赋值而得到的新的公式，与原来的公式至多在新替换的变量上不同。换句话说，当我们在使用变量赋值时，这些变量赋值只能用于之前的公式的变量赋值的近似式。

我们现在来正式描述如何使用变量赋值确定带有量词前缀的公式的真值。

改进后的条件

（3.1）当且仅当对于每个 $e \in U_M$，有 $[\alpha]_{g_{v \to e}}^M = T$，则 $[\forall v \alpha]_g^M = T$。

（3.2）当且仅当对于每个 $e \in U_M$，有 $[\alpha]_{g_{v \to e}}^M = T$，则 $[\exists v \alpha]_g^M = T$。

注意，上述从句的两边都规定了结构和变量赋值，前边为 $[]_{g}^M$，后边为 $[]_g^M$。前边的条件和后边的条件一样，都可适用于开放式公式，不管它们有多少自由变量。

对于函数 $[]^M$ 与变量（例如 $[]_x^M$）的关系和它与变量赋值（例如 $[]_g^M$）的关系，只要直接赋值给变量的值与变量赋值函数赋值给变量的值相同，那么它们在确定封闭公式的真值时没有区别。为了说明这点，再次考虑公式 $\forall xPx$ 和 $\exists xPx$ 以及全集是集合 $\{1, 2, 3\}$ 并将集合 $\{1, 2\}$ 赋给 P 的结构。

$$[Px]_{x \mapsto 1}^M = T \qquad\qquad [Px]_{g_{x \mapsto 1}}^M = T$$

$$[Px]_{x \mapsto 2}^M = T \qquad\qquad [Px]_{g_{x \mapsto 2}}^M = T$$

$$[Px]_{x \mapsto 3}^M = F \qquad\qquad [Px]_{g_{x \mapsto 3}}^M = F$$

$$[\forall x Px]^M = F \qquad\qquad [\forall x Px]_g^M = F$$

$$[\exists x Px]^M = T \qquad\qquad [\exists x Px]_g^M = T$$

我们将要定义的函数，虽然有点麻烦，但是我们称之为在变量赋值下定义结构中的真值。为了纪念第一个定义这样一个函数的 Alfred Tarski（见 Tarski（1923，定义23）），我们将其简称为 Tarski 扩展（Tarski extension）。该定义包括四组条件。条件（1）和条件（2）与之前估值定义中的条件一样。条件（3）是先前指出的改进后的条件。增加条件（0）是为了确保条件（1）与中世纪估值（定义12）、Marcus 估值（定义13）及 Fregean 估值（定义14）中的条件一样简单。这些条件定义了一个新函数，该函数使用解释函数扩展每个变量赋值（仅限于个体符号）来为每一项赋值。

定义 15 CQL 的 Tarski 扩展（综合定义）

M 或 $<U, i>$ 为识别标志 $<\text{IS, RS, ad}>$ 对应的结构。设 VR 为变量集合，TM 为 IS $\cup$ VR，g 为从 VR 到 U 的变量赋值。那么，CQL 的 Tarski 扩展 $[]_g^M$ 满足下列条件。

（0）符号

设 v 为 VR 的成员，c 为 IS 的成员，Π 为 RS 的成员。

（0.1） $[v]_g^M = g(v)$

（0.2） $[c]_g^M = i(c)$

（0.3） $[\Pi]_g^M = i(\Pi)$

（1）基本子式

设 Π 为 RS 的成员，ad（Π）为 1，t 为 TM 的成员，那么

（1.1）当且仅当 $[t]_g^M \in [\Pi]_g^M$，有 $[\Pi t]_g^M = \text{T}$。

Π 为 RS 的成员，ad（Π）为 n（其中 $n>1$），$t_1, \cdots, t_n$ 为 TM 的成员，那么

（1.2）当且仅当 $< [t_1]_g^M, ..., [t_n]_g^M > \in [\Pi]_g^M$，有 $[\Pi t_1..t_n]_g^M = \text{T}$。

（2）复合公式

设 α 和 β 为 FM 的成员。

（2.1）当且仅当 $[\alpha]_g^M = \text{F}$，有 $[\neg\alpha]_g^M = \text{T}$；

（2.2.1）当且仅当 $[\alpha]_g^M = \text{T}$ 且 $[\beta]_g^M = \text{T}$，有 $[\alpha \wedge \beta]_g^M = \text{T}$；

（2.2.2）当且仅当 $[\alpha]_g^M = \text{T}$ 或者 $[\beta]_g^M = \text{T}$，有 $[\alpha \vee \beta]_g^M = \text{T}$；

（2.2.3）当且仅当 $[\alpha]_g^M = \text{F}$ 或者 $[\beta]_g^M = \text{T}$，有 $[\alpha \rightarrow \beta]_g^M = \text{T}$；

（2.2.4）当且仅当 $[\alpha]_g^M = [\beta]_g^M$，有 $[\alpha \leftrightarrow \beta]_g^M = \text{T}$。

（3）量化复合公式

设 v 为 VR 的成员，a 为 FM 的成员。

（3.1）当且仅当对于每个 U 中的 e，$[\alpha]_{g_{v \rightarrow e}}^M = \text{T}$，有 $[\forall v \alpha]_g^M = \text{T}$；

（3.2）当且仅当对于每个 U 中的 e，$[\alpha]_{g_{v \rightarrow e}}^M = \text{T}$，有 $[\exists v \alpha]_g^M = \text{T}$。

与中世纪赋值、Marcus 赋值和 Fregean 的估值不同，它们的定义域是封闭式公式集合或 FM^c，Tarski 扩展的定义域为开放和封闭的所有公式集合。因此，与 Fregean 赋值不同，Fregean 赋值是根据公式替换式的真值，而不是它的直接子公式的真值，将真值赋值给逻辑连接词是量词的公式，Tarski 扩展是根据公式的直接子公式的真值进行赋值。然而，Tarski 扩展和 Fregean 赋值在某种程度上也是相似的，因为赋值给以量词为主要逻辑连接词的复合公式时，Tarski 扩展是将各种函数应用于直接子公式，而 Fregean 估值是将各种函数应用于替换式。在这两种情况下，各种函数都是应用于原始复合公式的函数的近变函数。因此，Tarski 扩展通过确定由其近变函数赋给 α 的真值来确定 $Qv\alpha$ 形式的复合公式的值：如果 Q 是 $\forall$，则所有这些值都为真时，公式为真；如果 Q 是 $\exists$，则所有这些值都为假时，公式为假。请注意，存在和全集中的成员数量一样多的近变函数。这与确定 $\neg\alpha$ 形式的复合公式的值形成对比：这里，只有一个单一的函数 $o\neg$ 被应用于确定赋值给 α 的真值。

在将从封闭式公式集合到真值的函数 Fregean 估值与从开放式和封闭式公式集合到真值的函数 Tarski 扩展进行对比后，人们可能会想，是否可以使用 Tarski 扩展定义 Fregean 估值的对应项。我们将要证明与 Fregean 估值相对应的 Tarski 扩展是可以定义的。为了理解如何做到这一点，我们必须记住一些与变量赋值相关的细节。

设 M 是一个结构，其全集为 {1，2，3}，解释函数 i 将 {1，2} 赋给 P。考虑两个变量赋值：第一个为 g，它将 1 赋给 x，2 赋给 y，3 赋给 z；另一个为 h，它将 1 赋给 x，3 赋给 y，2 赋给 z。很明显 $[Px]_g^M = \mathrm{T}$ 且 $[Px]_h^M = \mathrm{T}$。此外，如果 g 将 3 赋给 x，2 赋给 y，1 赋给 z；h 将 3 赋给 x，1 赋给 y，2 赋给 z，那么 $[Px]_g^M$ 为 F，$[Px]_h^M$ 也为 F。更一般地说，两个基于相同结构的 Tarski 扩展，其变量赋值仅仅是给公式中不存在的变量赋的值不同，它们最后会将相同的真值赋给公式。

在看到变量赋值赋给公式中不存在的变量的值与确定公式真值无关之后，让我们看看当两个变量赋值赋给公式中被绑定的变量的值不同时会发生什么。考虑封闭式公式 $\forall xPx$ 和 $\exists xPx$ 在上一段给出的结构中的真值。我们使用两个变量赋值，它们赋给 x 的值不同，例如，第一个变量赋值 g，赋值 1 给 x，3 给 y，2 给 z；第二个变量赋值 h，赋值 3 给 x，1 给 y，2 给 z。

$$[Px]_{g_{x \mapsto 1}}^M = \mathrm{T} \qquad\qquad [Px]_{h_{x \mapsto 1}}^M = \mathrm{T}$$
$$[Px]_{g_{x \mapsto 2}}^M = \mathrm{T} \qquad\qquad [Px]_{h_{x \mapsto 2}}^M = \mathrm{T}$$
$$[Px]_{g_{x \mapsto 3}}^M = \mathrm{F} \qquad\qquad [Px]_{h_{x \mapsto 3}}^M = \mathrm{F}$$
$$[\forall x\, Px]_g^M = \mathrm{F} \qquad\qquad [\forall x\, Px]_h^M = \mathrm{F}$$
$$[\exists x\, Px]_g^M = \mathrm{T} \qquad\qquad [\exists x\, Px]_h^M = \mathrm{T}$$

从刚刚给出的例子中应该可以清楚地看到，变量赋值赋给公式中被绑定的变量的值与确定其真值无关。换句话说，不管选择什么变量赋值，都会得到相同的结果。

根据上面的发现可以得到另一个结论，即作为彼此的字母变体的公式会被赋值为相同的值。我们通过两对字母变体说明这个结论，一对为 $\forall xPx$ 和 $\forall zPz$，另一对为 $\exists xPx$ 和 $\exists zPz$。为此，再次转向前面给出的结构。

$$[Px]_{g_{x \mapsto 1}}^M = \mathrm{T} \qquad\qquad [Pz]_{g_{z \mapsto 1}}^M = \mathrm{T}$$
$$[Px]_{g_{x \mapsto 2}}^M = \mathrm{T} \qquad\qquad [Pz]_{g_{z \mapsto 2}}^M = \mathrm{T}$$
$$[Px]_{g_{x \mapsto 3}}^M = \mathrm{F} \qquad\qquad [Pz]_{g_{z \mapsto 3}}^M = \mathrm{F}$$
$$[\forall x\, Px]_g^M = \mathrm{F} \qquad\qquad [\forall z\, Pz]_g^M = \mathrm{F}$$
$$[\exists x\, Px]_g^M = \mathrm{T} \qquad\qquad [\exists z\, Pz]_g^M = \mathrm{T}$$

我们将前两个发现总结为下面的第一条性质，将最后的发现总结为第二条性质。

性质 1　关于变量赋值的性质

设 M 为结构，g 和 h 为变量赋值，α 为一个公式。

（1）如果对于每个变量 $v \in Fvr(\alpha)$ 都有 $g(v) = h(v)$，那么 $[\alpha]_g^M = [\alpha]_h^M$；

（2）如果 α 和 β 为彼此的字母变体，那么有 $[\alpha]_g^M = [\beta]_h^M$。

上面的性质可以让我们更加简便地使用变量赋值讨论封闭式公式的真或假。只是对于公式中未出现的变量或者出现但是被绑定的变量赋值不同的变量赋值方式最后都会给公式赋相同的真值。现在来定义使用 Tarski 扩展对 CQL 封闭式公式估值的方式。

定义 16　CQL 的 Tarski 估值

设 M（即 $<U,i>$）为识别标志 $<\mathrm{IS, RS, ad}>$ 对应的结构，VR 为变量集合。那么 Tarski 估值是一个从 $\mathrm{FM^c}$ 到 {T, F} 的函数 $[\,]^M$，对于每个 $\alpha \in \mathrm{FM^c}$，有

（1）当且仅当对于每个从 VR 到 U_M 的变量赋值 g，满足 $[\alpha]_g^M = \text{T}$，则 $[\alpha]^M = \text{T}$；

（2）当且仅当对于每个从 VR 到 U_M 的变量赋值 g，满足 $[\alpha]_g^M = \text{F}$，则 $[\alpha]^M = \text{F}$。

尽管我们不会这样做，但是能够证明这个定义为 CQL 的封闭式公式提供了一个经典的估值方式，而且与 Tarski 经典估值和 Fregean 经典估值（定义 14）对 CQL 的封闭式公式的赋值相同。

练习：Tarski 扩展和 Tarski 经典估值

1. 设 $\{x, y, z\}$ 为变量集合，$\{1, 2, 3, 4\}$ 为结构对应的全集。判断下面哪些是变量赋值，并说明理由。

  （a）$x \mapsto 1$，$y \mapsto 2$，$z \mapsto 3$ （c）$x \mapsto 1$，$y \mapsto 2$，$z \mapsto 4$

  （b）$x \mapsto 1$，$y \mapsto 5$，$z \mapsto 3$ （d）$x \mapsto 1$，$y \mapsto 1$，$z \mapsto 1$

2. 设结构对应的全集为 $\{1, 2\}$，写出所有的关于变量 $\{x, y, z\}$ 的变量赋值。

3. 说明可以给出 VR 和全集为 U 的变量赋值数目的公式。

4. 确定下列公式关于结构 $<U, j>$（定义见 11.2.1.1 节）的真值。变量赋值为 $x \mapsto 2$、$y \mapsto 3$ 和 $z \mapsto 4$，使用 Tarski 扩展（定义 15）说明你的答案。

  （a）$[Pa]_g^M$ （f）$[Dab]_g^M$ （k）$[\exists z Pz]_g^M$

  （b）$[Od]_g^M$ （g）$[Day]_g^M$ （l）$[\forall x Ox]_g^M$

  （c）$[Ex]_g^M$ （h）$[Dzx]_g^M$ （m）$[\forall x \exists y Dxy]_g^M$

  （d）$[Py]_g^M$ （i）$[Dyz]_g^M$ （n）$[\forall x \exists y Dyx]_g^M$

  （e）$[Oz]_g^M$ （j）$[Dxx]_g^M$ （o）$[\exists y \forall x Dxy]_g^M$

5. 确定下列公式在相同的结构中，但是关于变量赋值 h（即 $x \mapsto 1$、$y \mapsto 1$ 和 $z \mapsto 1$）的真值。使用 Tarski 扩展（定义 15）来解释你的答案。

  （a）$[Pa]_h^M$ （f）$[Dab]_h^M$ （k）$[\exists z Pz]_h^M$

  （b）$[Od]_h^M$ （g）$[Day]_h^M$ （l）$[\forall x Ox]_h^M$

  （c）$[Ex]_h^M$ （h）$[Dzx]_h^M$ （m）$[\forall x \exists y Dxy]_h^M$

  （d）$[Py]_h^M$ （i）$[Dyz]_h^M$ （n）$[\forall x \exists y Dyx]_h^M$

  （e）$[Oz]_h^M$ （j）$[Dxx]_h^M$ （o）$[\exists y \forall x Dxy]_h^M$

6. 确定下列公式的真值，其中 $M=<U, i>$，$U=\{1, 2\}$ 且 $a \mapsto 1$，$b \mapsto 2$，$S \mapsto \varnothing$ 和 $R \mapsto \{<1, 1>, <2, 2>\}$。使用 Tarski 经典估值（定义 16）来解释你的答案。

  （a）$\exists x Rss$ （f）$\forall x \forall y (Rxy \to Sxy)$

  （b）$\exists x Sxx$ （g）$\forall x \forall y (Sxy \to Rxy)$

  （c）$\forall x Rxa$ （h）$\forall x \forall y ((Rxy \wedge Sxy) \to Syx)$

  （d）$\exists x Rxa$ （i）$\forall x \forall y ((Rxy \wedge \neg Sxy) \to Ryx)$

  （e）$\forall x (Rxb \to Sxb)$ （j）$\forall x \forall y ((Rxy \wedge Ryx) \to \exists z (Rxz \vee Syz))$

7. 使用 Tarski 经典估值（定义 16）确定下列公式的真值，其中 $M=<U, i>$，$U = \mathbf{Z}_{10}^+$（1 到 10 之间到的所有正整数），R 和 S 表示 $<$ 和 $\leqslant$ 的关系（Rab 表示 $a < b$，Sab 表示 $a \leqslant b$）。

  （a）$\forall x Rxx$ （f）$\forall x \forall y \forall z ((Rxy \wedge Ryz) \to Rzx)$

  （b）$\forall x Sxx$ （g）$\forall x \forall y ((Rxy \wedge \neg Sxy) \to Ryx)$

  （c）$\forall x \forall y (Rxy \to \neg Ryx)$ （h）$\forall x \exists y Rxy$

  （d）$\forall x \forall y (Rxy \to Sxy)$ （i）$\exists x \forall y Rxy$

  （e）$\forall x \forall y (Sxy \to Rxy)$ （j）$\exists x \forall y Syx$

8. 考虑下列公式。

(1)　$\forall x \exists y (Rxy \wedge \neg \exists z (Rxz \wedge Rzy))$

(2)　$\exists x \forall y \exists z ((Px \rightarrow Rxy) \wedge Py \wedge \neg Ryz)$

(3)　$\exists x \exists y ((Rxy \rightarrow Ryx) \rightarrow \forall z Rxz)$

(4)　$\forall x (\exists y \forall z (Rzy \wedge \forall v (Rvx \rightarrow \neg Rvx$

(5)　$\exists x \forall y ((Py \rightarrow Ryx) \wedge (\forall z (Pz \rightarrow Rzy) \rightarrow Rxy))$

(6)　$\forall x \forall y ((Px \wedge Rxy) \rightarrow ((Py \wedge \neg Ryx) \rightarrow \exists z (\neg Rzx \wedge \neg Ryz)))$

(7)　$\forall x \forall y \exists z \forall v ((Py \wedge Rzv) \rightarrow (Pv \rightarrow Rxz))$

确定上述哪些公式在下面的结构中为真。

（a）全集为 $\mathbb{N}$，R 代表 $\leqslant$，P 为偶数自然数的集合。

（b）全集为 $\text{Pow}(\mathbb{N})$，R 代表 $\subseteq$，P 为 $\mathbb{N}$ 的有限子集的集合。

（c）全集为 $\mathbb{R}$，R 代表 $\{<x, x^2>:x \in \mathbb{R}\}$，$P$ 为有理数的集合，即 $\mathbb{Q}$。

11.2.2　CQL 估值的分类定义

11.2.1 节中给出的定义均为综合定义，尤其是相关定义中的（2）复合公式和（3）量化复合公式部分中给出的条件。我们知道复合公式中的条件不必是综合的。这些条件与对 CPDL 公式的经典估值的定义相似，我们看到这些条件可以按照与 CPL 中相同的分类定义方式给出。现在出现的问题是，是否可给出量化复合公式中条件的分类定义。答案是肯定的。我们将展示两种给出估值分类定义的方式。一种方式称为满足集合（satisfaction set）；另一种方式称为圆柱代数（cylindric algebra）。下面从第一种方式开始。

11.2.2.1　满足集合

为了说明条件（3）的第一个分类版本，我们需要被称为满足集合的东西。考虑简单的开放式公式 Px。结构全集中所有使 Px 为真的 x 的赋值，就是 Px 的满足集合。集合 $\{e \in U_M : [Px]_{x \mapsto e}^M = \text{T}\}$ 也可以被称为 Px 的满足者集合（set of satisfier），可以更简洁地表示为 $[Px]_x^M$。

如果从结构的全集中提取的 Px 的满足集合是空的，我们能得出什么结论？当然很明显 $\exists x Px$ 在结构上是假的。毕竟，如果从结构的全集中提取的 Px 的满足集合是空的，那么结构的全集中没有一个成员使得 Px 在结构中是真的。如果从一个结构的全集中提取的 Px 的满足集合不是空的，我们能得出什么结论？好吧，如果集合不是空的，那么结构的全集中的某个成员，当指定给 x 时，将使 Px 为真。因此 $\exists x Px$ 在结构中是真的。换句话说，当且仅当 $[Px]_x^M \neq \varnothing$ 时，$[\exists x Px]^M = \text{T}$。我们在定义 Tarksi 扩展的分类定义时将使用它这一条件的等价公式，即，当且仅当 $[Px]_x^M \in \text{Pow}(U) - \varnothing$ 时，$[\exists x Px]^M = \text{T}$。

接下来，让我们思考一个例子，从一个结构的全集中提取的 Px 的满足集合等于结构的全集，那么，$\forall x Px$ 在结构中为真。毕竟，如果 Px 的满足集合是这个结构的全集，那么对于从结构的全集中赋给 x 的任何值，Px 在结构中都为真。然而，如果满足集合不等于结构的全集，那么 $\forall x Px$ 在结构中就不为真。因为，在这种情况下，结构的全集至少包含一个成员，如果赋给 x，则 Px 为假。也就是说，当且仅当 $[Px]_x^M = U$ 时，$[\forall x Px]^M = \text{T}$。我们换一种等价的方式说明前面的条件：当且仅当 $[Px]_x^M = \{U\}$ 时，$[\forall x Px]^M = \text{T}$。

为了调整这些条件以制定 Tarski 扩展的分类定义，我们必须根据变量赋值的近似变体来定义满足集合。下面是对满足集合的定义。

定义 17　CQL 的满足集合

M（即 $<U,\ i>$）为 CQL 对应的结构，g 为从 VR 到 U 的变量赋值。那么对于每个 $\alpha \in$ FM，$[\alpha]^{M}_{g;v} = \{e \in U : [\alpha]^{M}_{g_{v \to e}} = \mathrm{T}\}$。

根据这个定义，我们可以给出 Tarski 扩展的一个分类定义。

定义 18　CQL 的 Tarski 扩展（分类定义）

M 即 $<U,\ i>$ 为识别标志 $<$IS, RS, ad$>$ 对应的结构，VR 为变量集合，TM 为 IS $\cup$ VR，g 为一个从 VR 到 U 的变量赋值。那么，Tarski 扩展 $[\ ]^{M}_{g}$ 为满足下列条件的函数。

（0）符号

　　设 v 为 VR 的成员，c 为 IS 的成员，Π 为 RS 的成员。

　　（0.1）$[v]^{M}_{g} = g(v)$

　　（0.2）$[c]^{M}_{g} = i(c)$

　　（0.3）$[\Pi]^{M}_{g} = i(\Pi)$

（1）基本子式

　　设 Π 为 RS 的成员，ad（Π）为 1，t 为 TM 的成员。那么，

　　（1.1）当且仅当 $[t]^{M}_{g} \in [\Pi]^{M}_{g}$ 时，有 $[\Pi t]^{M}_{g} = \mathrm{T}$。

　　　　设 Π 为 RS 的成员，ad（Π）为 n（其中 $n>1$），$t_1, \cdots, t_n$ 为 TM 的成员。那么，

　　（1.2）当且仅当 $<[t_1]^{M}_{g}, \ldots, [t_n]^{M}_{g}> \in [\Pi]^{M}_{g}$ 时，$[\Pi t_1 \ldots t_n]^{M}_{g} = \mathrm{T}$。

（2）复合公式

　　设 α 和 β 是 FM 的成员。

　　（2.1）$[\neg \alpha]^{M}_{g} = o \neg ([\alpha]^{M}_{g})$

　　　　（2.2.1）$[\alpha \wedge \beta]^{M}_{g} = o \wedge ([\alpha]^{M}_{g}, [\beta]^{M}_{g})$

　　　　（2.2.2）$[\alpha \vee \beta]^{M}_{g} = o \vee ([\alpha]^{M}_{g}, [\beta]^{M}_{g})$

　　　　（2.2.3）$[\alpha \to \beta]^{M}_{g} = o \to ([\alpha]^{M}_{g}, [\beta]^{M}_{g})$

　　　　（2.2.4）$[\alpha \leftrightarrow \beta]^{M}_{g} = o \leftrightarrow ([\alpha]^{M}_{g}, [\beta]^{M}_{g})$

（3）量化复合公式

　　设 v 是 VR 的成员，α 是 FM 的成员。

　　（3.1）当且仅当 $[\alpha]^{M}_{g;v} \in \{U\}$ 时，有 $[\forall v \alpha]^{M}_{g} = \mathrm{T}$。

　　（3.2）当且仅当 $[\alpha]^{M}_{g;v} \in \mathrm{Pow}(U)^{M}_{g} - \{\varnothing\}$ 时，有 $[\exists v \alpha]^{M}_{g} = \mathrm{T}$。

此定义等价于其综合版本（定义 15），因此可用于定义 CQL 封闭式公式的 Tarski 经典估值。为了说明如何使用后两个条件来确定公式的真值，让我们来研究 11.2.1.4 节中提到的公式

（6）$\forall x \exists y R x y$

并确定它在当时结构下的真值。回想结构 M 的全集为 {1，2，3} 以及它的解释函数将集合 {$<$1，2$>$, $<$2，3$>$, $<$3，1$>$} 赋值给 R。设 g 为变量赋值函数 [⊖]。

根据条件（3.1），当且仅当 $[\exists y R x y]^{M}_{g;x} \in \{\{1,2,3\}\}$ 或者当且仅当 $[\exists y R x y]^{M}_{g;x} = \{1,2,3\}$ 时，$[\forall x \exists y R x y]^{M}_{g} = \mathrm{T}$。为了证明上述关系成立，我们必须计算 $[\exists y R x y]^{M}_{g;x}$ 的成员。这意味着，我们需要确定下列等式关系是否成立：

　　⊖　因为该公式是封闭的，所以变量赋值没有作用，因此它是被任意选取的。

(6.1)　　$[\exists y Rxy]^M_{g_{x \mapsto 1}} = \mathrm{T}$?

(6.2)　　$[\exists y Rxy]^M_{g_{x \mapsto 2}} = \mathrm{T}$?

(6.3)　　$[\exists y Rxy]^M_{g_{x \mapsto 3}} = \mathrm{T}$?

为了确定哪些等式成立（如果有的话），我们必须接着应用条件（3.2）。因此，当且仅当 $[Rxy]^M_{g_{x \mapsto 1};y} \in \mathrm{Pow}(\{1,2,3\}) - \{\emptyset\}$ 或者 $[Rxy]^M_{g_{x \mapsto 1};y} \neq \emptyset$ 时，关系（6.1）中的等价关系成立。现在来确定下面哪些等价关系能够成立：

$(6.1.1)$　　$[Rxy]^M_{g_{x \mapsto 1};y \mapsto 1} = \mathrm{T}$?

$(6.1.2)$　　$[Rxy]^M_{g_{x \mapsto 1};y \mapsto 2} = \mathrm{T}$?

$(6.1.3)$　　$[Rxy]^M_{g_{x \mapsto 1};y \mapsto 3} = \mathrm{T}$?

检查后可以看出，虽然第一个和第三个等式不成立，但第二个等式成立。这意味着，满足集合 $[Rxy]^M_{g_{x \mapsto 1};y} = \{2\}$。因为满足集合不是空的，所以得出结论，关系 (6.1) 中的等式成立。这反过来意味着，1 是 $\exists y Rxy$ 的满足集合的一个成员，即 $1 \in [\exists y Rxy]^M_x$。

接下来，我们要确定关系（6.2.1）～关系（6.2.3）中的等式是否成立。只有在 $[Rxy]^M_{g_{x \mapsto 2};y} \neq \emptyset$ 的情况下它才成立。为了确定它，我们必须计算出 $[Rxy]^M_{g_{x \mapsto 2};y}$ 的满足集合。因此，必须确定下面哪些等式成立：

$(6.2.1)$　　$[Rxy]^M_{x \mapsto 2;y \mapsto 1} = \mathrm{T}$?

$(6.2.2)$　　$[Rxy]^M_{x \mapsto 2;y \mapsto 2} = \mathrm{T}$?

$(6.2.3)$　　$[Rxy]^M_{x \mapsto 2;y \mapsto 3} = \mathrm{T}$?

经过检查，我们发现只有最后一个等式成立。这意味着，满足集合 $[Rxy]^M_{g_{x \mapsto 2};y} = \{3\}$。因此，2 是 $\exists y Rxy$ 满足集合的成员，即 $2 \in [\exists y Rxy]^M_x$。

最后，我们来看看关系（6.3.1）～关系（6.3.3）中的等式。再一次，可从条件（3.2）得到结论。我们看到，当且仅当 $[Rxy]^M_{x \mapsto 3;y} \neq \emptyset$ 时，关系（6.3.1）～关系（6.3.3）中的等式成立。要得到 $[Rxy]^M_{g_{x \mapsto 3};y}$ 的成员，我们必须确定下列哪些等式成立：

$(6.3.1)$　　$[Rxy]^M_{x \mapsto 3;y \mapsto 1} = \mathrm{T}$?

$(6.3.2)$　　$[Rxy]^M_{x \mapsto 3;y \mapsto 2} = \mathrm{T}$?

$(6.3.3)$　　$[Rxy]^M_{x \mapsto 3;y \mapsto 3} = \mathrm{T}$?

只有第一个等式成立。那么 $[Rxy]^M_{g_{x \mapsto 3};y} = \{1\}$，不是空集。因此，3 为 $[\exists y Rxy]^M_{g;x}$ 满足集合的成员。

现在确认了 1、2 和 3 都是满足集合 $[\exists y Rxy]^M_x$ 的成员，而该集合正好是结构的全集。因此，$[\exists y Rxy]^M_x \in \{\{1,2,3\}\}$。所以，根据条件（3.1），可得到 $[\forall x \exists y Rxy]^M = \mathrm{T}$，即封闭式公式 $\forall x \exists y Rxy$ 在 M 中为真。

练习：满足集合

1. 使用结构 M 或者 $\langle U, j \rangle$（定义在 11.2.1.1 节中），以及变量赋值 g（其中 $x \mapsto 1$，$y \mapsto 2$ 和 $z \mapsto 2$) 来确定下面的满足集合。

（a）$[Px]^M_{g;x}$　　　（e）$[Ob]^M_{g;y}$　　　（i）$[Dzx]^M_{g_{z \mapsto 3};x}$

（b）$[Oy]^M_{g;y}$　　　（f）$[Ec]^M_{g;z}$　　　（j）$[Dyx]^M_{g_{y \mapsto 1};x}$

（c）$[Ez]_{g;z}^{M}$　　　（g）$[Dxy]_{g;y}^{M}$　　　（k）$[Dbx]_{g_{x\mapsto 2};y}^{M}$

（d）$[Pa]_{g;x}^{M}$　　　（h）$[Dxy]_{g;x}^{M}$　　　（l）$[Dxz]_{g_{x\mapsto 3};z}^{M}$

2. 使用满足集合来确定下面公式在结构 M 或者 $<U, j>$（定义在 11.2.1.1 节中）中的真值。

（a）$\exists x Px$　　　　　　（g）$\exists x \forall y Dxy$

（b）$\forall y Oy$　　　　　　（h）$\forall y \exists x Dxy$

（c）$\exists z Ez$　　　　　　（i）$\exists z \exists x Dzx$

（d）$\forall x Px$　　　　　　（j）$\forall x \exists y Dyx$

（e）$\exists y Oy$　　　　　　（k）$\exists y \forall x Dyx$

（f）$\forall z Ez$　　　　　　（l）$\forall z \forall x Dxz$

11.2.2.2　圆柱代数

在 CPL 和 CPDL 中，一个复合公式的真值完全由它的直接子公式的真值决定。在 CQL 中，如之前所述，包含量词前缀和量词矩阵的复合公式的真值不完全由其直接子公式的真值确定。实际上，在中世纪、Marcus 和 Fregean 估值的情况下，这样一个复合公式的真值不是由其直接子公式的真值决定的，而是由该公式的各种替换实例的真值决定的，这些实例都不是复合公式的子公式。在 Tarski 扩展的情况下，真值由函数 $[]_g^M$ 决定，其中 M 是一个结构，g 是一个应用于复合公式的变量赋值。真值不是由应用于直接子公式的同一函数决定的，而是由应用于复合公式的函数的各种变量赋值 g 关于变量和量词前缀的近变函数决定的。例如，为了确定将函数 $[]_g^M$ 应用于复合公式 $\forall x Px$ 后的值，我们需要将函数 $[]_{g_{x\mapsto e}}^M$ 应用于子公式 Px，且存在着与结构的全集成员一样多的不同函数。

由此产生的问题是：是否有可能定义一个经典的估值，该估值将相同的函数应用于复合公式和其直接子公式，正如 CPL 和 CPDL 的经典估值一样？答案是，存在这样一个函数，这些函数定义在称为圆柱代数（cylindric algebra）的代数结构上。关于此，Alfred Tarski 的观点是：与每个公式相关的是变量赋值集合的子集。如果公式能够对应所有变量赋值组成的集合，则该公式为真；如果公式只对应空集合，则该公式为假。一元连接词对应集合补操作，而二元连接词则对应交与并的集合论运算。最后，每个量词前缀都对应一个一元操作，该操作将一组变量赋值映射到另一组变量赋值。这里的关键将是，彼此为近变体的变量赋值的二元关系。我们将用符号 $g[v]h$ 来表示变量赋值 g 和 h 至多在它们赋给 v 的值上不同，也就是说，它用来表达变量赋值 g 是变量赋值 h 相对于变量 v 的近似变体的关系。

下面定义了一个使用了圆柱代数的对于 CQL 封闭式公式的经典估值。在这个代数中，所有变量赋值的集合代表真，而空集合代表假。

定义 19　CQL 的经典估值（使用圆柱代数）

设 M，或 $<U, i>$ 为识别标志 $<IS, RS, ad>$ 对应的结构。设 VR 为变量集合，TM 为 IS ∪ VR，VA 为从 VR 到 U 的变量赋值的集合。

（1）基本子式

　　设 Π 为 RS 的成员，ad（Π）为 1，t 为 TM 的成员。那么，

　　（1.1）$[\ \Pi\, t]_M = \{g: g \in VA\ 且\ [t]_g^M \in [\Pi]_g^M\ \}$

　　设 Π 为 RS 的成员，ad（Π）为 n（其中 $n>1$），设 $t_1, \cdots, t_n$ 为 TM 的成员。那么，

　　（1.2）$[\ \Pi\, t_1 \cdots t_n]_M = \{g: g \in VA\ 且\ <[t_1]_g^M, \cdots, [t_n]_g^M> \in [\Pi]_g^M\ \}$。

（2）复合公式

设 α 和 β 是 FM 的成员。

（2.1）$[\neg\alpha]_M = \mathrm{VA} - [\alpha]_M$

（2.2.1）$[\alpha\wedge\beta]_M = [\alpha]_M\cap[\beta]_M$

（2.2.2）$[\alpha\vee\beta]_M = [\alpha]_M\cap[\beta]_M$

（2.2.3）$[\alpha\rightarrow\beta]_M = (\mathrm{VA}-[\alpha]_M)\cup[\beta]_M$

（2.2.4）$[\alpha\leftrightarrow\beta]_M = \mathrm{VA} - (([\alpha]_M-[\beta]_M)\cup([\beta]_M-[\alpha]_M))$

（3）量化复合公式

设 v 是 VR 的一个成员，α 是 FM 的一个成员。

（3.1）如果对于每个满足 $h[v]g$ 的 $h\in[\alpha]_M$，有 $g\in[\alpha]_M$，则 $[\forall v\alpha]_M=[\alpha]_M$；

否则，$[\forall v\alpha]_M=\varnothing$；

（3.2）$[\exists v\alpha]_M=[\alpha]_M\cup\{g:g[v]h\ \text{且}\ h\in[\alpha]_M\}$。

为了更容易理解这些，让我们考虑一个结构 M，它的全集 U 是 $\{1，2，3\}$，其中 P 被赋为 $\{1，2\}$，R 被赋为 $\{<1，2>，<2，3>，<3，1>\}$，a 和 b 分别被赋为 1 和 3。假设它只有两个变量 x 和 y。由于全集只有 3 个成员，因此对这两个变量 x 和 y 正好有 9 个变量赋值，它们在下表中列出，并分别命名。

	g_{11}	g_{12}	g_{13}	g_{21}	g_{22}	g_{23}	g_{31}	g_{32}	g_{33}
x	1	1	1	2	2	2	3	3	3
y	1	2	3	1	2	3	1	2	3

回想一下，一个基本子式被赋予了能使公式为真的变量赋值的集合。那么，让我们看看下面六个公式的集合是什么。

(7.1) $[Pa]_M=\{g_{11},g_{12},g_{13},g_{21},g_{22},g_{23},g_{31},g_{32},g_{33}\}$

(7.2) $[Pb]_M=\varnothing$

(7.3) $[Px]_M=\{g_{11},g_{12},g_{13},g_{21},g_{22},g_{23}\}$

(7.4) $[Py]_M=\{g_{11},g_{21},g_{31},g_{12},g_{22},g_{32}\}$

(7.5) $[Rxy]_M=\{g_{12},g_{23},g_{31}\}$

(7.6) $[Ryx]_M=\{g_{21},g_{32},g_{13}\}$

读者应该注意到，Pa 被赋予了结构对应的整个变量赋值集合，因为对于每个变量赋值都有 $[a]_g^M\in[P]_g^M$，Pb 被赋予了空集，因为对于每个变量赋值 $[b]_g^M\notin[P]_g^M$，而 Px、Py、Rxy 和 Ryx 对应的非空集合既不是空集合也不是整个变量赋值的集合。

现在来讨论公式 $\forall xPx$、$\exists xPx$、$\forall yPy$ 和 $\exists yPy$，它们来自式（7.3）和式（7.4）并因为前边加了量词前缀使之变为了封闭式公式。我们希望看到每个公式对应于哪一组变量赋值。由于定义 19 的条件（3）是关于变量赋值的近变体的，现在来看看对于每个变量赋值，其 x 变体和 y 变体是什么。

变量赋值	关于 x 的近变体	关于 y 的近变体
g_{11}	g_{11}，g_{21}，g_{31}	g_{11}，g_{12}，g_{13}
g_{12}	g_{12}，g_{22}，g_{32}	g_{11}，g_{12}，g_{13}
g_{13}	g_{13}，g_{23}，g_{33}	g_{11}，g_{12}，g_{13}

g_{21}	g_{11}，g_{21}，g_{31}	g_{21}，g_{22}，g_{23}
g_{22}	g_{12}，g_{22}，g_{32}	g_{21}，g_{22}，g_{23}
g_{23}	g_{13}，g_{23}，g_{33}	g_{21}，g_{22}，g_{23}
g_{31}	g_{11}，g_{21}，g_{31}	g_{31}，g_{32}，g_{33}
g_{32}	g_{12}，g_{22}，g_{32}	g_{31}，g_{32}，g_{33}
g_{33}	g_{13}，g_{23}，g_{33}	g_{31}，g_{32}，g_{33}

现在将（3）中的条件应用于式（7.3）和式（7.4）中的基本子式，以确定相关集合：

(7.3.1)　$[\exists x Px]_M = \{g_{11}, g_{12}, g_{13}, g_{21}, g_{22}, g_{23}, g_{31}, g_{32}, g_{33}\}$

(7.3.2)　$[\forall x Px]_M = \varnothing$

(7.4.1)　$[\exists y Py]_M = \{g_{11}, g_{12}, g_{13}, g_{21}, g_{22}, g_{23}, g_{31}, g_{32}, g_{33}\}$

(7.4.2)　$[\forall y Py]_M = \varnothing$

公式 $\exists x Px$ 有其直接子公式 Px。但正如我们所看到的，$[Px]_M = \{g_{11}, g_{12}, g_{13}, g_{21}, g_{22}, g_{23}\}$。定义 19 的条件（3.2）说明 $[\exists x Px]_M = [Px]_M \cup \{g : g[v]h$ 且 $h \in [Px]_M\}$。为了验证式（7.3.1）中的等式是真的，进行费力的计算并不是一个坏主意。我们还可以注意到 $[Px]_M$ 比所有的变量赋值少包含三项，即 g_{31}、g_{32}、g_{33}。但是，g_{31} 是 g_{11} 的 x 变体，位于 $[Px]_M$ 中；g_{32} 是 g_{12} 的 x 变体，位于 $[Px]_M$ 中；g_{33} 是 g_{31} 的 x 变体，位于 $[Px]_M$ 中。请读者对式（7.4.1）中的公式进行类似的验证。

接下来是公式 $\forall x Px$。它的直接子公式也是 Px，正如我们所看到的，$[Px]_M = \{g_{11}, g_{12}, g_{13}, g_{21}, g_{22}, g_{23}\}$。定义 19 中的条件（3.1）规定，除非对于 $[Px]_M$ 中的每个变量赋值，其所有 x 变体都在 $[Px]_M$ 中，$[\forall x Px]_M = \varnothing$。但是，虽然 g_{11} 在 $[Px]_M$ 中，其 x 变体 g_{31} 却没有。就这点而言，g_{12} 和 g_{11} 的 x 变体 g_{32} 和 g_{31} 也没有。建议读者对式（7.4.2）也进行验证。

最后，我们用圆柱代数给出封闭式公式 $\forall x\exists y Rxy$、$\exists y\forall x\exists y Rxy$、$\forall x\exists y Ryx$ 和 $\exists y\forall x\exists y Ryx$ 的值，它们对应于式（7.5）和式（7.6）中的基本子式。

(7.5)　$[Rxy]_M = \{g_{12}, g_{23}, g_{31}\}$

　　　　$[\exists y Rxy]_M = \{g_{11}, g_{12}, g_{13}, g_{21}, g_{22}, g_{23}, g_{31}, g_{32}, g_{33}\}$

　　　　(7.5.1)　$[\forall x\exists y Rxy]_M = \{g_{11}, g_{12}, g_{13}, g_{21}, g_{22}, g_{23}, g_{31}, g_{32}, g_{33}\}$

(7.5)　$[Rxy]_M = \{g_{12}, g_{23}, g_{31}\}$

　　　　$[\forall x Rxy]_M = \varnothing$

　　　　(7.5.2)　$[\exists y\forall x Rxy]_M = \varnothing$

(7.6)　$[Ryx]_M = \{g_{21}, g_{32}, g_{13}\}$

　　　　$[\exists y Ryx]_M = \{g_{21}, g_{22}, g_{23}, g_{31}, g_{32}, g_{33}, g_{11}, g_{12}, g_{13}\}$

　　　　(7.6.1)　$[\forall x\exists y Ryx]_M = \{g_{21}, g_{22}, g_{23}, g_{31}, g_{32}, g_{33}, g_{11}, g_{12}, g_{13}\}$

(7.6)　$[Ryx]_M = \{g_{12}, g_{23}, g_{31}\}$

　　　　$[\forall x Ryx]_M = \varnothing$

　　　　(7.6.2)　$[\exists y\forall x Ryx]_M = \varnothing$

11.2.3　语义性质和关系

在第 9 章中，我们定义了 CPDL 的公式和公式集合的若干性质及关系，它们与 CPL 的公式和公式集合的性质及关系类似，但又不完全相同。在 CPL 中，满足关系涉及 CPL 的公式或公式集合的二值真值赋值；而在 CPDL 中，满足关系是跟识别标志的对应结构与公式和公式集合相关的。众所周知，二值真值赋值和识别标志的结构是不同种类的函数，因为 CPL 和 CPDL 的公式是不同的表达式集合。在 CQL 中，我们将把满足关系定义为，识别标志的结构一方面与变量赋值的关系，另一方面与 CQL 的公式或公式集合之间的关系。CQL 的满足关系与 CPL 和 CPDL 的满足关系都不同。

定义 20　CQL 的满足关系

设 α 为一个公式，Γ 为公式集合，M 为结构，g 为变量赋值，那么

（1）当且仅当 $[\alpha]_g^M = \mathrm{T}$ 时，$<M,g>$ 满足 α；

（2）当且仅当对于每个 $\alpha \in \Gamma$，有 $[\alpha]_g^M = \mathrm{T}$，则 $<M,g>$ 满足 Γ。

将 CQL 的满足关系与 CPDL 和 CPL 的满足关系进行类比时，读者将会看到，CPL、CPDL 的公式和公式集合的性质及关系在 CQL 的公式和公式集合中有类似的对应部分。此外，与 CPL 和 CPDL 的这些性质相关的逻辑性质在 CQL 中也有类似的对照。

如果与 CQL 的这些性质和关系相关的逻辑性质能够以完全类似于其对应的 CPL 和 CPDL 的方式建立，那么我们将省略说明具体过程，尽管我们强烈鼓励读者参考 6.2.2.3 节中的证明过程自己证明相关性质。

性质 2　关于满足关系的性质

M 为一个结构，g 是一个变量赋值，那么

（1）对于每个公式 α，当且仅当 $<M, g>$ 满足 $\{\alpha\}$ 时，$<M, g>$ 满足 α；

（2）$<M, g>$ 满足 $\varnothing$。

11.2.3.1　公式的性质

与 CPDL 一样，CQL 的公式被分为三组：重言式[⊖]、矛盾式和偶然式。这里，重言式指的是每个结构变量赋值对都能满足的 CQL 中的公式；矛盾式指的是没有结构变量赋值对能够满足的公式；偶然式指的是一些结构变量赋值对能够满足而另一些不能满足的公式。

定义 21　CQL 中的重言式

当且仅当每个结构变量赋值对都能满足某公式时，该公式为重言式。

这里给出一些 CQL 的重言式：$Rab \vee \neg Rab$、$Px \rightarrow Px$、$\forall x (Px \vee \neg Px)$ 和 $\exists y \forall x Rxy \rightarrow \forall x \exists y Rxy$。注意，前两个公式虽然是 CQL 的公式，但是可以通过用 CQL 的基本子式替换 CPL 中公式的命题变量来获得。例如，用 Rab 代替 $p \vee \neg p$ 中的 p 可以得到第一个重言式，用 Px 代替 $p \rightarrow p$ 中的 p 可以得到第二个重言式。而第三个和第四个重言式不能通过这种方式得到。

定义 22　CQL 的矛盾式

当且仅当每个结构变量赋值对都不能满足某个公式时，该公式为矛盾式。

CQL 的矛盾式包括 $Rab \wedge \neg Rab$、$Px \wedge \neg Px$，$\exists x (Px \wedge \neg Px)$ 和 $\exists y \forall x Rxy \wedge \exists x \forall y \neg Rxy$。前两个可以用 CQL 的基本子式代替 CPL 公式的命题变量获得，后两个不能。

定义 23　CQL 的偶然式

当且仅当某些结构变量赋值对能够满足某公式而其他的不能满足时，该公式为偶然式。

⊖ 这样的公式通常称为有效公式（valid formula）。为了强调这些性质和关系类似于 CPL、CPDL 中的性质和关系，所以与习惯相反，我们将其称为重言式。

这里给出 CQL 的一些偶然式：$Rab \wedge \neg Rba$、$Pz \vee \neg Rab$、$\exists xPx$ 和 $\forall x\exists yRxy$。

11.2.3.2　公式和公式集合的性质

现在来定义 CQL 的可满足性和不可满足性的性质，与 CPL 和 CPDL 的对应部分一样，该性质既适用于单个公式，也适用于公式集合。

定义 24　CQL 的可满足性

（1）当且仅当某些结构变量赋值对能够满足某公式，则该公式是可满足的；

（2）当且仅当某些结构变量赋值对能够满足某个集合中的所有公式，则该公式集合是可满足的。

下面这些公式集合是可满足的：$\{\exists zPz, \neg Py\}$、$\{\exists zRzb, \forall yPy, Rab \rightarrow Pb\}$ 和 $\{\forall x(Px \vee \neg\exists yRxy), \exists zPz \wedge Rab, Rca, \forall y \forall z(Py \rightarrow \neg Syz)\}$。可满足性也称为语义一致性（semantic consistency）。

毫不奇怪，CPL 和 CPDL 中的可满足性的性质同样适用于 CQL，读者可以自行证明。

性质 3　可满足性的性质

（1）对于每个公式 α，当且仅当 $\{\alpha\}$ 是可满足的，α 是可满足的。

（2）可满足公式集合的每个子集都是可满足的。

（3）空集合是可满足的。

现在定义不可满足性，也称为语义不一致（semantic inconsistency）。

定义 25　CQL 的不可满足性

（1）当且仅当没有结构变量赋值对满足某公式，公式是不可满足的；

（2）当且仅当没有结构变量赋值对能够满足集合中所有的公式，则该公式集合是不可满足的。

这里给出三个不可满足的集合：$\{\neg Rxy, Rxy\}$、$\{\forall xPx, \neg\exists xRxx, Pa \rightarrow \exists yRyy\}$ 和 $\{\forall x(Px \wedge Rxb), \forall y(\neg Ryy \vee \exists x\neg Px), Pa \wedge \neg Rab\}$。

同样，CPL 和 CPDL 中不可满足性的性质同样适用于 CQL。

性质 4　不可满足性的性质

（1）对于每个公式 α，当且仅当 $\{\alpha\}$ 是不可满足的，α 是不可满足的；

（2）任何不可满足集合的超集都是不可满足的；

（3）FM（即所有公式的集合）是不可满足的。

11.2.3.3　公式与公式集合的关系

最后，我们介绍 CQL 中类比于 CPL、CPDL 的语义等价关系和蕴含关系的关系。

定义 26　CQL 的语义等价关系

一组公式或单个公式与另一组公式或另一单个公式是语义等价的，当且仅当

（1）每个能够满足前者的结构变量赋值对也能够满足后者；

（2）每个能够满足后者的结构变量赋值对也能够满足前者。

以下公式对在语义上是等价的：$\exists zPz \vee \exists yPy$ 和 $\exists xPx$，$\neg\forall x\exists yRxy$ 和 $\exists x\forall y\neg Rxy$，以及 $\neg(\exists xPx \wedge \forall yRyy)$ 和 $\neg\exists xPx \vee \neg\forall zRzz$。此外，下面两组公式在语义上也是等价的：$\{\forall x\exists yRxy \wedge \exists zPz, \exists zPz \rightarrow \exists w \forall ySyx\}$ 和 $\{\forall x\exists yRxy, \exists xPx, \forall z\neg Pz \vee \exists x \forall ySyx\}$。

同样地，CQL 的语义等价性也具有 CPL 和 CPDL 中的类似性质。

性质 5　关于语义等价性的性质

（1）所有重言式和重言式集合在语义上是等价的；

（2）所有重言式和所有重言式集合在语义上都等价于空集合；

（3）所有矛盾式和所有矛盾式集合在语义上是等价的；

（4）所有矛盾式和所有矛盾式集合都在语义上等价于 FM，即所有公式的集合。

此外，读者应该注意下列语义等价的带有量词前缀的公式对。

性质 6　CQL 中重要的语义等价公式

设 α 和 β 为 CQL 的公式。

（1.1）$\neg\forall v\alpha$ 和 $\exists v\neg\alpha$；

（1.2）$\neg\exists v\alpha$ 和 $\forall v\neg\alpha$；

（2.1）$\forall v\forall w\alpha$ 和 $\forall w\forall v\alpha$；

（2.2）$\exists v\exists w\alpha$ 和 $\exists w\exists v\alpha$；

（3.1）$\forall v(\alpha\wedge\beta)$ 和 $\forall v\alpha\wedge\forall v\beta$；

（3.2）$\exists v(\alpha\vee\beta)$ 和 $\exists v\alpha\vee\exists v\beta$；

（4）$\exists v(\alpha\rightarrow\beta)$ 和 $\forall v\alpha\rightarrow\exists v\beta$。

这些性质并不类似于与 CPD 或 CPDL 有关的任何性质。因此，我们要花时间去证明其中一些性质，而剩下的留给读者去证明。从条件（1.1）中的等价性开始证明。为了证明具有 $\neg\forall v\alpha$ 和 $\exists v\neg\alpha$ 形式的 CQL 公式在语义上是等价的，我们必须证明两件事：第一，满足 $\neg\forall v\alpha$ 形式的公式的结构变量赋值对也能够满足 $\exists v\neg\alpha$ 形式的相应公式；第二，满足 $\exists v\neg\alpha$ 形式的公式的结构变量赋值对也能够满足 $\neg\forall v\alpha$ 形式的公式。一旦这两项成立，我们可以使用语义等价的定义（定义 26）来得出结论，这两个公式确实是语义等价的。

现在让我们确定满足 $\neg\forall v\alpha$ 的结构变量赋值对能够满足 $\exists v\neg\alpha$。为此，假设 $<M, g>$ 是满足 $\neg\forall v\alpha$ 的任意选择的结构变量赋值对。我们希望证明它也能够满足 $\exists v\neg\alpha$。从 $<M, g>$ 满足 $\neg\forall v\alpha$ 的假设出发，通过满足关系的定义（定义 20）可推断出，$[\neg\forall v\alpha]^M_g = \mathrm{T}$。因此，根据定义 15 中的条件（2.1），有 $[\forall v\alpha]^M_g = \mathrm{F}$。根据定义 15 中的条件（3.1）可知道 U_M 有一个称为 e 的成员，使得 $[\alpha]^M_{g_{v\to e}} = \mathrm{F}$。再次，根据定义 15 中的条件（2.1），$[\neg\alpha]^M_{g_{v\to e}} = \mathrm{T}$。同时根据定义 15 中的条件（3.2），有 $[\exists v\neg\alpha]^M_g = \mathrm{T}$。最后，通过满足关系的定义（定义 20），$<M, g>$ 满足 $\exists v\neg\alpha$。简言之，由于 $<M, g>$ 是任意选择的满足 $\neg\forall v\alpha$ 的结构变量赋值对，所以得出结论，每个满足 $\neg\forall v\alpha$ 的结构变量赋值对都能够满足 $\exists v\neg\alpha$。现在就证明了公式对 $\neg\forall v\alpha$ 和 $\exists v\neg\alpha$ 满足定义 26 中的第一个条件。

接下来，我们来证明它们满足语义等价定义（定义 26）的第二个条件。为此，假设 $<M, g>$ 是一个任意选择的满足 $\exists v\neg\alpha$ 的结构变量赋值对。这样做是为了证明它满足 $\neg\forall v\alpha$。根据我们的假设 $<M, g>$ 满足 $\exists v\neg\alpha$，通过满足关系的定义（定义 20）可推断出 $[\exists v\neg\alpha]^M_g = \mathrm{T}$。因此，根据 Tarski 扩展定义（定义 15）的条件（3.2），U_M 有一个称为 e 的成员，使得 $[\neg\alpha]^M_{g_{v\to e}} = \mathrm{T}$。根据定义 15 的条件（2.1），$[\alpha]^M_{g_{v\to e}} = \mathrm{T}$。再次，根据定义 15 的条件（3.1），$[\forall v\alpha]^M_{g_{v\to e}} = \mathrm{F}$。并且通过定义 15 的条件（2.1），$[\neg\forall v\alpha]^M_g = \mathrm{T}$。最后，通过满足关系的定义（定义 20），$<M, g>$ 满足 $\neg\forall v\alpha$。简言之，由于 $<M, g>$ 是一个任意选择的满足 $\exists v\neg\alpha$ 的结构变量赋值对，可得出结论，每个满足 $\exists v\neg\alpha$ 的结构变量赋值对都满足 $\neg\forall v\alpha$。现在已经证明了两个公式满足语义等价定义（定义 26）中的第二个条件。因此，通过语义等价定义（定义 26），可得出条件（1.1）中的结论成立。

读者可以通过模仿条件（1.1）中的推理来证明条件（1.2）中的结论也是正确的。

接下来，我们讨论性质 6 中条件（2）的语义等价的例子。我们将会证明第一对，而把第二对的证明留给读者。为了证明第一个等价性，首先证明满足公式 $\forall v \forall w \alpha$ 的每个结构变量赋值都能满足 $\forall w \forall v \alpha$，然后证明满足公式 $\forall w \forall v \alpha$ 的每个结构变量赋值都能满足 $\forall v \forall w \alpha$。一旦这两个命题成立，就可以再次使用语义等价的定义（定义 26）来得出结论，这两个公式在语义上确实是等价的。

为了证明每个满足 $\forall v \forall w \alpha$ 的结构变量赋值都能满足 $\forall w \forall v \alpha$，假设存在一个任意选择的结构变量赋值对 $<M, g>$ 满足 $\forall v \forall w \alpha$。我们希望证明它能满足 $\forall w \forall v \alpha$。从 $<M, g>$ 满足 $\forall v \forall w \alpha$ 的假设出发，通过满足关系的定义（定义 20），可推断出 $[\forall v \forall w \alpha]_g^M = \mathrm{T}$。设 e 为一个任意选择的 U_M 的成员。根据 Tarski 扩展定义（定义 15）的条件（3.1），$[\forall w \alpha]_{g_{v \mapsto e}}^M = \mathrm{T}$。设 e' 也是任意选择的 U_M 的成员。再次根据定义 15 的条件（3.1）有 $[\alpha]_{g_{v \mapsto e; w \mapsto e'}}^M = \mathrm{T}$，但是这也意味着，根据条件（3.1）有 $[\forall v \alpha]_{g_{w \mapsto e'}}^M = \mathrm{T}$。同样，再次因为 e' 是 U_M 中任意选择的成员，所以可得到，对于每个 $e' \in U_M$，$[\forall v \alpha]_{g_{w \mapsto e'}}^M = \mathrm{T}$。因此根据定义 15 的条件（3.1），有 $[\forall w \forall v \alpha]_g^M = \mathrm{T}$。最后，根据满足关系的定义（定义 20），$<M, g>$ 满足 $\forall w \forall v \alpha$。简言之，因为 $<M, g>$ 是任意选择的能够满足 $\forall v \forall w \alpha$ 的结构变量赋值对，我们可推断出每个能够满足 $\forall v \forall w \alpha$ 的变量赋值对都能够满足 $\forall w \forall v \alpha$。

现在已经证明了两个公式 $\forall v \forall w \alpha$ 和 $\forall w \forall v \alpha$ 的语义等价定义（定义 26）中的第一个条件。读者可以以前面的过程为例，证明语义等价定义（定义 26）中的第二个条件。做到这点以后，读者就证明了条件（2.1）中等价关系。之后，读者可以尝试证明条件（2.2）中的关系。

把条件（3.1）的证明留给读者，而接下来将证明条件（3.2）中的等价关系。为此，根据等价关系的定义（定义 26），必须首先确定满足 $\exists v(\alpha \lor \beta)$ 的每个结构变量赋值都能满足 $\exists v \alpha \lor \exists v \beta$，其次，确定满足 $\exists v \alpha \lor \exists v \beta$ 的每个结构变量赋值都能满足 $\exists v(\alpha \lor \beta)$。

假设，首先，任意选择的结构和变量赋值对，例如 $<M, g>$，满足 $\exists v(\alpha \lor \beta)$。我们希望证明 $<M, g>$ 也能满足 $\exists v \alpha \lor \exists v \beta$。从 $<M, g>$ 满足 $\exists v(\alpha \lor \beta)$ 的假设出发，通过满足关系的定义（定义 20），可推断出 $[\exists v(\alpha \lor \beta)]_g^M = \mathrm{T}$。根据 Tarski 扩展定义（定义 15）的条件（3.2），U_M 有一个成员 e，可使 $[\alpha \lor \beta]_{g_{v \mapsto e}}^M = \mathrm{T}$。根据定义 15 的条件（2.2.2），有 $[\alpha]_{g_{v \mapsto e}}^M = \mathrm{T}$ 或者 $[\beta]_{g_{v \mapsto e}}^M = \mathrm{T}$。现在分别考虑两种情况。情况 1：假设 $[\alpha]_{g_{v \mapsto e}}^M = \mathrm{T}$。根据 Tarski 扩展定义（定义 15）的条件（3.2），有 $[\exists v \alpha]_g^M = \mathrm{T}$。由此可知 $[\exists v \alpha \lor \exists v \beta]_g^M = \mathrm{T}$。根据 Tarski 扩展的定义（定义 15）的条件（2.2.2），我们可以推断出 $[\exists v \alpha \lor \exists v \beta]_g^M = \mathrm{T}$。情况 2：另一方面，假设 $[\beta]_{g_{v \mapsto e}}^M = \mathrm{T}$。我们可以根据 Tarski 扩展的定义（定义 15）的条件（3.2），得出 $[\exists v \beta]_g^M = \mathrm{T}$。跟前面一样，我们可以推断出 $[\exists v \alpha \lor \exists v \beta]_g^M = \mathrm{T}$。因此在两种情况下都有 $[\exists v \alpha \lor \exists v \beta]_g^M = \mathrm{T}$。根据满足关系的定义，$<M, g>$ 满足 $\exists v \alpha \lor \exists v \beta$。简言之，由于 $<M, g>$ 是一个任意选择的满足 $\exists v(\alpha \lor \beta)$ 的结构变量赋值对，可得出结论：满足 $\exists v(\alpha \lor \beta)$ 的每个结构变量赋值对都能够满足公式 $\exists v \alpha \lor \exists v \beta$。因此，我们证明了公式 $\exists v(\alpha \lor \beta)$ 和 $\exists v \alpha \lor \exists v \beta$ 的语义等价定义（定义 26）中的第一个条件。

现在必须证明语义等价定义（定义 26）的第二个条件。为此，假设 $<M, g>$ 是一个任意选择的满足 $\exists v \alpha \lor \exists v \beta$ 的结构变量赋值对。当然，我们希望证明它满足 $\exists v(\alpha \lor \beta)$。从 $<M, g>$ 满足 $\exists v \alpha \lor \exists v \beta$ 的假设出发，根据 Tarski 扩展定义（定义 15）的条件（2.2.2），我

们推断出 $[\exists v\alpha]_g^M = \mathrm{T}$ 或 $[\exists v\beta]_g^M = \mathrm{T}$。现在分别考虑两种情况。情况 1：假设 $[\exists v\alpha]_g^M = \mathrm{T}$。根据定义 15 的条件（3.2），$U_M$ 有一个成员 e，使得 $[\alpha]_{g_{v\to e}}^M = \mathrm{T}$。据此，可以推断出 $[\alpha \vee \beta]_{g_{v\to e}}^M = \mathrm{T}$。根据定义 15 的条件（3.2），可推断出 $[\exists v(\alpha \vee \beta)]_g^M = \mathrm{T}$。情况 2：假设 $[\exists v\beta]_g^M = \mathrm{T}$。根据定义 15 的条件（3.2），$U_M$ 有一个成员 e，使得 $[\beta]_{g_{v\to e}}^M = \mathrm{T}$。据此，可以推断出 $[\alpha \vee \beta]_{g_{v\to e}}^M = \mathrm{T}$。根据定义 15 的条件（3.2），可推断出 $[\exists v(\alpha \vee \beta)]_g^M = \mathrm{T}$。简言之，由于 $<M, g>$ 是一个任意选择的满足 $\exists v\alpha \vee \exists v\beta$ 的结构变量赋值对，所以我们得出结论，每个满足 $\exists v\alpha \vee \exists v\beta$ 的结构变量赋值对都能满足公式 $\exists v(\alpha \vee \beta)$。因此，我们证明了公式 $\exists v(\alpha \vee \beta)$ 和 $\exists v\alpha \vee \exists v\beta$ 的语义等价定义（定义 26）中的第二个条件。

在证明了每个能够满足 $\exists v(\alpha \vee \beta)$ 的结构变量赋值对都能够满足 $\exists v\alpha \vee \exists v\beta$ 以及每个满足 $\exists v\alpha \vee \exists v\beta$ 的结构变量赋值对都能够满足 $\exists v(\alpha \vee \beta)$ 后，根据语义等价性的定义得出 $\exists v(\alpha \vee \beta)$ 和 $\exists v\alpha \vee \exists v\beta$ 是语义等价的结论。

我们用对条件（4）中的结论的证明来结束语义等价性的讨论。所需的是 CPL 中的语义等价性，即 $\alpha \to \beta$ 和 $\neg\alpha \vee \beta$，以及条件（1.1）和条件（3.2）中给出的 CQL 的语义等价性。

$\exists v(\alpha \to \beta)$	根据 CPL	语义等价于	$\exists v(\neg\alpha \vee \beta)$
	根据性质 6 的条件（3.2）	语义等价于	$\exists v\neg\alpha \vee \exists v\beta$
	根据性质 6 的条件（1.1）	语义等价于	$\neg \forall v\alpha \vee \exists v\beta$
	根据 CPL	语义等价于	$\forall v\alpha \to \exists v\beta$

在这个论证中，我们假设了一些显而易见但没有证明的东西，即语义等价是可传递的。事实上，语义等价关系是一种反身的、对称的和可传递的等价关系。

现在讨论第二个关系，公式集合和公式之间的蕴含关系。

定义 27　CQL 的蕴含关系

当且仅当每个能够满足公式集合 Γ 的结构变量赋值对都能够满足公式 α，则该公式集合蕴含 α，即 $\Gamma \vDash \alpha$。

下面是两个蕴含关系的实例。

$\exists x \forall y Rxy \vDash \forall y \exists x Rxy$

$\neg\exists x(Fx \wedge Gx) \vDash \forall x(Fx \to \neg Gx)$

当公式集合是单元素集合时，通常只写出公式本身。

现在来看看一些关于蕴含关系的性质，这些性质同样类似于 CPL 和 CPDL 的相关性质。

性质 7　关于蕴含的性质

设 α 和 β 为公式，Γ 和 Δ 为公式集合。

（1）如果 $\alpha \in \Gamma$，那么 $\Gamma \vDash \alpha$。

（2）如果 $\Gamma \subseteq \Delta$ 且 $\Gamma \vDash \alpha$，那么 $\Delta \vDash \alpha$。

（3）当且仅当 $\Gamma \vDash \alpha \to \beta$，有 $\Gamma \cup \{\alpha\} \vDash \beta$。

（4）当且仅当 $\Gamma \vDash \alpha$ 且 $\Gamma \vDash \beta$，有 $\Gamma \vDash \alpha \wedge \beta$。

这些性质和随后的性质均可以按照类似 6.2.2.3 节所述类似性质的证明方式证明。和以前一样，我们鼓励读者复习相关的证明过程。

性质 8　关于蕴含和重言式的性质

设 α 为一个公式，Γ 为公式集合。

（1）当且仅当 $\varnothing \models \alpha$ 时，α 是一个重言式。

（2）当且仅当对于每一个 Γ，有 $\Gamma \models \alpha$ 时，α 是一个重言式。

CQL 有一些在 CPL 或者在 CPDL 中没有对应部分的关于蕴含的性质。

性质 9　CQL 公式的重要蕴含性质

（1）$\forall v\alpha \lor \forall v\beta \models \forall v(\alpha \lor \beta)$

（2）$\exists v(\alpha \land \beta) \models \exists v\alpha \land \exists v\beta$

（3）$\exists v\forall w\alpha \models \forall w\exists v\alpha$

下面将会证明性质 9 的（1）和（3），性质 9 的（2）留给读者去证明。

为了证明性质 9 的（1），我们必须证明每个能够满足 $\forall v\alpha \lor \forall v\beta$ 的结构变量赋值对都能够满足 $\forall v(\alpha \lor \beta)$。证明后，就可以使用蕴含的定义（定义 27）得出结论 $\forall v\alpha \lor \forall v\beta \models \forall v(\alpha \lor \beta)$。因此，假设 $<M, g>$ 是一个任意选择的结构变量赋值对，它能够满足形式为 $\forall v\alpha \lor \forall v\beta$ 的公式。我们希望证明它也能够满足 $\forall v(\alpha \lor \beta)$。根据假设，通过满足关系的定义（定义 20）推断出 $[\forall v\alpha \lor \forall v\beta]_g^M = \mathrm{T}$。因此，根据 Tarski 扩展定义（定义 15）的条件（2.2.2），可推断出 $[\forall v\alpha]_g^M = \mathrm{T}$ 或者 $[\forall v\beta]_g^M = \mathrm{T}$。现在分别考虑两个情况。情况 1：假设 $[\forall v\alpha]_g^M = \mathrm{T}$。设 e 为 U_M 中一个任意选择的成员。根据定义 15 的条件（3.1），有 $[\alpha]_{g_{v\mapsto e}}^M = \mathrm{T}$。由于 e 是任意选择的，根据定义 15 的条件（3.1）可推断出 $[\forall v(\alpha \lor \beta)]_g^M = \mathrm{T}$。情况 2：假设 $[\forall v\beta]_g^M = \mathrm{T}$。设 e 为 U_M 中一个任意选择的成员。根据定义 15 的条件（3.1），有 $[\beta]_{g_{v\mapsto e}}^M = \mathrm{T}$。据此，可推断出 $[\alpha \lor \beta]_{g_{v\mapsto e}}^M = \mathrm{T}$。由于 e 是任意选择的，根据定义 15 的条件（3.1）可推断出 $[\forall v(\alpha \lor \beta)]_g^M = \mathrm{T}$。无论哪一种情况，都有 $[\forall v(\alpha \lor \beta)]_g^M = \mathrm{T}$。因此，根据满足关系的定义（定义 20），$<M, g>$ 满足 $\forall v(\alpha \lor \beta)$。简而言之，满足 $\forall v\alpha \lor \forall v\beta$ 的每个结构变量赋值对都能满足 $\forall v(\alpha \lor \beta)$。通过对蕴含的定义（定义 27），可得出结论 $\forall v\alpha \lor \forall v\beta \models \forall v(\alpha \lor \beta)$。

我们将性质 9 的（2）的证明留给读者，直接转向对性质 9 的（3）的证明。假设 $<M, g>$ 是一个任意选择的结构变量赋值对，它能够满足形式为 $\exists v\forall w\alpha$ 的公式。根据满足关系的定义（定义 20），有 $[\exists v\forall w\alpha]_g^M = \mathrm{T}$。根据 Tarski 扩展定义（定义 15）的条件（3.2），U_M 中存在一个成员 e，使得 $[\forall w\alpha]_{g_{v\mapsto e}}^M = \mathrm{T}$。接下来，设 e' 为 U_M 中的一个任意选择的成员。根据定义 15 的条件（3.1），有 $[\alpha]_{g_{v\mapsto e; w\mapsto e'}}^M = \mathrm{T}$。根据定义 15 的条件（3.2）有 $[\exists v\alpha]_{g_{w\mapsto e'}}^M = \mathrm{T}$。因为 e' 是任意选择的，根据定义 15 的条件（3.1）可推断出 $[\forall w\exists v\alpha]_g^M = \mathrm{T}$。因此，$<M, g>$ 满足 $\forall w\exists v\alpha$。简言之，每个满足 $\exists v\forall w\alpha$ 的结构变量赋值对都能够满足 $\forall w\exists v\alpha$。因此，通过蕴含的定义（定义 27）可以得到 $\exists v\forall w\alpha \models \forall w\exists v\alpha$。

通过请读者注意以下三个关于蕴含和不可满足性的性质来结束本节，它们的类似性质已在第 6 章中证明。

性质 10　关于蕴含和不可满足性的性质

设 α 为一个公式，Γ 为公式集合。

（1）当且仅当 $\Gamma \cup \{\neg\alpha\}$ 是不可满足的，有 $\Gamma \models \alpha$。

（2）当且仅当对任何 α，有 $\Gamma \models \alpha$，Γ 是不可满足的。

（3）当且仅当至少存在一个矛盾式 α，有 $\Gamma \models \alpha$，Γ 是不可满足的。

练习：语义性质和关系

1. 对于下面每个命题，确定其真假性。如果它是真的，解释它为什么为真；如果它是假的，请给出反例。

    (a) 每个不可满足集合都包含矛盾式。

    (b) 没有偶然式的集合可以形成可满足的集合。

    (c) 每一个重言式的集合都是可满足的。

    (d) 没有可满足的集合包含重言式。

    (e) 一些可满足集合包含重言式。

    (f) α 是一个偶然式，当且仅当 $\{\alpha\}$ 是可满足的。

    (g) 一个偶然式的否命题可能是一个重言式。

    (h) 当且仅当 $\Gamma \vDash \alpha$ 或者 $\Gamma \vDash \beta$，有 $\Gamma \vDash \alpha \vee \beta$。

    (i) 当且仅当 $\alpha \leftrightarrow \beta$ 是重言式，$\{\alpha\}$ 和 $\{\beta\}$ 在语义上是等价的。

    (j) 如果 $\Delta \subseteq \Gamma$ 且 Γ 是不可满足的，那么 Δ 是不可满足的。

    (k) 如果 $\Delta \subseteq \Gamma$ 且 Δ 是可满足的，那么 Γ 是可满足的。

    (l) 如果 $\Gamma \vDash \alpha$，那么 $\alpha \in \Gamma$。

    (m) 如果 $\Delta \subseteq \Gamma$ 且 $\Gamma \vDash \alpha$，那么 $\Delta \vDash \alpha$。

2. 设 v 为 β 中的非自由变量，下列哪一对公式在语义上等价？

    (a) $\forall v\beta$ 和 β (b) $\forall v(\alpha \wedge \beta)$ 和 $\forall v\alpha \wedge \beta$

    (c) $\exists v(\alpha \wedge \beta)$ 和 $\exists v\alpha \wedge \beta$ (d) $\exists v(\alpha \vee \beta)$ 和 $\exists v\alpha \vee \beta$

    (e) $\forall v(\alpha \vee \beta)$ 和 $\forall v\alpha \vee \beta$ (f) $\exists v(\beta \to \alpha)$ 和 $\beta \to \exists v\alpha$

    (g) $\forall v(\beta \to \alpha)$ 和 $\beta \to \forall v\alpha$ (h) $\exists v(\alpha \to \beta)$ 和 $\forall v\alpha \to \beta$

    (i) $\forall v(\alpha \to \beta)$ 和 $\exists v\alpha \to \beta$

11.3　演绎

    CQL 中的演绎除了包含 CPDL 和 CPL 中相同的演绎规则外，还包括另两对规则，每对规则对应两个量词中的一个。如人们所料，每对规则包括一个引入规则和一个消除规则。下面分别讨论每一条规则。规则是针对公式列格式的自然演绎制定的。

11.3.1　∀ 消除

    让我们从最简单的推断开始。这条规则允许人们从一个普遍的结论中推断出它的替换式。比如说，如果一个人在断言每个人都在跑步时，那么只要 Alan 在说话者讨论的范围内，就在断言 Alan 也正在跑步。换句话说，以下是一个合理的推论：

$$\frac{\text{每个人都在跑步}}{\text{Alan 在跑步}} \qquad \frac{\forall x P x}{P a}$$

    这样的 ∀ 消除推断规则如下所示：

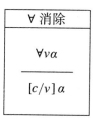

∀ 消除
$\forall v \alpha$
$[c/v]\alpha$

换言之，这条规则允许从一个一般性结论到它的任何替换式的推断过程。

这里用两个演绎过程来说明这个规则。第一个演绎过程确定了下面这个说法的正确性：如果每个人都欣赏自己，那么 Alan 也欣赏自己（$\forall x Rxx \to Raa$）。

$\vdash \forall x Rxx \to Raa$

1	$\forall x Rxx$	假设
2	Raa	根据 1 并使用 $\forall$ 消除规则
3	$\forall x Rxx \to Raa$	根据 1 ~ 2 使用 $\to$ I 关系，可以推断出结论

第二个演绎过程证明了下面这个说法的正确性：如果每个人都欣赏每个人，那么 Alan 就会欣赏 Bill（$\forall x \forall y Rxy \to Rab$）。

$\vdash \forall x \forall y Rxy \to Rab$

1	$\forall x \forall y Rxy$	假设
2	$\forall y Ray$	根据 1 并使用 $\forall$ 消除规则
3	Rab	根据 2 并使用 $\forall$ 消除规则
4	$\forall x \forall y Rxy \to Rab$	根据 1 ~ 3 并使用 $\to$ 规则

需要注意的是，消除规则只适用于整个公式，而不适用于公式的适当子公式。如果不遵守这一限制，就有可能从一个真实的前提推断出一个错误的结论。举例来说，我们可以从并不是每个人都在跑步的前提推断 Bill 没有在跑步。

$$\frac{\text{并不是每个人都在跑步}}{*\text{Bill 没有在跑步}} \qquad \frac{\neg \forall x Px}{\neg Pb}$$

但很明显，前提可能是真的，而结论可能是假的。毕竟，可能只有两个人——Bill 和 Carl——Bill 在那里跑步，Carl 没有。

11.3.2 $\exists$ 引入

另一个直观清晰的推断规则是 $\exists$ 引入规则。没有人可以否认，如果一个人有理由断言 Alan 是人，那么他就有理由断言某人是人。换句话说，下面肯定是一个合理的推论。

$$\frac{\text{Alan 是人}}{\text{某人是人}} \qquad \frac{Ha}{\exists x Hx}$$

$\exists$ 引入规则如下所示：

$\exists$ 引入
$[c/v] \alpha$

$\exists v\, \alpha$

这条规则的表述与以前的规则有一个重要的不同。在前面的规则中，结论是前提的替换实例。在这个规则中，前提是结论的替换实例。

这个性质可能会让人觉得奇怪。然而，考虑到一些更简单的推断，就会明白为什么这条规则是这样制定的。首先，很明显，下面的推断和前面的一样合理。

$$\frac{\text{Alan 欣赏自己}}{\text{有人欣赏自己}} \qquad \frac{Raa}{\exists x Rxx}$$

同时，下面结论也同样正确。

$$\frac{\text{Alan 欣赏自己}}{\text{Alan 欣赏某人}} \qquad \frac{Raa}{\exists x Rax}$$

人们可能会倾向于用另一种不同的方式来表述先前的规则，即在作为前提的公式中通过用一个变量代替一个个体符号，从而得出结论的公式。通过该方法可以将规则表述如下。

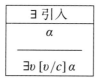

虽然前两个使用∃引入规则的例子符合这个重新制定的规则，但第三个例子不符合，读者可以自行验证。

和∀消除规则一样，∃引入规则也只适用于整个公式。将其应用于整个公式的适当子公式可能会导致错误推断。例如，人们可以从 Bill 没有在跑步的前提推断出，不存在有人在跑步。

$$\frac{\text{Bill 没有跑步}}{* \text{不存在某人在跑步}} \qquad \frac{\neg Pb}{\neg \exists x P x}$$

再想想讨论范围中有 Bill 和 Reed 两个人，Reed 在那里跑步，Bill 却没有。显然，前提是真的，但结论是假的。

11.3.3　∀引入

这个规则难以单独说明。然而，我们可以通过结合前面的∀消除规则进行说明。考虑从每个人都欣赏每个人（$\forall x \forall y\, Rxy$）的前提推断出的结论每个人都欣赏自己（$\forall x\, Rxx$）。

$\forall x \forall y Rxy \vdash \forall x Rxx$

1	$\forall x \forall y Rxy$	前提
2	$\forall y Ray$	根据 1 并使用 ∀ 消除规则
3	Raa	根据 2 并使用 ∀ 消除规则
4	$\forall x Rxx$	根据 3 并使用 ∀ 引入规则

该规则的制定方式与∃引入规则相同。

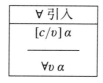

因此，与∃引入规则一样，而与∀消除规则不同，前提是结论的替换实例。

这条规则的要点是，允许人们推断某些在两个方面都包含普遍性的真理：它们可以用一个公式来表示，该公式包含一个全称量词，该量词的范围覆盖整个公式，而无论如何解释，该公式都是正确的。很明显，这样的事实不能通过一个关于特定个体的前提来推断。例如，我们不应该使用这个规则从 Alan 在跑步（Pa）的单一前提来证明每个人都在跑步（$\forall x Px$）这一结论。

现在，一个非常重要的问题出现了：如果有的话，哪条规则可以阻止这样的推断？答案是没有。为了阻止这种明显不合理的推断，必须限制引入规则的应用。限制的目的是使该规则不能应用于某些公式，其中的个体符号会导致通用化出现在一个无效的假设或前提中。

| 1 | Pa | 前提 |
| *2 | $\forall x Px$ | 根据 1 并使用 $\forall$ 引入规则 |

$\forall$ 引入规则的使用被刚刚所说的限制所禁止。

还有一个限制必须加以说明。考虑从前提每个人都欣赏他们自己（$\forall x Rxx$）演绎出的结论每个人都欣赏每个人（$\forall x \forall y Rxy$）。

1	$\forall x Rxx$	前提
2	Raa	根据 1 并使用 $\forall$ 消除规则
*3	$\forall y Ray$	根据 2 并使用 $\forall$ 引入规则
*4	$\forall x \forall y Rxy$	根据 3 并使用 $\forall$ 引入规则

这样的推断可以被下面的限制所阻止，即对其进行通用断言的个体符号不会出现在所生成的通用断言中。

考虑到这两个限制，我们将 $\forall$ 引入规则重新表述如下。

$\forall$ 引入
$[c/v]\alpha$
$\overline{}$
$\forall v\, \alpha$
c 没有出现在 α 中
c 没有出现在前提或者无效的假设中

再次注意一下，这条规则和前两条一样，只适用于整个公式。

11.3.4 ∃ 消除

为了理解这一规则，让我们从正确使用它的一个例子开始。想想这个说法：如果有人欣赏自己，那么就有人欣赏某人（$\exists x Rxx \rightarrow \exists x \exists y Rxy$）。当然，这种说法应该是可以证明的。但是怎么做呢？单纯从假设 $\exists x Rxx$ 出发不能让我们推断出任何东西，因为它没有任何形式符合我们迄今为止制定的任何推断规则。然而，我们知道以下几点：对于某些被选择的合适的个体符号，例如 a，Raa 是真的。毕竟，如果 $\exists x Rxx$ 是真的，那么在讨论的范围中一定有某种东西支撑着结论 $\exists x Rxx$。让我们称之为 a。也就是说，假设 Raa 为真。两次应用 $\exists$ 引入规则可以让我们推断出 $\exists x \exists y Rxy$。因此，对于一些合适的 a，$Raa \rightarrow \exists x \exists y Rxy$。

推理形式化如下。

1	$\exists x Rxx$	假设
2	Raa	假设
3	$\exists y Ray$	根据 2 并使用∃引入规则
4	$\exists x \exists y Rxy$	根据 3 并使用∃引入规则
5	$Raa \rightarrow \exists x \exists y Rxy$	根据 1～4 并使用→引入规则
6	$\exists x \exists y Rxy$	根据 1,5 并使用∃消除规则
7	$\exists x Rxx \rightarrow \exists x \exists y Rxy$	根据 1～6 并使用→引入规则

证明第 6 行中使用的规则需要两个前提：一个前提的形式为 $\exists v\alpha$，另一个前提的形式为 $[c/v]\alpha \rightarrow \beta$。其中第二个前提（即 $[c/v]\alpha$）的前件是第一个前提（即 $\exists v\alpha$）的替换实例。该规则的结论与第二个前提的结论是一致的。

按照目前的规则，这条规则可能会导致无效的推断。我们需要引入在∀引入规则中提到的两个限制规则，即 c 不出现在 α 中，c 不出现在任何无效的假设或任何前提中。

然而，即使加上这两个限制，错误的推断仍然是可能出现的。举例来说，人们仍然可以从一个前提某人欣赏自己（$\exists x Rxx$）推断出每个人都欣赏某人（$\forall x \exists y Rxy$）的结论——这显然是一个不可取的结果。

1	$\exists x Rxx$	前提
2	Raa	假设
3	$\exists y Ray$	根据 2 并使用∃引入规则
4	$Raa \rightarrow \exists y Ray$	根据 1～3 并使用→ 引入规则
5	$\exists y Ray$	根据 1,5 并使用∃消除规则
6	$\forall x \exists y Rxy$	根据 5 并使用∀引入规则

为了防止这种推断，必须添加第三个限制，即 c 不出现在 β 中。那么，∃ 消除规则的完整表述如下：

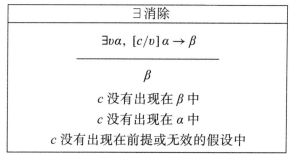

∃ 消除
$\exists v\alpha, \ [c/v]\alpha \rightarrow \beta$
———————————
β
c 没有出现在 β 中
c 没有出现在 α 中
c 没有出现在前提或无效的假设中

下面用几个演绎示例来结束这一节。开始之前，首先重述一下量词的演绎规则。

	引入	消除
∃	$[c/v]\alpha$ ——— $\exists v\alpha$	$\exists v\alpha, [c/v]\alpha \to \beta$ ——————— β c 没有出现在 β 中 c 没有出现在 α 中 c 没有出现在任何无效 的假设中
∀	$[c/v]\alpha$ ——— $\forall v\alpha$ c 没有出现在 α 中 c 没有出现在任何无效 的假设中	$\forall v\alpha$ ——— $[c/v]\alpha$

下面是几个例子。前两个证明了全称量词可以跨 ∧ 分布。

$\forall x(Px \land Qx) \vdash \forall xPx \land \forall xQx$

1	$\forall x(Px \land Qx)$	前提
2	$Pa \land Qa$	根据 1 并使用 ∀ 消除规则
3	Pa	根据 2 并使用 ∧ 消除规则
4	$\forall xPx$	根据 3 并使用 ∀ 引入规则
5	Qa	根据 2 并使用 ∧ 消除规则
6	$\forall xQx$	根据 5 并使用 ∀ 引入规则
7	$\forall xPx \land \forall xQx$	根据 6 并使用 ∧ 引入规则

$\forall xPx \land \forall xQx \vdash \forall x(Px \land Qx)$

1	$\forall xPx \land \forall xQx$	前提
2	$\forall xPx$	根据 1 并使用 ∧ 消除规则
3	$\forall xQx$	根据 1 并使用 ∧ 消除规则
4	Pa	根据 2 并使用 ∀ 消除规则
5	Qa	根据 3 并使用 ∀ 消除规则
6	$Pa \land Qa$	根据 4, 5 并使用 ∧ 引入规则
7	$\forall x(Px \land Qx)$	根据 6 并使用 ∀ 引入规则

前面的每一项演绎过程只使用一个前提。下一个演绎过程使用了两个前提。

$\{\forall x(Px \to Qx), \exists x(Px \land Tx)\} \vdash \exists x(Qx \land Tx)$

1	$\forall x(Px \rightarrow Qx)$	前提
2	$\exists x(Px \wedge Tx)$	前提
3	$Pa \wedge Ta$	假设
4	Pa	根据 3 并使用 $\wedge$ 消除规则
5	$Pa \rightarrow Qa$	根据 1 并使用 $\forall$ 消除规则
6	Qa	根据 4, 5 并使用 $\rightarrow$ 消除规则
7	Ta	根据 3 并使用 $\wedge$ 消除规则
8	$Qa \wedge Ta$	根据 6, 7 并使用 $\wedge$ 引入规则
9	$\exists x(Qx \wedge Tx)$	根据 8 并使用 $\exists$ 引入规则
10	$(Pa \wedge Ta) \rightarrow \exists x(Qx \wedge Tx)$	根据 3 ~ 9 并使用 $\rightarrow$ 引入规则
11	$\exists x(Qx \wedge Tx)$	根据 2, 10 并使用 $\exists$ 消除规则

下一个演绎示例重新展示了 CPL 中的一个演绎过程，它确立了析取三段论（disjunctive syllogism）规则的有效性：$\{p \vee q, \neg q\} \vdash p$。在这里，我们想提醒读者的是：CPL 的所有演绎规则都适用于 CQL。

$\{ \forall x(Px \vee Qx), \exists x \neg Px\} \vdash \exists x Qx$

1	$\forall x(Px \vee Qx)$	前提
2	$\exists x \neg Px$	前提
3	$\neg Pa$	假设
4	$a \vee Qa$	根据 1 并使用 $\forall$ 消除规则
5	Pa	假设
6	$\neg Qa$	假设
7	Pa	根据 5 并使用 Reit 规则
8	$\neg Pa$	根据 3 并使用 Reit 规则
9	Qa	根据 6 ~ 8 并使用 $\neg$ 消除规则
10	$Pa \rightarrow Qa$	根据 5 ~ 9 并使用 $\rightarrow$ 引入规则
11	Qa	假设
12	Qa	根据 11 并使用 Reit 规则
13	$Qa \rightarrow Qa$	根据 11 ~ 12 并使用 $\rightarrow$ 引入规则
14	Qa	根据 4, 10, 13 并使用 $\vee$ 消除规则
15	$\exists x Qx$	根据 14 并使用 $\exists$ 引入规则
16	$\neg Pa \rightarrow \exists x Qx$	根据 3 ~ 15 并使用 $\rightarrow$ 引入规则
17	$\exists x Qx$	根据 2, 16 并使用 $\exists$ 消除规则

接下来的两个演绎过程证实了一个关于否定和量词的重要的逻辑等价性。第一个演绎过程所证明的逻辑等价性可以由下面的一般性描述来说明：如果不存在某事物是正方形的，那么一切事物都不是正方形的。

不难看出上面的论述的真假性。假设不存在某事物是正方形的是真的，现在随便挑点东西。我们称其为 a。假设 a 是正方形。那么，就存在某事物是正方形的，这与不存在某事物是正方形的假设相反。因此，a 不是正方形。因为 a 是任意选择的，所以我们得出的结论是，一切事物都不是正方形的。简言之，如果不存在某事物是正方形的，那么一切事物都不是正方形的。

上述推理的正式证明过程如下。

$\vdash \neg \exists x Px \to \forall\ x \neg Px$

1	$\neg \exists x Px$	假设
2	Pa	假设
3	$\exists x Px$	根据 2 并使用 $\exists$ 引入规则
4	$\neg \exists x Px$	根据 1 并使用 Reit 规则
5	$\neg Pa$	根据 $2 \sim 4$ 并使用 $\neg$ 引入规则
6	$\forall x \neg Px$	根据 5 并使用 $\forall$ 引入规则
7	$\neg \exists x Px \to \forall x \neg Px$	根据 $1 \sim 6$ 并使用 $\to$ 引入规则

如果一切事物都不是正方形的，那么就没有某事物是正方形的，这说明了要证明的下一个逻辑等价事实。这个例子的真实性和前一个例子的真实性一样明显。此外，它的非正式性证明也同样清楚。

假设一切事物都不是正方形的。进一步假设某事物是正方形的。让我们把正方形的事物叫作 a。因此，a 是正方形的。我们最初的假设是，一切事物都不是正方形的。因此，a 肯定就不是正方形的。这个矛盾意味着我们的第二个假设，即某事物是正方形的，一定是错的。那么，它的否定是真的。也就是说，不存在某事物是正方形的。

上述演绎过程的正式描述如下。前面的非正式演绎对应正式演绎过程的第 $1 \sim 2$ 行、第 $5 \sim 6$ 行和第 $12 \sim 13$ 行；非正式演绎中的任何内容都没有对应第 $3 \sim 4$ 行和第 $7 \sim 10$ 行的内容。这些内容是由 $\exists$ 消除规则的复杂性所要求的。回想一下，这种复杂性来自所加的一些额外限制，以确保规则不会导致错误的结论。

$\vdash \forall\ x \neg Px \to \neg \exists x Px$

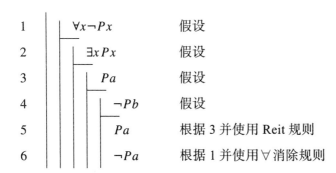

1	$\forall x \neg Px$	假设
2	$\exists x Px$	假设
3	Pa	假设
4	$\neg Pb$	假设
5	Pa	根据 3 并使用 Reit 规则
6	$\neg Pa$	根据 1 并使用 $\forall$ 消除规则

7	Pb	根据 4 ~ 6 并使用 ¬ 引入规则
8	$Pa \to Pb$	根据 3 ~ 7 并使用 → 引入规则
9	Pb	根据 2, 8 并使用 ∃ 消除规则
10	$\neg Pb$	根据 1 并使用 ∀ 消除规则
11	$\neg \exists x Px$	根据 2 ~ 10 并使用 ¬ 引入规则
12	$\forall x \neg Px \to \neg \exists x Px$	根据 1 ~ 11 并使用 → 引入规则

练习：演绎

证明以下命题。

1. $\vdash \forall x \forall y Rxy \to Raa$

2. $\vdash \forall x \forall y Rxy \to \forall x Rxx$

3. $\{\forall x((Px \wedge Qx) \to Fx), \ Qa \wedge \forall z Pz\} \vdash Pa \wedge Fa$

4. $\exists x Px \vdash \forall x Qx \to \exists x(Px \wedge Qx)$

5. $\{\exists z Rzz, \ \exists y \forall x Syx\} \vdash \exists y \exists z(Szy \to Ryy)$

6. $\exists x(Px \wedge Qx) \vdash \exists x Px \wedge \exists x Qx$

7. $\{\forall x \forall y(Rxy \leftrightarrow (Px \wedge \neg Py)), \ \exists x \exists y(Rxy \wedge Ryx)\} \vdash \exists x(Px \wedge \neg Px)$

8. $\forall x(Px \to Qx) \vdash \exists x \neg Px \vee \exists x Qx$

9. $\vdash \exists x \exists y Rxy \leftrightarrow \exists y \exists x Rxy$

10. $\vdash \forall x \forall y Rxy \leftrightarrow \forall y \forall x Rxy$

11. $\exists x \forall y Rxy \vdash \forall y \exists x Rxy$

12. $\neg \exists x(Px \wedge Qx) \vdash \forall x(Px \to \neg Qx)$

13. $\forall x(Px \to \neg Qx) \vdash \neg \exists x(Px \wedge Qx)$

14. $\exists x(Px \vee Qx) \vdash \exists x Px \vee \exists x Qx$

15. $\exists x Px \vee \exists x Qx \vdash \exists x(Px \vee Qx)$

部分练习答案

11.1 节

1. (a) 是　　　(g) 是
　　(c) 是　　　(i) 否
　　(e) 否　　　(k) 是

2. (a) 单个量词前缀绑定了两次出现的 z。
　　(c) 第一个量词前缀绑定了唯一出现的 x；第二个量词前缀绑定了两次出现的 z；唯一出现的 y 是自由的。
　　(e) 第一个量词前缀绑定了第一次和最后一次出现的 x；第二个量词前缀绑定了第二次和第三次出现的 x。
　　(g) 第一个量词前缀绑定了两次出现的 x；第二个量词前缀绑定了三次出现的 y；第三个量词前缀绑定了前两次出现的 z；最后出现的两个变量是自由的。

（i）第一个量词前缀绑定了三次出现的 x；第二个量词前缀绑定了两次出现的 z；第三个量词前缀绑定了两次出现的 y。

（k）第一个量词前缀绑定了第一次出现的 y；第二个量词前缀绑定了第二次出现的 x；其他的变量都是自由的。

（m）第一个量词前缀绑定了两次出现的 z；第二个量词前缀绑定了前两次出现的 x；第三个量词前缀绑定了后三次出现的 x。

（o）第一个量词前缀绑定了两次出现的 z；第二个量词前缀绑定了三次出现的 y；第三个量词前缀绑定了前三次出现的 x；第四个量词前缀绑定了后两次出现的 x。

3.（a）*Raa*　　　　（g）$(\exists z \forall x Ryx \wedge Ga) \wedge Raa$

（c）*Tax*　　　　（i）$\exists y Ryx \wedge (Px \rightarrow Pa)$

（e）$\exists x Syx$　　　　（k）$\exists x Rxc \wedge \exists y Py$

4.（a）*Raa* 和 *Rab* 是 $\forall xRax$ 的替换实例。*Rac* 是未列出的替换实例。

（c）*Rab* 和 *Rbb* 是 $\exists x Rxb$ 的替换实例。*Rcb* 是未列出的替换实例。

（e）$\exists y Rcy$ 是 $\forall x \exists y Rxy$ 的替换实例。另外两个替换实例未列出。

（g）*Raa* 和 *Rbb* 是 $\forall zRzz$ 的替换实例。第三个替换实例未列出。

（i）所有给出的例子都不是 $\forall yRcy$ 的替换实例。事实上总共有三个。

11.2.1.1 节

1.（a）真　　（f）假　　（k）真

（c）假　　（h）假　　（m）真

（e）真　　（j）假　　（o）假

2.（b）真　　（g）假　　（l）真

（d）真　　（i）真　　（n）真

11.2.1.2 节

1.（a）真　　（f）假　　（k）真

（c）真　　（h）假　　（m）真

（e）假　　（j）假　　（o）假

2.（a）真　　（f）假　　（k）真

（c）真　　（h）真　　（m）真

（e）假　　（j）真　　（o）假

11.2.1.3 节

（a）真　　（f）真

（c）真　　（h）真

（e）真　　（j）真

11.2.1.4 节

1.除（b）以外所有的都是变量赋值。

4.（a）真　　（f）真　　（k）真

（c）真　　（h）假　　（m）真

（e）假　　（j）真　　（o）假

5.（a）真　　（f）真　　（k）真

（c）假　　（h）真　　（m）真

（e）真　　（j）真　　（o）假

11.2.2.1 节

1. (a) {1,2,3}　　　　　　(e) ∅　　　　　　(i){3}

　　(c) {2,4}　　　　　　(g) {1,2,3,4}　　(k) {1,2,3,4}

2. (a) 真　　　　　　　　(e) 真　　　　　　(i) 真

　　(c) 真　　　　　　　　(g) 真　　　　　　(k) 真

11.2.3 节

1. 请参考第 9 章 3.1.1 节的练习 2 的解决方法。

2. 所有的对都是语义等价的。

经典量化逻辑的扩展

12.1 介绍

尽管经典量化逻辑的名字中含有量化一词，但是人们使用 CQL 时很少用其表示数量。它一般用来表达全称陈述和存在陈述。这就是说，一个全称量化公式在所有符合条件的结构中为真，这些结构对应全集中的每个元素都能够满足该公式，而存在量化公式也在一些结构中为真，结构对应全集中的某些元素可以满足公式。这并不奇怪，毕竟，其定义就旨在确保这一点。然而，人们很可能会想知道是否存在一个 CQL 公式在某些结构中为真时，那些结构中只有一个元素可以满足它。考虑公式 $\exists x\,(Px \wedge Ex)$。它的矩阵 $Px \wedge Ex$ 在全集是自然数集的结构中为真，其中 P 表示素数集合，E 表示偶数集合，因为在这种结构中 $Px \wedge Ex$ 只能被一个元素所满足，即数字 2。然而，许多结构中，同一个矩阵被不止一个元素所满足。例如，其全集同样是自然数，但其中 P 表示非质数集、E 表示偶数集的结构。在这样一个结构中，存在无限个元素满足矩阵 $Px \wedge Ex$。因此，公式 $\exists x\,(Px \wedge Ex)$ 不是那些只能被结构中唯一的元素满足而为真的公式。

在这一章中，我们将学习如何扩展 CQL，以便用逻辑符号来表达其他关于数量的表述。例如，我们将看到如何扩展 CQL，以便得到那些只能被结构中唯一的元素满足而为真的公式。事实上，在 CQL 中不可表达的表达数量的各种公式在扩展后的逻辑中都是可表达的。

CQL 的最简单和最为人所知的允许人们表达与数量有关的各种各样的语句的扩展是带有等价关系的 CQL（CQL with Identity，CQLI）。它通过添加一个逻辑上的两位关系符号来表达等价关系。在 12.2 节中，我们将研究它能表达什么和不能表达什么。接下来，我们将转向关于 CQL 的更实质性的扩展方式，称之为广义量化逻辑（generalized quantificational logic）。它最初由 Andrzej Mostowski（1913—1975）构思（Mostowski（1957）），并由 Per Lindström（1936—2009）进一步阐述（Lindström（1966））。事实上，现在，广义量化逻辑构建了逻辑学中一个活跃的研究领域（见 Westerstahl（1989））。在这里，我们将只探讨这一逻辑领域的一小部分，即涉及一位操作和两位操作的一元量词（monadic quantifier）。我们将研究两位的一元量词，因为它们通常被用于研究自然语言中的名词短语；也将研究一位的一元量词，因为可以通过它们研究一元量词在最简单的配置下的普遍性质。下面首先介绍 CQLI。

12.2 带有等价关系的经典量化逻辑

CQLI 将用于标识等价关系的逻辑常量添加到 CQL 中，我们将其记为 I。现在，同一个识别标志可以同时作为 CQL 和 CQLI 的识别标志。CQLI 的基本子式与 CQL 的基本子式相同，除了它可以形成一种特殊的公式，即带有等价关系标识的公式。

定义 1　CQL 的基本子式（AF）

设 <IS,RS,ad> 为一个识别标志，VR 为变量的非空集合，TM 为 IS ∪ VR。α 是 CQLI

的基本子式（$\alpha \in$ AF），当且仅当

（1）$\alpha = \Pi t_1 \cdots t_n$，对于某些 $\Pi \in$ RS，其中 ad(Π)=n，且 $t_1 \cdots t_n$ 均来自 TM；

（2）$\alpha = I t_i t_j$，对于某些 t_i，$t_j \in$ TM。

复合公式的形成方式与 CQL 相同。此外，范围、绑定、受限和自由变量、封闭和开放公式以及替换实例的定义都和 CQL 中一样。

定义 CQLI 识别标志对应结构的方式就像定义 CQL 识别标志对应结构的方式一样。然而，由于 CQLI 具有 CQL 不具有的逻辑符号，因此需要在第 11 章中对于 CQL 公式的 Tarski 扩展的定义（定义 15）基础上添加一个额外的条件，即针对包含符号 I 的基本子式的条件。这里只陈述相关条件，读者在必要时可自行参考对 CQL 的 Tarski 扩展的原定义。

定义 2 CQLI 的 Tarski 扩展

M（或 $<U, i>$）为识别标志 $<$IS, RS, ad$>$ 对应的结构，VR 为变量集合，TM 为 IS $\cup$ VR。设 g 是一个从 VR 到 U 的变量赋值，t_i 和 t_j 是 TM 的成员。那么

（1.3）当且仅当 $[t_i]_g^M = [t_j]_g^M$ 时，$[I t_i t_j]_g^M =$ T。

当然，CQL 所采用的语义概念的定义也可以同样没有任何变化地适用于 CQLI。逻辑常量符号 I 的加入大大增强了 CQL 符号的表达能力。现在有可能为每个自然数 n 找到公式，这些公式在一些结构中为真，而且公式对应的矩阵至少被结构对应全集中的 n 个元素所满足。让我们看看在 $n=2$ 的情况下如何。有人可能会认为，由于公式 $\exists x Px$ 在某些结构中为真，其结构对应全集中的一个元素满足矩阵 Px，并且，同样地，公式 $\exists y Py$ 在某些结构中为真，其结构对应全集中的一个元素满足矩阵 Py，所以复合公式 $\exists x Px \wedge \exists y Py$ 在那些结构对应全集里至少有两个元素满足该公式的结构中为真，这两个元素中，一个满足 Px，另一个满足 Py。

事实上，该复合公式确实在那些至少有两个来自该结构的全集元素被赋予一元关系符号 P 的集合的结构中是正确的。考虑一个结构，其中 P 对应一个双元素集，例如集合 $\{1, 2\}$。由于 $[Px]_{x \mapsto 1}^M =$T，Px 在该结构中被满足。因此，$[\exists x Px]^M$=T。同样地，Py 被相同的结构满足，因为 $[Py]_{y \mapsto 2}^M =$T。因此，$[\exists y Py]^M$=T。然后，就可以得到 $[\exists x Px \wedge \exists y Py]^M$=T。然而，考虑一个结构，其中 P 对应一个单元素集合，比如集合 $\{1\}$。由于 $[Px]_{x \mapsto 1}^M =$T，Px 在这种结构中被满足。因此，$[\exists x Px]^M$=T。同样地，Py 在相同的结构中也被满足，因为 $[Py]_{y \mapsto 1}^M =$ T。因此，$[\exists y Py]^M$=T。那么同样有 $[\exists x Px \wedge \exists y Py]^M$=T。因此，该公式不能表示被一个结构中的至少两个元素满足这一性质。

之所以该公式也能够被单元素集合所满足，因为不同的变量可以被赋予相同的值。而通过增加一个表达等价关系的逻辑常量符号就可以给出一个公式来防止这种现象发生：

$$\exists x \exists y (Px \wedge Py \wedge \neg Ixy)$$

这个公式代表的含义是结构对应的全集中某个元素满足矩阵 Px，而另一个满足矩阵 Py。再考虑一个结构，在该结构中，P 被赋予单元素集 $\{1\}$。矩阵 $Px \wedge Py \wedge \neg Ixy$ 在该结构中不能为真，因为结构中只有一个值可以使 Px 和 Py 为真，但是在将该值赋给 x 和 y 的情况下，公式 $\neg Ixy$ 为假。

现在假设有人想说，至多有一个元素具有关系符号 P 表示的属性。而这跟上面的例子恰好相反。因此，它表示公式 $\exists x \exists y (Px \wedge Py \wedge Ixy)$ 的否定。

$$\neg \exists x \exists y (Px \wedge Py \wedge Ixy)$$

相当于公式

$$\forall x \forall y \left((Px \land Py) \to Ixy \right)$$

在看到如何表达至少有两个事物具有性质 P 这一事实后，读者可能会想知道如何表达这样一个事实，即正好有两个事物具有这一性质。很明显，表达这一点的一种方法是将两个表达式连接起来，其中一个表达式是我们刚刚看到的表示至少有两个事物具有这一性质，另一个表达式表示最多有两个事物具有该性质，也就是表示至少有三个事物具有该性质的否定表达式。要表达最多有两个事物具有某性质，可以通过否认有三个事物具有该性质来表示，如下所示：

$$\neg \exists x \exists y \exists z \left((Px \land Py \land Pz) \land (\neg Ixy \land \neg Iyz \land \neg Ixz) \right)$$

等价于公式

$$\forall x \forall y \forall z \left((Px \land Py \land Pz) \to (Ixy \lor Iyz \lor Ixz) \right)$$

CQLI 通常会使用函数符号来扩充，这样就可以形成复杂的表达式。一个一位函数符号与单一元素相结合产生一个新的表达式；一个二位函数符号与两个元素相结合产生一个新的表达式；通常，一个 n 位函数符号与 n 个元素相结合产生一个新的表达式。

设 FS 为函数符号的集合，且 FS 与 IS、RS、VR 以及 CQLI 的六个逻辑常量都不相交。此外，我们还可以扩展价函数 ad 来表示 FS 可以结合的正整数（$\mathbb{Z}^+$）成员。

定义 3 CQLI 的基本项（综合版本）

CQLI 的基本项的集合 TM 的定义如下：

（1）CN $\cup$ VR $\subseteq$ TM。

（2）如果 $f \in$ FS，ad$(f)=n$ 且 $t_1, \cdots, t_n$ 是 TM 的成员，则 $ft_1 \cdots t_n \in$ TM。

（3）其他情况则不属于。

为了更好地理解表示符号是如何使用的，让我们考虑几个例子。为此，规定数字 $0 \sim 6$ 分配给罗马字母表的前七个小写字母，两位函数加法和乘法分别分配给 p 和 m。常用的算术表达式 $2 \cdot 3$ 被表示为 mcd。注意，在正式表示中，乘法的函数符号（m）会放置在其对应的两个基本项之前，而在惯用算术表示中，乘法的函数符号（此处为 $\cdot$）放置在其对应的基本项之间。作为进一步说明的例子，下面两个更复杂的惯用表示 $(x+y) \cdot z$ 和 $x \cdot (y+z)$ 分别被表示为 $mpxyz$ 和 $mxpyz$。如果使用第 2 章介绍的函数表示符号，最后两个表达式将被重写为 $m(p(x, y), z)$ 和 $m(x, p(y, z))$。

惯用表示	正式表示
0	a
1	b
2	c
3	d
4	e
5	f
6	g
$2 \cdot 3$	mcd
$2 \cdot x$	mcx
$x + 1$	pxb
$(2 \cdot x) + 1$	$pmcxb$
$x \cdot (y + z)$	$mxpyz$

以下是一些等价描述示例：

惯用表示	正式表示
$x=2$	Ixc
$2 \cdot 3=6$	$Imcdg$
$(2+x) \cdot 4=y$	$Impcxey$

尽管进行了这样的扩展，许多重要的概念还是不能用 CQLI 来表达。例如，对于通常的关于算术的结构，不能表示其中包含非常多的质数，或者两个一位关系符号对于同样数量的数为真，或者一个一位关系符号对于奇数数量的符号为真。但不幸的是，我们无法给出这些结论的证明。

练习：带有等价关系的经典量化逻辑

1. 写出下列算术表达式相对应的 CQLI 公式的表示：
   - (a) 1
   - (b) 1+2
   - (c) $3 \cdot x$
   - (d) $2+x=5$
   - (e) $2 \cdot x=4$
   - (f) $1+(2 \cdot x)=y$

2. 用 CQLI 公式的表示符号表示一位关系符号 P 关于下列数量的事物为真：
   - (a) 多于一个事物
   - (b) 至少三个事物
   - (c) 至多三个事物
   - (d) 正好三个事物
   - (e) 多于两个事物
   - (f) 多于三个事物
   - (g) 少于三个事物
   - (h) 少于两个事物
   - (i) 少于一个事物
   - (j) 不多于两个事物
   - (k) 介于两个和四个事物之间
   - (l) 正好三个事物

3. 用 CQLI 公式的表示符号表示出全集包含下列数量的事物：
   - (a) 多于一个事物
   - (b) 至少三个事物
   - (c) 至多三个事物
   - (d) 正好三个事物
   - (e) 多于两个事物
   - (f) 多于三个事物
   - (g) 少于三个事物
   - (h) 少于两个事物
   - (i) 少于一个事物
   - (j) 不多于两个事物
   - (k) 介于两个和四个事物之间
   - (l) 正好三个事物

4. 设 P 为关系符号，f 为函数符号，其中 ad $(P)=1$，ad $(f)=2$。对于下面的每一个公式，找到一个全集为 $\mathbb{N}$ 的结构，以及一个满足下列公式的变量赋值和一个不满足下列公式的变量赋值。
   - (a) $\forall yfxy=x$
   - (b) $\exists x \forall yfxy=y$
   - (c) $\exists x(Px \wedge \forall yPfxy)$

5. 确定下列公式在对应三个结构（这三个结构对应的全集为 $\mathbb{N}$、$\mathbb{Z}$ 和 $\mathbb{Q}$）时哪个为真，哪个为假。在所有结构中 p 代表加法，m 代表乘法，a 为 0 以及 b 为 1。
   - (a) $\forall x\exists yIpxya$
   - (b) $\forall x\exists yImxyb$
   - (c) $\forall x\exists yIpxyb$
   - (d) $\exists y\forall xImxya$
   - (e) $\forall x\exists yIpxxy$
   - (f) $\exists y\forall xIpxxy$
   - (g) $\forall x\exists yIpyyx$
   - (h) $\exists y\forall xIpyyx$
   - (i) $\forall x\exists yImyyx$
   - (j) $\forall x\forall yImxymyx$
   - (k) $\forall x\exists yImxypxy$
   - (l) $\exists x\exists yIpxymxy$

6. 使用 CQLI 的表示符号和定义 3 后引入的表示符号，写出一个公式：
   - (a) 在 $\mathbb{N}$ 中为真但在 $\mathbb{Z}^+$ 中为假
   - (b) 在 $\mathbb{N}$ 中为真但在 $\mathbb{Z}$ 中为假
   - (c) 在 $\mathbb{Q}$ 中为真但在 $\mathbb{Z}$ 中为假
   - (d) 在 $\mathbb{Z}$ 中为真但在 $\mathbb{Z}^+$ 中为假
   - (e) 在 $\mathbb{Z}$ 中为真但在 $\mathbb{N}$ 中为假

12.3 一元量化逻辑

现在来讨论广义量化逻辑。顾名思义，其基本思想是扩大量词的概念。这个话题涉及面广，技术要求高。幸运的是，我们将只关注广义量化逻辑的两个小部分，即使用一位一元量词的部分和二位一元量词的部分。我们将一位一元量词的集合表示为 QC^1，将二位一元量词的集合表示为 QC^2。将集合 QC^1 作为量化连接词而产生的量化逻辑称为一位一元量化逻辑（one-place monadic quantificational logic）或 MQL^1，而将集合 QC^2 作为量化连接词而产生的量化逻辑称为二位一元量化逻辑（two-place monadic quantificational logic）或 MQL^2。

MQL^1 和 MQL^2 对应的识别标志与 CQLI 的识别标志类似，区别在于所包含的额外的逻辑符号。CQLI 只有一个额外的逻辑符号，即表示等价关系的符号。MQL^1 和 MQL^2 除了包含 CQL 和 CQLI 中的两个量词外，还包含有限数量的其他量词。额外增加的量词不影响基本子式的形成，也不影响由一元命题连接词和二元命题连接词组成的复合公式的形成。不同之处在于带有量词前缀的复合公式的形成。换言之，除了涉及量词的条件，MQL^1 和 MQL^2 的形成规则与 CQL 的相同。此外，MQL^1 和 MQL^2 对应的结构与 CQL 对应的结构也类似。最后，除了涉及量词的条件，MQL^1 和 MQL^2 的 Tarski 扩展与 CQL 的 Tarski 扩展也类似。当需要时，读者会被提醒其中的不同之处。

虽然 MQL^2 的模型理论适合研究英语名词短语的意义，但 MQL^1 更容易理解，它提供了一个恰当的切入点，可以帮助我们更容易地了解广义量化逻辑的特殊之处，特别是 MQL^2 的新颖性。因此，在研究 MQL^2 之前，我们将首先熟悉 MQL^1。

12.3.1 一位一元量化逻辑

为了理解 Andrzej Mostowski（1957）对广义量化逻辑的见解，让我们回忆一下满足集是什么，以及它们对判断带有全称量词前缀和存在量词前缀的公式的真假性的作用。回想一下，只有不管结构的全集中的哪个成员被赋值给 x，Px 都为真时，封闭公式 $\forall xPx$ 才为真。用满足集来说，这等于说，当且仅当 Px 的满足集是结构的全集时，$\forall xPx$ 在结构中为真。

还可以回想封闭公式 $\exists xPx$，只要结构的全集中的某个成员被赋值给 x，Px 为真时，$\exists xPx$ 就是真的。这可以用满足集来重新表述：当且仅当 Px 的满足集是结构全集的一个非空子集时，$\exists xPx$ 在这个结构中为真。换句话说，

(1.1)　当且仅当 $[Px]_x^M = U_M$ 时，$[\forall xPx]^M = T$；

(1.2)　当且仅当 $[Px]_x^M \neq \varnothing$ 时，$[\exists xPx]^M = T$。

每一个条件的前边部分可以用集合势的概念来进行重新表述。让我们从条件（1.2）开始。只有空集的势为零，任何非空集的势都大于零，所以公式 $\exists xPx$ 在任何其满足集的势大于零的结构中都是真的。回到条件（1.1），让我们回忆一下，如果一个集合减去另一个集合得到的是空集合，那么一个集合就会与另一个集合相等。因此，当且仅当结构的全集减去 Px 的满足集得到的集合势为零时，公式 $\forall xPx$ 在该结构中为真。下面是与条件（1.1）和条件（1.2）中的描述等价的关于势的描述。

(2.1)　当且仅当 $|U_M - [Px]_x^M| = 0$ 时，$[\forall xPx]^M = T$；

(2.2)　当且仅当 $|[Px]_x^M| \neq 0$ 时，$[\exists xPx]^M = T$。

MQL^1 的基本思想是引入满足集的势到量词集合中。首先，可以向 MQL^1 引入满足下述

表述的量词，如至多为 n、小于 n、至少为 n、大于 n 或正好为 n，其中 n 为正整数。这些表述对应的符号是：对于每个 $n \in \mathbb{Z}^+$，$\exists^1_{>n}$（大于 n），$\exists^1_{\geqslant n}$（至少为 n），$\exists^1_{=n}$（正好为 n），$\exists^1_{<n}$（小于 n）和 $\exists^1_{\leqslant n}$（至多为 n）。但如果这些是 MQL^1 中仅有的量词，那么它的表达能力不会比 CQLI 强，因为 CQLI 也允许我们表达所有这些势，尽管会使用非常烦琐的公式。然而，MQL^1 可以引入一些其他量词，从而允许能够表示 CQLI 中不可表示的势。例如，可以引入一个使得满足集为无穷的量词，为此我们将使用符号 $\exists^1_\infty$，以及另一个要求满足集的势大于其补集的势的量词，为此我们将使用符号 M^1。这两个量词中的任何一个都超出了 CQLI 的表达能力。最后，我们将介绍另外三个量化符号，即 CQL 的全称量词和存在量词的对应项，其符号为 $\forall^1$ 和 $\exists^1$，以及要求满足集的势为 0 的符号 N^1。简而言之，MQL^1 对应的量词符号集合是 QC^1，其中

$$QC^1 = \{\forall^1, \exists^1, N^1, \exists^1_\infty, M^1\} \cup \bigcup_{n \in \mathbb{Z}^+} \{\exists^1_{>n}, \exists^1_{\geqslant n}, \exists^1_{=n}, \exists^1_{<n}, \exists^1_{\leqslant n}\}$$

如前所述，MQL^1 对应的识别标志与 CQL 的识别标志相同，MQL^1 的基本子式的形成与 CQL 的基本子式的形成相同。此外，其带命题连接词的复合公式与 CQL 中的公式的形成方式也相同。事实上，唯一的区别是 CQL 的集合 QC（仅包含两个量词）被集合 QC^1（具有数量有限的量词）所代替。因此，当 CQL 公式定义中的第三个条件提到 QC 时，MQL^1 公式定义中的第三个条件对应 QC^1。换句话说，如果 CQL 的公式不是 MQL^1 的公式，则它包含属于 QC 的量词；反之，如果 MQL^1 的公式不是 CQL 的公式，则它包含属于 QC^1 的量词。事实上，MQL^1 的任何公式都可以从 MQL^1 中的某个公式中获得，方法是，如果它不包含任何量词，则保持公式不变，或者如果它确实包含量词，则将每个出现的属于 QC 的量词替换为 QC^1 中的量词。

定义 4　MQL^1 的公式（分类版本）

FM 为 MQL^1 的公式集合，其定义如下：

（1）AF ⊆ FM。

　　（2.1）如果 $\alpha \in$ FM 且 $* \in$ UC，那么 $*\alpha \in$ FM。

　　（2.2）如果 α，$\beta \in$ FM 和 $\circ \in$ BC，那么 $(\alpha \circ \beta) \in$ FM。

（3）如果 $Q \in QC^1$，$v \in$ VR 和 $\alpha \in$ FM，那么 $Qv\alpha \in$ FM。

（4）其他情况则不属于。

现在让我们考虑 MQL^1 中的一些公式示例和另一些非公式示例。

公式	非公式
$\exists^1_{\leqslant 2} xPx$	$\exists xPx$
$\forall^1 x M^1 y Rxy$	$\forall x M^1 y Rxy$
$\exists^1 x(Px \wedge Rxy)$	$N^1 a \exists x Rxy$

为 CQL 定义的量词前缀和量词矩阵的概念同样适用于 MQL^1 的公式，例如范围、绑定、受限和自由变量、封闭和开放公式以及替换实例的概念。

如前所述，MQL^1 识别标志的结构与 CQL 识别标志的结构一样。然而，MQL^1 的 Tarski 扩展与 CQL 的 Tarski 扩展不同，但仅仅是在涉及量词的条件上不同。虽然 CQL 只有两个与量词有关的条件，但 MQL^1 具有可数无穷多的与量词相关的条件，这是由以下条件（3.6.1）～条件（3.6.5）的含义所造成的。

定义 5 MQL¹ 的 Tarski 扩展（综合版本）

设 M（或者 $<U, i>$）是识别标志 $<IS, RS, ad>$ 对应的结构，VR 为变量集合，TM 为 IS ∪ VR，g 是从 VR 到 U 的变量赋值，则 MQL¹ 的 Tarski 扩展 $[]^M_g$ 是满足以下条件的函数。

（0）符号

设 v 为 VR 的一个成员，c 为 IS 的一个成员，Π 为 RS 的成员。

（0.1）$[v]^M_g = g(v)$

（0.2）$[c]^M_g = i(c)$

（0.3）$[\Pi]^M_g = i(\Pi)$

（1）基本子式

设 Π 为 RS 的成员，ad（Π）为 1，t 为 TM 的成员。

（1.1）当且仅当 $[t]^M_g \in [\Pi]^M_g$，有 $[\Pi t]^M_g = \text{T}$。

设 Π 为 RS 的成员，ad（Π）为 n（其中 $n>1$），设 t_1，$\cdots$，t_n 为 TM 的成员。

（1.2）当且仅当 $<[t_1]^M_g, \cdots, [t_n]^M_g> \in [\Pi]^M_g$，有 $[\Pi t_1 \cdots t_n]^M_g = \text{T}$。

（2）复合公式

设 α 和 β 为 FM 的成员。

（2.1）当且仅当 $[\alpha]^M_g = \text{F}$，有 $[\neg\alpha]^M_g = \text{T}$。

（2.2.1）当且仅当 $[\alpha]^M_g = \text{T}$ 且 $[\beta]^M_g = \text{T}$，有 $[\alpha \wedge \beta]^M_g = \text{T}$。

（2.2.2）当且仅当 $[\alpha]^M_g = \text{T}$ 或 $[\beta]^M_g = \text{T}$ 时，$[\alpha \vee \beta]^M_g = \text{T}$。

（2.2.3）当且仅当 $[\alpha]^M_g = \text{F}$ 或 $[\beta]^M_g = \text{T}$ 时，$[\alpha \rightarrow \beta]^M_g = \text{T}$。

（2.2.4）当且仅当 $[\alpha]^M_g = [\beta]^M_g$ 时，$[\alpha \leftrightarrow \beta]^M_g = \text{T}$。

（3）量化复合公式

设 v 为 VR 的成员，α 为 FM 的成员。

（3.1）当且仅当 $|U_M - [\alpha]^M_{g;v}| = 0$ 时，$[\forall^1 v\alpha]^M_g = \text{T}$。

（3.2）当且仅当 $|[\alpha]^M_{g;v}| > 0$ 时，$[\exists^1 v\alpha]^M_g = \text{T}$。

（3.3）当且仅当 $|[\alpha]^M_{g;v}| = 0$ 时，$[\text{N}^1 v\alpha]^M_g = \text{T}$。

（3.4）当且仅当 $|[\alpha]^M_{g;v}| > |U_M - [\alpha]^M_{g;v}|$ 时，$[\text{M}^1 v\alpha]^M_g = \text{T}$。

（3.5）当且仅当 $|[\alpha]^M_{g;v}|$ 是无穷的，$[\exists^1 v\alpha]_M = \text{T}$。

（3.6.1）当且仅当 $|[\alpha]^M_{g;v}| > n$ 时，$[\exists^1_{>n} v\alpha]_M = \text{T}$。

（3.6.2）当且仅当 $|[\alpha]^M_{g;v}| \geqslant n$ 时，$[\exists^1_{\geqslant n} v\alpha]_M = \text{T}$。

（3.6.3）当且仅当 $|[\alpha]^M_{g;v}| < n$ 时，$[\exists^1_{<n} v\alpha]_M = \text{T}$。

（3.6.4）当且仅当 $|[\alpha]^M_{g;v}| \leqslant n$ 时，$[\exists^1_{\leqslant n} v\alpha]_M = \text{T}$。

（3.6.5）当且仅当 $|[\alpha]^M_{g;v}| = n$ 时，$[\exists^1_{=n} v\alpha]_M = \text{T}$。

让我们看看如何将 MQL¹Tarski 扩展应用到 MQL¹ 公式中去，考虑公式

(3) $\text{M}^1 x \exists^1 y (Rxy \wedge Py)$

和结构 M，其对应的全集是集合 $\{1, 2, 3\}$，其解释函数将 $\{<1, 2>, <2, 1>, <3, 1>, <3, 3>\}$ 赋值给 R，并将 $\{2, 3\}$ 赋值给 P。设 g 为任意选择的变量赋值。

根据定义 5 的条件（3.4），我们看到：当且仅当 $|[\exists^1 y(Rxy \wedge Py)]^M_{g;x}| > |U_M - [\exists^1 y(Rxy \wedge$

$Py)]$ $_{g;x}^{M}$ |，有 $[M^{I}x\exists^{1}y\ (Rxy\wedge Py)\ ]$ $_{g}^{M}$ =T。

为了确定以上推断的条件部分是否为真，我们需要确定下面集合的势：

$$[\exists^{1}y(Rxy\wedge Py)]\ _{g;x}^{M}$$

这需要我们确定它的成员。为确定其成员，必须回答下列问题：

(3.1)　$[\exists^{1}y(Rxy\wedge Py)]\ _{g_{x\rightarrow1}}^{M}$ =T ？

(3.2)　$[\exists^{1}y(Rxy\wedge Py)]\ _{g_{x\rightarrow2}}^{M}$ =T ？

(3.3)　$[\exists^{1}y(Rxy\wedge Py)]\ _{g_{x\rightarrow3}}^{M}$ =T ？

为了确定这些等式中哪一个（如果有的话）成立，我们转向定义 5 的条件（3.2）。

从式（3.1）中的等式开始。只有当且仅当 $|[Rxy\wedge Py]\ _{g_{x\rightarrow1};y}^{M}$ |>0 时，它才会成立。那么，$[Rxy\wedge Py]\ _{g_{x\rightarrow1};y}^{M}$ 的成员是什么？为了回答这一个问题，我们再提出三个问题：

(3.1.1)　$[Rxy\wedge Py]\ _{g_{x\rightarrow1};y\rightarrow1}^{M}$ =T ？

(3.1.2)　$[Rxy\wedge Py]\ _{g_{x\rightarrow1};y\rightarrow2}^{M}$ =T ？

(3.1.3)　$[Rxy\wedge Py]\ _{g_{x\rightarrow1};y\rightarrow3}^{M}$ =T ？

要回答问题（3.1.1），必须确定当 x 和 y 都被赋值为 1 时，开放公式 $Rxy\wedge Py$ 对于 M 是否为真。显然，答案是否定的，因为 <1, 1> $\notin$ $[R]\ _{g_{x\rightarrow1};y}^{M}$。同样地，对问题（3.1.3）的回答也是否定的，因为 <1, 3> $\notin$ $[R]\ _{g_{x\rightarrow1};y}^{M}$。然而，问题（3.1.2）的答案是肯定的，因为 <1, 2> $\in$ $[R]\ _{g_{x\rightarrow1};y\rightarrow2}^{M}$。因此 $[Rxy]\ _{g_{x\rightarrow1};y\rightarrow2}^{M}$ =T。除此之外，因为 2 $\in$ $[P]\ _{g_{x\rightarrow1};y\rightarrow2}^{M}$，所以 $[Py]\ _{g_{x\rightarrow1};y\rightarrow2}^{M}$ =T。这意味着 $[Rxy\wedge P\ y]\ _{g_{x\rightarrow1};y\rightarrow2}^{M}$ =T。所以 $[Rxy\wedge Py]\ _{g_{x\rightarrow1};y}^{M}$ 的满足集是 {2}。因为这个集合的势大于 0，所以可以得出结论：1 $\in$ $[\exists y(Rxy\wedge Py)]\ _{g;x}^{M}$。

接下来，确定等式（3.2）是否成立。下面以同样的方式进行处理，并回答三个新的问题：

(3.2.1)　$[Rxy\wedge Py]\ _{g_{x\rightarrow2};y\rightarrow1}^{M}$ =T ？

(3.2.2)　$[Rxy\wedge Py]\ _{g_{x\rightarrow2};y\rightarrow2}^{M}$ =T ？

(3.2.3)　$[Rxy\wedge Py]\ _{g_{x\rightarrow2};y\rightarrow3}^{M}$ =T ？

上面每个问题的答案都是否定的。尽管 $[Rxy]\ _{g_{x\rightarrow2};y}^{M}$ ={1}，但是 1 $\notin$ $[Py]\ _{g_{x\rightarrow2};y}^{M}$，所以 $[Rxy\wedge Py]\ _{g_{x\rightarrow2};y}^{M}$ =0。它的势是 0。因此，根据定义 5 的条件（3.2），2 $\notin$ $[\exists y(Rxy\wedge Py)]\ _{g;x}^{M}$。

最后，我们考虑公式（3.3）。对此，必须确定 $[Rxy]\ _{g_{x\rightarrow3};y}^{M}$ 的成员。所以，我们还需要回答三个新问题：

(3.3.1)　$[Rxy\wedge Py]\ _{g_{x\rightarrow3};y\rightarrow1}^{M}$ =T ？

(3.3.2)　$[Rxy\wedge Py]\ _{g_{x\rightarrow3};y\rightarrow2}^{M}$ =T ？

(3.3.3)　$[Rxy\wedge Py]\ _{g_{x\rightarrow3};y\rightarrow3}^{M}$ =T ？

我们观察到 1 $\notin$ $[P]\ _{g_{x\rightarrow3};y}^{M}$，所以 $[Py]\ _{g_{x\rightarrow3};y\rightarrow1}^{M}$ =F。因此，对问题（3.3.1）的回答是否定的。我们还观察到 <3, 2> $\notin$ $[R]\ _{g_{x\rightarrow3};y}^{M}$，所以 $[Rxy]\ _{g_{x\rightarrow3};y\rightarrow2}^{M}$ =F。因此问题（3.3.2）的答案是否定的。然而，第三个问题的答案是肯定的，因为 $[Rxy]\ _{g_{x\rightarrow3};y\rightarrow3}^{M}$ =T 且 $[Py]\ _{g_{x\rightarrow3};y\rightarrow3}^{M}$ =T。因此，根据定义 5 的条件（3.2），3 $\in$ $[\exists y(Rxy\wedge Py)]\ _{g;x}^{M}$。

现在确定了 $[\exists y(Rxy \wedge Py)]\,^M_{g;x}$ 满足集的成员是 1 和 3。这个集合的势是 2。它的补集的势是 1。因此 $|[\exists y(Rxy \wedge Py)]\,^M_{g;x}| > |U - [\exists y(Rxy \wedge Py)]\,^M_{g;x}|$。根据定义 5 的条件（3.4），可得出结论 $[M^1 x \exists^1 y(Rxy \wedge Py)]^M = \mathrm{T}$。

现在让我们表述一下 MQL^1 的 Tarski 扩展的分类版本的定义。为此，我们必须首先说明要将哪些值赋给 MQL^1 的量词前缀。

定义 6 QC^1 成员的值

对于识别标志对应的每个结构 M 和每个 $n \in \mathbb{Z}^+$，

$\forall^1 v$	$\mapsto$	$\{U_M\}$	$\exists^1_{>n} v \mapsto \{X \subseteq U_M : |X| > n\}$	
$\exists^1 v$	$\mapsto$	$\mathrm{Pow}(U_M) - \{\varnothing\}$	$\exists^1_{<n} v \mapsto \{X \subseteq U_M : |X| < n\}$	
$\mathrm{N}^1 v$	$\mapsto$	$\{\varnothing\}$	$\exists^1_{=n} v \mapsto \{X \subseteq U_M : |X| = n\}$	
$\mathrm{M}^1 v$	$\mapsto$	$\{X \subseteq U_M : |X| > |U_M - X|\}$	$\exists^1_{\geqslant n} v \mapsto \{X \subseteq U_M : |X| \geqslant n\}$	
$\exists^1_\infty v$	$\mapsto$	$\{X \subseteq U_M : |X| \text{ 是无穷的}\}$	$\exists^1_{\leqslant n} v \mapsto \{X \subseteq U_M : |X| \leqslant n\}$	

对于每个结构，上述条件定义了从 QC^1 的量词前缀到结构全集的幂集的函数。我们将利用这样的函数来给自己一个通用的方法以命名与量化连接词相关的值：o_Q 是赋值给量词前缀 Qv 的值。根据这个表示约定，下面陈述 MQL^1 的 Tarski 扩展的分类定义。

定义 7 MQL^1 的 Tarski 扩展（分类版本）

设 M 或者 $<U, i>$ 为 MQL^1 的结构，g 是从 VR 到 U 的变量赋值，然后是 $[]\,^M_g$ 是满足下列条件的函数：

（0）符号

设 v 为 VR 的成员，c 成为 IS 的成员，Π 为 RS 的成员。

（0.1）$[v]\,^M_g = g(v)$

（0.2）$[c]\,^M_g = i(c)$

（1）基本子式

设 Π 为 RS 的成员且 $\mathrm{ad}(\Pi) = 1$，t 为 TM 的成员。

（1.1）当且仅当 $[t]\,^M_g \in i(\Pi)$ 时，$[\Pi t]\,^M_g = \mathrm{T}$。

设 Π 为 RS 的成员且 $\mathrm{ad}(\Pi) = n$（$n > 1$），$t_1, \cdots, t_n$ 为 TM 的成员。

（1.2）当且仅当 $<[t_1]\,^M_g, \cdots, [t_n]\,^M_g> \in i(\Pi)$，$[\Pi t_1 \cdots t_n]\,^M_g = \mathrm{T}$。

（2）复合公式

设 α 和 β 是 FM 的成员，$*$ 是 UC 的成员，$\circ$ 是 BC 的成员。

（2.1）$[*a]\,^M_g = o_*([\alpha]\,^M_g)$

（2.2）$[\alpha \circ \beta]\,^M_g = o_\circ([\alpha]\,^M_g, [\beta]\,^M_g)$

设 v 为 VR 的成员，Q 为 QC^1 的成员，n 为正整数。

（2.3）当且仅当 $[\alpha]\,^M_{g;v} \in o_Q$，$[Qv\alpha]\,^M_g = \mathrm{T}$。

下列针对 CQL 定义的关系和性质在 MQL^1 中也有类似的对应：结构与公式或公式集合之间满足的语义关系；公式是重言式、偶然式或矛盾式时具有的性质；公式或公式集合是可满足的或不可满足的性质；公式与公式集合之间的语义等价关系；公式与公式集合之间的蕴含关系。读者到现在对这些已经很熟悉了，没有必要再讲一遍。

练习：一位一元量化逻辑

对于下面这些练习，假设 IS={a, b, c}，VR={x, y, z}，RS_1={F, G, H} 和 RS_2={R, S, T}。

1. 以下哪些是 MQL^1 的公式？

(a) $(Fa \rightarrow (Gb \vee Rb))$

(b) $\exists^1_{=1} x\, Px$

(c) $\forall^1 x \exists^1_{=2} y\, (Rax \vee Sax)$

(d) $M^1 y\, (Ray \wedge N^1 x\, Fax)$

(e) $\forall^1 x\, (Hx \rightarrow Qx)$

(f) $M^1 y\, Hy$

(g) $M^1 x\, (Hx \wedge Gx)$

(h) $\forall x \exists^1_{>0} y\, Rxy$

(i) $\exists^1_{=3} x \exists y\, Rxy$

(j) $M^1 x \exists^1_{\geqslant 1} y\, Sxy$

(k) $M^1 z \exists^1 y\, (Gy \wedge Sxy)$

(l) $M^1 x\, N^1 y\, (Hx \vee Ryx)$

2. 对于下列公式中出现的每个变量，说明哪个变量是被绑定的，以及哪个变量是自由的。

(a) $\exists^1 z\, Gz$

(b) $\forall^1 z\, Rzx$

(c) $\exists^1 x \forall^1 z\, Syz$

(d) $\exists^1 y\, Ga$

(e) $\exists^1 x\, (\forall^1 x\, Rxa \wedge Hx)$

(f) $\forall^1 x\, (Fx \rightarrow \exists^1 y\, Rxy)$

(g) $\forall^1 x\, (\forall^1 y \exists^1_{=2} z\, Ryz \leftrightarrow (Gy \wedge Tzx))$

(h) $(Tay \leftrightarrow (\exists^1 x\, Ryx \wedge Gy))$

(i) $\exists^1 x \exists^1 z \exists^1 y\, (Rzx \vee Syx)$

(j) $((\exists^1 z \forall^1 x\, Ryx \wedge Gz) \wedge Rzz)$

(k) $(Fz \vee \exists^1 y\, Gx) \rightarrow \forall^1 x\, Say$

(l) $\exists^1 x \exists^1 y\, (Rzx \vee \exists^1 z\, Syx)$

(m) $(\exists^1 z\, Fz \rightarrow \exists^1 x\, Gx) \wedge \forall^1 x\, (Gx \vee Sax)$

(n) $\forall^1 z \exists^1 x (Rzx \rightarrow Syx) \vee (\exists^1 y\, Fx \leftrightarrow Tay)$

(o) $\exists^1 z\, Fz \vee \forall^1 y \exists^1 x\, ((Tax \rightarrow Syx) \wedge \forall^1 x\, (Gx \vee Say))$

3. 确定 MQL^1 的下列公式在下面结构中的真值：$M=<U, i>$，其中 $U=\{1, 2, 3, 4\}$ 以及

$i \quad a \mapsto 1 \quad F \mapsto \{1, 2, 3\} \quad R \mapsto \{ <1,2>, <1,3>, <2,3>, <3,3> \}$

$\quad\quad b \mapsto 2 \quad G \mapsto \{2, 3, 4\} \quad S \mapsto \{ <1,2>, <1,3>, <1,4>, <1,1> \}$

$\quad\quad c \mapsto 3 \quad H \mapsto \varnothing \quad\quad\quad T \mapsto \varnothing$

(a) Fa

(b) $\exists^1_{=1} x\, Fx$

(c) $\exists^1_{>1} x\, (Fx \wedge Gx)$

(d) $\exists^1_{>2} x\, (Fx \wedge Gx)$

(e) $\forall^1 x\, (Fx \rightarrow Gx)$

(f) $M^1 y\, Fy$

(g) $M^1 x\, (Gx \wedge Fx)$

(h) $\forall^1 x \exists^1_{>0} y\, Rxy$

(i) $\exists^1_{=3} x \exists^1_{>0} y\, Rxy$

(j) $M^1 x \exists^1_{\geqslant 1} y\, Sxy$

(k) $\exists^1 y M^1 z\, (Fz \wedge Syz)$

(l) $M^1 x\, N^1 y\, (Gx \vee Ryx)$

4. 左列中的哪一个公式在语义上等同于右列中的哪一个公式？

(a) $\exists^1_{<1} \alpha$ (c) $\exists^1 \alpha$

(b) $\exists^1_{\geqslant 1} \alpha$ (d) $N^1 \alpha$

5. 下列哪一个量词，如果有的话，可以在不损失其表达能力的前提下从 QC^1 中去除？

$$\forall^1,\ \exists^1,\ N^1,\ \exists^1_i,\ E^1,\ M^1$$

6. 考虑符号 $\exists^1_{>0}, \exists^1_{>0}, \exists^1_{=0}, \exists^1_{<0}, \exists^1_{\leqslant 0}$。

(a) 假设它们被添加到 QC^1 中，说明 Tarski 扩展的相应条件。

(b) 如果把它们添加到 QML^1 的量词中会带来什么好处呢？如果不会带来好处，请解释原因。

12.3.2   二位一元量化逻辑

在 Andrzej Mostowski 发表了他的开创性论文九年后，Per Lindström（1966）进一步继承了 Mostowski 的思想。一位一元量化连接词表示了关于结构全集的子集势的性质。Lindström 的想法是比较一个结构的全集的子集或其全集的 n 元组的子集的势。Lindström 的扩展非常重要，并且需要我们花相当多的精力来掌握。幸运的是，我们不需要掌握 Lindström 用来阐述广义量化模型的全部理论来处理英语量化名词短语的语义。我们所需要的只是称为二位一

元量化逻辑（MQL^2）的模型理论。

如前所述，MQL^2 的识别标志与 MQL^1 的识别标志相同，其基本子式的形成方式也相同。此外，它的带有命题连接词的复合公式也以完全相同的方式形成。不同之处在于量词符号和具有量词前缀的公式的形成。

回想一下，MQL^2 的量词集合是 QC^2。尽管基本上会重复使用 MQL^1 中的量词符号，但将上标从 1 改为 2，以提醒这些符号与 MQL^1 中的符号不同。

$$QC^2 = \{\forall^2, \exists^2, N^2, \exists^2_\infty, M^2\} \cup \bigcup_{n \in \mathbb{Z}^+} \{\exists^2_{>n}, \exists^2_{\geqslant n}, \exists^2_{=n}, \exists^2_{<n}, \exists^2_{\leqslant n}\}$$

此外，它们的解释与 MQL^1 中的对应项不同。

MQL^2 可以用两种不同但等价的方式表示。这两种表示方式不同于 MQL^1，并且两者在如何形成带量词的公式方面彼此不同。在 MQL^1 中，QC^1 中的量词和 VR 中的变量与单个公式结合形成一个更复杂的公式。在 MQL^2 中，QC^2 中的量词和 VR 中的变量与两个公式结合形成一个更复杂的公式。然而，这两个公式在结合量词和变量形成一个更复杂的公式时存在两种不同的方式。与这两种在 MQL^2 中生成带量词的公式的方式相关的是两种分配给量词的不同类型的值，但是，当得出的公式包含相同的公式、量词和变量时，它们是等价的。我们将在以下两个小节中分别探讨这两种方式。一种表示方式更容易掌握，至少在最初是这样的，而第二种表示方式与自然语言中的表示方式更为相似，需要读者稍加努力来理解。我们从更容易掌握的方式开始。

12.3.2.1 量词作为二元关系

在 MQL^1 中，来自 QC^1 的量词和来自 VR 的变量与单个公式结合在一起产生新公式；然而，在 MQL^2 的第一个表示方式中，来自 QC^2 的量词和来自 VR 的变量与一对公式结合在一起产生公式。因此，正如我们将从定义 8 中看到的，虽然 $\forall^1 xPx$ 是属于 MQL^1 的公式，但 $\forall^2 xPx$ 不是属于 MQL^2 的公式，因为尽管量词 $\forall^2$ 是 QC^2 的成员，但 $\forall^2 x$ 必须与两个公式结合，而不是仅与一个公式结合。因此，$\forall^2 xPxQx$ 是 MQL^2 的公式，而 $\forall^2 xPx$ 不是，因为在前一种情况下 $\forall^2$ 与两个公式结合，而在后一种情况下，它仅与一个公式结合。

定义 8 MQL^2 的公式（第一种表示方式）

MQL^2 的公式集合的定义如下：

（1）AF$\subseteq$F M。

　　（2.1）如果 $\alpha \in$ FM 和 $* \in$ UC，那么 $*\alpha \in$ FM；

　　（2.2）如果 $\alpha, \beta \in$ FM 和 $\circ \in$ BC，那么 $(\alpha \circ \beta) \in$ FM。

（3）如果 $Q \in QC^2$，$v \in$ VR 和 $\alpha, \beta \in$ FM，那么 $Qv\alpha\beta \in$ FM。

（4）没有其他情况。

下面是一些对比示例：

公式	非公式
$\exists^2 x\, Px\, Qx$	$\exists^2 x\, (Px \wedge Qx)$
$\forall^2 x\, Px\, \exists^2 y\, Qy\, Rxy$	$\forall^2 x\, \exists^2 y\, Rxy$
$N^2 x\, Px\, (Qx \wedge Rxy)$	$N^2 x\, Px\, Qx\, Rxy$
$N^2 x\, \exists^2 x\, Qx\, Px\, \forall^2 y\, Rxy\, Sxy$	$N^2 x\, \exists^2 x\, Qx \to Px\, \forall^2 y\, Rxy\, Sxy$

同样，在 CQL、CQLI 和 MQL^1 中定义的范围、绑定、受限和自由变量、封闭和开放公式

以及替换实例的概念也适用于 MQL^2 的公式，无论是对第一种表示方式还是第二种方式而言。

如前所述，MQL^2 识别标志对应的结构就像 MQL^1 识别标志对应的结构一样，它本身就像 CQL 识别标志对应的结构一样。然而，在有关量词的条件上，MQL^2 的 Tarski 扩展不同于 MQL^1 公式的 Tarski 扩展。

定义 9　MQL^2 的 Tarski 扩展（第一种表示方式）

设 M（或 $<U, i>$）为识别标志 $<IS, RS, ad>$ 对应的结构，VR 为变量的集合，TM 为 IS ∪ VR，g 为从 VR 到 U 的变量赋值，那么，$[]_g^M$，即 MQL^2 的 Tarski 扩展（第一种表示方式），是满足以下条件的函数：

（0）符号

设 v 为 VR 的成员，c 成为 IS 的成员，Π 为 RS 的成员。

（0.1）$[v]_g^M = g(v)$

（0.2）$[c]_g^M = i(c)$

（0.3）$[\Pi]_g^M = i(\Pi)$

（1）基本子式

设 Π 为 RS 的成员，ad (Π) 为 1，t 为 TM 的成员。

（1.1）当且仅当 $[t]_g^M \in [\Pi]_g^M$ 时，$[\Pi t]_g^M = \mathrm{T}$。

设 Π 为 RS 的成员，ad (Π) 为 n（其中 $n>1$），$t_1, \cdots, t_n$ 为 TM 的成员。

（1.2）当且仅当 $<[t_1]_g^M, \cdots, [t_n]_g^M> \in [\Pi]_g^M$，$[\Pi t_1 \ldots t_n]_g^M = \mathrm{T}$。

（2）复合公式

设 α 和 β 为 FM 的成员。

（2.1）当且仅当 $[\alpha]_g^M = \mathrm{F}$，$[\neg \alpha]_g^M = \mathrm{T}$。

（2.2.1）当且仅当 $[\alpha]_g^M = \mathrm{T}$ 和 $[\beta]_g^M = \mathrm{T}$，$[\alpha \wedge \beta]_g^M = \mathrm{T}$。

（2.2.2）当且仅当 $[\alpha]_g^M = \mathrm{T}$ 或者 $[\beta]_g^M = \mathrm{T}$，$[\alpha \vee \beta]_g^M = \mathrm{T}$。

（2.2.3）当且仅当 $[\alpha]_g^M = \mathrm{F}$ 或者 $[\beta]_g^M = \mathrm{T}$，$[\alpha \rightarrow \beta]_g^M = \mathrm{T}$。

（2.2.4）当且仅当 $[\alpha]_g^M = [\beta]_g^M$，$[\alpha \leftrightarrow \beta]_g^M = \mathrm{T}$。

（3）量化复合公式

设 v 是 VR 的成员，Q 是 QC^2 的成员，n 是正整数。

（3.1）当且仅当 $|[\alpha]_{g;v}^M - [\beta]_{g;v}^M| = 0$，有 $[\forall^2 v\alpha\beta]_g^M = \mathrm{T}$。

（3.2）当且仅当 $|[\alpha]_{g;v}^M \cap [\beta]_{g;v}^M| > 0$，有 $[\exists^2 v\alpha\beta]_g^M = \mathrm{T}$。

（3.3）当且仅当 $|[\alpha]_{g;v}^M \cap [\beta]_{g;v}^M| = 0$，有 $[\mathrm{N}^2 v\alpha\beta]_g^M = \mathrm{T}$。

（3.4）当且仅当 $|[\alpha]_{g;v}^M \cap [\beta]_{g;v}^M| > |[\alpha]_{g;v}^M - [\beta]_{g;v}^M|$，有 $[\mathrm{M}^2 v\alpha\beta]_g^M = \mathrm{T}$。

（3.5）当且仅当 $|[\alpha]_{g;v}^M \cap [\beta]_{g;v}^M|$ 是无穷的，有 $[\exists_\infty^2 v\alpha\beta]_g^M = \mathrm{T}$。

（3.6.1）当且仅当 $|[\alpha]_{g;v}^M \cap [\beta]_{g;v}^M| > n$，有 $[\exists_{>n}^2 v\alpha\beta]_g^M = \mathrm{T}$。

（3.6.2）当且仅当 $|[\alpha]_{g;v}^M \cap [\beta]_{g;v}^M| \geqslant n$，有 $[\exists_{\geqslant n}^2 v\alpha\beta]_g^M = \mathrm{T}$。

（3.6.3）当且仅当 $|[\alpha]_{g;v}^M \cap [\beta]_{g;v}^M| < n$，有 $[\exists_{<n}^2 v\alpha\beta]_g^M = \mathrm{T}$。

（3.6.4）当且仅当 $|[\alpha]_{g;v}^M \cap [\beta]_{g;v}^M| \leqslant n$，有 $[\exists_{\leqslant n}^2 v\alpha\beta]_g^M = \mathrm{T}$。

（3.6.5）当且仅当 $|[\alpha]_{g;v}^M \cap [\beta]_{g;v}^M| = n$，有 $[\exists_{=n}^2 v\alpha\beta]_g^M = \mathrm{T}$。

现在让我们看看如何应用这些条件。考虑公式

(4) $M^2xPx\exists^2yQyRxy$

和一个结构 M，其全集是集合 {1，2，3，4}，其解释函数将 {1，2，3} 赋给 P，将 {1，4} 赋给 Q，以及将 {<1，4>，<2，1>，<4，2>} 赋给 R。设 g 为任意选择的变量赋值。

根据定义 9 的条件（3.4），我们看到

当且仅当 $|[Px]_{g;x}^{M}| \cap [\exists^2yQyRxy]_{g;x}^{M}| > |[Px]_{g;x}^{M} - [\exists^2yQyRxy]_{g;x}^{M}|$ ，

有 $[M^2xPx\exists^2yQyRxy]_g^M = \mathrm{T}$ 。

为了确定上述条件的后边部分是否为真，需要确定 $[Px]_{g;x}^{M}$ 和 $[\exists^2yQyRxy]_{g;x}^{M}$ 中的成员。很明显，$[Px]_{g;x}^{M}=\{1，2，3\}$。然而，要确定 $[\exists^2yQyRxy]_{g;x}^{M}$ 的成员，还需要做一些额外处理，特别是，必须回答以下问题。

(4.1) $[\exists^2y\,Qy\,Rxy]_{g_{x\mapsto 1}}^{M} = \mathrm{T}$?

(4.2) $[\exists^2y\,Qy\,Rxy]_{g_{x\mapsto 2}}^{M} = \mathrm{T}$?

(4.3) $[\exists^2y\,Qy\,Rxy]_{g_{x\mapsto 3}}^{M} = \mathrm{T}$?

(4.4) $[\exists^2y\,Qy\,Rxy]_{g_{x\mapsto 4}}^{M} = \mathrm{T}$?

为了确定这些等式中的哪一个（如果有的话）成立，我们转向定义 9 的条件（3.2）。现在，等式（4.1）只有当且仅当 $|[Qy]_{g_{x\mapsto 1};y}^{M} \cap [Rxy]_{g_{x\mapsto 1}}^{M}| \neq 0$ 时才成立。这又要求我们确定 $[Qy]_{g_{x\mapsto 1};y}^{M}$ 和 $[Rxy]_{g_{x\mapsto 1}}^{M}$ 的成员，显然，前者是集合 {1，4}。为了确定后者，现在必须回答下面四个问题。

(4.1.1) $[Rxy]_{g_{x\mapsto 1;\,y\mapsto 1}}^{M} = \mathrm{T}$?

(4.1.2) $[Rxy]_{g_{x\mapsto 1;\,y\mapsto 2}}^{M} = \mathrm{T}$?

(4.1.3) $[Rxy]_{g_{x\mapsto 1;\,y\mapsto 3}}^{M} = \mathrm{T}$?

(4.1.4) $[Rxy]_{g_{x\mapsto 1;\,y\mapsto 4}}^{M} = \mathrm{T}$?

在 $[R]_g^M$ 中以 1 为第一坐标的有序对只有 <1,4>。因为上面只有第四个问题的答案是肯定的，所以 $[Rxy]_{g_{x\mapsto 1};y}^{M}=\{4\}$。此外，因为 $[Qy]_{g_{x\mapsto 1};y}^{M}=\{1，4\}$，所以 $[Rxy]_{g_{x\mapsto 1};y}^{M} \cap [Qy]_{g_{x\mapsto 1};y}^{M}=\{4\}$。因为这个集合的势大于 0，所以根据定义 9 的条件（3.2），对问题（4.1）的回答是肯定的。因此，$1 \in [\exists^2yQyRxy]_{g;x}^{M}$。

接下来，要回答问题（4.2），我们必须首先回答以下问题。

(4.2.1) $[Rxy]_{g_{x\mapsto 2;\,y\mapsto 1}}^{M} = \mathrm{T}$?

(4.2.2) $[Rxy]_{g_{x\mapsto 2;\,y\mapsto 2}}^{M} = \mathrm{T}$?

(4.2.3) $[Rxy]_{g_{x\mapsto 2;\,y\mapsto 3}}^{M} = \mathrm{T}$?

(4.2.4) $[Rxy]_{g_{x\mapsto 2;\,y\mapsto 4}}^{M} = \mathrm{T}$?

在 $[R]_g^M$ 中以 2 为第一坐标的有序对只有一个，即 <2，1>。那么只有第一个问题的答案是肯定的。因此，$[Rxy]_{g_{x\mapsto 2};y}^{M}=\{1\}$。此外，因为 $[Qy]_{g_{x\mapsto 2};y}^{M}=\{1，4\}$，所以 $[Rxy]_{g_{x\mapsto 2};y}^{M} \cap [Qy]_{g_{x\mapsto 2};y}^{M}=\{1\}$。这个基合的势大于 0，所以根据定义 9 的条件（3.2），对问题（4.2）的回答是肯定的。因此，$2 \in [\exists^2yQyRxy]_{g;x}^{M}$。

对问题（4.3）的回答是否定的，因为对以下每个问题的回答都是否定的。

(4.3.1)　　$[Rxy]^M_{g_{x \mapsto 3; y \mapsto 1}} = \mathrm{T}$?

(4.3.2)　　$[Rxy]^M_{g_{x \mapsto 3; y \mapsto 2}} = \mathrm{T}$?

(4.3.3)　　$[Rxy]^M_{g_{x \mapsto 3; y \mapsto 3}} = \mathrm{T}$?

(4.3.4)　　$[Rxy]^M_{g_{x \mapsto 3; y \mapsto 4}} = \mathrm{T}$?

因此，$3 \notin [\exists^2 y Q y R x y]^M_{g;x}$。

最后，我们转向问题（4.4），其答案取决于下列问题。

(4.4.1)　　$[Rxy]^M_{g_{x \mapsto 4; y \mapsto 1}} = \mathrm{T}$?

(4.4.2)　　$[Rxy]^M_{g_{x \mapsto 4; y \mapsto 2}} = \mathrm{T}$?

(4.4.3)　　$[Rxy]^M_{g_{x \mapsto 4; y \mapsto 3}} = \mathrm{T}$?

(4.4.4)　　$[Rxy]^M_{g_{x \mapsto 4; y \mapsto 4}} = \mathrm{T}$?

在 $[R]^M_g$ 中以 4 为第一坐标的有序对只有一个，即 <4，2>。那么只有第二个问题为真。因此 $[Rxy]^M_{g_{x \mapsto 4};y} = \{2\}$。此外，因为 $[Qy]^M_{g_{x \mapsto 4};y} = \{1, 4\}$，$[Rxy]^M_{g_{x \mapsto 4};y} \cap [Qy]^M_{g_{x \mapsto 4};y} = \varnothing$。其势不大于 0。因此，根据定义 9 的条件（3.2），问题（4.4）的答案是否定的。因此，$4 \notin [\exists^2 y Q y R x y]^M_{g;x}$。

最后，我们来确定 $[\exists^2 y Q y R x y]^M_{g;x}$ 的成员，即 {1，2}。这反过来又使我们能够根据定义 9 的条件（3.4）确定公式（4）为真。以下是相关计算：

$$
\begin{array}{ccc}
|[Px]^M_{g;x} \cap [\exists^2 y Q y R x y]^M_{g;x}| & > & |[Px]^M_{g;x} - [\exists^2 y Q y R x y]^M_{g;x}| \\
|\{1, 2, 3\} \cap \{1, 2\}| & > & |\{1, 2, 3\} - \{1, 2\}| \\
|\{1, 2\}| & > & |\{3\}| \\
2 & > & 1
\end{array}
$$

在 12.3.1 节中提到的 CQL 中的模型理论性质和关系对于 MQL^1 适用，对于 MQL^2 也同样适用，因此在这里就不再赘述。取而代之的是，在本节结束时，我们将对其他模型理论性质进行阐述，这些性质来自 MQL^2 的量词前缀表示的是在结构全集的幂集上的二元关系这一事实。特别是，我们将研究集合上的二元关系的哪种性质对于赋给各个量词前缀的值是有效的。除了二元关系的性质外，如自反性、非自反性、对称性、非对称性、反对称性、传递性、左可比性和右可比性（第 2 章），还有与 MQL^2 模型理论相关的其他性质，以及其适应自然语言语义时的有趣现象。具体包括如下性质，如保守性（conservativity）、单调性（monotonicity）和置换下的不变性（invariance under permutation）。我们将注意这些性质，因为它们似乎也适用于各种名词短语。

保守性被认为是与量词相对应的自然语言表达式的一个特殊性质。简单而不完全准确地说，如果某集合与另一个集合的关系是保守的，则可以仅通过检查该集合的成员来确定它。例如，考虑重叠关系。一个人只需看看 A 的成员中是否有一个是 B 的成员，就可以确定 A 的集合是否与另一个集合重叠，而没有必要看 A 以外的成员。

定义 10　*保守性*

设 D 为集合，R 是 Pow（D）上的二元关系。当且仅当对于每个 X，$Y \in$ Pow（D），当且仅当 $RX(X \cap Y)$ 时有 RXY，R 具有保守性。

并非集合之间的每一个二元关系都是保守的。集合的幂集上存在某种二元关系，其中一个集合与另一个集合相关，但第一个集合与两个集合的交集无关，也存在其中一个集合和它与另一个集合的交集相关，但第一个集合与第二个集合无关。例如，考虑集合之间的具有相同势的关系。集合 {1, 2, 3} 与集合 {2, 3, 4} 具有相同的势；然而，集合 {1, 2, 3} 与集合 {2, 3} 不具有相同的势，尽管集合 {2, 3} 是 {1, 2, 3} 与 {2, 3, 4} 的交集。此外，虽然集合 {1, 2, 3} 与集合 {1, 2, 3} ∩ {1, 2, 3, 4} 相同，因此它们具有相同的势，但集合 {1, 2, 3} 与集合 {1, 2, 3, 4} 不具有相同的势。

我们来讨论单调性，它包含集合上的四种二元关系。正如将在第 14 章中看到的，这些性质似乎与确定一类称为否定极项（negative polarity item）的自然语言表达式的分布有关。下面是单调性的一般定义。

定义 11　单调性

设 R 是集合上的二元关系，≤ 是 R 域上的偏序（partial order）。

（1）当且仅当对于每个 x, y, $z \in D_R$，如果 $x \leq y$ 和 Ryz，那么 Rxz 时，R 是左单调递减的。

（2）当且仅当对于每个 x, y, $z \in D_R$，如果 $x \leq y$ 和 Rxz，那么 Ryz 时，R 是左单调递增的。

（3）当且仅当对于每个 x, y, $z \in D_R$，如果 $y \leq z$ 和 Rxz，那么 Rxy 时，R 是右单调递减的。

（4）当且仅当对于每个 x, y, $z \in D_R$，如果 $y \leq z$ 和 Rxy，那么 Rxz 时，R 是右单调递增的。

我们对单调性的定义只是进行一般性说明。当将它应用于 MQL^2 的结构时，关系将是结构全集的幂集上的关系，偏序将是子集关系。为了说明这一点，让我们考虑不相交关系 ⊥。它的左边和右边都是单调递减的，左边和右边都不是单调递增的。这些事实可以通过考虑不相交的欧拉图来说明。应该很明显，A 的任何子集都不与 B 相交，同时 B 的任何子集都不与 A 相交。同时，虽然 A 的超集可以与 B 不相交，但并非每个超集都不相交。类似地，虽然 B 的超集可能与 A 不相交，但并非每个超集都不相交。

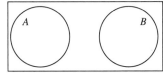

图 12.1　A⊥B 的欧拉图

第三个性质是置换下的不变性。置换是域和陪域相同的双射。当且仅当即使关系的定义域的成员被置换时，关系仍然保持时，该关系在置换下是不变的。例如，考虑由四个成员组成的集合：a、b、c 和 d。对于下列置换：$\pi(a) = b$、$\pi(b) = c$、$\pi(c) = d$ 和 $\pi(d) = a$。显然，$\{a, b\}$ 是 $\{a, b, c\}$ 的子集。同样，集合 $\{\pi(a), \pi(b)\}$ 是 $\{\pi(a), \pi(b), \pi(c)\}$ 的子集，因为 $\{\pi(a), \pi(b)\} = \{b, c\}$ 且 $\{\pi(a), \pi(b), \pi(c)\} = \{b, c, d\}$ 且 $\{b, c\} \subseteq \{b, c, d\}$。

定义 12　置换下的不变性

设 D 为集合，R 是 Pow(D) 上的二元关系，π 是 D 的一个置换，当且仅当对于每个 X, $Y \in$ Pow(D)，当且仅当 $R\pi(X)\pi(Y)$ 有 RXY 时，R 在 π 下是不变的。

练习：量词作为二元关系

对于下面的练习，假设 IS={a, b, c}，VR={x, y, z}，RS$_1$={F, G, H} 和 RS$_2$={R, S, T}。

1. 以下哪些是 MQL^2（第一种表示方式）的公式？

（a）Ha
（b）$Fx \wedge Gb$
（c）Rxy
（d）$\exists^2_{\leqslant 3} x\, Fx$
（e）$\exists^2_{\geqslant 3} z\, Fz\, Gz$
（f）$N^2 z\, Raz \wedge Hz$
（g）$\forall^2 x\, \exists^2_{>2} y\, Rxy$
（h）$\exists^2_{<0} z\, Fz\, M^2 y\, Gy\, Syz$
（i）$M^2 y\, \exists^2 z\, Fz\, Gy\, Tyz$
（j）$M^2 z\, Fz\, \forall^2 x\, Gx\, Rxy$
（k）$M^1 Tyz\, \forall^2 x\, Hx\, Rxy$
（l）$\exists^2_{>2} z\, Fz\, M^2 y\, Gy\, Sxy$

2. 对于下列公式中每个变量，说明哪个量词前缀绑定了哪个变量，以及哪个变量是自由的。

（a）$\exists^2 z\, Fz\, Gz$
（b）$M^2 z\, \exists^2 y\, Fa\, Txz\, Gy$
（c）$M^2 z\, Szx\, (Fz \to Gz)$
（d）$\exists^2_{=n} y\, Gx\, (Saz \wedge Tbz)$
（i）$\forall^2 z\, (N^2 y\, Fy\, Haz \to \exists^2 z\, Saz\, Gz)\,(Gx \vee Saz)$
（e）$\forall^2 x\, Fx\, Ray$
（f）$Fx \wedge \exists^2 y\, Tyx\, Gy$
（g）$\exists^2 x\, Fx\, Rzx \vee \exists^2 x\, Syx\, Gy$
（h）$\exists^2 x\, \forall^2 x\, Ryx\, Gz\, Rzx$

3. 确定结构中列出的 MQL^2 公式的真值：$M=\langle U, i\rangle$，其中 $U=\{1,2,3,4,5\}$ 且

$i:\quad a \mapsto 1 \quad F \mapsto \{1,3,5\} \quad R \mapsto \{\langle1,2\rangle,\langle3,3\rangle,\langle2,2\rangle,\langle5,4\rangle,\langle1,3\rangle\}$
$\quad\quad b \mapsto 2 \quad G \mapsto \{2,3,4\} \quad S \mapsto \{\langle1,2\rangle,\langle1,3\rangle,\langle1,4\rangle,\langle1,1\rangle\}$
$\quad\quad c \mapsto 5 \quad H \mapsto \{1,2,3,4\} \quad T \mapsto \varnothing$

（a）Fa
（b）Tbc
（c）Hc
（d）$\exists^2_{=1} x\, Fx\, Gx$
（e）$\exists^2_{=2} x\, Gx\, Hx$
（f）$\forall^2 y\, Gy\, Hy$
（g）$\exists^2_{>1} x\, Fx\, Ga$
（h）$\forall^2 y\, (Fy \wedge Gy)\, Hy$
（i）$N^2 z\, Raz\, Fz$
（j）$M^2 z\, Fz\, Hz$
（k）$\exists^2_{>1} x\, Fc\, Gc$
（l）$\forall^2 x\, Fx\, \exists^2_{\leqslant 1} y\, Gy\, Rxy$
（m）$\exists^2_{=1} y\, Fy\, \forall^2 z\, Hz\, Syz$
（n）$\forall^2 x\, Fx\, \exists^2_{\leqslant 1} y\, Gy\, Txy$
（o）$M^2 Hx\, \exists^2 y\, Rxy\, (Fy \wedge Gy)$
（p）$\exists^2 y\, Fy\, M^2 z\, Syz\, Hz$

4. 考虑下列集合的幂集上的二元关系：子集、真子集、超集、真超集、重叠（至少含有一个形同的元素）、不相交、不可比性（两者都不是对方的子集）和最（being most）。这些二元关系中的哪些具有这些性质：保守性、置换下的不变性、左或右的递增或递减单调性？并说明理由。

12.3.2.2　量词作为集合族

现在来研究 MQL^2 的第二种表示。这里不是通过一步形成一个含量词的公式，而是在一对公式、一个量词和一个变量的基础上，分两步形成一个含量词的公式。首先，一个量词、一个变量和一个公式组合起来形成一个不是公式的表达式。我们将其称为限制器（restrictor），并将这些表达式的集合表示为 RT。然后，将一个限制器与一个公式组合在一起，生成一个带量词前缀的公式。因此，例如，量词前缀 $\forall^2 x$ 和公式 Px 形成一个限制器（$\forall^2 xPx$），并且该限制器和公式 Qx 组合形成公式（$\forall^2 xPx$）Qx。注意，这个公式作为只是 MQL^2 的第二种表示中的公式，它不是第一种表示的公式，并且第一种表示的公式 $\forall^2 xPxQx$ 也不是第二种表示的公式，但是，正如我们能看到的，它们在相同的结构中都是正确的。

定义 13　MQL^2 的公式（第二种表示方式）

MQL^2 广义量化逻辑中的公式集合 FM 的定义如下：

（1）AF⊆FM。

　　（2.1）如果 $\alpha \in$ FM 且 $* \in$ UC，那么 $*\alpha \in$ FM。

　　（2.2）如果 $\alpha, \beta \in$ FM，$\circ \in$ BC，那么 $(\alpha \circ \beta) \in$ FM。

（3.1）如果 $Q \in QC^2$，$v \in VR$，且 $\alpha \in FM$，那么 $(Qv\alpha) \in RT$。

（3.2）如果 $\alpha \in RT$ 且 $\beta \in FM$，那么 $\alpha\beta \in FM$。

（4）其他情况则不属于。

下面是一些属于 MQL^2 的第二种表示的公式示例，以及其对应的第一种表示。

MQL^2 的公式	
第一种表示方式	第二种表示方式
$\exists^2 x\, Px\, Qx$	$(\exists^2 x\, Px)\, Qx$
$\forall^2 x\, Px\, \exists^2 y\, Qy\, Rxy$	$(\forall^2 x\, Px)\, (\exists^2 y\, Qy)\, Rxy$
$N^2 x\, Px\, (Qx \wedge Rxy)$	$(N^2 x\, Px)\, (Qx \wedge Rxy)$
$N^2 x\, Qx\, \exists^2 x\, Px\, \forall^2 y\, Rxy\, Sx$	$(N^2 x\, Qx)\, (\exists^2 x\, Px)\, (\forall^2 y\, Rxy)\, Sx$

尽管带量词前缀的公式的形成方式不同，但对于 CQL、MQL^1 和 MQL^2（第一种表示方式）的公式所定义的范围定义同样适用于 MQL^2（第二种表示方式）的公式。公式 α 中逻辑连接词出现的范围是其本身包含逻辑连接词但是它的直接子公式却不包含的 α 的子公式。例如，考虑 MQL^2（第二种表示方式）的公式 $(N^2 xQx)\,(\exists^2 xPx)\,(\forall^2 yRxy)\,Sx$。在这个公式中，量词前缀 $\forall^2 y$ 的范围是 $(\forall^2 yRxy)\,Sx$，它是包含唯一的 $\forall^2 y$ 的最小子公式，而不是 $(\forall^2 yRxy)$，因为虽然它包含 $\forall^2 y$，但它不是公式，而是一个限制器。由于前面定义的范围概念可以应用在这里，所以为 CQL、MQL^1 和 MQL^2（第一种表示方式）定义的绑定、受限和自由变量以及封闭和开放公式等概念也可以应用在这里。

现在将为 MQL^2 的第二种表示定义一个分类的 Tarski 扩展。首先从赋值给 MQL^2 的量词前缀开始。

定义 14　QC^2 中成员的值

设 M 为一个识别标志所对应的结构，n 为正整数。每个量词如下所示对应一个 $\mathrm{Pow}(U_M) \to \mathrm{Pow}(\mathrm{Pow}(U_M))$ 形式的方程：

$$\forall^2 v: \quad X \mapsto \{Y \subseteq U_M: |X - Y| = 0\}$$
$$\exists^2 v: \quad X \mapsto \{Y \subseteq U_M: |X \cap Y| \neq 0\}$$
$$N^2 v: \quad X \mapsto \{Y \subseteq U_M: |X \cap Y| = 0\}$$
$$M^2 v: \quad X \mapsto \{Y \subseteq U_M: |X \cap Y| > |X - Y|\}$$
$$\exists^2_\infty v: \quad X \mapsto \{Y \subseteq U_M: |X \cap Y| \text{是无穷的}\}$$
$$\exists^2_{>n} v: \quad X \mapsto \{Y \subseteq U_M: X \cap Y > n\}$$
$$\exists^1_{<n} v: \quad X \mapsto \{Y \subseteq U_M: X \cap Y < n\}$$
$$\exists^1_{=n} v: \quad X \mapsto \{Y \subseteq U_M: X \cap Y = n\}$$
$$\exists^1_{\geq n} v: \quad X \mapsto \{Y \subseteq U_M: X \cap Y \geq n\}$$
$$\exists^1_{\leq n} v: \quad X \mapsto \{Y \subseteq U_M: X \cap Y \leq n\}$$

定义 15　MQL^2（第二种表示方式）的 Tarski 扩展

设 M 或 $<U, i>$ 为 MQL^2 对应的结构，g 是从 VR 到 U 的变量赋值，那么 $[]\,^M_g$ 是一个从 VR、IS、RS、RT 和 FM 到 $\{T, F\}$ 并满足以下条件的函数。

（0）符号

设 v 为 VR 的成员，c 为 IS 的成员，Π 为 RS 的成员。

（0.1）$[v]\,^M_g = g(v)$

（0.2）$[c]\,^M_g = i(c)$

（0.3）$[\Pi]_g^M = i(\Pi)$

（1）基本子式

设 Π 为 RS 的成员且 ad $(\Pi)=1$，t 为 TM 的成员。

（1.1）当且仅当 $[t]_g^M \in i(\Pi)$ 时，$[\Pi t]_g^M = \mathrm{T}$。

设 Π 为 RS 的成员且 ad $(\Pi)=n$（$n>1$），$t_1,\cdots,t_n$ 为 TM 的成员。

（1.2）当且仅当 $<[t_1]_g^M,\cdots,[t_n]_g^M> \in i(\Pi)$ 时，$[\Pi t_1 \cdots t_n]_g^M = \mathrm{T}$。

（2）复合公式

设 α 和 β 为 FM 的成员。

（2.1）$[*\alpha]_g^M = o_*([\alpha]_g^M)$

（2.2）$[\alpha_\circ \beta]_g^M = o_\circ([\alpha]_g^M,[\beta]_g^M)$

设 v 为 VR 的成员，Q 为 QC^2 的成员。

（2.3.1）$[Qv\,\alpha]_g^M = o_Q([\alpha]_{g;v}^M)$

设 α 为 RT 的成员，β 为 FM 的成员。

（2.3.2）当且仅当 $[\beta]_{g;v}^M \in [\alpha]_{g;v}^M$ 时，$[\alpha\,\beta]_g^M = \mathrm{T}$。

通过重新改写与 MQL^2 的第一种表示方式相关的二元关系的性质来得到这些结论。为此，我们使用 2.6.3.5 节中定义的二元关系关联函数 im_R 的概念。下面从保守性开始。它被定义为一个集合的幂集上的二元关系：当且仅当 $RX\,(X \cap Y)$ 时，RXY。与 MQL^2 的第二种表示方式相对应的是：当且仅当 $X \cap Y \in \mathrm{im}_R(X)$ 时，有 $Y \in \mathrm{im}_R(X)$。接下来讨论单调性，有四种：右、左、递增和递减。首先考虑一个右单调递增的二元关系。其定义是：如果 Rxy 和 $y \leqslant z$，则 Rxz。其对应的 MQL^2 的第二种表示方式是：如果 $y \in \mathrm{im}_R(x)$ 且 $y \leqslant z$，则 $z \in \mathrm{im}_R(x)$。一个左单调递增关系的定义如下：如果 Ryx 和 $y \leqslant z$，则 Rzx。它对应于 MQL^2 的第二种表示方式：如果 $x \in \mathrm{im}_R(y)$ 且 $y \leqslant z$，则 $x \in \mathrm{im}_R(z)$。最后，对于置换下的不变性，我们希望读者自己写出置换下不变关系的对应项，以及左、右单调递减的关系。

练习：量词作为集合族

对于下面的练习，假设 IS$=\{a,\,b,\,c\}$，VR$=\{x,\,y,\,z\}$，RS$_1=\{F,\,G,\,H\}$ 且 RS$_2=\{R,\,S,\,T\}$。

1. 确定以下哪些是 MQL^2（第二种表示方式）的公式？

(a) Fb

(b) $Sab \wedge Hx$

(c) $\exists^2_{\leqslant 3} x\, Gx\, Hx$

(d) $(\exists^2_{\leqslant 3} x\, Gx)\, Hx$

(e) $\exists^2_{\geqslant 3} z\, Hz \vee Gz$

(f) $\forall^2 x\, (\exists^2_{>2} y\, Rxy)\, Fz$

(g) $(\exists^2_{<0} z\, Fz)\,(\mathrm{M}^2 y\, Hy)\, Tyz$

(h) $(\mathrm{M}^2 y\,(\exists^2 z\, Hz)\, Gy)\, Syz$

(i) $Hc \wedge \mathrm{N}^2 z\,(\forall^2 x\, Fx)\, Txz$

(j) $(\exists^2 x\, Hx)\,(\forall^2_y Rxy)\, Fz$

2. 对于下列公式中每个变量，说明哪些量词前缀绑定哪个变量，以及说明哪个变量是自由的。

(a) $\exists^2 z\, Fz\, Gz$

(b) $(\mathrm{M}^2 z\,(\exists^2 y\, Fa)\, Txz)\, Gy$

(c) $(\mathrm{M}^2 z\, Szx)\,(Fz \to Gz)$

(d) $(\exists^2_{=3} y\, Gx)\,(Saz \wedge Tbz)$

(e) $(\forall^2 x\, Fx)\, Ray$

(f) $Fx \wedge (\exists^2 y\, Tyx)\, Gy$

(g) $(\exists^2 x\, Fx)\, Rzx \vee (\exists^2 x\, Syx)\, Gy$

(h) $(\exists^2 x\,(\forall^2 x\, Ryx)\, Gz)\, Rzx$

(i) $(\forall^2 z\,((\mathrm{E}^2 y\, Fy)\, Haz \to (\exists^2 z\, Saz)\, Gz))\,(Gx \vee Saz)$

3. 确定结构 $M=<U,\,i>$ 中 MQL^2 公式的真值，其中 $U=\{1,\,2,\,3,\,4,\,5\}$ 且

i $a \mapsto 1$ $F \mapsto \{1, 3, 5\}$ $R \mapsto \{\, <1, 2>, <3, 3>, <2, 2>, <5, 4>, <1, 3>\}$
　　$b \mapsto 2$ $G \mapsto \{2, 3, 4\}$ $S \mapsto \{\, <1, 2>, <1, 3>, <1, 4>, <1, 1>\}$
　　$c \mapsto 5$ $H \mapsto \{1, 2, 3, 4\}$ $T \mapsto \varnothing$

（a）Fa　　　　　　　　　（i）$(\forall^2 z \, Raz) \, Fz$

（b）Rbc　　　　　　　　　（j）$(M^2 z \, Hz) \, Gz$

（c）Hc　　　　　　　　　（k）$(\exists^2_{\geqslant 1} x \, Fc) \, Gc$

（d）$(\exists^2_{=1} x \, Fx) \, Gx$　　　　（l）$(\forall^2 x \, Fx)(\exists^2_{\geqslant 1} y \, Gy) \, Rxy$

（e）$(\exists^2_{=1} x \, Gx) \, Fx$　　　　（m）$(\forall^2 x \, Hx)(\exists^2_{\geqslant 1} y \, Fy) \, Sxy$

4. 写出对应于二元关系下列性质的定义条件的函数 im_R 的定义条件：

（a）左单调递减；（b）右单调递减；（c）置换下的不变性；（d）自反性；（e）非自反性；（f）对称性；

（g）非对称性；（h）反对称性；（i）传递性。

12.4　结论

在 20 世纪的最后二十年，对量词前缀的赋值也适用于作为量化名词短语的值这一观点开始受到语言学界的重视。最早发表的论文来自逻辑学家 Jon Barwise 和语言学家 Robin Cooper（Barwise and Cooper（1981））。当时，语言学家 Edward Keena 也在做这项研究，几年后出版了一些相关著作（Keenan and Moss（1985）；Keenan and Stavi（1986））。此后不久，逻辑学家 Dag Westerstahl（Westerstahl（1989））又发表了进一步的研究。最全面的关于广义量词及其在自然语言中的应用出现在文献 Peters and Westerstahl（2011）中。Keenan 和 Westerstahl（1997）提供了一个简明的概述。Keenan（2018）也已经写了一份关于他在这个和相关主题上的工作总结。

部分练习答案

12.2 节

1.（a）b　　　（c）mdx　　　（e）$Imcxd$　　　　（f）$Ibmcxy$

2.（a）$\exists x \exists y (Px \wedge Py \wedge \neg Ixy)$

（c）$\forall x \forall y \forall z \forall w \big((Px \wedge Py \wedge Pz \wedge Pw) \rightarrow (Ixy \wedge Ixz \wedge Ixw \wedge Iyz \wedge Iyw \wedge Izw)\big)$

（j）$\forall x \forall y \forall z \big((Px \wedge Py \wedge Pz) \rightarrow (Ixy \wedge Ixz \wedge Iyz)\big)$

3.（a）$\exists x \exists y \neg Ixy$

4.（b）如果 f 代表加法，那么这个公式为真，如果它代表相加两个数后再加 1，则这个公式为假。

5.（a）这个公式对于 $\mathbb{N}$ 是假的，但是对于 $\mathbb{Z}$ 和 $\mathbb{Q}$ 是真的：后两个都有正数和负数，但是第一个没有。

（d）这个公式对于所有三个集合都是真的：每个集合中的每个数字乘以 0 等于 0。

（g）这个公式对所有三个集合都是真的：每个集合中的每个数字都有一个二次幂项。

（k）对于每个数字，都有一个数字，使得它们的乘积与和是相同的。对于所有三个集合来说这为假。

6.（a）$\exists x \exists y Ipxyy$

（b）$\exists x \exists y(\neg Ixb \wedge \neg Iyb \wedge Imxyb)$

（c）$\forall \exists y Ixpyb$

12.3.1 节

1.（a）否　（c）是　（i）否　（e）否　（g）是　（k）是

2.（a）$\exists^1 z$ 绑定了两个 z。

（b）$\exists^1 x$ 绑定了唯一的 x；$\forall^1 z$ 绑定了两个 z；唯一的 y 是自由的。

（e）$\exists^1 x$ 绑定了第一个和最后一个出现的 x；$\forall^1 z$ 绑定了第二个和第三个 x。

(g) $\forall^1 x$ 绑定了两个 x；$\forall^1 y$ 绑定了前两个出现的 y；$\exists^{\;1}_{=2} z$ 绑定了前两个出现的 z；最后出现的 y、z 和 x 是自由的。

(i) $\exists^1 x$ 绑定了三个 x；$\exists^1 z$ 绑定了两个 z；$\exists^1 y$ 绑定了两个 y。

(k) $\exists^1 y$ 绑定了第一次出现的 y；$\forall^1 x$ 绑定了最后一次出现的 x；唯一的 z、第一次出现的 x 和最后一次出现的 y 是自由的。

(m) $\exists^1 z$ 绑定了两次出现的 z；$\exists^1 x$ 绑定了前两次出现的 x；$\forall^1 x$ 绑定了最后的三个 x。

(o) $\exists^1 z$ 绑定了两次出现的 z；$\forall^1 y$ 绑定了三次出现的 y；$\exists^1 x$ 绑定了第一次、第二次和第三次出现的 x。

3. (a) 真　(c) 真　(e) 假　(g) 真　(i) 真　(k) 真

4. (a) 和 (d)；(b) 和 (c)。

5. 前三项中的任何两项都可以在不丧失表达能力的情况下被消除。

6. (a) 对应 $\exists^{\;1}_{>0}$ 的条件为：

当且仅当 $|[\alpha]^{M}_{g;v}|>0$，$[\exists^{\;1}_{\geqslant 0} v\alpha]^{M}_{g}=\mathrm{T}$。

(b) 没有任何优势。

12.3.2.1 节

1. (a) 是　(c) 是　(e) 是　(g) 否　(i) 是　(k) 否

2. (a) $\exists^2 z$ 绑定了三次出现的 z。

(c) $M^2 z$ 绑定了四次出现的 z；唯一出现的 x 是自由的。

(e) $\forall^2 x$ 绑定了两次出现的 x；唯一出现的 y 是自由的。

(g) $\exists^2 x$ 绑定了前三个出现的 x；$\exists^2 x$ 绑定了后两次出现的 x；两次出现的 y 和唯一出现的 z 是自由的。

(i) $\forall^2 z$ 绑定前两次出现和最后一次出现的 z；$N^2 y$ 绑定了前两次出现的 y；$\exists^2 z$ 绑定了第三次、第四次和第五次出现的 z；所有出现的 x。

3. (a) 真　(c) 假　(e) 真　(g) 假　(i) 假　(k) 假　(m) 真　(o) 假

4. 部分答案：

(a) 子集关系和不相交关系是保守的。

(b) 子集关系在置换下是不变的。

(c) 真子集关系是左单调递减，而且不是右单调递减的。

(d) 重叠关系不是左单调递减的，而是左单调递增的。

12.3.2.2 节

1. (a) 是　(c) 否　(e) 否　(f) 否　(h) 是　(j) 是

3. (a) 真　(c) 假　(e) 真　(g) 假　(i) 假　(k) 假　(m) 真　(o) 假

4. 右单调递减性：

(b) 当且仅当对于每个 x，y，$z \in D_R$，如果 $x \leqslant y$ 且 $y \in \mathrm{im}_R(z)$，则 $x \in \mathrm{im}_R(z)$ 时，R 是右单调递减的。

Lambek 演算和 Lambda 演算

13.1 介绍

在本章中，我们将学习两种演算方式：Lambek 演算和 Lambda 演算。在讨论这两种演算方法之前，读者可能会想要去了解"演算"⊖这个词在这里所代表的含义。演算是一个用来进行计算的系统，它由一组表达式和规则组成，用于将集合中的表达式转换为同一集合中的其他表达式。因此，通常被数学家称为分析的数学领域，也被称为微分和积分学，因为它包含一组表达式以及微分和积分规则，通过这些规则，人们可以对集合中的表达式进行微分或积分操作。CPL 的演绎部分也被称为命题演算（Propositional calculus），因为它也同样包括一个表达式集合，即 CPL 的公式以及规则（即演绎规则），通过这些规则，公式被转换成其他公式。实际上，我们已经了解了其中的一种 CPL，即 Gentzen 序列演算（Gentzen sequent calculus），其中由规则转换的表达式不是公式，而是序列式，尽管它们本身包含公式。

Lambek 演算被出生于德国的提出者、加拿大数学家 Joachim（Jim）Lambek（1922—2014）称为句法演算，其起源于波兰逻辑学家 Kazimierz Ajdukiewicz（1935）的研究，他受 Edmund Husserl（1900 bk.5）和 Stanislaw Leśniewski 思想的启发，提出了演算，即有一组表达式和规则，用于确定逻辑表示法中哪些符号字符串是公式，哪些不是公式。尽管 Ajdukiewicz 间接提到了将这些思想应用到自然语言研究中，但只有在出生于奥地利的以色列哲学家 Yehoshua Bar-Hillel（1953）的研究中，人们才首次认真探讨了其在自然语言中的应用。Jim Lambek（1958）将前人的数学思想扩展到他的句法演算中，指出了扩展后的演算在确定自然语言中哪些表达式是正确的表达式而哪些不是正确的表达式方面的应用。

我们还将学习 Lambda 演算。20 世纪 30 年代，从奥地利逻辑学家 Kurt Gödel（1906—1978）的逻辑学著作开始，许多逻辑学家开始思考如何精确描述可计算函数。受 Gödel 作品的启发，英国逻辑学家 Alan Turning（1912—1954）得出了另一个特征，在这个特征中，所定义的功能被隐喻为机器（machine），也就是现在的图灵机（Turing Machine）。美国逻辑学家 Alonzo Church（1903—1995）发现了另一种被他称为 Lambda 演算的特征⊖。Lambda 演算包含一组函数表达式，其中一个关键符号是小写的希腊字母 Lambda（λ），以及将这些表达式转换为同一组表达式的规则。

在本章中，我们将首先介绍 Lambek 演算的基本原理，然后介绍 Lambda 演算的基本原

⊖ 在拉丁语中演算这个词的意思是卵石。古罗马人和其他古人用卵石做算术运算。

⊖ 可计算函数的其他特征是由出生于波兰的美国数学家 Emil Post（1897—1954）提出的，被称为 Post 机器。与其相关的研究独立于 Alan Turing 的研究，以及其他人的研究，例如 Joachim Lambek（1922—2014）提出的被称为 abaci 的特征，还有美国计算机科学家 Marvin Minsky（1927—2016）的研究，这里仅举这几个例子。

理。最后，为了准备介绍 Lambek 和 Lambda 演算在自然语言研究中的应用，我们将扩展它们并建立它们之间的同构性。

13.2　Lambek 演算

Lambek 演算包括一组表达式，其被称为公式（formulae），以及一组规则，可以将公式转换为其他公式，我们称之为演绎规则（detuction rule）。Lambek 演算的公式是由一组基本表达式和 \、/、· 三个连接词组成的复杂表达式。尽管我们用其他集合也可以达到同样的表达效果，但鉴于之前用 AF 来表示 CPL 的基本子式，在这里我们依然把基本表达式看作基本子式 AF。下面是所有 Lambek 公式集的形式定义，即 LF。

定义 1　Lambek 演算的公式

设 AF 为基本子式。

（1）AF⊆LF。

（2）如果 α，$\beta \in$ LF，则 $\alpha\backslash\beta$，α/β，$\alpha \cdot \beta \in$ LF。

（3）没有其他情况属于 LF。

例如，如果 p、q 和 r 是基本的 Lambek 公式，那么不仅 p、q 和 r 是 Lambek 公式，$(p\backslash q)$、(q/r)、$(r \cdot p)$、$((p \cdot q)/r)$、$((q/(q/r))$、$((p\backslash q)/(r \cdot p))$ 等类似的公式也是。我们还将采用常用惯例，即省略 Lambek 公式最外面一对括号。因此，通常将 $(p\backslash q)$、$((p \cdot q)/r)$ 和 $((p\backslash q)/(r \cdot p))$，写为 $p\backslash q$，$(p \cdot q)/r$ 和 $(p\backslash q)/(r \cdot p)$。

现在来讨论 Lambek 演算中的演绎。我们将考虑三种表示方式：第一种是以公式树格式表示演绎，类似于用公式树格式表示自然演绎；第二种是以树格式表示序列演绎，类似于用序列树格式表示自然演绎；第三种是 Gentzen 演绎的表示，同样是使用树格式，类似于 Gentzen 序列演算的表示。由于这里给出的 Lambek 演算的每一种表示都使用树格式，所以通常在后面省略这个限定。

一个重要的问题是这三种 Lambek 演算的表示是否等价。我们将确认它们是等价的。值得注意的是，在第 7 章中，我们本来也可以问这样一个问题：CPL 的五种表示，即四个自然演绎表示和一个 Gentzen 序列演算表示是否等价。为了避免在第 7 章中给读者带来太多的问题，我们假设读者会想当然地认为五种表示是等价的。

13.2.1　公式演绎

从定义 Lambek 演算的公式的演绎开始。

定义 2　Lambek 演算的公式演绎

可以从一组公式中演绎出一个公式，即演绎的前提是存在一个公式树，其中的每个公式要么是树顶部的一个公式，在这种情况下，它是从一组前提中直接得到的，要么是从与它直接相邻的上面公式按照下面所制定的规则之一得到的。

与自然演绎类似，我们有六条规则，即针对三个基本连接词各有一个消除和引入规则。首先考虑一下 \ 的消除和引入规则。

\	消除	引入
	$\alpha \quad \alpha\backslash\beta$ $\dfrac{}{\beta}$	$[\alpha]$ $\vdots \qquad \vdots$ $\dfrac{\beta}{\alpha\backslash\beta}$

这一对规则类似于公式树格式中自然演绎的 →消除 和 →引入 规则，我们将其再次列出以便于读者参考。

→	消除	引入
	$\dfrac{\alpha, \alpha \to \beta}{\beta}$	$[\alpha]$ $\vdots$ $\dfrac{\beta}{\alpha \to \beta}$

然而，其中有一个明显的区别。我们从消除规则之间的差异开始讲。自然演绎（公式树格式）的 →消除 规则的前提中的公式彼此无序。事实上，前提表示中的逗号表明了这一点。这种无序意味着以 α 结尾的公式树无论是在以 $\alpha \to \beta$ 结尾的公式树的左侧还是右侧，该规则都适用。而在 \消除 规则中，规则前提的表示中没有逗号。这表示以 $\alpha\backslash\beta$ 和 α 终止的公式树的顺序不同时情况不同：如果以 $\alpha\backslash\beta$ 终止的公式树出现在以 α 终止的公式树的相邻右侧，则规则适用；而如果出现在相邻左侧，则规则不适用。

虽然 \ 和 →引入 规则看起来相同，但是它们在某方面也存在明显的差异。在 CPL 的公式树演绎中，当 $\alpha \to \beta$ 的某个实例出现在公式 β 的一个实例下面时，任何 β 实例上面的公式 α 的实例都被包括在方括号之中。但是在 Lambek 演算的树结构演绎的 \引入 规则的任意应用实例中，当 $\alpha\backslash\beta$ 出现在公式 β 的一个实例下面时，只有在公式 β 上面的最左边的实例公式 α 会被包括在方括号之中。

现在来研究下一对关于 / 的规则。这对规则与 \ 的规则对类似，只是与规则应用相关的公式的顺序是相反的。仅当终止于 β/α 的公式树位于终止于 α 的公式树左侧时，/消除 规则才适用。只有必须当公式 α 在以 β 结尾的演绎的最右上角时，/引入 规则才适用。

/	消除	引入
	$\dfrac{\beta/\alpha \quad \alpha}{\beta}$	$\vdots \quad [\alpha]$ $\vdots \qquad \vdots$ $\dfrac{\beta}{\beta/\alpha}$

最后，我们来讨论关于 · 的规则对。

·	消除	引入
	$\vdots \quad \alpha \cdot \beta \quad \vdots$ $\overline{\qquad\qquad}$ $\vdots \quad \alpha \ \ \beta \quad \vdots$ $\vdots \quad \vdots \quad \vdots$ $\overline{\qquad\qquad}$ γ	$\dfrac{\alpha \qquad \beta}{\alpha \cdot \beta}$

· 的消除规则会使人想起自然演绎中 ∨ 的消除规则。正如在 CPL 中，存在 $\alpha \to \gamma$ 和 $\beta \to \gamma$ 的前提下，∨ 消除规则可以从 $\alpha \vee \beta$ 形式的公式导出 γ 形式的公式一样，在 CPL 中，如果 γ 可以从公式 α 和公式 β 中演绎出来，我们就可以使用 · 消除规则从 $\alpha \cdot \beta$ 形式的公式中推出形式如 γ 的公式。此外，在这里顺序也需要对应：如果 α 在公式 $\alpha \cdot \beta$ 中的 β 的左边，那么以 γ 结尾的子树必须有两个顶部节点，一个用 α 标记，另一个用 β 标记，α 出现在 β 的相邻左边。

现在来定义 Lambek 演算中公式的可推导性。

定义 3   Lambek 演算的公式可推导性

设 α 为 LF 中的公式，Γ 为从 LF 中得到的公式列表。然后，当且仅当存在满足以下条件的一个以 α 结尾的公式树格式的演绎时，α 是可以从公式树格式的 Γ 中推导出的，即 $\Gamma \vdash FD_{\alpha}$：在树顶部未用方括号括起来的每个公式出现在 Γ 中，并且树顶部未用方括号括起来的公式的出现顺序与 Γ 中列出的公式的顺序相同。需要强调的是，此处的 Γ 表示公式的有限列表，而不是公式的集合。在列表中，公式从左到右出现的顺序很重要，交换列表中出现的两个不同公式会产生不同的结果。同样，在列表中，重复项也需要注意：即使两个列表唯一的不同之处在于一个列表具有两个彼此相邻的相同公式，而另一个仅含有一个该公式，这两个列表也是不同的。因此，可推导关系是有限的公式列表和单个公式之间的关系。

这里有一些关于 Lambek 演算的公式演绎的定理。

定理			
1.1	$\alpha \cdot (\beta \cdot \gamma) \vdash_{FD} (\alpha \cdot \beta) \cdot \gamma$	1.2	$(\alpha \cdot \beta) \cdot \gamma \vdash_{FD} \alpha \cdot (\beta \cdot \gamma)$
2.1	$\alpha \vdash_{FD} (\alpha \cdot \beta)/\beta$	2.2	$\beta \vdash_{FD} \alpha \backslash (\alpha \cdot \beta)$
3.1	$(\alpha/\beta) \cdot \beta \vdash_{FD} \alpha$	3.2	$\alpha \cdot (\alpha \backslash \beta) \vdash_{FD} \beta$
4.1	$\alpha \vdash_{FD} (\beta/\alpha) \backslash \beta$	4.2	$\alpha \vdash_{FD} \beta/(\alpha \backslash \beta)$
5.1	$(\gamma/\beta) \cdot (\beta/\alpha) \vdash_{FD} \gamma/\alpha$	5.2	$(\alpha \backslash \beta) \cdot (\beta \backslash \gamma) \vdash_{FD} \alpha \backslash \gamma$
6.1	$\gamma/\beta \vdash_{FD} (\gamma/\alpha)/(\beta/\alpha)$	6.2	$\beta \backslash \gamma \vdash_{FD} (\alpha \backslash \gamma) \backslash (\alpha \backslash \beta)$
7.1	$(\alpha \backslash \beta)/\gamma \vdash_{FD} \alpha \backslash (\beta/\gamma)$	7.2	$\alpha \backslash (\beta/\gamma) \vdash_{FD} (\alpha \backslash \beta)/\gamma$
8.1	$(\alpha/\beta)/\gamma \vdash_{FD} \alpha/(\gamma \cdot \beta)$	8.2	$\alpha/(\gamma \cdot \beta) \vdash_{FD} (\alpha/\beta)/\gamma$

现在来证明其中一些定理，而把其他定理的证明留给读者作为练习。

证明：定理 1.1

$$\frac{\dfrac{\dfrac{\alpha \cdot (\beta \cdot \gamma)}{\alpha} \quad \dfrac{\beta \cdot \gamma}{\beta}}{\dfrac{\beta}{\alpha \cdot \beta} \cdot I}}{(\alpha \cdot \beta) \cdot \gamma} \cdot I$$

证明：定理 4.1

$$\frac{\dfrac{[\beta/\alpha] \quad \alpha}{\beta}}{(\beta/\alpha)\backslash\beta} \backslash I$$

证明：定理 7.1

$$\frac{\dfrac{[\alpha] \quad \dfrac{\dfrac{(\alpha\backslash\beta)/\gamma \quad [\gamma]}{\alpha\backslash\beta} /E}{\beta} \backslash E}{\dfrac{\beta/\gamma}{\alpha\backslash(\beta/\gamma)} /I}}{\alpha\backslash(\beta/\gamma)} \backslash I$$

练习：公式演绎

1. 利用本节的公式演绎规则，证明前面剩下的定理。

2. 使用公式演绎规则证明以下规则：

1.1 $\alpha\,\beta\,\gamma \vdash_{FD} (\alpha \cdot \beta) \cdot \gamma$ 1.2 $\alpha\,\beta\,\gamma \vdash_{FD} \alpha \cdot (\beta \cdot \gamma)$

2.1 $\alpha/\beta\,\beta \vdash_{FD} \alpha$ 2.2 $\alpha\,\alpha\backslash\beta \vdash_{FD} \beta$

3.1 $\gamma/\beta\,\beta/\alpha \vdash_{FD} \gamma/\alpha$ 3.2 $\alpha\backslash\beta\,\beta\backslash\gamma \vdash_{FD} \alpha\backslash\gamma$

13.2.2 序列演绎

让我们来看看 Lambek 演算中的序列演绎，但在这样做之前，必须先强调一下在 Lambek 演算的公式可推导性定义（定义 3）下的观点。Lambek 演算的序列演绎表示中的序列包括一个有限的公式列表、中间符号和一个单独公式。序列的概念与第 7 章末尾讨论的 Gentzen 的序列概念相同，它们都假设序列的先行条件是有限的公式列表，尽管 Gentzen 还允许列表为空。

Lambek 演算中的树格式的序列演绎的定义如下。

定义 4 Lambek 演算的序列演绎（树格式）

一个序列的演绎是一个序列树，其中的每一个成员要么是一个公理，要么是对序列树中该成员上面直接相邻的序列应用下面的规则之一获得的。

类似于 CPL 的序列演绎（树格式）的规则，它包括一个公理以及每个介词连接词的规则对，在 Lambek 演算中序列演绎的规则也包括公理和每个连接词对应的规则对。

公理如下。

公理
$\alpha \vdash_{SD} \alpha$

接下来是 \ 的消除和引入规则对。

\	消除	引入
	$\dfrac{\Gamma \vdash_{SD} \alpha,\ \Delta \vdash_{SD} \alpha \backslash \beta}{\Gamma \Delta \vdash_{SD} \beta}$	$\dfrac{\alpha\ \Gamma \vdash_{SD} \beta}{\Gamma \vdash_{SD} \alpha \backslash \beta}$

Lambek 演算的这对规则非常类似于 CPL 中序列树格式的→对应的消除和引入规则。

→	消除	引入
	$\dfrac{\Gamma \vdash_{SD} \alpha,\ \Delta \vdash_{SD} \alpha \rightarrow \beta}{\Gamma \cup \Delta \vdash_{SD} \beta}$	$\dfrac{\Gamma \cup \{\alpha\} \vdash_{SD} \beta}{\Gamma \vdash_{SD} \alpha \rightarrow \beta}$

我们观察到，这两个规则对之间的差别就在于顺序。首先，在 Lambek 演算中的中间符号左边的是一个公式列表，其顺序是列表的顺序，而在 CPL 中间符号的左边是一个公式集合，其中没有顺序规定。列表的顺序与对应 \ 的两个规则相关。在 \ 消除规则的情况下，规则结论中的序列的左边部分包括可推导 α 的公式列表，后面接着的是可推导 $\alpha\beta$ 的公式列表。在 \ 引入规则的情况下，规则结论中的序列的左边部分的顺序与规则前提中的序列的左边部分的顺序相同，只是列表中的初始公式已被删除。

/ 对应的规则对和 \ 对应的规则对非常相似，只是与刚才提到的有关顺序的描述相反。读者应该自己核实一下什么样的顺序适用于这对规则。

/	消除	引入
	$\dfrac{\Gamma \vdash_{SD} \alpha,\ \Delta \vdash_{SD} \beta/\alpha}{\Delta \Gamma \vdash_{SD} \beta}$	$\dfrac{\Gamma\ \alpha \vdash_{SD} \beta}{\Gamma \vdash_{SD} \beta/\alpha}$

接下来看看关于·的消除和引入规则对。

·	消除	引入
	$\dfrac{\Delta \vdash_{SD} \alpha \cdot \beta,\ \Gamma \alpha \beta \Theta \vdash_{SD} \gamma}{\Gamma \Delta \Theta \vdash_{SD} \gamma}$	$\dfrac{\Gamma \vdash_{SD} \alpha,\ \Delta \vdash_{SD} \beta}{\Gamma \Delta \vdash_{SD} \alpha \cdot \beta}$

我们又增加了一个割（cut）规则，该规则与公式树格式的演绎规则没有对应的部分。割规则需要某公式既出现在一个中间符号的右边，也出现在一个中间符号的左边的公式列表

中。这是一条很方便的规则，我们将在下面的一些证明中使用它。正如将要看到的，这条规则不是必需的：任何在它的帮助下得到的序列也可以在没有它的情况下得到。

$$
\begin{array}{c}
\hline
\text{割} \\
\hline
\Delta \vdash_{SD} \alpha, \ \Gamma\alpha\Theta \vdash_{SD} \beta \\
\hline
\Gamma\Delta\Theta \vdash_{SD} \beta \\
\hline
\end{array}
$$

在前面的规则描述中，我们允许 LF 公式列表中的变量为空，但前提是该假设不会导致中间符号左边的列表为空。因此，· 消除规则允许 Δ 或 Θ 或两者都为空。在所有其他情况下，列表都是非空的。

Lambek 演算的公式演绎表示中定理的类比也适用于序列演绎表示。读者在练习中也需要证明如下定理。

定理			
1.1	$\alpha\ \beta\ \gamma \vdash_{SD} (\alpha\cdot\beta)\cdot\gamma$	1.2	$\alpha\ \beta\ \gamma \vdash_{SD} \alpha\cdot(\beta\cdot\gamma)$
2.1	$\alpha \vdash_{SD} (\alpha\cdot\beta)/\beta$	2.2	$\beta \vdash_{SD} \alpha\backslash(\alpha\cdot\beta)$
3.1	$\alpha/\beta\ \beta \vdash_{SD} \alpha$	3.2	$\alpha\ \alpha\backslash\beta \vdash_{SD} \beta$
4.1	$\alpha \vdash_{SD} (\beta/\alpha)\backslash\alpha$	4.2	$\alpha \vdash_{SD} \beta/(\alpha\backslash\beta)$
5.1	$\gamma/\beta\ \beta/\alpha \vdash_{SD} \gamma/\alpha$	5.2	$\alpha\backslash\beta\ \beta\backslash\gamma \vdash_{SD} \alpha\backslash\gamma$
6.1	$\gamma/\beta \vdash_{SD} (\gamma/\alpha)/(\beta/\alpha)$	6.2	$\beta\backslash\gamma \vdash_{SD} (\alpha\backslash\gamma)\backslash(\alpha\backslash\beta)$
7.1	$(\alpha\backslash\beta)/\gamma \vdash_{SD} \alpha\backslash(\beta/\gamma)$	7.2	$\alpha\backslash(\beta/\gamma) \vdash_{SD} (\alpha\backslash\beta)/\gamma$
8.1	$(\alpha/\beta)/\gamma \vdash_{SD} \alpha/(\gamma\cdot\beta)$	8.2	$\alpha/(\gamma\cdot\beta) \vdash_{SD} (\alpha/\beta)/\gamma$

证明：定理 2.1

$$
\cfrac{\cfrac{\alpha \vdash_{SD} \alpha \qquad \beta \vdash_{SD} \beta}{\alpha\ \beta \vdash_{SD} \alpha\cdot\beta}\ \cdot\mathrm{I}}{\alpha \vdash_{SD} (\alpha\cdot\beta)/\beta}\ /\mathrm{I}
$$

为了完整起见，下一个证明要求将定理 3.1 和定理 4.1 的证明过程放在下面给出的证明过程之前。

证明：定理 5.1

$$
\cfrac{\cfrac{\cfrac{\vdots}{\beta/\alpha\ \alpha \vdash_{SD} \beta}\ /\mathrm{E} \qquad \cfrac{\vdots}{\beta \vdash_{SD} (\gamma/\beta)\backslash\gamma}\ \backslash\mathrm{I}}{\cfrac{(\beta/\alpha)\ \alpha \vdash_{SD} (\gamma/\beta)\backslash\gamma}{\cfrac{(\gamma/\beta)\ \beta/\alpha\ \alpha \vdash_{SD} \gamma}{\gamma/\beta\ \beta/\alpha \vdash_{SD} \gamma/\alpha}\ /\mathrm{I}}\ \backslash\mathrm{E}}\ \text{割}}{}
$$

证明：定理 8.1

$$
\cfrac{\cfrac{}{\gamma\cdot\beta \vdash_{SD} \gamma\cdot\beta}\ \text{公理} \qquad \cfrac{\cfrac{\cfrac{}{(\alpha/\beta)/\gamma \vdash_{SD} (\alpha/\beta)/\gamma}\ \text{公理}}{\cfrac{(\alpha/\beta)/\gamma\ \gamma \vdash_{SD} \alpha/\beta}{(\alpha/\beta)/\gamma\ \gamma\ \beta \vdash_{SD} \alpha}\ /\mathrm{E}}\ /\mathrm{E}}{\cfrac{(\alpha/\beta)/\gamma\ \gamma\cdot\beta \vdash_{SD} \alpha}{(\alpha/\beta)/\gamma \vdash_{SD} \alpha/(\gamma\cdot\beta)}\ /\mathrm{I}}\ \cdot\mathrm{E}}{}
$$

练习：序列演绎

1. 使用序列演绎规则，证明前述定理。

2. 使用序列演绎规则证明以下命题。

1.1	$\alpha \cdot (\beta \cdot \gamma) \vdash_{SD} (\alpha \cdot \beta) \cdot \gamma$	1.2	$(\alpha \cdot \beta) \cdot \gamma \vdash_{SD} \alpha \cdot (\beta \cdot \gamma)$
2.1	$(\alpha / \beta) \cdot \beta \vdash_{SD} \alpha$	2.2	$\alpha \cdot (\alpha \backslash \beta) \vdash_{SD} \beta$
3.1	$(\gamma / \beta) \cdot (\beta / \alpha) \vdash_{SD} \gamma / \alpha$	3.2	$(\alpha \backslash \beta) \cdot (\beta \backslash \gamma) \vdash_{SD} \alpha \backslash \gamma$

13.2.2.1　公式演绎和序列演绎的等价性

现在希望证明 Lambek 演算的公式演绎表示等价于序列演绎表示。我们所说的等价性是指，由同一组有限的公式列表和单一的公式组成的搭配，再由 $\vdash_{FD}$ 进行配对所得到的结果和由 $\vdash_{SD}$ 进行配对所得到的结果一样。换句话说，对于每个有限的公式列表 Θ 和每个公式 θ，当且仅当 $\Theta \vdash_{SD} \theta$ 时，有 $\Theta \vdash_{FD} \theta$。我们将分两大步来证明这一点。第一步是证明对于每个有限的公式列表 Θ 以及每个公式 θ，如果有 $\Theta \vdash_{FD} \theta$，那么有 $\Theta \vdash_{SD} \theta$。第二步是相反的：对于每个有限的公式列表 Θ 以及每个公式 θ，如果有 $\Theta \vdash_{SD} \theta$，那么有 $\Theta \vdash_{FD} \theta$。

➡ 第一步证明

要迈出第一步，必须首先介绍树的深度的概念。表达式（无论是公式还是序列）出现在树中的每个点都是一个节点（node）。树中的分支（branch）是节点的序列，即从树中的一个节点到它上面直接相邻的一个节点，以此类推，一直到顶部节点。因此，如果从树的底部节点开始，树的分支和顶部节点一样多。分支中的节点数是分支的长度。树的深度是它最长分支的长度[⊖]。

树的深度的概念允许我们将深度为 1 的所有树放入一个组中，将深度为 2 的所有树放入另一个组中，以此类推，放入深度为正整数 n 的组中。

接下来，我们回顾当 $\Theta \vdash_{FD} \theta$ 成立时，充要条件是存在一个公式演绎树，它的顶部公式从左到右是 Θ 中列出的公式，而其底部公式是 θ。现在，我们是否应该证明，对于由深度为 1 的公式演绎树支持的 $\Theta \vdash_{FD} \theta$ 的每一个实例，都有一个底部顺序为 $\Theta \vdash_{SD} \theta$ 的序列演绎与之相对应；我们是否应该证明，对于由深度为 2 的公式演绎树支持的 $\Theta \vdash_{FD} \theta$ 的每一个实例，都有一个底部顺序为 $\Theta \vdash_{SD} \theta$ 的序列演绎与之相对应；我们是否应该证明，对于由深度为 3 的公式演绎树支持的 $\Theta \vdash_{FD} \theta$ 的每一个实例，都有一个底部顺序为 $\Theta \vdash_{SD} \theta$ 的序列演绎与之相对应；实际上，我们是否应该证明，对于由深度为 n 的公式演绎树支持的 $\Theta \vdash_{FD} \theta$ 的每一个实例，都有一个底部顺序为 $\Theta \vdash_{SD} \theta$ 的序列演绎与之相对应。而最后自然可以得到，对于每个有限的公式列表 Θ 以及每个公式 θ，如果 $\Theta \vdash_{FD} \theta$，则 $\Theta \vdash_{SD} \theta$。

像这样从深度为 1 的公式演绎树的情况开始证明，再到深度为 2 的公式演绎树的情况，以此类推，我们不可能写出想要的证明，因为这永远不会结束。我们所能做的，也必须做的，是应用一种证明，它使用的原理被称为*数学归纳原理*（principle of mathematical induction）。在这里应用这个原理意味着首先证明，对于由深度为 1 的公式演绎所支持的 $\Theta \vdash_{FD} \theta$ 的每个实例，都有对应的 $\Theta \vdash_{SD} \theta$ 的序列演绎。这部分被称为这一证明的*基本情况*（base case）。接下来，我们证明，如果对于由深度为 n 的公式演绎支持的 $\Theta \vdash_{FD} \theta$ 的每个实例，都有对应的 $\Theta \vdash_{SD} \theta$ 的序列演绎，那么对于由深度为 $n+1$ 的公式演绎支持的 $\Delta \vdash_{FD} \beta$ 的

⊖　根据这个定义，一棵树可能有不止一个最长分支。当然，如果有两个最长分支，它们的长度是一样的。

每个实例，就一定有 $\Delta \vdash_{SD} \beta$ 的序列演绎。这部分证明被称为该证明的**归纳情况**（induction case）。一旦基本情况和归纳情况证毕，我们将调用数学归纳原理来得出结论，对于每个有限的公式列表 Θ 以及每个公式 θ，如果 $\Theta \vdash_{FD}\theta$，则 $\Theta \vdash_{SD}\theta$。

基本情况

$\Theta \vdash_{FD}\theta$ 由深度为 1 的公式树演绎而来。这样的公式演绎树包含一个公式，被称为 α。因此，$\Theta \vdash_{FD}\theta$ 就是 $\alpha \vdash_{FD}\alpha$。同时，$\alpha \vdash_{SD}\alpha$ 是序列演绎的公理。因此，我们证明了该基本情况。

归纳情况

归纳假设：对于由深度为 n 或更小的公式演绎得出的每个 $\Theta \vdash_{FD}\theta$（其中 $n>1$），都存在一个对应的序列演绎 $\Theta \vdash_{SD}\theta$。

现在考虑任意的序列 $\Theta \vdash_{FD}\theta$，其可能对应的公式演绎的深度为 $n+1$。这一公式演绎必须是将公式演绎的六个规则之一应用于一个深度为 n 的公式演绎以及另一个（如果需要的话）深度不大于 n 的公式演绎后所得到的。根据归纳假设，这一个或者两个公式演绎都有其对应的序列演绎，它们可以将其扩展为底部序列为 $\Theta \vdash_{SD}\theta$ 的序列演绎。因为无论在深度为 $n+1$ 的公式演绎的最后一步使用六个公式演绎规则中的哪一个，我们都必须证明这是如此，所以我们有六种情况要考虑。现在依次研究这些情况。

- 情况：\ 消除

假设 $\Theta \vdash_{FD}\theta$ 是由最后一步应用 \ 消除规则的公式演绎得到的，则对应的公式演绎形式如下：

$$
\begin{array}{cc}
\Gamma & \Delta \\
\vdots & \vdots \\
\alpha & \alpha\backslash\beta \\
\hline
\multicolumn{2}{c}{\beta} \quad \backslash\text{E}
\end{array}
$$

其中，Θ 为 $\Gamma\Delta$ 且 θ 为 β。通过归纳假设，我们知道存在序列演绎，它们的底部序列为 $\Gamma \vdash_{SD}\alpha$ 和 $\Delta \vdash_{SD}\alpha\backslash\beta$。可以使用这两个序列演绎来获得一个底部序列为 $\Gamma\Delta \vdash_{SD}\beta$ 的序列演绎，如下所示：

$$
\dfrac{\dfrac{\vdots}{\Gamma \vdash_{SD}\alpha}\text{IH} \quad \dfrac{\vdots}{\Delta \vdash_{SD}\alpha\backslash\beta}\text{IH}}{\Gamma\Delta \vdash_{SD}\beta}\backslash\text{E}
$$

- 情况：\ 引入

假设 $\Theta \vdash_{FD}\theta$ 是由最后一步应用 \ 消除规则的公式演绎得到的，则对应的公式演绎形式如下：

$$
\begin{array}{cc}
[\alpha] & \Delta \\
\vdots & \vdots \\
\multicolumn{2}{c}{\beta} \\
\hline
\multicolumn{2}{c}{\alpha\backslash\beta} \quad \backslash\text{I}
\end{array}
$$

其中，Θ 为 Δ 且 θ 为 $\alpha\backslash\beta$。通过归纳假设，我们知道有一个底部序列为 $\alpha\Delta \vdash_{SD}\beta$ 的序列演绎。使用 \ 引入规则，我们可以将这个序列演绎扩展成底部序列为 $\Delta \vdash_{SD}\alpha\backslash\beta$ 的序列演绎，如下所

示：

$$\frac{\vdots}{\frac{\alpha\varDelta\vdash_{SD}\beta}{\varDelta\vdash_{SD}\alpha\backslash\beta}\ \backslash\mathrm{I}}\mathrm{IH}$$

- 情况：/消除
  留作练习。
- 情况：/引入
  留作练习。
- 情况：·消除
  证明省略⊖。
- 情况：·引入

假设 $\Theta\vdash_{FD}\theta$ 是由最后一步应用·引入规则的公式演绎得到的，则对应的公式演绎形式如下：

$$\begin{array}{cc}\Gamma & \varDelta\\ \vdots & \vdots\\ \dfrac{\alpha\quad\beta}{\alpha\cdot\beta}\cdot\mathrm{I}\end{array}$$

其中，Θ 是 $\Gamma\varDelta$ 且 θ 代表 $\alpha\cdot\beta$。通过归纳假设，我们知道有两个序列演绎，一个是 $\Gamma\vdash_{SD}\alpha$，另一个是 $\varDelta\vdash_{SD}\beta$。可以通过这些序列演绎获得 $\Gamma\varDelta\vdash_{SD}\alpha\cdot\beta$ 形式的序列演绎，如下所示：

$$\frac{\dfrac{\vdots}{\Gamma\vdash_{SD}\alpha}\mathrm{IH}\quad\dfrac{\vdots}{\varDelta\vdash_{SD}\beta}\mathrm{IH}}{\Gamma\varDelta\vdash_{SD}\alpha\cdot\beta}\cdot\mathrm{I}$$

这就完成了归纳情况的证明，其中包含六个子情况。

现在引用数学归纳原理得出结论：对于每个有限的公式列表 Θ 以及每个公式 θ，如果 $\Theta\vdash_{FD}\theta$，则 $\Theta\vdash_{SD}\theta$。

➡第二步证明

第二步是证明对于每个有限的公式列表 Γ 以及每个公式 α，如果 $\Gamma\vdash_{SD}\alpha$，则 $\Gamma\vdash_{FD}\alpha$。我们的证明过程将再次使用数学归纳法原理。首先表明，深度 1 的任何序列演绎都有相对应的公式演绎。这是基本情况。接下来，我们证明，如果对于每个由深度 n 或更小的序列演绎支持的 $\Theta\vdash_{SD}\theta$ 实例，我们都有一个对应的公式演绎 $\Theta\vdash_{FD}\theta$，那么对于每个由深度 $n+1$ 或更小的序列演绎支持的 $\varDelta\vdash_{SD}\beta$ 实例，我们同样也有一个对应的公式演绎 $\varDelta\vdash_{FD}\beta$。这是证明的归纳情况。在基本情况和归纳情况下，我们就可以根据数学归纳原理得出结论，即对于每个有限的公式列表 Θ 以及对于每个公式 θ，如果 $\Theta\vdash_{SD}\theta$，则 $\Theta\vdash_{FD}\theta$。

基本情况

$\Theta\vdash_{SD}\theta$ 由深度为 1 的序列演绎而得到。这样的序列演绎只可能是公理。因此对于某些公式 α 一定有 $\alpha\vdash_{SD}\alpha$。但是 $\alpha\vdash_{FD}\alpha$ 意味着单个公式对应一个公式演绎。因此这证明了基本情况。

⊖　跟其他规则的形式不同，该规则的形式会使情况变得复杂，因此最好省略其中细节的证明。

归纳情况

归纳假设：对于每个深度为 n 或更小（$n>1$）的序列演绎 $\Theta \vdash_{SD}\theta$，都存在一个对应的公式演绎 $\Theta \vdash_{FD}\theta$。

现在考虑深度为 $n+1$ 的任意序列演绎，它的底部序列为 $\Theta \vdash_{SD}\theta$。这一序列演绎必须是将序列演绎的六个规则之一应用于一个深度为 n 的序列演绎以及另一个（如果需要的话）深度不大于 n 的序列演绎后所得到的。根据归纳假设，这一个或者两个序列演绎都有其对应的公式演绎，该公式演绎可以扩展为底部公式为 θ 以及对应假设公式列表为 Θ 的公式演绎。因为无论在深度为 $n+1$ 的序列演绎的最后一步中使用六个序列演绎规则中的哪一个，我们都必须证明这一点，所以我们有六种情况要考虑。我们现在依次研究这些情况。

- 情况：\ 消除

假设 $\Theta \vdash_{SD}\theta$ 是由最后一步应用 \ 消除规则的序列演绎而得到的。则对应的序列演绎形式如下：

$$\frac{\begin{array}{c}\vdots\\ \Gamma\vdash_{SD}\alpha\end{array} \quad \begin{array}{c}\vdots\\ \Delta\vdash_{SD}\alpha\backslash\beta\end{array}}{\Gamma\Delta\vdash_{SD}\beta}\backslash E$$

其中 Θ 是 $\Gamma\Delta$ 且 θ 是 β。通过引入假设，我们知道存在公式演绎满足 $\Gamma\vdash_{FD}\alpha$ 和 $\Delta\vdash_{FD}\alpha\backslash\beta$。我们可以使用对应的两个公式演绎来获得公式演绎 $\Gamma\Delta\vdash_{FD}\beta$，如下所示：

$$\frac{\dfrac{\begin{array}{c}\Gamma\\ \vdots\end{array}}{\alpha}IH \quad \dfrac{\begin{array}{c}\Delta\\ \vdots\end{array}}{\alpha\backslash\beta}IH}{\beta}\backslash E$$

- 情况：\ 引入

留作练习。

- 情况：/ 消除

留作练习。

- 情况：/ 引入

假设 $\Theta \vdash_{SD}\theta$ 是由最后一步应用 / 引入规则的序列演绎而得到的。则对应的序列演绎形式如下：

$$\frac{\begin{array}{c}\vdots\\ \Gamma\alpha\vdash_{SD}\beta\end{array}}{\Gamma\vdash_{SD}\beta/\alpha}/I$$

其中 Θ 是 Γ 且 θ 是 β/α。根据归纳假设，我们知道存在一个公式演绎使得 $\Gamma\alpha\vdash_{FD}\beta$ 成立。我们可以使用对应的公式演绎来得到 $\Gamma\vdash_{FD}\beta/\alpha$ 成立的公式演绎，如下所示。

$$\frac{\dfrac{\begin{array}{cc}\Gamma & [\alpha]\\ \vdots & \vdots\end{array}}{\beta}IH}{\beta/\alpha}/I$$

- 情况：·消除

留作练习。

- 情况：·引入

留作练习。

一旦读者证明了公式演绎对应最后一步使用了 ·I 的序列演绎，我们就得到了对于每个有限的公式列表 Θ 以及每个公式 θ，如果 $\Theta \vdash_{SD} \theta$，则 $\Theta \vdash_{FD} \theta$。

练习：公式演绎和序列演绎的等价性

1. 证明对于每个正整数 n，都有一个深度为 n 的公式演绎树。
2. 写出本节中作为练习的证明。

13.2.3   Gentzen 演绎

最后，我们来研究 Lambek 演算的 Gentzen 演绎。

定义 5   Lambek 演算的 Gentzen 演绎（树格式）

一个序列的演绎是一个序列树，其中的每一个成员要么是一个公理，要么是对序列树中该成员上面直接相邻的序列应用下面的规则之一获得的。

正如在第 7 章中介绍的那样，Gentzen 序列演算使用与序列树格式相同的公理和引入规则作为演绎规则，但是它用另一组引入规则替换消除规则。序列树格式的引入规则在 Gentzen 序列演算中被称为右引入规则，而新的引入规则则被称为左引入规则。这里对 Lambek 演算做了类比改变。

然后，下面就是 Lambek 演算的 Gentzen 演绎表示的公理。

公理
$\alpha \vdash_{GD} \alpha$

下面是 Lambek 演算的 Gentzen 演绎的引入规则。

\\	左	右
	$\dfrac{\Gamma \vdash_{GD} \alpha, \ \Delta \ \beta \ \Theta \vdash_{GD} \gamma}{\Delta \Gamma \alpha \backslash \beta \ \Theta \vdash_{GD} \gamma}$	$\dfrac{\alpha \ \Gamma \vdash_{GD} \beta}{\Gamma \vdash_{GD} \alpha \backslash \beta}$

/	左	右
	$\dfrac{\Gamma \vdash_{GD} \alpha, \ \Delta \ \beta \ \Theta \vdash_{GD} \gamma}{\Delta \ \beta / \alpha \ \Gamma \ \Theta \vdash_{GD} \gamma}$	$\dfrac{\Gamma \ \alpha \vdash_{GD} \beta}{\Gamma \vdash_{GD} \beta / \alpha}$

·	左	右
	$$\dfrac{\Gamma\alpha\,\beta\,\Delta\vdash_{GD}\gamma}{\Gamma\alpha\cdot\beta\,\Delta\vdash_{GD}\gamma}$$	$$\dfrac{\Gamma\vdash_{GD}\alpha,\ \Delta\vdash_{GD}\beta}{\Gamma\Delta\vdash_{GD}\alpha\cdot\beta}$$

割
$$\dfrac{\Delta\vdash_{GD}\alpha,\ \Gamma\alpha\Theta\vdash_{GD}\beta}{\Gamma\Delta\Theta\vdash_{GD}\beta}$$

Lambek 演算的公式演绎定理的类比也适用于 Gentzen 演绎。读者在练习中可以证明这些定理。

定理			
1.1	$\alpha\cdot(\beta\cdot\gamma)\vdash_{GD}(\alpha\cdot\beta)\cdot\gamma$	1.2	$(\alpha\cdot\beta)\cdot\gamma\vdash_{GD}\alpha\cdot(\beta\cdot\gamma)$
2.1	$\alpha\vdash_{GD}(\alpha\cdot\beta)/\beta$	2.2	$\beta\vdash_{GD}\alpha\backslash(\alpha\cdot\beta)$
3.1	$\alpha/\beta\ \beta\vdash_{GD}\alpha$	3.2	$\alpha\ \alpha\backslash\beta\vdash_{GD}\beta$
4.1	$\alpha\vdash_{GD}(\beta/\alpha)\backslash\beta$	4.2	$\alpha\vdash_{GD}\beta/(\alpha\backslash\beta)$
5.1	$\gamma/\beta\ \beta/\alpha\vdash_{GD}\gamma/\alpha$	5.2	$\alpha\backslash\beta\ \beta\backslash\gamma\vdash_{GD}\alpha\backslash\gamma$
6.1	$\gamma/\beta\vdash_{GD}(\gamma/\alpha)/(\beta/\alpha)$	6.2	$\beta\backslash\gamma\vdash_{GD}(\alpha\backslash\gamma)\backslash(\alpha\backslash\beta)$
7.1	$(\alpha\backslash\beta)/\gamma\vdash_{GD}\alpha\backslash(\beta/\gamma)$	7.2	$\alpha\backslash(\beta/\gamma)\vdash_{GD}(\alpha\backslash\beta)/\gamma$
8.1	$(\alpha/\beta)/\gamma\vdash_{GD}\alpha/(\gamma\cdot\beta)$	8.2	$\alpha/(\gamma\cdot\beta)\vdash_{GD}(\alpha/\beta)/\gamma$

证明：定理 3.1

$$\dfrac{\overline{\alpha\vdash_{GD}\alpha}\ \text{公理}\quad\overline{\beta\vdash_{GD}\beta}\ \text{公理}}{(\alpha/\beta)\ \beta\vdash_{GD}\alpha}/\text{L}$$

证明：定理 6.1

$$\dfrac{\dfrac{\overline{\gamma\vdash_{GD}\gamma}\ \text{公理}\quad\overline{\beta\vdash_{GD}\beta}\ \text{公理}}{\gamma/\beta\ \beta\vdash_{GD}\gamma}/\text{L}\quad\overline{\alpha\vdash_{GD}\alpha}\ \text{公理}}{\dfrac{\dfrac{\gamma/\beta\ \beta/\alpha\ \alpha\vdash_{GD}\gamma}{\gamma/\beta\ \beta/\alpha\vdash_{GD}\gamma/\alpha}/\text{R}}{\gamma/\beta\vdash_{GD}(\gamma/\alpha)/\beta/\alpha}/\text{R}}/\text{L}$$

练习：Gentzen 演绎

1. 使用 Gentzen 演绎规则，证明本节剩余的定理。

2. 使用 Gentzen 演绎规则证明以下命题。

1.1	$\alpha\cdot(\beta\cdot\gamma)\vdash_{GD}(\alpha\cdot\beta)\cdot\gamma$	1.2	$(\alpha\cdot\beta)\cdot\gamma\vdash_{GD}\alpha\cdot(\beta\cdot\gamma)$
2.1	$(\alpha/\beta)\cdot\beta\vdash_{GD}\alpha$	2.2	$\alpha\cdot(\alpha\backslash\beta)\vdash_{GD}\beta$
3.1	$(\gamma/\beta)\cdot(\beta/\alpha)\vdash_{GD}\gamma/\alpha$	3.2	$(\alpha\backslash\beta)\cdot(\beta\backslash\gamma)\vdash_{GD}\alpha\backslash\gamma$

13.2.3.1　序列演绎和 Gentzen 演绎的等价性

正如即将看到的，Lambek 演算的序列演绎表示等价于 Gentzen 演绎表示，即对于每个有限公式列表 Θ 以及每个公式 θ，当且仅当 $\Theta \vdash_{GD}\theta$ 时，有 $\Theta \vdash_{SD}\theta$。

与证明 Lambek 演算的公式演绎表示和序列演绎表示等价一样，这里的证明同样分两步进行。第一步是证明对于每个有限公式列表 Θ 以及每个公式 θ，如果 $\Theta \vdash_{SD}\theta$，那么 $\Theta \vdash_{GD}\theta$。第二步证明则相反：对于每个有限公式列表 Θ 以及每个公式 θ，如果 $\Theta \vdash_{GD}\theta$，那么 $\Theta \vdash_{SD}\theta$。由于这两种表示共享一半规则，所以这两个证明步骤将比之前的证明步骤更短。每一步都使用了数学归纳法进行证明。

➡️第一步证明

与证明 Lambek 演算中公式演绎表示和序列演绎表示等价的两个步骤一样，我们也将使用数学归纳原理进行证明。

基本情况

$\Theta \vdash_{SD}\theta$ 是由深度 1 的序列演绎得出的。此类序列演绎只能是一个公理。因此，对于某些公式 α，它的形式必须为 $\alpha \vdash_{SD}\alpha$。然而，$\alpha \vdash_{GD}\alpha$ 是 Gentzen 演绎的一个公理。这样就证明了基本情况。

归纳情况

归纳假设：对于由深度为 n 或更小（$n>1$）的公式演绎得出的每个 $\Theta \vdash_{SD}\theta$，都有对应的 Gentzen 演绎 $\Theta \vdash_{GD}\theta$。

现在考虑深度为 $n+1$ 的任意序列演绎，其底部序列为 $\Theta \vdash_{SD}\theta$。此序列演绎必须将六个序列演绎的规则之一应用于另一个或者两个序列演绎，其中一个深度为 n，另一个（如果需要的话）深度不大于 n。通过归纳假设，这一个或两个序列演绎具有相应的 Gentzen 演绎，并且可以将其扩展到其底部序列为 $\Theta \vdash_{GD}\theta$ 的 Gentzen 演绎。由于我们必须证明这个事实与深度为 $n+1$ 的序列演绎的最后一步中使用的六个规则中的任何一个都无关，因此我们要考虑六种情况。但是，由于序列演绎的引入规则与 Gentzen 演绎的右引入规则相同，因此我们只需要考虑三种情况，即那些最后使用的规则是三个消除规则之一的序列演绎。

- 情况：\ 消除

假设 $\Theta \vdash_{SD}\theta$ 是由最后应用 \ 消除规则的序列演绎获得的。因此该序列演绎具有以下形式：

$$\frac{\quad \vdots \quad \quad \vdots \quad}{\dfrac{\Gamma \vdash_{SD}\alpha \qquad \Delta \vdash_{SD}\alpha\backslash\beta}{\Gamma\Delta \vdash_{SD}\beta}}\backslash E$$

其中，Θ 代表 $\Gamma\Delta$，θ 代表 β。通过归纳假设，我们知道存在对应的 Gentzen 演绎，其底部序列分别为 $\Gamma \vdash_{GD}\alpha$ 和 $\Delta \vdash_{GD}\alpha\backslash\beta$。我们可以使用这两个对应的 Gentzen 演绎来获得其底部序列为 $\Gamma\Delta \vdash_{GD}\beta$ 的 Gentzen 演绎，如下所示。

$$\frac{\dfrac{\vdots}{\Delta \vdash_{GD}\alpha\backslash\beta}IH \qquad \dfrac{\dfrac{\vdots}{\Gamma \vdash_{GD}\alpha}IH \qquad \dfrac{\dfrac{\alpha \vdash_{GD}\alpha}{}axiom \quad \dfrac{\beta \vdash_{GD}\beta}{}axiom}{\alpha\ \alpha\backslash\beta \vdash_{GD}\beta}\backslash L}{\Gamma\alpha\backslash\beta \vdash_{GD}\beta}cut}{\Gamma\Delta \vdash_{GD}\beta}cut$$

- 情况：/ 消除

留作练习。

- 情况：·消除

假设 $\Theta \vdash_{SD} \theta$ 是由最后应用·消除规则的序列演绎获得的。因此该序列演绎具有以下形式：

$$\frac{\quad\vdots\quad\qquad \vdots\qquad}{\dfrac{\Delta \vdash_{SD} \alpha \cdot \beta \quad \Gamma\alpha\beta\Upsilon \vdash_{SD}\gamma}{\Gamma\Delta\Upsilon \vdash_{SD}\gamma}}\cdot E$$

其中，Θ 代表 $\Gamma\Delta\Upsilon$，θ 代表 γ。通过归纳假设，我们知道存在对应的 Gentzen 演绎，其底部序列分别为 $\Delta \vdash_{GD}\alpha \cdot \beta$ 和 $\Gamma\alpha\beta\Upsilon \vdash_{GD}\gamma$。我们可以使用相应的两个 Gentzen 演绎来获得其底部序列为 $\Gamma\Delta\Upsilon \vdash_{GD}\gamma$ 的 Gentzen 演绎，如下所示。

$$\frac{\dfrac{\vdots}{\Delta \vdash_{GD}\alpha \cdot \beta}IH \quad \dfrac{\dfrac{\vdots}{\dfrac{\Gamma\alpha\beta\Upsilon \vdash_{GD}\gamma}{}}IH}{\Gamma\alpha \cdot \beta\Upsilon \vdash_{GD}\gamma}\cdot L}{\Gamma\Delta\Upsilon \vdash_{GD}\gamma}cut$$

我们现在已经证明了第一步。在开始第二步之前，我们要证明 Lambek 演算序列演绎表示的两个所谓的派生规则。这些派生规则允许缩短序列演绎的过程。它们在原则上是可以去除的。因此，它们不会以任何方式改变在序列演绎表述中可证明的一组序列。但是，它们确实缩短了序列演绎的步骤。我们将在第二步中使用这些派生的规则。

第一个派生规则被称为 DR·LE，它允许将形如（$\cdots(\alpha_1 \cdot \alpha_2)\cdots$）·$\alpha_n$ 的 Γ 中的任何公式替换为序列 $\alpha_1\alpha_2\cdots\alpha_n$，如下所示：

$$\frac{\Gamma(\cdots(\alpha_1 \cdot \alpha_2)\cdots) \cdot \alpha_n\Delta \vdash_{SD}\beta}{\Gamma\alpha_1\alpha_2\cdots\alpha_n\Delta \vdash_{SD}\beta}DR\cdot LE$$

（Γ 和 Δ 都可能为空列表。）

注意如果 $n=2$，那么 $(\cdots(\alpha_1 \cdot \alpha_2)\cdots) \cdot \alpha_n$ 就是 $(\alpha_1 \cdot \alpha_2)$。

第二个派生规则称为 DR·LI，它允许用单个公式（$\cdots(\alpha_1 \cdot \alpha_2)\cdots$）·$\alpha_n$ 替换列表 Γ 中的任何公式 $\alpha_1\alpha_2\cdots\alpha_n$ 的子列表。

$$\frac{\Gamma\alpha_1\alpha_2\cdots\alpha_n\Delta \vdash_{SD}\beta}{\Gamma(\cdots(\alpha_1 \cdot \alpha_2)\cdots) \cdot \alpha_n\Delta \vdash_{SD}\beta}DR\cdot LI$$

（Γ 和 Δ 都可能为空列表。）

我们可以使用数学归纳原理证明这些派生规则在 Lambek 演算的序列演绎表示中成立。其基本情况是考虑一个只包含两个公式 α_1 和 α_2 的实例[⊖]。归纳情况假设该规则适用于 n 个公式，即 $\alpha_1\cdots\alpha_n$，并表明该规则也适用于 $n+1$ 个公式，即 $\alpha_1\cdots\alpha_n+1$。

证明：DR·LI

基本情况

我们希望证明，如果存在一个 $\Gamma\alpha_1 \cdot \alpha_2\Delta \vdash_{SD}\beta$ 的序列演绎，那么就有一个对应的 $\Gamma\alpha_1\alpha_2\Delta \vdash_{SD}\beta$ 序列演绎。这关键在于证明可以将 $\Gamma\alpha_1 \cdot \alpha_2\Delta \vdash_{SD}\beta$ 的序列演绎扩展到 $\Gamma\alpha_1\alpha_2\Delta \vdash$

⊖ 熟悉数学归纳法原理的人都知道，可以将一个公式的实例 α_1 作为基本情况。

$_{SD}\beta$ 的序列演绎。假设的序列演绎 $\Gamma\alpha_1 \cdot \alpha_2\varDelta \vdash_{SD}\beta$ 的最后一条证明线标记为 S。

$$\cfrac{\cfrac{\overline{\alpha_1 \vdash_{SD}\alpha_1}\ \text{axiom}\quad \overline{\alpha_2 \vdash_{SD}\alpha_2}\ \text{axiom}}{\alpha_1\alpha_2 \vdash_{SD}\alpha_1 \cdot \alpha}\cdot\text{R}\qquad \cfrac{\vdots}{\Gamma\alpha_1 \cdot \alpha_2\varDelta \vdash_{SD}\beta}\text{S}}{\Gamma\alpha_1\alpha_2\varDelta \vdash_{SD}\beta}\text{cut}$$

归纳情况

我们现在来研究派生规则归纳情况的证明。

归纳假设：

$$\cfrac{\Gamma(\cdots(\alpha_1 \cdot \alpha_2)\cdots) \cdot \alpha_n\varDelta \vdash_{SD}\beta}{\Gamma\alpha_1\alpha_2\cdots\alpha_n\varDelta \vdash_{SD}\beta}\text{IH}$$

假设有一个序列演绎，其底部序列为 $\Theta(\cdots((\gamma_1 \cdot \gamma_2)\cdots) \cdot \gamma_{n+1}\Upsilon \vdash_{SD}\delta$。该演绎可以扩展到底部序列为 $\Theta\gamma_1\gamma_2\cdots\gamma_{n+1}\Upsilon \vdash SD\delta$ 的序列演绎。我们在下面展示扩展的演绎，注意我们将 $(\cdots((\gamma_1 \cdot \gamma_2)\cdots) \cdot \gamma_n$ 缩写为 $\overline{\gamma}$。

$$\cfrac{\cfrac{\cfrac{\overline{\overline{\gamma} \vdash_{SD}\overline{\gamma}}\ \text{axiom}\quad \overline{\gamma_{n+1} \vdash_{SD}\gamma_{n+1}}\ \text{axiom}}{\overline{\gamma}\ \gamma_{n+1} \vdash_{SD}\overline{\gamma} \cdot \gamma_{n+1}}\cdot\text{I}\qquad \cfrac{\vdots}{\Theta\ \overline{\gamma} \cdot \gamma_{n+1}\Upsilon \vdash_{SD}\delta}\text{S}}{\Theta\ \overline{\gamma}\ \gamma_{n+1}\Upsilon \vdash_{SD}\delta}\text{cut}}{\Theta\gamma_1\cdots\gamma_{n+1}\Upsilon \vdash_{SD}\delta}\text{IH}$$

证明：DR $\cdot$ LE

留作练习。

➡ 第二步证明

我们现在来进行第二步的证明。在这里我们将会再次使用数学归纳法的原理进行证明。

基本情况

$\Theta \vdash_{GD}\theta$ 是由深度为 1 的 Gentzen 演绎得出的。这种 Gentzen 演绎只能是一个公理。因此，对于某些公式 α，它的形式必须为 $\alpha \vdash_{GD}\alpha$。同时，$\alpha \vdash_{SD}\alpha$ 是序列演绎的公理。这样就完成了基本情况的证明。

归纳情况

我们现在转向第二步的归纳情况。

归纳假设：对于由深度 n 或更小（$n>1$）的 Gentzen 演绎得出的每个 $\Theta \vdash_{GD}\theta$，都有一个对应的序列演绎 $\Theta \vdash_{SD}\theta$。

现在考虑深度 $n+1$ 的任意 Gentzen 演绎，其底部序列为 $\Theta \vdash_{GD}\theta$。此 Gentzen 演绎必须是由将 Gentzen 演绎的六个规则之一应用于另一个或者 Gentzen 演绎得到的，其中一个深度为 n，另一个（如果需要的话）深度不大于 n。通过归纳假设，这一个或两个 Gentzen 演绎具有相应的序列演绎，这些演绎可以扩展为底部演绎为 $\Theta \vdash_{SD}\theta$ 的序列演绎。由于无论在深度 $n+1$ 的序列演绎的最后一步中使用了六个 Gentzen 演绎规则中的哪一个，我们都必须证明这一点，所以我们要考虑六种情况。但是，同样在此由于序列演绎的引入规则与 Gentzen 演绎的右引入规则相同，因此实际上我们只需要考虑三种情况，即那些最后使用的规则是三个左引入规则之一的 Gentzen 演绎。

- 情况：\ 左引入

假设 $\theta \vdash_{GD} \theta$ 是由 Gentzen 演绎得出的，其最后应用是 \ 左引入规则。然后，对应的 Gentzen 演绎具有以下形式：

$$
\frac{\displaystyle \frac{\vdots}{\Gamma \vdash_{GD} \alpha} \qquad \frac{\vdots}{\Delta \beta Y \vdash_{GD} \gamma}}{\Delta \Gamma \alpha \backslash \beta Y \vdash_{GD} \gamma} \backslash L
$$

其中，Θ 是 $\Delta \Gamma \alpha \backslash \beta Y$，$\theta$ 是 γ。通过归纳假设，我们知道存在一些序列演绎，其底序列分别为 $\Gamma \vdash_{SD} \alpha$ 和 $\Delta \beta Y \vdash_{SD} \gamma$。我们可以使用这两个序列演绎获得一个底部序列为 $\Delta \Gamma \alpha \backslash \beta Y \vdash_{SD} \gamma$ 的序列演绎。

我们在下面展示扩展后的序列演绎。尽管演绎过程不是特别复杂，但想要在一页上进行完整展示也并不容易。因此，我们将整个演绎过程分为三个子演绎过程。第一个子演绎过程使用归纳假设的一部分得到序列 $\Gamma \alpha \backslash \beta \vdash_{SD} \beta$。第二个子演绎过程使用归纳假设的第二部分得到序列 $\beta \vdash_{SD} \bar{\delta} (\gamma / \bar{v})$，在此我们将与公式列表 Y 对应的公式缩写为 $\bar{v}$。第三个子演绎过程使用由第一和第二个子演绎过程得出的两个序列，以得出所需的序列 $\Delta \Gamma \alpha \backslash \beta Y \vdash_{SD} \gamma$。另外，我们将与公式列表 Δ 相对应的公式列表缩写为 $\bar{\delta}$。最后，在第一个子演绎过程中，我们省略了定理 4.2 的序列演绎证明。

第一个子演绎过程：

$$
\frac{\displaystyle \frac{\frac{\vdots}{\Gamma \vdash_{SD} \alpha}\text{IH} \quad \frac{\vdots}{\alpha \vdash_{SD} \beta / (\alpha \backslash \beta)}\text{定理4.2}}{\Gamma \vdash_{SD} \beta / (\alpha \backslash \beta)}\text{cut} \quad \frac{}{\alpha \backslash \beta \vdash_{SD} \alpha \backslash \beta}\text{axiom}}{\Gamma \alpha \backslash \beta \vdash_{SD} \beta} \backslash E
$$

第二个子演绎过程：

$$
\frac{\displaystyle \frac{\displaystyle \frac{\displaystyle \frac{\displaystyle \frac{\vdots}{\Delta \beta Y \vdash_{SD} \gamma}\text{IH}}{\bar{\delta}\ \beta Y \vdash_{SD} \gamma}\text{DR}\cdot\text{LI}}{\bar{\delta}\ \beta \bar{v} \vdash_{SD} \gamma}\text{DR}\cdot\text{LI}}{\bar{\delta}\ \beta \vdash_{SD} \gamma / \bar{v}}/\text{I}}{\beta \vdash_{SD} \bar{\delta}\ \backslash (\gamma / \bar{v})} \backslash \text{I}
$$

第三个子演绎过程：

$$
\frac{\displaystyle \frac{\displaystyle \frac{\frac{\vdots}{\Gamma \alpha \backslash \beta \vdash_{SD} \beta}\text{first} \quad \frac{\vdots}{\beta \vdash_{SD} \bar{\delta}\ \backslash(\gamma/\bar{v})}\text{second}}{\Gamma \alpha \backslash \beta \vdash_{SD} \bar{\delta}\ \backslash(\gamma/\bar{v})}\text{cut} \quad \frac{}{\bar{\delta} \vdash_{SD} \bar{\delta}}\text{axiom}}{\bar{\delta}\ \Gamma \alpha \backslash \beta \vdash_{SD} \gamma / \bar{v}} \backslash E \quad \frac{}{\bar{v} \vdash_{SD} \bar{v}}\text{axiom}}{\displaystyle \frac{\displaystyle \frac{\bar{\delta}\ \Gamma \alpha \backslash \beta \bar{v} \vdash_{SD} \gamma}{\Delta \Gamma \alpha \backslash \beta \bar{v} \vdash_{SD} \gamma}\text{DR}\cdot\text{LE}}{\Delta \Gamma \alpha \backslash \beta Y \vdash_{SD} \gamma}\text{DR}\cdot\text{LE}} /\text{E}
$$

证明：/ 左引入

留作练习。

证明：· 左引入

假设 $\Theta \vdash_{GD} \theta$ 是由 Gentzen 演绎得出的，且最后应用的是 · 左引入规则。然后，对应的 Gentzen 演绎具有以下形式：

$$\frac{\begin{array}{c} \vdots \\ \hline \Gamma\alpha\beta\Delta \vdash_{GD}\gamma \end{array}}{\Gamma\alpha \cdot \beta\Delta \vdash_{GD}\gamma} \cdot \text{L}$$

其中，Θ 是 $\Gamma\alpha \cdot \beta\Delta$，$\theta$ 是 γ。通过归纳假设，我们知道存在一个序列演绎，其底部序列为 $\Gamma\alpha \cdot \beta\Delta \vdash_{SD}\gamma$，它对应于底部序列为 $\Gamma\alpha\beta\Delta \vdash_{GD}\gamma$ 的 Gentzen 演绎。我们扩展这个序列演绎以获得一个底部序列为 $\Gamma\alpha \cdot \beta\Delta \vdash_{GD}\gamma$ 的序列演绎。

$$\frac{\dfrac{}{\alpha \cdot \beta \vdash_{SD}\alpha \cdot \beta}\text{ axiom} \quad \dfrac{\begin{array}{c}\vdots\end{array}}{\Gamma\alpha\beta\Theta \vdash_{SD}\gamma}\text{ IH}}{\Gamma\alpha \cdot \beta\Theta \vdash_{SD}\gamma} \cdot \text{E}$$

练习：序列演绎和 Gentzen 演绎的等价性

在不使用所讨论的等价性的情况下，证明 Lambek 演算的公式演绎表示等价于 Gentzen 演绎表示，即，对于任意有限的公式列表 Θ 和任意公式 θ，当且仅当 $\Theta \vdash_{GD}\theta$ 时，有 $\Theta \vdash_{FD}\theta$。

13.2.4 割消除

现在来讨论 Lambek 演算的割消除定理。割消除定理，顾名思义，认为割规则是可以消除的。换句话说，对于 Lambek 演算中任意一个应用了割规则的演绎过程，都存在一个可以不使用割规则但是效果完全相同的演绎过程。或者，换句话说，在任何时候都无须应用割规则就可以证明 Lambek 演算的每个定理。

证明过程是通过对割程度的归纳来进行的。割的程度是规则组成成分的程度。回顾割规则的形式，如下：

$$\frac{\Gamma \vdash \alpha \qquad \Delta\alpha\Theta \vdash \beta}{\Delta\Gamma\Theta \vdash \beta}\text{割}$$

割规则的应用组成成分为 Γ、Δ、Θ、α 和 β。公式的程度（degree）是指该公式中连接词的出现次数，列表的程度是列表中所有公式的程度之和。Lambek 演算除具有割规则外，还具有六个规则和一个公理。这六个规则包括三个 R 规则（用于每个连接词）和三个 L 规则（同样用于每个连接词）。下面的证明将会表明，对于演绎中的任何割规则应用，我们可以完全消除该规则，或者可以用较小程度的割规则来替代它。而且，所得到的演绎的深度不会变大，也不会具有更多的节点。这意味着，通过反复消除割规则的应用或通过反复减少割规则应用的程度，可以将任何应用割规则的证明过程转变为不应用割规则的证明过程，这可以通过有限步骤的消除或减少来完成。而这也代表我们总共需要考虑十四种情况，其中七种是在左前提应用割规则的情况，另外七种是在右前提应用割规则的情况。而这样的七种情况中包括一种所涉及的前提是公理的情况，三种子演绎过程最后一步应用的是 L 规则的情况，以及三种子演绎过程最后一步应用的是 R 规则的情况。

下面从两种情况开始证明，而每种情况的前提之一都是公理。

➡️情况 1.1

首先将左前提实例化为公理 $\gamma \vdash \gamma^{\ominus}$。这意味着 γ 代替了 α 和 Γ。结果如下：

$$\cfrac{\cfrac{}{\gamma \vdash_{GD} \gamma}\text{axiom} \qquad \cfrac{\vdots}{\Delta\gamma\Theta \vdash_{GD} \beta}}{\Delta\gamma\Theta \vdash_{GD} \beta}\text{cut}$$

割规则的该应用的结论与其右前提是一样的。因此，割规则的这种应用是完全多余的，通过省略底部序列和公理，可以缩短这种形式的任何演绎过程。

➡️情况 1.2

接下来，将右前提实例化为公理 $\gamma \vdash \gamma$。这意味着 Δ 和 Θ 为空列表，而 α 和 β 为 γ，从而获得以下实例：

$$\cfrac{\cfrac{\vdots}{\Gamma \vdash_{GD} \gamma} \qquad \cfrac{}{\gamma \vdash_{GD} \gamma}\text{axiom}}{\Gamma \vdash_{GD} \gamma}\text{cut}$$

这一次，割规则的应用结果与其左前提是一样的。同样，割规则的应用也是多余的。

现在来看其中一个前提源自一个规则的情况。这里考虑应用 L 规则的情况，首先考虑应用于左前提的三种情况，然后考虑应用于右前提的三种情况。

➡️情况 2.1：L 规则的应用

● 情况 2.1.1：左前提

这里有三种子情况要考虑，对应 /L 规则、\L 规则和 ·L 规则的应用，由此产生左前提。

子情况 :/L 规则（左前提） 设形式为 $\Gamma \vdash \alpha$ 的左前提是应用 /L 规则产生的，其列表为具有形式为 δ/γ 的公式。此外，由于左前提是应用 /L 产生的，所以它本身由两个前提决定，一个前提的形式如 $\Psi \vdash \gamma$，另一个前提的形式如 $\Upsilon\delta\Lambda \vdash \alpha$。这些前提又反过来要求左前提中的 Γ 具有 $\Upsilon\delta/\gamma\Psi\Lambda$ 的形式。因此，左前提具有 $\Upsilon\delta/\gamma\Psi\Lambda \vdash \alpha$ 的形式。所有这些都意味着我们正在考虑应用的割规则出现在以下情形中：

$$\cfrac{\cfrac{\cfrac{\vdots}{\Psi \vdash_{GD} \gamma} \qquad \cfrac{\vdots}{\Upsilon\delta\Lambda \vdash_{GD} \alpha}}{\Upsilon\delta/\gamma\Psi\Lambda \vdash_{GD} \alpha}\backslash\text{L} \qquad \cfrac{\vdots}{\Delta\alpha\Theta \vdash_{GD} \beta}}{\Delta\Upsilon\delta/\gamma\Psi\Lambda\Theta \vdash_{GD} \beta}\text{cut}$$

现在可以重新排列以上演绎过程，使上面的内容出现在新的演绎中，如下所示：

⊖ 这两个前提之间是无序的，因此从技术上讲，没有左前提和右前提。但是，考虑到前面提到的割规则的特定表达，我们将区分这两个前提为左和右。

$$\cfrac{\Psi\vdash_{GD}\gamma \quad \cfrac{\cfrac{\vdots}{Y\delta\varLambda\vdash_{GD}\alpha} \quad \cfrac{\vdots}{\varDelta\alpha\Theta\vdash_{GD}\beta}}{\varDelta Y\delta\varLambda\Theta\vdash_{GD}\beta}\text{cut}}{\varDelta Y\delta/\gamma\Psi\varLambda\Theta\vdash_{GD}\beta}\backslash\text{L}$$

注意事项：

1. 第二个演绎树的深度可以增加或减小 1。

2. 每个演绎树有相同数量的节点。

3. 每个演绎树都应用相同数量的割规则。

4. 在第二个演绎过程中使用割规则的部分在树中的位置要比在第一个演绎过程中使用割规则的部分在树中的位置高。

5. 在第一个演绎树的部分中应用割规则的程度大于在第二个演绎树的部分中应用割规则的程度。因为 $d(\delta/\gamma)=d(\delta)+d(\gamma)+1$，所以 $d(\varDelta\Theta\Psi Y\varLambda\alpha\beta\delta/\gamma)>d(\varDelta\Theta Y\varLambda\alpha\beta\delta)$。

子情况：\L 规则（左前提） 令 $\Gamma\vdash\alpha$ 是应用 \L 规则后得到的左前提。（该证明留作练习。）

子情况：·L 规则（左前提） 设具有 $\Gamma\vdash\alpha$ 形式的左前提是应用 ·L 规则后得到的，然后其列表具有形式为 $\delta\cdot\gamma\cdot\Gamma$ 的公式。Γ 的形式为 $Y\delta\cdot\gamma\varLambda$。因此，左前提是 $Y\delta\cdot\gamma\varLambda\vdash\alpha$。已知该序列是应用 ·L 得到的。要应用此规则，左前提必须是从形式为 $Y\delta\cdot\gamma\varLambda\vdash\alpha$ 的前提得到的。结合所有这些，我们就可以得到如下割规则应用实例：

$$\cfrac{\cfrac{\cfrac{\vdots}{Y\delta\gamma\varLambda\vdash_{GD}\alpha}}{Y\delta\cdot\gamma\varLambda\vdash_{GD}\alpha}\cdot\text{L} \quad \cfrac{\vdots}{\varDelta\alpha\Theta\vdash_{GD}\beta}}{\varDelta Y\delta\cdot\gamma\varLambda\Theta\vdash_{GD}\beta}\text{cut}$$

现在可以重新排列以上演绎过程，使上面的内容出现在新的演绎中，如下所示：

$$\cfrac{\cfrac{\cfrac{\vdots}{Y\delta\gamma\varLambda\vdash_{GD}\alpha} \quad \cfrac{\vdots}{\varDelta\alpha\Theta\vdash_{GD}\beta}}{\varDelta Y\delta\gamma\varLambda\Theta\vdash_{GD}\beta}\text{cut}}{\varDelta Y\delta\cdot\gamma\varLambda\Theta\vdash_{GD}\alpha}\cdot\text{L}$$

注意事项：

1. 第二个演绎树的深度可以增加 1。

2. 每个演绎树有相同数量的节点。

3. 每个演绎树都应用相同数量的割规则。

4. 在第二个演绎过程中使用割规则的部分在树中的位置要比在第一个演绎过程中使用割规则的部分在树中的位置高。

5. 在第一个演绎树的部分中应用割规则的程度大于在第二个演绎树的部分中应用割规则的程度。因为 $d(\delta\cdot\gamma)=d(\delta)+d(\gamma)+1$，所以 $d(\varDelta\Theta\Psi Y\varLambda\alpha\beta\delta\cdot\gamma)>d(\varDelta\Theta Y\varLambda\alpha\beta\delta\gamma)$。

- 情况 2.1.2：右前提

同样，在右前提下也有三种子情况要考虑，对应 /L 规则、\L 规则和 ·L 规则的应用。

子情况：/L 规则（右前提） 设形式为 $\Delta\alpha\Theta\vdash\beta$ 的右前提是应用 / L 规则后得到的，因此，α 是具有 δ/γ 形式的公式。由于 δ/γ 是应用 / L 规则后产生的，所以 Θ 必须具有 $\Xi\Lambda$ 的形式，其中 Λ 可以为空，而 Ξ 不能。这样，右前提的形式为 $\Upsilon\delta/\gamma\Xi\Lambda\vdash\beta$，它从两个序列得到，一个具有 $\Xi\vdash\gamma$ 形式，另一个具有 $\Upsilon\delta\Lambda\vdash\beta$ 形式。另外，左前提具有形式 $\Psi\vdash\delta/\gamma$。这反过来要求它是应用 / R 规则后得到的，并且从 $\Psi\gamma\vdash\delta$ 形式中得到。结合这些，可以得到以下割规则的应用实例：

$$
\cfrac{\cfrac{\vdots}{\cfrac{\Psi\gamma\vdash_{GD}\delta}{\Psi\vdash_{GD}\delta/\gamma}}\text{/R} \quad \cfrac{\cfrac{\vdots}{\Upsilon\delta\Lambda\vdash_{GD}\beta}\quad\cfrac{\vdots}{\Xi\vdash_{GD}\gamma}}{\Upsilon\delta/\gamma\Xi\Lambda\vdash_{GD}\beta}\text{/L}}{\Upsilon\Psi\Xi\Lambda\vdash_{GD}\beta}\text{cut}
$$

任何以上形式的演绎可以重写成如下所示：

$$
\cfrac{\cfrac{\vdots}{\Xi\vdash_{GD}\gamma}\quad\cfrac{\cfrac{\vdots}{\Psi\gamma\vdash_{GD}\delta}\quad\cfrac{\vdots}{\Upsilon\delta\Lambda\vdash_{GD}\beta}}{\Upsilon\Psi\gamma\Lambda\vdash_{GD}\beta}\text{cut}}{\Upsilon\Psi\Xi\Lambda\vdash_{GD}\beta}\text{cut}
$$

注意事项：

1. 第二个演绎树的深度可以减小 1。

2. 第二个演绎树的节点数量比第一个少 1。

3. 尽管所示的第二个演绎树的部分两次应用割规则，而第一个演绎树的部分仅应用了一次，但第二个演绎树的部分中的每个割规则应用的程度要小于第一个演绎树的部分中的割规则应用程度。因为 $d(\delta/\gamma)=d(\delta)+d(\gamma)+1$，所以 $d(\Xi\Psi\Upsilon\Lambda\beta\delta/\gamma)>d(\Psi\Upsilon\Lambda\beta\delta\gamma)$ 且 $d(\Xi\Psi\gamma\Lambda\beta\delta/\gamma)>d(\Xi\Psi\gamma\Lambda\beta\gamma)$。

子情况：\L 规则（右前提） 设 $\Delta\alpha\Theta\vdash\beta$ 是将 \L 规则应用于右前提后得到的。（该证明留作练习。）

子情况：·L 规则（右前提） 设 $\Delta\alpha\Theta\vdash\beta$ 是应用 · L 规则后得到的，因此，α 是具有 $\delta\cdot\gamma$ 形式的公式。由于右前提是应用 · L 规则后得到的，所以它的形式为 $\Upsilon\delta\cdot\gamma\Lambda\vdash\beta$，并且它是由形如 $\Upsilon\delta\gamma\Lambda\vdash\beta$ 的公式得到的。同时，其左前提形如 $\Gamma\vdash\delta\cdot\gamma$。因此，这是应用 · R 规则后得到的。因此，$\Gamma$ 具有两个子列表 Ξ 和 T，并且左前提是直接从形式为 $\Xi\vdash\delta$ 和 $\Psi\vdash\gamma$ 的两个序列得到的。然后，以下是我们正在考虑的割规则的应用实例：

$$
\cfrac{\cfrac{\cfrac{\vdots}{\Xi\vdash_{GD}\delta}\quad\cfrac{\vdots}{\Psi\vdash_{GD}\gamma}}{\Xi\Psi\vdash_{GD}\delta\cdot\gamma}\text{·R}\quad\cfrac{\cfrac{\vdots}{\Upsilon\delta\gamma\Lambda\vdash_{GD}\beta}}{\Upsilon\delta\cdot\gamma\Lambda\vdash_{GD}\beta}\text{·L}}{\Upsilon\Xi\Psi\Lambda\vdash_{GD}\beta}\text{cut}
$$

任何演绎过程中出现的如上形式都可以按照以下方式重新排列得到新的演绎：

$$
\cfrac{
\cfrac{\vdots}{\Psi \vdash_{GD} \gamma}
\qquad
\cfrac{
\cfrac{\vdots}{\Xi \vdash_{GD} \delta}
\qquad
\cfrac{\vdots}{\Upsilon\delta\gamma\Lambda \vdash_{GD} \beta}
}{\Upsilon\Xi\gamma\Lambda \vdash_{GD} \beta}\ \text{cut}
}{\Upsilon\Xi\Psi\Lambda \vdash_{GD} \beta}\ \text{cut}
$$

注意事项：

1. 第二个演绎树的深度可以减小 1。

2. 第二个演绎树的节点数量比第一个少 1。

3. 尽管所示的第二个演绎树的部分两次应用割规则，而第一个演绎树的部分仅应用了一次，但第二个演绎树的部分中的每个应用的割规则程度要小于第一个演绎树的割规则应用的程度。因为 $d(\delta \cdot \gamma) = d(\delta) + d(\gamma) + 1$，所以 $d(\Xi\Psi\Upsilon\Lambda\beta\delta \cdot \gamma) > d(\Xi\Upsilon\Lambda\beta\delta\gamma)$ 且 $d(\Xi\Psi\Upsilon\Lambda\beta\delta \cdot \gamma) > d(\Xi\Psi\Upsilon\Lambda\beta\gamma)$。

➡️ **情况 2.2：R 规则的应用**

现在，我们研究使用 R 规则的演绎过程。同样，我们从割规则的左前提是应用 R 规则得到的情况开始，然后再去研究那些右前提是通过应用这些规则得到的情况。

● 情况 2.2.1：左前提

我们有三个子情况要考虑，对应 /R 规则、\R 规则和 ·R 规则。

子情况：/R 规则（左前提） 设形式如 $\Gamma \vdash \alpha$ 的左前提是应用 /R 规则后得到的，因此，α 是具有 δ/γ 形式的公式。这样，右前提的列表包含公式 δ/γ。因此，前提本身的形式为 $\Delta\delta/\gamma\Theta \vdash \beta$。但是，这种形式的序列可能是应用 /L 规则后得到的。这意味着它直接由两个前提得到，一个具有 $\Xi \vdash \gamma$ 的形式，而另一个具有 $\Upsilon\delta\Lambda \vdash \beta$ 的形式。因此，该割规则的应用实例如下：

$$
\cfrac{
\cfrac{
\cfrac{\vdots}{\Psi\gamma \vdash_{GD} \delta}
}{\Psi \vdash_{GD} \delta/\gamma}\ \text{/R}
\qquad
\cfrac{
\cfrac{\vdots}{\Xi \vdash_{GD} \gamma}
\qquad
\cfrac{\vdots}{\Upsilon\delta\Lambda \vdash_{GD} \beta}
}{\Upsilon\delta/\gamma\Xi\Lambda \vdash_{GD} \beta}\ \text{/L}
}{\Upsilon\Psi\Xi\Lambda \vdash_{GD} \beta}\ \text{cut}
$$

该过程也可以重新排列如下：

$$
\cfrac{
\cfrac{\vdots}{\Xi \vdash_{GD} \gamma}
\qquad
\cfrac{
\cfrac{\vdots}{\Psi\gamma \vdash_{GD} \delta}
\qquad
\cfrac{\vdots}{\Upsilon\delta\Lambda \vdash_{GD} \beta}
}{\Upsilon\Psi\gamma\Lambda \vdash_{GD} \beta}\ \text{cut}
}{\Upsilon\Psi\Xi\Lambda \vdash_{GD} \beta}\ \text{cut}
$$

注意事项：

1. 第二个演绎树的深度可以减小 1。

2. 第二个演绎树的节点比第一个少 1。

3. 尽管所示的第二个演绎树的部分两次应用割规则，而第一个演绎树的部分仅应用了一次，但第二个演绎树的部分中的每个割规则应用的程度要小于第一个演绎树的部分中的割规则应用程度。因为 $d(\delta/\gamma) = d(\delta) + d(\gamma) + 1$，所以 $d(\Xi\Psi\Upsilon\Lambda\beta\delta/\gamma) > d(\Xi\Psi\delta\gamma)$ 且 $d(\Xi\Psi\Upsilon\Lambda\beta\delta/\gamma) > d(\Xi\Psi\Upsilon\Lambda\beta\delta)$。

子情况：\R 规则（左前提） 设左前提是应用 \R 规则后得到的。（该证明留作练习。）

子情况：·R 规则（左前提） 设左前提是应用·R 规则后得到的，因此，左前提的形式为 $\Xi \Psi \vdash \delta \cdot \gamma$，并直接由两个前提得到，即 $\Xi \vdash \delta$ 和 $\Psi \vdash \gamma$。同时，右前提的形式为 $\Upsilon \delta \cdot \gamma \Lambda \vdash \beta$。它是应用·L 规则得到的，因此它直接从序列 $\Upsilon \delta \gamma \Lambda \vdash \beta$ 得到。因此，该割规则的应用实例如下：

$$\cfrac{\cfrac{\vdots}{\Xi \vdash_{GD} \delta} \quad \cfrac{\vdots}{\Psi \vdash_{GD} \gamma}}{\Xi \Psi \vdash_{GD} \delta \cdot \gamma} \cdot \text{R} \quad \cfrac{\cfrac{\vdots}{\Upsilon \delta \gamma \Lambda \vdash_{GD} \beta}}{\Upsilon \delta \cdot \gamma \Lambda \vdash_{GD} \beta} \cdot \text{L}$$
$$\overline{\Upsilon \Xi \Psi \Lambda \vdash_{GD} \beta} \text{ cut}$$

任何演绎过程中出现的上述形式都可以重排成以下形式的演绎：

$$\cfrac{\vdots}{\Psi \vdash_{GD} \gamma} \quad \cfrac{\cfrac{\vdots}{\Xi \vdash_{GD} \delta} \quad \cfrac{\vdots}{\Upsilon \delta \gamma \Lambda \vdash_{GD} \beta}}{\Upsilon \Xi \gamma \Lambda \vdash_{GD} \beta} \text{ cut}$$
$$\overline{\Upsilon \Xi \Psi \Lambda \vdash_{GD} \beta} \text{ cut}$$

注意事项：

1. 第二个演绎树的深度可以减小 1。

2. 第二个演绎树的节点比第一个少 1。

3. 尽管所示的第二个演绎树的部分两次应用割规则，而第一个演绎树的部分仅应用了一次，但第二个演绎树的部分中的每个割规则应用的程度要小于第一个演绎树的部分中的割规则应用程度。因为 $d(\delta \cdot \gamma) = d(\delta) + d(\gamma) + 1$，所以 $d(\Xi \Psi \Upsilon \Lambda \beta \delta \cdot \gamma) > d(\Xi U \Lambda \beta \delta \gamma)$ 且 $d(\Xi \Psi \Upsilon \Lambda \beta \delta \cdot \gamma) > d(\Xi \Psi \Upsilon \Lambda \beta \gamma)$。

● **情况 2.2.2：右前提**

同样，在右前提下，我们有三个子情况需要考虑，分别对应 /R 规则、\R 规则和·R 规则。

子情况：/R 规则（右前提） 设右前提是应用 / R 规则后得到的。因此，右边前提的最终公式 β 的形式为 δ / γ。由于此序列是因为应用 / R 规则而得到的，因此它是由 $\Delta \alpha \Theta \gamma \vdash_{GD} \delta$ 形式的序列得到的。因此，通过应用割规则得出的演绎具有以下形式：

$$\cfrac{\cfrac{\vdots}{\Gamma \vdash_{GD} \alpha} \quad \cfrac{\cfrac{\vdots}{\Delta \alpha \Theta \gamma \vdash_{GD} \delta}}{\Delta \alpha \Theta \vdash_{GD} \delta / \gamma} /\text{R}}{\Delta \Gamma \Theta \vdash_{GD} \delta / \gamma} \text{ 割}$$

该过程可以重排如下：

$$\cfrac{\cfrac{\cfrac{\vdots}{\Gamma \vdash_{GD} \alpha} \quad \cfrac{\vdots}{\Delta \alpha \Theta \gamma \vdash_{GD} \delta}}{\Delta \Gamma \Theta \gamma \vdash_{GD} \delta} \text{ 割}}{\Delta \Gamma \Theta \vdash_{GD} \delta / \gamma} /\text{R}$$

注意事项：

1. 第二个演绎树的深度可以减小 1。

2. 每个演绎树的节点数量相同。

3. 每个演绎树应用了相同数量的割规则。

4. 在第二个演绎过程中使用割规则的部分在树中的位置要比在第一个演绎过程中使用割规则的部分在树中的位置高。

5. 在第一个演绎树的部分中应用割规则的程度大于在第二个演绎树的部分中应用割规则的程度。因为 $d\,(\delta/\gamma)=d\,(\delta)+d\,(\gamma)+1$，所以 $d(\Psi\Upsilon\Lambda\alpha\delta/\gamma)>d(\Psi\Upsilon\Lambda\delta\gamma)$。

子情况：\R 规则（右前提） 设右前提是应用 \R 规则后得到的。（该证明留作练习。）

子情况：·R 规则（右前提） 设右前提是应用 ·R 规则后得到的。右边前提的最终公式 β 的形式为 $\delta\cdot\gamma$。由于这是应用 ·R 规则而得到的，因此它的形式为 $\Delta\alpha\Lambda\Upsilon\vdash_{GD}\delta\cdot\gamma$。而此序列又直接由另一对序列得到，其中一个序列的形式为 $\Delta\alpha\Lambda\vdash_{GD}\delta$，而另一个序列的形式为 $\Upsilon\vdash_{GD}\gamma$。因此，应用了割规则得到的演绎具有以下形式：

$$
\cfrac{
\cfrac{\vdots}{\Gamma\vdash_{GD}\alpha}
\quad
\cfrac{\cfrac{\vdots}{\Delta\alpha\Lambda\vdash_{GD}\delta}\quad\cfrac{\vdots}{\Upsilon\vdash_{GD}\gamma}}{\Delta\alpha\Lambda\Upsilon\vdash_{GD}\delta\cdot\gamma}\ \text{·R}
}{\Delta\Gamma\Lambda\Upsilon\vdash_{GD}\delta\cdot\gamma}\ \text{割}
$$

以上过程可以重排如下：

$$
\cfrac{
\cfrac{\cfrac{\vdots}{\Gamma\vdash_{GD}\alpha}\quad\cfrac{\vdots}{\Delta\alpha\Lambda\vdash_{GD}\delta}}{\Delta\Gamma\Lambda\vdash_{GD}\delta}\ \text{割}
\quad
\cfrac{\vdots}{\Upsilon\vdash_{GD}\gamma}
}{\Delta\Gamma\Lambda\Upsilon\vdash_{GD}\delta\cdot\gamma}\ \text{·R}
$$

注意事项：

1. 第二个演绎树的深度可以增加或减小 1。

2. 每个演绎树的节点数量相同。

3. 每个演绎树应用了相同数量的割规则。

4. 在第二个演绎过程中使用割规则的部分在树中的位置要比在第一个演绎过程中使用割规则的部分在树中的位置高。

5. 在第一个演绎树的部分中应用割规则的程度大于在第二个演绎树的部分中应用割规则的程度。因为 $d\,(\delta\cdot\gamma)=d\,(\delta)+d\,(\gamma)+1$，所以 $d(\Xi\Psi\Upsilon\Lambda\alpha\delta\cdot\gamma)>d(\Psi\Upsilon\Lambda\alpha\delta)$。

我们现在已经完成了 Lambek 演算的割消除定理的证明。我们已经表明，对于在 Lambek 演算中任何使用割规则的证明，都存在不使用割规则但等效的其他证明过程。我们通过归纳法证明了，对于使用割规则进行证明的任何情况，都可以将割规则去掉或者是将其换成程度更小的割规则。因为任何证明都有有限深度，所以最终可以消除割规则的应用。

练习：割消除

完成本节省略的证明。

13.3 Lambda 演算

现在来讨论 Lambda 演算。由于它同样是一种演算，所以包含一组表达式和用于将集合中的表达式转换为同一集合中的其他表达式的规则。表达式是函数的表达式，规则将函数的表达式转换为其他函数的表达式。在 13.3.1 节中，我们将看到表达式是如何形成的；在 13.3.2 节中，我们将会看到表达式为何是函数的表达式；在 13.3.3 节中，我们将看到如何将这些表达式转换为其他表达式。

13.3.1 Lambda 演算的表示

Lambda 演算有很多表示方法。我们只关心其中两种，其中一种称为单类型（single typed 或 monotyped）Lambda 演算$^{\ominus}$，另一种称为简单类型（simply typed）Lambda 演算。尽管我们将主要关注后者，但从相对简单的前者开始介绍，以作为了解后者的一种过渡手段。

13.3.1.1 表示：单类型

在 Lambda 演算中的两个基本符号类别是常量（即 CN）和变量（即 VR）。我们已经熟悉 CQL 中的这两类符号，在 CQL 中，变量与个体符号和关系符号是不同的，而个体符号和关系符号是 CQL 中与 Lambda 演算常量对应的部分。正如 CQL 中的 VR 与 IS 和 RS 不相交一样，Lambda 演算中的 VR 与 CN 也不相交。

下面从 Lambda 演算的单类型表示开始讨论。

定义 6 Lambda 演算中的单类型项（综合版本）

　　（1.1）CN⊆TM。

　　（1.2）VR⊆TM。

　　（2.1）如果 $\sigma \in$ TM 和 $\tau \in$ TM，则 $(\sigma\tau) \in$ TM。

　　（2.2）如果 $v \in$ VR 和 $\tau \in$ TM，则 $(\lambda v.\tau) \in$ TM。

（3）其他情况不属于 TM。

定义 6 的条件（1）中的两个条件要求常量和变量为项。这些项为基本项（atomic term）。条件（2.1）和条件（2.2）扩大了项的集合，使之包括复合项。复合项的形成有两种方式：第一种方式如条件（2.1）所示连接任意两个基本项并用一对圆括号括住结果；第二种方式如条件（2.2）所示引入 lambda 运算符（λ），后跟变量、句点和一个基本项，并用一对圆括号括住结果。与第 11 章中的术语类似，我们将形式为 $\lambda v.\tau$ 的项划分为两部分。其中，第一部分为 λv，包含 lambda 运算符和变量，称为（lambda）前缀；第二部分为 τ，包含项的其余部分，称为（lambda）矩阵。

正如将在 13.3.2 节中看到的，定义 6 的条件（2.1）和条件（2.2）中的每一个条件都引入了一种表示运算的方法：后者通过引入一个复杂的符号来表示运算，该符号由希腊字母 lambda 符号 λ 和一个变量组成；前者通过简单的并置来表示运算。并置做法在中学代数中很常见。在中学代数中，两个变量或一个参数与一个变量或一个数字与一个变量的乘法用简单的并置表示。例如，可以用 xy 表示 $x \cdot y$，也可以用 ay 表示 $a \cdot y$，或者用 $2y$ 表示 $2 \cdot y$。

这里将对 Lambda 演算的常量和变量采用类似于第 11 章对 CQL 采用的那些约定。我们将使用罗马字母表开头的小写字母表示常量，如 a、b 和 c；如果需要大量常量，将使用字母 c 加上正整数下标来进行区分。类似地，我们将使用罗马字母表末尾的小写字母，例如 w、x、

　　$\ominus$　另一个习惯性的但可能会引起误解的名字是无类型（untyped）Lambda 演算。

y 和 z 来表示变量；同样，如果需要大量变量，将使用带正整数下标的字母 v。此外，对于基本项或复合项，我们将使用字母 t、s 和 p；如果需要更多的项，我们将用带正整数下标的 t。

在谈到以后将采用的括号的缩写约定之前，让我们先停下来看看如何通过树形图的表示来判断一个表达式是否确实是单类型 Lambda 演算中的一个所属项，这种树形图在第 1 章中已经讲过。

假设 a 和 b 是常量，x 和 y 是变量。根据条件（1.1），a 和 b 是所属项；根据条件（1.2），x 和 y 也是所属项。由于 a 和 y 都是所属项，根据条件（2.1），(ay) 是所属项；同样，由于 b 和 x 是所属项，根据条件（2.1），(xb) 也是所属项。因为 x 和 y 是变量，(ay) 和 (xb) 是所属项，那么根据条件（2.2），$(\lambda x.(xb))$ 和 $(\lambda y.(ay))$ 也都是所属项。由于后两个表达式是所属项，那么根据条件（2.1），$((\lambda x.(xb))(\lambda y.(ay)))$ 也是所属项。这种推理如下图表所示。

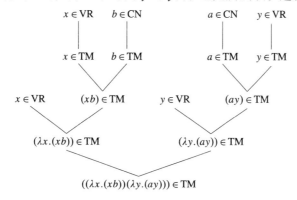

正如在 CPL、CPDL 和 CQL 中会简化这些图一样，我们也可以简化这个所属项形成图，首先只保留所属项本身，从而省略了用 CN 和 VR 标记的节点；其次，由于所有剩余的表达式都是所属项，所以省略了它们是 TM 成员的表示。结果是，前面的图简化为以下图表。

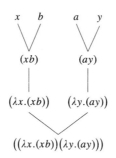

现在来谈谈有关括号的缩写约定，包含三个。第一个，我们已经从 CPL、CPDL 和 CQL 的符号约定中熟悉了，就是省略最外面的括号。因此，例如，PL 中的公式 $((p \wedge q) \to r)$ 被缩写为 $(p \wedge q) \to r$。类似地，$(\sigma\tau)$ 和 $(\lambda v.\tau)$ 分别缩写为 $\sigma\tau$ 和 $\lambda v.\tau$。本约定只适用于一个完整的所属项，而不适用于一个所属项的任何子项。

现在谈谈第二个缩写约定。在没有任何具体规定的情况下，算术表达式 4+2·3 是不明确的：要么它可以表示 10，这是在执行加法运算之前先执行乘法运算的结果；要么它可以表示 18，这是在乘法运算之前先进行加法运算的结果。括号的使用使第一次执行的操作变得明确。因此，表达式 4+（2·3）明确表示 10，而表达式（4+2）·3 明确表示 18。人们可以采用的一种约定是乘法符号优先于加法符号。根据这一约定，不带圆括号的表达式

4+2·3 明确表示 10。若要表示 18，则必须使用括号并写出表达式（4+2）·3。

第二个约定就是这样的。所属项定义（定义 6）的条件（2.1）和条件（2.2）介绍了两种运算的表示法，即应用运算（application operation）和抽象运算（abstraction operation），约定是应用运算的优先级高于抽象运算。更确切地说，如果 lambda 前缀右侧的所属项本身是条件（2.1）产生的，则省略引入的括号。因此，根据第二个约定，$\lambda v.(\sigma\tau)$（根据第一个约定，其自身是（$\lambda v.(\sigma\tau)$）的缩写）可以缩写为 $\lambda v.\sigma\tau$。而 $\lambda v.\sigma\tau$ 区别于 $(\lambda v.\sigma)\tau$ 正如 4+2·3 区别于（4+2）·3 一样。

第三个简化约定涉及带有应用运算的表达式。我们规定应用运算是左相关的。因此，$((\rho\sigma)\tau)$ 根据第一个约定首先缩写为所属项 $(\rho\sigma)\tau$，接着根据第二个约定被进一步缩写为 $\rho\sigma\tau$。本约定不会混淆 $(\rho\sigma)\tau$ 和 $\rho(\sigma\tau)$ 的区别，因为只有前者是符合本约定的。第三个约定也可以应用到所属项的子项中去。

为了继续强化对这些约定的理解，考虑所属项 $(\lambda x.((yx)(\lambda x.(zx))))$。根据第一个约定，去掉外圆括号，得到 $\lambda x.((yx)(\lambda x.(zx)))$。根据第二个约定，可以去掉包围子项 $((yx)(\lambda x.(zx)))$ 的外圆括号，得到 $\lambda x.(yx)(\lambda x.(zx))$。同样的约定允许消除子项 (zx) 周围的括号，从而得到 $\lambda x.(yx)(\lambda x.zx)$。最后，根据第三个约定，去掉子项 (yx) 周围的括号，得到 $\lambda x.yx(\lambda x.zx)$。

正如在 CQL 中，量词的出现范围和它所属的前缀范围是相同的，所以在 Lambda 演算中，lambda 运算符符号出现的范围和它所属的前缀范围是相同的。此外，lambda 前缀的出现范围的定义完全类似于量词前缀的出现范围的定义。

定义 7 lambda 前缀的范围

所属项 τ 中 lambda 前缀的出现范围是 τ 的子项中包含 lambda 前缀，但其直接子项不包含的部分。

现在来定义什么是出现的 lambda 前缀绑定某变量的情况。例如，$(\lambda x.((yx)(\lambda x.(zx))))$ 中第一个 lambda 运算符的范围是整个公式，而第二个 lambda 运算符的范围是 $(\lambda x.(zx))$。

定义 8 绑定

设 τ 属于 TM，λv 为 τ 中的量词前缀，u 为 τ 中的变量。当且仅当满足下列条件时，（某一个）量词前缀 λv 绑定了（某一个）变量 u：

（1）$v=u$（即 v 和 u 是相同的变量）。

（2）（某一个）u 在（某一个）lambda 前缀的范围内。

（3）没有其他的 lambda 前缀 λv 在其范围内与 u 的出现相关，且其本身又在之前的 lambda 前缀 λv 的范围内。

显然，lambda 前缀 λx 绑定了所属项 $\lambda x.x$ 中两次出现的变量 x，该所属项是根据第一个约定缩写（$\lambda x.x$）得到的。lambda 前缀 λy 绑定了所属项 $\lambda y.xy$ 中两次出现的 y，该所属项是由（$\lambda y.(yx)$）缩写得到的。但是，lambda 前缀 λy 没有绑定所属项（$\lambda y.x$）y 中两次出现的变量 y，该所属项是（（$\lambda y.x$）y）缩写得到的。最后，让我们再次考虑所属项 $\lambda x.yx(\lambda x.zx)$，正如之前解释的那样，它是（$\lambda x.((yx)(\lambda x.(zx)))$）的缩写。在此所属项中，第二个 lambda 前缀 λx 绑定了该所属项中后两次出现的变量 x，而第一次出现的 lambda 前缀仅绑定了前两次出现的变量 x。

现在来区分被 lambda 前缀绑定的受限变量以及没有被任何量词前缀绑定的自由变量。

定义 9 受限变量

当且仅当所属项 τ 中的（某一个）lambda 前缀绑定了所属项中的（某一个）变量 v，则该变量是受限的。

定义 10   自由变量

当且仅当不存在所属项 τ 中的（某一个）lambda 前缀绑定所属项中的（某一个）变量 v，则该变量是自由的。

因此，在所属项 $\lambda x.yx$（$\lambda x.zx$）中，每个出现的变量 x 都是受限的，而出现的 y 和 z 都不是受限的。虽然某变量可能是既受限又自由的，但是具体到单次出现的某变量却不能这样。例如，变量 y 在 $\lambda x.xy$（$\lambda y.yz$）中既是自由的又是受限的，而它每次的出现只能是其中一种，而不能两者都是。

前面所说的受限变量和自由变量之间的区别是用来区分以下两种所属项的：封闭项和开放项。开放项是指至少有一个自由变量出现在其中的所属项里。

定义 11   开放项

当且仅当一个所属项中至少有一个（单次出现的）自由变量，则该所属项为开放项。封闭项是指没有自由变量出现的所属项。

定义 12   封闭项

当且仅当所属项中没有（单次出现的）自由变量，则该项是封闭的。

我们可以定义一个应用于检测所属项中自由变量的函数。

定义 13   所属项中的自由变量

（1）对于每个 $v \in$ VR，Fvr(v)={v}；

（2）对于每个 $c \in$ CN，Fvr(c)= $\varnothing$ ；

（3）Fvr($\sigma\tau$)=Fvr(σ) $\cup$ Fvr(τ)；

（4）Fvr($\lambda v.\tau$)=Fvr(τ) $-$ {v}。

开放项和封闭项也可以用以上确定所属项的自由变量的函数来定义。当 Fvr(τ) 为空时，所属项 τ 是封闭的，否则它是开放的。

在 11.1 节中，我们介绍了替换的句法操作。它被定义为一种使用个体符号替换每个自由变量的操作，它可以将术语映射到术语，将公式映射到公式。在这里，它也将被定义为一种操作，即通过用一个所属项替换每个自由变量来将一个所属项映射成另一个所属项。替代自由变量的项可以是任意所属项、常量、变量，或者复合项。

定义 14   自由变量的替换

设 ρ、σ 和 τ 为所属项，设 u、v 和 w 为变量。

（1.1）如果 $\sigma \in$ CN，则 $[\tau/v]\sigma = \sigma$；

（1.2.1）如果 $\sigma \in$ VR 且 $\sigma \neq v$，则 $[\tau/v]\sigma=\sigma$；

（1.2.2）如果 $\sigma \in$ VR 且 $\sigma=v$，则 $[\tau/v]\sigma=\tau$；

（2.1）$[\tau/v](\rho\sigma) = [\tau/v]\rho[\tau/v]\sigma$；

（2.2.1）如果 $w = v$，则 $[\tau/v](\lambda w.\rho) = \lambda w.\rho$；

（2.2.2）如果 $w \neq v$，则 $[\tau/v](\lambda w.\rho) = \lambda w.[\tau/v]\rho$。

替换操作是用所属项替换另一个所属项中的自由变量。如果要进行替换的项没有自由变量，则应用替换操作的项是不变的。因此，如条件（1.1）所述，如果要进行替换的项是常量，则替换后的项保持不变。如果该项包含变量，但该变量与取代项不同，则应用替换操作的项依然保持不变。如条件（1.2.1）所示，如果所属项仅是一个变量，则它是自由的。如果替换操作是针对另一个不同的变量，则它不受替换操作的影响。而如果所属项仅包含的变量与替换者相同，则会发生替换。条件（1.2.2）规定了这一点。

接下来，如果一个复合项包含两个所属项，则对该复合项应用替换操作得到的结果是对其两个直接子项应用替换操作得到的结果。如果复合项包括 lambda 前缀和其他项，则应用于复合项的替换操作是否改变该项取决于该项是否具有至少一个与取代项相同的变量且该变量是自由的。当然，只有 lambda 前缀中的变量和取代项不相同时，前缀外的变量才可能是自由的。

接下来将对这些不同的情况进行说明，其中，靠上的表达式表示要进行的替换以及要进行替换操作的表达式，靠下的表达式是替换的结果。

条件

(1.1)	$[a/x]b$	$[y/x]b$	$[\lambda z.az/x]b$
	b	b	b
(1.2.1)	$[a/x]y$	$[z/x]y$	$[\lambda z.az/x]y$
	y	y	y
(1.2.2)	$[a/x]x$	$[z/x]y$	$[\lambda z.az/x]x$
	a	y	$\lambda z.az$
(2.1)	$[a/x](xy)$	$[z/x](xy)$	$[\lambda z.az/x](xy)$
	ay	zy	$(\lambda z.az)y$
(2.2.1)	$[a/x](\lambda z.xz)$	$[y/x](\lambda z.xz)$	$[\lambda w.yw/x](\lambda z.xz)$
	$\lambda z.az$	$\lambda z.yz$	$\lambda z.(\lambda w.yw)z$
(2.2.2)	$[a/x](\lambda x.xz)$	$[y/x](\lambda x.xz)$	$[\lambda w.yw/x](\lambda x.xz)$
	$\lambda x.xz$	$\lambda x.xz$	$\lambda x.xz$

在开始探讨替换的一些细节之前，我们提醒读者注意第 11 章中介绍的两个与替换有关的新词：将要去替换自由变量的取代项（substituen），即 $[\tau/v]$ 表示符号中的 τ；以及将要被替换的被取代项（substituendum），即 $[\tau/v]$ 符号中的 v。

当在 CQL 的表达式中定义替换操作时，被取代项是一个变量，而取代项则是一个个体符号。虽然在 CQL 中，只有个体符号被用作取代项，但是在 Lambda 演算中，任何基本的或复合的、封闭的或开放的项都可以用作取代项。由于 CQL 中的替换仅用个体符号替换自由变量，这样的替换不会干扰量词前缀与其绑定的变量之间的绑定关系。但是由于 Lambda 演算中的替换允许开放项替换变量，因此可能会干扰量词前缀与变量之间的关系。

让我们看几个例子来理解这种关系是如何被干扰的。考虑用变量 x 替换项 $\lambda x.x\ y$ 中的自由变量 y，结果是 $\lambda x.xx$，即 $[x/y]\lambda x.xy=\lambda x.xx$。将要进行替换的项具有一个 lambda 前缀 λx、一个受限变量 x 和一个自由变量 y。而替换后得到的结果仍具有一个 lambda 前缀 λx、两个受限的 x，并且没有出现任何自由变量。这种替换的结果可与用变量 z 替换 $\lambda x.xy$ 中的自由变量 y 所得到的结果形成对比，该结果是 $\lambda x.xz$，即 $[z/y]\lambda x.xy=\lambda x.xz$。lambda 前缀 λx 与替换前的表达式在相同的位置绑定相同的变量，并且在 $\lambda x.xy$ 中唯一自由出现的变量与在 $\lambda x.xz$ 中唯一自由出现的变量的位置相同，尽管变量本身已更改。下面是另一个破坏绑定关系的例子。$\lambda z.yz$ 项中的取代项 y 在替换前是自由的，但是在替换 $\lambda y.vy$ 项中的 v 后（即 $[\lambda z.yz/v]$ $\lambda y.vr=\lambda y.(\lambda z.yz)\ r$），$y$ 就变成了受限的。

如果取代项是封闭项，则不会产生这种干扰。如果它是开放项，被取代项的位置不在 lambda 前缀的范围内，该前缀的变量是取代项的自由变量。例如，在 $\lambda x.xy$ 中用封闭项 b 代

替 y 不会产生干扰。此外，用封闭项 $\lambda z.zc$ 代替 $\lambda y.xy$ 中的 x 也不会产生任何干扰。用一个开放项，比如用 $\lambda z.zv$ 代替 $\lambda x.xy$ 中的 x，也不会产生任何干扰，因为 $\lambda z.zv$ 中的自由变量 v 不同于出现在含有被取代项的 lambda 前缀中的变量 x。

现在，我们定义一些条件，这些条件可以确保在进行替换时，lambda 前缀与其绑定的变量之间的关系不会受到干扰。

定义 15 *所属项能够自由替换变量的情况*

设 σ、τ 为所属项，设 u 和 v 为变量。那么，当满足下列条件之一时，σ 可以自由地代替 τ 中的 v：

（1.1）$\tau \in \mathrm{CN}$；

（1.2）$\tau \in \mathrm{VR}$；

（2.1）τ 具有形式 $(\pi\rho)$ 且 σ 可以自由替换 π 和 ρ 中的 v；

（2.2）τ 具有形式 $\lambda u.\pi$ 且 σ 可以自由替换 π 中的 v，同时如果 $v \in \mathrm{Fvr}(\pi)$，则 $u \notin \mathrm{Fvr}(\sigma)$。

因此，在 $\lambda x.xy$ 中，x 不能自由地代替 y，然而常量 a 则显然可以。实际上，在 $\lambda x.xy$ 中，任何封闭项都可以自由地替换 y。此外，与 x 不同的任何变量（例如 z）都可以自由地替换 $\lambda x.xy$ 中的 y，而任何所属项也一样，只要其自由变量不包含 x。

练习：单类型的 Lambda 演算

1. 对于每个符号序列，确定它是否是 Lambda 演算的一个所属项，或者一个简化后的所属项表示，或者根本不是一个所属项。如果它是一个简化后的术语，请说明相关的规则。如果不是一个所属项，请说明理由。

   (a) ab
   (b) (xy)
   (c) $(z.\lambda z)$
   (d) $\lambda xy.xyz$
   (e) $\big(\lambda x.(\lambda y.(\lambda z.a))\big)$
   (f) $abcd$
   (g) $\lambda z.(\lambda x.x)$
   (h) $\lambda z.y\lambda x.x$

   (i) $(\lambda a.(ay))$
   (j) $\big(\lambda z.((\lambda x.x)(\lambda y.((xy)z)))\big)$
   (k) $(z(\lambda z.x))$
   (l) $\lambda z.(\lambda x.x)(\lambda y.xyz)$
   (m) $\lambda x.\lambda x.x$
   (n) $\lambda x.(ax)$
   (o) $\lambda x.x(\lambda y.y)$
   (p) $\lambda x.x(\lambda y.yxx)x$

2. 对于每个所属项中的每个出现的变量，说明 lambda 前缀绑定了哪个变量以及哪个变量是自由的。

   (a) $y\lambda x.z$
   (b) $\lambda x.\lambda y.xyz$
   (c) $(\lambda y.xz(\lambda z.ya))(\lambda x.wy(\lambda z.z))$

   (d) $\lambda x.(\lambda x.y)zx$
   (e) $\lambda x.(\lambda y.yz)(xy)$
   (f) $(z(\lambda z.x))$

3. 确定下列每个表达式应用替换操作后的结果。

   (a) $[x/y]y$
   (b) $[\lambda z.wz/v]\lambda y.vx$
   (c) $[\lambda x.yx/x]\lambda z.zx$

   (d) $[\lambda x.xy/y]y$
   (e) $[\lambda x.xy/x]\lambda z.(\lambda x.x)(\lambda y.xyz)$
   (f) $[\lambda y.ayx/z](z(\lambda z.x))$

4. 说明第一列列出的哪些取代项可以自由替换第二列列出的所属项中的被取代项，指定的被取代项在所属项同一行的第三列。

取代项	被取代项	所属项
a	z	az
x	x	az
y	y	$\lambda y.ay$
z	z	$\lambda x.az$
$\lambda x.bx$	z	$\lambda y.ayz$
$\lambda y.ay$	x	$\lambda x.\lambda y.yx$
$\lambda z.xy$	w	$\lambda x.yw(\lambda y.xy)$
$\lambda x.\lambda y.xy$	y	$\lambda x.yw(\lambda y.xy)$
$\lambda w.wy$		
$\lambda x.xy$		
$\lambda x.xw(\lambda y.by)$		

5. 借鉴 Fvr 的定义（定义 13），使用符号 Ovr 对所属项中出现的变量集进行明确定义。同时为函数 Bvr 写一个明确的定义，该函数可以识别一个所属项中的受限变量。

13.3.1.2　表示：简单类型

现在转向介绍简单类型 Lambda 演算。在单类型 Lambda 演算中，只有一种类型 TM；在简单类型 Lambda 演算中，有（可数的）有限个类型。我们的首要任务是定义这个有限类型的集合。为了定义这一组类型，我们将使用一个索引集。读者可能还记得，第 9 章把关系符号集划分成可数的有限个子集，其中一位关系符号在一个集合中，二位关系符号在第二个集合中，并且通常，n 位关系符号在第 n 个集合中。实际上，我们所做的是使用正整数索引集合族：n 位关系符号是集合 RS_n 的成员。关系符号集 RS 就是这些集合的并集 $\bigcup_{i\in\mathbb{Z}}+RS_i$。按照类似的方式，我们可以如下定义 CPDL 的所有非逻辑符号的集合：设 NS_0 为 IS，对于每个 $i\in\mathbb{Z}^+$，设 NS_i 为 RS_i，则非逻辑符号的集合 NS 定义为 $\bigcup_{n\in\mathbb{N}}+NS_n$。通过这种方式，自然数被用作索引指数，由此可以定义有限可数的类别集合，并且可将 CQL 的非逻辑常量（个体符号和关系符号）放入这些类别中。

同样，我们可以定义可数的有限集合，并使用它们来定义一个可数的有限类别集合或类型集合，而简单类型 Lambda 演算的基本项可以根据它们而进行分类。毫不奇怪，这些类型的索引集是递归定义的。这些类型的集合名为 Typ，它包括两个基本类型 e 和 t，以及由它们得到的复合类型，如下定义所述。

定义 16　简单类型所属项的集合

设 e 和 t 为不同的实体。

（1）e、$t\in$ Typ；

（2）如果 x、$y\in$ Typ，那么 (x/y) 也是；

（3）没有其他类型在 Typ 中了。

与在 CQL 中的表示一样，假设常量集和变量集之间彼此不相交。此外，正如对 CPDL 的关系符号所做的那样，我们将常量和变量分离为不相交的子集，并用不同的类型标记不同的子集，就像我们用不同的正整数标记 CPDL 的关系符号集的不相交子集一样。因此，如果 x 和 y 是不同的类型，那么 x 类型的常量集合 CN_x 和 y 类型的常量集合 CN_y 也彼此不相交，x 类型的变量集合 VR_x 和 y 类型的变量集合 VR_y 也互不相交，那么所有常量的集合 CN 为 $\bigcup_{x\in Typ}CN_x$，所有变量的集合 VR 为 $\bigcup_{x\in Typ}VR_x$。我们将 VR 和 CN 中的成员称为基本项（atomic term）。

现在希望扩展基本项来包含复合项（composite term），就像扩展 CPL 的基本子式或命题变量来包含复合公式一样。我们将通过扩展每种类型的基本项来实现这一点。

定义 17　简单类型项的形成（综合版本）

设 x 和 y 属于 Typ。

（1）基本项

    （1.1）$\mathrm{CN}_x \subseteq \mathrm{TM}_x$

    （1.2）$\mathrm{VR}_x \subseteq \mathrm{TM}_x$

（2）复合项

    （2.1）如果 $\sigma \in \mathrm{TM}_{x/y}$ 且 $\tau \in \mathrm{TM}_y$，那么 $(\sigma\tau) \in \mathrm{TM}_x$；

    （2.2）如果 $v \in \mathrm{VR}_y$ 且 $\tau \in \mathrm{TM}_x$，那么 $(\lambda v.\tau) \in \mathrm{TM}_{x/y}$。

正如将 CN 定义为 $\bigcup_{x \in \mathrm{Typ}} \mathrm{CN}_x$ 且将 VR 定义为 $\bigcup_{x \in \mathrm{Typ}} \mathrm{VR}_x$ 一样，我们定义 TM 为 $\bigcup_{x \in \mathrm{Typ}} \mathrm{TM}_x$。

来看看这些形成规则是如何发挥作用的。假设 $a, b \in \mathrm{CN}_e$，$x \in \mathrm{VR}_e$，$y \in \mathrm{VR}_{t/e}$。根据条件（1.1）有 $a, b \in \mathrm{TM}_e$；根据条件（1.2）有 $y \in \mathrm{TM}_{t/e}$。由于 $y \in \mathrm{TM}_{t/e}$ 且 $a \in \mathrm{TM}_e$，则根据条件（2.1）有 $ya \in \mathrm{TM}_t$。由于 $x \in \mathrm{VR}_e$ 且 $ya \in \mathrm{TM}_t$，则条件（2.2）可以证明 $\lambda x.ya \in \mathrm{TM}_{t/e}$。最后，因为 $\lambda x.ya \in \mathrm{TM}_{t/e}$ 和 $b \in \mathrm{TM}_e$，则条件（2.1）可以证明 $(\lambda x.ya)$ $b \in \mathrm{TM}_t$。正如我们所期望的那样，这样的推理过程可以用以下树形图来概括。

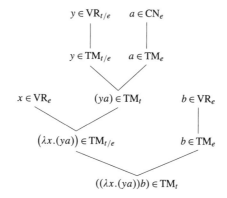

在这里，我们也可以简化图表，虽然不能够像对单类型项的图做的那么多。原因在于，两个所属项能否形成一个项取决于每个项所属的类别。例如，如果一个来自 $\mathrm{TM}_{t/e}$，另一个来自 $\mathrm{TM}_{e/t}$，则没有所属项能通过这两个项来得到。事实上，来自同一 TM_x 的任何两个项，无论 x 是什么，都不能放在一起形成一个新的所属项。此外，若一个所属项取自 $\mathrm{TM}_{t/e}$，另一个取自 TM_e，只有当第二个放在第一个之后它们才会形成一个新的所属项。因此，在简化图表时，我们不能忽略有关类别类型的信息，但是，可以压缩标签，使标签只包含该项及其类型信息。

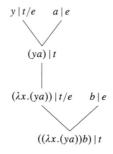

细心的读者会注意到树中类型的分配符合 Lambek 演算的 / 消除规则和 / 引入规则。我们将在 13.4 节详细讨论这个问题。

对于简单类型的 Lambda 演算，我们采用与单类型 Lambda 演算相同的缩写约定。单类型 Lambda 演算的各种概念，即作用域、绑定、受限和自由变量、开放项和封闭项、替换以及在某项中自由替换变量的性质，都可以类比并适用于简单类型的 Lambda 演算。然而，其中有两个定义值得注意。绑定是所属项中的 lambda 前缀与同一项中的自由变量之间的关系。在具有多个类型的 lambda 演算中，lambda 前缀中的变量必须与 lambda 前缀绑定的变量的类型相同。然而，事实证明，在单类型 Lambda 演算中定义的第一个条件在这里也是直接适用的，该子句要求出现在 lambda 前缀中的变量与被它绑定的变量必须是相同的，而事实上同时又必须要求它们的类型必须是相同的。

相反，替换的定义需要明确提及类型。如果替换要得到一个新的项，则取代项必须与被取代的自由变量具有相同的类型。以下是修订后的定义。

定义 18   自由变量的替换（简单类型）

设 ρ、σ 和 τ 为所属项，u、v 和 w 为变量，项 τ 和变量 v 为同一类型。

（1.1）如果 $\sigma \in$ CN，则 $[\tau/v]\sigma = \sigma$；

（1.2）如果 $\sigma \in$ VR 且 $\sigma \neq v$，则 $[\tau/v]\sigma = \sigma$；

（1.3）如果 $\sigma \in$ VR 且 $\sigma = v$，则 $[\tau/v]\sigma = \tau$；

（2.1）$[\tau/v](\rho\sigma) = [\tau/v]\rho[\tau/v]\sigma$；

　　　（2.2.1）如果 $w = v$，则 $[\tau/v](\lambda w.\rho) = \lambda w.\rho$；

　　　（2.2.2）如果 $w \neq v$，则 $[\tau/v](\lambda w.\rho) = \lambda w.[\tau/v]\rho$。

如之前所述，简单类型 Lambda 演算的替换的定义还需要显式地提到类型。

定义 19   所属项能够自由替换变量的情况

设 σ、τ 为所属项，u 和 v 为变量，项 σ 和变量 v 为同一类型。那么，当满足下列条件之一时，σ 可以自由地代替 τ 中的 v：

（1.1）$\tau \in$ CN；

（1.2）$\tau \in$ VR；

（2.1）τ 具有形式 $(\pi\rho)$ 且 σ 在 π 和 ρ 中可以自由替换 v；

（2.2）τ 具有形式 $\lambda u.\pi$ 且 σ 自由替换 π 中的 v，同时如果 $v \in \mathrm{Fvr}(\pi)$，则 $u \notin \mathrm{Fvr}(\sigma)$。

练习：简单类型的 Lambda 演算

1. 设 a、b、c、d 为所属项，x、y、z 为变量，其中 c、x 为类型 e，d、y 为类型 t/e，b、z 为类型 $(t/e)/(t/e)$，a 为类型 $t/(t/e)$。考虑到本节介绍的缩写规则，确定以下哪些是格式正确的表示。如果该项是正确的，则恢复其未缩写的形式，并确定其类型。

(a)	*cd*	(f)	*zyc*	(k)	$(\lambda x.yc)c$
(b)	*dc*	(g)	*z(yc)*	(l)	*a(zd)*
(c)	*zy*	(h)	*ay*	(m)	$(\lambda x.xy)a$
(d)	*da*	(i)	*a(zd)*	(n)	$(\lambda z.dx)z$
(e)	$\lambda x.dx$	(j)	$\lambda y.ad$	(o)	$\lambda x.adx$

2. 使用与前面练习 1 所用的相同的符号及分类，当 p 和 q 出现在以下项中，确定它们的类型。假设每个所属项都是 t 类型，如果 p 或 q 允许对应多个类型，请指出它们分别是什么。

(a)	pdx	(d)	$q(byp)$
(b)	$p(dx)$	(e)	$p(qd)$
(c)	pad	(f)	$q(pbd)$

13.3.2　语义：功能结构

在本节中，我们将展示简单类型的 Lambda 演算如何表示函数。通过定义简单类型 Lambda 演算常量的结构来实现这一点。然而，在提出最终定义之前，我们将通过回忆 CPDL 识别标志对应结构的定义来说明这个过程。

回想一下，结构的作用是将值赋给 CPDL 表示中使用的每个非逻辑符号。要做到这一点，需要一种方法来描述其中的非逻辑符号。为此，我们定义了 CPDL 的识别标志，它是一个三元组，由个体符号集合、关系符号集合和确定每个关系符号价数量的价函数组成。刚才，我们看到了 CPDL 的非逻辑符号集的另一个特征。使用 CPDL 符号的这个新特性，让我们来重新定义 CPDL 的结构。回想一下，CPDL 的结构是有序对 $<U, i>$，其中 i 是解释函数，U 是非空集合。i 的定义域是集合 NS，曾被定义为 IS ∪ RS，它的值域则是从 U 中构建的各种集合。然而，并不是任何把定义域的符号映射到值域的函数都是解释函数。它必须遵守某些限制。特别地，IS 的每个成员，即 NS_0 的每个成员，都对应 U 的一个成员，同时 RS_n 的每个成员，即 NS_n 的每个成员，都对应一个从 U 中抽取的 n 元组。

通过将一个解释函数的值域的成员完全分离为一个集合族，可以对该集合族的成员进行索引，从而更加方便介绍对该函数的约束。方法如下：设 D_0 为 U，D_1 为 Pow（U），同时，一般来说，对于每个 $n>1$，设 D_n 为 Pow（U^n）。最后，设 D 为 $\bigcup_{i \in \mathbb{N}} D_i$。于是，解释函数的值域变为简单的 D。

然后，可以按如下方式为 CPDL 定义结构：

设 NS（即 $\bigcup_{n \in \mathbb{N}} NS_n$）是 CPDL 的非逻辑符号集合。$<U, i>$ 是 NS 的结构，当且仅当

（1）U 是非空集合；

（2）i 是一个从 NS 到 D 的函数，使得对于每个 $n \in \mathbb{N}$，如果 $\sigma \in RS_n$，则 $i(\sigma) \in D_n$。

与 CPDL 一样，我们从非空集合 U 开始。设 U 为 D_e，D_T 为真值 T 和 F 的集合。使用其他类型来将名字扩展到解释函数的值域的各种子集，如下所示：$D_{x/y} = D_x^{D_y}$，它代表的是 $Fnc(D_y, D_x)$，即从 D_y 到 D_x 的所有函数的集合。设 $D = \bigcup_{x \in Typ} D_x$，则简单类型的 Lambda 演算的解释函数是从 CN 到 D 的对应类型的函数。

定义 20　简单类型 Lambda 演算的 CN 所对应的结构

设 CN 为简单类型的 Lambda 演算的常量的集合。$<U, i>$ 是 CN 的结构，当且仅当

（1）U 是非空集合；

（2）i 是一个从 CN 到 D 的函数，对于每个 $x \in Typ$，如果 $\tau \in CN_x$，那么 $i(\tau) \in D_x$。

若要将值赋给具有自由变量的所属项，则需要变量赋值。在简单类型的 Lambda 演算中，变量有类型限制，以至于它必须从相应类型的值域中进行赋值。

定义 21　简单类型 Lambda 演算的变量赋值

变量赋值是从 VR 到 U 的任意函数 g，满足，如果 $v \in VR_x$，那么 $g(v) \in D_x$。

有了结构和变量赋值，现在可以根据赋值给基本项的值，以完全类似于 CQL 所使用的方式，来给复合项赋值。

定义 22　简单类型 Lambda 演算的扩展

设 M，即 $<U, i>$，是 CN 对应的结构，g 为变量赋值。

（1.1）如果 $\tau \in$ CN，那么 $[\tau]_g^M = i(\tau)$；

（1.2）如果 $\tau \in$ VR，那么 $[\tau]_g^M = g(\tau)$；

（2.1）如果 $\sigma \in$ TM$_{x/y}$ 和 $\tau \in$ TM$_y$，那么 $[\sigma\tau]_g^M = [\sigma]_g^M([\tau]_g^M)$；

（2.2）如果 $v \in$ VR$_y$ 和 $\tau \in$ TM$_x$，那么 $[\lambda v.\tau]_g^M = f$，其中 f 是一个从 D_y 到 D_x 的函数，使得对于 D_y 中的每个 a，都有 $f(a) = [\tau]_{g_{v \mapsto a}}^M$。

我们注意到，条件（2.1）中的表达式表示函数在值上的应用，详细解释如下：$[\sigma]_g^M$ 是函数，$[\tau]_g^M$ 是函数所应用的值，而 $[\sigma\tau]_g^M$ 是函数应用该值的结果。条件（2.2）中的表达式表示从一个函数的矩阵表示得到的该函数的抽象操作：该函数允许给 $[\tau]_{g_{v \mapsto a}}^M$ 中的变量 v 赋值，同时对于 τ 中的其他自由变量，根据变量赋值 g 进行赋值。

通过对 CN 结构的定义（定义 20）和对变量赋值的定义（定义 21），我们知道每个基本项都被赋予了一个适合其类型的值。但是复合项呢？有没有可能 $\tau \in$ TM$_x$，但是 $[\tau]_g^M \notin D_x$？例如，有没有可能 $a \in$ TM$_{(t/e)/e}$，但 $[a]_g^M \notin D_{(t/e)/e}$？答案是，不会出现这种情况。我们可用数学归纳法原理进行证明。

性质 1　类型可靠性（type soundness）

对于每个 $\tau \in$ TM$_x$，以及每个结构 M 和每个变量赋值 g，$[\tau]_g^M \in D_x$。

证明

设 τ 为所属项，M 或 $<U, i>$ 为结构，g 为变量赋值。

基本情况

假设 τ 是一个基本项，然后对于某个 $x \in$ Typ，要么它在 CN$_x$ 中，要么它在 VR$_x$ 中。一方面，假设 $\tau \in$ CN$_x$，然后根据结构定义（定义 20）的第（2）条，$i(\tau) \in D_x$。根据扩展定义（定义 22）的第（1.1）条，$[\tau]_g^M \in D_x$。另一方面，假设 $\tau \in$ VR$_x$，然后通过变量赋值的定义（定义 21），$g(\tau) \in D_x$。根据扩展定义（定义 22）的第（1.2）条，$[\tau]_g^M \in D_x$。因此，无论基本项 τ 是常量还是变量，都有 $[\tau]_g^M \in D_x$。

归纳情况

假设 TM$_x$ 的一个成员 τ 是一个复合项，然后，它是根据形成定义（定义 17）的第（2.1）条或第（2.2）条得到的。在前一种情况下，存在 $y \in$ Typ，使得 $\sigma \in$ TM$_{x/y}$，$\pi \in$ TM$_y$ 和 $\sigma\pi \in$ TM$_x$；在后一种情况下，存在 $y, z \in$ Typ，使得 $x = z/y$，$v \in$ VR$_y$，$\rho \in$ TM$_z$ 和 $\lambda v.\rho \in$ TM$_{z/y}$。

归纳假设

假设 $[\sigma]_g^M$ 在 $D_{x/y}$ 中，$[\pi]_g^M$ 在 D_y 中，$[v]_g^M$ 在 D_y 中且 $[\rho]_g^M$ 在 D_x 中。

● 情况 1

假设 TM$_x$ 的一个成员 τ 具有 $\sigma\pi$ 的形式，然后，通过归纳假设有 $[\sigma]_g^M \in D_{x/y}$ 和 $[\pi]_g^M \in D_y$，现在 $D_{x/y} = D_x^{D_y}$，也就是 Fnc(D_y, D_x) 或者是所有 D_y 到 D_x 的函数的集合。因此有 $[\sigma]_g^M([\pi]_g^M) \in D_x$。但是，根据扩展的定义（定义 22）的第（2.1）条，有 $[\sigma\pi]_g^M = [\sigma]_g^M([\pi]_g^M)$。因此 $[\sigma\pi]_g^M \in D_x$。

● 情况 2

假设 TM_x 的一个成员 τ 具有 $\lambda v.\rho$ 的形式，然后根据归纳假设有 $[v]\,_g^M \in D_y$ 和 $[\rho]\,_g^M \in D_z$。根据定义 22 的第（2.2）条，有 $[\lambda v.\rho]\,_g^M = f$，其中 f 是从 D_y 到 D_z 的函数，即 $f \in \text{Fnc}(D_y, D_z)$ 或 $D_z^{D_y}$，也就是 $D_{z/y}$。因此 $[\lambda v.\rho]\,_g^M \in D_{z/y}$，但 $x=z/y$，于是 $[\lambda v.\rho]\,_g^M \in D_x$。

因此，在任何一种情况下，如果 $\tau \in TM_x$，则 $[\tau]\,_g^M \in D_x$。因此，根据数学归纳原理，我们得出结论，对于每个 $\tau \in TM_x$、每个结构 M 和每个变量赋值 g，都有 $[\tau]\,_g^M \in D_x$。

定义 23　项的等价性

设 σ 和 τ 为简单类型 Lambda 演算的项，那么，当且仅当，对于每个结构 M 和每个变量赋值 g 都有 $[\sigma]\,_g^M = [\tau]\,_g^M$ 时，σ 和 τ 是等价的，即 $\sigma \equiv \tau$。

13.3.3　演绎

我们介绍了 Lambda 演算的表示方法，并表明其是可以表示函数的。后者并不奇怪，因为设计表示符号的目的就是要建立一种系统的方式来表示函数。这同时又带来了两个问题：不同的函数表示项是否会对应同一函数？如果是这样，我们怎么能确定不同的两项确实是表示同一函数呢？

为了更好地理解这些问题的重要性，让我们考虑两个熟悉的类似问题，一个是我们在小学学过的问题，另一个是我们在中学学过的问题。下面从小学学过的那个问题开始。

考虑一下可以称为基本算术表达式的集合。它包括数字的集合（IN）以及所有由数字使用加法和乘法的符号构成的其他项。我们称所有这些表达式的集合为 EA，并将其定义如下。

定义 24　基本算术表达式

（1）$IN \subseteq EA$；

（2.1）如果 $\sigma, \tau \in EA$，则 $(\sigma + \tau) \in EA$；

（2.2）如果 $\sigma, \tau \in EA$，则 $(\sigma \cdot \tau) \in EA$；

（3）其他情况则不属于 EA。

EA 的表达式包括 0、1、1298+3422、155 ·（18+34）和（542+174）· 352。显然，每个自然数都有许多不同的表达式。实际上，每个自然数在 EA 中都有无限多的表达式。人们可能想知道，如何确定 EA 的两个成员是否为相同自然数的表达式？答案是，使用我们在小学学过的加法和乘法规则将一个表达式转换为另一个表达式。常见的策略是将更复杂的表达式转换为更简单的表达式，以将这两个表达式转换为最简单的表达式，即单纯的数字。两个复杂表达式是相同自然数的表达式，当且仅当，两个复杂表达式可以使用加法和乘法规则，以有限的步骤转换为相同的数字。作为说明，请考虑以下三个 EA 表达式：$(((3 \cdot 5) + (7 \cdot 11)) \cdot (3+7))$、$(1+3) \cdot ((6+4) \cdot (15+5))$ 和 $((13 \cdot 17) \cdot 2) + ((5 \cdot (5 \cdot 3)) \cdot (3 \cdot 2))$。

$$(((3 \cdot 5) + (7 \cdot 11)) \cdot (3+7))$$

$$((15 + (7 \cdot 11)) \cdot (3+7))$$

$$((15 + 77) \cdot (3+7))$$

$$(92 \cdot (3+7))$$

$$(92 \cdot 10)$$

$$(1+3) \cdot \big((6+4) \cdot (15+5)\big)$$

$$4 \cdot \big((6+4) \cdot (15+5)\big)$$

$$4 \cdot \big(10 \cdot (15+8)\big)$$

$$4 \cdot (10 \cdot 23)$$

$$4 \cdot 230$$

$$920$$

$$\big((13 \cdot 17) \cdot 2\big) + \big((5 \cdot (5 \cdot 3)) \cdot (3 \cdot 2)\big)$$

$$(221 \cdot 2) + \big((5 \cdot (5 \cdot 3)) \cdot (3 \cdot 2)\big)$$

$$442 + \big((5 \cdot (5 \cdot 3)) \cdot (3 \cdot 2)\big)$$

$$442 + \big((5 \cdot 15) \cdot (3 \cdot 2)\big)$$

$$442 + \big(75 \cdot (3 \cdot 2)\big)$$

$$442 + (75 \cdot 6)$$

$$442 + 450$$

$$892$$

从这些例子中我们看到，来自 EA 的前两个表达式，$\big(((3 \cdot 5)+(7 \cdot 11)) \cdot (3+7)\big)$ 和 $(1+3) \cdot \big((6+4) \cdot (15+5)\big)$ 表示相同的自然数，而第三个表达式 $\big((13 \cdot 17) \cdot 2\big) + \big((5 \cdot (5 \cdot 3)) \cdot (3 \cdot 2)\big)$ 表示不同的自然数。

以类似的方式，可以定义关于变量 x 的所有多项式的集合，并证明这些多项式表达式中哪些是同一函数的表达式。两个多项式表达式是同一函数的表达式，当且仅当其中一个表达式可以用初等代数的各种规则转换成另一个表达式。一个典型的策略是将这两个多项式转换为同一个多项式。例如，多项式 $x^2-5+x+3$ 和 $(x+2) \cdot (x-1)$ 都可以转换为多项式 x^2+x-2，因此我们知道它们是表示相同函数的多项式。

正如我们在 13.3.2 节中看到的，Lambda 演算是函数的通用表示方法。人们可能会想，两个表达式什么时候表示相同的函数呢？特别是，是否有规则可以将每个表达式转换为另一个表达式，从而得知这两个表达式表示相同的函数？答案是，有这样的规则。如本书所示，这些规则是根据转换关系构建的，用 ⇒ [⊖] 表示。我们对定义一对表达式项之间的转换关系感兴趣。可以通过定义一个基本的转换关系，然后递归地扩大它来实现这一点。基本转换关系包括三种转换：alpha 转换、beta 转换和 eta 转换。

回想一下 Lambda 演算中绑定变量的 lambda 前缀。CQL 也具有绑定变量的量词前缀。在第 11 章中，我们了解到 CQL 的成对公式，如 $\forall xPx$ 和 $\forall yPy$，以及 $\forall zRzx$ 和 $\forall yRyx$，在逻辑上是等价的。事实上，我们说过它们只是彼此的字母变体。Lambda 演算也有是字母变体的所属项。根据 CQL 的字母变体公式的定义，我们可以说所属项是彼此的字母变体，当且仅当，第一，它们以相同的方式形成；第二，它们对应的常量都是相同的常量；第三，它们对应的自由变量都是相同的变量。换言之，如果两个所属项中仅是它们对应的 lambda 前缀绑定的变量不同，则它们是字母变体：其中一个所属项具有 lambda 前缀 λu 绑定的变量 u，

⊖ 这里使用的这个符号与第 3 章使用的相同符号表示不同的关系。

另一个所属项具有 lambda 前缀 λv 绑定的变量 v，且被绑定的变量出现在相同的对应位置。例如 $\lambda x.ax$ 和 $\lambda y.ay$ 是字母变体，而 $\lambda x.ax$ 和 $\lambda y.by$ 则不是，而 $\lambda x.xa$ 和 $\lambda y.ay$ 也不是。

alpha 转换可以转换互为字母变体的两个不同的所属项。alpha 转换规定了，对于每个所属项 τ 和变量 u、v，如果 $u \notin \mathrm{Fvr}(\tau)$ 且 u 可以自由地替换 τ 中的 v，则 $\lambda v.\tau \Rightarrow \lambda u.[u/v]\tau$。现在重新以适用于演绎的形式来表示这个规则，如下所示。

$$\boxed{\begin{array}{c} \text{alpha}\ (\alpha)\ 转换 \\[2mm] \hline \\[-1mm] \lambda v.\tau \Rightarrow \lambda u.[u/v]\tau \\[2mm] u\ 可以自由地替换\ \tau\ 中的\ v \\ u \notin \mathrm{Fvr}(\tau) \end{array}}$$

请注意，横线上方未写入任何内容，这意味着 alpha 转换是一个公理，而该公理有一个条件，放在下面进行了说明。

让我们看看通过 alpha 转换联系在一起的 $\lambda v.\tau$ 和 $\lambda u.[u/v]\tau$ 是否真的如前所述是字母变体。显然，这两个所属项的树图是完全相同的，因为后一个所属项是由前一个通过用 u 替换 τ 中出现的 v 而产生的。此外，alpha 转换的两个条件保证了 τ 中自由出现的 v 的数量与 $[u/v]\tau$ 中自由出现的 u 的数量相同。让我们看看怎么做。假设，一方面，$[u/v]\tau$ 中自由出现的 u 的数量比 τ 中自由出现的 v 的数量多，那么 τ 中必须也有自由出现的 u，但是 alpha 转换的第二个条件否定了这一点。例如，$\lambda y.yy$ 和 $\lambda x.xy$ 不是字母变体，因为 y 在 yy 中自由出现的次数大于 x 在 xy 中自由出现的次数。同时，$\lambda y.yy$ 和 $\lambda x.xy$ 都不能通过 alpha 转换从彼此中产生。$\lambda x.xy$ 不能通过 alpha 转换从 $\lambda y.yy$ 中得到，因为 $\lambda x.[x/y]yy$ 会产生不同于 $\lambda x.xy$. 的 $\lambda x.xx$ [⊖] 。并且 $\lambda y.yy$ 不能通过 alpha 转换从 $\lambda x.xy$ 中得到，因为如果能够得到，y 必须替换 xy 中的 x，这与 alpha 转换的第二个条件相悖，它要求 xy 中的 y 不是自由的。相反，$\lambda x.xy$ 和 $\lambda z.zy$ 是字母变体，它们都可以通过 alpha 转换从另一个变体中得到。

另一方面，$[u/v]\tau$ 中自由出现的 u 的数量比 τ 中自由出现的 v 的数量少，那么 τ 必须有自由的 v，其对应的 u 在 $[u/v]\tau$ 中不是自由的。这意味着，在 τ 中用 u 代替 v 时，存在 u 变为了受限状态。但是 alpha 转换的第一个条件否定了这种情况。例如，考虑 $\lambda y.\lambda y.yy$ 和 $\lambda x.\lambda y.xy$。前者不是后者的字母变体，因为 $\lambda y.yy$ 中自由出现的 x 的次数少于 $\lambda y.xy$。通过 alpha 转换，$\lambda y.\lambda y.yy$ 不是由 $\lambda x.\lambda y.xy$ 产生的，因为它要求 y 代替 $\lambda y.xy$ 中的 x，而这与 alpha 转换的第二个条件要求 y 能够自由替换 $\lambda y.xy$ 中的 x 相悖。相比之下，$\lambda z\lambda y.zy$ 是 $\lambda x\lambda y.xy$ 的一个字母变体，并且 $\lambda z\lambda y.zy$ 可以通过 alpha 转换从 $\lambda x\lambda y.xy$ 中得到，因为 z 在 xy 中不自由，z 可以自由地替换 xy 中的 x。

下一条规则是 beta 转换。读者无疑熟悉中学里用数字替换多项式中变量的做法。例如，用数字 5 替换多项式 $2x^2+3x-4$，结果是 $2 \cdot 5^2+3 \cdot 5-4$，等于 51。现在，传统的数学实践允许这样的多项式既表示函数又表示值，如果在讨论的上下文中变量被规定有一个值的话，后者也是可能的。因此，如果在上下文中的某个地方规定了 x 取 5 的值，则 $2x^2+3x-4$ 不再表示函数，而是数字 51。通过将 lambda 前缀 λx 加在多项式前面，原来在多项式中自由出现

⊖　当然，$\lambda x.xx$ 是 $\lambda y.yy$ 的字母变体。

的变量 x 都会被绑定，这也就使它不能再从上下文中得到对应值。因此，虽然 $2x^2+3x-4$ 可以表示函数或数字，但是（$\lambda x.(2x^2+3x-4)$）仅表示函数。为了表示想要将这个函数应用于一个数，比如说 5，我们应该将它写成（（$\lambda x.(2x^2+3x-4)$）5）。beta 转换则代表（（$\lambda x.$($2x^2+3x-4$））5）可以转换为（$2\cdot5^2+3\cdot5-4$）。

让我们看看 beta 转换规则的其他细节。只要取代项不包含任何变量，或者替换发生的所属项中没有 lambda 前缀，就不会产生任何不必要的后果。然而，在 Lambda 演算中，任何项都可以是取代项，并且替换操作发生的项可以具有 lambda 前缀。这就有可能使得一个开放项替换了其他项的自由变量后变成一个封闭项。考虑（$\lambda x.\lambda y.xy$）（$\lambda z.zy$）。注意，第三个变量 y 是自由的，因此该复合项是开放的。然而，经 beta 转换后会得到项 $\lambda y(\lambda z.zy)y$，它没有自由变量，因此是一个闭合项。综上，有必要将 beta 转换规则进行一定的限制。beta 转换表示，对于所属项 σ 和 τ 以及每个变量 v，如果 σ 可以自由地替换 τ 中的 v，则（$\lambda v.\tau$）$\sigma\Rightarrow$ $[\sigma/v]\tau$，这也可以重新表示如下。

beta（β）转换

———————

$(\lambda v.\tau)\sigma\Rightarrow[\sigma/v]\tau$

σ 可以自由地替换 τ 中的 v

同样，我们得到了一个公理，其中公理形式的条件写在它下面。

最后，我们来谈谈 eta 转换。它在 Lambda 演算中发挥的作用等价于在 CQL 中的两个公式，其中一个公式（比如 α）是另一个公式 $\exists v\alpha$ 的量词矩阵，后者的量词前缀 $\exists v$ 不绑定它的矩阵 α 中的任何变量，例如 $\exists x(Pa\wedge Ryc)$ 和 $Pa\wedge Ryc$。

eta 转换表示，对于每项 τ 和每个变量 v，如果 $v\notin\mathrm{Fvr}(\tau)$，则 $\lambda v.\tau v\Rightarrow\tau$。该公理可以重新表示如下。

eta（η）转换

———————

$\lambda v.\tau v\Rightarrow\tau$

$v\notin\mathrm{Fvr}(\tau)$

同前面一样，我们得到了一个公理，公理对应的条件写在了下面。

假设 q 表示自然数的平方函数。如果我们将自然数作为对应的全集，那么 q 属于 e/e 类型：把平方函数应用到一个自然数上（比如 3）就可以得到自然数 9。设 x 是 e 类型的变量，因此 qx 是 e 类型的项，尽管在给自由变量 x 赋值之前，它不表示任何内容。我们可以从 qx 构建得到 $\lambda x.qx$，该项仍是 e/e 类型的。由于数字都是 e 类型的常量，让我们比较 q 和 $\lambda x.qx$。$q0$ 为 0，$q1$ 为 1，$q2$ 为 4，以此类推，对于（$\lambda x.qx$）0，通过 β 转换，转换为 $q0$，即 0；（$\lambda x.qx$）1 转换为 $q1$，即 1；（$\lambda x.qx$）2 转换为 $q2$，即 4。换句话说，这两个 lambda 表达式是同一个函数的表达式，即自然数集上的平方函数。因此，我们希望 $\lambda x.qx$ 转换为 q。但是，

$\lambda x.(px)\,x$ 却不能 eta 转换为 px。例如，让 p 是 $(e/e)\,/e$ 类型的函数，当它应用于一个自然数（比如 5）时会得到一个函数，它的作用是，当函数应用于一个数字时，它会返回加 5 后的结果。例如，$(p5)\,2$ 是 7，$(p5)\,6$ 是 11，而 $(p3)\,2$ 是 5，$(p3)\,4$ 是 7。现在，$(\lambda x.(px)\,x)\,2$ 是 4，$(\lambda x.(px)\,x)\,3$ 是 6，以此类推，$(\lambda x.(px)\,x)\,n$ 是 $2n$。然而，$p2$ 不是自然数，相反，它是一个在自然数上加 2 的函数。

上述转换也被称为缩减。其含义是 $\Rightarrow$ 左侧的项简化成为右边的项。显然，alpha 转换不是这样的。但是，alpha 转换保留了左边项的结构，因此不会使右边项变得更复杂。eta 转换确实相当于做了简化，或者说是缩减，因为 $\Rightarrow$ 右侧的项是左侧项的适当子项。beta 转换也将复杂项转换为简单类型 Lambda 演算中的简单项，尽管后者可能不在单类型 Lambda 演算中。读者可以很容易地看到，beta 转换应用于单类型 Lambda 演算的项 $(\lambda x.xx)(\lambda y.yyy)$ 会产生一个更复杂的项。因此，在简单类型的 Lambda 演算中，转换关系的第二项要么和第一项一样简单，要么比第一项简单。

我们不希望仅仅 alpha、beta 和 eta 转换被看作所属项的转换关系。实际上，前面转换规则中的任何规则都不允许我们得到 $\lambda x.x \Rightarrow \lambda x.x$。特别是，该表达式不是 alpha 转换的实例。然而，正如在经典逻辑中，每一个公式都可以从自身演绎出来，我们希望 Lambda 演算中的每项也都是自身的转换。换言之，我们希望由 $\Rightarrow$ 表示的关系是自反的。

转换的自反性

$\tau \Rightarrow \tau$

这也是一个公理，它没有任何附加条件。

同时，我们希望这种关系是可传递的。换言之，如果某项可以转换成第二项且第二项又可以转换为第三项，那么我们希望第一项也能转换为第三项。因此，例如，$\lambda x.((\lambda y.y)\,x)\,a \Rightarrow (\lambda y.y)a$ 和 $(\lambda y.y)\,a \Rightarrow a$。但是同样地，规则中的任何内容都不允许我们得到 $\lambda x.((\lambda y.y)\,x)\,a \Rightarrow a$。

转换传递性

$\sigma \Rightarrow \tau, \tau \Rightarrow \rho$

$\sigma \Rightarrow \rho$

最后，我们希望转换关系对应用和抽象操作是适合（congruent）或一致的。因此，当项 $(\lambda y.xy)\,a$ 和 $(\lambda z.zy)\,b$ 转换为 xa 和 by 时，我们希望复合项 $((\lambda y.xy))\,a)((\lambda z.zy)\,b)$ 转换为复合项 $(xa)(by)$。换句话说，$((\lambda y.(xy))\,a)((\lambda z.zy)\,b) \Rightarrow (xa)(by)$。这就是下一条规则的要点，即如果 $\sigma \Rightarrow \tau$ 且 $\rho \Rightarrow \pi$，则 $\sigma\rho \Rightarrow \tau\pi$。

转换的应用操作适合性

$\sigma \Rightarrow \tau, \rho \Rightarrow \pi$

$\sigma \rho \Rightarrow \tau \pi$

类似地,我们期望转换与抽象操作也是适合和一致的。因此,如果 $(\lambda y.zxy)a$ 转换为 zxa,即 $(\lambda y.zxy)a \Rightarrow zxa$,那么我们希望 $(\lambda x.(\lambda y.zxy)a)$ 转换为 $\lambda x.zxa$,即 $(\lambda x.(\lambda y.zxy)a) \Rightarrow \lambda x.zxa$。更一般地说,如果 $\sigma \Rightarrow \tau$,则 $\lambda v.\sigma \Rightarrow \lambda v.\tau$。

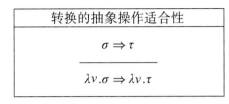

现在,我们将转换关系定义为 alpha、beta 和 eta 转换关系的反身可传递性的闭包(closure),它与应用操作和抽象操作也是适合的。为了正式规定这一定义,我们首先定义转换公式(conversion formula)的概念,即它是形式为 $\sigma \Rightarrow \tau$ 的任意表达式,其中 σ 和 τ 是 lambda 项。

定义 25 转换关系(树格式)

设 σ 和 τ 为 lambda 项。$\sigma \Rightarrow \tau$ 成立,当且仅当存在一个转换公式的树,其中每一个公式或者是树顶上的一个公式,在这种情况下,它是上述一个公理的一个实例,或者是由对其上面直接相邻的公式应用之前所介绍的规则转换而来。

练习:演绎

1. 定义 CQL 公式的字母变体之间的关系。

2. 假设以下每个表达式都是所属项。对于第一列中的每个所属项,同一行中的其他两个所属项中的哪一个是其字母变体?

ax	ay	ax
$\lambda x.x$	$\lambda x.x$	$\lambda y.y$
$\lambda x.b$	$\lambda y.b$	$\lambda x.a$
$\lambda x.ax$	$\lambda v.av$	$\lambda v.va$
$\lambda x.xy$	$\lambda z.zv$	$\lambda z.zy$
$\lambda x.\lambda y.xy$	$\lambda v.\lambda w.vw$	$\lambda y.\lambda x.yx$
$\lambda x.xc(\lambda y.ay)$	$\lambda y.yc(\lambda y.ay)$	$\lambda v.vc(\lambda z.az)$

3. 假设以下每个表达式都是所属项。使用 alpha、beta 和 eta 转换规则尽可能地简化它们。提示:简化之前恢复括号可能会有帮助。

(a) $\lambda x.xa$

(b) $(\lambda x.bx)a$

(c) $\lambda z.lzy$

(d) $(\lambda x.cxy)a$

(e) $(\lambda x.\lambda y.cxy)(ab)$

(f) $(\lambda x.\lambda x.cx)ab$

(g) $(\lambda x.cxy)y$

(h) $(\lambda z.\lambda z.ca)(ab)$

(i) $(\lambda x.cxx)z$

(j) $(\lambda x.c(dx))x$

(k) $(\lambda x.xz)(\lambda v.va)$

(l) $(\lambda x.\lambda y.axy)y$

(m) $(\lambda z.\lambda x.zxx)(ca)b$

(n) $\lambda z.yz$

(o) $(\lambda x.\lambda y.cyx)ab$

(p) $\lambda x.ax$

(q) $(\lambda x.\lambda y.ayx)y$

(r) $(\lambda z.\lambda y.\lambda x.a(zx)(zy))(cab)$

(s) $(\lambda w.wx)(\lambda y.\lambda x.cxy)$

(t) $(\lambda z.za)((\lambda v.\lambda x.vxx)(\lambda y.\lambda w.gway))$

(u) $(\lambda x.x)(\lambda z.za)$

(v) $(\lambda x.\lambda y.xcy)ab$

(w) $(\lambda x.xa)(\lambda y.yb)$

(x) $ab(\lambda z.(\lambda v.\lambda x.v(\lambda y.dyx))(\lambda w.wz))$

13.4　Lambek 类型的 Lambda 演算

在 13.3 节中，我们观察到简单类型 Lambda 演算的所属项在树中的类型分配遵守 Lambek 演算的 / 消除和 / 引入规则。事实上，对简单型 Lambda 演算的所属项进行分类所需的类型正是 Lambek 演算的公式，这些公式是通过将两个表达式作为基本子式，在这里为 e 和 t，并从它们生成仅具有 / 连接词的复合公式获得的。此外，读者通过检查在简单类型定义（定义 17）的条件（2）中使用的类型下标可以很容易看出复合项的类型的确定同样符合 / 消除和 / 引入规则。

正如我们将看到的，可以扩展 Lambda 演算的所属项，使得扩展集中的所属项包含所有且仅由 Lambda 演算的所有三个连接词所分类的所属项，并且相应的形成规则反映了所有三个连接词的消除和引入规则。我们将这个扩展版的 Lambda 演算称为 Lambek 类型的 Lambda 演算。

在已经介绍过的两种 Lambda 演算中，我们有函数表达式和参数表达式，后者可能也是函数表达式。这两种表示都遵循主流的数学习惯，即通过将函数表达式放在左侧而参数表达式放在右侧来编写表达式，以显示函数对参数的应用。假设 s 表示自然数上的后继函数。如果把整体自然数当作全集，那么 s 为 e/e 类型：把它应用到一个自然数上，比如说 3，我们就可以得到自然数 4，也就是说，$s3$ 等于 4。但是，有时会在右边写函数表达式，左边写参数表达式。例如，指数表示法中的惯例。在表达式 x^2 中，参数表达式是变量 x，函数表达式是 2。如果我们想在 Lambda 演算中重新体现这个习惯，那么为平方函数引入的符号赋值不再是 e/e 类型，而是 $e\backslash e$ 类型，例如，我们不会像在 13.3.3 节中那样使用 $q3$，而是使用 $3q$。Lambek 类型的 Lambda 演算允许将参数表达式写在函数表达式的右侧，也允许将参数表达式写在函数表达式的左侧。参数表达式写在右侧的函数表达式具有我们熟悉的 α/β 类型，其中 β 代表参数表达式的类型，α 代表从函数表达式以及连接的参数表达式中得到的复合表达式的类型。参数表达式写在左侧的函数表达式具有 $\beta\backslash\alpha$ 的类型，其中 β 代表参数表达式的类型，α 代表从参数表达式以及连接的函数表达式中得到的复合表达式的类型。

Lambek 类型的 Lambda 演算也可以表示成对的表达式。给定两个表达式 σ 和 τ，我们可以得到由 σ 和 τ 形成的一对实体的表达式，即表达式 pr (σ, τ)。反过来给定一对实体的表达式，我们就可以知道其第一和第二坐标的表达式。如果 σ 是某实体对的表达式，那么 pj_1 (σ) 是该实体对的第一个坐标的表达式，$\mathrm{pj}_2 (\sigma)$ 则是第二个坐标的表达式。复杂表达式的类型是 $\alpha \cdot \beta$，其中 α 是第一个坐标的类型，β 是第二个坐标的类型。因此，pr（3，7）是表示有序对 <3，7> 的表达式，pr (q, s) 是包含平方函数和后继函数的有序对。

我们称用于表示 Lambek 类型的 Lambda 演算的类型为 Lambek 类型（Lambek type），它的定义如下。

定义 26　Lambek 类型的集合

设 e 和 t 是不同的实体。

（1）$e, t \in \mathrm{Typ}$；

（2）如果 $x, y \in \mathrm{Typ}$，那么 (x/y)、$(x\backslash y)$ 和 $(x \cdot y)$ 也是；

（3）没有其他项属于 Typ 类型。

与 Lambda 演算的简单类型一样，CN_x 中的符号代表 x 类型的常量，VR_x 中的符号代表 x 类型的变量。所有常量的集合，即 CN，是 $\bigcup_{x \in \mathrm{Typ}} \mathrm{CN}_x$，所有变量的集合，即 VR，是 $\bigcup_{x \in \mathrm{Typ}} \mathrm{VR}_x$。就像对简单类型的 Lambda 演算做的那样，我们称 VR 和 CN 为基本项（atomic term）。我们扩展基

本项来包含复合项，就像扩展简单类型 Lambda 演算的基本项来包含复合项一样。

定义 27 Lambek 类型所属项的形成（综合版本）

设 x 和 y 属于 Typ 类型。

（1）基本项

    （1.1）$CN_x \subseteq TM_x$；

    （1.2）$VR_x \subseteq TM_x$。

（2）复合项

    （2.1.1）如果 $\sigma \in TM_{x/y}$ 且 $\tau \in TM_y$，那么 $(\sigma\tau) \in TM_x$；

    （2.1.2）如果 $v \in VR_y$ 且 $\tau \in TM_x$，那么 $(\lambda v.\tau) \in TM_{x/y}$。

    （2.2.1）如果 $\sigma \in TM_{y\backslash x}$ 且 $\tau \in TM_y$，那么 $(\tau\sigma) \in TM_x$；

    （2.2.2）如果 $v \in VR_y$ 且 $\tau \in TM_x$，那么 $(\lambda v.\tau) \in TM_{y\backslash x}$。

    （2.3.1）如果 $\sigma \in TM_{x \cdot y}$，那么 $pj_1(\sigma) \in TM_x$ 且 $pj_2(\sigma) \in TM_y$；

    （2.3.2）如果 $\sigma \in TM_x$ 且 $\tau \in TM_y$，那么 $pr(\sigma, \tau) \in TM_{x \cdot y}$。

扩展演算后的所属项的集合是 TM，即 $\bigcup_{x \in Typ} TM_x$。

认真的读者可能会想，之前介绍过可以把参数表达式写在函数表达式的左边，从而使形如 $\alpha\backslash\beta$ 的类型被接受，但是在 Lambek 类型的 lambda 项的形成过程中，我们却没有通过如下的条件（2.2.1）来反映这种做法——如果 $\sigma \in TM_{y\backslash x}$ 且 $\tau \in TM_y$，那么 $(\tau\sigma) \in TM_x$——其中函数表达式出现在其参数表达式的右侧。原因是，如果有两种类型的 lambda 项，会使得读者理解 Lambda 表示法更加困难，除此之外，也不会带来任何可见的益处。读者可能会想，那么为什么还会引入 $\alpha\backslash\beta$ 形式的类型？答案是，在类型逻辑语法（第 14 章的一个主题）中，自然语言表达式的句法分析需要这样的类型。

现在为 Lambek 类型的 Lambda 演算定义一个结构。为此，我们需要将各种类型的项与各种类型的值配对。与简单类型的 Lambda 演算一样，我们从一个非空的集合开始，称为 U，设 U 为 D_e，且设 D_t 为真值 T 和 F 的集合。和以前一样，使用其他类型来扩展解释函数的值域的不同子集的名称，如下所示：$D_{x/y} = Fnc(D_y, D_x)$（或者 $D_x^{D_y}$），$D_{y\backslash x} = Fnc(D_y, D_x)$，$D_{x \cdot y} = D_x \times D_y$。设 $D = \bigcup_{x \in Typ} D_x$，那么 Lambek 类型的 Lambda 演算的一个解释函数是从 CN 到 D 的对应类型的任何函数。

定义 28 CN 的结构（Lambek 类型的 Lambda 演算）

设 CN 是 Lambek 类型的 Lambda 演算的常量集合。$\langle U, i \rangle$ 是 CN 的结构，当且仅当

（1）U 是非空集合；

（2）i 是一个从 CN 到 D 的函数，对于每个 $x \in Typ$，如果 $\tau \in CN_x$，那么 $i(\tau) \in D_x$。

若要将值赋给具有自由变量的项，则需要变量赋值。

定义 29 变量赋值

变量赋值是从 VR 到 U 的任意函数 g，如果 $v \in VRx$，那么 $g(v) \in D_x$。

有了结构和变量赋值，现在可以根据赋值给基本项的值，以与简单类型的 Lambda 演算完全类似的方式，将值赋给复合项。

定义 30 扩展（Lambek 类型的 Lambda 演算）

设 M，即 $\langle U, i \rangle$ 为 CN 的结构，g 为变量赋值。

（1）基本项

    （1.1）如果 $\tau \in CN$，那么 $[\tau]_g^M = i(\tau)$；

（1.2）如果 $\tau \in \mathrm{VR}$，那么 $[\tau]_g^M = g(\tau)$。

（2）复合项

（2.1.1）如果 $\sigma \in \mathrm{TM}_{x/y}$ 且 $\tau \in \mathrm{TM}_y$，那么 $[\sigma\tau]_g^M = [\sigma]_g^M([\tau]_g^M)$；

（2.1.2）如果 $v \in \mathrm{VR}_y$ 且 $\tau \in \mathrm{TM}_x$，那么 $[\lambda v.\tau]_g^M = f$，其中 f 是一个 D_y 到 D_x 的函数，使得对于每个 D_y 中的 a，有 $f(a) = [\tau]_{g_{v\to a}}^M$。

（2.2.1）如果 $\sigma \in \mathrm{TM}_{y\backslash x}$ 且 $\tau \in \mathrm{TM}_y$，那么 $[\tau\sigma]_g^M = [\sigma]_g^M([\tau]_g^M)$；

（2.2.2）如果 $v \in \mathrm{VR}_y$ 且 $\tau \in \mathrm{TM}_x$，那么 $[\lambda v.\tau]_g^M = f$，其中 f 是一个从 D_y 到 D_x 的函数，使得对于 D_y 中的每个 a，有 $f(a) = [\tau]_{g_{v\to a}}^M$。

（2.3.1）如果 $\sigma \in \mathrm{TM}_{x\cdot y}$，那么 $[\mathrm{pj}_1(\sigma)]_g^M = \pi_2^1[\sigma]_g^M$ 且 $[\mathrm{pj}_2(\sigma)]_g^M = \pi_2^2[\sigma]_g^M$；

（2.3.2）如果 $\sigma \in \mathrm{TM}_x$ 且 $\tau \in \mathrm{TM}_y$，那么 $[\mathrm{pr}(\sigma,\tau)]_g^M = <[\sigma]_g^M, [\tau]_g^M>$。

（π_2^1 和 π_2^2 是应用于有序对的函数，可以得到有序对的第一和第二坐标。）

接下来，我们来研究 Lambek 类型的 Lambda 演算的扩展类型项如何演绎。下面是 Lambek 演算的六条规则，其中每个原理公式都与某 lambda 项搭配成对。我们从 / 和 \ 消除规则开始。与 / 消除规则相对应的是表示应用操作函数的 lambda 项的形成，而与 / 引入规则相对应的是表示抽象操作函数的 lambda 项的形成。

/	消除	引入
	$x/y \mapsto f \quad y \mapsto a$ ———————— $x \mapsto fa$	$\begin{array}{c} \vdots \quad [\,x \mapsto v\,] \\ \vdots \quad \vdots \\ y \mapsto f \\ \hline y/x \mapsto \lambda v.f \\ v\,（新的） \end{array}$

（说一个变量是新（fresh）的，就是说它不出现在演绎里所讨论的所属项之上的任何项中。）

\ 消除规则和引入规则也是相似的。\ 消除规则对应表示应用操作函数的 lambda 项的形成，而 \ 引入规则对应表示抽象操作函数的 lambda 项的形成。（再次提醒读者，由 / 和 \ 消除规则得到的 lambda 项在示意图表示上是相同的，同样地，由 / 和 \ 引入规则得到的 lambda 项也是这样。）

\	消除	引入
	$y \mapsto a \quad y\backslash x \mapsto f$ ———————— $x \mapsto fa$	$\begin{array}{c} [\,x \mapsto v\,] \quad \vdots \\ \vdots \quad \vdots \\ y \mapsto f \\ \hline x\backslash y \mapsto \lambda v.f \end{array}$

我们来看看最后一对关于·消除和引入的规则。这里出现的 lambda 项适合扩展的 Lambda 演算。·消除规则对应于两项的出现，每项都是与·的示意图类型相关联的项的直接子项。·引入规则对应某项的出现，该项的直接子项与·的左右两边的类型相关。

·	消除	引入
	$x \cdot y \mapsto a$ $\overline{}$ $x \mapsto \mathrm{pj}_1(a) \quad y \mapsto \mathrm{pj}_2(a)$ $\overline{}$ $z \mapsto b$	$x \mapsto a \quad y \mapsto b$ $\overline{}$ $x \cdot y \mapsto \mathrm{pr}(a, b)$

下面将会用这些项来说明 Lambek 演算的演绎。但是，在这之前，我们需要首先提出公理和规则，使得 Lambek 类型的 Lambda 演算的 lambda 项可以转换成其他项。扩展演算所对应的专有项是使用符号 pr、pj_1 和 pj_2 形成的。第一个符号用于表示配对函数，即将一个或两个事物构成一对的函数。例如，设 a 和 b 是 CN_e 中的符号，假设它们分别表示 3 和 7，那么 pr（a, b）就是 $\mathrm{TM}_{e \cdot e}$ 中的表达式，表示 <3，7>。pj_1 和 pj_2 表示两个映射函数，第一个函数应用于有序对后返回第一个坐标，而第二个函数应用于有序对后返回第二个坐标。因此，第一个映射函数应用于 <3，7> 得到 3，第二个映射函数应用于同一个有序对得到 7。一般来说，如果两个元素形成一个有序对，然后取该有序对的第一个映射，则取该有序对的第一个元素，如果取该有序对的第二个映射，则取该有序对的第二个元素。这些函数的性质意味着形如 pj_1（pr（σ, τ））或 pj_2（pr（σ, τ））的复合项可以分别转换为更简单的项 σ 和 τ。

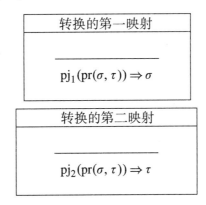

转换的第一映射
$\overline{}$
$\mathrm{pj}_1(\mathrm{pr}(\sigma, \tau)) \Rightarrow \sigma$

转换的第二映射
$\overline{}$
$\mathrm{pj}_2(\mathrm{pr}(\sigma, \tau)) \Rightarrow \tau$

此外，很明显一个有序对和由该有序对的第一个和第二个映射形成的有序对之间没有任何区别。

转换对
$\overline{}$
$\mathrm{pr}(\mathrm{pj}_1(\sigma), \mathrm{pj}_2(\sigma)) \Rightarrow \sigma$

转换的第一映射一致性
$\sigma \Rightarrow \tau$
$\mathrm{pj}_1(\sigma) \Rightarrow \mathrm{pj}_1(\tau)$

转换的第二映射一致性
$\sigma \Rightarrow \tau$
$\mathrm{pj}_2(\sigma) \Rightarrow \mathrm{pj}_2(\tau)$

转换的配对一致性
$\sigma \Rightarrow \tau, \rho \Rightarrow \pi$
$\mathrm{pr}(\sigma, \rho) \Rightarrow \mathrm{pr}(\tau, \pi)$

现在来看看之前在 Lambek 类型的 Lambda 演算中介绍过的演绎的例子。我们将使用树格式来显示演绎过程。演绎树的每个节点包括一对表达式以及符号 $\mapsto$。符号左边的表达式是 Lambek 演算的一个公式，右边的表达式是 Lambda 演算的一个所属项。实际上，演绎过程中应用的每个规则都是一对规则，一个来自 Lambek 演算，应用于一对或多对表达式的一个或多个公式，另一个来自 Lambda 演算，应用于一对或多对表达式的一个或多个所属项。

接下来，我们将给出一个对应于以下三个 Lambek 演算定理的演绎。

- 定理 1.1　　$\alpha \cdot (\beta \cdot \gamma) \vdash_{FD} (\alpha \cdot \beta) \cdot \gamma$
- 定理 3.1　　$(\alpha/\beta) \cdot \beta \vdash_{FD} \alpha$
- 定理 5.1　　$(\gamma/\beta) \cdot (\beta/\alpha) \vdash_{FD} \gamma/\alpha$

然而，每个公式都与一个 lambda 项配对。这意味着演绎是根据本节的演绎规则进行的，而不是 Lambek 演算中公式演绎的规则。这也意味着可演绎关系不是与 Lambek 演算的公式演绎规则有关，而是与 Lambek 类型的 Lambda 演算的演绎规则有关。因此，我们将这里的可演绎关系符号化为 $\vdash_{LL}$，而不是 $\vdash_{FD}$。

在对应于定理 1.1 的第一个证明过程中，Lambek 演算公式 $\alpha \cdot (\beta \cdot \gamma)$ 跟 lambda 项 a 配对。

目标

$\alpha \cdot (\beta \cdot \gamma) \mapsto a \vdash_{LL} (\alpha \cdot \beta) \cdot \gamma \mapsto \mathrm{pr}\big(\mathrm{pr}(\mathrm{pj}_1(a), \mathrm{pj}_1(\mathrm{pj}_2(a))), \mathrm{pj}_2(\mathrm{pj}_2(a))\big)$

证明

$$
\cfrac{
  \cfrac{
    \cfrac{\alpha \cdot (\beta \cdot \gamma) \mapsto a}{\alpha \mapsto \mathrm{pj}_1(a) \qquad \cfrac{\beta \cdot \gamma \mapsto \mathrm{pj}_2(a)}{\beta \mapsto \mathrm{pj}_1(\mathrm{pj}_2(a)) \qquad \gamma \mapsto \mathrm{pj}_2(\mathrm{pj}_2(a))} \cdot \mathrm{E}}
  }{
    \alpha \cdot \beta \mapsto \mathrm{pr}\big(\mathrm{pj}_1(a), \mathrm{pj}_1(\mathrm{pj}_2(a))\big)
  } \cdot \mathrm{I}
}{
  (\alpha \cdot \beta) \cdot \gamma \mapsto \mathrm{pr}\big(\mathrm{pr}(\mathrm{pj}_1(a), \mathrm{pj}_1(\mathrm{pj}_2(a))), \mathrm{pj}_2(\mathrm{pj}_2(a))\big)
} \cdot \mathrm{I}
$$

值得注意的是，通过假设 Lambek 公式 α 与 lambda 项 a、Lambek 公式 β 和 lambda 项 b 以及 Lambek 公式 γ 和 lambda 项 c 互相配对，我们可以将 Lambek 公式 $\alpha \cdot (\beta \cdot \gamma)$ 与 lambda 项 $\mathrm{pr}(a, \mathrm{pr}(b, c))$ 配对。这样做将得到以下证明，其中用于证明的树还是之前用于证明的树，除了 lambda 项发生了改变。

目标

$\alpha \cdot (\beta \cdot \gamma) \mapsto \mathrm{pr}(a,\mathrm{pr}(b,c)) \vdash_{LL} (\alpha \cdot \beta) \cdot \gamma \mapsto \mathrm{pr}(\mathrm{pr}(a,b),c)$

证明

$$
\cfrac{\alpha \mapsto a \quad \cfrac{\cfrac{\alpha \cdot (\beta \cdot \gamma) \mapsto \mathrm{pr}(a, \mathrm{pr}(b, c))}{\beta \cdot \gamma \mapsto \mathrm{pr}(b, c)} \cdot E \quad \gamma \mapsto c}{\beta \mapsto b} \cdot E}{\cfrac{\alpha \cdot \beta \mapsto \mathrm{pr}(a, b)}{(\alpha \cdot \beta) \cdot \gamma \mapsto \mathrm{pr}(\mathrm{pr}(a, b), c)} \cdot I} \cdot I
$$

现在转向研究对应于 Lambek 类型的 Lambda 演算的定理 3.1 的证明。

目标

$(\alpha/\beta) \cdot \beta \mapsto a \vdash_{LL} \alpha \mapsto \mathrm{pj}_1(a)(\mathrm{pj}_2(a))$

证明

$$
\cfrac{\cfrac{(\alpha/\beta) \cdot \beta \mapsto a}{\alpha/\beta \mapsto \mathrm{pj}_1(a) \quad \beta \mapsto \mathrm{pj}_2(a)} \cdot E}{\alpha \mapsto \mathrm{pj}_1(a)(\mathrm{pj}_2(a))} /E
$$

目标

$(\alpha/\beta) \cdot \beta \mapsto \mathrm{pr}(a, b) \vdash_{LL} \alpha \mapsto ab$

证明

$$
\cfrac{\cfrac{(\alpha/\beta) \cdot \beta \mapsto \mathrm{pr}(a,b)}{\alpha/\beta \mapsto a \quad \beta \mapsto b} \cdot E}{\alpha \mapsto ab} /E
$$

最后，我们用两个对应于定理 5.1 的演绎过程来结束说明。

目标

$(\gamma/\beta) \cdot (\beta/\alpha) \mapsto a \vdash_{LL} \gamma/\alpha \mapsto \lambda v.\mathrm{pj}_1(a)(\mathrm{pj}_2(a)v)$

证明

$$
\cfrac{\cfrac{\gamma/\beta \mapsto \mathrm{pj}_1(a) \quad \cfrac{\cfrac{(\gamma/\beta) \cdot (\beta/\alpha) \mapsto a}{\beta/\alpha \mapsto \mathrm{pj}_2(a)} \cdot E \quad [\alpha \mapsto v]_1}{\beta \mapsto \mathrm{pj}_2(a)v} \cdot E}{\gamma \mapsto \mathrm{pj}_1(a)(\mathrm{pj}_2(a))v} \cdot E}{\gamma/\alpha \mapsto \lambda v.\mathrm{pj}_1(a)(\mathrm{pj}_2(a))v} /I_1
$$

目标

$(\alpha\backslash\beta)/\gamma \mapsto a \vdash_{LL} \alpha\backslash(\beta/\gamma) \mapsto \lambda w.\lambda v.avw$

证明

$$\cfrac{[\alpha \mapsto w]_2 \quad \cfrac{\cfrac{(\alpha\backslash\beta)/\gamma \mapsto a \quad [\gamma \mapsto v]_1}{\alpha\backslash\beta \mapsto av}\backslash E \quad /E_1}{\cfrac{\beta \mapsto avw}{\cfrac{\beta/\gamma \mapsto \lambda v.avw}{\alpha\backslash(\beta/\gamma) \mapsto \lambda w.\lambda v.avw}\backslash I_2}/I_1}}{}$$

练习：Lambek 类型的 Lambda 演算

写出下列每个公式对应的 lambda 项，并给出相关演绎过程。

(a) $\alpha \vdash_{FD} (\alpha \cdot \beta)/\beta$

(b) $\alpha \vdash_{FD} (\beta/\alpha)\backslash\beta$

(c) $\gamma/\beta \vdash_{FD} (\gamma/\alpha)/(\beta/\alpha)$

(d) $(\alpha/\beta)/\gamma \vdash_{FD} \alpha/(\gamma \cdot \beta)$

部分练习答案

13.3.1.1 节

1. (a) 缩写　　　　　　　(i) 都不是

(c) 都不是　　　　　(k) 所属项

(e) 所属项　　　　　(m) 都不是

(g) 缩写　　　　　　(o) 缩写

2. (a) $y\lambda x.z$　　　　　　　　(d) $\lambda x.(\lambda x.y)zx$

(c) $(\lambda y.xz(\lambda z.ya))(\lambda x.wy(\lambda z.z))$　　(f) $(z(\lambda z.x))$

3. (a) $[x/y]y$　　　　　　　　(d) $[\lambda x.xy/y]y$

(e) $[\lambda x.xy/x]\lambda z.(\lambda x.x)(\lambda y.xyz)$　　(f) $[\lambda y.ayx/z](z(\lambda z.x))$

4. 任意所属项都能自由替换 az 中的 z。

任意所属项都能自由替换 $\lambda y.ay$ 中的 y。

除了 y、$\lambda w.wy$ 和 $\lambda x.xy$ 之外的任意所属项都能自由替换 $\lambda y.ayz$ 中的 z。

除了 $\lambda x.xw(\lambda y.by)$ 之外的任意所属项都能自由替换 $\lambda x.yw(\lambda x.xy)$ 中的 w。

5. Ovr 的定义

(1) 对于每个 $v \in VR$，有 $Ovr(v) = \{v\}$。

(2) 对于每个 $c \in CN$，有 $Ovr(c) = \varnothing$。

(3) $Ovr(\sigma\tau) = Ovr(s) \cup Ovr(t)$。

(4) $Ovr(\lambda v.t) = Ovr(t) \cup \{v\}$。

13.3.1.2 节

1. (a) cd　　　　(f) zyc　　　　(k) $(\lambda x.yc)c$

(c) zy　　　　(h) ay　　　　(m) $(\lambda x.xy)a$

(e) $\lambda x.dx$　　(j) $\lambda y.ad$　　(l) $\lambda x.adx$

2. (a) $p \mid (t/e)/(t/e)$　　　　　(d) $q \mid t \to t; p \mid e$

(c) $p \mid (t/(t/e))/(t/(t/e))$　　(f) $p \mid (x/(t/e))/((t/e)/(t/e)); q \mid t/x$

英语名词短语

14.1　介绍

在第 10 章中，我们开始研究最小英语子句的真值是如何由从句的组成结构和赋予它们的最小成分的值来决定的。我们想把对英语从句的研究扩展到更广泛的从句，以说明如何运用前四章所述的逻辑工具来阐明自然语言语义的核心问题，即成分表达式的含义如何影响由它们所构成的表达式的含义。

下一步自然是研究简单从句（simple clause），它类似于最小子句，只是名词短语最多包含一个名词、一个限定词和一个形容词。之后，我们将进一步探讨含有修饰介词短语或限制性关系从句的名词短语。最后，我们将重新讨论并列连接问题。以前，我们研究的是并列陈述句的并列连接，然而，英语也允许存在短语的并列连接，本章也简要地研究这一问题。

14.2　英语中的简单名词短语

名词短语可能相当复杂。实际上，正如我们在 3.3.3.3 中看到的，一个名词短语可能包含另一个名词短语，在某些情况下，这个迭代是没有限制的。在这里，我们将主要关注简单名词短语，将其规定为最多包含两个名词的名词短语，一个从属于另一个。为了对简单英语名词短语的句法进行表征，下面从仔细研究英语名词短语的核心——名词开始。

14.2.1　英语名词

首先，认识到英语名词分为四类是很有用的：代词（pronoun）、专有名词（proper noun）、可数名词（count noun）和不可数名词（mass noun）。在中世纪语法中，可数名词和不可数名词构成了普通名词（common noun）。普通名词被认为适用于一个以上的个体，因此对其适用的两个或两个以上的个体是通用的。相比之下，专有名词被认为只适用于一个个体，因此也适用于它所适用的单个个体。代词之所以被称为代词，是因为人们认为代词可以代表其他名词。术语 count 和 mass 是对传统语法技术词汇的最新补充。可数名词被认为适用于可以计数的事物，而不可数名词被认为适用于只能测量的事物。正如我们将看到的，和传统语法中对技术术语的许多定义一样，定义的特征虽然适用于容易想到的实例，但并没有一概而论。

14.2.1.1　专有名词

第 10 章范围内的专有名词是简单的人名，这样做是为了尽量减少复杂性。现在是时候对英语专有名词进行更全面的概述了。首先，专有名词并不总是单一的词，而是从单一的名词，例如 Montreal、Bratislava、Kigali、Pune，到具有名词短语形式的一串词，例如 the Northwest Territories、The Dream of the Red Chamber、the Children's Crusade、the Age of Reason、the International Monetary Fund，甚至是简单的句子，例如小说的名字 Who Is Afraid of Virginia Woolf。事实上，英语专有名词有上百万个，毕竟，每一个英语数字都是一个专有名词。

(1)   *Two* is a prime number, but *five million three hundred forty-two thousand, eight hundred ninety-five* is not.

顾名思义，专有名词表示的是一种独特的事物。然而，众所周知，对于许多专有名词来说，所谓的名字（如 Alice、Burton、Carl 等）并不表示独特的个体。很多人都有这样的名字。有些人既有名字又有姓氏，例如，Michael Smith 是许多不相关的人的通称。尽管同一个专有名词有时候不止是一个人的名字，但可以假定，在任何使用场合它都是唯一适用的。同时，一些专有名词不代表任何东西。下面这些是虚拟实体的名称：虚拟的人（Sherlock Holmes、John Doe）、虚拟的地方（Xanadu、Shangrila 或 Mount Meru）和虚拟的事件（Armageddon）。（关于专有名词语义的更多细节，见 Larson and Segal（1995，chap. 5）。）

包含多个单词的专有名词可能会排除任何限定词、要求限定词或者极少允许限定词是可选的。如果专有名词包含限定词，则该限定词为定冠词。

尽管英语中的人名不包括限定词，但许多英语专有名词都需要定冠词（The Hague、the Maghreb、the Crimea、the Kremlin、the Vatican、The Iliad、the Vedas、the Koran、the Himalayas）。其中包括 the Forbidden City、the Great Salt Lake、the Black Forest、the Grand Canyon、the Great Plains、the Rocky Mountains。虽然英语中的人名只以单数出现，不包括定冠词，但许多英语专有名词只以复数出现，需要定冠词，如 the Great Lakes、the Pyrennes、the Seychelles、the Andes 等。

因此，一个优秀的一阶概括是这样的：英语专有名词不允许在单数和复数之间自由交替，也不允许它们前面紧接着所有格名词短语或定冠词之外的限定词。

众所周知，许多英语专有名词也作为普通名词出现，其含义有所不同但可以预测。首先，对于某人而言，专有名词也可以用作具有该名称的人的通用名词。其次，公司、艺术家或作曲家的专有名词可分别用作公司、艺术家或作曲家生产的产品的通用名词。最后，著名的某物或某人的专有名词可以用作其他具有相似性质的事物的通用名词。

(2.1)   Each Dan at the wedding had a sarcastic remark to make.
Each person named *Dan* at the wedding had a sarcastic remark to make.

(2.2)   No one can afford to buy a Rembrandt.
No one can afford to buy a painting by Rembrandt.

(2.3)   Bill's wife is no Florence Nightingale.
Bill's wife does not have the qualities of Florence Nightingale.

（更多详细信息见 Algeo（1973）、Bauer（1983，chap. 3.2.3）和 Payne and Huddleston（2002，sec. 20。）

练习：专有名词

1. 我们注意到英语专有名词也可以用作普通名词。请找到所讨论的第二种和第三种用法的另外五个示例，最好是经过证实的，并提供每种用法的解释。

2. 证明以下两句话不是同义的，解释它们为什么不是。

  (1) Bill thinks that he is Picasso.

  (2) Bill thinks that he is a Picasso.

3. 找出五个用作动词的英语专有名词的例子，最好是经证实的，并提供每个词的副词。

4. 我们在第 12 章中看到，可以通过在 CQL 的逻辑常数集合中添加符号 I（一个二进制关系符号）来丰富 CQL，它表示结构全集上的身份关系。假设有人在它的逻辑常数集合中添加符号 E（一元关系符号）来表示结构全集。使用一元关系符号 E 和单个符号 c 作为专有名词 Santa Claus 的翻译，写出下列每个英语句子的公式。

(1) Everything exists.

(2) Nothing exists.

(3) Santa Claus does not exist.

这些公式是否恰当地表达了相应的英语句子？在每种情况下，请解释你的答案。

14.2.1.2 代词

代词与专有名词不同，它具有丰富的单数和复数对比，并且与普通名词不同，它不含限定词。代词含义多样，包括以下八个子类。

代词类型	例子
数量代词	someone, somebody, something, everyone, everybody, everything, anyone, anybody, anything
疑问代词	what, who
关系代词	which, who
指示代词	this, that
人称代词	I, we, you, he, she, it, they
物主代词	mine, our, your, his, her, its, their
反身代词	myself, yourself, himself, herself, themselves
相互代词	each other, one another

虽然代词的前两个子类（数量代词和疑问代词）并不表现出第 4 章中讨论的两种语境依赖，但其他子类则表现出语境依赖。此外，相互代词仅是语境依赖的，而第一人称和第二人称单数、物主代词和反身代词仅依赖背景，其余代词都容易出现两种形式的语境依赖。

然而，正如 Apollonius Dyscolus（约公元 2 世纪）已经知道的那样，代词可以在内部和外部同时使用，特别是第三人称代词。虽然我们在第 4 章中讨论了外指和内指用法之间的区别，但对这些表达式的赋值并未说明。这个话题很复杂。在这里，我们将只对以下两个问题进行简要的回答：当使用外指时，第三人称代词的值是如何确定的？当使用内指时，它们的值是如何确定以及如何得到的？

Willard Quine（1960，sec. 28）注意到第三人称代词在外指意义下使用时，其行为方式类似于 CQL 公式中的自由变量或英语表达式的行为方式。考虑以下三个表达式。

(3.1)　　Px.

(3.2)　　x is prime.

(3.3)　　It is prime.

即使一个结构给 P 赋值（比如质数集），但公式 Px 仍不能被赋值，除非 x 被赋值。然而，一旦通过变量赋值来赋值，就可以确定公式的真值。在英语写作中，使用变量的数学主题很常见，如句子（3.2）中的准英语句子所示。在这里，表达式的真值也只在赋值给变量时确定（读者不妨回顾一下 11.2 节，这一点在此处被第一次提出）。Quine 的观点是，对于人称代词 it 情况也是一样的，一旦从上下文中找到合适的值，就可以确定句子（3.3）的真假。

英语代词有性别，而变量没有，但这仅仅意味着第三人称代词的性别限制了代词可能被赋予的值。

情况比 Quine 简短的讨论所认为的要复杂得多。要运用这种洞察力，就必须做出特别的规定，将话语的情况与评价的情况区分开来。这种区别及其在自然语言代词和其他内指表达中的应用是由 David Kaplan、David Lewis 和 Robert Stalnaker 利用模态逻辑的思想开创和发展的[⊖]。

第三人称代词的内部用法是怎样的呢？正如我们在 4.3.1 节中看到的，这些代词和其他形式的值由上下文决定。而现在的问题是如何做到。传统语法学家认为代词是代表名词的词。早期的转换语言学家从转换的角度将这一概念形式化。其思想是这样的，例如句子（4.1），其替代形式 he 的先行词是 Bill，被分析为具有与句子（4.1）中表达式对应的表层结构，以及与句子（4.2）中表达式对应的深层结构，并且两者都由代词化（pronominalization）的转换规则相关联，从而将句子（4.2）中第二次出现的 Bill 替换为 he。

(4.1)　　<u>Bill</u> thinks that <u>he</u> is smart.
(4.2)　　Bill thinks that Bill is smart.

(5.1)　　<u>Alice</u> put on <u>her</u> coat and <u>Bill</u> put on <u>his</u> coat.
(5.2)　　Alice put on Alice's coat and Bill put on Bill's coat.

然而，这种说法不适用于先行词为数量名词词组的代词：

(6.1)　　<u>Each woman</u> thinks that <u>she</u> is brillant.
(6.2)　　Each woman thinks that each woman is brillant.

正如 Quine(1960, sec. 28) 观察到的，人们转向求助于逻辑。让代词 she 被赋予一个值，这个值随着它的先行名词短语的值的变化而变化，就像变量的值随着绑定它的量词矩阵的变化而变化一样。这种如何对待这些情况的观点是如此广泛，以至于语言学家不再说代词有先行词，而是说代词受先行词的约束，甚至延伸到先行词是专有名词的情况。

14.2.1.3　普通名词

如 14.2.1 节开头所述，普通名词分为可数名词和不可数名词。可用明确的形态句法标准来区分它们。见 Jespersen (1924, 198-200)，其中区分了两种名词，文献 Bloomfield (1933) 中列出了模式。我们将用 Carl Lee Baker (1989，8-12) 注意到的 advice 和 suggestion 这一小对名词来说明这些模式。

这里有八个标准，都是 Bloomfield (1933) 已知的。首先，可数名词既有单数形式也有复数形式；不可数名词通常只有单数形式，而没有复数形式。

(7.1)　　Bill heeded a suggestion/suggestions by Alice.
(7.2)　　Bill heeded advice/*advices by Alice.

可数名词可以作为代词 one 和 another 的先行词，而不可数名词不可以（205）。

(8.1)　　Alice made <u>a suggestion</u>. Bill made <u>one</u> as well.
(8.2)　　*Alice gave <u>advice</u>. Bill gave <u>one</u> as well.

不定冠词（a）以及限定词 either 和 neither 可与单数可数名词连用，而不可与不可数名词或复数可数名词连用（206）。

(9.1)　　Bill heeded a suggestion by Alice.
(9.2)　　*Bill heeded an advice by Alice.

大于 1 的数的基数形容词以及 a few、few、several、many 等准基数形容词（quasi-cardinal

---

　　⊖　见 4.1 节。关于进一步的讨论，见 Larson and Segal (1995，chap. 6)。

adjective）只用于复数可数名词，而 more、all 和 enough 则用于不可数名词和复数可数名词（同上）。

(10.1)   Alice made more suggestions/*suggestion to Bill.

(10.2)   Alice gave more advice/*advices to Bill.

复数可数名词和不可数名词可以不带限定词出现，而单数可数名词需要限定词（252）。

(11.1)   Alice made suggestions/*suggestion to Bill.

(11.2)   Alice gave advice/*advices to Bill.

不可数名词而不是可数名词的前面可以是 less、little、a little 和 much，对应词为 fewer、few、a few 和 many（206）。

(12.1)   Alice made few suggestions/*suggestion to Bill.

(12.2)   Alice made few advices/*advice to Bill.

(12.3)   Alice gave little advice/*advices to Bill.

下表总结了这些内容。

分布性质	不可数名词	可数名词
包含单数 / 复数不同	−	+
another 和 one 的先行词	−	+
被不定冠词 either 和 neither 修饰	−	单数 +，复数 −
被 all、enough 和 more 修饰	+	单数 −，复数 +
被除 one 之外的基数形容词修饰	−	单数 −，复数 +
允许没有限定词	−	单数 −，复数 +
被 few、a few、many 和 several 修饰	−	单数 −，复数 +
被 less、little、a little 和 much 修饰	+	−

如前所述，可数名词和不可数名词这对比较项具有误导性。虽然可数名词确实只适用于可以计数的事物，但不可数名词适用于不能计数的事物是不正确的。可以肯定的是，许多不可数名词适用于无法计数的事物，尽管这些事物是可以测量的。

不可计数的不可数名词

bacon, beef, bleach, bronze, broth, butter, calcium, cement, cereal, chalk, champagne, charcoal, cheese, chiffon, clay, copper, coral, corn, cotton, cream, curry, denim, dew, diesel, dirt, filth, foam, garlic, granite, gravel, grease, honey, ink, ivory, ivy, jade, jam, linen, liquor, liquorice, manure, mould, mustard, oxygen, paint, parsley, plaster, pollen, porcelain, pork, powder, rhubarb, rice, salt, satin, sherry, silk, soap, soup, spaghetti, steam, succotash, sulphur, sweat, syrup, tinsel, toast, tobacco, veal, velvet, wax, wool

然而，许多名词表现出与这些名词相同的形态句法特征来表示可数事物。

不可数名词	可数名词（近义词）	不可数名词	可数名词（近义词）
advice	suggestions	jewelry	jewels
ammunition	bullets	knowledge	beliefs
artillery	cannons	laundry	dirty clothes
bedding	sheets	laughter	laughs

 对许多讲英语的北美人来说，less 和 fewer 的不同已经消失了。听到说话者说 there are less forks than knives on the table，而不是 there are fewer forks than knives on the table，这并不罕见。

（续）

不可数名词	可数名词（近义词）	不可数名词	可数名词（近义词）
carpeting	carpets	livestock	farm animals
change	coins	luggage	suitcases
clothing	clothes	machinery	machines
company	guests	mail	letters
crockery	pans	news	tidings
cutlery	knives	pasta	noodles
damage	injuries	pottery	pots
dishware	plates	property	possessions
drapery	drapes	silverware	spoons
evidence	clues	spaghetti	noodles
foliage	leaves	stuff	things
footwear	shoes	toiletry	toiletries
furniture	chairs	traffic	vehicles
glassware	glasses	underwear	undergarments
hardware	tools	weaponry	weapons
infantry	foot soldiers	wildlife	animals

　　许多英语普通名词似乎都满足这两个类别的标准（见 Bloomfield（1933，chap. 16.1））。但是，它们通常在构造上存在明显的差异，该差异与单词所满足的标准相关。有些不可数名词用作可数名词时，表示种类。例如，breads 表示面包种类，cheeses 表示奶酪种类，wheats 表示小麦种类，virtues 表示美德种类（参见 Quirk et al.（1985，I.53）和 Payne and Huddleston（2002，336））。当用作可数名词时，其他的表示标准单位。例如，cakes 表示蛋糕的标准单位，而不是蛋糕片，pizzas 表示比萨饼的标准单位，而不是比萨饼片，hamburger 表示汉堡包的标准单位，即 hamburger paddy（参见 Quirk et al.（1985，I.53）和 Payne and Huddleston（2002，336））。注意，caffees、teas 和 beers 可以表示种类或服务。还有其他的不可数名词，当用作可数名词时可以表示实例。例如，details 表示细节实例，discrepancies 表示差异实例，lights 表示灯光实例（光源）⊖，efforts 表示努力实例，actions 表示行动实例，thoughts 表示思想实例（如 ideas）、errors 表示错误实例（如 mistakes）以及 shortages 表示短缺实例（参见 Quirk et al.（1985，I.53）和 Payne and Huddleston（2002，337））。最后，另外一些不可数名词，当用作可数名词时可能表示各种来源。例如，fears 表示引起恐惧的事物或可能是恐惧实例，embarassments 表示使人尴尬的事物，surprises 表示使人惊讶的事物，wonders 表示使人惊奇的事物，delights 表示使人愉快的事物，等等。相反，众所周知，许多可数名词满足不可数名词的分布标准，然后被解释为在其外延中表示可数名词部分的子集，所包括的部分因单词而异，且因使用场合而异。

可数名词	其不可数版本的表示
turnip	萝卜的可食用部分
potato	土豆的可食用部分
apple	苹果的可食用部分
carrot	胡萝卜的可食用部分
duck	鸭子的可食用部分

⊖　注意，不可数名词 darkness 没有复数对应词。

（续）

可数名词	其不可数版本的表示
turkey	火鸡的可食用部分
chicken	鸡肉的可食用部分
lamb	羔羊的可食用部分
crab	螃蟹的可食用部分
oak	橡树的可用部分
birch	桦树的可用部分
maple	枫树的可用部分
pine	松树的可用部分
rabbit	兔子的可用皮毛 兔子的可食用部分

此外，正如描述性语法中所指出的，并在 Clark and Clark（1979）的心理语言学研究中所证明的那样，通常用作可数名词的普通名词也可以用作不可数名词。

(13.1) The termite was living on a diet of book.

（Payne and Huddleston（2002，p. 337，ex. 14 i)）

(13.2) There was cat all over the driveway.

（Payne and Huddleston（2002，p. 337，ex. 14 ii)

(13.3) Bill got a lot of house for $100,000.

(13.4) How much floor did you lay today?

这四类英语名词很容易根据两个标准来区分：第一，所讨论的名词是否在单数和复数中同样自由地出现；第二，所讨论的名词是否可以容忍各种限定词。一方面，专有名词和代词不允许带有限定词，尽管可以肯定的是，定冠词会出现在某些专有名词中；而不可数名词和可数名词则可以带有限定词。另一方面，代词和可数名词可以表示单数和复数的交替，而专有名词和不可数名词则不表示这种交替。

名词的分布特征	与限定词同时出现	接受单复数对比
专有名词	−	−
代词	−	+
不可数名词	+	−
可数名词	+	+

练习：普通名词

这里有三个单词列表。对于每一个列表，说明列表中的词相对于本节规定的标准是以何种方式例外的，至少找出五个相似的词，并解释你认为这些词的例外性应如何对待。

(a) hair, rock, rope

(b) antelope, deer, swine

(c) brains, dues, effects, goods

14.2.2 形容词

第 10 章简单讨论了英语形容词。在这里，我们指出英语形容词既可以用作谓语也可以用作定语。虽然许多形容词可以任意使用，但有些形容词只能用作表语，有些形容词只能用作定语。事实上，有些语言，例如 Dene（Athabaskan）语系的北美原住民语言 Slave，要求所有的形容词都是谓语，也就是说，作为一个系动词的补语出现（见 Rice（1989, chap. 21），引用自 Baker（2003, 194）；其他语言，例如西非语言 Vata 和 Gbadi，要求所有的形容词都以定语形式出现（见 Koopman（1984, 64–66），引用自 Baker（2003, 206））；还有一些语言，如俄语，它根据形容词是以定语形式使用、是以所谓的短形式出现、是以谓词形式出现或是以所谓的长形式出现，来对形容词施加特殊的词法（Baker（2003, 206））。

在这里，我们把注意力转向英语定语形容词。当人们想到定语形容词时，通常会想到的形容词也可能以谓语出现。我们称之为谓语性（predicative）定语形容词。然而，谓语性定语形容词并不是唯一的定语形容词，还有基数形容词（cardinal adjective）和主位形容词（thematic adjective）⊖。基数形容词是关于它所修饰名词的大小的说明。换句话说，它们是用作形容词的基数（one、two、three 等）。主位形容词是一种限制名词所表示的集合的形容词，它借助集合中的成员与其他事物之间的主位关系来改变集合⊖。这些形容词通常是通过对名词添加适当的后缀获得的。

主位形容词的释义性质		
主位关系	短语	释义
agent	presidential lies	lies told by a president
patient	mental stimulation	stimulation of the mind
beneficiary	avian sanctuaries	sanctuaries for birds
instrument	solar generators	generators using the sun
location	marine life	life in the sea
material	molecular chains	chains made out of molecules
possessor	musical comedies	comedy which have music
possessee	reptilian scales	scales had by reptiles
cause	malarial mosquitoes	mosquitoes causing malaria
effect	thermal stress	stress caused by heat

注意，短语和释义对主位关系的关系也有类似的限制。例如，lie 需要 animate agent。因此，reptilian lies 这一短语及其释义 lies by reptiles 都具有奇异性。

当它们修饰名词时，所得到的成分通常容易受到许多解释的影响：

(14)　atmospheric testing:
　　　　CONSTRUAL 1: testing of the atmosphere (patient)
　　　　CONSTRUAL 2: testing in the atmosphere (location)
　　　　CONSTRUAL 3: testing by the atmosphere (instrument)

让我们来谈谈这三类定语形容词彼此区别的模式。第一，如前所述，谓语性形容词可以作为系动词的补语出现。基数形容词和主位形容词要么根本不这样出现，要么不那么容易出现，要么在解释上发生变化。

(15.1)　　The expensive sofa
　　　　　The sofa is expensive.

⊖　基本模式最早是在 Levi（1978）中确定的。与主位形容词有关的许多例子都来自她的作品。

⊖　所谓的主位角色包括 agent、patient、beneficiary、instrument 和 location。由于这些形容词是用这样的角色或关系来解释的，所以我们称它们为主位形容词。

(15.2)   These two beliefs
          *These beliefs are two.

(15.3)   The solar panel
          *The panel is solar.
          The panel is a solar one.

第二，并列连词可以连接谓语性形容词，但不能连接主位形容词。基数形容词只能由并列连词 or 连接。

(16.1)   a rich and surly tourist

(16.2)   those six or seven tourists
          *those six and seven tourists

(16.3)   *solar but lunar module

第三，一个类别的形容词可能不能与另一个类别的形容词连接。

(17.1)   *which five and governmental subsidies

(17.2)   *those handsome and two friends

(17.3)   *each departmental and large meeting

第四，虽然谓语性形容词可以一个接一个地出现，但基数形容词可能不可以这样出现，而主位形容词只能例外地出现。

(18.1)   a short, ugly dog
          an obnoxious old man

(18.2)   *six, seven stones

(18.3)   *a dental, malarial infection

第五，基数形容词先于谓语性形容词，谓语性形容词先于主位形容词。

(19.1)   thirteen, expensive pencils
          *expensive, thirteen pencils

(19.2)   large, malarial mosquito
          *malarial, large mosquito

(19.3)   arrogant, criminal lawyer
          *criminal, arrogant lawyer

(19.4)   eight, logical fallacies
          *logical, eight fallacies

(19.5)   three, large, ugly reptilian scales
          *large, ugly, reptilian, three scales
          *reptilian, three, large, ugly scales
          *three, reptilian, large, ugly scales

第六，许多谓语性形容词都有可接受的比较级和最高级形式，并允许用程度词进行修饰，例如 quite、rather、so 和 very；基数形容词和主位形容词都没有比较级或最高级形式，也不允许用程度词进行修饰，除非它们更改了解释。

(20.1)   rich, richer, richest
          expensive, more expensive, most expensive

(20.2)   five, *fiver, *fivest
          five, *more five, *most five

(20.3)　　macular, *macularer, *macularest
　　　　　macular, *more macular, *most macular

(21.1)　　very richer

(21.2)　　*so three

(21.3)　　*rather malarial

下表总结了上述标准。

	基数	谓语性	主位
线性顺序	1	2	3
跟随系动词	否	是	否
内部连接	否	是	否
跨连接	否	否	否
迭代	否	是	否
比较级 / 最高级	否	许多	否
程度词修饰	否	许多	否

我们指出，虽然许多谓语性形容词有比较级和最高级形式，但许多词仍然没有。那些允许用程度词修饰的词有，那些不允许修饰的词没有。前者的谓语性形容词被称为可分级形容词（gradable adjective）。典型的例子有 tall、short、good、bad、erroneous、accurate、beautiful、ugly、expensive、gaudy。后者被称为不可分级形容词（non-gradable adjective）。这些形容词的例子有 alive、dead、foreign 和 pregnant。

最后，还有七个形容词的行为类似于基数形容词。它们是 few、a few、little、a little、many、much 和 several。当放在系动词之后时，它们听起来有些呆板。它们必须出现在谓语性形容词和主位形容词之前。它们不能与自身或基数形容词迭代或连接。前两个形容词和基数形容词一样，没有比较级和最高级形式，但是它们允许程度词的修饰；后四个形容词有比较级和最高级形式，并且允许程度词的修饰。

(22.1)　　many, more, most

(22.2)　　much, more, most

(22.3)　　few, fewer, fewest

(22.4)　　little, less, least

14.2.3　限定词

正如第 3 章所指出的，英语名词短语有时包括如定冠词（the）和不定冠词（a）之类的词。这些词与指示形容词（this 和 that）和疑问形容词（which 和 what）构成一个替代类。这个替代类被称为限定词（Dt），其中也包括不定冠词 all、any、each、every、no 和 some。由于它们与 CQL 的量词明显相似，所以这些被称为数量限定词（quantificational determiner）。

限定词在名词短语中有三个不同的性质。第一，尽管它们并非在每个名词短语中都出现，但如果确实在名词短语中出现了，那么一定是在最开始出现的。

(23.1)　　We enjoyed [NP that very tasty dish].

(23.2)　　*We enjoyed [NP very tasty that dish].

第二，限定词不会互相重复。

(24)   *that a car   *a that car

        *this which tie   *which this tie

        *the each election   *each the election

        *what the friends   *the what friends

        *which what lawyer   *what which lawyer

        *what some guard   *some what guard

        *some these cars   *these some cars

        *no which contrivance   *which no contrivance

        *any no essay   *no any essay

第三，有些限定词可以和另一个并列连接。

(25.1)   Each and every person must attend.

(25.2)   You must do this and that exercise.

但是它们并不能自由连接。

(26.1)   *Every and each person must attend.

(26.2)   *You must do this and some exercise.

练习：限定词

1. 如果 What the hell! 和 That a boy! 的英语表达是可接受的，这个事实以何种方式（如果有的话）可以证明英语限定词不可以互相重复？提供证据来支持你对这个问题的回答。

2. 基数形容词和准基数形容词最初可以出现在名词短语中。这一事实是否足以把它们当作限定词呢？提供证据来支持你对这个问题的回答。

14.3 整合

Lambek 类型的 Lambda 演算可用于为自然语言的表达式提供语法。Lambek 演算的公式或类型被赋给自然语言的基本表达式。这些公式或类型是基本表达式的句法类别。演绎规则用于将公式或类型赋给复合表达式。换言之，它们是一种句法规则，即复合表达式的句法类别是从其直接子表达式的句法类别中获得的。同时，为基本表达式分配与表达式相同类型的 lambda 项，并为复合表达式分配与复合表达式相同类型的 lambda 项，该 lambda 项是由分配给复合表达式的直接子表达式的 lambda 项产生的。用于处理自然语言语法和语义的 Lambek 类型的 Lambda 演算通常被称为类型逻辑语法（type logical grammar）。我们将这种语法称为 Lambek 型语法（Lambek typed grammar）。

在本章的剩余部分中，我们将介绍一个 Lambek 类型的英语语法，展示 Lambek 类型的 Lambda 演算如何应用于英语中的一系列模式。为了进行比较，我们还将展示如何通过丰富的成分语法和转换规则来处理相同范围的模式。为了简化说明和便于比较，我们将修改前面第 3 章、第 8 章和第 10 章采用的一些假设。

请注意，Lambek 类型的语法不会为该语法的语言表达式赋值，而是为 Lambda 项赋值。这些 Lambda 项可以通过 Lambda 项的结构赋值。这样，Lambek 类型语法的 Lambda 项的结构间接地用于 Lambek 类型语法所针对的语言表达式的结构。将 Lambda 项插入自然语言表达式和它们在结构中的值之间，可以提供与 Lambek 演算规则相对应的语义规则的优雅而紧凑的表达式，不过，正如我们将在 14.3.6 节中看到的，它也有缺点。

在 10.3.2 节中，我们制定了语义规则，一个是用于构成从句的成分形成规则，另一个是用于构成短语的成分形成规则。这些规则根据分配给表达式直接成分的值来说明表达式的值。然而，要分配的值虽然在数学上是等价的，但仍然是不同的。具体来说，当一个短语被赋值，不是一个集合被赋值而是它在数学上等价的特征函数被赋值，当一个包含专有名词的名词短语被赋值，不是一个单例集被赋值而是它的成员被赋值。同时，我们增加了一个许多语法学家常用的类别，即限定词短语（determiner phrase）。我们将所有的专有名词重新指定为限定短语（DP），并将先前指定为名词短语的补语重新指定为限定短语[⊖]。还将修改 3.3.1 节中的一些成分形成规则。我们将在第一次使用时指出这些变化。这些变化允许我们在对应的语义规则的制定中使用 Lambda 项，从而使规则更易于陈述，并且更易于与 Lambek 类型语法的规则进行比较。

本书所要研究的英语表达不仅是简单从句，而且还包含一些其他从句，这些从句中的名词短语不仅包括形容词而且还包括介词短语和关系从句作为修饰语。我们还将重新讨论并列连接，它第一次被讨论是在第 8 章，并且注意非从句成分的并列连接。在本章的结尾，我们将看到如何在 Lambek 类型语法中处理与第 10 章讨论的补语相关的一些模式，以及如何要求扩展具有丰富类别的成分语法。

14.3.1　带有数量名词短语的简单从句

我们首先展示 Lambek 类型语法如何应用于动词为不及物、及物或双及物的最小子句，如以下句子所示。还将展示如何以 Lambek 类型语法中使用的演绎格式重铸相应的成分形成规则及其伴随的语义规则。

(27.1)　　Alice slept.

(27.2)　　Alice greeted Bill.

(27.3)　　Alice showed Bill Fido.

Lambek 类型的语法遵循给从句赋值的惯例，即给结构全集中的真值和专有名词成员赋值。这意味着一个从句具有类型 t，并被分配了类型 t 的 Lambda 常数，那么当在结构中解释该 lambda 项时其被分配了真值，而所有的专有名词的类型均为 e，并且被分配了类型 e 的常数，因此在 lambda 项的结构全集中分配了一个个体。句子（27.1）由专有名词和不及物动词组成。因为不及物动词 slept 出现在专有名词 Alice 的右边，所以不及物动词必须被指定为 $e \backslash t$ 类型。在修改过的成分语法中，专有名词 Alice 被指定为 DP 类，不及物动词 slept 仍然被指定为 V:<> 类或者 VP 类，从句仍然被指定为 S。我们将 NP 类改为 DP 类，将从句形成规则 NP VP → S 改为 DP VP → S。为了明确 Lambek 演算中从句形成规则和消除规则之间的密切相似性，我们将从句形成规则改为消除规则。

$$\frac{\text{DP} \quad \text{VP}}{\text{S}} \text{ S1} \qquad\qquad \frac{e \quad e \backslash t}{t} \text{ \backslash E}$$

现在将这些规则应用于句子（27.1）。

$$\frac{\overset{\text{Alice}}{\text{DP}} \quad \overset{\text{slept}}{\text{VP}}}{\text{S}} \text{ S1} \qquad\qquad \frac{\overset{\text{Alice}}{e} \quad \overset{\text{slept}}{e \backslash t}}{t} \text{ \backslash E}$$

⊖　我们将继续在英语表达的描述中使用名词短语，并且仅将 DP 与本章丰富的成分语法分析结合使用。

我们不仅将推导（derivation）称为成分语法的成分树，而且称之为 Lambek 演算中的演绎，因为它们应用于自然语言表达式的句法分析，如图所示。

使用 Lambda 项，我们可以像 Lambek 类型语法那样紧凑地声明 DP 的语法语义版本，即从句形成。专有名词（如 Alice）被指定为结构全集的一员。设 a 为 e 类型的 Lambda 常数。不及物动词（如 sleep）表示结构全集的子集。给它分配一个 Lambda 常数作为集合的特征函数，称之为 s。项 a 可以指定给专有名词，不管它是属于 DP 还是属于 e 类型。同样，项 s 可以指定给不及物动词，不管它是属于 VP 还是属于 $e\backslash t$ 类型。我们使用 Lambda 演算的这些项来写下 DP 规则的语法语义版本以及 Lambek 类型语法中的相应规则。

$$\frac{\text{DP} \mapsto a \qquad \text{VP} \mapsto s}{\text{S} \mapsto sa}\ \text{DP} \qquad\qquad \frac{e \mapsto a \qquad e\backslash t \mapsto s}{t \mapsto sa}\ \backslash\text{E}$$

读者可能还记得，在 13.4 节定义 Lambek 型项的形成（定义 27）之后的段落中，当这两项组合成一个复合项时，$e\backslash t$ 类型的 Lambda 项写在 e 类型项的左边[⊖]。

接下来是句子（27.2）。它在成分语法中的分析和以前一样，只是还有一个进一步的变化：以前在一个词的补语中被指定为名词短语的内容现在被指定为限定词短语。现在转到 Lambek 类型分析，我们提问：及物动词 greeted 的类型是什么？因为 Bill 是一个专有名词，有 e 类型，greeted Bill 是动词短语，有 $e\backslash t$ 类型，greeted 有 $(e\backslash t)/e$ 类型。下面是推导[⊖]。

$$\frac{\text{Alice} \qquad \dfrac{\text{greeted} \qquad \text{Bill}}{\dfrac{\text{V}:\langle\text{DP}\rangle \qquad \text{DP}}{\text{VP}}}}{\text{S}} \qquad\qquad \frac{\text{Alice} \qquad \dfrac{\text{greeted} \qquad \text{Bill}}{\dfrac{(e\backslash t)/e \qquad e}{e\backslash t}}}{t}$$

与表达式 Alice、Bill 和 greeted 相关联的值是前两个类型为 e 的 Lambda 演算项和最后一个类型为 $(e\backslash t)/e$ 的 Lambda 演算项的值。设这些项分别是 a、b 和 g，我们认为它们是 Lambda 演算中适当类型的项。

$$\frac{\text{Alice} \qquad \dfrac{\text{greeted} \qquad\qquad \text{Bill}}{\dfrac{\text{V}:\langle\text{DP}\rangle \mapsto g \qquad \text{DP} \mapsto b}{\text{VP} \mapsto gb}}}{\text{DP} \mapsto a \qquad\qquad\qquad \text{S} \mapsto gba} \qquad \frac{\text{Alice} \qquad \dfrac{\text{greeted} \qquad\qquad \text{Bill}}{\dfrac{(e\backslash t)/e \mapsto g \qquad e \mapsto b}{e\backslash t \mapsto gb}}}{e \mapsto a \qquad\qquad\qquad t \mapsto gba}$$

（回想一下 gba 是 Lambda 项 $((gb)a)$ 的缩写。）

在 Lambek 类型推导中分配的相同值为成分语法推导提供了适当的值。为了了解这一点，让我们停下来考虑 g 表示的函数是什么。设 G 是由结构全集成员形成的有序对的集合。对应这个集合的是一个函数，它将 G 与 x 配对的所有事物的集合分配给全集 x 的每个成员。用 g 表示的函数分配给全集 x 的每个成员，G 与 x 配对的全集成员集合的特征函数。这只是对 10.3.3.1 节所述语义规则的 Lambda 演算的一种重述，该规则用于从及物动词及其补语名

⊖ 将 $e\backslash t$ 类型指定给英语动词短语反映了一个关于英语的事实：有时参数表达式出现在函数表达式的左侧。尽管正如第 13 章中讲的那样，非正式数学表示法也是如此，但在 Lambda 演算的表示法中却避免了这种做法，否则会带来不必要的表示法复杂性。

⊖ 在推导中应用的规则的标签被省略，以免推导中的符号变得过于混乱。在每一种情况下，使的是哪个规则都很明显。

词短语形成动词短语。从成分语法中的及物动词及其补语可以很容易地看出动词短语形成规则的等价性，以及按顺序排列的 \E 规则，其中的项是 $(e\backslash t)/e$ 和 e。

$$\frac{\text{V:}\langle\text{DP}\rangle \mapsto g \qquad \text{DP} \mapsto b}{\text{VP} \mapsto gb} \qquad\qquad \frac{(e\backslash t)/e \mapsto g \qquad e \mapsto b}{e\backslash t \mapsto gb}$$

现在来看最后一个例子，句子（27.3）。根据目前使用的推理，动词短语 showed Bill Fido 的类型是 $e\backslash t$，Bill 和 Fido 的类型是 e。showed 有两个初步认定的（prima facie）类型分配：$((e\backslash t)/e)/e$ 和 $(e\backslash t)/(e \cdot e)$。在这里阐述的背景下，这些分配在经验上是等效的。我们选择后者来强调与成分语法分析的平行性。

$$\frac{e \mapsto a \quad \dfrac{(e\backslash t)/(e\cdot e) \mapsto s \quad \dfrac{e \mapsto b \quad e \mapsto f}{e\cdot e \mapsto \mathrm{pr}(b,f)}}{e\backslash t \mapsto s\big(\mathrm{pr}(b,f)\big)}}{t \mapsto \big(s(\mathrm{pr}(b,f))\big)a}$$

（回想一下，pr 是 Lambda 演算中表示配对函数的表达式。例如，pr（3，7）是表示有序对 <3，7> 的表达式）。

成分推导树和 Lambek 类型推导树一样，只是 Bill 和 Fido 这两个专有名词不构成一个成分。分配的值相同。

$$\frac{\text{DP} \mapsto a \quad \dfrac{\text{V:}\langle\text{DP, DP}\rangle \mapsto s \quad \text{DP} \mapsto b \quad \text{DP} \mapsto f}{\text{V:}\langle\rangle \mapsto s\big(\mathrm{pr}(b,f)\big)}}{\text{S} \mapsto (s(\mathrm{pr}(b,f)))a}$$

同样，很容易看出，一个双及物动词和它的两个补语构成一个动词短语的成分语法，其与在这个顺序中项是 $(e\backslash t)/(e \cdot e)$ 和 $e \cdot e$ 的 \ 排除规则等价。

$$\frac{\text{V:}\langle\text{DP, DP}\rangle \mapsto s \qquad \text{DP} \mapsto b \qquad \text{DP} \mapsto f}{\text{V:}\langle\rangle \mapsto s\big(\mathrm{pr}(b,f)\big)}$$

$$\frac{(e\backslash t)/(e\cdot e) \mapsto s \qquad e\cdot e \mapsto \mathrm{pr}(b,f)}{e\backslash t \mapsto s\big(\mathrm{pr}(b,f)\big)}$$

现在超越英语最小子句，探索如何处理主语名词短语为数量名词短语的从句。英语名词短语有四种量词形式，这取决于主名词是单数还是复数，可数还是不可数。我们将把自己限定为单数名词短语和可数名词。

就在 CQL 发展之初，伟大的意大利数学家 Giuseppe Peano（1858—1932）注意到诸如句子（28.1）和句子（28.2）的句子具有句子释义，例如句子（29.1）和句子（29.2），它们本身很容易被放入逻辑符号中，例如式（30.1）和式（30.2）。

(28.1)　　Each boy sleeps.

(28.2)　　Some girl sleeps.

(29.1)　　For each x, if x is a boy, then x sleeps.

(29.2)　　There is some x such that x is a girl and x sleeps.

(30.1)　　$\forall x(Bx \to Sx)$

(30.2)　　$\exists x(Gx \land Sx)$

虽然句子（28.1）和句子（28.2）都是单子句，包括主语名词短语和带有单个不及物动词的动词短语，但句子（29.1）和句子（29.2），也是句子（28.1）和句子（28.2）的释义，它们是双子句的。类似地，式（30.1）和式（30.2）将句子（28.1）和句子（28.2）表示成 CQL，它也是复合公式，而针对句子（31.1）中的单子句的式（31.2）是基本子式。

(31.1)　　Alice slept.

(31.2)　　Sa

这表明，CQL 的模型理论不能适用于含有数量名词短语的简单英语从句成分。然而，12.3.2.2 节所述的 MQL^2 第二种表示的模型理论提供了适合于此类子句的句法结构的值。事实上，如句子（28.1）和句子（28.2）中短语的简单数量名词短语，其句法结构与 MQL^2 第二种表示的限制语相同。

下面来陈述成分形成规则，其中包括一个数量限定词和一个单数普通名词，或一个最小数量名词短语。首先重申了第 3 章给出的相关成分形成规则，然后说明了用 DP 代替 NP 重新制定的成分形成规则。

NP2　　　　　$Dt\ N_c \to NP$

DP　　　　　$Dt\ N_c \to DP$

这些规则可以重铸如下。

$$\frac{DP \qquad N_c}{NP}\ NP2 \qquad\qquad \frac{DP \qquad N_c}{DP}\ DP$$

现在，从分配给 MQL^2 第二种表示的量词的函数中，为量化限定词分配合适的函数。例如，如果限定词是 each，我们将其赋值为 $o_{\forall^2}$，如果它是 some 或不定冠词（a），我们将其赋值为 $o_{\exists^2_{\ni 1}}$。普通名词被指定为全集的子集。由此产生的限定词短语被分配了一组全集子集，即集合族，这是通过将分配给限定词的函数应用于分配给普通名词的集合得到的。要使用 Lambda 演算，必须对所有这些函数进行重铸。应使用符号 $\forall$ 和 $\exists$ 作为函数 $o_{\forall^2}$ 和 $o_{\exists^2_{\ni 1}}$ 的 Lambda 常数，以适合在 Lambda 演算的结构中使用。有些函数属于 $(t/(e\backslash t))/(e\backslash t)$ 类型，因为它们是从类型为 $e\backslash t$ 的集合的特征函数到具有 $t/(e\backslash t)$ 类型的集合的特征函数。令 o 为此类函数的 Lambda 常数，下面陈述成分形成规则 DP 及其对应的 Lambek 类型语法规则的句法语义版本。

$$\frac{Dt \mapsto o \qquad N_c \mapsto b}{DP \mapsto ob}\ DP \qquad\qquad \frac{(t/(e\backslash t))/(e\backslash t) \mapsto o \qquad e\backslash t \mapsto b}{t/(e\backslash t) \mapsto ob}\ \backslash E$$

首先将成分形成规则及其语义对应用于句子（28.1），让 b 表示 boys 集合的特征函数，s 表示 sleepers 集合的特征函数。

$$\frac{\dfrac{\overset{\text{each}}{Dt \mapsto \forall} \qquad \overset{\text{boy}}{N_c \mapsto b}}{DP \mapsto \forall b} \qquad \overset{\text{sleeps}}{VP \mapsto s}}{S \mapsto \forall bs}$$

要使用 Lambek 类型语法分析句子（28.1）和句子（28.2），我们必须给普通名词指定一个类型。因为它们表示结构全集的子集，所以它们必须具有 $e\backslash t$ 类型或 t/e 类型。目前，我们将把它们指定为前一种类型。正如要求读者在练习中展示的那样，这两种选择在经验上都是错误的。14.3.5 节将说明如何解决这种经验不足。

$$
\begin{array}{ccc}
\text{each} & \text{boy} & \\
\underline{(t/(e\backslash t))/(e\backslash t) \mapsto \forall \quad e\backslash t \mapsto b} & & \text{sleeps} \\
t/(e\backslash t) \mapsto \forall b & & e\backslash t \mapsto s \\
\hline
& t \mapsto \forall bs &
\end{array}
$$

在本节结束时，我们提醒读者注意此处列出的成分语法和 Lambek 类型语法之间的对比。回想一下，在 Lambek 类型语法中，Lambek 类型是语言（语法）表达的句法类别。表达式的 Lambek 类型决定要分配给它的 Lambda 项的类型，而后者又决定了结构中的语义值的类型。正如 10.1 节所指出的那样，成分语法的句法类别对语法表达可能具有的语义值没有提及，10.3 节解决了该缺点的一部分，在那里，我们丰富了成分语法的句法类别，以包括补语列表，补语列表本身就确定了要分配的语义值的种类。如本章介绍的，限定词的语法类别是简单的语法类别，没有任何补语列表。因此，关于限定词的句法类别的任何事物都不需要为其分配 $(t/(e\backslash t))/(e\backslash t)$ 类型的函数。

练习：带有数量名词短语的简单从句

1. 将 10.3.3 节中的成分树重新命名为推导。
2. 证明普通名词不能有 $e\backslash t$ 类型或 t/e 类型。

14.3.2　再议形容词

我们在 14.2.2 节中看到定语形容词有不同的子范畴，主要的范畴是基数、谓语性和主位。一般来说，很少有人注意到主位形容词在语义上的处理方式，大部分人的注意力都集中在基数形容词和谓语性形容词上。既然我们在重温数量名词短语时要讨论基数形容词（14.3.5 节），那么在这里只讨论谓语性形容词。

谓语性形容词没有形成统一的语义类别，而是由三个主要类组成的，其中两个主要类限制所修饰名词的表示，另一个主要类排除所修饰名词的表示。当定语出现时，谓语性形容词可以由一对并列的限制性关系从句来解释，其称为交集性（谓语性）形容词。表示颜色的形容词可以作为例子。

(32.1)　A pink elephant is in the cage.

(32.2)　Something which is pink and which is an elephant is in the cage.

这类形容词的另一个标准是它们会引发对下列类型的蕴含的判断。句子（33.0）被判断为蕴含句子（33.1）和句子（33.2）。

(33.0)　This is a pink elephant.

(33.1)　This is pink.

(33.2)　This is an elephant.

第二类谓语性形容词不承认句子（32.1）和句子（32.2）所示的释义：句子（34.2）不是句子（34.1）的释义。

(34.1)   A small elephant is in the cage.

(34.2)   Something which is small and which is an elephant is in the cage.

然而，这样的形容词称为下属形容词（subsective adjective），被认为具有与交集性形容词相反的蕴含。特别是，虽然可判断句子（35.0）蕴含句子（35.2），但不可判断句子（35.0）蕴含句子（35.1）。

(35.0)   This is a small elephant.

(35.1)   This is small.

(35.2)   This is an elephant.

一般来说，被判断为 small elephant 的东西不必被判断为 small。

最后，我们来看看所谓的专有形容词（exclusive adjective）。与下属形容词一样，与交集性形容词不同，带有专有形容词的名词短语被判断为不是由带有一对并列限制性关系从句（一个用于形容词，一个用于名词）的名词短语恰当解释的。

(36.1)   A plastic flower is in the vase.

(36.2)   Something which is plastic and which is a flower is in the vase.

句子（36.2）不被认为是对句子（36.1）的正确解释。这些形容词被认为具有与交集性形容词和下属形容词形成对比的蕴含。尤其是这样的形容词会产生名词短语，该名词短语的表示与所修饰名词的表示不相连。例如，句子（37.0）被判断为蕴含句子（37.1），并且被判断为包含句子（37.2）的虚假性。

(37.0)   This is a plastic flower.

(37.1)   This is plastic.

(37.2)   This is a flower.

在成分语法中，不管谓语性形容词是作为谓语出现（即作为系动词的补语出现），还是作为属性出现（即作为普通名词的修饰语出现），谓语性形容词都被分配相同的类别。

第 3 章中的成分形成规则 NP3（以下首先重述）用限定词、形容词短语和普通名词组成名词短语。我们将使用第二个给定的成分形成规则 DP 和另一个成分形成规则 N3 组成同一个成分，现在称为限定词短语。

NP3   Dt AP N_c → NP

N3   AP N_c → N_c

使用推导格式，我们可以很容易看到 NP3 形成的成分也是由 N3 和 DP 的组合形成的。

$$\frac{\begin{array}{ccc} Dt & AP & N_c \end{array}}{NP}\, NP3 \qquad\qquad \frac{\begin{array}{cc} Dt & \dfrac{\begin{array}{cc} AP & N_c \end{array}}{N_c}\, N3 \end{array}}{DP}\, DP$$

我们希望解决的问题：交集性（谓语性）形容词应分配什么值？如果将其用作谓语，则显而易见为其分配的值是一组确实为真的事物。如果用于定语，则该值会限制其所修改的普通名词的表示。这是通过将形容词的值与其所修饰的普通名词的值或符号相交来实现的。

鉴于我们使用 lambda 术语来表达成分的语义价值，我们必须有一个 lambda 术语来表达这种限制。我们采用的常数项是 $\bigcap_{e\backslash t}$。现在，我们解释其意图的表示。回想 $\cap$ 是一个集合论运算，对于每对集合产生它们的交集。现在考虑某个固定集合 A。我们可以定义一个函数，能够将每个集合与 A 的交集赋值。令 f_A 是将集合 $A \cap X$ 赋给集合 X 的函数，换句话说，f_A

$(X) = A \cap X$。$\cap_{e\backslash t}$ 是 lambda 常数，表示将 X 的特征函数分配给 X 的特征函数的函数。

我们使用 lambda 常数 $\cap_{e\backslash t}$ 来表达成分规则 N3 的句法语义版本。

$$\frac{\text{AP} \mapsto a \qquad \text{N}_c \mapsto b}{\text{N}_c \mapsto \cap_{e\backslash t} ab} \text{N3}$$

现在让我们转向 Lambek 类型的语法。前面我们已经说过，作为谓语使用的谓语性形容词的值是一组为真的事物。这意味着作为谓语使用的谓语性形容词的类型为 $e\backslash t$。但是，必须为作为属性使用的形容词指定 $(e\backslash t)/(e\backslash t)$ 类型，因为它修饰了具有类型 $e\backslash t$ 的普通名词以产生相同类型的表达式。反过来，这意味着分配给作为谓语使用的谓语性形容词的 lambda 术语的类型和作为定语使用的同一谓语性形容词的类型必须不同，因此为它们分配了不同的值。特别是，如果将用作谓语的交集性形容词分配了类型为 $e\backslash t$ 的 lambda 项 a，则必须在作为属性使用的分配 $\cap_{e\backslash t} a$，类型为 $(e\backslash t)/(e\backslash t)/(e\backslash t)$。

因此，Lambek 类型语法中与成分语法规则相对应的规则如下：

$$\frac{(e\backslash t)/(e\backslash t) \mapsto \cap_{e\backslash t} a \qquad e\backslash t \mapsto b}{e\backslash t \mapsto \cap_{e\backslash t} ab}$$

14.3.3　介词短语

在第 10 章中，我们看到介词短语可能作为动词的补语出现。

(38.1)　Dan is on the bus.

(38.2)　Dan relies on Beverly.

但是介词短语也可以作为修饰语出现，修饰普通名词或动词，如下面的句子（39.2）和句子（39.3）所示。

(39.1)　A man is in Calgary.

(39.2)　A man in Calgary sleeps.

(39.3)　A man sleeps in Calgary.

用于处理介词短语即修饰语的成分规则是规则 VP4 和 NP4（10.3.1 节）。我们将采用前一条规则以及 N4，N4 是对 NP4 的修订，类似于上一节中对 NP3 的修订是 N3。

VP4　　　　VP PP → VP

NP4　　　　Dt N_c PP → NP

N4　　　　 N_c PP → N_c

我们再一次使用推导格式来证明由 NP4 形成的成分也是由 N4 和 DP 的组合形成的。

$$\frac{\text{Dt} \qquad \text{N}_c \qquad \text{PP}}{\text{NP}} \text{NP4} \qquad\qquad \frac{\text{Dt} \qquad \dfrac{\dfrac{\text{N}_c \qquad \text{PP}}{\text{N}_c} \text{N4}}{\text{DP}}}{} \text{DP}$$

正如读者可以轻松查看的那样，这些成分规则可用于获取句子（39.1）～句子（39.3）的句法推导，以及显示句子（40.0）中的结构歧义。

(40.0)　A book on the table near the lamp

(40.1)　A [NP [N_c [N_c book [PP on the table]] [PP near the lamp]]]

(40.2)　A [NP [N_c book [PP on the [NP [N_c table [PP near the lamp]]]]]]

现在我们来看一个问题，即以上规则中发现的将 lambda 术语分配给各个成分的问题。回想一下 10.3.3 节，介词表示二元关系，当它出现在非系动词（10.3.3.3 节）的补语中时的恒等关系（如句子（38.2）所述）以及当它出现在系动词 to be 的补语中时（10.3.3.2 节）的非恒等关系，如句子（38.1）和句子（39.1）所示。当介词短语作为对系动词的补语出现时，会为其分配域成员集，该域成员具有介词与名词短语的代词的某些或其他成员的二进制关系，以作为其介词的补语。因此，要分配给介词短语的 lambda 项是 $e\backslash t$ 类型。因此，将要分配给介词的项的类型为 $(e\backslash t)/e$。例如，如果 l 是表示关系 in 的特征函数的 lambda 项，而 c 是 Calgary 的 lambda 项，则 Calgary 事物集的特征函数 lc 是 in Calgary 和 is in Calgary 的 lambda 项。

正如我们刚刚看到的，介词短语可能会修饰普通名词。习惯上的看法是当它们这样做时，它们的值会限制它们所修饰的普通名词的值，就像谓语性（交集性）形容词的值一样。使用前面介绍的 Lambda 常数，可以得到以下 N4 的句法语义版本。

$$\frac{N_c \mapsto a \qquad PP \mapsto b}{N_c \mapsto \cap_{e\backslash t} ba} N4$$

为简单起见，假设介词短语对动词短语进行限制性修饰的情况与它们对普通名词进行限制性修饰的情况基本相同，我们将 VP4 转换为以下句法语义成分规则：

$$\frac{VP \mapsto v \qquad PP \mapsto m}{VP \mapsto \bigcap_{e\backslash t} mv} VP4$$

Lambek 类型的语法为介词短语分配了相同的类型，作为对系动词及其介词的补充，与上面的成分规则中分配给 lambda 项的类型相同，分别是类型 $e\backslash t$ 和 $(e\backslash t)/e$。但是，如果介词短语作为动词短语或普通名词的修饰语出现，则介词短语必须具有 $(e\backslash t)\backslash(e\backslash t)$ 类型，因为在 Lambek 中键入的语法动词短语具有 $e\backslash t$ 类型，普通名词也一样。因此，这些修饰介词短语中的介词必须具有 $((e\backslash t)\backslash(e\backslash t))/e$ 类型。这里的情况类似于谓语性形容词的情况，只是有一个小小的复杂之处：谓词性形容词本身就是修饰语，尽管介词短语也本身就是修饰语，但它所包含的介词却不是。因此，要分配给例如介词 in 的 lambda 项是 $\lambda x. \bigcap_{e\backslash t}(lx)$

$$\frac{man}{e\backslash t \mapsto m} \quad \frac{\frac{in \qquad Calgary}{((e\backslash t)\backslash(e\backslash t))/e \mapsto \lambda x.\bigcap_{e\backslash t}(lx) \qquad e \mapsto c}{\frac{(e\backslash t)\backslash(e\backslash t) \mapsto (\lambda x.\bigcap_{e\backslash t}(lx))c}{(e\backslash t)\backslash(e\backslash t) \mapsto \bigcap_{e\backslash t}(lc)} Beta\ conversion}}{e\backslash t \mapsto \bigcap_{e\backslash t}(lc)m}$$

练习：介词短语

1. 证明句子（40.0）中的名词短语在 Lambek 型语法中具有多个推导。假设 the 具有 $e/(e\backslash t)$ 类型。忽略推导中的 lambda 项，因为没有给出 the 的 lambda 项。

2. 为句子（39.2）和句子（39.3）提供成分语法推导。每个推导最后一行中的 lambda 项是否相同？如果它们不相同，你是否认为它们是等效的？

3. 为句子（39.2）和句子（39.3）提供 Lambek 类型的语法推导。Lambek 类型语法中每个推导的最后一行中的 lambda 项与成分语法中推导的最后一行中的 lambda 项是否相同？

14.3.4 限制性关系从句

这里将研究关系从句的语法和语义。正如 3.3.4.3 节中所说的,关系从句通常以关系代词或以关系代词为直接成分的介词短语开头。此外,最初的关系代词或介词短语既对应可以作为动词的主语或补语的名词短语,也对应可以作为动词的补语或修饰语的介词短语。我们在下面的句子中指出这一对应关系。

(41.1) A man [RC [DP who] __ bought a yacht] was found dead in the marina.

(41.2) A guest [RC [PP to whom] Don gave the key __] is in the lobby.

(41.3) The woman [RC [DP whose dog] Alice fed __] is waiting for Colleen.

(41.4) The country [RC [PP in which] the president declared martial law __] is suffering from food shortages.

正如 Willard Quine(1960,sec. 22–23)所指出的,关系从句是一个缺少元素的从句。限制性关系从句对应 CQL 公式,其中有一个自由变量。

不是所有的关系从句都有关系代词。有些以单词 that 开头,而不是以一个关系代词或直接成分之一是关系代词的短语开头。

(42.1) A man [RC that __ bought a yacht] was found dead in the marina.

(42.2) A guest [RC that Don gave the key to __] is in the lobby.

(42.3) The country [RC that the president declared martial law in __] is suffering from food shortages.

其他从句没有特殊的词来表示该从句的开头。

(43.1) A guest [RC Don gave the key to __] is in the lobby.

(43.2) The country [RC the president declared martial law in __] is suffering from food shortages.

最后,关系从句的动词不必是限定的,它可以是非限定的。

(44) A book [RC for Don to give __ to Carol] is on the table.

关系从句可以是同位语从句,也可以是限制性从句。两个关系从句在书面英语中用逗号来区分:同位语关系从句放在逗号之间,如句子(45.1)所示;而限制性关系从句则不是那样,如句子(45.2)所示。这种标点符号的惯例反映了这样一个事实:当一个关系从句当作同位语从句使用时,从句是用一种特殊的语调来表达的,在这种语调中,声音会下降。当关系从句当作限制性从句使用时,就不使用这种语调。

(45.0) Each book [RC which Beverly bought __] has a red dust jacket.

(45.1) Each book, which Beverly bought, has a red dust jacket.

(45.2) Each book which Beverly bought has a red dust jacket.

如句子(45.0),带有关系从句的句子有不同的真值条件。考虑以下情况。有五本书正在被谈论,Beverly 正好买了其中三本,她买的那三本书有红色的防尘套,另外两本她没有买的书没有防尘套。句子(45.0)~句子(45.2)可以是对的,也可以是错的。Beverly 买的每本书都有一件红色的防尘套,这是真的,但她买了每一本书是假的。在关系从句的限制性用法上,它把 book 的外延限定(restrict)在 Beverly 买的三本书身上,而这句话说这三本书都有红色的防尘套。关于关系从句的同位语用法,这句话并没有限制 book 的外延,而是说这五本书每一本都有一件红色的防尘套,并且 Beverly 买下了所有的书。

现在让我们考虑带有关系代词的限制性关系从句。下面是三个例子。

(46.1)　a dog which ___ slept.

(46.2)　a city which Beverly likes ___.

(46.3)　a toy which Alice gave ___ to Bill.

我们从句子（46.1）开始。根据之前不定冠词（a）对普通名词（如 dog）和不及物动词 sleep 的类型赋值，关系代词 which 必须赋值 $((e\backslash t)\backslash(e\backslash t))/(e\backslash t)$ 类型。由于 dog which slept 表示的是睡觉的狗的集合，因此赋值给 which 的值是在 Lambda 演算中项是 $\bigcap_{e\backslash t}$ 的函数，它表示与集合交点相对应的函数，并且在它和修改相关的情况下我们已经遇到了两次。

$$
\frac{
\text{dog} \atop e\backslash t \mapsto d
\qquad
\frac{
\text{which} \atop ((e\backslash t)\backslash(e\backslash t))/(e\backslash t) \mapsto \bigcap_{e\backslash t}
\qquad
\text{slept} \atop e\backslash t \mapsto s
}{(e\backslash t)\backslash(e\backslash t) \mapsto \bigcap_{e\backslash t} s}
}{e\backslash t \mapsto \bigcap_{e\backslash t} sd}
$$

我们来看看句子（46.2）。在对其各个单词进行的类型赋值下，没有可赋值给整个表达式的类型。一种可能是赋值 likes，其不是类型 $(e\backslash t)/e$，而是数学上等价的类型 $e\backslash(e\backslash t)$。

$$
\frac{
\text{city} \atop e\backslash t \mapsto c
\qquad
\frac{
\text{which} \atop ((e\backslash t)\backslash(e\backslash t))/(e\backslash t) \mapsto \bigcap_{e\backslash t}
\qquad
\frac{
\text{Beverly} \atop e \mapsto b
\qquad
\text{likes} \atop e\backslash(e\backslash t) \mapsto l
}{e\backslash t \mapsto bl}
}{(e\backslash t)\backslash(e\backslash t) \mapsto \bigcap_{e\backslash t}(lb)}
}{e\backslash t \mapsto \bigcap_{e\backslash t}(lb)c}
$$

尽管类型赋值决定了 Lambda 项，其解释确保表达式表示（其特征函数）城市和 Beverly 喜欢的事物的集合，但这样做的代价是对句子（46.2）中的 likes 赋值类型 $e\backslash(e\backslash t)$，Beverly likes Calgary 句子中的 likes 被赋值为类型 $(e\backslash t)/e$。由于类型赋值的不同，下面这样的句子可以共同满足。

(47.1)　a city which Beverly likes is Calgary.

(47.2)　Beverly does not like Calgary.

因为在第一句话中，like 可以被指定为一个关系，在第二句中，like 可以被指定为另一个关系。

幸运的是，还有一个选择。可以为 likes 分配及物动词的通常类型，即 $(e\backslash t)/e$。但是，要做到这一点，我们必须利用到目前为止尚未使用的一项规则，即 / 引入规则。

$$
\frac{
\text{city} \atop e\backslash t \mapsto c
\qquad
\frac{
\text{which} \atop ((e\backslash t)\backslash(e\backslash t))/(e\backslash t) \mapsto \bigcap_{e\backslash t}
\qquad
\frac{
\frac{
\text{Beverly} \atop e \mapsto b
\qquad
\frac{
\text{likes} \atop (e\backslash t)/e \mapsto l
\qquad
[e \mapsto x]
}{e\backslash t \mapsto lx}
}{t \mapsto lxb}
}{e\backslash t \mapsto \lambda x.lxb}
}{(e\backslash t)\backslash(e\backslash t) \mapsto \bigcap_{e\backslash t}(\lambda x.lxb)}
}{t/e \mapsto \bigcap_{e\backslash t}(\lambda x.lxb)c}
$$

但是，问题仍然存在：我们拥有的类型不允许我们处理关系代词间隙不在从句边缘的关系从句，例如（46.3）。

有很多方法可以解决此问题。根据 Michael Moortgat（1988，1996），我们转向其中一个方法。他向扩展的 Lambek 演算引入了新的连接词↑，以及以下引入规则。

↑	引入
$\vdots \quad [x \mapsto v] \quad \vdots$	
$\vdots \qquad \vdots \qquad \vdots$	
$y \mapsto f$	
$y \uparrow x \mapsto \lambda v.f$	
v fresh	

与类型 $x \uparrow y$ 的表达式关联的语义值为 Fnc（D_y，D_x）。换句话说，$D_{x \uparrow y} = D_x^{D_y}$，与 $D_{x/y}$ 和 $D_{y \backslash x}$ 相同。关系代词 which、who 和 whom 被分配了类型 $((t/e)\backslash(t/e))/(t \uparrow e)$。使用这种新的类型赋值，可以得出句子（46.1）的以下推导。

$$
\dfrac{\begin{array}{ccc} & & \text{slept} \\ & \text{which} & \dfrac{[e \mapsto x] \quad e \backslash t \mapsto s}{\dfrac{t \mapsto sx}{t \uparrow e \mapsto \lambda x.sx}} \\ \text{dog} & \dfrac{((e \backslash t)\backslash(e \backslash t))/(t \uparrow e) \mapsto \cap_{e \backslash t}}{} & \\ \dfrac{e \backslash t \mapsto d}{} & (e \backslash t)\backslash(e \backslash t) \mapsto \cap_{e \backslash t}(\lambda x.sx) & \end{array}}{e \backslash t \mapsto \cap_{e \backslash t}(\lambda x.sx)d}
$$

我们注意到，eta 转换允许将最后一个 Lambda 项简化到 $\cap_{e \backslash t} sd$ ⊖。我们鼓励读者对句子（46）中的其他两句进行推导。

3.3.4.3 节介绍过，关系从句只是许多表现出不一致性的模式之一，我们提到了许多处理不一致性的句法方法，并概述了如何通过一种辅以转换规则的成分语法来处理不一致性。如句子（47.1）中并在句子（48.0）中重复的关系从句被分析为具有深层结构，如句子（48.1）所示的从句具有表层结构，再如句子（48.2）所示，后者由前者产生，通过转换规则移动，可以说，包含关系代词 which 的名词短语从其宾语位置移动到包含它的从句开头的位置。

(48.0)　　A city which Beverly likes ⎯ is Calgary.

(48.1)　　A city [S Beverly [VP likes [DP which]]] is Calgary.

(48.2)　　A city [RC [DP,i which] [S Beverly [VP likes [DP,i t]]]] is Calgary.

为了分析句子（48.0），我们需要一个成分形成规则，以便通过限制性关系从句进行修改。为了简化讨论，我们将把关系从句的类别看作原始的。采用 N5 成分形成规则：N_c RC → N_c。现在使用熟悉的 Lambda 项来描述这一规则的语法语义版本。

$$
\dfrac{N_c \mapsto a \qquad RC \mapsto b}{N_c \mapsto \cap_{e \backslash t} ba} \text{ N5}
$$

接下来是句子（48.0）中表达式 city which Beverly likes 的推导。它说明了 Quine（1960）指

⊖　虽然这看起来像是 beta 转换，但事实并非如此，请仔细看看 x 和 d 的类型。

出的一点，关系从句中排除关系代词的部分（Beverly likes）对应一个只有一个自由变量的开放公式，这里是 Lambda 项 lxb 而不是一个公式。

$$
\begin{array}{c}
\\
\text{likes} \\
\text{Beverly} \quad \dfrac{\text{V:}\langle\text{DP}\rangle \mapsto l \quad \text{DP,i} \mapsto x}{} \\
\text{which} \quad \dfrac{\text{DP} \mapsto b \qquad \text{VP} \mapsto lx}{} \\
\text{city} \quad \dfrac{\text{DP,i} \mapsto \lambda x \qquad \quad \text{S} \mapsto lxb}{} \\
\dfrac{\text{N}_c \mapsto c \qquad\qquad \text{RC} \mapsto \lambda x.lxb}{\text{N}_c \mapsto \cap_{e\backslash t}(\lambda x.lxb)c}
\end{array}
$$

正如从 3.3.4.3 节所观察到的，某些不一致的成分实际上局限在一个从句或短语中，其他成分则不受限制，这两种成分似乎由无数的从句隔开。我们很快就可以认识到，是否允许无限制移位部分取决于在间隙和移位的成分之间进行干预的成分的性质。第一个系统地对此进行调查的人是 John R. (Haj) Ross（1967），他确定了能够阻止无限制移位的成分，并将它们称为孤岛（island）。尽管将在下面说明一些带有涉及关系从句的无限制移位的孤岛，但这些孤岛也适用于其他形式的不一致性。

在句子（47.1）和句子（47.2）中，移位的成分和间隙被一个从句隔开。然而在句子（47.1）中，从句是动词的补语，在句子（47.2）中从句是与名词同位的从句。

(49.1)   Carl read a book on a topic [PP on which] Dan said [S that Beverly wrote a paper __].

(49.2)   *Carl read a book on a topic [PP on which] Dan repeated the rumor [S that Beverly wrote a paper __].

另一个对比则取决于间隙是出现在非并列从句中，还是只出现在一对并列从句的一个里。

(50.1)   Colleen knows the person [DP whom] Bill greeted __ .

(50.2)   *Colleen knows the person [DP whom] Alice saw Carl and Bill greeted __ .

陈述尊重这些孤岛的成分形成规则是对英语语法理论的主要经验挑战。事实上，它本身就是一个研究领域。不用说，这里不会再继续讨论这个问题。

14.3.5 再议数量名词短语

现在回到数量名词短语的处理。早些时候，我们看到了如何使用丰富的成分语法和 Lambek 类型语法来处理出现在主语位置的数量名词短语。虽然用带有不及物动词的句子来说明分析，但如果动词的补语是专有名词，那么动词是及物动词或双及物动词的句子也可以用来说明这一点。但是，如果主语位置以外的位置上包含数量名词短语，则会出现问题。

以句子（51）为例，它的直接宾语是一个数量名词短语。

(51)   Alice greeted each boy.

尽管成分语法允许动词短语（实际上是整个句子）的句法推导，但与成分形成规则相关联的语义规则并没有赋予动词短语任何值，如下所示。

$$
\begin{array}{c}
\qquad\qquad \text{each} \qquad \text{boy} \\
\text{greeted} \quad \dfrac{\text{Dt} \mapsto \forall \quad \text{N}_c \mapsto b}{} \\
\dfrac{\text{V:}\langle\text{DP}\rangle \mapsto g \qquad \text{DP} \mapsto \forall b}{\text{VP} \mapsto ?}
\end{array}
$$

要了解为什么会这样，请回忆一下函数 g 是什么。设 G 是由结构全集成员形成的有序对的集合。对应这个集合的是一个函数，它赋予全集 x 中的每个成员一组 G 与 x 配对的事物。用 g 表示的函数赋予全集 x 中的每个成员一组 G 与 x 配对的全集成员的特征函数。因此，g 的域是结构全集。然而，$\forall b$ 不是结构全集的子集，或者更准确地说，是结构全集子集的特征函数，而不是它子集的族，或者更准确地说，是它的子集的一组特征函数的特征函数。因此，对于分配给数量名词短语 each boy 的值，用 g 表示的函数是不确定的。

Lambek 类型语法也不允许动词短语的语法推导，更不用说包含动词短语的从句了。如果没有语法推导，也不能赋值。

$$
\begin{array}{c}
\ \ \ \text{each} \qquad\qquad \text{boy} \\[4pt]
\text{greeted} \qquad \dfrac{\big(t/(e\backslash t)\big)/(e\backslash t)\mapsto \forall \quad e\backslash t\mapsto b}{t/(e\backslash t)\mapsto \forall b} \\[6pt]
\dfrac{(e\backslash t)/e\mapsto g}{} \\
e\backslash t\mapsto\ ?
\end{array}
$$

非主语位置的数量名词短语问题可以用 Lambek 类型语法和转换语法来处理。我们将针对每个问题提出一个解决办法。下面从 Lambek 类型语法开始，展示 Michael Moortgat（1990）如何提出一种观点的变体，即如何处理限制性关系从句，以处理非主语位置的数量名词短语带来的问题。他还引入了另一个扩展的 Lambek 演算的连接词 $\Uparrow$，其引入规则如下。

$\Uparrow$	引入
	$\vdots\qquad\vdots\qquad\vdots$
	$y\Uparrow x\mapsto f$
	$\overline{\qquad\qquad}$
	$y\mapsto v$
	$\vdots\qquad\vdots\qquad\vdots$
	$\overline{\qquad\qquad\qquad}$
	$x\mapsto h$
	$\overline{\qquad\qquad\qquad}$
	$x\mapsto f(\lambda v.h)$
	$(v\ \text{fresh})$

$D_{x\Uparrow y}=D_y^{(D_y^{D_x})}$（即 Fnc（Fnc（$D_x$，$D_y$），$D_y$）中数量名词短语的限定词是从 $D_{e\Uparrow t}$ 赋值的，确切地说，是对应 MQL^2 第二种表示的量词的类型。

$$
\begin{array}{c}
\quad \text{each} \qquad\qquad \text{boy} \\[4pt]
\quad \dfrac{(e\Uparrow t)/(e\backslash t)\mapsto\forall \quad e\backslash t\mapsto b}{(e\Uparrow t)\mapsto\forall b} \\[6pt]
\ \text{greeted}\qquad\qquad \dfrac{}{e\mapsto x} \\[4pt]
\text{Alice} \quad \dfrac{(e\backslash t)/e\mapsto g}{} \\
\dfrac{e\mapsto a \qquad\qquad e\backslash t\mapsto gx}{t\mapsto gxa} \\[6pt]
t\mapsto\forall b(\lambda x.gxa)
\end{array}
$$

如读者所见，这里的处理方法可以应用于含有一个以上数量名词短语的单句。

正如 Robert May（1977）观察和开发的那样，处理转换语法中非主语位置上包含数量名词短语的从句带来的问题的一种方法是，假设除了深层结构和表层结构外还有他所说的逻辑形式（logical form）。此外，正如 wh 移位的转换规则一样，包含 wh 词的成分移到从句的初始位置，所以量词提升规则（QR）将数量名词短语移到从句的初始位置。例如，句子（52.0）重述句子（51）后，具有与句子（52.1）中的分析相对应的深层结构和表层结构，以及与句子（52.2）中的分析相对应的逻辑形式。

(52.0)　Alice greeted each boy.

(52.1)　[S [DP Alice] [VP [V:⟨DP⟩ greeted] [DP each boy]]].

(52.2)　[DP,i each boy] [S Alice greeted [DP,i t]].

赋值是根据句子的逻辑形式完成的。

$$
\frac{\dfrac{\dfrac{\text{each}}{\text{Dt} \mapsto \forall} \quad \dfrac{\text{boy}}{\text{N}_c \mapsto b}}{\text{DP,i} \mapsto \forall b} \quad \dfrac{\text{Alice}}{\text{DP} \mapsto a} \quad \dfrac{\dfrac{\text{greeted}}{\text{V:}\langle\text{DP}\rangle \mapsto g} \quad \text{DP,i} \mapsto x}{\text{VP} \mapsto gx}}{\text{S} \mapsto gxa}
$$
$$
\text{S} \mapsto \forall b(\lambda x.gxa)
$$

这两种处理英语数量名词短语的句法和语义的方法提出了两个问题：第一，哪些词将被视为数量限定词？第二，这些处理方法与说话者判断这些句子的方式有多一致？我们从第二个问题开始。为了避免操心复杂度，我们将把那些被认为是数量限定词的词定义为前面讨论的那些单词的真子集，即那些与单数名词一起使用的单词，也就是赋值给 each 和 every 的 Lambda 项 $\forall$，其值是 $o_{\forall^2}$，但适用于 Lambda 演算，赋值给不定冠词（a）和 some 的 Lambda 项 $\exists$，其值是 $o_{\exists^2_{\ge 1}}$，也适用于 Lambda 演算，以及赋值给 no 单词 Lambda 项 N，其值 o_{N^2} 适用于 Lambda 演算。

现在讨论四个与数量名词短语的句法和语义有关的未解决的问题。前两个是指出现一个以上数量名词短语的句子，第三个是指不仅出现数量名词短语而且出现副词 not 的句子，第四个是指将何值分配给基数形容词和准基数形容词。然而，在谈到这些问题之前，我们先来谈谈用来评估数量名词短语语义经验充分性的证据。

14.3.5.1　范围判断

用于研究数量名词短语语义的主要判断类型通常被称为范围判断（scope judgement）。在解释这些判断是什么之前，让我们先弄清楚范围（scope）一词的含义。下面即将提出的观点虽然很微妙，但很重要。

在前面的章节中，我们介绍了逻辑常数范围的概念。这是一个技术概念，是为正式符号定义的。在逻辑中，逻辑常数出现的范围是包含逻辑常数出现的最小子公式。CQL 的量词和否定符号是逻辑常数，因此它们在公式中的出现具有范围。在 Lambda 演算中，常数项出现的范围是包含常数项出现的最小子项。因此，范围是纯粹的句法概念，它具有语义上的结果。分配给两个公式的值相似，除了两个逻辑常数的相关范围可能不同。因此，例如我们知道在 CQL 中，在同一结构中以下两个公式很可能有分配给它们的不同值：$\forall x \exists y Rxy$ 和 $\exists y \forall x Rxy$。这种不同源于量词前缀的顺序和范围的不同。要确定结构中公式 $\forall x \exists y Rxy$ 的真实性，首先要为 x 选择一个值，然后为 y 寻找一个合适的值，以便 Rxy 关于这些选择为真，并且以这种方式对 x 的每个可能的赋值进行处理。结果可能是对于 x 的不同值选择，我们必须为 y 选择不同的值，这样 Rxy 对于 x 的每个值的选择才能都是真的。这样说来，y 值的选择可能取决于 x 值的选择，但是在公式 $\exists y \forall x Rxy$ 的情况下，y 值的选择不取决于 x 值的选择。应该注意的是，并非公式中的每个量词前缀的移位都会使公式不等价，正如 $\exists x \exists y Rxy$ 等于 $\exists y \exists x Rxy$ 一样，$\forall x \forall y Rxy$ 也等于 $\forall y \forall x Rxy$。

通过与形式表示法的类比，一旦对自然语言的表达式进行句法分析，就可以确定其范围。虽然所使用的各种定义与正式语法的定义范围非常相似，但没有被普遍接受的成分语法及其扩展范围的定义。对于这里阐述的成分语法及其丰富的转换集合，我们采用以下定义：数量名词短语的出现范围是其成分，其中数量名词短语是其直接成分。然后我们说成分 A 的出现落在成分 B 的出现范围之内，即使后者的出现是前者出现的范围的成分。例如在句子（53.1）中，数量名词短语 some guest 落在每个主语的数量名词短语的范围内，因为后者的范围是整个句子，前者是整个句子的直接成分，而在句子（53.2）中，数量名词短语 each host 都落在数量名词短语 some guest 的范围内。

(53.1)　　Each host thinks some guest is tired.
　　　　　[S [NP Each host] thinks [S [NP some guest] is tired]].

(53.2)　　Some guest greeted each host.
　　　　　[NP Some guest] [VP greeted [NP each host]].

相反，第二句中的数量名词短语也是如此。

我们观察到，正如 CQL 公式中量词前缀的移位可能导致公式不等价一样，自然语言句子中数量名词短语的移位也可能导致句子被判断为不等价，正如句子（53.1）和句子（53.2）。

除了用作句法的技术项外，单词范围（scope）还用于描述说话者的判断，即如何解释具有多个数量名词短语的句子。考虑句子（54）中的英语句子。

(54)　　Each investigator believes some tourist is a spy.

解释 1
Each investigator believes some tourist is a spy, where different investigators may have different tourists in mind.

解释 2
There is a tourist that each investigator believes to be a spy.

当代学者、语言学家和哲学家都认为这个句子有两种解释，一种是数量名词短语 each investigator 落在数量名词短语 a tourist 的范围，这恰好与句子成分所定义的范围关系相对应；还有一种是数量名词短语 each investigator 没有落在数量名词短语 a tourist 的范围，这与句子的成分不对应。这种描述用法的基础是，如果我们用某种逻辑符号来表示句子（54），那么在第一种解释下，each investigator 对应的量词前缀的范围将超过 some tourist 对应的量词前缀的范围，而相反的关系描述了第二种解释。这种描述反映了这样一个事实：在第一种解释下，游客的选择可能取决于调查者的选择，而第二种解释则没有这种依赖。

这种选择依赖性判断都是评价数量名词短语的句法和语义的主要数据来源，无论表达式成分的表层结构是什么，这种判断是根据数量名词短语落在数量名词短语的范围内来描述的。

14.3.5.2　数量名词短语的范围
与带有一个以上数量名词短语的句子有关的事实是什么？我们将讨论由一个单句和一个

以上的数量名词短语组成的句子。首先考虑没有数量名词短语是任何其他数量名词短语的成分的情况，然后再考虑一个数量名词短语是另一个数量名词短语的成分的情况。

数量名词短语：不是其他数量名词短语的成分

我们从句子（55）开始考虑。即使它就像句子（54）中的双元组句一样包含一个单句，它也有两种解释。

(55)   Each pilot inspected some airplane.

解释 1：∀∃

For each pilot, there is an airplane that he or she inspected.

解释 2：∃∀

There is an airplane that each pilot inspected.

换言之，尽管在句法上数量名词短语 some airplane 落在数量名词短语 each pilot 的范围内，至少就句子的表层结构而言，该句子有两种解释，前者的数量名词短语被描述为属于后者的范围，用 ∀∃ 注释；后者的数量名词短语被描述为属于前者的范围，用 ∃∀ 注释。

在具有 QR 规则的转换语法中，这两个构形的存在被视为一个模棱两可的问题，其中相同的一串声音容纳两个成分结构，不是关于所谓的表层结构，而是关于它的逻辑形式。换言之，与句子（55）相关的是成分结构的两个三元组，它们在深层结构和表层结构上是相同的，但在逻辑形式上是不同的。句子（55）的两种逻辑形式及其对应的 Lambda 项如句子（56.1）和句子（56.2）所示。

(56.1) 逻辑形式 1

[S [DP,i some airplane] [S [DP each pilot] inspected [DP,i t]]]

$\exists a(\lambda y.\forall p(\lambda x.iyx))$

(56.2) 逻辑形式 2

[S [DP,j each pilot] [S [DP,i some airplane] [S [DP,j t] inspected [DP,i t]]]]

$\forall p(\lambda x.\exists a(\lambda y.iyx))$

Lambek 类型语法还对句子（55）提供了两种分析，它们的关联 Lambda 项相同。

在转换语法中，这两种解释反映在数量名词短语的范围关系，不是在句子的表层结构中，而是在其逻辑形式中。在 Lambek 类型语法中，解释按照数量表达式所引入假设的履行顺序进行反映，而数量表达式又通过与自然语言数量表达式相对应的子项的范围在相应的Lambda 项中反映出来。

在拥有两个数量名词短语的单句句子中，这两个短语都不是另一个短语的成分，转换语法和 Lambek 类型语法处理的结果是，对每一个这样的句子都要进行两种不同的句法分析，对于数量名词短语的适当选择来说，意思是句子有两种不同的解释。事实上，更普遍地说，对于一个单句句子中的 n 个数量名词短语，不会出现其中一个是另一个的成分的情况，这个句子有 n!（也就是 $n \cdot (n-1) \cdots \cdots 1$）个句法分析，并且也许有许多可区分的解释。然而，情况并非总是如此。在动词的选择、数量限定词的选择以及句法结构的差异中可能会出现例外情况。

下面从一对动词 to grow out 和 to grow into 开始，它们表示相反的关系。我们希望比较拥有这些动词和相同数量名词短语的最小句子所允许的解释范围。句子（57.1）有两种解释，第一种与常识认知一致，第二种与常识认知不一致。句子（57.2）和句子（57.1）一样，只是数量限定词被转置了，然而它只对一种解释负责。而且，可用的解释不是与常识认知一致的解释，而是与常识认知不一致的解释。

(57.1)　　Each oak tree grew out of some acorn.

　　　　解释 1：∀∃
　　　　For each oak tree, there is some acorn out of which it grew.
　　　　解释 2：∃∀
　　　　There is an acorn out of which each oak tree grew.

(57.2)　　Some oak tree grew out of each acorn.
　　　　解释 1：∀∃（不可用）
　　　　For each oak tree, there is some acorn out of which it grew.
　　　　解释 2：∃∀
　　　　There is an oak tree which grew out of each acorn.

当动词 to grow out 替换成动词 to grow into 时，也会获得相同的差异。

(58.1)　　Each acorn grew into some oak tree.

　　　　解释 1：∀∃
　　　　For each acorn, there is some oak tree into which it grew.
　　　　解释 2：∃∀
　　　　There is an oak tree into which each acorn grew.

(58.2)　　Some acorn grew into each oak tree.
　　　　解释 1：∀∃（不可用）
　　　　For each oak tree, there is some acorn into which it grew.
　　　　解释 2：∃∀
　　　　There is an oak tree into which each acorn grew.

这个重要的观察结果是由 Ray Jackendoff（1983，207）报告的，他将其归因于 Jeffrey Gruber（1965）。

另一种例外是数量限定词 no 的存在。以 no 为限定词的数量名词短语常常不能证明两种范围的解释。

(59.1)　Each girl greeted no boy.

解释 1：∀ N

For each girl, there is no boy she greeted.

解释 2：N ∀

There is no boy whom each girl greeted.

(59.2)　No boy was greeted by each girl.

解释 1：∀ N（不可用）

For each girl, there is no boy she greeted.

解释 2：N ∀

There is no boy whom each girl greeted.

最后，具有双重补语的动词也不会同时使用两个范围的解释[⊖]。

(60.1)　Alice told each lie to a boy.

解释 1：∀ ∃

For each lie, there is a boy to whom Alice told it.

解释 2：∃ ∀

There is a boy to whom Alice told each lie.

(60.2)　Alice told a boy each lie.

解释 1：∃ ∀

There is a boy to whom Alice told each lie.

解释 2：∀ ∃（不可用）

For each lie, there is a boy to whom Alice told it.

数量名词短语：一个是另一个数量名词短语的成分

到目前为止，我们一直在考虑数量名词短语不是另一个数量名词短语的成分的单句。现在让我们来考虑一个数量名词短语是另一个数量名词短语的成分的单句。

(61)　Each pupil in some class slept.

Lambek 类型语法和带有量词增加的转换语法都会产生两个推导。首先检查一下 Lambek 类型的推导。在主谓短语形成之前，有两个推导词是相同的，如下所示。

一旦采取下一步，推导可能以两种方式中的任何一种进行，这取决于首先释放的假设。

⊖　参见 Larson（1990, sec. 3.1），他将最初的观察结果归功于 Patricia Schneider-Zioga 未出版的手稿以及与 David Lebeaux 的个人交流。对于系统的处理，请参见 Bruening（2001）。

在推导的第一个延续中，这是最后一个引入的假设，即对应 each pupil 的假设，该假设首先被释放，而在第二个延续中，这是第一个引入的假设，即对应 some class 的假设，该假设首先被释放。

$$
\begin{array}{c}
\text{each pupil in some class} \qquad\qquad \text{slept} \\[4pt]
\dfrac{e \mapsto x \qquad\qquad\qquad e\backslash t \mapsto s}{
\dfrac{t \mapsto sx}{
\dfrac{t \mapsto \forall\,(\cap_{e\backslash t}(ly)\,p\,(\lambda x.sx))}{
t \mapsto \exists c(\lambda y.\forall\,(\cap_{e\backslash t}(ly)\,p\,(\lambda x.sx)))}}}
\end{array}
$$

$$
\begin{array}{c}
\text{each pupil in some class} \qquad\qquad \text{slept} \\[4pt]
\dfrac{e \mapsto x \qquad\qquad\qquad e\backslash t \mapsto s}{
\dfrac{t \mapsto sx}{
\dfrac{t \mapsto \exists c(\lambda y.sx)}{
t \mapsto \forall\,(\cap_{e\backslash t}(ly)\,p\,(\lambda x.\exists c(\lambda y.sx)))}}}
\end{array}
$$

仔细看看每个推导结束时的 Lambda 项。在第一种情况下，没有自由变量的出现，在第二种情况下，数量名词短语 some class 相关的变量 y 出现了。第一个推导产生一个封闭的 Lambda 项，这意味着 Lambda 项的任何结构都会为其指定一个真值，而第二个推导产生一个开放的 Lambda 项，这意味着如果没有变量赋值，Lambda 项的任何结构都不会为其指定一个真值。

当用带量词增加的转换语法分析句子，至少在我们已经制定了规则时，也会得到类似的结果。句子（61）的表层结构构成在句子（62.1）中给出，逻辑形式的两个构成结构在句子（62.2）和句子（62.3）中给出。句子（62.2）中的逻辑形式来自量词增加，首先应用于主语名词短语 each pupil in some class，然后应用于处于移位位置的名词短语 some class。句子（62.3）中的逻辑形式来自量词增加，首先应用于名词短语 some class 和仍然处于主语位置的 each pupil in some class，然后应用于主语名词短语中的剩余部分 [DP each pupil [PP in [DP,i t]]。在第一种逻辑形式中，带有索引 i 的移位限定词短语 some class 在其范围内具有与索引 i 共同索引的间隙。然而，它不在第二种逻辑形式中。

(62.1) 表层结构：

[S [DP [DP each pupil] [PP in [DP some class]]] slept].

(62.2) 逻辑形式 1：

[S [DP,i some class] [S [DP,j each pupil in [DP,i t]] [S [DP,j t] [VP slept]]]]

$\exists c(\lambda y.\forall\ (\bigcap_{e\backslash t}(ly)p\ (\lambda x.sx))$

(62.3) 逻辑形式 2：

[S [DP,j each pupil [PP in [DP,i t]]] [S [DP,i some class] [S [DP,j] [VP slept]]]]

$\forall\ (\bigcap_{e\backslash t}(ly)p\ (\lambda x.\exists c(\lambda y.sx))$

换言之，转换分析和 Lambek 类型分析得出的结果完全相同：每个分析只给句子（61）分配一个封闭的 Lambda 项，对应第二个数量名词短语（第一个数量名词短语的适当组成部分）被解释为在其范围内有第一个量词，也就是说 some class in which each pupil slept 的解释。像这样的解释通常被称为反向连接（inverse linked）。这是因为在表层结构中，数量名词短语的从左到右的顺序接受一种解释，在这种解释中，顺序是颠倒的。

在最近的研究工作中，Robert May 和 Alan Bale（2006）发展了 Robert May（1977）的早期研究作品，指出与同一从句中的数量名词短语的可能范围解释有关的模式跟其中一个是另一个成分的数量名词短语的可能范围解释类似。

14.3.5.3　数量名词短语和 not

我们遵循了语言习惯，并扩展了单词作用域的使用范围，以描述包含数量名词短语的句子易受影响的不同解释。这种习惯被扩展到其他自然语言中与其他逻辑常数相对应的词，例如英语副词 not，在有数量名词短语的情况下会产生不同的解释。考虑下面的最小对单句，它们都包含副词 not 和一个数量名词短语，其中句子（63.1）只有一个解释，句子（63.2）有两个解释。

(63.1)   Some guest did not sleep.

　　　　解释 1：∃ ¬
　　　　There is some guest who did not sleep.

(63.2)   Each guest did not sleep.

　　　　解释 1：∀ ¬
　　　　Each guest is such that he or she did not sleep.

　　　　解释 2：¬ ∀
　　　　Not every guest slept.

这种不同的解释已经很好地建立起来（见 Horn（1989，chap. 4.3 and 7.3））。此外，Horn 针对 20 世纪 60 年代的一个广告口号指出，这种不同的解释出现在限定词为 no 的数量名词短语上。

(64)   Everybody doesn't like something; but nobody doesn't like Sara Lee.

　　　　如果副词 not 出现在含有两个数量名词短语的从句中，则会进一步复杂化。此时特有的挑战来自区分不同的解释。

(65)   Each pilot did not inspect some airplane.

针对两个数量名词短语和一个副词，这个句子包含六种顺序。

(66.1)   解释 1：¬ ∀ ∃
　　　　There is a man who admires no women.

(66.2)   解释 2：¬ ∃ ∀
　　　　There is no woman whom each man admires.

(66.3)   解释 3：∀ ¬ ∃
　　　　Each man admires no women.

(66.4)   解释 4：∃ ¬ ∀
　　　　There is a woman whom some man does not admire.

(66.5)   解释 5：∀ ∃ ¬
　　　　Each man is such that there is a woman whom he does not admire.

(66.6)   解释 6：∃ ∀ ¬
　　　　There is a woman whom no man admires.

反过来，它们又产生了四种逻辑上不同的解释。

　　　　如 8.7.2 节所述，另一个复杂的情况是副词 not 可能出现在有限从句的开头，只要它后面跟着一个限定词是通用数量限定词的名词短语。

(67.1)　　Not every bird flies.

(67.2)　　*Not some bird flies.

此外，当副词 not 出现在最开始的位置，而不是在紧靠辅助动词右侧的这个通常位置时，解释性行为会较少。

(68.1)　　Not every bird flies.
　　　　　解释：¬ ∀
　　　　　It is not the case that every bird flies.

(68.2)　　Not every man admires some woman.
　　　　　解释：¬ ∀ ∃
　　　　　There is a man who admires no women.

这些复杂因素尚未得到令人满意的解答，在此不再赘述。

14.3.5.4　英语数量限定词

数量词不仅包括数量限定词，还包括形容词，我们以前称之为基数形容词和准基数形容词。随着广义量词在自然语言语义研究中的应用，许多语言学家把这些形容词看作广义量词。关于基数形容词和准基数形容词的一个事实是，除了基数形容词 one 外，它们必须修饰复数可数名词。

复数名词短语的一个重要特征是，它们往往容易受两种解释的影响：集体解释（collective construal）和分布解释（distributive construal）。人们早就认识到，在英语中，主语位置上的复数名词短语会产生所谓的集体结构和分布结构。这方面的一个例子可以在句子（69）中找到，事实上，无论是在分布解释上还是在集体解释上都是如此。

(69)　　Whitehead and Russell wrote a book.

　　解释 1：集体
　　Whitehead and Russell wrote a book *together*.

　　解释 2：分布
　　Whitehead and Russell *each* wrote a book.

这句话在集体解释上是正确的，因为 *Principia Mathematica* 是 Whitehead 和 Russell 合作完成的。这种解释可以通过副词 together 的使用来实现。这句话在分布解释上也是正确的，因为 Russell 自己至少写了一本书，比如 *An Inquiry into Meaning and Truth*，Whitehead 也自己写了一本书，比如 *A Treatise on Universal Algebra*。这种解释可以通过使用副词 each 来实现。

必须强调的是，集体解释和分布解释不限于主语名词短语为复数的句子，也不限于动词短语表示可以但不需要共同进行的动作的句子。第（70）句有集体解释和分布解释，但动词并不表示一个可以共同进行的动作。

(70)　　These two suitcases weigh 50 kilograms.

　　解释 1：集体
　　These two suitcases weigh 50 kilograms *together*.

　　解释 2：分布
　　These suitcases weigh 50 kilograms *each*.

尽管这里不作说明，但在任何补语位置上的复数名词短语都有可能拥有集体解释和分布解释，这取决于该名词短语作为补语的单词选择。（有关数据的调查，请参见 Gillon（1999）。）

最后，我们注意到许多复数名词短语很容易在集体解释和分布解释之间形成中间解释。(讨论见 Gillon（1987）。)

重点在于复数名词短语的分布解释表现出与范围判断所描述解释相似的解释。例如，在句子（69）的分布结构上，书的选择取决于人的选择。这种依赖性体现在以下句子（69）的解释中，涉及的人是 Whitehead 和 Russell。

(71.1)   These men wrote a book.

(71.2)   These two men wrote a book.

(71.3)   Two men wrote a book.

第一句话没有任何数量名词短语，但每一句话都显示出书籍选择对人的选择的依赖性。

最后，回忆句子（55），它有两种解释，一个解释为主语名词短语具有对宾语名词短语的范围，另一个解释为宾语名词短语具有主语名词短语范围。在以下的句子中，没有宾语名词短语在主语名词短语范围内的解释。

(72.1)   Two men wrote two books.

(72.2)   Two books were written by two men.

特别是，我们没有把第一句话解释为，对于每本书，存在两个人的选择，每本书有两对不同的人；然而，我们的解释方式是，对于每个人，存在两本书的选择，每个人有不同的书。换言之，two books 是针对 two men 分布的，但 two men 不是针对 two books 分布的。第二句话正好相反。这句话可以解释为一本书是两个人写的，另一本也是由另外两个人写的；然而，这句话不允许解释为一个人写了两本书，另一个人写了另外两本书。

这些事实表明，由带有基数形容词和准基数形容词的名词短语表现出来的选择依赖性，可能不是由这些具有广义数量词值的形容词引起的，而是由复数名词短语的分布性引起的，基数形容词和准基数形容词的词值可能只是在名词短语的外延上加上基数。

练习：英语数量限定词

1. 对于下列句子，写出 QR 分配给它的逻辑形式。提供逻辑语法类型分配给它的推导。确保每个词都有 Lambda 项。

   (a) No pilot slept.

   (b) Each host greeted some guest.

   (c) Each oak tree grew out of some acorn.

   (d) Some oak tree grew out of each acorn.

   (e) Some host greeted no guest.

   (f) No guest was greeted by each host.

   (g) Bill carved each figurine from a stick.

   (h) Bill carved each stick into some figurine.

   (i) Bill carved some figurine from each stick.

   (j) Bill carved some stick into each figurine.

2. 简要描述副词 not 可能出现在从句开始中的情况。

14.3.6   非从句并列连接

在第 8 章中，我们详细研究了英语从句的并列连接。然而，英语中的并列连接并不局限于从句：几乎同一类的任何一对成分都可以用英语进行并列连接。然而，正如我们将要看到的，并列不同类别的成分也是可能的。实际上，并列两个表达式也是可能的，其中一个甚至可以不是成分。在这一节中，我们将回顾基本模式[⊖]，然后将考虑通过成分语法和 Lambek 型语法分析与并列有关的某些模式的各种方法。

基本模式

最广为人知的模式是：除了并列连词本身和限定词之外，同一类别的两个成分可以并列。此外，结果从句通常由相应的一对并列子句很好地解释。我们将这种模式称为同质成分并列（homogeneous constituent coordination）。下面有几个例子。

(73.1)　Carla [VP hit the ball] [CNJ but] [VP did not run to first base].
　　　　解释
　　　　Carla hit the ball but Carla did not run to first base.

(73.2)　Adam [V met] [CNJ and] [V hugged] Beverly.
　　　　解释
　　　　Adam met Beverly and Adam hugged Beverly.

(73.3)　My friend seemed [AP rather tired] [CNJ and] [AP somewhat peevish].
　　　　解释
　　　　My friend seemed rather tired and my friend seemed somewhat peevish.

(73.4)　[NP A man in a jacket a box] [CNJ or] [NP a woman in a dress] left the store.
　　　　解释
　　　　A man in a jacket left the store or a woman in a dress left the store.

(73.5)　[NP [NP Alice's] [CNJ or] [NP Bill's] house] burned down.
　　　　解释
　　　　Alice's house burned down or Bill's house burned down.

(73.6)　Bill remained [PP in the house] [CNJ and] [PP on the telephone].
　　　　解释
　　　　Bill remained in the house and Bill remained on the telephone.

(73.7)　Bill remained [P in] [CNJ or] [P near] the house.
　　　　解释
　　　　Bill remained in the house or Bill remained near the house.

(73.8)　Bill walked [Adv quietly] [CNJ and] [Adv deliberately].
　　　　解释
　　　　Bill walked quietly and Bill walked deliberately]

然而，虽然作为同一类别的成分接近于并列的充分条件，但它不是必要条件。一种模式涉及介词短语与副词短语的并列连接，或介词短语与时态名词短语的并列连接。

(74.1)　The enemy attacked *very quickly* and *with great force*.

(74.2)　Bill works *Sunday afternoons* or *on weekdays*.

另一种不同类别成分的并列模式来自附加并列，这是第 4 章讨论的一种省略形式。当一个非从句成分（通常由 and 或 but 之类的并列连词引入）附加到子句中时，就会发生这种情况。

⊖　有兴趣的读者应咨询有关模式的详尽介绍，即 Quirk et al.,（1985, chap. 13）以及 Huddleston, Payne and Peterson（2002）。

(75.1)   [NP Alice] has been charged with perjury, and [NP her secretary] __ too.
          解释
          Alice has been charged with perjury, and her secretary had been charged with
          perjury too.

(75.2)   The judge found [NP Beverly] guilty, but not __ [NP Fred].
          解释
          The judge found Beverly guilty, but the judge did not find Fred guilty.

(75.3)   The speaker lectured about the periodic table, but __ only briefly.
          解释
          The speaker lectured about the periodic table, but the speaker lectured about the
          periodic table only briefly.

(75.4)   Fred goes to the cinema, but __ seldom with his friends.
          解释
          Fred goes to the cinema, but Fred seldom goes to the cinema with his friends.

在某些情况下，所附加成分与前一从句中的成分相对应。在这种情况下，所附加的成分所传达的是与前一从句一样的从句所传达的内容，只是所附加的短语取代了前一从句中的对应短语。这可以在句子（75.1）和句子（75.2）中看到。在其他情况下，前一从句不得包含与所附加成分相对应的内容。在这种情况下，所传达的内容是附加成分的同一从句传达的内容。句子（75.3）和句子（75.4）对此进行了举例说明。

当一系列本身不构成成分的短语与一个从句并列时，就会出现第三种模式，称为**动词空位**（gapping）。动词空位是第 4 章讨论的一种省略形式，大致发生在以下情况下：一个独立的从句后面跟着一个表达式，尽管它本身不是一个成分，但它包含两个成分，两个成分都不是彼此的成分；后两个成分中的第一个对应前一从句中的初始成分，第二个对应该从句的最终成分；省略号或间隙点是该句后两个成分之间的点，该句的初始成分和最终成分之间的表达式是动词空位的先行项。

(76.1)   On Monday <u>Alice had been</u> in Paris and on Tuesday __ in Bonn.
          解释
          On Monday Alice had been in Paris and on Tuesday Alice had been in Bonn.

(76.2)   <u>Bill came to Fiji in 1967</u> and Evan __ the following year.
          解释
          Bill came to Fiji in 1967 and Evan came to Fiji the following year.

(76.3)   Max had not <u>finished</u> the assignment, nor (had) Jill __ hers.
          解释
          Max had not finished the assignment, nor (had) Jill finished hers.

例如，在句子（76.1），介词短语 on Tuesday 和 in Bonn 不构成成分。但是，名词短语 on Tuesday 对应前一句中的第一个短语 On Monday，in Bonn 对应前一句中的最后一个短语 in Berlin。

正如我们在后面的句子中看到的，不仅短语可以与从句并列，短语也可以与第二个短语并列。

(77.1)   The mother gave [NP a cookie] [PP to one of her children] [PP on Wednesday]
          [CNJ and] [NP a piece of cake] [PP to the other] [PP on Thursday].

(77.2)   Colleen painted [NP the bedroom] [AP blue] [CNJ but] [NP the kitchen] [AP purple].

例如，在句子（77.1）中，a cookie 和 to one of her children 这对短语与另一对短语 a piece of cake 和 to the other 并列。

最后一种模式有时被称为延迟右成分并列（delayed right constituent coordination），在转换语言学中被称为右节点提升（right node raising），这发生在两个都不是成分的表达式被并列并且跟随着一个成分的情况下，如果这两个表达式与两个并列的非成分一起使用，就会使它们成为成分；如果一个普通成分被并列表达式分解出来，就会使它们成为非成分。在句子（74.1）中，无论是表达式 Dan may accept 还是表达式 Bill will certainly reject 都不是成分，但是它们是由 but 连接的。此外，正如我们从解释中看到的那样，当这些表达式被 the management's new proposal 所补充时，每一个都构成了成分。

(78.1)   [S Dan may accept ___] but [S Bill will certainly reject ___] [NP the management's new proposal]].
解释
Dan may accept the management's new proposal but Bill will certainly reject the management's new proposal.

(78.2)   [S I enjoyed ___] but [S everyone else seemed to find fault with ___] [NP her new novel]].
解释
I enjoyed her new novel but everyone else seemed to find fault with her new novel.

(78.3)   Alice [VP knew of ___] but [VP never mentioned ___] [NP Bill's other work]].
解释
Alice knew of Bill's other work but Alice never mentioned Bill's other work.

一些分析

我们刚刚回顾了与并列有关的六种模式：同质并列、附加并列、动词空位和延迟右成分并列。读者会注意到每一个并列的例子都与一个解释成对出现，解释由一对并列的句子和同一个并列连词组成。在早期的转换语法中，这种分析是显而易见的：提出一种转换规则，将解释句的成分分析与并列从句、解释句的所谓深层结构、解释句的成分分析联系起来，解释句子的所谓表层结构。同质成分并列的模式被称为并列缩减（conjunction reduction）的规则所处理，而现在普遍被抛弃。对附加并列、动词空位和延迟右成分并列分别采用剥离（stripping）、省略（gapping）和右节点提升（right node raising）的转换规则进行处理。

因为这是一本关于语义学的书，我们不应该把注意力放在这些模式的各种转换处理上。相反，我们将根据同质成分并列和延迟右成分并列这两种模式的明显句法结构，集中注意力到两种模式的语义分析上。

下面从分析 Lambek 类型语法提供的同质成分并列开始。为了增强后面说明中符号的可读性，我们采用下面的类型缩写。格式 $x\backslash x/x$ 的任何类型表达式都是格式 $(x\backslash x)/x$ 类型表达式的缩写。例如，$t\backslash t/t$ 是格式 $(t\backslash t)/t$ 的缩写。同样，左侧格式的任何推导都会将右侧格式的推导缩写。

$$
\frac{x \quad x\backslash x/x \quad x}{x}
$$

$$
\cfrac{x \qquad \cfrac{(x\backslash x)/x \quad x}{x\backslash x}}{x}
$$

首先给出句子（79.1）～句子（79.3）的推导，但不给出值。

(79.1)   Don jogged and Carol swam.

(79.2)   Don jogged and swam.

(79.3)   Don accompanied and hosted Carol.

然后将讨论它们的推导和相关的值。

$$
\begin{array}{ccccccc}
\text{Don} & \text{jogged} & & & \text{Carol} & \text{swam} \\
e & e\backslash t & & \text{and} & e & e\backslash t \\
\hline
 & t & & t\backslash t/t & & t \\
\hline
 & & & t & &
\end{array}
$$

$$
\begin{array}{cccc}
 & \text{jogged} & \text{and} & \text{swam} \\
\text{Don} & e\backslash t & (e\backslash t)\backslash(e\backslash t)/(e\backslash t) & e\backslash t \\
\hline
e & & e\backslash t & \\
\hline
 & t & &
\end{array}
$$

$$
\begin{array}{ccccc}
 & \text{accompanied} & \text{and} & \text{hosted} & \\
 & (e\backslash t)/e & x\backslash x/x & (e\backslash t)/e & \text{Carol} \\
\text{Don} & & (e\backslash t)/e & & e \\
\hline
e & & & e\backslash t & \\
\hline
 & & t & &
\end{array}
$$

（在最后一种情况下，x 是 $(e\backslash t)/e$。）

如果仔细观察推导，我们会发现并列连词 and 在每个推导中被分配了不同的类型。在第一个推导过程中，并列连词连接 t 类型的两个表达式。这意味着在该上下文中 and 必须有 $t\backslash t/t$ 类型。在第二句话中，并列连词连接 $e\backslash t$ 类型的两个表达式，因此它有 $(e\backslash t)\backslash(e\backslash t)/(e\backslash t)$ 类型。在第三个推导中，它具有 $((e\backslash t)/e)\backslash((e\backslash t)/e)/((e\backslash t)/e)$ 类型，因为它连接 $(e\backslash t)/e$ 类型的表达式。实际上，一般来说，由于并列表达式的类型不同，所以并列连词的类型也不同，即使它是同一个单词。换句话说，一个并列连词被分配的类型数量与它所连接的表达式的类型数量一样多。此外，不同的类型对应不同的值，同一个单词被分配的值数量与它所连接的表达式的类型数量一样多。

要将其合并到 Lambek 类型的语法中，我们必须首先定义类型集的子集，将其称为布尔类型（Boolean type）。

定义 1   布尔类型集合

（1）$t \in$ Btp；

（2）如果 $x \in$ Typ 且 $y \in$ Btp，那么 $x\backslash y$ 和 y/x 也是；

（3）Btp 中没有其他类型。

事实上，由于我们对并列感兴趣，因此应该注意布尔类型的真子集，我们称之为二进制布尔类型（binary Boolean type）的集合。这些是 $x\backslash x/x$ 形式的类型，其中 x 是布尔类型。

定义 2 二进制布尔类型集合

当且仅当对于某些 $x \in \text{Btp}$，$z=x\backslash x/x$，那么 $Z \in \text{Bbt}$。

接下来，我们定义两个布尔常数项集，一个取决于其类型被分配给 and，另一个取决于其类型被分配给 or。我们将前一组常数项指定为 CN_I，后者定为 CN_U。

CN_I 族包含的常数项与二进制布尔类型的常数项一样多。因此，使用二进制布尔类型来区分各种相交常数项是很方便的。如果 x 是二进制布尔类型，则 $\bigcap_{(x\backslash y)\backslash(x\backslash y)/(x\backslash y)}$ 和 $\bigcap_{(y/x)\backslash(y/x)/(y/x)}$ 是相交常数项。虽然索引很方便记忆，但在图形上却很麻烦。因此，我们将 $\bigcap_{(x\backslash y)\backslash(x\backslash y)/(x\backslash y)}$ 缩写为 $\bigcap_{x\backslash y}$，将 $\bigcap_{(y/x)\backslash(y/x)/(y/x)}$ 缩写为 $\bigcap_{y/x}$。

最后，必须说明要为这些 CN_I 中的项分配哪些值。规定 $o_\wedge$ 被分配给 $\bigcap_t$，$\bigcap_t$ 是 $\bigcap_{t\backslash t/t}$ 的缩写。我们将把所有其他相交常数项当作缩写。具体定义如下。

定义 3 CN_I 的值

（1）$\bigcap_t$ 表示 $o_\wedge$；

   （2.1）如果 $\sigma,\tau \in \text{TM}_{y/x}$、$\bigcap_y \in \text{CN}_I$ 且 $v \in \text{VR}_x$，那么 $\sigma \bigcap_{y/x} \tau = \lambda v.\sigma v \bigcap_y \tau v$；

   （2.2）如果 $\sigma,\tau \in \text{TM}_{x\backslash y}$、$\bigcap_y \in \text{CN}_I$ 且 $v \in \text{VR}_x$，那么 $\sigma \bigcap_{x\backslash y} \tau = \lambda v.v\sigma \bigcap_y v\tau$。

使用 Lambek 类型语法，我们分析了句子（79.1）和句子（79.2）。为此，我们将 Lambda 常数 j 和 s 分配给表达式 jogged 和 swam，每个类型为 $e\backslash t$，将 Lambda 常数 d 和 c 分配给表达式 Don 和 Carol，每个类型为 e。

$$
\frac{\dfrac{\text{Don} \quad \text{jogged}}{e \mapsto d \quad e\backslash t \mapsto j}}{t \mapsto jd} \quad \text{and} \quad \frac{\dfrac{\text{Carol} \quad \text{swam}}{e \mapsto c \quad e\backslash t \mapsto s}}{t \mapsto sc}
$$
$$
\frac{}{t \mapsto jd \cap_t sc}
$$

$$
\frac{\text{jogged} \quad \text{and} \quad \text{swam}}{e\backslash t \mapsto j \quad (e\backslash t)\backslash(e\backslash t)/(e\backslash t) \mapsto \cap_{e\backslash t} \quad e\backslash t \mapsto s}
$$
$$
\frac{e\backslash t \mapsto j \cap_{e\backslash t} s}{e\backslash t \mapsto \lambda v.jv \cap_t sv}
$$
$$
\text{Don} \quad e \mapsto d
$$
$$
\frac{t \mapsto (\lambda v.jv \cap_t sv)d}{e\backslash t \mapsto jd \cap_t sd}
$$

为了分析句子（79.3），我们将 Lambda 常数 a 和 h 赋给表达式 accompanied 和 hosted，每个类型都是 $(e\backslash t)/e$。（注意，下面推导的 x 代表 $(e\backslash t)/e$ 类型。）

$$
\frac{\text{accompanied} \quad \text{and} \quad \text{hosted}}{(e\backslash t)/e \mapsto a \quad x\backslash x/x \mapsto \cap_x \quad (e\backslash t)/e \mapsto h}
$$
$$
\frac{(e\backslash t)/e \mapsto a \cap_x h}{(e\backslash t)/e \mapsto \lambda v.av \cap_{e\backslash t} hv} \quad \text{Carol} \quad e \mapsto c
$$
$$
e\backslash t \mapsto (\lambda v.av \cap_{e\backslash t} hv)c
$$

$$
\begin{array}{c}
\text{Don} \qquad\qquad \dfrac{e\backslash t \mapsto ac \cap_{e\backslash t} hc}{e\backslash t \mapsto \lambda w. acw \cap_t hcw} \\
e \mapsto d \\
\hline
t \mapsto (\lambda w. acw \cap_t hcw)d \\
\hline
t \mapsto acd \cap_t hcd
\end{array}
$$

如前所述，并列连词被分配的类型数量与它所连接成分的类型数量一样多，因此，被分配的值也一样多。但这种明显的歧义是关于所选择的符号的事实，而不是关于我们正在分析的语言。描述的模式中没有任何东西表明存在这样的歧义⊖。

可以实现与 Lambek 类型语法相同的同质成分并列，但不会将并列连词视为不明确的。为此，在丰富的成分语法中⊖，我们首先需要可以连接各种类别的成分的形成规则：X C_c X → X，其中 X 是词类、短语类别或 S，并且分配 ∩（交集）给 and|C_c，分配 ∪（并集）给 or|C_c。强调：这里的符号 ∩ 和 ∪ 不是 Lambda 微积分的项，而是交集和并集的常用符号。我们用句子（79.2）和句子（79.3）的推导来说明这一分析，其中 jogged 和 swam 分别被分配了全集的子集 J 和 S，以及 accompanied 和 hosted 被分配了全集成员的有序对集 A 和 H，Don 被分配了单例集 $\{d\}$，Carol 被分配了单例集 $\{c\}$。

$$
\begin{array}{c}
\qquad\qquad \text{jogged} \qquad\qquad \text{and} \qquad\qquad \text{swam} \\
\text{Carol} \qquad \dfrac{V:\Diamond \mapsto J \qquad C_c \mapsto \cap \qquad V\Diamond \mapsto S}{V\Diamond \mapsto J \cap S} \\
\text{NP} \mapsto \{c\} \\
\hline
S \mapsto \text{T}（当且仅当 \{c\} \subseteq J \cap S）
\end{array}
$$

$$
\begin{array}{c}
\qquad \text{accompanied} \qquad\quad \text{or} \qquad\quad \text{hosted} \\
\qquad \dfrac{V<\text{NP}> \mapsto A \qquad C_c \mapsto \cup \qquad V<\text{NP}> \mapsto H}{V:<\text{NP}> \mapsto A \cup H} \qquad \text{Carol} \\
\text{Don} \qquad\qquad\qquad\qquad \text{NP} \mapsto \{c\} \\
\text{NP} \mapsto \{d\} \qquad\quad \dfrac{}{V:\Diamond \mapsto \{x:<x,c> \in A \cup H\}} \\
\hline
S \mapsto \text{T}（当且仅当 \{d\} \subseteq \{x:<x,c> \in A \cup H\}）
\end{array}
$$

现在有一个很容易解决的问题，分配给陈述句的语义值是真值 T 和 F，但是一对真值的并集或交集是没有意义的。因此，这种对 and 和 or 的赋值不允许将真值分配给并列的陈述句，例如句子（79.1）。然而，很容易找到关于并、交和补的集合，就像 T 和 F 关于 $o_\vee$、$o_\wedge$ 和 $o_\neg$ 的集合一样。它们是集合 $\{\varnothing\}$ 和 $\varnothing$，读者可以从下面的表格看出，这些函数是同构的。

∧	T	F
T	T	F
F	F	F

∩	$\{\varnothing\}$	$\varnothing$
$\{\varnothing\}$	$\{\varnothing\}$	$\varnothing$
$\varnothing$	$\varnothing$	$\varnothing$

∨	T	F
T	T	T
F	T	F

∪	$\{\varnothing\}$	$\varnothing$
$\{\varnothing\}$	$\{\varnothing\}$	$\{\varnothing\}$
$\varnothing$	$\{\varnothing\}$	$\varnothing$

¬	T	F
	F	T

−	$\{\varnothing\}$	$\varnothing$
	$\varnothing$	$\{\varnothing\}$

⊖ 这一点是几年前 Ed Keenan 对我说的。

⊖ 这本质上是 Keenan and Faltz（1985）对这一模式的处理的成分语法改编。

（其中 – 代表集合 {∅，{∅}} 上的补集操作。）

尽管句子（73.1）～句子（73.8）中模式的许多实例都可以通过并列缩减得到很好的处理，但仍然存在一些重要的问题。在转换语法的早期，人们很快意识到并列缩减不能处理各种同质成分并列的情况。下面详细说明这些。

首先，如句子（80.2）所示，数量名词短语作为主语或补语的并列成分并不总是具有必要的副词。

(80.1)   Each attendee smokes and drinks.
          Each attendee smokes and each attendee drinks.

(80.2)   Some attendee smokes and drinks.
          Some attendee smokes and some attendee drinks.

即使吸烟者和饮酒者形成不相交的集合，句子（80.2）中的第二句也是正确的。对于这些情况，句子（80.2）第一句话是不正确的。另一种缺乏必要解释的句子是那些并列名词短语作为对等代词先行词的句子。事实上，这些句子所需的解释被认为是不可接受的。

(81.1)   Alice and Alexis admire each other.
          错误解释
          *Alice admires each other and Alexis admires each other.
          解释
          Alice admires Alexis and Alexis admires Alice.

(81.2)   Bill introduced Jules and Jim to each other.
          错误解释
          *Bill introduced Jules to each other and Bill introduced Jim to each other.
          解释
          Bill introduced Jules to Jim and Bill introduced Jim to Jules.

以并列名词短语作谓语的相互多元词句子也缺乏必要的解释。

(82.1)   Alice and Alexis are friends.
          错误解释
          Alice is a friend and Alexis is a friend.
          解释
          Alice is a friend of Alexis and Alexis is a friend of Alice.

(82.2)   Audrey and Alexis are alike.
          错误解释
          *Audrey is alike and Alexis is alike.
          解释
          Audrey is like Alexis and Alexis is like Audrey

最后，并列缩减规则要求由 and 连接的名词短语只具有分配解释，但正如前面所看到的，这样并列的名词短语往往也有集体解释。

除了由句子（80.2）说明的模式外，这些模式也给 Lambek 类型语法分析和同质成分并列的丰富的成分语法分析带来了问题。

下面通过展示 Lambek 类型的语法如何能够很好地处理延迟右成分并列的模式，来结束这种非从句并列连接的处理，如句子（83.1）和句子（83.2）所示。

(83.1)   Bill likes and Carol dislikes Atlanta.

(83.2)   Alexie showed Colleen Banff and Don Fresno.

在下面的第一个推导中，x 代表 t/e 类型。整个推导过程，我们分成两部分。

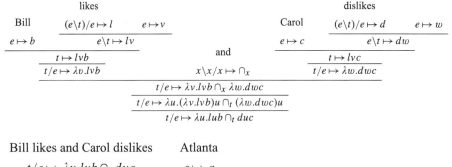

Bill likes and Carol dislikes   Atlanta

$$t/e \mapsto \lambda u.lub \cap_t duc \qquad\qquad e \mapsto a$$
$$\overline{\qquad\qquad t \mapsto (\lambda w.lub \cap_t duc)a \qquad\qquad}$$
$$\overline{\qquad\qquad e \mapsto lab \cap_t dac \qquad\qquad}$$

练习：非从句并列连接

1. 找一个例子，其中数量名词短语不是主语名词短语，并且不能产生等效的解释。

2. 确定以下哪种类型是布尔类型，以及哪些布尔类型是二进制布尔类型。回想一下 $x\backslash x/x$ 缩写为 $(x\backslash x)/x$。

(a) t (b) e (c) $t\backslash e$

(d) $t\backslash t/t$ (e) $e\backslash t$ (f) $e\backslash e/e$

(g) $(e\backslash e)\backslash t$ (h) $(t/e)\backslash (t/e)/(t/e)$ (i) $(t/t)\backslash e$

(j) $(e\backslash t)\backslash (e\backslash t)$ (k) $(e\backslash t)\backslash (t\backslash e)$ (l) $t\backslash e/t$

(m) $e/(e/(e\backslash t))$ (n) $(t/e)\backslash (t\backslash e)/(t/e)$ (o) $e\backslash (e\backslash (e\backslash t))$

14.4 结论

在这一章中，我们扩展了经验和理论水平。在第 10 章中，我们将注意力集中在了最小子句、陈述句上，其中的名词短语都是专有名词，其动词短语包含动词及其补语。在这一章中，我们考虑了第一个简单从句，带有名词短语的从句最多有一个限定词和一个形容词。然后，我们进一步探讨了其名词被介词短语或限制性关系从句修饰的简单从句。在本章结束时考虑了具有各种并列短语成分的单陈述句。尽管如此，我们还是回避了很多细节。在描述英语中的各种名词时，我们对单数名词仅进行了理论上的处理。虽然描述了不同类型的英语限定词，但只对数量限定词进行了理论上的处理。此外，尽管我们注意到存在其他各种种类，但选择仅将值赋给相交的谓语性形容词。在区分两种关系从句时，我们仅分析了限制性从句。

第 3 章介绍了成分语法的概念。我们发现，虽然直接成分分析揭示了英语句法中的许多模式，但成分语法却无法使许多模式合理化。在第 10 章中，我们讨论了第 3 章所揭示的两个问题（即投影问题和子类别化问题），以及一个新的问题（即英语词汇结构的问题）。然而，新的模式涉及修饰、同质成分并列，以及解释名词短语数量从句中选择依赖的不同方式，需要进一步修改成分语法。同时，这些新的模式为我们提供了一个机会，让我们看到 Lambek 类型的语法（也称为类型逻辑语法）是如何用于研究相同的模式的。我们看到每种语法都有其优缺点。

部分练习答案

14.2.1.1 节

2. 通过找到一种情况为真、另一种为假的评估环境，我们可以证明这两个句子不是同义的。考虑一下 Bill 知道他不是艺术家 Picasso，但相信他和 Picasso 有同样的艺术家天赋的情况。在这种情况下，第一句是假的，第二句是真的。

(1) Bill thinks that he is Picasso.　　　　(2) Bill thinks that he is a Picasso.

4. Everything exists：这个句子可以被称为 $\forall x Ex$。这个公式是一个重言式，不管怎样，这个句子都被认为是对的。

      Nothing exists：这个句子可以被称为 $\neg \exists x Ex$。根据评估的情况，这个句子可能是对的，也可能是错。然而，这个公式是矛盾的，因为一个结构的定义要求它的全集是非空的。如果这个要求被省略，那么这个公式就是一个偶然事件。

Santa Claus does not exist：这句话是真的，虽然它可能是假的。然而，公式 E_c 是一个重言式，因为结构要求它的全集是非空的，它的解释函数为每个符号指定一个来自全集的值。

14.2.1.3 节

(1.a) 这些词既符合可数名词的标准，也符合不可数名词的标准。

(1.b) 这些词符合可数名词的标准，但不能在其后加上复数后缀 s。

(1.c) 在这些单词中省略后缀 s 时，结果要么具有不同的含义，要么不是英语单词。

14.2.3 节

1. 如果 What the hell! 还有 That a boy! 的英语表达方式都是习语。每个单词都不能与相同单词类别的其他单词互换。

14.3.1 节

2. 不能将专有名词分为 e 类型，也不能将普通名词分为 $e\backslash t$ 类型或 t/e 类型，因为 Alice person 和 person Alice 都不是英语的表达，更不用说可以判断真假的表达了。

14.3.3 节

1. Lambek 类型语法的句法推导分别对应句子（40.1）和句子（40.2）中给出的成分。

2. 假设 a、Calgary、in、man 和 sleep 的 lambda 项分别为 $\exists$、c、l、m 和 s，则句子（39.2）和句子（39.3）中句子的 lambda 项为 $\exists(\bigcap_{e\backslash t}(lc)m)s$ 和 $\exists m(\bigcap_{e\backslash t}(lc)s)$。这些项不等同。但根据项的预期解释，它们表示相同的值。它们都标示 Calgary 的那组人与事物的集合以及 sleepers 的集合的交集是非空的。

14.3.6 节

2. Btp: a,d,e,g,h,j,n,o

   Bbt: d, h

总　　结

15.1　介绍

现在已经到了本书的结尾。因此，是时候回顾一下在自然语言语义学领域中哪些知识已经被涵盖，哪些还没有被涵盖。本章也是一个让读者了解自然语言语义学的其他方法的地方，就像这本书一样，把对逻辑的理解作为出发点。

15.2　回顾

自然语言有很多方面可以学习。一个基本方面是自然语言表达的模式或规律。很少有古典文明研究自然语言，只有两种文明——古希腊和古印度的古典文明，它们超越了简单的文字识别，产生了各自语言的语法。两种语法中较早且更全面的出现在古印度，即 Pāṇini 所表达的语法具有现代生成语法的所有属性：它确定了语言的所有最小表达式，形成了有限的规则，从而形成了语言的所有和唯一的正确表达式，并阐述了对复杂表达式的理解取决于对基本表达式的理解。

认识到对复杂表达的理解源于对构成复杂表达的最小表达的理解，就产生了一个语言使用者如何理解其最小表达的问题，这个问题是印度古典思想家提出的，至今仍未找到真正令人满意的答案。事实上，即使是某种语言的使用者如何理解像专有名词这种简单表达方式的问题，仍然没有一个令人满意的答案。相比之下，在过去的半个世纪里，说话者如何理解一个复杂表达的问题受到了语言学家和哲学家的广泛关注，尤其是他们直接利用了从逻辑中获取或改编的思想。这本书介绍了当代语言学家和哲学家如何解决这个问题，几乎只关注英语表达中的模式。各章都致力于阐述逻辑或描述英语的模式，并展示如何将思想逻辑应用到所描述的模式中。

第 1 章解释了自然语言语义学的核心问题是什么，并通过一个例子说明了如何提出这个问题，以及如何运用逻辑的思想来回答这个问题。在我们将自然语言语义学置于语言学理论中，将情境语言学理论置于心理学和数学这两个与语言学理论有着深刻联系的领域之后，我们展示了一个称为 SL 的有限表达式集是如何递归地定义为有限表达式集 L 或者 {A, B, C, D} 的，以及分配给最小表达式的值如何确定它们形成的复杂表达式的值。为了减轻这个例子是人为设计的印象，在练习中要求读者将例子所示的内容应用于世界各地各种文化中的正整数表示法以及世界各地各种自然语言中的正整数表示法。

为了超越自然语言中正整数的表达，进而关注更为典型的语言表达，第 3 章引入了成分语法的概念，这是一种非正式语法的形式化，起源于 Pāṇini 对古典梵文的处理和美国结构主义语言学家提出的直接成分分析的概念。在第 3 章中，尽管这种形成规则被成功地用于分析全世界语言中的表达模式，但这章中的成分形成规则只为英语制定。我们在第 3 章中也看到，英语呈现出许多形式，而成分语法的规则并非自然地具有特征，这种模式在世界各地的自然语言中也同样存在。尽管如此，成分形成规则确实正确地描述了英语中的许多并列和从属模式，这种模式在世界上许多其他语言中也同样存在。

然而，直到第 8 章才将成分形成规则与估值规则结合起来。尽管讲述陈述句的并列和从属成分形成规则并不困难，但一旦确定了模式，就需要进一步的实质性准备，将其与估值规则结合起来。一方面，我们需要从逻辑中学习相关的工具，这些在第 6 章中阐述。另一方面，我们需要获得评估新形式数据的知识，即说话者的真值判断。正如第 3 章所做的那样，在确定成分形成规则时我们依赖可接受性判断。然而，在确定估值规则时，我们依赖说话者对陈述句的真值的判断。评估说话者的真值判断需要格外注意，因为说话者对陈述句的真值判断是由他们对从句的理解所决定的，该理解的一部分在语境到语境之间是不变的，而一部分在语境到语境之间是变化的。因此，在进入第 8 章之前，我们了解了表达式的语境有助于塑造说话者理解表达式的方式。在第 4 章中，我们看到英语中有大量的词汇，对这些词汇的理解在很大程度上取决于对话者对表达式所处的语境的理解。在第 5 章中，我们看到了对话者对表达式的理解是如何被他对所说的主题的认知所改变的。

具备成分形成规则、CPL 语义和语境有助于塑造说话者理解其语言表达式方式的知识，我们研究了复合陈述句是如何由简单陈述句通过并列和从属关系形成的，并对其制定了成分形成规则和估值规则。在第 8 章中，我们看到了许多证据来支持通常采用的假设，即英语的并列连词 and 和 or 在连接陈述从句时，表现得像二元命题连接词 $\wedge$ 和 $\vee$，而英语的从属连词 if 在使一个陈述句从属于另一个陈述从句时，表现得像二元命题连接词 $\rightarrow$。

不过，我们还学到了一个重要的教训。尽管分配给并列连词 and 和 or 的值可以从 CPL 的架构中取消，但我们不能从架构中取消任何从属连词的值。特别是，由于英语并列连词 and 和 or 可以用一对从句构成一个从句，正如 CPL 的二元连接词用一对公式来构成一个公式一样，英语并列连词 and 和 or 分别被赋值为 $o_\wedge$ 和 $o_\vee$。然而，英语从属连词 if 在使一个指示性从句从属于另一个指示性从句时，不能被赋予真值函数 $o_\rightarrow$。原因是真值函数 $o_\rightarrow$ 与连接词 $\rightarrow$ 相适应，连接词 $\rightarrow$ 用一对公式来构成一个公式，而从属连词 if 用从句来构成从句，但是不能判断从句的真假，并且必须从属于独立子句，以便生成可以判断为真或假的表达式。简言之，虽然 CPL 与并列从句有对应关系，但它与从属从句没有对应关系。然而，有一个函数在数学上等价于 $o_\rightarrow$，即 o_{if}，它适用于从属语法。

独立英语从句最终由其适当成分都不是从句的子句组成，所以我们接下来把注意力转移到最不复杂的子句上，我们称之为最小子句。最小子句的最小成分是动词和专有名词。考虑到要给各种专有名词和动词赋什么值的问题，我们首先研究了 CQL 的一部分，这里称为 CPDL，它的符号包括命题连接词以及个体和关系符号，但不包括变量和数量符号，因为很明显，个体符号是专有名词和动词关系符号的逻辑类比。在第 9 章中出现的一个重要观点是解释函数，即为单个符号和关系符号赋值的函数，而这些函数仅限于那些允许将符号分类为单个符号或关系符号的函数。换句话说，可以合法地分配给非逻辑符号的值的类型取决于它是什么类型的符号。在第 10 章的开头，有人指出成分语法的基本范畴没有为类似的决定提供依据。例如，仅仅知道一个词是动词，这不能告诉我们它是什么样的一组事物：如果它是不及物动词，它可能是单个的个体事物；如果它是及物动词，它可能是成对的个体事物；如果它是双及物动词，它可能是三个个体事物。然而，我们看到，简单的丰富成分语法不仅解决了第 3 章讨论的子类别化问题和投影问题，而且也解决了未丰富成分语法的简单类别无法将赋值限制在最小表达式上的问题。

第 10 章还举例说明了第 8 章学到的教训：逻辑工具通常不能脱离逻辑框架使用，它们必须适应所研究模式的语法。首先，我们看到英语基本表达式的分类比 CPDL 基本符号的分类更复杂。用于英语最小子句基本表达式的解释函数必须适应英语基本表达式的更复杂分类。其次，我们发现英语最小子句的形成比 CPDL 基本子式的形成更为复杂，因为英语中的从句都包含动词短语，而 CPDL 的符号中没有对应的动词短语。这意味着扩展了解释函数的估值函数，必须考虑到英语最小子句的附加结构。正如英语中从属从句的存在意味着赋值给从属连词 if 的不能是 $o_\to$，而是 o_{if}，那么英语中动词短语的存在给 CPDL 中没有出现的估值函数的推导引入了一个复杂的问题。

最后，在第 14 章中，我们从经验和理论两方面拓展了视野。为了从经验上拓宽视野，我们扩展了对独立英语从句的研究，包括那些像最小子句一样只有一个动词的从句，以及不像最小子句，可能有名词短语（如数量名词短语）的从句，还有比那些只有一个专有名词的从句更复杂的从句。实际上，我们对英语数量名词短语做了一些详细的研究。为了分析这类英语名词短语，我们首先学习了经典量化逻辑（CQL），在第 11 章中有详细阐述。然而，CQL 在如何给数量名词短语赋值方面几乎不提供帮助。不过，一个称为广义量化理论的 CQL 扩展在这方面有很大的价值。在第 12 章中，我们阐述了广义量化理论在数量名词短语语义应用中的必要性。

我们也利用所扩展的经验领域来拓宽理论视野。我们在第 1 章（1.2.2.1 节）中了解到，语言学家用两种方法来递归地描述自然语言的表达：一种方法是使用某些成分语法的扩展，另一种方法是使用某些类型语法的扩展。然而，直到第 14 章，也没有提到基于类型语法的一些后代方法。事实上，在第 10 章引入成分语法中的补语表相当于整合了类型语法的核心思想之一[⊖]。

我们开发的类型语法的特殊后代在这里称为 Lambek 类型的 Lambda 演算，通常称为类型逻辑语法。这个演算包括一对演算，即第 13 章上半部分所述的 Lambek 演算和下半部分所述的 Lambda 演算。事实上，正如第 13 章所解释的，这两个计算是同构的，是一个被称为 Curry Howard 同构的数学结果。这个定理有一个令人愉快的结果，即一旦在 Lambek 演算中给表达式分配了一个类别，它就在 Lambda 演算中事实上被分配了一个项，而 Lambda 演算在模型中的解释为表达式提供了一个值。换言之，一旦有了表达式的语法标签，就知道可以为它分配什么样的语义值。即使不使用 Lambek 演算作为语法而是使用某种形式的成分语法的语义学家，仍然使用 Lambda 演算作为表示法来引用自然语言表达式的值。事实上，Lambda 演算被广泛使用，导致许多语义学家错误地认为，除非给表达式指定 Lambda 项，否则它的语义并没有被详细说明。

15.3 未涵盖的内容

当然，有很多内容被遗漏了。首先，尽管许多适用于英语的东西也适用于许多其他语言，但是除了英语之外，几乎没有人讨论过其他语言。此外，正如前几章已经反复强调的那样，关于英语语义的许多内容要么根本没有提及，要么则以最草率的方式被忽略了。例如，

⊖ 尽管许多语言学家没有意识到这一点，但当他们制定涉及论据结构或子类别化框架的规则时，实际上是在使用类型语法规则。

除了对传统英语语法的调查之外，副词甚至都没有被提到。

在第 8 章中，我们将英语连接词分为三类：并列连词（and、or 和 but）、从属连词（例如 if 和 because）和连词（例如 however 和 moreover）。英语只有三个并列连词，有几十个从属连词，还有几十个连词。然而，我们的注意力仅限于三个并列连词中的两个——and 和 or，几乎不怎么讨论 but。我们也忽略了大部分从属连词，只在文中将注意力集中在 if 上，在练习中集中在 unless 上。最后，我们对连词没有进行什么讨论，但它是英语连接词中最大的一类。当然，我们的选择取决于人们认为逻辑的洞察力能在哪里发挥作用。

在第 10 章和第 14 章中讨论介词的意义时，我们将研究局限于用介词表示动词的补语（例如，in to approve of 中的 in）。其中，它们的值是同一关系的值，用介词形成命题短语，修饰名词（如 a man from Jiayi 中的 from Jiayi），或由主语名词短语（如 the man is from Jiayi）来预测。介词用于修饰动词的意义（例如 to call up 或 to call over）或形成功能类似于副词的介词短语（例如 with haste 和 quickly），用法虽然有提到，但并没有继续探讨。

在第 10 章和第 14 章中，我们讨论了英语形容词，将它们分为基数形容词、谓语性形容词和主位形容词。然而，我们并没有涉及超出基数形容词、广义量词的赋值以及被称为交集性形容词的谓语性形容词子集的主题。我们既没有讨论主位形容词，也没有讨论非交集的预测形容词。

正如我们在第 14 章中看到的，英语名词包括子类别：一方面是专有名词和人称代词，另一方面是普通名词，它们本身可以区分为不可数名词和可数名词。当我们勾勒出区分这些名词子类别的性质时，我们的注意力集中在单数专有名词上，这些专有名词表示个别事物，通常是人以及单数名词。我们没有提到许多表示事件和不存在的对象的专有名词，也不涉及表示抽象对象的计数名词、多个计数名词和不可数名词。关于所有这些主题都有大量的文献，特别是关于最后两个主题的文献。此外，我们对代词做了粗略的描述，一部分在第 4 章，一部分在第 14 章，我们注意到它们的一般语境依赖性。

在第 14 章中，我们详细研究了数量名词短语，展示了如何适当地将分配给广义量词的值分配给它们。我们还研究了包含一个以上量词名词短语的从句在解释范围上的变化，这种变化是从 CQL 的范围概念来描述的。然而，我们并没有讨论不定名词短语所带来的挑战，因为它们具有区别于数量名词短语的模式。事实上，不定名词短语所表现出的模式使一些研究人员不再把它们当作广义量词，而是把它们当作更类似于限制变量的东西。

动词在第 10 章中被广泛讨论。然而，人们的注意力集中在它所需要的补语种类上。英语中的动词和其他许多语言中的动词一样，都具有语气、时态和体态等性质。英语有几种语气，包括陈述语气、虚拟语气、祈使语气和疑问语气。第 8 章在讨论从句并列时，将陈述语气与祈使语气、虚拟语气区分开来，后两种区分没有被讨论，因为这样做会超越 CQL 和广义量化理论的范围。英语动词和许多其他语言的动词的另外两个性质是体态和语法时态。虽然我们也没有讨论，但是第 4 章解释了体态是关于动词所表示的动作是否被认为是完整的还是不完整的。在同一章中也探讨了语法时态，指出其本质上的语境性质，即在言语时刻和动词所表示的事件或活动发生的时间之间传达一种时间顺序。现在有大量关于语气、体态和语法时态的文献。

语境依赖是自然语言表达的一种普遍性特征。在第 4 章，我们区分了外指和内指，前者是指对一个表达式的完全理解需要理解其使用的环境，后者是指对一个表达式的完全理解需要理解围绕其使用的语境的现象。我们进一步将内指分为由使用形式引起的内指和由省略引起的内指。我们解释了省略产生于一个表达式中的一些明显的缺陷，可以说在这个缺陷中，一个在语境中合适的表达式可以弥补缺陷，但我们没有描述在什么条件下一个成分可以作为形式或省略的先行词。在第 14 章中除了最一般的方式之外，我们也没有讨论如何将值分配给内指或外指。毫无疑问，关于这些主题的文献非常广泛。最后，在第 4 章中，我们提到了自然语言中普遍存在的现象，即非语法成分表达从句所表达的内容的现象，但我们没有对此进行讨论。

为了以一种严谨的方式解决自然语言语义的中心问题，我们求助于学科领域，其关注的首先是定义表达式集，然后根据构成其逻辑表达式的值给它们的复杂表达式赋值。逻辑是一门很大的学科。现代逻辑的核心是这里所称的 CQL，它出现在 19 世纪末，并在 20 世纪前三分之一时期发展成为一个独立的研究领域。此后，该领域迅速扩张。它现在包括易解逻辑、动态逻辑、自由逻辑、模糊逻辑、直觉逻辑、多值逻辑、模态逻辑、部分逻辑、关联逻辑等，仅举几个例子[⊖]。所有这些逻辑领域都被认为在自然语言的研究中有一定的应用。这本书集中于 CQL 及其对自然语言语义的应用和适应，共分 4 章。尽管我们在 CQL 的范围之外尝试引入了广义量化理论、Lambek 演算和 Lambda 演算，但我们确实没有涉及模态逻辑，这是一个非常丰富的逻辑领域，应用于诸如外指、语气、体态、语法时态等许多主题。模态逻辑及其在自然语言语义学研究中的应用，见 Gamut（1991）第二卷，Gamut 写得十分清楚，这些内容横跨 4 章，共 300 页，介绍得既透彻又清晰。

15.4 相关方法

自然语言语义学中的许多方法可以借鉴逻辑的见解，我们强烈鼓励读者熟悉它们。为了帮助完成这项任务，让我们简要指出一些读者可以利用的资源。

本书希望读者可以从中得到的一个非常重要和普遍的教训是，本书涉及的自然语言语义学部分，即解决如何通过理解复杂表达式的部分进而理解复杂表达式，假定了自然语言一组表达式的递归特征。换句话说，它预设了语言的语法。正如第 1 章所解释的，这种递归特征有两种系统，一种是基于类型语法，另一种是基于成分语法。虽然没有数学上的原因，但可以说，基于类型语法的表达式假定表达式仅具有表达结构，而基于成分语法的表达式则假定表达式具有显式结构和隐式结构。第 14 章通过对数量名词短语的两种处理说明了这一对比。

转换语法最初是一种句法理论，与任何语义理论都不相称。Barbara Partee 是一位试图用基于逻辑的语义理论来补充转换语法的人。实际上，她的想法是试图将 Chomsky 的转换语法和 Montague 的语义学结合起来[⊖]。这个结合被最广泛采用的版本是 Irena Heim and Angelika Kratzer（1998）的教科书，两位作者都是 Barbara Partee 的学生。一旦读者适应了他们对 Lambda 演算制定的一些特殊符号，这本书就很容易阅读。另外两本以某种形式的运动为前提的教科书，一本是 Gennaro Chiercia and Sally McConnell-Ginet（1990；Second edition，2000），另一本是 Richard Larson and Gabriel Segal（1995）。第一个来源于 Richard Montague 的思想，后者来源于哲学家 Donald Davidson 勾勒的思想。

另一种基于成分语法但不使用转换的方法是话语表征理论（discourse representation

⊖ 考虑到由 Dov Gabbay 和 Franz Guenthner 编辑的 *Handbook of Philosophical Logic*（旨在概述逻辑的每个主要子领域）现在已经有 14 卷了，我们就可以知道这个领域到底有多大。

⊖ 有几本介绍 Richard Montague 思想的入门教材。早期的介绍是 David Dowty，Robert Wall and Stanley Peters（1981）。Ronnie Cann（1993）是最近的介绍性著作。Gamut（1991）在书中提供了第三篇介绍。

theory），由 Richard Montague 的学生 Hans Kamp 发展而来。其基本思想是，虽然表面上的语法是成分语法，但存在第二种表示形式，即话语表征。最初的想法是基于对代词的观察，这些代词的先行词是不定名词短语。[⊖]然而，同时它也涉及对时态和体态的处理。一个非常有限的介绍是 Gamut（1991, 2: 7.4）。Hans Kamp and Uwe Reyle（2011）给出了更全面但更简短的介绍，而 van Eijck and Kamp（1997）在技术上提供了进一步介绍。另一个全面的介绍可以在同一作者的教科书中找到（见 Kamp and Reyle（1993））。

　　动态蒙太格语法（dynamic Montague grammar）是一种竞争性的方法，它试图回避第二层次的表征。关键的逻辑思想来自动态谓词逻辑，这是逻辑的一个分支。这种方法是由 Joroen Groenendijk and Martin Stokhof（1991）开创的。Paul Dekker（2011）做了简要介绍。

　　Bob Carpenter（1997）的《类型逻辑语义》（*Type Logical Semantic*）是对类型逻辑语法的非常好且彻底的介绍。Michael Moortgat（1997）的思想被用在第 14 章中，他对类型逻辑文法做了非常紧凑且高级的介绍。相关方法由 Mark Steedman（2000）、Glyn Morrill（2011）和 Pauline Jacobson（2014）提出。

⊖　Irene Heim（1983）和 Pieter Seuren（1985）就同一数据独立提出了类似的建议。

参 考 文 献

Ajdukiewicz, Kazimierz. 1935. Die syntaktische Konnexität. *Studia Logica* 1: 1–27. English translation: McCall, Storrs, ed. 1967. *Polish Logic*. Oxford: Oxford University Press. 207–231.

Algeo, John. 1973. *On Defining the Proper Name*. Gainesville: University of Florida Press.

Allan, Keith. 1986. *Linguistic Meaning*. London: Routledge & Kegan Paul.

Allerton, David J. 1975. Deletion and Proform Reduction. *Journal of Linguistics* 11 (2): 213–237.

Allerton, David J. 1982. *Valency and the English Verb*. New York: Academic Press.

Anderson, Stephen R., and Edward L. Keenan. 1985. Deixis. In *Language Typology and Syntactic Description*, edited by Timothy Shopen, 259–308. 3 vols. Cambridge: Cambridge University Press. Second edition, 2007.

Bach, Emmon. 1964. Subcategories in Transformational Grammars. In *Proceedings of the Ninth International Congress of Linguists*, edited by H. Lunt, 672–678. The Hague: Mouton.

Bach, Emmon, and Robert T. Harms. 1968. *Universals in Linguistic Theory*. New York: Holt, Rinehart and Winston.

Baker, Carl Lee. 1989. *English Syntax*. Cambridge, MA: MIT Press. Second edition, 1995.

Baker, Mark C. 2003. *Lexical Categories: Verbs, Nouns, and Adjectives*. Cambridge: Cambridge University Press.

Bally, Charles, and Albert Sechehaye, in collaboration with Albert Riedlinger, eds. 1972. *Cours de Linguistique Générale: Ferdinand de Saussure*. Paris: Payot. Critical ed., Tullio de Mauro. 1982. *Bibliothèque scientifique Payothèque*.

Bar-Hillel, Yehoshua. 1953. A Quasi-arithmetical Notation for Syntactic Description. *Language* 29: 47–58. Reprinted in Bar-Hillel, Yehoshua, ed. 1964. *Language and Information*. Reading, MA; Addison-Wesley. 61–74.

Bar-Hillel, Yehoshua. 1954. Indexical Expressions. *Mind* 63: 359–379.

Bar-Hillel, Yehoshua, ed. 1964. *Language and Information*. Reading, MA: Addison-Wesley.

Bar-Hillel, Yehoshua. 1971. *Pragmatics of Natural Language*. Dordrecht, the Netherlands: D. Reidel.

Bar-Lev, Zev, and Arthur Palacas. 1980. Semantic Command over Pragmatic Priority. *Lingua* 51: 467–490.

Bartsch, Renate, and Theo Vennemann. 1972. *Semantic Structures*. Frankfurt: Athenäum.

Barwise, Jon, and Robin Cooper. 1981. Generalized Quantifers and Natural Language. *Linguistics and Philosophy* 4 (2): 159–219.

Bauer, Laurie. 1983. *English Word-formation*. Cambridge Textbooks in Linguistics. Cambridge: Cambridge University Press.

Bäuerle, Rainer, Christoph Schwarze, and Arnim von Stechow, eds. 1983. *Meaning, Use and Interpretation of Language*. Berlin: De Gruyter.

Blakemore, C., and G. F. Cooper. 1970. Development of the Brain Depends on Visual Environment. *Nature* 228: 447–448.

Blakemore, Diane. 1992. *Understanding Utterances*. Vol. 6 of *Blackwell Textbooks in Linguistics*. London: Longman.

Bloch, Bernard. 1946. Studies in Colloquial Japanese II: Syntax. *Language* 22 (3): 200–248.

Bloomfield, Leonard. 1933. *Language*. New York: Holt.

Bresnan, Joan. 1978. A Realistic Transformational Grammar. In *Linguistic Theory and Psychological Reality*, edited by Morris Halle, Joan Bresnan, and George A. Miller, 1–59. Cambridge, MA: MIT Press.

Bresnan, Joan, ed. 1982. *The Mental Representation of Grammatical Relations*. Cambridge, MA: MIT Press.

Bronkhorst, Johannes. 1998. Les Éléments Linguistiques Porteurs de Sens dans la Tradition Grammaticale du Sanskrit. *Histoire Épistémologie Langage* 20 (1): 29–38.

Bruening, Benjamin. 2001. QR Obeys Superiority: ACD and Frozen Scope. *Linguistic Inquiry* 32: 233–273.

Bühler, Karl. 1934. *Sprachtheorie: Die Darstellungsfunktion der Sprache*. Jena, Germany: Fisher.

Bunt, Harry, and Arthur van Horck, eds. 1996. *Discontinuous Constituency*. Vol. 6 of *Natural Language Processing*. Berlin: De Gruyter.

Burks, Arthur W. 1949. Icon, Index and Symbol. *Philosophy and Phenomenological Research* 9: 673–689.

Bursill-Hall, G. L, ed. and trans. 1972. *Thomas of Erfurt: Grammatica Speculativa*. Vol. 1 of *The Classics of Linguistics*. London: Longman.

Buszkowski, Wojciech, Witold Marciszewski, and Johan van Benthem, eds. 1988. *Categorial Grammar*. Amsterdam, the Netherlands: John Benjamins.

Cann, Ronnie. 1993. *Formal Semantics: An Introduction*. Cambridge Textbooks in Linguistics. Cambridge: Cambridge University Press.

Carpenter, Bob. 1997. *Type Logical Semantics*. Cambridge, MA: MIT Press.

Chao, Yuen Ren. 1968. *A Grammar of Spoken Chinese*. Berkeley, CA: University of California Press.

Chierchia, Gennaro, and Sally McConnell-Ginet. 1990. *Meaning and Grammar*. Cambridge, MA: MIT Press. Second edition, 2000.

Chomsky, Noam. 1956. Three Models for the Description of Language. *IRE Transactions of Information Theory* 2(3): 113–124.

Chomsky, Noam. 1957. *Syntactic Structures*. Janua Linguarum Series Minor 4. The Hague, the Netherlands: Mouton.

Chomsky, Noam. 1958. A Transformational Approach to Syntax. In *Proceedings of the Third Texas Conference on Problems of Linguistics Analysis of English*, edited by Archibald A. Hill, 1962. 124–158. Reprinted in Fodor and Katz, eds., 1964.

Chomsky, Noam. 1959a. Review of *Verbal Behaviour* by B. F. Skinner. *Language* 35: 26–58.

Chomsky, Noam. 1959b. On Certain Formal Properties of Grammars. *Information and Control* 2(2): 137–167.

Chomsky, Noam. (1960) 1962. Explanatory Models in Linguistics. In *Logic, Methodology, and Philosophy of Science: Proceedings of the 1960 International Congress,* edited by Ernst Nagel, Patrick Suppes, and Alfred Tarski, 528–550. Stanford, CA: Stanford University Press.

Chomsky, Noam. 1963. Formal Properties of Grammars. In *Handbook of Mathematical Psychology*, edited by Robert D. Luce, Robert Bush, and Eugene Galanter, 323–418. New York: Wiley.

Chomsky, Noam. 1965. *Aspects of the Theory of Syntax*. Cambridge, MA: MIT Press.

Chomsky, Noam. 1967. Recent Contributions to the Theory of Innate Ideas. *Synthèse* 17: 2–11.

Chomsky, Noam. 1970. Remarks on Nominalization. In *Readings in English Transformational Grammar*, edited by Roderick A. Jacobs and Peter Rosenbaum, 184–221. Waltham, MA: Ginn.

Chomsky, Noam. 1976. Conditions on Rules of Grammar. *Linguistic Analysis* 4: 303–351.

Chomsky, Noam. 1981. *Lectures on Government and Binding*. Dordrecht, the Netherlands: Foris.

Chomsky, Noam. 1991. Some Notes on Economy of Derivation and Representation. In *Principles and Parameters in Comparative Grammar*, edited by Robert Freidin, 417–454. Cambridge, MA: MIT Press.

Clark, Eve V., and Hubert H. Clark. 1979. When Nouns Surface as Verbs. *Language* 55: 767–811.

Cohen, L. Jonathan. 1971. The Logical Particles of Natural Language. In *Pragmatics of Natural Language*, edited by Y. Bar-Hillel, 1971. 50–68.

Cole, Peter, ed. 1978. *Pragmatics*. Vol. 9 of *Syntax and Semantics*. New York: Academic Press.

Cole, Peter, and Jerry L. Morgan. eds. 1975. *Speech Acts*. Vol. 3 of *Syntax and Semantics*. New York: Academic Press.

Comte-Sponville, André. 1995. *Petit Traité des Grandes Vertus*. Paris: Presses Universitaires de France.

Cook, Eung-Do, and Keren D. Rice, eds. 1989. *Athapaskan Linguistics: Current Perspectives on a Language Family*. Berlin: Mouton De Gruyter.

Copi, Irving. 1953. *Introduction to Logic*. New York: Macmillan. Sixth edition, 1982.

Cresswell, Max J. 1973. *Logics and Languages*. London: Methuen.

Cruse, D. A. 1986. *Lexical Semantics*. Cambridge Textbooks in Linguistics. Cambridge: Cambridge University Press.

Curtiss, Susan. 1988. Abnormal Language Acquisition and the Modularity of Language. In *Linguistics: The Cambridge Survey*, edited by Frederick J. Newmeyer, 2:96–116. Cambridge: Cambridge University Press.

Davidson, Donald. 1967. The Logical Form of Action Sentences. In Rescher ed. 1966. 81–95. Reprinted in Davis and Gillon eds., 2004. Chap. 36.

Davidson, Donald, and Gilbert Harman, eds. 1972. *Semantics of Natural Language*. Dordrecht, the Netherlands: D. Reidel.

Davis, Steven, and Brendan S. Gillon, eds. 2004. *Semantics: A Reader*. Oxford: Oxford University Press.

Davy, Humphry. 1812. *Elements of Chemical Philosophy*. Philadelphia, PA: Bradford and Inskeep.

Dekker, Paul. 2011. Dynamic Semantics. In Maienborn, von Heusinger, and Portner, eds., 2011. Chap. 38.

Donnellan, Keith. 1966. Reference and Definite Descriptions. *The Philosophical Review* 75: 281–304.

Dowty, David. 1979. *Word Meaning and Montague Grammar*. Dordrecht, the Netherlands: D. Reidel.

Dowty, David. 1991. Thematic Proto-roles and Argument Selection. *Language* 67 (3): 547–619.

Dowty, David, Robert E. Wall, and Stanley Peters. 1981. *Introduction to Montague Semantics*. Dordrecht, the Netherlands: D. Reidel.

Ellman, Jeffrey L., E. A. Bates, M. H. Johnson, Annette Karmiloff-Smith, D. Parisi, and K. Plunkett. 1996. *Rethinking Innateness: A Connectionist Perspective on Development*. Cambridge, MA: MIT Press.

Erfurt, Thomas of. n.d. *Grammatica Speculativa*. English translation in Bursill–Hall, G. L., ed. and trans. 1972. *Thomas of Erfurt: Grammatica Speculativa*. Vol. 1 of *The Classics of Linguistics*. London: Longman.

Everaert, Martin, and Henk van Riemsdijk, eds. 2006. *The Blackwell Companion to Syntax*. Malden, MA: Blackwell.

Fillmore, Charles. 1965. *Indirect Object Constructions in English and the Ordering of Transformations*. The Hague, the Netherlands: Mouton and Co. In *Monographs on Linguistic Analysis*: no. 1.

Fillmore, Charles. 1971. *Santa Cruz Lectures on Deixis*. Stanford, CA: Center for the Study of Language and Information. Lecture notes no. 65. 1997.

Fillmore, Charles. 1986. Pragmatically Controlled Zero Anaphora. *Proceedings of the Annual Meeting of the Berkeley Linguistics Society* 12: 95–107.

Fillmore, Charles J., and D. Terence Langendoen, eds. 1971. *Studies in Linguistic Semantics*. New York: Holt, Rinehart and Winston.

Findlay, John Niemeyer, trans. 1970. *Logical Investigations*. London: Routledge and Kegan Paul. English Translation of *Logische Untersuchungen*, Edmund Husserl. 1900.

Fodor, Jerry A. 1971. *The Language of Thought*. New York: Crowell.

Fodor, Jerry A., ed. 1981. The Present Status of the Innateness Controversy. *In RePresentations: Philosophical Essays on the Foundations of Cognitive Science*, 257–316. Cambridge, MA: MIT Press.

Fodor, Jerry A., and Jerrold J. Katz, eds. 1964. *The Structure of Language: Readings in the Philosophy of Language*. Englewood Cliffs, NJ: Prentice-Hall.

Frege, Gottlob. 1892. Über Sinn und Bedeutung. *Zeitschrift für Philosophie und Philosophische Kritik* 100: 25–50. English translation in Geach and Black, trans., 1950. 56–78.

Frei, Henri. 1944. Systèmes de Déictiques. *Acta Linguistica* 4: 111–129.

Freiden, Robert, ed. 1991. *Principles and Parameters in Comparative Grammar*. Cambridge, MA: MIT Press.

French, Peter, Theodore E. Uehling, and Howard K. Wettstein, eds. 1979. *Contemporary Perspectives in the Philosophy of Language*. Minneapolis: University of Minnesota Press.

Frisby, John. 1980. *Seeing: Illusion, Brain and Mind*. Oxford: Oxford University Press.

Frisch, Karl von. 1950. *Bees: Their Vision, Chemical Senses and Language*. Ithaca, NY: Cornell University Press.

Frisch, Karl von. 1974. Decoding the Language of Bees. *Science* 185: 663–668.

Gabbay, Dov M., and Franz Guenthner, eds. 1989. *Handbook of Philosophical Logic*. 14 vols. Dordrecht, the Netherlands: Kluwer Academic Publishers. Second edition, 2001.

Gamut, L. T. F. 1991. *Logic, Language and Meaning*. 2 vols. Chicago: University of Chicago Press.

Gazdar. Gerald. 1979. *Pragmatics: Implicature, Presupposition and Logical Form*. New York: Academic Press.

Gazdar, Gerald. 1982. Phrase Structure Grammar. In *The Nature of Syntactic Representations*, edited by Pauline Jacobson and Geoffrey Pullum, 131–186. Dordrecht, the Netherlands: D. Reidel.

Gazdar, Gerald, Ewan Klein, Geoffrey Pullum, and Ivan Sag. 1985. *Generalized Phrase Structure Grammar*. Cambridge, MA: Harvard University Press.

Geach, Peter Thomas. 1950. Russell's Theory of Descriptions. *Analysis* 10: 84–88.

Geach, Peter Thomas. 1962. *Reference and Generality: An Examination of Some Medieval and Modern Theories*. Ithaca, NY: Cornell University Press. Third edition, 1980.

Geach, Peter Thomas, and Max Black, trans. 1950. *Translations from the Philosophical Writings of Gottlob Frege*. Oxford: Blackwell. Third edition, 1980.

Gentzen, Gerhard. 1934. Untersuchungen über das Logische Schliessen. *Mathematische Zeitschrift* 39: 176–210, 405–431.

Gillon, Brendan S. 1987. The Readings of Plural Noun Phrases in English. *Linguistics and Philosophy* 10: 199–219.

Gillon, Brendan S. 1999. Collectivity and Distributivity Internal to English Noun Phrases. *Language Sciences* 18 (1–2): 443–468.

Green, Georgia M. 1974. *Semantics and Syntactic Regularity*. Bloomington: Indiana University Press.

Grice, H. Paul. 1975. Logic and Conversation. In Cole and Morgan, eds. 1975. 41–57.

Grice, H. Paul. 1989. *Studies in the Way of Words*. Cambridge, MA: Harvard University Press.

Groenenkijk, J. A. G, Theo Janssen, and Martin Stokhof, eds. 1981. *Formal Methods in the Study of Language*. Amsterdam, the Netherlands: Mathematisch Centrum, Universiteit van Amsterdam (Mathematical Center Tracts: v. 135–136).

Groenendijk, Jeroen, and Martin Stokhof. 1991. Dynamic Predicate Logic: Towards a Compositional, Non-Representative Semantics of Discourse. *Linguistics and Philosophy* 13 (1): 39–100.

Gruber, Jeffery S. 1965. "Studies in Lexical Relations." Unpublished PhD diss., Massachusetts Institute of Technology.

Hacking, Ian. 1983. *Representing and Intervening: Introductory Topics in the Philosophy of Natural Science*. Cambridge: Cambridge University Press.

Harris, Zellig. 1946. From Morpheme to Utterance. *Language* 22: 61–183.

Harris, Zellig. 1951. *Methods in Structural Linguistics*. Chicago: University of Chicago Press.

Heim, Irene. 1983. File Change Semantics and the Familiarity Theory of Definiteness. In Bäuerle, Schwarze, and von Stechow, eds. 1983. 164–1898. Reprinted in Portner and Partee, eds. 2002. Chap. 9.

Heim, Irene, and Angelika Kratzer. 1998. *Semantics in Generative Grammar*. Oxford: Blackwell.

Hill, Archibald A., ed. 1962. *Proceedings of the Third Texas Conference on Problems of Linguistic Analysis in English*. Presented 9–12 of May 1958. Austin: University of Texas Press.

Hintikka, Kaarlo Jaakko Juhani, Julius Matthew Emil Moravcsik, and Patrick Suppes, eds. 1973. *Approaches to Natural Language: Proceedings of the 1970 Stanford Workshop on Grammar and Semantics*. Dordrecht, the Netherlands: D. Reidel.

Hockett, Charles Francis. 1954. Two Models of Grammatical Description. *Word* 10: 210–231.

Hockett, Charles Francis. 1958. *A Course in Modern Linguistics*. New York: Macmillan.

Horn, Laurence. 1989. *A Natural History of Negation*. Chicago: University of Chicago Press.

Howe, Herbert M. 1965. A Root of van Helmont's Tree. *ISIS* 56 (4): 408–419.

Huddleston, Rodney. 2002. The Clause: Complements. In Huddleston and Pullum, eds. 2002. 213–322.

Huddleston, Rodney, John Payne, and Peter Peterson. 2002. Coordination and Supplementation. In Huddleston and Pullum, eds. 2002. 1273–1362.

Huddleston, Rodney, and Geoffrey K. Pullum, eds. 2002. *The Cambridge Grammar of the English Language*. Cambridge: Cambridge University Press.

Husserl, Edmund. 1900. *Logische Untersuchungen*. Halle, Germany: N. Niemeyer. Second edition, 1913. English translation in Findlay, John Niemeyer, trans. 1970. *Logical Investigations*. 2 vols.

Ifrah, Georges. 1994. *Histoire Universelle des Chiffres: L' Intelligence des Hommes Racontée par les Nombres et le Calcul*. 2 vols. Paris: Robert Laffont.

Ihde, Aaron John. 1964. The Development of Modern Chemistry. New York: Harper and Row.

Jackendoff, Ray. 1983. *Semantics and Cognition*. Vol. 9 of *Current Studies in Linguistics*. Cambridge, MA: MIT Press.

Jacobs, Roderick A., and Peter Rosenbaum, eds. 1970. *Readings in English Transformational Grammar*. Waltham, MA: Ginn.

Jacobson, Pauline. 2014. *Compositional Semantics: An Introduction to the Syntax/Semantics Interface*. Oxford: Oxford University Press.

Jacobson, Pauline, and Geoffrey Pullum. 1982. *The Nature of Syntactic Representations*. Dordrecht, the Netherlands: D. Reidel.

Jaśkowski, Stanisław. 1934. On the Rules of Suppositions in Formal Logic. *Studia Logica* 1: 5–32.

Jennings, Ray E. 1994. *The Genealogy of Disjunction*. Oxford: Oxford University Press.

Jesperson, Otto. 1924. *Philosophy of Grammar*. London: G. Allen & Unwin.

Kamp, Hans. 1981. A Theory of Truth and Semantic Representation. In *Formal Methods in the Study of Language*, edited by Groenendijk, et al. 1981. 277–322.

Kamp, Hans, and Uwe Reyle. 1993. *From Discourse to Logic: Introduction to Model Theoretic Semantics of Natural Language, Formal Logic, and Discourse Representation Theory*. Dordrecht, the Netherlands: Kluwer. In *Studies in Linguistics and Philosophy* 42.

Kamp, Hans, and Uwe Reyle. 2011. Discourse Representation Theory. In Maienborn, von Heusinger, and Portner, eds. 2011. Chap. 37.

Kaplan, David. 1978. Dthat. *Syntax and Semantics* 9, edited by Peter Cole, 221–243. New York: Academic Press.

Kaplan, David. 1979. On the Logic of Demonstratives. *Journal of Philosophical Logic* 8: 81–98.

Keenan, Edward, ed. 1975. *Formal Semantics of Natural Language*. Cambridge: Cambridge University Press.

Keenan, Edward L. 2018. *Eliminating the Universe: Logical Properties of Natural Language*. Singapore: World Scientific.

Keenan, Edward L., and Leonard M. Faltz. 1985. *Boolean Semantics for Natural Language*. Vol. 23 of *Synthèse*

Language Library. Dordrecht, the Netherlands: D. Reidel.

Keenan, Edward L., and Larry Moss. 1985. Generalized Quantifers and the Expressive Power of Natural Language. In van Benthem and ter Meulen, eds. 1985. 73–124.

Keenan, Edward L., and Jonathan Stavi. 1986. A Semantic Characterization of Natural Language Determiners. *Linguistics and Philosophy* 9 (3): 253–326.

Keenan, Edward L., and Dag Westerstahl. 1997. Generalized Quantifiers in Linguistics and Logic. In van Benthem and ter Meulen, eds. 1997. 835–893.

Kielhorn, F., ed. 1880. *The Vyâkarana-Mahâbhâshya of Patanjali*. 3 vols. Poona, India: Bhandarkar Oriental Research Institute. Third edition, revised and annotated by K.V. Abhyankar, 1962. Fourth edition, 1985.

Klein, Ewan. 1980. A Semantics for Positive and Comparative Adjectives. *Linguistics and Philosophy* 4(1): 1–45.

Klibansky, Raymond, ed. 1968. *Contemporary Philosophy*. Florence: La Nuova Italian Editrice.

Klima, Edward S. 1965. "Studies in Diachronic Syntax." Unpublished PhD diss., Harvard University.

Koopman, Hilda. 1984. *The Syntax of Verbs: From Verb Movement Rules in the Kru Languages to Universal Grammar*. Dordrecht, the Netherlands: Foris.

Kripke, Saul. 1979. Speaker's Reference and Semantic Reference. In French, Uehling, and Wettstein, eds. 1979. 6–27.

Lakoff, Robin. 1971. If's, And's and But's about Conjunction. In Fillmore and Langendoen, eds. 1971. 3–114.

Lambek, Joachim. 1958. The Mathematics of Sentence Structure. *American Mathematical Monthly* 65: 154–170. Reprinted in Buszkowski, Marciszewski, and van Benthem, eds. 1988. 57–84.

Lane, Harlan L. 1976. *The Wild Boy of Aveyron*. Cambridge, MA: Harvard University Press.

Larson, Richard K. 1990. Double Objects Revisited: Reply to Jackendoff. *Linguistic Inquiry* 21 (4): 589–632.

Larson, Richard, and Gabriel Segal. 1995. *Knowledge of Meaning*. Cambridge, MA: MIT Press.

Leech, Geoffrey. 1974. *Semantics*. Harmondsworth, UK: Penguin.

Leech, Geoffrey N. 1970. *Towards a Semantic Description of English*. Indiana University Studies in the History and Theory of Linguistics. Bloomington: Indiana University Press.

Lemmon, Edward. 1966. Sentences, Statements and Propositions. In Williams and Montefiore, eds. 1966. 87–107.

Lenneberg, Eric H. 1967. *The Biological Foundations of Language*. New York: Wiley.

Levi, Judith N. 1978. *The Syntax and Semantics of Complex Nominals*. New York: Academic Press

Levinson, Stephen C. 1983. *Pragmatics*. Cambridge: Cambridge University Press (Cambridge Textbooks in Linguistics).

Levinson, Stephen C. 2000. *Presumptive Meanings: The Theory of Generalized Conversational Implicature*. Cambridge, MA: MIT Press (Language, Speech, and Communication series).

Lewis, David. 1970. General Semantics. *Synthése* 22: 18–67. Reprinted in *Semantics of Natural Language*, edited by Davidson and Harman, 1972. 169–218. Reprinted in Davis and Gillon, eds. 2004. Chap 11.

Lewis, David. 1975. Language Games. In Keenan, ed. 1975. 3–15. Reprinted in Davis and Gillon, eds. 2004. Chap. 30.

Lindström, Per. 1966. First Order Predicate Logic with Generalized Quantifiers. *Theoria* 32: 186–195.

Lloyd, Geoffrey Ernest Richard. 1973. *Greek Science After Aristotle*. London: Chatto and Windus.

Luce, Robert D., Robert Bush, and Eugene Galanter, eds. 1963. *Handbook of Mathematical Psychology*. New York: Wiley.

Lunt, Horace G., ed. 1964. *Proceedings of the Ninth International Congress of Linguists*. Presented in Cambridge, MA, 27–31 of August, 1962. The Hague, the Netherlands: Mouton and Co.

Lyons, John. 1968. *Introduction to Theoretical Linguistics*. Cambridge: Cambridge University Press. Chap. 7, Sec. 6.

Lyons, John. 1977. *Semantics*. 2 vols. Cambridge: Cambridge University Press.

Lyons, John. 1995. *Linguistic Semantics: An Introduction*. Cambridge: Cambridge University Press.

Maienborn, Claudia, Klaus von Heusinger, and Paul Portner, eds. 2011. *Semantics: An International Handbook of Natural Language Meaning*. Berlin: De Gruyter Mouton.

Marcus, Ruth Barcan. 1961. *Modalities: Philosophical Essays*. Oxford: Oxford University Press.

Martin, Robert M. 1992. *There Are Two Errors in the the Title of This Book*. Peterborough, Canada: Broadview Press. Second edition, 2002.

May, Robert C. 1977. "The Grammar of Quantification." Unpublished PhD diss., Massachusetts Institute of Technology.

May, Robert C., and Alan Bale. 2006. Inverse Linking. In Everaert and van Riemsdijk, eds. 2006. 639–667.

McCall, Storrs, ed. 1967. *Polish Logic*. Oxford: Oxford University Press.

McCawley, James D. 1968. The Role of Semantics in a Grammar. In Bach and Harms, eds. 1968. 124–168.

McCawley, James. 1981. *Everything That Linguists Have Always Wanted to Know About Logic but Were Ashamed to Ask*. Chicago: University of Chicago Press. Second edition, 1993.

Michael, Ian. 1970. *English Grammatical Categories: And the Tradition to 1800*. Cambridge: Cambridge University Press.

Mill, John Stuart. (1843) 1881. *A System of Logic, Ratiocinative and Inductive, Being a Connected View of the Principles of Evidence and the Methods of Scientific Investigation*. Eighth edition. New York, n.p.

Montague, Richard. 1968. Pragmatics. In *Contemporary Philosophy, a Survey*, edited by Raymond Klibansky, 102–122. Florence, La Nuova Italia Editrice. Reprinted in Thomason 1974, 148–187.

Montague, Richard. 1970a. English as a Formal Language. In *Linguaggi nella società e nella tecnica*, edited by Bruno Visentini, et al., 189–224. Milan: Edizioni di Communità. Reprinted in Thomason 1974, 188–221.

Montague, Richard. 1970b. Universal Grammar. *Theoria* 36: 373–398. Reprinted in Thomason 1974, 222–246.

Montague, Richard. 1970c. Pragmatics and Intensional Logic. *Synthèse* 22: 68–94. Reprinted in Thomason 1974, 119–147.

Montague, Richard. 1973. The Proper Treatment of Quantification in Ordinary English. In *Approaches to Natural Language: Proceedings of the 1970 Stanford Workshop on Grammar and Semantics*, edited by Kaarlo Jaakko Juhani Hintikka, Julius Matthew Emil Moravcsik, and Patrick Suppes, 221–242. Dordrecht, the Netherlands: D. Reidel. Reprinted in Thomason 1974, 247–270.

Moortgat, Michael. 1988. *Categorial Investigations*. Dordrecht, the Netherlands: Foris.

Moortgat, Michael. 1990. The Quantification Calculus: Questions of Axiomatization. In Deliverable R1.2A of DYNANA: Dynamic Interpretation of Natural Language. ESPRIT Basic Research Action BR 3175. Centre for Cognitive Science, Edinburgh.

Moortgat, Michael. 1996. Generalized Quantification and Discontinuous Type Constructors. In Bunt and van Horck, eds. 1996. 181–207.

Moortgat, Michael. 1997. Categorial Type Logics. In van Benthem and ter Meulen, eds. 1997. 95–180.

Morrill, Glyn V. 2011. *Categorial Grammar: Logical Syntax, Semantics, and Processing*. New York: Oxford University Press.

Mostowski, Andrzej. 1957. On a Generalization of Quantifiers. *Fundamenta Mathematicae* 44 (1): 12–36.

Munitz, Milton Karl, and Peter Unger. 1974. *Semantics and Philosophy*. New York: New York University Press.

Nagel, Ernst, Patrick Suppes, and Alfred Tarski, eds. 1962. *Logic, Methodology, and Philosophy of Science: Proceedings of International Congress for Logic, Methodology, and Philosophy of Science*. Stanford, CA: Stanford University Press.

Newmeyer, Frederick J., ed. 1988. *Linguistics: The Cambridge Survey*. 4 vols. Cambridge: Cambridge University Press.

Nida, Eugene A. 1948. The Analysis of Immediate Constituents. *Language* 24: 168–177.

Nunberg, Geoffrey. 1993. Indexicality and Deixis. *Linguistics and Philosophy* 16 (1): 1–43.

Parsons, Terence. 1990. *Events in the Semantics of English*. Cambridge, MA: MIT Press.

Payne, John, and Rodney Huddleston. 2002. Nouns and Noun Phrases. In Huddleston and Pullum, eds. 2002. 323–524.

Pelletier, Francis Jeffry. 1999. A Brief History of Natural Deduction. *History and Philosophy of Logic* 20 (1): 1–31.

Perlmutter, David, ed. 1983. *Studies in Relational Grammar*. Chicago: University of Chicago Press.

Peters, P. Stanley, and Robert W. Ritchie. 1973. On the Generative Power of Transformation Grammars. *Information Sciences* 6: 49–83.

Peters, Stanley, and Dag Westerstahl. 2006. *Quantifiers in Language and Logic*. Oxford: Oxford University Press.

Pollard, Carl, and Ivan Sag. 1994. *Head Driven Phrase Structure Grammar*. Chicago: The University of Chicago Press.

Portner, Paul, and Barbara Hall Partee, eds. 2002. *Formal Semantics: The Essential Readings*. Oxford: Blackwell.

Prawitz, Dag. 1965. *Natural Deduction: A Proof-Theoretical Study*. Stockholm, Sweden: Almqvist & Wicksell. In *Acta Universitatis Stockholmiensis, Stockholm Studies in Philosophy*. Vol. 3.

Prior, Arthur. 1957. *Time and Modality*. Oxford: Oxford University Press.

Pullum, Geoffrey, and Rodney Huddleston. 2002. Adjectives and Adverbs. In Huddleston and Pullum, eds. 2002. 525–596.

Putnam, Hilary. 1967. The "Innateness Hypothesis" and Explanatory Models in Linguistics. *Synthèse* 17:12–22.

Quine, Willard. 1960. *Word and Object*. Cambridge, MA: MIT Press.

Quirk, Randolph, Sidney Greenbaum, Geoffrey Leech, and Jan Svartik. 1985. *A Comprehensive Grammar of the*

English Language. London: Longman Group.

Reichenbach, Hans. 1947. *Elements of Symbolic Logic*. New York: Macmillan.

Rescher, Nicholas, ed. 1966. *Logic of Decision and Action*. Pittsburgh, PA: University of Pittsburgh Press.

Rice, Keren D. 1989. A Grammar of Slave. In Cook and Rice, eds. 1989. Chap. 21.

Rice, Sally. 1988. Unlikely Lexical Entries. In *Proceedings of the Annual Meeting of the Berkeley Linguistics Society* 14: 202–212.

Robins, Robert H. 1966. The Development of the Word Class System of the European Grammatical Tradition. *Foundations of Language* 2 (1): 3–19.

Robinson, Cyril Edward. 1948. *Hellas: A Short History of Ancient Greece*. New York: Pantheon Books.

Ross, John Robert. 1967. "Constraints on Variables in Syntax." Unpublished PhD diss., Massachusetts Institute of Technology.

Rosten, L. 1968. *The Joys of Yiddish*. New York: McGraw–Hill.

Russell, Bertrand. 1940. *An Inquiry into Meaning and Truth*. New York: W. W. Norton.

Ryle, Gilbert. 1949. *The Concept of Mind*. London: Hutchinson.

Sag, Ivan, Thomas Wasow, and Emily M. Bender. 1999. *Syntactic Theory: A Formal Introduction*. Stanford, CA: Center for the Study of Language and Information. In CSLI Lecture Notes: no. 152. Second edition, 2003.

Schachter, Paul. 1962. Review of Lees 1963. *International Journal of American Linguistics* 28 (2): 134–145.

Schmerling, Susan F. 1975. Asymmetric Conjunction and Rules of Conversation. In Cole and Morgan, eds. 1975. 211–232.

Seuren, Pieter A. M. 1985. *Discourse Semantics*. Oxford: Blackwell.

Shaw, Harry. 1963. *Punctuate It Right*. New York: Harper and Row.

Shopen, Timothy, ed. 1985. *Language Typology and Syntactic Description*. 3 vols. Cambridge: Cambridge University Press. Second edition, 2007.

Skinner, Burrhus Frederic. 1957. *Verbal Behavior*. New York: Appleton–Century–Crofts.

Soames, Scott. 1989. Presuppositions. In Gabbay and Guenthner, eds. 1989. Chap. 9.

Sognnaes, Reider F. 1957. Tooth Decay. *Scientific American* 197 (6): 109–117.

Staal, J. F. 1965. Context-Sensitive Rules in Pāṇini. *Foundations of Language* 1: 63–72. Reprinted in *Universals: Studies in Indian Logic and Linguistics*, edited by J. F. Staal, 171–180. Chicago: University of Chicago Press.

Staal, J. F. 1969. Sanskrit Philosophy of Language. In *Linguistics in South Asia*, edited by Thomas A. Sebeok, 499–531. Vol. 5 of *Current Trends in Linguistics*. The Hague, the Netherlands: Mouton.

Staal, J. F., ed. 1988. *Universals: Studies in Indian Logic and Linguistics*. Chicago: University of Chicago Press.

Stalnaker, Robert. 1970. Pragmatics. *Synthèse* 22 (1): 272–289. Reprinted in Davidson and Harman, eds. 1972. 380–397.

Stalnaker, Robert. 1974. Pragmatics and Presupposition. In Munitz and Unger, eds. 1974. 141–177.

Stalnaker, Robert. 1978. Assertion. In *Syntax and Semantics* 9, edited by Peter Cole, 315–332. New York: Academic Press.

Steedman, Mark. 2000. *The Syntactic Process*. Cambridge, MA: MIT Press.

Stirling, Leslie, and Rodney Huddleston. 2002. Deixis and Anaphora. In Huddleston and Pullum, eds. 2002. 1449–1564.

Strawson, Peter F. 1950. On Referring. *Mind* 59: 320–344.

Suppes, Patrick. 1957. *Introduction to Logic*. New York: D. Van Nostrand Company: The University Series in Undergraduate Mathematics.

Sweet, Henry. 1913. *Collected Papers of Henry Sweet*. Oxford: The Clarendon Press.

Tarski, Alfred. 1932. The Concept of Truth in Formalized Languages. Reprinted in Woodger, trans. 1956. 152–278.

Tarski, Alfred. 1941. *Introduction to Logic and to the Methodology of Deductive Sciences*. New York: Oxford University Press. Third edition, 1965.

Tarski, Alfred. 1944. The Semantic Conception of Truth and the Foundations of Semantics. *Philosophy and Phenomenological Research* 4: 341–376.

Thomason, Richmond H., ed. 1974. *Formal Philosophy: Selected Papers of Richard Montague*. New Haven, CT: Yale University Press.

Thompson, D'Arcy Wentworth. 1917. *On Growth and Form*. Cambridge: Cambridge University Press. Second edition, 1942.

Trow, Charles E. 1905. *The Old Shipmasters of Salem*. New York: G. P. Putnam's Sons.

van Benthem, Johan, and Alice ter Meulen, eds. 1985. *Generalized Quantifiers in Natural Language*. Vol. 4 of *Groningen-Amsterdam Studies in Semantics*. Dordrecht, the Netherlands: Foris.

van Benthem, Johan, and Alice ter Meulen, eds. 1997. *Handbook of Logic and Language*. Cambridge, MA: MIT Press.

van Eijck, Jan, and Hans Kamp. 1997. Representing Discourse in Context. In van Benthem and ter Meulen, eds. 1997. Chap. 3.

Visentini, Bruno, and Camillo Olivetti, eds. 1968. *Linguaggi nella Società e nella Tecnica*. Milan, Italy: Edizioni di Communità. 1970.

Watson, John Broadus. 1925. *Behaviorism*. New York: W. W. Norton.

Wells, Rulon S. 1947. Immediate Constituents. *Language* 23: 81–117.

Westerstahl, Dag. 1989. Quantifiers in Formal and Natural Languages. In Gabbay and Guenthner, eds. 1989. 1–131. Second edition, 223–338.

Williams, Bernard, and Alan Montefiore, eds. 1966. *British Analytical Philosophy*. New York: Humanities Press.

Woodger, J. H., trans. 1956. *Logic, Semantics, Metamathematics*. Oxford: Oxford University Press. Second edition, edited and with an introduction by John Corcoran. Indianapolis: Hackett Publishing.

Wundt, Wilhelm. 1904. *Völkerpsychologie: Eine Untersuchung der Entweklungsgasetze von Sprache, Mythus und Sitte*. 10 vols. Leipzig: W. Engelmann.

Zwicky, Arnold. 1978. Arguing for Constituents. *Chicago Linguistic Society*: 503–512. Papers from the 14th regional meeting.

推 荐 阅 读

语义学：从数学基础到语义语用学

作者：András Kornai 译者：徐金安 等 书号：978-7-111-69640-7 定价：139.00元

本书采用创新方法来解决一系列传统问题，这些问题都涉及语言的意义。作者的研究牢牢扎根于关于这些问题的大量文献中。全书在数学上尤为严谨，而且表述清楚，非数学专业的读者也能理解。强烈推荐正在从事或有意从事自然语言语义方面工作的学者阅读本书。

—— Jerry R. Hobbs 南加州大学教授

本书以鲜明的跨学科特色而有别于其他语义学书籍，书中全面呈现了语言学、计算机科学、哲学和认知科学的观点。我预计该领域在未来几年将发生重大变化，因此，现在有必要帮助学生掌握广泛的基础知识，这样，将来他们才有可能实现更智能的语义处理。

—— Hinrich Schütze 慕尼黑大学教授

在本书出现之前，很少有人意识到形式化Eilenberg机器的优雅。过去，人们一直在使用笨拙的有限状态机进行教学，而没有使用关系概念。作者对许多问题的看法非常专业，他所具有的敏锐观察力以及富有独创性且生动的表达能力都令人敬佩。

—— Gérard Huet 法国国家信息与自动化研究所研究员